黄春晖　著

零碳能源
与多维度光信息
传输技术

清华大学出版社

北京

内 容 简 介

当今社会的发展已经进入了绿色环保、可持续的信息时代,科技创新起着引领作用,绿色的新型能源、大容量信息的高速安全传输是两大主流创新技术,其研发与进展尤其引人注目。但它们的发展都离不开功能材料(光传导材料、锂离子化合物等)的研制和功能器件(半导体器件与芯片、固体激光器、传感器和探测器等)的制造,这不仅涉及固体性质、固体微观结构及其各种内部运动,以及这种微观结构和内部运动同固体的宏观性质的关系的基础研究,还需要高新技术来支撑,以实现材料与器件制造的工艺需求。本书作为新工科大学物理学专题的专著,包括基础知识、绿色能源和多维度光信息传输三部分。基础知识部分包括近代物理基础和从半导体材料到芯片,绿色能源部分包括水电、风电、光伏和核电以及以锂电池为代表的新型固体电池,多维度光信息传输包括固体激光器、光纤通信技术、相干光通信、自由空间光通信和量子计算与通信技术。

本书可作为从事现代光通信技术和新能源开发应用的研究人员及工程技术人员的参考书,也可以作为大学物理的专题读物,为相关专业的本科生开设专题讲座,拓宽学生的视野。

图书在版编目(CIP)数据

零碳能源与多维度光信息传输技术 / 黄春晖著. -- 北京 : 清华大学出版社,2025. 8.
ISBN 978-7-302-69510-3

Ⅰ. X382;TN929.1

中国国家版本馆 CIP 数据核字第 2025AX0917 号

责任编辑:陈凯仁
封面设计:傅瑞学
责任校对:薄军霞
责任印制:丛怀宇

出版发行:清华大学出版社
　　　网　　址:https://www.tup.com.cn,https://www.wqxuetang.com
　　　地　　址:北京清华大学学研大厦 A 座　　　邮　编:100084
　　　社 总 机:010-83470000　　　邮　购:010-62786544
　　　投稿与读者服务:010-62776969,c-service@tup.tsinghua.edu.cn
　　　质量反馈:010-62772015,zhiliang@tup.tsinghua.edu.cn
印 装 者:三河市君旺印务有限公司
经　　销:全国新华书店
开　　本:185mm×260mm　　印　张:24.25　　　字　数:584 千字
版　　次:2025 年 8 月第 1 版　　　　　　　　印　次:2025 年 8 月第 1 次印刷
定　　价:69.00 元

产品编号:099342-01

前　　言

　　纵观科学技术的发展历史,可以发现每次物理学的发展与突破,往往会产生新技术,改变人们的生产方式,提高社会生产力、人类的生活水平和社会发展潮流。因此,重视物理学的新概念、新理论和新技术的应用对科学技术的进步、人类社会的发展至关重要。近代社会的三次工业革命都与物理学的突破密切相关:第一次工业革命源于热力学的循环及其效率的研究,由此推动了蒸汽机的发明和应用;第二次工业革命源于电磁学的研究和电磁场理论的建立,带来了工业电气化和无线电通信技术;以相对论和量子力学为引领的近代物理学,使人类进一步踏入了第三次工业革命,爱因斯坦的狭义相对论和广义相对论不仅改变了人们的时空观,促进了人们对高能量高速粒子和宇宙学的研究,还带来了空间技术、地空通信、原子核技术开发和核能发电等一系列新技术的突破和应用。量子力学对于光子、电子和原子等微观粒子的研究,开辟了微观粒子探索的新途径,由此衍生出了以激光为代表的近代光学和以能带理论为基础的固体物理学等一系列新的物理分支,促进了半导体材料、纳米材料等功能材料的发展,推动了集成电路芯片、各种光电器件的制作和应用,使人类进入了电子信息时代。同时,其还促进了新材料、现代光学、核技术等高新技术的发展和突破,形成一系列新产业。因此,又被称为第三次工业革命。综上所述,相对论和量子力学的建立与应用,为人类社会发展注入了新的活力,带来了新的发展机遇。

　　在现代信息社会的发展中,科技创新起着引领作用,尤其是能源、信息、太空技术、人工智能、生物技术等领域的发展更引人注目,但它们的发展都离不开功能材料和半导体芯片,都涉及固体物理学的研究。它的研究重点是固体性质、固体微观结构及其各种内部运动,以及这种微观结构和内部运动同固体的宏观性质(如力学性质、热学性质、光学性质、电磁性质等)的关系。由固体物理学派生出来的半导体材料、半导体器件和集成芯片成为信息社会的基石;固体激光、半导体激光、光纤通信技术带给人类方便快捷的网络通信、五彩缤纷的彩色世界、精准高效的加工技术;以锂电池为代表的新型固体电池、半导体光伏、风能、核能等,为人类提供了新的动力。这些无碳能源,不仅减少了碳污染,还具有可持续性;人工智能、量子信息的发展需要更具特性的光电器件来实现功能强大、低能高效的人工智能算法和量子计算,实现更加安全可靠、信息量更多的量子信息传输。

　　本书主要由阳光学院黄春晖教授撰写。陈娴博士和张春玲副教授分别参与了第 3 章和第 9 章的撰写。本书得到了阳光学院高层次人才基金的立项资助和人工智能学院的大力支持,在此致以衷心感谢。

　　本书可作为从事现代光通信技术和新能源开发应用的研究人员及工程技术人员的参考书,也可以作为大学物理的专题读物,为电子科学与技术、通信工程、材料科学与工程等专业的本科生开设专题讲座,让学生进一步了解物理学在现代光通信技术和新能源开发等领域发挥的作用,并拓宽学生的视野。

由于时间仓促,书中难免有错误之处,敬请读者批评指正。

作　者

2024 年 10 月于榕城

目　　录

第 1 章　近代物理学基础 ·· 1

　1.1　电磁波的产生和传播 ·· 1

　　1.1.1　从电磁振荡到电磁波 ··· 1

　　1.1.2　偶极振子发射的电磁波 ·· 3

　　*1.1.3　赫兹实验 ··· 3

　　1.1.4　光波属于电磁波 ·· 4

　　*1.1.5　电磁波理论 ··· 4

　1.2　现代物理学的建立 ··· 10

　　1.2.1　经典物理学的成熟标志——三次大综合 ······································· 10

　　1.2.2　迈克耳孙-莫雷实验　光速不变 ·· 12

　　1.2.3　相对论的创立过程 ·· 13

　　1.2.4　量子力学的诞生 ··· 15

　1.3　狭义相对论的时空观 ··· 17

　　1.3.1　伽利略变换 ··· 17

　　1.3.2　相对论的基本假设　洛伦兹变换 ··· 18

　1.4　相对论动力学 ··· 25

　　1.4.1　相对论中的质量和动量 ·· 25

　　1.4.2　相对论中的质能关系 ··· 26

　　1.4.3　相对论的应用 ·· 27

　1.5　经典量子论 ··· 28

　　1.5.1　黑体辐射　普朗克量子化 ·· 28

　　1.5.2　光电效应与光的粒子性 ·· 32

　　1.5.3　康普顿效应 ··· 34

　　1.5.4　氢原子模型和氢原子光谱 ·· 36

　　*1.5.5　原子能级的测量 ·· 38

　1.6　德布罗意波　物质的波粒二象性 ·· 39

　　1.6.1　物质波 ··· 39

　　1.6.2　电子衍射实验 ·· 40

　　1.6.3　不确定关系 ··· 41

　1.7　量子力学基础 ··· 42

　　1.7.1　波函数及其统计诠释 ··· 42

　　1.7.2　薛定谔方程 ··· 43

　　1.7.3　定态薛定谔方程的应用 ·· 44

　*1.8　原子的量子理论 ·· 47

    1.8.1   氢原子 ················· 47

    1.8.2   多电子原子中的电子分布 51

参考文献 ············· 53

附加读物   量子力学两大学派的关键人物 54

第 2 章   从半导体材料到芯片 ············· 59

2.1   半导体电子结构 ············· 60

    2.1.1   晶态固体的基本性质 ············· 60

    2.1.2   晶体中的电子状态 能带结构 61

    2.1.3   本征半导体和杂质半导体 63

2.2   pn 结和其他半导体器件 ············· 64

    2.2.1   pn 结 ············· 64

    2.2.2   三极管 ············· 66

    2.2.3   MOS 场效应管 ············· 68

2.3   集成电路 ············· 71

    2.3.1   半导体芯片制造工艺 ············· 72

    2.3.2   集成电路与半导体芯片 75

    2.3.3   集成电路设计与 IP 设计技术 77

2.4   光刻技术 ············· 79

    2.4.1   光刻技术的发展史 ············· 79

    2.4.2   光刻原理与技术 ············· 84

    2.4.3   EUV 光刻机 ············· 90

    2.4.4   国内芯片产业的挑战 ············· 97

参考文献 ············· 98

第 3 章   零碳能源 ············· 100

3.1   绿色环保的风力发电 ············· 101

    3.1.1   风能利用及风力发电历史 101

    3.1.2   风力发电原理与效能分析 102

    3.1.3   风电机组 ············· 103

    3.1.4   风力发电的发展趋势及挑战 106

3.2   可持续的水力发电 ············· 108

    3.2.1   水力发电的原理与基本类型 109

    3.2.2   水力发电机的结构 ············· 112

    3.2.3   水轮发电机的工作原理 113

3.3   清洁高效的核电能 ············· 115

    3.3.1   核裂变和核聚变的基本原理 115

    3.3.2   轻核聚变 ············· 119

    3.3.3   压水堆核电站 ············· 122

　　　3.3.4　核电站按反应堆类型分类 ················· 124
　　　3.3.5　核电站-安全保障系统 ·················· 126
　　　3.3.6　我国核电的发展 ······················ 126
　3.4　取之不尽的太阳能 ························· 127
　　　3.4.1　太阳能与太阳辐射 ···················· 127
　　　3.4.2　太阳能电池工作原理 ··················· 127
　　　3.4.3　光伏发电技术与分类 ··················· 129
　　　3.4.4　光伏发电技术的应用 ··················· 132
　　　3.4.5　太阳能热水器工作原理 ················· 133
　参考文献 ······························· 134

第4章　纳米科技与锂离子电池 ·················· 135
　4.1　纳米技术概述 ·························· 135
　　　4.1.1　纳米材料与技术的发展概要 ·············· 135
　　　4.1.2　纳米材料的特性 ····················· 136
　　　4.1.3　纳米材料的分类与制备 ················· 138
　4.2　典型的纳米材料与器件 ····················· 140
　　　4.2.1　纳米磁性材料 ······················ 140
　　　4.2.2　纳米陶瓷材料 ······················ 141
　　　4.2.3　碳纳米材料 ························ 142
　　　4.2.4　纳米膜 ·························· 146
　　　4.2.5　纳米电子技术 ······················ 147
　　　4.2.6　纳米材料在生物医学的应用 ·············· 148
　4.3　介孔材料 ···························· 149
　　　4.3.1　两类介孔材料 ······················ 149
　　　4.3.2　MCM-41 有序介孔材料 ················· 150
　4.4　纳米结构的自组装和模板合成技术 ··············· 154
　　　4.4.1　纳米结构的自组装 ···················· 154
　　　4.4.2　厚膜模板合成纳米阵列 ················· 155
　　　4.4.3　有序介孔材料的应用 ··················· 157
　4.5　锂离子电池概况 ························· 157
　　　4.5.1　锂离子电池的特点 ···················· 157
　　　4.5.2　锂离子电池的种类 ···················· 158
　　　4.5.3　锂离子电池的优点和用途 ················ 159
　　　4.5.4　锂离子电池的发展历史 ················· 161
　4.6　锂离子电池的工作机理及其组成结构 ·············· 164
　　　4.6.1　正极材料制备及其工作机理 ·············· 166
　　　4.6.2　锂离子电池的负极材料 ················· 169
　　　4.6.3　电解液 ·························· 172

4.6.4 隔膜 ………………………………………………………… 181

4.6.5 锂离子电池充电方法 …………………………………… 185

4.7 锂电池生产工序 ……………………………………………… 185

4.7.1 前段工序 ………………………………………………… 186

4.7.2 中段工序 ………………………………………………… 187

4.7.3 后段工序 ………………………………………………… 187

4.8 全固态锂电池 ………………………………………………… 188

4.8.1 全固态锂电池的原理 …………………………………… 188

4.8.2 全固态电池的性质 ……………………………………… 190

4.8.3 全固态电池的用途 ……………………………………… 191

4.8.4 全固态电池实用化的研究 ……………………………… 195

参考文献 ……………………………………………………………… 195

第5章 光纤通信技术 …………………………………………………… 197

5.1 激光的基本原理 ……………………………………………… 197

5.1.1 自发辐射和受激辐射 …………………………………… 197

5.1.2 粒子数反转与光放大 …………………………………… 198

5.1.3 光学谐振腔 ……………………………………………… 199

5.2 半导体激光器 ………………………………………………… 200

5.2.1 半导体产生受激辐射的条件 …………………………… 200

5.2.2 半导体激光器的工作原理 ……………………………… 201

5.2.3 激光的特性和应用 ……………………………………… 204

5.3 信息传输的主力军——光纤通信 …………………………… 205

5.3.1 发展历程 ………………………………………………… 206

5.3.2 光纤通信原理 …………………………………………… 207

5.3.3 数字光接收机 …………………………………………… 209

5.4 光纤传输机理 ………………………………………………… 213

5.4.1 光射线的传播定律 ……………………………………… 213

5.4.2 光纤传输机理的射线理论 ……………………………… 215

5.4.3 阶跃型光纤的波动光学理论 …………………………… 218

5.5 光纤放大器 …………………………………………………… 224

5.5.1 EDFA 光纤放大器的工作原理 ………………………… 224

5.5.2 光纤放大器的构成及泵浦方式 ………………………… 224

5.5.3 光纤放大器的应用 ……………………………………… 226

名人堂：光纤之父高锟与光纤通信 ……………………………… 227

5.6 海底光缆 ……………………………………………………… 229

5.6.1 设备结构 ………………………………………………… 229

5.6.2 远程供电源设备和海底中继器 ………………………… 230

5.6.3 技术原理 ………………………………………………… 231

5.6.4　海底光缆的维护 ·· 232

5.6.5　海底光缆的发展现状和展望 ·· 232

参考文献 ··· 234

第6章　多维度光纤传输与全光纤网络 ·· 235

6.1　多维度光纤通信 ··· 236

6.1.1　提高信号的波特率 ·· 236

6.1.2　光纤通信复用技术 ·· 237

6.1.3　高阶调制 ·· 239

6.2　光调制技术 ··· 239

6.3　光调制器及其调制技术 ··· 243

6.3.1　幅度调制 ·· 243

6.3.2　光相位调制 ·· 245

6.4　多维度光纤传输的研究进展 ··· 248

6.4.1　光纤通信技术的研究现状 ·· 248

6.4.2　多维度光纤传输技术的研究进展 ······························· 249

6.5　光纤通信网 ··· 252

6.5.1　光纤传输网 ·· 253

6.5.2　光纤网络中的网名和地址 ·· 259

6.5.3　全光网 ··· 260

参考文献 ··· 263

第7章　相干光通信 ··· 264

7.1　相干光通信的研究现状 ··· 264

7.1.1　研究现状 ·· 264

7.1.2　相干光通信的优势 ·· 265

7.2　相干光通信原理与核心技术 ··· 266

7.2.1　相干光通信原理 ·· 266

7.2.2　相干光通信的关键技术 ·· 266

7.3　单空间模的连续变量相干光通信 ··· 270

7.3.1　单光束相干光通信的基本原理 ···································· 271

7.3.2　两种偏振复用调制协议 ·· 272

7.3.3　偏振复用的 CV-QKD 实验系统 ·································· 273

7.3.4　偏振复用与解复用的实现 ·· 274

7.3.5　基于查表法的高速控制方案 ······································· 277

7.4　Stokes 参量测量与解码 ·· 278

7.4.1　Stokes 参量的测量原理 ··· 278

7.4.2　零差测量 S_2 分量 ··· 278

7.4.3　零差测量 S_3 分量 ··· 279

7.5　实验测量与误差分析 ……………………………………………… 279

　　7.5.1　光强衰减方案 …………………………………………… 280

　　7.5.2　随机编码实验 …………………………………………… 282

　　7.5.3　系统噪声分析 …………………………………………… 283

　　7.5.4　RQNN 辅助下的 Stokes 参量编码实验 ……………… 285

　　7.5.5　误码率统计 ……………………………………………… 289

参考文献 ………………………………………………………………… 290

第8章　星链系统及其创新技术 ………………………………………… 291

8.1　无线通信与卫星通信 ……………………………………………… 292

　　8.1.1　无线通信原理 …………………………………………… 292

　　8.1.2　卫星通信 ………………………………………………… 295

8.2　星链系统概况 ……………………………………………………… 301

　　8.2.1　星链计划的建设情况 …………………………………… 301

　　8.2.2　星链卫星技术参数 ……………………………………… 302

　　8.2.3　星链系统的特色 ………………………………………… 303

8.3　星链网的空间结构卫星 …………………………………………… 305

　　8.3.1　星链系统的空间构架和网络 …………………………… 306

　　8.3.2　星座的设计理念 ………………………………………… 308

　　8.3.3　卫星 ……………………………………………………… 310

　　8.3.4　自主规避碰撞系统 ……………………………………… 314

8.4　猎鹰9号火箭 ……………………………………………………… 315

　　8.4.1　"猎鹰9号"的设计思路 ………………………………… 315

　　8.4.2　"猎鹰9号"的组成结构 ………………………………… 317

8.5　Kr 离子推进器 …………………………………………………… 320

　　8.5.1　离子推进器的结构与基本工作原理 …………………… 321

　　8.5.2　离子推进器的优势 ……………………………………… 321

8.6　星间链路与激光通信 ……………………………………………… 323

　　8.6.1　星间链路的几何特性 …………………………………… 323

　　8.6.2　星链系统的星间链路技术 ……………………………… 325

　　8.6.3　使用频谱 ………………………………………………… 327

8.7　地面段　用户段和星链终端天线 ………………………………… 330

　　8.7.1　星链终端天线特性 ……………………………………… 330

　　8.7.2　相控阵列平板天线结构及其工作原理 ………………… 333

　　8.7.3　地面站的工作原理 ……………………………………… 336

8.8　星链技术的危害和潜在威胁及其应对措施 ……………………… 338

　　8.8.1　带来的危害 ……………………………………………… 338

　　8.8.2　潜在威胁 ………………………………………………… 339

　　8.8.3　应对措施 ………………………………………………… 340

　　　8.8.4　中国星网计划 ……………………………………………… 340

　　参考文献 …………………………………………………………………… 343

第 9 章　量子计算与量子加密 ……………………………………………… 344

　9.1　量子计算机 …………………………………………………………… 344

　　　9.1.1　量子力学的数学描述 ……………………………………… 344

　　　9.1.2　量子计算原理 ……………………………………………… 345

　9.2　几种量子算法 ………………………………………………………… 350

　　　9.2.1　量子傅里叶变换 …………………………………………… 350

　　　9.2.2　Shor 算法 …………………………………………………… 351

　　　9.2.3　量子搜索 …………………………………………………… 352

　9.3　量子加密原理 ………………………………………………………… 353

　　　9.3.1　经典加密的危机与量子加密的机遇 ……………………… 353

　　　9.3.2　量子加密的理论依据 ……………………………………… 354

　9.4　量子通信与量子加密 ………………………………………………… 355

　　　9.4.1　量子密钥分发 ……………………………………………… 355

　　　9.4.2　量子加密技术 ……………………………………………… 360

　　　9.4.3　量子签名 …………………………………………………… 361

　9.5　国内量子计算和量子通信研究 ……………………………………… 363

　　　9.5.1　量子芯片与量子计算 ……………………………………… 363

　　　9.5.2　量子局域网 ………………………………………………… 363

　　　9.5.3　远程量子通信 ……………………………………………… 364

　9.6　量子通信的应用案例 ………………………………………………… 365

　　　9.6.1　量子通信在金融领域的应用 ……………………………… 365

　　　9.6.2　量子通信在政务领域的应用 ……………………………… 366

　　　9.6.3　量子通信在数据中心/云领域的应用 …………………… 366

　　　9.6.4　量子通信在医疗卫生领域的应用 ………………………… 366

　　　9.6.5　量子通信在国家基础设施领域的应用 …………………… 366

　　参考文献 …………………………………………………………………… 367

附录　光的偏振 ……………………………………………………………… 368

第1章 近代物理学基础

在古希腊时期(约公元前8世纪—2世纪),还没有形成物理学这门学科,这段时期属于自然科学的萌芽期,大概持续了700年。那时,科学家们主要根据观察和经验来总结规律。中世纪(约2世纪—16世纪),科学发展一直停滞不前,这段时期持续了1400年左右。度过了漫长而黑暗的中世纪,时间来到了16世纪,文艺复兴为近代科学萌芽奠定基础,先有哥白尼提出日心说,后有伽利略开创实验物理的先河,1687年牛顿在著作《自然哲学的数学原理》中,描述了万有引力定律和牛顿三大定律。这些理论成为现代工程学的基础,标志着物理学和近代科学正式建立。

从物理学的正式诞生到第二次工业革命开始的这一时期属于经典物理学时期,持续了300多年。在这一时期,物理学进入了以实验为主的时代,并且数学与物理学开始紧密结合。因为实践表明,人的经验并不可靠,为了保证研究结果的准确无误并为所有人公认,科学家必须用可重复的实验来检验结论的正确性,并对物质的物理性质及运动变化过程中的物理规律进行定性、定量的研究和描述。

19世纪末,物理学的天空飘来两朵乌云。第一朵乌云是有关迈克耳孙-莫雷实验和"以太说"的破灭,第二朵乌云是有关黑体辐射和紫外灾难。物理学家为了解决这些问题,不断进行实验和理论推测,并于20世纪初建立了相对论和量子力学。第二次世界大战后,世界整体趋于和平,20世纪50年代开启了第三次工业革命。

物理学是研究物质及物质运动变化最一般规律的科学,是自然科学中最基础的一门学科,物理学的进步能够带动其他自然科学的发展。人类科技文明的进步在很大程度上得益于物理学的发展,比如,对电磁学和热力学的研究使人类进入了电气时代;由量子力学催生的半导体技术、激光技术则使人类进入了信息时代;相对论在核反应、核能利用及航天技术的研究和发展中起着举足轻重的作用。

本章主要介绍现代物理学基础知识,包括电磁场的产生与传播、狭义相对论和量子力学基础。把电磁波的产生和传播列入此部分内容的原因主要有:一是狭义相对论是在研究和测量电磁波(包括光波)传播争议中诞生的;二是现代信息社会来源于电磁波的产生和传输。这部分内容是介绍后续相关高新技术的基石,能让学生体会现代物理学的应用带给人类生活方式的改变和社会的进步。

1.1 电磁波的产生和传播

1.1.1 从电磁振荡到电磁波

麦克斯韦从理论上引入涡旋电场和位移电流的概念,预言周期性变化的磁场必定会激发周期性变化的电场,而周期性变化的电场也会激发周期性变化的磁场。变化的电场和变化的磁场相互依存,又相互激发,并以有限的速度在空间传播,就形成了电磁波。图 1-1 是电磁波沿一维空间传播的示意图。

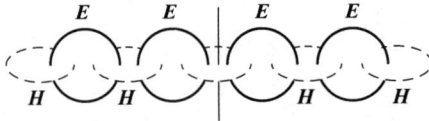

图 1-1 电磁波沿一维空间传播的示意图

要了解电磁之间的相互转换,可以考察图 1-2,它是由一个电容器和一个电感线圈构成的 LC 振荡电路,其中 U_B 和 U_E 分别是电感线圈的感应电压和电容极板间的电势差,该电路发射电磁波的原理如下:①电容器充满电;②电容器极板间的电场能量逐渐转变为线圈内的磁场能量;③随着电容器电荷减少到零,线圈中的电流达到最大值,电场能量全部转变为磁场能量;④当电容器没有电荷时,仍然有电流存在,因为线圈产生了与刚才方向相反的自感电动势,使电路上的电流按原来放电电流的方向继续流动,并对电容器反方向充电,从而在两极板间建立了与先前方向相反的电场。

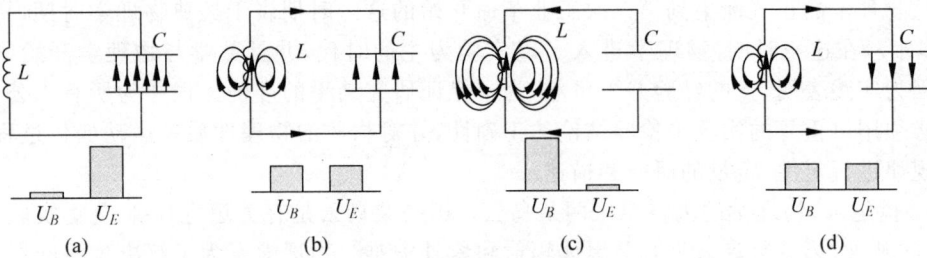

图 1-2 LC 振荡产生电磁波

(a)电容器充电达到最大值;(b)电场能逐渐转变为磁场能;(c)磁场能达到最大值;
(d)线圈产生自感电动势改变电流方向,向电容充电

当电容器极板上的电荷达到最大值时,电路中的电流减小到零,线圈中的磁场也相应消失,至此,线圈中的磁场能量又全部转变为电容器极板间的电场能量。以后重复上述过程,只不过电路中的电流方向与先前的电流方向相反。这样的过程周而复始地进行下去,电路中就产生了周期性变化的电流。这种电荷和电流随时间发生周期性变化而使电场和磁场能量相互转换的现象,称为电磁振荡。振荡电路的固有振荡频率为

$$f=\frac{1}{2\pi\sqrt{LC}} \tag{1-1}$$

要把如图 1-2 所示的振荡电路作为波源向空间发射电磁波,还必须具备两个条件:一是振荡频率要高,根据式(1-1),要提高电磁振荡频率,就必须减小电路中线圈的自感 L 和电容器的电容 C;二是电路要开放,不让电磁场和电磁能集中在电容器和线圈之中,而要使电磁场和电磁能传播扩散到空间去。根据这些要求,对电路进行改造,结果整个 LC 振荡电路就演变成为一根直导线,电流在其中往返振荡,两端出现正负交替变化的等量异号电荷,此电路就称为振荡偶极子或偶极振子。以偶极振子为天线,可以有效地在空间激发电磁波,这也是最简单的电磁场辐射天线。

1.1.2　偶极振子发射的电磁波

图 1-3(a)给出了偶极振子的一条电场线由出现到形成闭合圈以及偶极振子振荡使电场线向外扩展的过程。在距振子中心的距离 r 小于电磁波波长 λ 的近心区,电场和磁场的分布情况比较复杂,因而在图中未画出磁感应线,其磁感应线是以偶极振子为轴、疏密相间的同心圆,并与电场线互相套连。

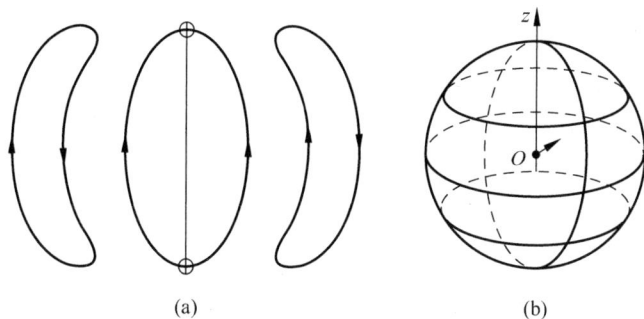

图 1-3　偶极振子振荡
(a)近距离电场线外扩;(b)远距离处形成球面波

在距振子中心的距离 r 远大于电磁波波长 λ 的波场区,波面趋于球面,电磁场的分布比较简单。以振子中心为球心、偶极振子的轴线为极轴作球面,如图 1-3(b)所示,这个球面可以作为电磁波的一个波面。在波面上任意一点 A 处,电场强度矢量 $\boldsymbol{E}$ 处于过点 A 的子午面内,磁场强度矢量 $\boldsymbol{H}$ 处于过点 A 并平行于赤道平面的平面内,两者互相垂直,并且都垂直于点 A 的位置矢量 $\boldsymbol{r}$,即垂直于波的传播方向。

理论计算表明,偶极振子发射的电磁波的波强度(即平均能流密度)具有以下规律:①与频率的 4 次方成正比,即频率越高,能量辐射越大;②与距振子中心的距离 r 的平方成反比;③辐射强度正比于 $\sin^2\theta$,即 $I = I_0 \sin^2\theta$,其中 θ 是偶极子 $\boldsymbol{p}$ 与位矢 $\boldsymbol{r}$ 之间的夹角,因此辐射强度具有强烈的方向性,在垂直于偶极振子轴线的方向上辐射最强,而沿轴线方向的辐射为零。

*1.1.3　赫兹实验

1887 年,赫兹(H. R. Hertz,1857—1894 年)利用电容器充电后通过火花隙放电会产生振荡的原理,制作了如图 1-4 所示的振荡器。其中 C、D 是安放在同一条直线上的两段铜棒,两铜棒的端部分别带有一个光滑的铜球,两铜球之间留有一间隙 P,两铜棒分别与感应圈 T 的两极相接。

感应圈以 $10\sim10^2$ Hz 的频率间歇地在 C、D 间产生很高的电压,当间隙 P 中的空气被击穿而产生电火花时,由两段铜棒构成电流通路就变成一个偶极振子,偶极振子产生的电磁波沿 PK 方向传播。探测电磁波的谐振器 Q 是用铜棒制成的留有火花隙的圆环,通过调节两铜球的距离来改变火花隙的大小,

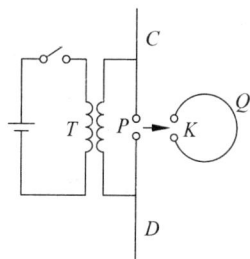

图 1-4　直线型偶极子天线 C 及其检测器 Q

从而改变谐振频率。将谐振器 Q 放置在电磁波传播路径中 PK 的某处,适当选择其方位,调节谐振器的频率,当与振荡器发生谐振时,谐振器间隙会出现最明显的火花。

赫兹实验不仅实现了人类历史上电磁波的首次发射和接收,还证明了电磁波与光波一样能够发生反射、折射、干涉、衍射和偏振现象,验证了麦克斯韦的预言。它与麦克斯韦方程组揭示了光的电磁本质,从而将光学与电磁学统一起来。

1.1.4　光波属于电磁波

麦克斯韦从理论上预言了电磁波的存在,赫兹用电磁振荡的方法产生了电磁波,并证明了可见光属于电磁波。后来人们又相继证明了红外线、紫外线、X射线和γ射线都属于电磁波。在真空中,各种电磁波都具有相同的传播速度。若将各种电磁波按照频率(或波长)的大小顺序排列,就形成了电磁波的波谱,如图 1-5 所示。由图 1-5 可见,整个电磁波波谱大致可以划分为如下几个区域:

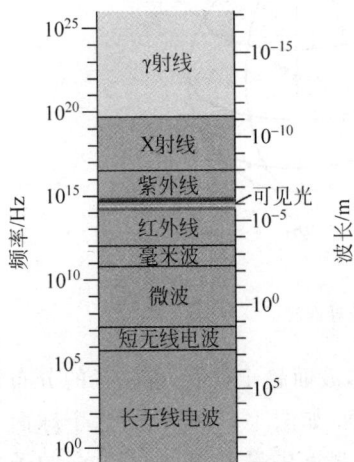

图 1-5　电磁波的波谱

(1) 无线电波的波长范围为 1mm～3km,其中波长范围为 50m～3km 的属于中波波段,波长范围为 10～50m 的属于短波波段,波长范围为 1mm～10m 的属于微波波段。无线电波常用于广播、电视、通信和雷达。

(2) 红外线的波长范围为 $0.76\sim1000\mu m$。红外线具有显著的热效应,因而也称为热线。

(3) 可见光的波长范围为 400～760nm。

(4) 紫外线的波长范围为 5～400nm。

(5) X射线的波长范围为 $10^{-2}\sim10$nm。

(6) γ射线的波长范围为 10^{-2}nm 至无限短。

*1.1.5　电磁波理论

1. 电磁波的性质

为简便起见,分析在无限大且各向同性的均匀介质中电磁场的运动形式。此时空间不存在自由电荷和传导电流,即 $q_0=0,j_0=0$,则麦克斯韦方程组简化为以下形式:

$$\begin{cases} \oint_l \boldsymbol{E} \cdot \mathrm{d}\boldsymbol{l} = -\iint_S \dfrac{\partial \boldsymbol{B}}{\partial t} \cdot \mathrm{d}\boldsymbol{S} \\ \oiint_S \boldsymbol{D} \cdot \mathrm{d}\boldsymbol{S} = q \\ \oiint_S \boldsymbol{B} \cdot \mathrm{d}\boldsymbol{S} = 0 \\ \oint_L \boldsymbol{H} \cdot \mathrm{d}\boldsymbol{l} = I_0 + \iint_S \dfrac{\partial \boldsymbol{D}}{\partial t} \cdot \mathrm{d}\boldsymbol{S} \end{cases} \xrightarrow{q_0=0,j_0=0} \begin{cases} \nabla \times \boldsymbol{E} = -\dfrac{\partial \boldsymbol{B}}{\partial t} \\ \nabla \cdot \boldsymbol{E} = 0 \\ \nabla \cdot \boldsymbol{B} = 0 \\ \nabla \times \boldsymbol{B} = \varepsilon\mu \dfrac{\partial \boldsymbol{E}}{\partial t} \end{cases} \quad (1\text{-}2)$$

下面从麦克斯韦方程组(1-2)出发,讨论平面电磁波的特性。

假设平面电磁波沿 z 轴方向传播,则 $\boldsymbol{E}$ 和 $\boldsymbol{B}$ 都只是 z 和 t 的函数,则麦克斯韦方程

组(1-2)可具体地写为

$$\frac{\partial E_y}{\partial z}=\frac{\partial B_x}{\partial t}, \quad \frac{\partial E_x}{\partial z}=-\frac{\partial B_y}{\partial t}, \quad \frac{\partial E_z}{\partial z}=0, \quad \frac{\partial E_z}{\partial t}=0 \tag{1-3a}$$

$$\frac{\partial B_y}{\partial z}=-\varepsilon\mu\frac{\partial E_x}{\partial t}, \quad \frac{\partial B_x}{\partial z}=\varepsilon\mu\frac{\partial E_y}{\partial t}, \quad \frac{\partial B_z}{\partial z}=0, \quad \frac{\partial B_z}{\partial z}=0 \tag{1-3b}$$

即电磁波中的电场矢量和磁场矢量沿传播方向(即 z 方向)的分量 E_z 和 B_z 是不随时间和空间变化的常量,即不是我们讨论的电磁波,可以认为 $E_z=0$, $B_z=0$。这样就得到了电磁波的第一条性质:电磁波是横波。

电磁波的横波性质表明,当电磁波只沿 z 方向传播时,电场矢量和磁场矢量就只能处于 xOy 平面内。若选择电场矢量沿 x 方向,则 $E_y=0$。于是,根据式(1-3a)和式(1-3b)可以得到 $\frac{\partial B_x}{\partial t}=0, \frac{\partial B_x}{\partial z}=0$。这表示,如果电场矢量沿 x 方向,则磁场矢量沿 x 方向的分量必定等于零,也就是磁场矢量只能沿 y 方向。于是得到了电磁波的第二条性质:电磁波的电场矢量 $\boldsymbol{E}$ 与磁场矢量 $\boldsymbol{B}$ 是互相垂直的,并与传播方向 $\boldsymbol{k}$ 满足右手螺旋关系。

综合上述分析,沿 z 方向传播的电磁波所满足的波动方程为

$$\frac{\partial E_x}{\partial z}=-\frac{\partial B_y}{\partial t} \tag{1-3c}$$

$$\frac{\partial B_y}{\partial z}=-\varepsilon\mu\frac{\partial E_x}{\partial t} \tag{1-3d}$$

联合式(1-3c)和式(1-3d),经过简单运算,消去 B_y 项,则有

$$\frac{\partial^2 E_x}{\partial z^2}=-\frac{\partial^2 B_y}{\partial t \partial z}=\varepsilon\mu\frac{\partial^2 E_x}{\partial t^2}$$

所以得到

$$\frac{\partial^2 E_x}{\partial z^2}=\varepsilon\mu\frac{\partial^2 E_x}{\partial t^2} \tag{1-4a}$$

类似地,联合式(1-3c)和式(1-3d),经过简单运算,消去 E_x 项,就可得到

$$\frac{\partial^2 B_y}{\partial z^2}=\varepsilon\mu\frac{\partial^2 B_y}{\partial t^2} \tag{1-4b}$$

式(1-4a)和式(1-4b)分别是电磁波中的电场矢量和磁场矢量所满足的波动方程,与机械波方程在形式上完全相同。

为简单起见,下面去掉下标,把电磁场看成 $\boldsymbol{E}$ 和 $\boldsymbol{B}$ 沿 z 方向传播的简谐波,并用复数表示,则电场矢量 $\boldsymbol{E}$ 为

$$\widetilde{E}=E_0 \mathrm{e}^{\mathrm{j}(\omega t-kz+\varphi_E)}=\widetilde{E}_0 \mathrm{e}^{\mathrm{j}(\omega t-kz)} \tag{1-5a}$$

其中, $\widetilde{E}_0=E_0 \mathrm{e}^{\mathrm{j}\varphi_E}$,是电场矢量的复振幅; φ_E 是其初相位。类似地,磁场矢量 $\boldsymbol{B}$ 为

$$\widetilde{B}=B_0 \mathrm{e}^{\mathrm{j}(\omega t-kz+\varphi_B)}=\widetilde{B}_0 \mathrm{e}^{\mathrm{j}(\omega t-kz)} \tag{1-5b}$$

其中, $\widetilde{B}_0=B_0 \mathrm{e}^{\mathrm{j}\varphi_E}$ 是磁场矢量的复振幅; φ_B 是其初相位; ω 和 k 分别是角频率和波数,两者与周期 T 和波长 λ 的关系为 $\omega=2\pi/T, k=2\pi/\lambda$,波速表示为 $v=\lambda/T=\omega/k$。

将试探解式(1-5a)和试探解式(1-5b)分别代入式(1-4a)和式(1-4b),都可以得到一个重

要的关系:

$$k^2 = \varepsilon\mu\omega^2 \tag{1-6}$$

由此关系可以求得电磁波的传播速度为

$$v = \omega/k = 1/\sqrt{\varepsilon\mu} = c/\sqrt{\varepsilon_r\mu_r} \tag{1-7}$$

在真空中,$\varepsilon_r = 1$,$\mu_r = 1$,则电磁波的传播速度为 $v = c = 1/\sqrt{\varepsilon_0\mu_0} = 3.0 \times 10^8$ m/s,这说明电磁波可以在真空中以恒速 c 传播,且不需要传播媒质,这是麦克斯韦方程组的重要结论。

将式(1-5a)和式(1-5b)代入式(1-4b)或式(1-4a),立即可以得到关于复振幅的恒等式

$$\widetilde{B}_0 = \sqrt{\varepsilon\mu}\widetilde{E}_0$$

上式成立的条件是等号两边的模对应相等,辐角对应相等,即

$$B_0 = \sqrt{\varepsilon\mu}E_0, \quad \varphi_B = \varphi_E \tag{1-8}$$

式(1-8)表明,电磁波的电场矢量振幅与磁场矢量的振幅成正比;电磁波的电场矢量和磁场矢量同相位。这是电磁波的第三条性质,这条性质在电磁波的传播过程中同样满足,即 $\sqrt{\varepsilon\mu}E = B$。

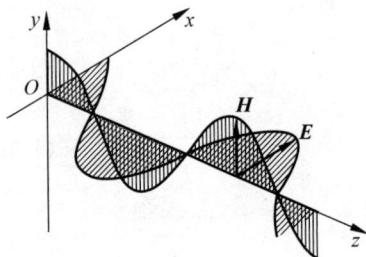

图 1-6　电磁波以横波方式传播

综上所述,平面电磁波具有如下性质。

(1)电磁波是横波,电场矢量 E 和磁场矢量 B 相互垂直,且都与传播方向 k 相垂直,即 E、B、k 满足右手螺旋关系,如图 1-6 所示;

(2)电场矢量 E 和磁场矢量 B 同相位,且两者的振幅成正比;

(3)电磁波的传播速度为 $v = 1/\sqrt{\varepsilon\mu}$,在真空中以光速 $c = 1/\sqrt{\varepsilon_0\mu_0}$ 传播。

2. 电磁场的能量和动量

1)电磁场的能量和能流

电磁波作为一种以特殊形态存在的物质,必然遵从能量守恒定律。下面利用能量守恒定律来探讨电磁场的能量密度和能流密度。

考虑一个由带电体和电磁场组成的体积为 τ、边界面积为 S 的封闭系统。在系统中,电磁场要对带电体做功,做功的结果将使系统的电磁能减少。由于磁场对带电体的作用力总是与带电体位移方向相垂直,因此磁场对带电体不做功,即电磁场对带电体所做的功就是其中的电场对带电体所做的功。若系统内电荷的体密度为 ρ,电荷元 $\rho d\tau$ 在电场 E 的作用下产生位移 dl,则电磁场对电荷元 $\rho d\tau$ 所做的元功为

$$dA = \rho d\tau \cdot E \cdot dl = \rho d\tau \cdot E \cdot vdt = E \cdot j_0 d\tau dt$$

其中,v 是电荷元的运动速度;j_0 是与该运动相对应的电流密度。于是,电磁场在单位时间内对带电体所做的总功为

$$A = \iiint\limits_{\Omega} E \cdot j_0 d\tau \tag{1-9}$$

积分在整个系统体积 Ω 内进行。

由麦克斯韦方程组(1-2)解出其中的电流密度 j_0,得

$$j_0 = \nabla \times H - \frac{\partial D}{\partial t}$$

将上式两边分别与 E 进行内积运算得到

$$E \cdot j_0 = E \cdot (\nabla \times H) - E \cdot \frac{\partial D}{\partial t}$$

将矢量分析公式 $E \cdot (\nabla \times H) = -\nabla \cdot (E \times H) + H \cdot (\nabla \times E)$ 以及公式 $\nabla \times E = -\frac{\partial B}{\partial t}$, 代入上式, 经过计算得到

$$E \cdot j_0 = -\nabla \cdot (E \times H) - E \cdot \frac{\partial D}{\partial t} - H \cdot \frac{\partial B}{\partial t}$$

令 $\frac{\partial w}{\partial t} = E \cdot \frac{\partial D}{\partial t} + H \cdot \frac{\partial B}{\partial t}$ 代入上式, 经过计算得到单位时间内电磁场对带电体所做的总功为

$$\iiint\limits_{\Omega} E \cdot j_0 \, d\tau = -\iiint\limits_{\Omega} \nabla \cdot (E \times H) \, d\tau - \iiint\limits_{\Omega} \frac{\partial w}{\partial t} \, d\tau$$

或

$$\iiint\limits_{\Omega} E \cdot j_0 \, d\tau = -\iint\limits_{\Omega} (E \times H) \cdot d\Sigma - \frac{d}{dt} \iiint\limits_{\Omega} w \, d\tau \tag{1-10a}$$

式(1-10a)就是能量守恒定律的表达式。

如果把系统的边界扩展到无限远处, 这时, 由于电荷和电流分布在有限空间内, 无限远处的电磁场应等于零, 所以 $\iint\limits_{\Omega} (E \times H) \cdot d\Sigma = 0$ 表示的面积分必定等于零, 于是有

$$\iiint\limits_{\Omega} E \cdot j_0 \, d\tau = -\frac{d}{dt} \iiint\limits_{\Omega} w \, d\tau \tag{1-10b}$$

式(1-10b)表明, 电磁场对带电体做功必定使系统的电磁场能减少, 所以可以断定式中的 w 必定代表了系统的电磁场能量的分布, 即电磁场的能量密度。

如果系统的边界是有限区域, 则方程(1-10a)右边的第一项是通过系统的边界面流进系统的电磁场能量, 负号是由于取边界面的外法线方向为正方向所致。因此, 方程(1-10a)的物理意义是: 由外界流入系统的电磁能, 除了用于对系统内的带电体做功外, 还会使系统的电磁能增加。

为了从式(1-10a)中导出电磁场的能流密度和电磁场的能量密度的表达式, 需要引入能流密度矢量(也称为坡印亭矢量), 即单位时间内通过边界面单位面积流动的电磁能, 其表达式为

$$S = E \times H \tag{1-11a}$$

已知电磁波中的电场矢量 E 和磁场矢量 H 与波的传播方向 k 构成右手螺旋关系, 式(1-11a)表示 S 与电场矢量 E 和磁场矢量 H 也构成右手螺旋关系, 所以 S 与 k 同方向, 即电磁场能量总是伴随着电磁波向前传播的。S 所表示的是电磁波的瞬时能流密度, 但在实际应用中常用电磁波在一个周期内的平均值, 即平均能流密度(也称为波的强度)。对于简谐平面电磁波, 平均能流密度可以表示为

$$\overline{S} = \frac{1}{2}E_0 H_0 \qquad\qquad (1\text{-}11b)$$

式中，E_0 和 H_0 分别是电磁波电场矢量和磁场矢量的峰值。

如果系统内充满各向同性的线性介质，则有 $\boldsymbol{D} = \varepsilon\boldsymbol{E}$，$\boldsymbol{B} = \mu\boldsymbol{H}$，若不考虑介质的色散特性，那么，可以对 $\dfrac{\partial w}{\partial t}$ 进行简化，则可得

$$\frac{\partial w}{\partial t} = \varepsilon\boldsymbol{E}\cdot\frac{\partial \boldsymbol{E}}{\partial t} + \mu\boldsymbol{H}\cdot\frac{\partial \boldsymbol{H}}{\partial t} = \frac{1}{2}\frac{\partial}{\partial t}(\varepsilon\boldsymbol{E}^2 + \mu\boldsymbol{H}^2)$$

最后得到，系统的电磁场能量密度为

$$w = \frac{1}{2}(\varepsilon\boldsymbol{E}^2 + \mu\boldsymbol{H}^2) = \frac{1}{2}\boldsymbol{E}\cdot\boldsymbol{D} + \frac{1}{2}\boldsymbol{H}\cdot\boldsymbol{B} \qquad\qquad (1\text{-}12a)$$

这与以前得到的电场能量密度和磁场能量密度的表达式是一致的。将 $\boldsymbol{E}$ 与 $\boldsymbol{H}$ 的关系式代入上式，可得 $w = \varepsilon\boldsymbol{E}^2 = \mu\boldsymbol{H}^2$。

电磁场能量密度在一个周期内的平均值，称为平均能量密度，对于平面简谐电磁波，其可以表示为

$$w = \frac{1}{2}\varepsilon\boldsymbol{E}_0^2 + \frac{1}{2}\mu\boldsymbol{H}_0^2 \qquad\qquad (1\text{-}12b)$$

进一步可得关系式 $S = wc$。

2) 电磁场的动量和光压

电磁波不仅具有能量，还具有动量。由于电磁场能量总是伴随着电磁波向前传播的，所以其在真空中的传播速度也是 c。同时，考虑到波的共性，电磁波和机械波一样也具有动量。因此，定义电磁波单位体积的动量，即动量密度为 $g = w/c = S/c^2$。

动量是矢量，动量密度也是矢量，其方向与波的传播方向一致，即与能流密度矢量 $\boldsymbol{S}$ 的方向一致，故可表示为

$$\boldsymbol{g} = \boldsymbol{S}/c^2 \qquad\qquad (1\text{-}13)$$

电磁波具有动量，那么当电磁波辐射到物体上就会对物体产生压力作用。光是一种电磁波，因此，式(1-13)也是光压的计算公式，1901 年列别捷夫的光压实验证实了此预言。

当一束平面电磁波垂直入射到物体表面 ΔS 时，在一般情况下将会产生部分反射，如果入射波和反射波的动量密度分别为 $\boldsymbol{g}_入$ 和 $\boldsymbol{g}_反$，那么电磁波在 Δt 时间内动量改变量为

$$\Delta G = (\boldsymbol{g}_反 - \boldsymbol{g}_入)c\Delta t\Delta S$$

而物体的动量改变量则为 $-\Delta G$，即 $-\Delta G = (\boldsymbol{g}_入 - \boldsymbol{g}_反)c\Delta t\Delta S$，其大小为

$$\Delta G = (g_反 + g_入)c\Delta t\Delta S$$

物体表面所受的冲量就等于其动量改变量，所以物体表面所受冲力的大小为

$$\Delta F = \Delta G/\Delta t = (g_反 + g_入)c\Delta S$$

物体表面所受电磁波的压强为

$$p = \Delta F/\Delta S = (g_反 + g_入)c = \frac{1}{c}(S_反 + S_入) \qquad\qquad (1\text{-}14)$$

式中，$S_入$ 和 $S_反$ 分别是入射电磁波和反射电磁波的能流密度矢量的大小。

对于全反射，$S_反 = S_入$，物体表面所受压强为 $p = \dfrac{2}{c}S_入 = \dfrac{2}{c}EH$，这就是全反射时的光

压。物体表面所受压强在一个周期内的平均值称为平均压强,可表示为

$$\bar{p} = \frac{1}{c} E_0 H_0 \tag{1-15a}$$

对于全吸收,$S_{反} = 0$,物体表面所受压强为 $p = \frac{1}{c} S_入 = \frac{1}{c} EH$,这就是全吸收时的光压。平均压强为

$$\bar{p} = \frac{1}{2c} E_0 H_0 \tag{1-15b}$$

光压很小,利用常规实验难以测量和察觉。例如,在地球公转轨道上一个全吸收平面所受太阳辐射产生的光压约为 5×10^{-6} N/m^2。但是在宇宙天体中和在微观世界里,光压却常常起着重要的作用,导致出现了许多奇妙的现象。

例 1-1 真空中的平行板电容器是由两块半径为 R 的圆形金属板组成的,两板间距为 $d(d \ll R)$。电容器正在被缓慢充电,t 时刻极板间的电场强度为 E,求此时流入电容器的能流。

解 充电电流的方向如图 1-7 所示,那么极板间的电场强度 E 的方向是由下向上的,并且随时间不断增大。随着充电的进行,电容器极板间有位移电流流过,位移电流密度 $\partial D / \partial t$ 的方向也是由下向上的。在电容器内距离中心轴线为 r 的地方,磁感应强度 B 应满足下面的关系:

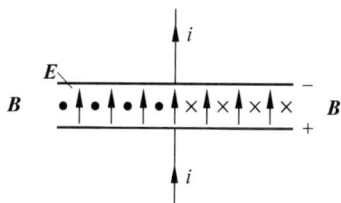

图 1-7 电容器缓慢充电示意图

$$\iint_\Sigma \boldsymbol{B} \cdot \mathrm{d}\boldsymbol{l} = \mu_0 \iint_\Sigma \frac{\partial \boldsymbol{D}}{\partial t} \cdot \mathrm{d}\boldsymbol{\Sigma} = \varepsilon_0 \mu_0 \iint_\Sigma \frac{\partial \boldsymbol{E}}{\partial t} \cdot \mathrm{d}\boldsymbol{\Sigma}$$

根据对称性,由上式容易解得

$$2\pi r B = \varepsilon_0 \mu_0 \pi r^2 \frac{\partial E}{\partial t}$$

所以

$$B = \frac{1}{2} \varepsilon_0 \mu_0 r \frac{\partial E}{\partial t} \tag{I}$$

其中,B 的方向如图 1-7 中的"·"和"×"所示。根据电场和磁场的方向,可得电容器内任意一点的能流密度矢量的方向都是指向电容器中心轴线方向的。所以可以断定,能量是从电容器外的空间通过电容器的侧面流进电容器的。

根据条件 $d \ll R$,电容器的边缘效应可以忽略。电容器侧面处的电场强度为 E,由式(I)可求得电容器侧面处的磁感应强度为 $B = \frac{1}{2} \varepsilon_0 \mu_0 R \frac{\partial E}{\partial t}$,所以能流密度矢量的大小为

$$S = EH = \frac{1}{\mu_0} EB = \frac{1}{2} \varepsilon_0 \mu_0 RE \frac{\partial E}{\partial t} \tag{II}$$

通过侧面流入电容器的能量为

$$\oint_\Omega \boldsymbol{S} \cdot d \, \mathrm{d}\boldsymbol{\Sigma} = \frac{1}{2} \varepsilon_0 \mu_0 RE \frac{\partial E}{\partial t} 2\pi R d = \varepsilon_0 \mu_0 \pi R^2 dE \frac{\partial E}{\partial t} \tag{III}$$

这就是在 t 时刻单位时间内流入电容器的能量。

从另一个角度来验证一下式(III)的正确性。在 t 时刻电容器极板间的电场强度为 E,

相应的电容器内的电场能量为

$$W_e = \frac{1}{2}\varepsilon_0 E^2 V = \frac{1}{2}\varepsilon_0 E^2 \pi R^2 d$$

电容器正在充电,电场强度在增大,电场能量在增加,而能量的增加率为

$$\frac{\partial W_e}{\partial t} = \varepsilon_0 E \frac{\partial E}{\partial t}\pi R^2 d \tag{Ⅳ}$$

与式(Ⅲ)一致。这就表明了,电容器极板间能量的增加是能量从电容器外部空间通过其侧面流入所导致的,同时也说明了能量不是从导线流入电容器的。

例 1-2　一激光束的截面半径为 0.8mm,功率为 1.6GW,垂直照射在一全反射的镜面上。求:(1)此激光束电场矢量和磁场矢量的峰值;(2)激光束对镜面产生的压力大小。

解　(1)因为激光束的功率 P 等于其能流密度 $\overline{S}$ 与光束截面积 Σ 的乘积,所以该激光束的能流密度为

$$\overline{S} = \frac{P}{\Sigma} = \frac{1.6\times10^9}{3.14\times(0.8\times10^{-3})^2}\ \text{W/m}^2 = 7.96\times10^{14}\ \text{W/m}^2$$

由于 $\overline{S} = \frac{1}{2}c\varepsilon_0 E_0^2$,因此可以求得电场矢量的峰值为

$$E_0 = \sqrt{\frac{2\overline{S}}{c\varepsilon_0}} = \sqrt{\frac{2\times7.96\times10^{14}}{3\times10^8\times8.85\times10^{-12}}}\ \text{V/m} = 7.74\times10^8\ \text{V/m}$$

故磁场矢量的峰值为

$$B_0 = \frac{E_0}{c} = 2.58\text{T}$$

(2)因为垂直入射且镜面对激发束是全反射的,所以根据式(1-15a),镜面所受到的光压表示为

$$\overline{p} = \frac{1}{c}E_0 H_0 = \frac{7.74\times10^8\times2.58}{3\times10^8\times4\times3.14\times10^{-7}}\ \text{N/m}^2 = 2.12\times10^7\ \text{N/m}^2$$

激光束对镜面产生的压力的大小为

$$\overline{F} = \overline{p}\Sigma = 2.12\times10^7\times3.14\times(0.8\times10^{-3})^2\ \text{N} = 42.6\ \text{N}$$

1.2　现代物理学的建立

1.2.1　经典物理学的成熟标志——三次大综合

17—19 世纪,物理学经历了三次大综合。物理学的第一次大综合以牛顿力学体系的建立为标志,第二次大综合以麦克斯韦电磁场理论的建立为标志,第三次大综合则以热力学基本定律的确立并发展出相应的统计理论为标志。

1)第一次大综合:牛顿力学体系

经典力学的奠基者伽利略于 1638 年出版了《关于两门新科学的对话》,标志着近代力学的诞生。17 世纪,牛顿力学构成了完整的体系,这是物理学第一次伟大的综合。牛顿实际上建立了两个定律,一个是运动定律,一个是万有引力定律。运动定律描述了在力的作用下物体是怎么运动的,它包含三个层次内容,又称为牛顿三大运动定律,牛顿第一定律是惯性

定律,牛顿第二定律是加速度定律,牛顿第三定律是作用和反作用定律;万有引力定律则描述物体之间的基本相互作用。牛顿把运动定律和万有引力定律相结合,用来研究行星的运动或者地球上的抛体运动,因为这两种运动都受到万有引力的影响。牛顿不仅从物理上总结出这两个重要的力学规律,同时还发展了数学,成为微积分的发明人之一。他用微积分、微分方程来解决力学问题。

按照牛顿运动定律写出运动方程,若已知初始条件——物体的位置和速度,就可以求出以后任何时刻物体的位置和速度。19 世纪,科学家们一方面用新的、更简洁的形式重新表述经典力学的牛顿运动定律,如拉格朗日方程组、哈密顿方程组等,拓展了牛顿力学的内涵。另一方面,将牛顿运动定律推广到连续介质的力学问题中去,出现了弹性力学、流体力学等分支,这些分支学科在 20 世纪有了更大的发展,尤其是流体力学,推动了航空航天业的飞速发展。因此,直到现在,牛顿运动定律还起着非常重要的作用,是大学物理课程中不可或缺的组成部分。

2) 第二次大综合:麦克斯韦电磁场理论

历史上,电学与磁学是分别被发现和研究的。直到 19 世纪 20 年代,科学家才发现电与磁之间的联系。首先,奥斯特发现了电流的磁效应;然后,安培发现了电流与电流之间的相互作用规律;再后来,法拉第提出了电磁感应定律,这使得电与磁连成一体;最后,在 19 世纪中叶,麦克斯韦提出了统一的电磁场理论,实现了物理学的第二次大综合。

电磁规律与力学规律有一个截然不同的地方。根据牛顿的设想,力学考虑的相互作用,特别是万有引力相互作用,是超距的相互作用,没有力的传递问题(用现代观点看,引力是通过引力波来传递的),而电磁相互作用是场的相互作用。从粒子的超距作用到电磁场的场相互作用,在观念上发生很大变化,极大地突出了场的作用。

交变的电场可以激励产生交变的磁场,交变的磁场也可以激励产生交变的电场,两者之间不断地相互作用,彼此相互激励形成电磁波的传播,这一点由赫兹在实验室中证实了。电磁波不只包括无线电波,实际上包括很宽的频谱,其中很重要的一部分就是光波。光学在过去是与电磁学完全分开发展的,但麦克斯韦电磁场理论建立以后,光学也变成了电磁学的一个分支,电学、磁学和光学得到了统一。这个统一对工程技术领域有着重要意义,发电机、电动机都是以电磁感应理论为基础而制成的。电磁波的应用导致现代的无线电技术。直到现在,电磁学还是在工程技术领域起主导作用的一门学科,因此,在大学物理学中电磁学始终保持重要地位。

电磁学牵涉到在什么参考系中考察问题和运动导体的电动力学问题。直观地说,电流即电荷的流动产生磁效应,但判断电荷是否流动就牵涉到观察者的参考系问题。光学属于电磁学的一部分,所以这个问题涉及光的传播与参考系的关系。迈克耳孙-莫雷实验表明在惯性系中真空中的光速为不变量。这一实验结果肯定了在惯性系统中电磁学遵循同一规律,成为导致后来的爱因斯坦狭义相对论诞生的重要实验基础。狭义相对论基本可以认为是电磁学理论的进一步发展和推广。但是迈克耳孙-莫雷实验的结果在 19 世纪还没能解释清楚,这是 19 世纪遗留的一个重要问题。

3) 物理学的第三次大综合:热力学基本定律及相应的统计理论

物理学的第三次大综合是从热力学开始的,热力学问题是关于大量物体运动规律的问题。这次综合牵涉到热力学的两大基本定律——热力学第一定律与热力学第二定律,即能量守恒定律和熵增加原理。这两条定律确定了热力学的基本理论,但是人们不满足于这样单纯地、宏观地描述物理现象,于是发展了分子动力学,从微观角度来说明气体状态方程等宏观规律。同时,建立了经典统计力学。

这些研究加深了人们对物质性质的理解,特别是物质的热力学性质,促进了物理学与现代化学的发展。但是一些有实证论哲学倾向的学者,如马赫等对玻耳兹曼的原子论提出了猛烈的批评,形成了 19 世纪末物理学界的一场大辩论:原子到底是真的,还是人们为了说明问题而提出的假设? 这个问题直到 1905 年爱因斯坦提出布朗运动理论,并得到实验证实后,才得到了圆满解释。原子论终于得到了学术界的公认。关于热力学的循环及其效率的研究,进一步推动了蒸汽机的应用。

物理学的三次大综合及其取得的辉煌成就,标志着经典物理学已经发展成熟。英国皇家学会在处于世纪之交的 1900 年召开了一次庆祝大会,会上英国著名物理学家开尔文勋爵在总结 19 世纪物理学取得的伟大成就时说道:"物理学的大厦已经基本建造完成,后人只需要在上面做一些无关大体的细节工作。只是天边还有两朵小小的、令人不安的乌云。"这两朵乌云,就是指当时物理学无法解释的两个实验:黑体辐射实验和迈克耳孙-莫雷实验。

综上所述,虽然 19 世纪末 20 世纪初,经典物理已经发展的近乎完美和成熟,并且给人类社会带来了两次工业革命:对热力学循环及热机效率的研究,为蒸汽机的应用奠定了理论基础,带来了第一次工业革命;对电磁学的研究和电磁场理论的建立,推动了工业电气化和无线电通信技术的发明和应用,带来了第二次工业革命。这两次工业革命使社会生产力大大提高,人民的生活水平显著提高,科学技术转换为生产力,成为推动人类社会发展进步的动力,得到了各国的重视。然而,随着技术的发展,实验探索的目标更加明确,极端条件实验和高精度测量结果,让科学家们得到了一系列无法用经典物理理论解释的问题,吹响了向新物理学领域进军的号角,正如开尔文在演讲"热和光的动力理论上空的 19 世纪乌云"所说的:"古典物理学本来十分晴朗的天空出现了两朵乌云。正是这些乌云带来了世纪之交的这场物理学革命。"由此催生出物理学的两大突破:一个是普朗克提出的量子的概念;另一个是爱因斯坦提出的狭义相对论的时空观。

1.2.2 迈克耳孙-莫雷实验 光速不变

1. 迈克耳孙-莫雷实验

19 世纪后期,科学家相信他们对宇宙的完整描述已经接近尾声,宇宙空间充满了一种称为"以太"的连续介质。和空气中的声波一样,光线和电磁信号是"以太"中的波。迈克耳孙-莫雷实验是为了测量"以太"的速度而设计的一种实验方案。在该实验方案中,迈克耳孙根据光波分振幅干涉原理制成了一种干涉仪,其基本结构如图 1-8(a)所示。图中,M_1 和 M_2 是一对精密磨光的平面反射镜,M_1 是固定的,M_2 是可动的,它可用螺旋调节作微小移动。G_1 和 G_2 是两块材料相同、厚度相同的玻璃板,它们平行放置。G_1 的背面镀有很薄的银膜,从而使从光源射出的光线在这里被分为光强大致相等的两部分,一半发生反射,一半发生透射,所以又称为光束分离板。

迈克耳孙-莫雷实验的主要原理是:由光源 S 发出的光线在半反射镜 G_1 上分为两束。一束透过 G_1,被 M_2 反射后回到 G_1,再被 G_1 反射后到达目镜 P;另一束被 G_1 反射至 M_1,

再由 M_1 反射回到 G_1，透过 G_1 后到达目镜 P，如图 1-8(b)所示。调整两臂长度使有效光程 $G_1M_1 = G_1M_2$，若地球相对于以太(也就是所谓的绝对参照系)的绝对运动速度方向沿 G_1M_2 方向，则由于光线沿 $G_1M_1G_1$ 与沿 $G_1M_2G_1$ 的传播时间不同，光路 1 和光路 2 存在光程差 Δe。由于进入目镜 P 的两束光是相干光，相互叠加产生干涉条纹，可观察到的干涉条纹数为 ΔN，则有

$$\Delta e = \Delta N \cdot \frac{\lambda}{2}$$

式中，λ 是光的波长。

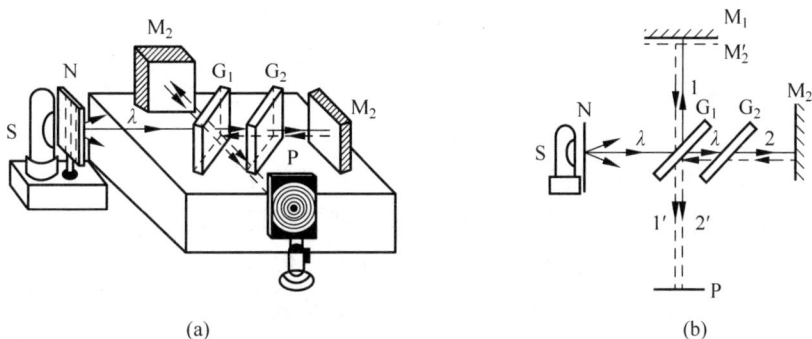

图 1-8　迈克耳孙干涉仪的结构和光路图

(a) 基本结构；(b) 光路图

2. 光速不变

根据迈克耳孙和莫雷的估算，如果地球和以太存在相对运动，则两臂交换后干涉条纹应该移动 0.4 个条纹，然而实验结果得到的上限为 0.01 个条纹，光程差近似为 0，这表明光速不变。

当时有许多科学家提出种种不同的假说来解释迈克耳孙-莫雷实验，但他们对以太的假说和绝对时空观——伽利略变换都采取毫不怀疑的态度，导致他们的努力都失败了。1905 年，爱因斯坦抛弃了没有事实根据的以太假说和经典力学的绝对时空观——伽利略变换，提出了光速不变性，认为光的传播速度与惯性速度无关。按照光速不变原理可以很简单地解释迈克耳孙-莫雷实验的结果。因为在仪器中沿两臂来回传播的光速都是 c，所以两束光同时到达望远镜 T，而不会有任何的时间差。

1.2.3　相对论的创立过程

1904 年，洛伦兹为了解释迈克耳孙-莫雷实验，提出了洛伦兹变换，根据他的设想，观察者相对于"以太"以一定速度运动时，相对于"以太"运动的物体在运动方向的尺寸会收缩，从而抵消了不同方向上的光速差异，以此来解释迈克耳孙-莫雷实验的光程差为零的结果。他同时指出，相对于"以太"运动的时钟会变慢。

直至 20 世纪初，科学家通过一系列物理实验才证明"以太"不存在，"以太"不存在主要有如下三点依据。

(1)"以太"存在难以想象。当时的"以太"学说认为："以太"是一种刚性的粒子，同时

又是如此稀薄,以致物质在穿过它们时几乎完全不受到任何阻力。然而,没有任何实验测量到"以太"这种物质的存在。用麦克斯韦方程来理解光(电磁波),却难以解释光在介质中的传播速度变慢的现象。因为介质密度越小,折光率越低,光(电磁波)的速度越快。一般情况下,在真空中的光速为 $c(2.99792 \times 10^8 \mathrm{m/s})$,在空气中光速非常接近于 c,在水中光速约为 $\frac{3}{4}c$,在玻璃中光速约为 $\frac{2}{3}c$。恒星发出的光穿越长度为数光年的"以太"来到地球,然而,这些坚硬无比的"以太"却不能阻挡任何一颗行星或者彗星的运动,哪怕是最微小的灰尘也不行! 因此许多科学家怀疑"以太"的存在。

(2) 由麦克斯韦方程组导出的电磁场理论能够成功地解释光的波动性和偏振现象,统一了光和电磁现象。但通过该方程得出光速 $c = 1/\sqrt{\varepsilon_0 \mu_0}$,是不变的常量,其中 ε_0 是真空介电常数,μ_0 是真空磁导率,这是实验测量结果,被公认为常数。那么,真空被认为没有物质存在,为何真空电导率和真空磁导率是常数而不是 0?

(3) 根据"以太"理论,光线传播速度相对于"以太"应是一个定值,因此,如果探测器沿着与光线传播方向相同的方向行进,所测量到的光速应比探测器在静止时测量到的光速低;反之,所测量到的光速应比静止时测量到的光速高。但是,一系列实验都没有找到造成光速差别的证据。典型的迈克耳孙-莫雷实验的光程差为零的结果,显然同经典物理学中关于时间、空间和"以太"的概念相矛盾。

总之,电磁场理论的发展,使物理学面临着一场非常大的危机,对于经典物理的大厦,人们扶起了东墙而倒了西墙,扶起了西墙又倒了东墙。对于这样的问题,其解决出路只有两条:一条是肯定电磁学理论得出的结论,修改伽利略变换;另一条是坚持伽利略变换是正确的,在此基础上修改麦克斯韦方程组。历史上,科学家们曾选择了第二条道路,可屡遭失败。后来爱因斯坦选择了第一条道路并获得成功。

爱因斯坦从这些实验事实出发,对空间、时间的概念进行了深刻的分析,大胆抛弃了"以太"学说,认为光速不变是基本的原理。他于 1905 年在《论运动物体的电动力学》的前言中写道:"'光以太'的引用将被证明是多余的。"他在论文中系统地提出了后来被称为狭义相对论的理论。之所以叫作相对论,是因为这个理论的出发点是两条基本假设:第一条是相对性原理,即在一切惯性系中物理规律都相同;第二条是真空中光速不变,即不管在哪个惯性系中,测得的真空光速都相同。这两条假设是不矛盾的,在一切惯性系中,麦克斯韦方程组都相同,就必然在一切惯性系中有相同的真空电磁波速(即光速)。狭义相对论摒弃了牛顿的绝对时空观,认为空间、时间与运动有关,得出了质量与能量的简单关系,以及关于高速运动物体的力学规律。这为后来的粒子加速器技术的发展起到了至关重要的作用。

狭义相对论适用于惯性参考系下,描述高速运动物体的相对论时空观、相对论运动规律及其动力学性质。但是狭义相对论不适用高速运动的物体在非惯性参考系的运动,例如,行星绕恒星的轨道运动,加速惯性系中物体的高速运动性质等。为了解决这些问题,爱因斯坦把狭义相对论拓展到非惯性参考系。爱因斯坦受到"引力所决定的运行轨道和运行物体的质量无关"这个结论的启发,认为万有引力效应是空间、时间弯曲的一种表现,于 1915 年提出了广义相对论。根据广义相对论,空间、时间的弯曲结构取决于物质的能量密度、动量密度在空间和时间中的分布;而空间、时间的弯曲又反过来决定物体的运行轨道。

广义相对论是一种引力理论,认为引力是时空弯曲的结果,很好地解释了水星近日点的进动问题。它预言引力会引起光的频率变化,即引力频移,同时预言光线在引力场中会弯曲。这些都被天文观察所证实。由此可见,广义相对论对于天体的结构和演化乃至宇宙的结构和演化的研究都有重要意义。

广义相对论引入物体的惯性质量和引力质量两个概念。惯性质量和引力质量的数值是相同的,在牛顿力学中对此仅加以承认,而无法解释。爱因斯坦基于这两种质量相等,提出了等效原理,阐述了惯性质量和引力质量是相等的。事实上,大量实验证实,在一定精确度(比如 10^{-9})内,二者确实是一样的。相对论使经典物理学达到登峰造极的境地。

1.2.4 量子力学的诞生

1897 年,J. J. 汤姆孙发现了电子,使人们认识到原子不是不可分割、永恒不变的,而是具有内部结构的粒子。19 世纪末,科学家们发现无法利用经典物理学理论解释黑体辐射的实验结果和光电效应。为此,普朗克和爱因斯坦提出了同经典物理学理论相矛盾的假设:光是由一粒一粒的光子组成的,每一粒光子的能量为

$$E = h\nu \tag{1-16}$$

式中,ν 为光的频率,常数 h 称为普朗克常量。根据式(1-16)导出的结论和黑体辐射及光电效应的实验结果相符合,于是,在 19 世纪初被否定了的"光微粒说"又以新的形式出现。

1911 年,E. 卢瑟福通过 α 粒子散射实验发现原子的绝大部分质量以及内部的正电荷都集中在原子中心一个很小的区域内,这个区域的半径只有原子半径的 1/10000 左右,因此称为原子核。这才使人们对原子的内部结构有了一个定性的、符合实际的概念。

然而,用经典物理学理论来解释原子的内部结构和原子发射出来的光的频谱时遇到了不可克服的困难。为了解释原子的结构和原子光谱的规律,N. 玻尔提出了氢原子理论。他认为在经典力学理论所容许的所有运动状态中,只有那些电子的轨道角动量为 h 的整数倍的状态才是客观规律所允许的状态。因此原子内部电子围绕原子核运动的能量只能取一系列分立的数值,称为能级。原子吸收或放出光子时,就从一个能级跃迁到另一个能级,光的频率 ν 和光子的能量 E 之间如式(1-16)所表达的关系。光子的能量 E 为这两个能级的能量差。

玻尔的氢原子理论在解释氢原子的结构和光谱时取得了很大的成功,但用它来研究氦原子结构时就遇到了困难。

显然,经典物理学理论的可用范围不包括微观世界;普朗克、爱因斯坦、玻尔的学说虽然包含了微观世界的部分真理,但都不是微观世界物理现象完整的基本理论。

在 20 世纪 20 年代中后期,一批科学家在前人的理论基础上,创建了量子力学和量子电动力学。其中,德布罗意提出了波粒二象性和物质波假设;海森伯不仅和伯恩等人创建了矩阵力学,还提出了不确定原理;薛定谔建立了波动方程;泡利提出了电子自旋假设。量子力学区别于经典力学和经典电动力学的主要特点是:①物理量所能取的数值经常是不连续的,只是某些物理量在一定范围内可以近似为连续值;②它们所反映的规律不是确定性的规律,而是概率统计规律。这两个特点之间又存在着密切的联系。用量子力学以及后来的量子电动力学研究原子结构、原子光谱、原子发射、吸收、散射光的过程,以及电子、光子和电磁场的相互作用和相互转化过程取得了很大的成功,理论结果同最精密的实验结果相符合。

量子力学的最基本性质是微观客体具有波粒二象性,即所有一切微观粒子如光子、电子、原子等都具有波粒二象性。对于所有微观粒子,能量 E 和频率 ν 之间的关系为 $E=h\nu$、动量 p 和波长 λ 之间的关系为 $p=h/\lambda$。这两个关系式表达了微观客体粒子性和波动性之间的深刻联系。

粒子性和波动性是人们在宏观世界的实践中形成的概念,它们各自描述了截然不同的客体,因此,波动性和粒子性被割裂开来,但这种概念不能独立地客观地描述微观物体的性质。实际上,粒子性和波动性两种概念互相补充,才能全面地反映微观物体在各种不同的条件下所表现的特性,这就是波粒二象性。

波粒二象性的另一种表现方式是海森伯的不确定关系,具体表述为:不可能同时测准一个粒子的位置和动量,位置测得越准,动量必然测得越不准;动量测得越准,位置必然测得越不准。不确定关系的表达式是:$\Delta x \cdot \Delta p \geqslant h$,式中 Δx 是沿 x 方向位置测量的不确定范围,Δp 是沿 x 方向动量测量的不确定范围。

波粒二象性已经包含在量子力学的数学形式中。在量子力学中物理量由算符表示,物理量所能取的数值就是算符的本征值,本征值常常是不连续的,粒子性就是这种不连续性的一种表现;物理状态由波函数表达,波动性就是波函数所描述的统计性质的一种表现。

对量子力学数学形式体系的诠释总体来看可分为两大派系:以玻恩、海森伯、泡利以及狄拉克为代表的哥本哈根主流学派非决定论概率解释;以薛定谔、德布罗意、爱因斯坦为代表的非主流学派决定论解释。

哥本哈根主流学派认为,原子的波粒二象性呈现的矛盾是由我们的宏观描述语言受到限制所引起的。玻恩认为,波函数 $|\psi|^2 d\tau$ 量度了在微元体积 $d\tau$ 中找到粒子的概率,其中 $|\psi|^2$ 称为概率密度。ψ 既不代表物理系统,也不代表系统的任何物理属性,只是人们对系统的某种认识。这表明,波函数只具有客观性,而无实在性。这种认识是哥本哈根学派概率解释理论的基础。海森伯提出了不确定原理,指出在微观世界一个事件并不是断然决定的,它存在一个发生的可能性,这种不确定性正是量子力学中出现统计关系的根本原因,是宏观语言不能描述的缘由。

决定论解释的代表人物是薛定谔,他把电子看作实质上是一团带电物质作松紧振动的实体波,物质波完全可以像电磁波、声波那样在时空传播,原子发光就像天线发射无线电波那样容易解释。这就排除了量子跃迁之类含糊不清的粒子概念。另一重要代表人物德布罗意认为,量子力学的波动方程具有两种不同的解,一种是具有统计意义的连续波函数 ψ,另一种是奇异解。奇点构成所讨论的粒子。具有统计意义的连续解为平面单色波,它起着导航作用,指导电子的行动。

当所研究的现象中,坐标值和动量值的乘积远远大于 h 时,量子力学理论所得到的结果就趋近于经典力学理论和经典电动力学理论所得到的结果。例如,观察不到宏观物体的波动性的原因是相应的波长太短。一个质量为 1g 的物体以 1cm/s 的速度运动,相应的波长约为 6×10^{-27} cm,远远超出了目前实验技术所能测量的精度。因此经典力学理论和经典电动力学理论仍然是很好的能反映宏观力学现象和宏观电磁现象的规律的相对真理。

量子学说在电子工业、核物理学、原子能等诸多领域已经得到广泛的应用,例如,其已经被应用于电子显微镜、激光器和半导体设备等现代仪器的制作中。量子学说是构成现代光谱学的基础,并被广泛地应用于天文学和化学领域,诸如液态氢的特性、星体的内部构造、铁磁性和放射性等。

1.3　狭义相对论的时空观

　　大学物理中的牛顿力学理论主要用于研究宏观物体在惯性系中的低速运动问题。到了19 世纪末,随着物理学的进一步发展,逐渐深入高速运动领域,人们在研究电磁波的传播速度如光速与参考系之间的关系时,发现经典力学理论与电磁场理论和实验之间出现诸多矛盾。当时的许多物理学家因无法用经典理论来解释这些矛盾而深感苦恼。其中,爱因斯坦冲破了传统观念的束缚,于 1905 年提出了时间和空间的相对性,建立了在惯性系中高速运动的理论,创立了“相对论”。他圆满地解释了上述矛盾,并使物理学发生了一场深刻的革命,成为 20 世纪物理学最伟大的成就之一。

　　相对论分为狭义相对论和广义相对论两部分。前者研究的是惯性系中的高速运动问题,后者研究的是非惯性系中的运动问题。

　　狭义相对论的核心研究内容是运动的相对性问题,并且讨论了包括高速运动的更普遍情形。它是以科学事实为依据建立起的新理论,已得到了实验的检验。因此,我们在学习相对论时,一定要注意摆脱习以为常的绝对时空观的束缚,接受时空测量与运动有关的新时空观。

　　时空观就是人类对有关时间和空间的物理性质的认识。人类所从事的一切实践活动都是在一定的时间、空间范围内进行的。时空观同自然科学的发展是密切相关的。科学上的重大变革往往伴随着新时空观的产生。在两千多年前,古希腊科学家和哲学家亚里士多德认为地球是个球形,“上”和“下”方向是相对的,提出了空间方向上的相对性,这是人类走向科学时空观的重要一步。

1.3.1　伽利略变换

　　伽利略速度合成律是建立在牛顿惯性系中的两个平移坐标系之间坐标转换的规律,是牛顿绝对时空思想的数学体现。图 1-9 是两个相对运动的坐标系,若将坐标系 $Oxyz$ 作为参考系 S,坐标系 $O'x'y'z'$ 作为运动坐标系 S',则以上关于 S 到 S' 的变换关系称为伽利略变换。

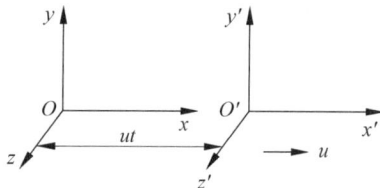

图 1-9　两个相对运动的坐标系

　　(1) 坐标变换为

$$x = x' + ut, \quad y = y', \quad z = z' \tag{1-17a}$$

或

$$x' = x - ut, \quad y' = y, \quad z' = z \tag{1-17b}$$

　　(2) 速度变换为

$$v_x = v'_x + u, \quad v_y = v'_y, \quad v_z = v'_z \tag{1-18a}$$

或

$$v'_x = v_x - u, \quad v'_y = v_y, \quad v'_z = v_z \tag{1-18b}$$

　　(3) 空间中任意两点间的距离保持不变,即

$$\Delta L = \Delta L'$$
(1-19)

当将伽利略坐标变换形式应用到发光体发出的光的运动速度合成问题上时,就会出现与实际不符的矛盾,这不是伽利略变换本身的错误,而是伽利略忽略了一个事实:发光体发出的光子的运动速度与发光体的运动无关,只与发光体内提供的发射光子的能量大小有关。

牛顿的绝对时空观认为时间和空间是两个独立的观念,彼此之间没有联系,分别具有绝对性。绝对时空观认为,时间、空间的度量与惯性参考系的运动状态无关,同一物体在不同惯性参考系中观察到的运动学量可通过伽利略变换而互相联系。

经典时空观首先由牛顿明确提出,他在名著《自然哲学的数学原理》一书中,对绝对时间和绝对空间作了明确的表述,因此又称为牛顿时空观。所谓绝对,是指时间和空间与观测者的运动状态无关。实际上,绝对时空观是人们在低速状态下的经验总结。

1.3.2 相对论的基本假设 洛伦兹变换

狭义相对论是在光学和电动力学实验同经典物理学理论相"矛盾"的激励下产生的。1905年以前,科学家已经发现了如下的一些电磁现象与经典物理概念相"抵触"。

(1)迈克耳孙-莫雷实验没有观测到地球相对于"以太"的运动,同经典物理学理论的"绝对时空"和"以太"概念产生了矛盾。

(2)运动物体的电磁感应现象呈现出相对性——无论是磁体运动还是导体运动,其效果一样。

(3)电子的电荷与惯性质量之比(荷质比)会随着电子运动速度的增加而减小。此外,电磁学中的定律不满足牛顿力学中的伽利略相对性原理。

关于迈克耳孙-莫雷实验没有观测到地球相对于"以太"的运动,已经在1.2.2节中介绍,下面主要介绍狭义相对论的时空观。

1. 相对论两个基本假设

为了从理论上解释两个物理事件:一是麦克斯韦方程组预言了电磁波的存在,电磁波以光速在空间传播;二是迈克耳孙-莫雷实验观测"以太"速度失败的原因,1905年爱因斯坦从两条全新的物理学假设出发,演绎、推导出一系列结论,这些结论又一一被实验所证实。后来,这两个假设也不再称为假设了,而是改称为狭义相对论的两条基本原理。

(1)相对性原理。一切物理定律(除引力外的力学定律、电磁学定律以及其他相互作用的动力学定律)在一切惯性系中都具有相同的形式。或者说,所有惯性系都是平权的,在它们中所有物理规律都一样。也可以说,一切物理定律(除引力外)的方程式在洛伦兹变换下保持形式不变。不同时间进行的实验给出了同样的物理定律,这正是相对性原理的实验基础。

(2)光速不变原理。光在真空中总是以恒定的速度 c 传播,速度的大小同光源的运动状态无关,这称为光速不变原理。或者说,在真空中的各个方向上,光信号传播速度(即单向光速)的大小均相同(即光速各向同性);光速同光源的运动状态和观察者所处的惯性系无关。这个原理同经典力学理论不相容。利用这个原理,能够准确地定义不同地点的同时性。

2. 洛伦兹变换

1904 年,洛伦兹提出了用于解释迈克耳孙-莫雷实验的洛伦兹变换。按照洛伦兹的构想,观察者相对于"以太"以一定速度运动时,"以太"(即空间介质)长度在运动方向上发生收缩,抵消了不同方向上的光速差异,从而解释了迈克耳孙-莫雷实验的光程差为零的结果。

为了研究相对运动,假设有两个惯性坐标系为 S 系和 S' 系,S' 系的原点 O' 相对 S 系的原点 O 以速率 u 沿 x 轴正方向运动。任意一个事件在 S 系、S' 系中的时空坐标分别为 (x, y, z, t)、(x', y', z', t'),t、t' 分别是 S 系和 S' 系中的某一时刻。两惯性坐标系重合时,分别开始计时。

若 $x=0$,则 $x'+u \cdot t'=0$,这是变换须满足的一个必要条件。因此,猜测任意一事件的坐标从 S' 系到 S 系的变换为

$$x = \gamma(x' + u \cdot t') \tag{1-20a}$$

式中引入了常数 γ,称为洛伦兹因子。

根据相对性原理,即不同惯性系的物理方程的形式应相同。类似地,事件坐标从 S 系到 S' 系的变换为

$$x' = \gamma(x - u \cdot t) \tag{1-20b}$$

同时,使 y' 与 y、z' 与 z 的变换保持不变,即 $y'=y$,$z'=z$。

把式(1-20b)代入式(1-20a),解得 t' 与 t 遵循下列关系:

$$t' = \gamma \cdot t + \frac{(1-\gamma^2) \cdot x}{\gamma u} \tag{1-21a}$$

在上面推导的基础上,引入光速不变原理,求解 γ 的取值。

由重合的原点 $O(O')$ 发出一束沿 x 轴正方向的光,设光束的波前坐标分别为 (x, y, z, t)、(x', y', z', t')。那么,利用光速不变原理可以得出:坐标值 x 等于光速 c 与时刻 t 的乘积,坐标值 x' 等于光速 c 与时刻 t' 的乘积,即

$$x = ct, \quad x' = ct'$$

将式(1-20a)的 x 和式(1-20b)的 x' 相乘得到

$$xx' = \gamma^2(xx' - x'u \cdot t + xu \cdot t' - u^2 tt')$$

把 $x=ct$,$x'=ct'$ 代入上式,经过计算化简得洛伦兹因子 $\gamma = 1 \Big/ \sqrt{1-\left(\dfrac{u}{c}\right)^2} = \dfrac{1}{\sqrt{1-\beta^2}}$,其中

$\beta = \dfrac{u}{c}$。把 γ 代入式(1-21a)计算得到

$$t' = \gamma(t - u \cdot x/c^2) \tag{1-21b}$$

综合以上推导,得到 S 系到 S' 系的洛伦兹变换为

$$\begin{cases} x' = \gamma(x - u \cdot t) \\ y' = y \\ z' = z \\ t' = \gamma\left(t - \dfrac{ux}{c^2}\right) \end{cases} \tag{1-22a}$$

根据相对性原理,由式(1-20a)得 S' 系到 S 系的洛伦兹变换

$$\begin{cases} x = \gamma(x' + u \cdot t') \\ y = y' \\ z = z' \\ t = \gamma\left(t' + \dfrac{ux'}{c^2}\right) \end{cases} \qquad (1\text{-}22b)$$

式(1-22a)和式(1-22b)是观测者在不同惯性参考系之间对物理量进行测量时所满足的转换关系，它是由荷兰物理学家 H. A.洛伦兹建立的，因此称为洛伦兹变换。

当 $u \ll c$ 时，$\gamma \to 1$，洛伦兹变换过渡为伽利略变换，因此，伽利略变换是洛伦兹变换在低速下的极限形式。下面推导洛伦兹速度变换公式。

根据相对性原理，由式(1-22a)出发，可以推导出从 S' 系到 S 系之间速度变换公式。其中，沿 x' 方向的速度为

$$v'_x = \frac{\mathrm{d}x'}{\mathrm{d}t'} = \gamma \frac{\mathrm{d}(x - ut)}{\mathrm{d}t} \cdot \frac{1}{\mathrm{d}t'/\mathrm{d}t} = \frac{v_x - u}{1 - uv_x/c^2}$$

类似地，可以推导出 v'_y 和 v'_z。

同理，可以推导出从 S 系到 S' 系的速度变换公式 v_x、v_y 和 v_z。这就建立了洛伦兹坐标变换下的速度变换方程组：

$$\begin{cases} v'_x = \dfrac{v_x - u}{1 - uv_x/c^2} \\ v'_y = \dfrac{v_y}{\gamma(1 - uv_x/c^2)} \\ v'_z = \dfrac{v_z}{\gamma(1 - uv_x/c^2)} \end{cases} \quad \text{或} \quad \begin{cases} v_x = \dfrac{v'_x + u}{1 + uv'_x/c^2} \\ v_y = \dfrac{v'_y}{\gamma(1 + uv'_x/c^2)} \\ v_z = \dfrac{v'_z}{\gamma(1 + uv'_x/c^2)} \end{cases} \qquad (1\text{-}23)$$

当 $u \ll c$ 时，$\gamma \to 1$，式(1-23)过渡到伽利略相对性下的速度变换式。

由洛伦兹变换结合动量定理和质量守恒定律，可以得出狭义相对论的所有结论。例如，当观察者相对于"以太"以一定速度运动时，"以太"（即空间介质）长度在运动方向上发生收缩，抵消了不同方向上的光速差异，这就解释了迈克耳孙-莫雷实验的光程差为零的结果。

狭义相对论将"真空中的光速为常量"作为基本假设，结合狭义相对性原理和上述时空的性质可以推出洛伦兹变换。但狭义相对论强调空间和时间并不相互独立，而是一个统一的四维时空整体，并不存在绝对的空间和时间。在狭义相对论中，整个时空仍然是平直的、各向同性和各点同性的，这是一种对应于"全局惯性系"的理想状况。

3. 相对论中同时性和相对性

1）同时性的相对性

如果有一列车相对站台以速度 u 向右运动，当列车上的首尾两点 A'、B' 与站台上的 A、B 重合时，站台上的 C 观察到 A、B 两人同时向对方开枪（激光枪）。那么，可以用洛伦兹变换来分析列车上 C' 的观察结果。

（1）在 S 系（地面）中，

$$x_A = l, \quad x_B = 0, \quad t_A = t_B, \quad \Delta t = 0（同时）$$

（2）在 S' 系（列车）中，

$$t'_A = \gamma\left(t_A - \frac{u}{c^2}x_A\right)$$

$$t'_B = \gamma\left(t_B - \frac{u}{c^2}x_B\right)$$

$$\Delta t' = t'_A - t'_B = \gamma(t_A - t_B) - \frac{u}{c^2}(x_A - x_B) \tag{1-24}$$

讨论　（1）根据式(1-24)，若在 S 系中观察到同时异地发生的事件，则在 S' 系中观察到的事件是不同时的。由于

$$t'_A - t'_B = -\frac{u}{c^2}(x_A - x_B) = -\frac{ul}{c^2} < 0$$

上式表明，A 是先发生的，而 B 后发生，因此 C' 观察到 A 先开枪。这说明，对于站台参考系同时的事件，对于列车参考系不是同时的，事件的同时性因参考系的选择而异，这就是同时性的相对性。

（2）若在 S 系中同时同地，则在 S' 系中也同时同地。

（3）如果在 S 系中观察到 B 先开枪，A 观察到 B 开枪后马上开枪，则在法庭上 C 和 C' 会不会提供相反的证词呢？

在 S 系中，

$$x_B = 0, \quad x_A = l, \quad t_B = 0, \quad t_A = \frac{l}{c}（光信号传输时间）$$

故

$$\Delta t = t_A - t_B = \frac{l}{c} > 0, \quad \Delta x = x_A - x_B = l > 0$$

因此，不同时也不同地。

在 S' 系中，

$$t'_A = \gamma\left(t_A - \frac{u}{c^2}x_A\right), \quad t'_B = \gamma\left(t_B - \frac{u}{c^2}x_B\right)$$

$$\Delta t' = t'_B - t'_A = \gamma \cdot \left(-\frac{l}{c}\right) + \gamma \cdot \frac{u}{c^2} \cdot l = -\sqrt{\frac{1-\beta}{1+\beta}} \cdot \frac{l}{c} < 0$$

其中，$\beta = \frac{u}{c}$。即 C' 仍然认为 $B(B')$ 先开枪，$A(A')$ 后开枪，只不过是其时间间隔变小而已 $\left(由\ l/c\ 变为\ \sqrt{\frac{1-\beta}{1+\beta}} \cdot \frac{l}{c}\right)$，即站台上和列车上 C' 观察到的结果与讨论(1)的情况相反。这说明，有因果关系的事件的先后顺序是不会发生变化的。

　2）运动的尺子变短

设有两个观察者，分别在 S 系和 S' 系中测量沿 xx' 轴放置的刚性棒，此棒相对于 S' 系静止不动。在 S' 系中测得棒两端点的坐标分别为 x'_1、x'_2，可知棒的长度为 $L_0 = x'_2 - x'_1$，那么在 S 系中怎样测量此棒的长度呢？他必须在某一时刻同时测量其端点坐标 x_1、x_2，则

S 系中棒的长度为 $L = x_2 - x_1$。令 $\beta = \dfrac{u}{c}$，则由洛伦兹变换可得

$$x'_1 = \frac{x_1 - ut_1}{\sqrt{1 - \beta^2}}, \quad x'_2 = \frac{x_2 - ut_2}{\sqrt{1 - \beta^2}}$$

注意，这里 $t_1 = t_2$，因此有 $x'_2 - x'_1 = \dfrac{x_2 - x_1}{\sqrt{1 - \beta^2}} = \gamma L$，即

$$L_0 = \gamma L$$

或

$$L = \frac{L_0}{\gamma} = L_0 \sqrt{1 - \beta^2} \tag{1-25}$$

这说明，与棒有相对运动的观测者测得棒的长度要比相对于棒静止的观测者测得的 L_0 短一些，这种效应称为尺缩效应。其中，L_0 称为固有长度。

在狭义相对论中，所有的惯性系彼此间是等价的，不承认有绝对静止的参考系。与固有长度相比，其他参考系测得的长度都有收缩效应，所以，也不存在哪一根尺子缩短的问题。尺缩效应是同时性的相对性带来的时空属性，而不是一种物质过程，这与我们在不同位置测量得某一建筑物的倾角不同是同样的道理。下面讨论"雷击问题"。

如图 1-10 所示，在地面参考系中，列车与隧道等长，均为 l，对地面的观察者来讲，当列车全部进入隧道时，在出口和入口同时打雷，列车能被击中吗？

讨论 对于地面的观察者，当然没有问题，列车会安然无恙。而对于列车上的观测者，错误的解释如下：在 S' 系中看来，隧道短于列车，故会击中列车，这不是矛盾吗？

正确的解释为：其关键仍是同时与相对的问题。如图 1-11 所示，这里的同时，对 S 系是成立的，但对 S' 系则是不成立的，A' 处的雷击在先，这时列车还没出洞口，而 B' 处的雷击在后，这时车尾已进入隧道。具体计算如下。

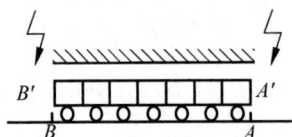

S'系中隧道运动方向
(a)

图 1-10　地面参考系

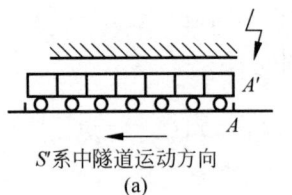

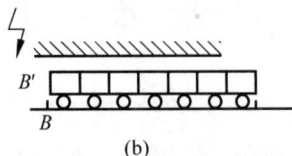

图 1-11　时间的相对性

(a) 第一个雷击时刻；(b) 第二个雷击时刻

对于 S 系，有

$$\begin{cases} x_A = l \\ x_B = 0 \\ t_A = t_B \end{cases}$$

对于 S' 系,有

$$
\begin{cases}
t'_A = \gamma\left(t_A - \dfrac{u}{c^2}x_A\right) = \gamma\left(t'_A - \dfrac{u}{c^2}l\right) \\[3mm]
t'_B = \gamma\left(t_B - \dfrac{u}{c^2}x_B\right) = \gamma t_B
\end{cases}
$$

因此可得

$$
\Delta t' = t'_B - t'_A = \gamma\frac{u}{c^2}l > 0
$$

即 B' 处雷击在后。此时在 S' 系看来,隧道已向后运动了 $d = \Delta t' \cdot u = \gamma\dfrac{u^2}{c^2}l$ 的距离,而隧道收缩的长度为

$$
\Delta l = l - \sqrt{1-\beta^2}\, l = (1 - \sqrt{1-\beta^2})l
$$

因为 $d = \gamma\dfrac{u^2}{c^2}l = \dfrac{\beta^2}{\sqrt{1-\beta^2}}l > \Delta l$,所以列车不会被击中。

3）运动的时钟变慢

如图 1-12 所示,在 K' 坐标系和 K 坐标系观察光脉冲来回往返过程,车上(K' 坐标系)的时钟走过的时间为

$$
\Delta t' = \frac{2b}{c}
$$

从 K 坐标系看,由于列车在前进,光线走的是锯齿形路线,光线"来回"一次的时间为

$$
\Delta t = \frac{2l}{c} = \sqrt{b^2 + \left(\frac{v\Delta t}{2}\right)^2}
$$

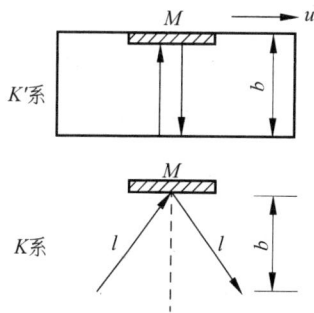

图 1-12　钟慢效应的理想实验

从上述两式中消去 b,得 Δt 与 $\Delta t'$ 之间的关系为

$$
\Delta t = \frac{\Delta t'}{\sqrt{1-\dfrac{v^2}{c^2}}} = \frac{\Delta t'}{\sqrt{1-\beta^2}} = \gamma\Delta t'
\tag{1-26}
$$

$\Delta t > \Delta t'$,这就是说在一个惯性系中,运动的时钟比静止的时钟走得慢,这种效应称为时间膨胀或钟慢效应。

若把相对于物体静止的时钟所显示的时间间隔 $\Delta\tau$ 称为该物体的固有时,则式(1-26)中的 $\Delta t'$ 就是列车中乘客的固有时 $\Delta\tau$,则有 $\Delta t = \gamma\Delta\tau$。这就如同长度不是绝对的一样,时间间隔也不是绝对的,它与运动有关,不存在"哪一个时钟变慢"的问题。运动时钟变慢是一种时空属性,不是一种物质过程。下面由洛伦兹变换来导出钟慢效应。

对于固有时,必须是在 S' 系中同一地点测得的时间间隔。设在 S' 系中有两件事发生于 $x'_1 = x'_2 = \xi$ 处,发生的时刻分别为 t'_1、t'_2,则其时间间隔为 $\Delta t' = t'_2 - t'_1$。根据洛伦兹变换,有

$$
t_1 = \gamma\left(t'_1 + \frac{\beta}{c}\xi\right)
$$

和

$$t_2 = \gamma\left(t_2' + \frac{\beta}{c}\xi\right)$$

由此可得，在 S 系中其间隔为 $\Delta t = t_2 - t_1 = \gamma(t_2' - t_1')$，即 $\Delta t = \gamma\Delta t'$。也就是说，在作相对运动的惯性系中所测出的时间，要比静止惯性系中所测量的时间长一些，用 τ_0 表示固有时，应有 $\tau = \gamma\tau_0$。这说明：与时钟作相对运动的观察者观察到的时钟要比与时钟相对静止的观察者观察到的时钟走得慢些，或者说，运动的时钟变慢。

相对论的时间延长和长度收缩在经典力学中是不可想象的，但它们在近代物理学中却得到实验的证明。地球大气层中产生的 μ 子，其速率为 $2.994\times10^8\,\mathrm{m/s}$，即 $0.998c$，实验室中测得其平均寿命为 $\tau_0 = 2.15\times10^{-6}\,\mathrm{s}$，衰变为 $\mu^{\pm} \to \mathrm{e}^{\pm} + \gamma + \bar{\gamma}$，实验测得它们从高空到达地球所走过的路程大约为 $10^4\,\mathrm{m}$，下面利用相对论力学对其进行解释。

按经典理论，μ 子在 $\tau_0 = 2.15\times10^{-6}\,\mathrm{s}$ 时间内所经过的路程为 $y_0 = v\tau_0 \approx 644\,\mathrm{m}$，与实验所测得的 $10^4\,\mathrm{m}$ 数据不相符（因为 τ_0 为相对 μ 子静止的参考系中测得的寿命）。

用时钟变慢效应来解释。τ_0 为 μ 子在 S' 系中的平均寿命，在 S 系中，其平均寿命为 $\tau = \gamma\tau_0 = 3.4\times10^{-5}\,\mathrm{s}$，则其相对地面所经过的路程为 $y = v\tau = 10190\,\mathrm{m}$，与实验结果是一致的。

对于不是固有时和固有长度的变换问题，绝对不能用尺缩效应公式和钟慢效应公式求解，这一点要特别注意。

例 1-3　若 S' 系以速度 $0.9c$ 沿 S 系的 x 轴正向运动，在 S' 系的 x' 轴上先后发生两个事件，其空间距离为 $100\,\mathrm{m}$，时间间隔为 $1\,\mathrm{\mu s}$，求在 S 系中观察到的时间间隔和空间间隔。

解　对于空间间隔，虽然这个间隔是在 S' 系中测得的，但在 S 系中，不可能同时测得这两个事件的空间间隔，这与同时测运动尺子两端坐标不同，故不能用尺缩效应公式处理。也就是说，在 S 系中观察到的时间间隔不为零，故解题必须从洛伦兹变换出发。

对于时间间隔，因为在 S' 系中，两事件不同时发生在同一地点，故在 S' 系中测得的不是固有时，因而不能用钟慢效应公式求解。

因为

$$x_1 = \gamma(x_1' + ut_1'), \quad x_2 = \gamma(x_2' + ut_2')$$

所以

$$x_2 - x_1 = \gamma(x_2' - x_1') + \gamma u(t_2' - t_1')$$
$$= \left(\frac{1}{\sqrt{1-0.9^2}}\times100 + \frac{1}{\sqrt{1-0.9^2}}\times0.9c\times10^{-6}\right)\mathrm{m}$$
$$= 8.48\times10^2\,\mathrm{m}$$

即空间间隔变大了。

同样地，可得

$$t_2 - t_1 = \gamma(t_2 - t_1') + \gamma\frac{u}{c^2}(x_2' - x_1')$$
$$= \left(\frac{1}{\sqrt{1-0.9^2}}\times100 + \frac{1}{\sqrt{1-0.9^2}}\times\frac{0.9c}{c^2}\times100\right)\mathrm{s}$$

$$=2.98 \times 10^{-6}\text{s}$$

即时间间隔变长了。

例 1-4　飞船以 $0.8c$ 的速度相对于地球飞行,光脉冲从船尾发出传到船头,飞船上观察到飞船长为 90m。问地球上测得这两个事件的空间间隔。

解　此题不能用尺缩效应公式求解,因为地球上的观察者不是同时观察到这两个事件,需由洛伦兹变换求解,即

$$x_2 - x_1 = \frac{x'_2 + ut'_2}{\sqrt{1-\beta^2}} - \frac{x'_1 + ut'_1}{\sqrt{1-\beta^2}}$$

$$= \frac{1}{\sqrt{1-\beta^2}}[(x'_2 - x'_1) + u(t'_2 - t'_1)]$$

$$= \frac{1}{\sqrt{1-0.8^2}}\left(90 + 0.8c \times \frac{90}{c}\right)\text{m}$$

$$= 270\text{m}$$

说明　钟慢效应公式要求 S' 系中对时间的测量必须是同地的,$\Delta x' = 0$,即固有时;尺缩效应公式要求在 S 系中对长度的测量必须是同时的,即要求 $\Delta t = 0$,只有满足上述条件的问题,才能应用公式。否则,需运用洛伦兹变换来求解。

1.4　相对论动力学

1.4.1　相对论中的质量和动量

设 S' 系相对于 S 系以速度 v 沿 x 轴正向运动,在 S 系有一静止在 x_0 处的粒子,由于内力的作用而分裂为质量相等的两部分(A 和 B),并且,分裂后 A 以速度 v 沿 x 轴正向运动,而 B 以速度 $-v$ 沿 x 轴负向运动。在 S' 系中来看,A 是静止不动的,而 B 相对于 S' 系的运动速度可由洛伦兹速度变换公式求得

$$v'_B = \frac{-v-v}{1-(-v)v/c^2} = \frac{-2v}{1+v^2/c^2}$$

从 S 系中来看,粒子分裂后其质心仍在 x_0 处不动,但从 S' 系中来看,质心是以速率 $-v$ 沿 x 轴负向运动。设 A、B 的质量分别为 M_A 和 M_B,根据质心定义则有

$$-v = \frac{M_A v'_A + M_B v'_B}{M_A + M_B} \xrightarrow{v'_A = 0} \frac{M_B}{M_A + M_B}v'_B \Rightarrow \frac{M_B}{M_A} = \frac{-v}{v'_B + v}$$

联立上述两式,消去 v 后,经过整理化简得到

$$\frac{M_B}{M_A} = \frac{1}{\sqrt{1-(v'_B/c)^2}} \Rightarrow M_B = \frac{M_A}{\sqrt{1-(v'_B/c)^2}}$$

由上式可以看到,在 S 系中观测,粒子分裂后的两部分以相同的速率运动,质量相等,但从 S' 系中观测,由于它们运动速率不同,质量也不相等。M_A 静止,可看作静止质量,用 m_0 表示;M_B 以速率 v'_B 运动,可视为动质量,称为相对论性质量,用 m 表示。去掉 v'_B 的上下标,于是就得到运动物体的质量与它的静止质量的一般关系为

$$m = \frac{m_0}{\sqrt{1 - v^2/c^2}} \tag{1-27}$$

式(1-27)称为相对论质速关系。式(1-27)改变了人们在经典力学中认为质量是不变量的观念,从式(1-27)可以看出,当物体的运动速率无限接近光速时,其相对论性质量将无限增大,其惯性也将无限增大。所以,施以任何有限大的力都不可能将静止质量不为零的物体加速到光速。可见,用任何动力学手段都无法获得超光速运动。这就从另一个角度说明了在相对论中光速是物体运动的极限速度。

根据相对性原理,物体的动量 $\boldsymbol{p}$ 为

$$\boldsymbol{p} = m\boldsymbol{v} = m_0\boldsymbol{v} / \sqrt{1 - v^2/c^2} \tag{1-28}$$

式(1-28)满足动量守恒定律在洛伦兹变换下保持不变,且当 $v \ll c$ 时,还原为经典力学中的形式。因此,相对论中动力学的基本方程可以写为

$$\boldsymbol{F} = \frac{\mathrm{d}(m\boldsymbol{v})}{\mathrm{d}t} = m\frac{\mathrm{d}\boldsymbol{v}}{\mathrm{d}t} + \boldsymbol{v}\frac{\mathrm{d}m}{\mathrm{d}t} \tag{1-29}$$

1.4.2　相对论中的质能关系

1. 相对论中的能量

假设在力 $\boldsymbol{F}$ 的作用下物体移动 $\mathrm{d}s$,根据功能原理,在相对论中物体的动能变化 $\mathrm{d}E_k$ 满足:

$$\mathrm{d}E_k = \boldsymbol{F} \cdot \mathrm{d}s = \boldsymbol{F} \cdot \boldsymbol{v}\mathrm{d}t = \boldsymbol{v} \cdot (\boldsymbol{F}\mathrm{d}t) = \boldsymbol{v}\mathrm{d}(m\boldsymbol{v})$$

为简单起见,设物体受力方向与运动方向相同,物体由 a 运动到 b,速度由零增大至 v,则

$$E_k = \int \mathrm{d}E_k = \int_0^v v\mathrm{d}(mv) = \int_0^v v\mathrm{d}\left(\frac{m_0 v}{\sqrt{1 - v^2/c^2}}\right)$$

利用 $\beta = \dfrac{v}{c}$ 得

$$E_k = \int_0^v \beta c\, \mathrm{d}\left(\frac{m_0 \beta c}{\sqrt{1 - \beta^2}}\right) = m_0 c^2 \int_0^\beta \frac{\beta \mathrm{d}\beta}{(1 - \beta^2)^{3/2}}$$

$$= m_0 c^2 \left[\frac{1}{(1 - \beta^2)^{1/2}}\right]_0^\beta = m_0 c^2 (\gamma - 1)$$

即

$$E_k = mc^2 - m_0 c^2 \tag{1-30}$$

定义 $E_0 = m_0 c^2$ 为物体的静能,$E = mc^2 = m_0 c^2 - E_k$ 为物体动能与静能之和,称为物体的总能量。由 $E = mc^2$ 可知,物体的质量和能量这两个重要的物理量之间有着密切的联系,若物体的质量发生变化 $\Delta m = m - m_0$ 称为质量亏损,物体的能量也一定有相应的变化,它们满足:

$$\Delta E = mc^2 - m_0 c^2 = \Delta mc^2 \tag{1-31}$$

反过来也是如此。核能的释放和应用,就是相对论质能关系的一个重要实验证明,也是质能关系的重要应用之一。

2. 能量与动量的关系

物质的动量为

$$p = mv = \frac{m_0 v}{\sqrt{1 - v^2/c^2}}$$

物质的总能量为

$$E = mc^2 = \frac{m_0 c^2}{\sqrt{1 - v^2/c^2}}$$

消去两式中的 v，可以得到动量和能量之间的关系为

$$E^2 = m^2 c^4 = m_0^2 c^4 + p^2 c^2 = E_0^2 + p^2 c^2 \tag{1-32}$$

根据式(1-32)，可以得到图 1-13 的两个几何图。

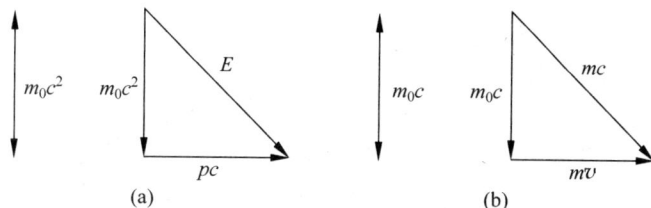

图 1-13　动量和能量三角形及质量三角形

从图 1-13(a)可以看到，一个有静止质量的物体的能量永远小于物体的总能量，所以有静止质量的物质不可能达到光速，只能接近光速。对于光子 $m_0 = 0$，动量 $p = mc$，说明光子存在动质量。对于低速运动物体，速度 $v \ll c$，$m \approx m_0 \left(1 + \dfrac{v^2}{2c^2}\right)$，可以得到 $p = m_0 v$，这就是经典理论中的动量。

从图 1-13(b)可知，当物体运动速度达到光速 $v = c$ 时，只有 $m_0 = 0$ 的光子才能满足这个条件，也就是说 $m_0 \neq 0$ 的物体无法达到光速。

例 1-5　有一被加速器加速的电子，其能量为 $3.00 \times 10^9 \, \text{eV}$。试问：(1)这个电子的质量是其静止质量的多少倍？(2)这个电子的速率为多少？

解　(1)由相对论质能关系 $E = mc^2$ 和 $E_0 = m_0 c^2$ 可得，电子的动质量 m 与静止质量 m_0 之比为

$$\frac{m}{m_0} = \frac{E}{E_0} = \frac{E}{m_0 c^2} = 5.86 \times 10^3$$

(2)由相对论质速关系式 $m = m_0 \left(1 - \dfrac{v^2}{c^2}\right)^{-1/2}$，可解得

$$v = [1 - (m_0/m)^2]^{1/2} c = 0.999999985 c$$

可见，此时的电子速率已十分接近光速，但达不到光速。

1.4.3　相对论的应用

狭义相对论给出了物体在高速运动下的运动规律，并提示了质量与能量相当，给出了质

能关系式。这两项成果对低速运动的宏观物体并不明显,但在研究微观粒子时却显示了极端的重要性。当粒子运动速度接近于光速($0.9c \sim 0.9999c$)时,必须考虑相对论效应。相对论直接和间接地催生了量子力学的诞生,也为研究微观世界的高速运动确立了全新的数学模型。

目前,相对论主要在两个方面得到应用:高速运动粒子和强引力场。

应用 1　在医院的放射治疗部,利用粒子加速器产生高能粒子来制造同位素,以作为治疗或造影之用。氟代脱氧葡萄糖的合成便是一个经典例子。

应用 2　全球卫星定位系统卫星上的原子钟,对精确定位非常重要。这些时钟同时受狭义相对论因高速运动而导致的时间变慢($-7.2\mu s/d$)和广义相对论因(较地面物件)承受着较弱的重力场而导致时间变快效应($+45.9\mu s/d$)的影响。相对论的净效应使那些时钟较地面的时钟运行得快。因此,这些卫星的软件需要计算和消除一切的相对论效应,确保定位准确。

全球卫星定位系统的算法本身便是基于光速不变原理的,若光速不变原理不成立,则全球卫星定位系统需要更换不同的算法方能精确定位。

过渡金属(如铂)的内层电子,运行速度极快,其相对论效应不可忽略。在设计或研究新型的催化剂时,便需要考虑相对论对电子轨道能级的影响。同样,相对论亦可解释铅的 6s 惰性电子对效应。这个效应可以解释为何某些化学电池有着较高的能量密度,这为设计更轻巧的电池提供了理论根据。相对论也可以解释为何水银在常温下是液体,而其他金属却不是。

应用 3　强引力场应用。由广义相对论推导出来的重力透镜效应,让天文学家可以观察到黑洞和不发射电磁波的暗物质的存在,也可以帮助他们评估质量在太空的分布状况。

值得一提的是,原子弹的出现和著名的质能关系式($E = mc^2$)关系不大,而爱因斯坦本人也肯定了这一点。质能关系式只是解释原子弹威力巨大的数学工具而已,对实际制造原子弹意义不大。

1.5　经典量子论

经典量子论包括普朗克的量子假说、爱因斯坦的光量子理论和玻尔的原子理论。

1900 年,普朗克为了克服经典理论解释黑体辐射规律的困难,提出了辐射能量子假说,为量子理论奠定了基石。普朗克认为,电磁场和物质交换能量是以间断的形式(能量子)实现的,能量子的大小同辐射频率成正比。该比例常数称为普朗克常数,从而得出普朗克公式,正确地给出了黑体辐射能量分布。

1905 年,爱因斯坦针对光电效应实验与经典理论的矛盾,提出光量子(光子)假说,并给出了光子的能量、动量与辐射的频率和波长的关系,成功地解释了光电效应。其后,他又提出固体的振动能量也是量子化的,从而解释了低温下固体比热问题。

1.5.1　黑体辐射　普朗克量子化

任何物体在任何温度下都会发射电磁波,向外所辐射的能量称为辐射能,由于这种辐射向外辐射能量的大小和辐射能按波长的分布都取决于辐射体的温度,所以称为热辐射。常见的辐射体有太阳、炉子、酒精灯等。

1. 黑体辐射

19 世纪末,许多物理学家对黑体辐射非常感兴趣。所谓黑体是一个理想化的物体,即它可以吸收所有照射到它上面的辐射,并将这些辐射转化为热辐射。这个热辐射的光谱特征仅与该黑体的温度有关。黑体辐射无法使用经典物理理论解释。

1) 辐射出射度(辐出度)

在单位时间内,从物体表面单位面积上所发射的各种波长的总辐射能,称为物体的辐出度,用 $M(T)$ 或 M 表示,单位为 $W \cdot m^{-2}$。在单位时间内,从物体表面单位面积上在单位波长间隔内辐射的能量称为单色辐出度,用 $M_\lambda(T)$ 表示,即

$$M_\lambda(T) = \frac{dM}{d\lambda} \tag{1-33a}$$

实验指出,$M_\lambda(T)$ 为波长 λ 和温度 T 的函数。在一定温度下时,物体的辐出度和单色辐出度的关系为

$$M = \sum_{\lambda=0}^{\infty} dM_\lambda = \int_0^\infty M_\lambda(T) d\lambda \tag{1-33b}$$

2) 吸收比、反射比

根据黑体的特性,它可以同时吸收和辐射能量。因此,引入两参数对其进行描述。其中吸收的能量和入射能量的比值称为吸收比,用 $\alpha(\lambda, T)$ 表示;反射的能量和入射能量的比值称为反射比,用 $\rho(\lambda, T)$ 表示。根据能量守恒定律,显然有如下关系式:

$$\alpha(\lambda, T) + \rho(\lambda, T) = 1 \tag{1-34}$$

3) 绝对黑体

在任何温度下对任何波长的辐射吸收比都等于 1 的物体称为绝对黑体,简称黑体,显然 $\alpha_B(\lambda, T) = 1$,反射比 $\rho_B(\lambda, T) = 0$。在自然界,绝对黑体是不存在的,但可以设计绝对黑体的理想模型来进行研究,其模型如下。

在不透明的容器壁上开有一个小孔 O,当射线射入小孔后,将在空腔内进行多次反射,每反射一次到器壁被吸收一部分能量,设吸收比为 α,则 n 次反射后,由小孔射出的能量将为 $(1-\alpha^n)$ 倍,若小孔的面积远小于容器的总面积,则 n 很大,因而 $(1-\alpha)^n \to 0$,则此小孔可认为是绝对黑体。因此,从小孔射出的辐射,相当于从面积等于小孔面积的温度为 T 的绝对黑体表面射出。

实验结果表明,任何物体的单色辐出度和单色吸收比之比,等于同一温度下绝对黑体的单色辐出度,这就是基尔霍夫定律,即 $\frac{M_\lambda(T)}{\alpha(\lambda, T)} = M_B(\lambda, T)$。由此可知,对某一物体,其发射本领越大,则其吸收本领也越大。若一物体不能发射某一波长的辐射能,则它也不能吸收这一波长的辐射能。

利用如图 1-14 所示的黑体辐射测量装置可测定绝对黑体的单色辐出度。不同波长的光经棱镜 P 后偏转角度不同,则调节平行光管 B_2 的方向,即可得到不同波长的光在热电偶 C 上的功率,因而可测得不同波长的光的功率,即 $M_{B\lambda}(T)$,其实验结果如图 1-15 所示。

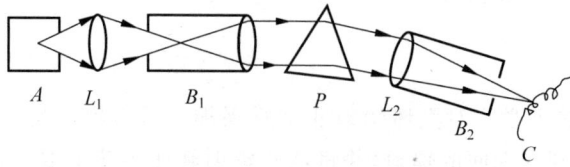

A—绝对黑体；L_1、L_2—凸透镜；B_1、B_2—平行光管；P—棱镜；C—热电偶。

图 1-14　黑体辐射的测量装置图

根据实验结果，可得下列两条定律。

（1）斯特藩-玻耳兹曼定律：绝对黑体的辐出度等于图 1-15 中的曲线与横坐标围成的面积，即

$$M_B(T) = \int_0^\infty M_{B\lambda}(T)\mathrm{d}\lambda \tag{1-35}$$

由实验可得，$M_B(T) = \sigma T^4$，其中，$\sigma = 5.67 \times 10^{-8}$ W·$\mathrm{m}^{-2} \cdot \mathrm{K}^{-4}$ 称为斯特藩常量。这一定律也可由热力学理论导出。

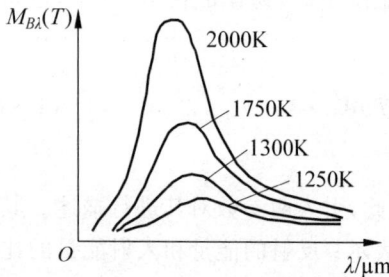

图 1-15　黑体辐出度随波长变化

（2）维恩位移定律：由图 1-15 可见，$M_{B\lambda}(T)$ 有一最大值，其对应的波长为 λ_m，则有

$$T\lambda_m = b \tag{1-36}$$

其中，$b = 2.897 \times 10^{-3}$ m·K，称为维恩常量。

根据以上两个定律，可以测量绝对黑体及其他物体的温度，此种方法称为光测高温法。

2. 紫外灾难　普朗克假设

1）瑞利-金斯公式

瑞利（J. W. Rayleigh）根据经典统计理论，研究密封空腔中的电磁场，得到了空腔辐射能量密度按频率分布的公式：

$$M_\nu(T)\mathrm{d}\nu = \frac{8\pi\nu^2}{c^3}kT\mathrm{d}\nu \tag{1-37}$$

上式称为瑞利-金斯公式。它在长波（或高温）情况下，同实验结果相符，但在短波范围内，能量密度则迅速地单调上升，同实验结果矛盾。对式（1-37）从 $0 \sim \infty$ 进行积分会得到所有频率的能量密度为无穷大，这意味着，只有当能量密度无穷大时，空腔内的平衡辐射场才开始建立，此结论显然是荒谬的。这一严重缺陷，在物理学史上被称作"紫外灾难"，它深刻揭露了经典物理理论的困难。

2）光量子

为了解决"紫外灾难"，普朗克提出辐射能量子假设，认为空腔（黑体）在发射或吸收电磁波时，其吸收或发射的能量不是连续的，而是一个基本单元 ε（$\varepsilon = h\nu$）的整数倍，比例常量 h 由实验测定。

按照普朗克量子假设，经过理论分析推导，得到普朗克黑体辐射公式为

$$M_\nu(T)\mathrm{d}\nu = \frac{2\pi h\nu^3}{c^2}\frac{\mathrm{d}\nu}{\mathrm{e}^{\frac{h\nu}{kT}}-1} \tag{1-38a}$$

$$M_\lambda(T)\mathrm{d}\lambda = \frac{2\pi hc^2}{\lambda^5}\frac{\mathrm{d}\lambda}{\mathrm{e}^{\frac{hc}{\lambda kT}}-1} \tag{1-38b}$$

其中,h 为普朗克常量,$h \approx 6.63\times10^{-34}\mathrm{J\cdot s}$。普朗克提出的能量子假设与经典物理能量连续的概念明显不同,给物理学带来了新概念和活力。

图 1-16 给出了几种黑体辐射理论公式画出的黑体辐射曲线与实验测量曲线的比较。由图可见,维恩曲线在长波波段与实验曲线符合,普朗克曲线在整个波段都与实验曲线符合,瑞利-金斯曲线则在短波波段与实验曲线符合。这说明普朗克的能量子假说是合理的。

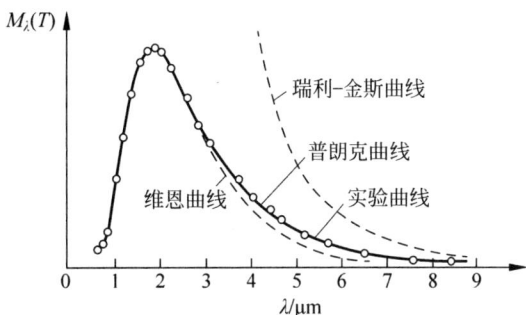

图 1-16　黑体辐射曲线

普朗克的能量子思想与经典物理学理论是不相容的,但正是这一思想的提出,使物理学发生了划时代的变化。

例 1-6　设一音叉尖端的质量为 $0.050\mathrm{kg}$,将其频率调为 $\nu=480\mathrm{Hz}$,振幅 $A=1.0\mathrm{mm}$,求:(1)尖端振动的量子数;(2)当量子数由 n 增加到 $n+1$ 时,其振幅的变化是多少?

解　(1)尖端振动的能量为

$$E = \frac{1}{2}m\omega^2 A^2 = \frac{1}{2}m(2\pi\nu)^2 A^2 = 0.227\mathrm{J}$$

由 $E=nh\nu$ 得量子数为

$$n = \frac{E}{h\nu} = 7.13\times10^{29}\text{个}$$

可见,音叉振动的量子数是非常之大的。

(2)因为 $E=\frac{1}{2}m(2\pi\nu)^2 A^2$,$E=nh\nu$,所以有

$$A^2 = \frac{nh}{2\pi^2 m\nu}$$

对上式取微分有

$$2A\,\mathrm{d}A = \frac{h}{2\pi^2 m\nu}\mathrm{d}n$$

上式两边除以 $2A$,并令 $\mathrm{d}A\to\Delta A$,$\mathrm{d}A\to\Delta n$,得

$$\Delta A = \frac{\Delta n}{n}\frac{A}{2}$$

代入数据得 $\Delta A=7.01\times10^{-34}\mathrm{m}$。

这么微小的变化是难以觉察到的。这表明,在宏观范围内,能量量子化效应是极不明显的,宏观物体的能量可认为是连续的。

1.5.2 光电效应与光的粒子性

1. 光电效应的实验规律

在光的照射下,金属中的自由电子吸收光能而逸出金属表面的现象称为光电效应。在光电效应中逸出金属表面的电子称为光电子。光电子在电场的作用下运动在电路中形成的电流称为光电流。光电效应的实验装置及其测量曲线如图 1-17 所示。

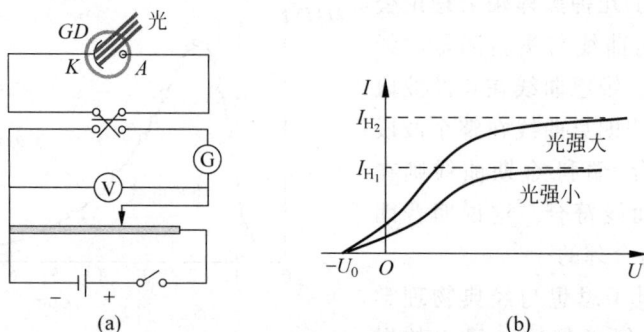

图 1-17 光电效应实验装置与测量曲线

在图 1-17(a)中,单色光束照射到金属阴极 K 表面上,由 K 表面逸出的自由电子被阳极 A 收集形成光电流 I,电流计 G 测量光电流随光强的变化。改变外加电压,测出光电流 I 的大小,即可得出伏安特性曲线,如图 1-17(b)所示。从光电效应实验中,可以归纳出如下规律。

(1) 当以一定频率和强度的光照射 K 时,光电流随加速电压的改变而变,如图 1-17(b)所示。图中,I_H 称为饱和光电流,U_0 称为遏止电压。若所用的光频率相同而光强不同,则其遏止电压不变,光强越大,饱和电流 I_H 也越大。

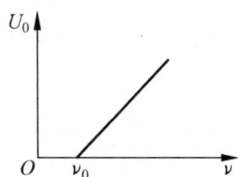

图 1-18 光频率与遏止电压的关系曲线

(2) 用不同频率的光照射 K 时,频率越高,遏止电压越大,而且只有当入射光的频率大于某一频率 ν_0 时,才有光电流;当入射光的频率小于 ν_0 时,则无论入射光的强度多大,电路中都无光电流,如图 1-18 所示。因此,ν_0 称为截止频率,也称为红限。

(3) 无论入射光的强度如何,只要其频率大于截止频率,则当光照射到金属表面时,立刻就有光电子逸出,这就是光电效应的"瞬时性"。

2. 爱因斯坦的光量子理论

光是由大量光子构成的,对于频率为 ν 的光束,光子的能量 $\varepsilon = h\nu$,据此提出光电效应方程为

$$h\nu = \frac{1}{2}mv^2 + \Phi \tag{1-39}$$

式中,Φ 为电子从金属表面逸出时需要做的功,称为逸出功。用爱因斯坦光量子理论可以解释光电效应:光电效应表明光具有粒子性,而光的干涉、衍射和偏振现象,又明显地体现出

光的波动,所以说光具有波粒二象性。一般来讲,光在传播过程中,波动性表现比较显著;当光和物质相互作用时,粒子性表现比较显著。

根据光速不变性和普朗克的光量子假设,可以把光的能量和动量分别写成:

(1) 光子的能量

$$\begin{cases} \varepsilon = h\nu \\ \varepsilon = pc \end{cases} \tag{1-40a}$$

(2) 光子的动量

$$p = \frac{\varepsilon}{c} = \frac{h\nu}{c} = \frac{h}{\lambda} \tag{1-40b}$$

式(1-40a)和式(1-40b)说明,描述光的粒子性的物理量 ε 和 p 通过普朗克常量 h 与描述光的波动性的物理量 λ 和 ν 联系在一起,故通常把 h 称为作用量子。因此,光具有粒子性。

例 1-7　用 $\lambda = 400\text{nm}$ 的光照射铯时,求光电子的初速度。已知铯的逸出功 $\Phi = h\nu_0$,其中 $\nu_0 = 4.545 \times 10^{14}\text{s}^{-1}$。

解　根据光电效应方程得

$$h\nu = \frac{1}{2}mv^2 + \Phi$$

由于 $\Phi = h\nu_0$,则可得

$$v = \sqrt{\frac{2h}{m}(\nu - \nu_0)} = \sqrt{\frac{2n}{m}\left(\frac{c}{\lambda} - \nu_0\right)}$$

$$= \sqrt{\frac{2 \times 6.63 \times 10^{-34}}{9.1 \times 10^{-31}}\left(\frac{3.0 \times 10^8}{400 \times 10^{-9}} - 4.545 \times 10^{14}\right)} \text{ m/s}$$

$$= 6.56 \times 10^5 \text{ m/s}$$

例 1-8　设有一半径为 $1.0 \times 10^{-3}\text{m}$ 的薄圆片,距光源1m,光源的功率为1W,发射波长为589nm的单色光,试计算单位时间内落在薄片上的光子数。假定光源向各个方向上发射的光子数是相同的。

解　圆片的面积 $S = \pi R^2 = (\pi \times 10^{-6})\text{m}^2$。单位时间内落在圆片上的能量 E 为

$$E = S \cdot \frac{P}{S_1} = \frac{\pi \times 10^{-6} \times 1}{4\pi \times 1^2} \text{J} \cdot \text{s}^{-1} = 2.5 \times 10^{-7}\text{J} \cdot \text{s}^{-1}$$

则单位时间内的光子数 N 为

$$N = \frac{E}{h\nu} = \frac{E\lambda}{hc} = \frac{2.5 \times 10^{-7} \times 589 \times 10^{-9}}{6.63 \times 10^{-34} \times 3.0 \times 10^8} \text{个} = 7.4 \times 10^{11} \text{个}$$

即每秒有 7.4×10^{11} 个光子落在圆片上。

3. 光电效应的应用

光电效应已经得到广泛应用。图1-19(a)就是利用光电效应制作的光控继电器,可以应用于自动控制;图1-19(b)就是利用光电效应制作的光电倍增管,可以用于微弱的光信号测量。

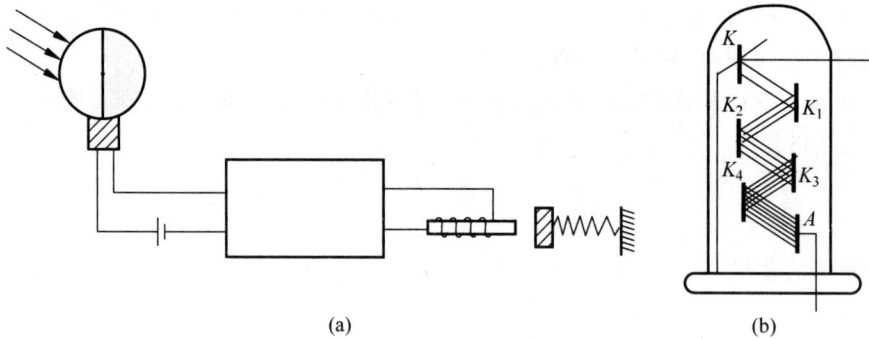

图 1-19　光电效应的应用范例

(a) 光控继电；(b) 光电倍增

1.5.3　康普顿效应

1. 康普顿实验

1922—1923 年,康普顿(A. H. Compton)研究了 X 射线经金属、石墨等物质散射后的光谱成分。康普顿散射实验原理如图 1-20(a)所示,图 1-20(b)是不同散射角的散射光强度及光谱成分分布图。实验结果表明:散射成分中有与入射光线波长相同的射线,也有大于入射光线波长的射线,这种改变波长的散射称为康普顿效应。波长的改变 $\Delta\lambda$ 随散射角而异,当散射角增加时,波长的改变也随之增加。

按经典理论,散射波的频率应与入射光线的频率相同,这解释不了康普顿效应。如果应用光子概念,假设光子和实物粒子一样,能与电子等粒子发生非弹性碰撞,即可解释康普顿效应,因为碰撞时,光子的能量传递给电子,故散射波的波长变长。

康普顿效应不仅有力地证实了光子假设的正确性,还证实了微观粒子在相互作用过程中也严格地遵守能量守恒定律和动量守恒定律。

* 2. 康普顿效应的推导

图 1-20 给出 X 射线光子与散射物质碰撞时,遵循动量守恒定律和能量守恒定律。利用图 1-20(c)中的几何关系,可以得到

$$h\nu_0 + m_0c^2 = h\nu + mc^2$$

$$\frac{h\nu_0}{c}\boldsymbol{n}_0 = \frac{h\nu}{c}\boldsymbol{n} + m\boldsymbol{v} \tag{1-41a}$$

将动量守恒定律方程改写成余弦形式,则

$$(mv)^2 = \left(\frac{h\nu_0}{c}\right)^2 + \left(\frac{h\nu}{c}\right)^2 - 2\frac{h\nu_0}{c}\cdot\frac{h\nu}{c}\cos\phi$$

即

$$m^2v^2c^2 = h^2\nu_0^2 + h^2\nu^2 - 2h^2\nu_0\nu\cos\phi \tag{1-41b}$$

将式(1-41a)两边平方并减去式(1-41b),整理得到

$$m^2c^4\left(1 - \frac{v^2}{c^2}\right) = m_0^2c^4 - 2h^2\nu_0\nu(1 - \cos\phi) + 2m_0c^2h(\nu_0 - \nu)$$

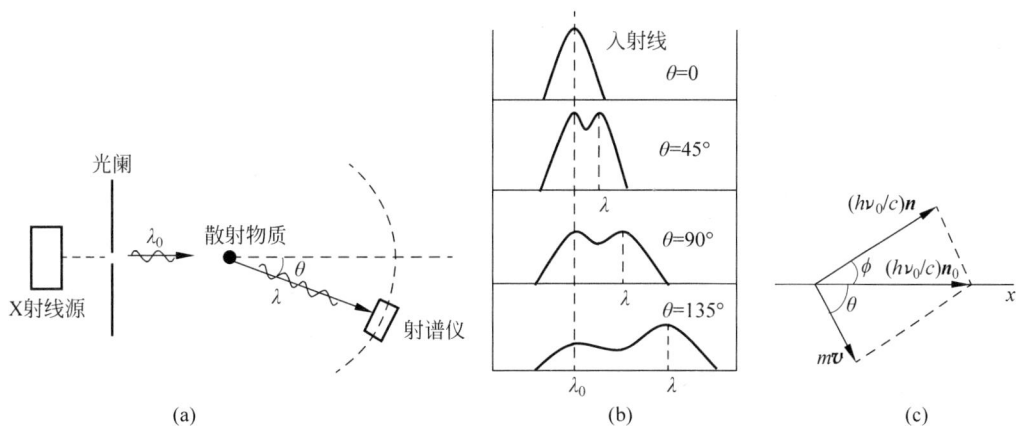

图 1-20　康普顿散射装置及其散射谱量

（a）实验示意图；（b）实验结果图；（c）散射的几何图示

经化简得到

$$\frac{c(\nu_0 - \nu)}{\nu_0 \nu} = \frac{h}{m_0 c}(1 - \cos\phi)$$

进一步简化为

$$\lambda - \lambda_0 = \frac{h}{m_0 c}(1 - \cos\phi) = \frac{2h}{m_0 c}\sin^2\frac{\phi}{2} \tag{1-42}$$

式中，$h/m_0 c = 2.43 \times 10^{-12}\,\text{m} = 2.43 \times 10^{-3}\,\text{nm}$ 是一个常数，称为康普顿波长。由式（1-42）可以得到以下推论。

（1）波长改变与散射物质无关，仅取决于散射方向，当散射角 ϕ 增大时，$\lambda - \lambda_0$ 也将随之增加，并且 $\lambda - \lambda_0$ 的理论值与实验结果相结合。

（2）波长的改变量与入射光的波长无关，对于波长较长的可见光，波长的改变量 $\Delta\lambda$ 与入射光的波长 λ 相比小得多。例如，对于 $\lambda = 10\text{cm}$ 的微波，$\Delta\lambda/\lambda = 2.43 \times 10^{-11}$，因此观察不到康普顿效应，这时量子结果与经典结果是一致的；而对 $\lambda = 0.1\text{nm}$ 的 X 射线，$\dfrac{\Delta\lambda}{\lambda} = 2.43 \times 10^{-2}$，这时才能观察到康普顿效应，在这种情况下，经典结果就失效了。

康普顿效应的发现及其理论分析和实验结果的一致性，有力地支持光子假说，进一步证实了微观粒子的相互作用，也严格遵守能量守恒定律和动量守恒定律。

例 1-9　设波长 $\lambda_0 = 1.00 \times 10^{-10}\,\text{m}$ 的 X 射线与自由电子弹性碰撞，散射角 $\phi = 90°$，试问：(1)散射波长的改变量 $\Delta\lambda$ 为多少？(2)反冲电子得到多少动能？(3)在碰撞中，光子能量损失了多少？

解　(1) 根据式(1-42)可得

$$\Delta\lambda = \lambda - \lambda_0 = \frac{h}{m_0 c}(1 - \cos\phi) = \frac{6.63 \times 10^{-34}}{9.11 \times 10^{-31} \times 3.0 \times 10^8}(1 - \cos 90°)\,\text{m} = 2.43 \times 10^{-12}\,\text{m}$$

(2) 根据能量守恒定律有 $mc^2 - m_0 c^2 = h\nu_0 - h\nu$，即

$$E_k = h\nu_0 - h\nu = \frac{hc}{\lambda_0} - \frac{hc}{\lambda} = hc\left(\frac{1}{\lambda_0} - \frac{1}{\lambda_0 + \Delta\lambda}\right)$$

$$= \frac{hc\Delta\lambda}{\lambda_0(\lambda_0 + \Delta\lambda)} = 295\text{eV}$$

（3）根据能量守恒定律，光子损失的能量等于反冲电子获得的动能，即光子能量损失了 295eV。

1.5.4　氢原子模型和氢原子光谱

1911 年，卢瑟福提出了原子的核式结构模型。在这个模型中，原子中央有一个带正电的核，称为原子核，它几乎集中了原子的全部质量。电子以封闭的轨道绕原子核旋转，如同行星绕太阳的运动。原子核的半径比电子的轨道半径小得多，对于电中性原子，全部电子所带的负电荷等于原子核所带的正电荷。

1. 原子光谱的实验规律

瑞士数学教师巴耳末（J. J. Balmer）在总结原子光谱实验数据的基础上，提出了用于表示氢原子谱线波长的经验公式，即

$$\lambda = B\,\frac{n^2}{n^2 - 4}$$

式中，$B = 364.57\text{nm}$；$n = 3, 4, 5, \cdots$。由于 $\nu = \dfrac{c}{\lambda}$，上式也可改写为

$$\nu = \frac{c}{\lambda} = \frac{n^2 - 4}{Bn^2}c = \frac{4c}{B}\left(\frac{1}{2^2} - \frac{1}{n^2}\right) = Rc\left(\frac{1}{2^2} - \frac{1}{n^2}\right) \tag{1-43a}$$

或者

$$\widetilde{\nu} = \frac{1}{\lambda} = R\left(\frac{1}{2^2} - \frac{1}{n^2}\right) \tag{1-43b}$$

式中，$R = 4/B = 1.096776 \times 10^{-7}\text{m}^{-1}$ 称为里德伯（Rydbeng）常量。

在氢原子光谱中，除了可见光范围的巴耳末线系，在紫外区、红外区和远红外区还分别有莱曼（T. Lyman）系、帕邢（F. Paschen）系、布拉开（F. S. Brackett）系和普丰德（A. H. Pfund）系。如图 1-21 所示。这些线系中的谱线的波数也都可以用与式（1-43b）相似的形式表示：

① 莱曼系 $\widetilde{\nu} = R\left(\dfrac{1}{1^2} - \dfrac{1}{n^2}\right)$，　$n = 2, 3, 4, \cdots$

② 帕邢系 $\widetilde{\nu} = R\left(\dfrac{1}{3^2} - \dfrac{1}{n^2}\right)$，　$n = 4, 5, 6, \cdots$

③ 布拉开系 $\widetilde{\nu} = R\left(\dfrac{1}{4^2} - \dfrac{1}{n^2}\right)$，　$n = 5, 6, \cdots$

④ 普丰德系 $\widetilde{\nu} = R\left(\dfrac{1}{5^2} - \dfrac{1}{n^2}\right)$，　$n = 6, 7, \cdots$

可见，氢原子光谱的五个线系所包含的几十条谱线遵从相似的规律。因此，可以将上述五个公式综合为一个公式，即

$$\widetilde{\nu}_{kn} = R\left(\frac{1}{k^2} - \frac{1}{n^2}\right) = T(k) - T(n) \tag{1-44}$$

其中，$T(k)=R/k^2$，$T(n)=R/n^2$ 称为光谱项。式(1-44)是由里兹(W. Ritz)于 1908 年提出的，故称为里兹并合原理。这个原理认为由两个已知谱线的加减组合，能找到新的谱线，谱线的存在意味着在原子内有分立能级之间的电子发生了跃迁。

根据大量的实验数据，总结出氢原子的光谱有如下规律：

（1）波数由两个谱项的差值决定；

（2）谱项决定以后，后项取不同值，可给出同一线系中不同谱线的波数；

（3）改变前项的值，可给出不同的线系。

对于这些现象，当时只停留在实验阶段，不能给出满意的理论解释。

2. 玻尔的原子理论

1）针对氢原子，玻尔(Bohr)理论提出了以下基本假设

（1）原子存在一系列不连续的稳定状态，即定态，处于这些定态中的电子绕核作圆周运动，但不辐射能量；

（2）作定态轨道运动的电子，其轨道角动量是量子化的，$L=mvr=n \cdot \dfrac{h}{2\pi}=n\hbar$，$n=1,2,\cdots$，$n$ 为量子数；

（3）当原子中的电子从某一轨道跳跃到另一轨道时，对应于原子从某一定态跃迁到另一定态，电子跃迁时，发射或吸收能量为 $h\nu=|E_n-E_k|$。

2）氢原子轨道半径和能量的计算

根据牛顿运动定律有 $\dfrac{e^2}{4\pi\varepsilon_0 r^2}=m\dfrac{v^2}{r}$，又由假设(2)可得 $L=mvr=n\hbar$，联立这两个方程式，可以解得

$$r_n=\frac{4\pi\varepsilon_0\hbar^2}{me^2}n^2=\left(\frac{\varepsilon_0 h^2}{\pi me^2}\right)n^2,\quad n=1,2,3,\cdots \tag{1-45a}$$

即电子在核外作圆周运动的半径由式(1-45a)决定。当 $n=1$ 时可得 $r_1=5.29\times10^{-11}$ m $=0.053$ nm，它是氢原子核外最小的轨道半径，也称玻尔半径。这个数值与用其他方法得到的数值符合得很好。

下面计算核外电子的能量。核外电子的能量由静电能与电子动能组成，设无穷远处为静电能零点，则

$$E_n=\frac{1}{2}mv_n^2-\frac{e^2}{4\pi\varepsilon_0 r_n}$$

由假设(2)可知，$v_n=\dfrac{n\hbar}{mr_n}$，代入上式得

$$E_n=\frac{n^2\hbar^2}{2mr_n^2}-\frac{e^2}{4\pi\varepsilon_0 r_n}$$

将 $r_n=\dfrac{\varepsilon_0 h^2}{\pi me^2}$ 代入上式可得

$$E_n=-\frac{me^4}{8\varepsilon_0^2 h^2}\cdot\frac{1}{n^2}=-\frac{e^2}{8\pi\varepsilon_0 r_n},\quad n=1,2,3,\cdots \tag{1-45b}$$

由式(1-45b)可知,核外电子的能量是量子化的,这种能量称为能级。当 $n=1$ 时,$E_1=-13.6\mathrm{eV}$,称为氢原子的基态。这个数据与实验测得的氢原子的电离势能符合得很好。$n>1$ 时的各个稳定状态称为激发态。

3) 里德伯公式的推导

由玻尔理论的假设(3)可推得 $\nu=\dfrac{E_n-E_k}{h}$,则

$$\tilde{\nu}=\frac{\nu}{c}=\frac{E_n-E_k}{hc}=\frac{me^4}{8\varepsilon_0^2 h^3 c}\left(\frac{1}{k^2}-\frac{1}{n^2}\right)$$

令 $R=\dfrac{me^4}{8\varepsilon_0^2 h^3 C}=1.097373\times10^7\,\mathrm{m}^{-1}$(实验测量结果 $R_{\mathrm{exp}}=1.096776\times10^7\,\mathrm{m}^{-1}$),则可以得到氢原子的光谱波数为

$$\tilde{\nu}=R\left(\frac{1}{k^2}-\frac{1}{n^2}\right) \tag{1-46}$$

式(1-46)就是里德伯公式。在式(1-46)中,若 $k=2$ 为巴耳末系,$k=3$ 为帕邢系,这是当时在实验中所观察到的谱线。此外,理论还预言,当 k 取 $1,4,5$ 时,还可得到一些新的线系,后来,在 1905—1924 年,莱曼、布拉开、普丰德陆续发现了这些线系,如图 1-21 所示。

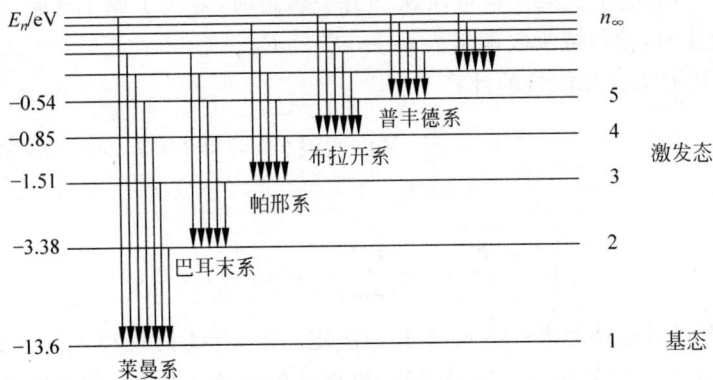

图 1-21 氢原子光谱中不同线系的产生

玻尔理论不仅能成功地解释氢原子光谱,还能很好地说明类氢离子的光谱,如 He^+、Be^{3+}、Li^{2+} 等,所以,在一定程度上反映了单电子原子系统的客观事实,但对如下一些问题还不能进行解释:①精细结构问题;②塞曼效应问题;③复杂的碱金属问题。

1915—1916 年,索末菲(A. Sommerfeld)在考虑了如下因素的情况下对玻尔理论进行了一系列的完善和拓展:①考虑了相对论修正;②将圆轨道推广为椭圆轨道;③考虑了磁场中轨道的平均取向。

但是,索末菲理论仍不能对原子光谱给出满意的解释,根源在于没有脱离经典理论的束缚(如轨道),因此,理论还需进一步发展。

*1.5.5 原子能级的测量

1912 年玻尔发表了氢原子理论;1919 年弗兰克(J. Frank,1882—1964 年)和赫兹

（G. L. Hertz，1887—1975 年，是证实电磁波存在的 H. R. Hertz 的侄子）用实验证实了原子能级。图 1-22(a) 是弗兰克-赫兹实验的示意图：玻璃管 B 内为低压水银蒸气，电子从加热的灯丝 F 发射出来，在加速电压 U_0 下被加速，在栅极 G 和 P 之间有一个小的反向电压 $U_r = 0.5\text{V}$，电子到达 P 后，可在电路中观察到板极电流 I_P。实验结果如图 1-22(b) 所示，电流是有峰值的。

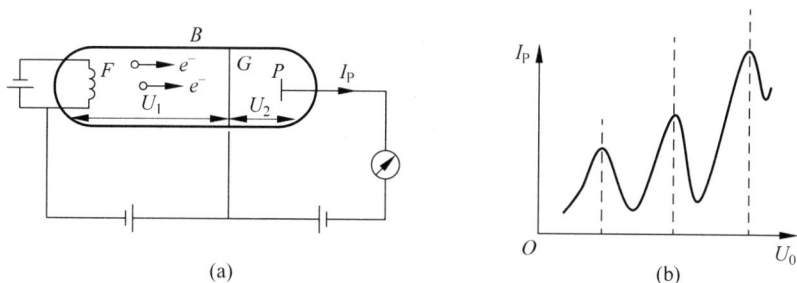

图 1-22　弗兰克-赫兹实验

（a）装置示意图；（b）实验数据图

设汞（Hg）原子的基态能量为 E_1，第一激发能量为 E_2，E_k 为加速电子的动能。若 $E_k < E_2 - E_1$，则电子不能使汞原子激发，电子动能无损失，I_P 也随 U_0 增加，当 $E_k \geqslant E_2 - E_1$ 时，在碰撞中汞原子从电子中吸收 $E_2 - E_1$ 的能量跃迁到激发态，故电子动能由于碰撞而减少，I_P 亦急剧降低，这就对应图 1-22 第一个波谷。若电子连续与两个汞原子碰撞，使两个汞原子跃迁到激发态，则会出现第二个波谷，以此类推。

因峰值之间的电压为 4.9V，故汞原子第一激发态与基态间能量差为 $E_2 - E_1 = 4.9\text{eV}$，4.9V 称为汞原子的第一激发电势。处于激发态的汞原子跃迁到基态时，要发射 $h\nu = E_2 - E_1$ 的光子，实验确实能观察到波长为 $\lambda = \dfrac{ch}{E_2 - E_1} = 2.54 \times 10^2 \text{nm}$ 的谱线。

弗兰克-赫兹实验证明，原子能级是确实存在的，这两位科学家因此贡献而获得 1925 年诺贝尔物理学奖。

1.6　德布罗意波 物质的波粒二象性

1.6.1　物质波

德布罗意根据对光的波粒二象性的认识，于 1924 年提出一切实物粒子都具有波粒二象性，并把光的能量 $\varepsilon = h\nu$ 和动量 $p = \dfrac{h\nu}{c} = \dfrac{h}{\lambda}$ 推广到实物粒子，即

$$\begin{cases} \varepsilon = mc^2 = h\nu \\ p = \dfrac{h}{\lambda} = mv \end{cases} \tag{1-47}$$

其中，$m = \dfrac{m_0}{\sqrt{1-\beta^2}}$。式 (1-47) 说明，实物粒子既可以由能量、动量来描述，也可以用频率、波长来解释，具有波和粒子的双重性质，故把与实物粒子相联系的波也称为物质波。

对电子来讲,当 $v \ll c$ 时,在电场中加速,满足如下关系式:

$$\frac{1}{2} m_0 v^2 = eU$$

式中,U 为加速电压;$v = \sqrt{\dfrac{2eU}{m_0}}$,则有

$$\lambda = \frac{h}{p} = \frac{h}{\sqrt{2m_0 eU}} = \frac{1.22}{\sqrt{U}} \text{nm} \tag{1-48}$$

当 $U = 100\text{V}$ 时,$\lambda = 0.122\text{nm}$;当 $U = 10\text{kV}$ 时,$\lambda = 0.0122\text{nm}$。由此可以看出,由于物质波的波长很短,在通常的实验条件下不容易测量出来,因此,当德布罗意在其博士论文中提出这一概念时,并没有引起人们的足够重视。

1.6.2　电子衍射实验

1927 年,戴维孙(C. J. Davisson,1881—1958 年)和革末(L. H. Germer,1896—1971 年)用电子衍射实验证实了德布罗意假说。实验装置如图 1-23(a)所示。实验时,保持角度 φ 不变,只改变加速电压 U,得到的 I-U 曲线如图 1-23(b)所示,电流 I 不随 U 的增大而线性增大,只有 U 在某些特定值时,I 有极大值。这说明,以一定方向投射到晶面上的电子,只有当它的速度或能量满足一定条件时,才能按反射定律从晶面发生反射,这与布拉格反射很相似。

当 $\varphi = 65°$ 时,$U = 54\text{V}$,I 出现极大值。由布拉格公式 $2d\sin\varphi = k\lambda$ 可得,

$$\lambda_1 = 2d\sin\varphi, \quad k = 1 \tag{1-49}$$

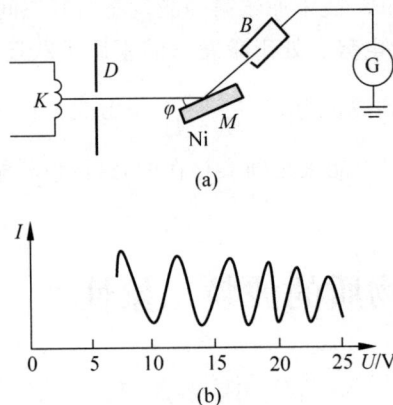

(a)

(b)

图 1-23　戴维孙-革末电子衍射

(a) 单晶电子衍射装置;(b) 衍射强度 I 随加速电压 U 变化曲线

对于金属镍 $d = 0.091\text{nm}$,$\lambda_1 = 0.165\text{nm}$;而其德布罗意波长为 $\lambda = \dfrac{1.22}{\sqrt{54}}\text{nm} = 0.167\text{nm}$。

既然电子具有波的性质,若将劳厄实验中的 X 射线换为加速的电子,应该得到电子的衍射图样,实验结果也确实如此。

目前,电子的波动性质已被广泛地应用于各个领域,如电子显微镜,其波长为 $\lambda = 10^{-3} \sim 10^{-2}\text{nm}$,分辨率高达 0.144nm,能够用来研究晶体结构、病毒和细胞的组织等。

1.6.3　不确定关系

在经典力学中,粒子的运动状态是用坐标位置和动量描述的,这两个量都可以同时准确地测定,然而,对于具有波粒二象性的微观粒子,则不能同时用确定的位置和确定的动量来描述,这称为不确定关系。不确定关系是 1927 年海森伯根据理想实验而提出的。

理想情况下,单缝衍射主极大宽度满足 $a \cdot \sin\phi = \lambda$(这里 $a = \Delta x$)。光线经单缝后,x 方向动量(速度)发生的变化为

$$\Delta p \approx p \cdot \sin\phi = p \cdot \frac{\lambda}{\Delta x} = \frac{h}{\Delta x}$$

由德布罗意物质波关系式 $p\lambda = h$,进一步得到 $\Delta x \cdot \Delta p \approx h$,一般写为

$$\Delta x \cdot \Delta p \geqslant \hbar \tag{1-50}$$

其中 $\hbar = \dfrac{h}{2\pi}$。由式(1-50)可知,Δx 越小,Δp 越大,即单缝越窄,衍射图样分布越宽,如图 1-24 所示。这也说明,粒子的动量和坐标不可能同时准确测量。

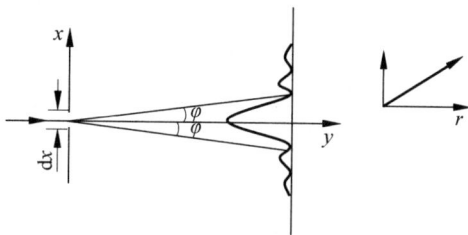

图 1-24　单缝衍射强度分布

除了动量和坐标的不确定关系,还有能量和时间的不确定关系,即 $\Delta t \cdot \Delta E \geqslant \hbar$。由于

$$E = \frac{1}{2}mv^2 = \frac{p^2}{2m}$$

$$\Delta E = \frac{p}{m}\Delta p = \Delta p \cdot v = \Delta p \cdot \frac{\Delta x}{\Delta t}$$

所以

$$\Delta t \cdot \Delta E = \Delta p \cdot \Delta x \geqslant \hbar$$

设某原子激发态的平均寿命为 τ,则此能级的宽度为 $\Delta E \geqslant \dfrac{\hbar}{\tau}$。这样,原子的谱线出现宽度无法确定现象,而实验证明也确实如此。

例 1-10　质量 10g 的子弹具有 200m/s 的速率,若其动量的不确定范围为动量的 0.01%,问子弹位置的不确定范围多大?

解　由于 $p = mv = 0.01 \times 200 = 2\text{kg} \cdot \text{m} \cdot \text{s}^{-1}$,则有

$$\Delta p = 0.01\% \times p = 2 \times 10^{-4}\text{kg} \cdot \text{m} \cdot \text{s}^{-1}$$

$$\Delta x = \frac{h}{\Delta p} = \frac{6.63 \times 10^{-34}}{2 \times 10^{-4}}\text{m} = 3.3 \times 10^{-30}\text{m}$$

可见,子弹的位置不确定范围是微不足道的,所以说子弹的位置和动量都可以准确地确定。换言之,不确定关系对宏观物体来说,实际上是不起作用的。

例 1-11　电子具有 $200\mathrm{m\cdot s^{-1}}$ 的速率,动量的不确定范围为动量的 0.01%,问该电子的位置不确定范围多大?

解　由于 $p=mv=9.1\times10^{-31}\times200\mathrm{kg\cdot m\cdot s^{-1}}=1.8\times10^{28}\mathrm{kg\cdot m\cdot s^{-1}}$,则有

$$\Delta p=0.01\%\times P=1.8\times10^{-32}\mathrm{kg\cdot m\cdot s^{-1}}$$

由不确定关系得

$$\Delta x=\frac{h}{\Delta p}=\frac{6.63\times10^{-34}}{1.8\times10^{-32}}\mathrm{m}=3.7\times10^{-2}\mathrm{m}=3.7\mathrm{cm}$$

通过以上计算得到,原子大小的量级为 $10^{-10}\mathrm{m}$,电子则更小,而电子位置的不确定范围是原子大小的 10^8 倍,可见电子的位置和动量不可能准确地确定。

1.7　量子力学基础

光电效应和康普顿效应加速了人类对微观世界波粒二象性的认识。这两个效应的物理本质是相同的,都是个别光子与个别电子的相互作用。但二者也有明显区别:其一,入射光的波长不同。入射光若为可见光或紫外光,表现为光电效应;若入射光是 X 射线,则表现为康普顿效应。其二,光子和电子相互作用的微观机制不同。在光电效应中,电子吸收光子的全部能量,从金属中逸出,在这个过程中只满足能量守恒定律,它揭示了光子能量和频率的关系;而康普顿散射是光子与电子之间发生弹性碰撞,遵循相对论能量守恒定律与动量守恒定律,进一步揭示了光子动量与波长之间的关系。

在德布罗意关于微观粒子波动性推断的基础上,薛定谔和海森伯几乎同时分别提出了波动力学和矩阵力学,用以描述微观粒子。现在这两个理论已经相融合形成了量子力学,成为描述微观粒子的基本理论。

本节将对量子力学的基本概念和处理问题的基本方法作初步介绍,主要包括波函数及其统计诠释、薛定谔方程、定态薛定谔方程的应用等。

1.7.1　波函数及其统计诠释

电子衍射实验表明,微观粒子可以像光波那样用波函数来描述它们的波动性。为此,我们将从机械波的波函数出发,演绎得到微观粒子的波函数。

已知平面波波动方程的指数解可写成 $\psi(\boldsymbol{x}\cdot t)=A\exp\{2\pi(vt-x/\lambda)\}$。把德布罗意物质波的关系式 $E=h\nu$ 和 $p=\dfrac{h}{\lambda}$ 代入 $\psi(\boldsymbol{x}\cdot t)$ 中可以得到

$$\psi(\boldsymbol{x}\cdot t)=\psi_0\mathrm{e}^{-\mathrm{i}(Et-px)/h} \tag{1-51}$$

对于三维空间,式(1-51)可以写成一般的形式

$$\psi(\boldsymbol{r}\cdot t)=\psi_0\mathrm{e}^{-\frac{\mathrm{i}}{h}(Et-\boldsymbol{p}\cdot\boldsymbol{r})}$$

对于个别粒子,其出现在何处有偶然性,可对于大量的粒子,它们的位置就服从一定的统计规律,微观粒子在空间中某一平面上表现为具有连续特征的波动性。普遍地说,在某处德布罗意波的强度是与粒子在该处邻近出现的概率成正比的。这就是德布罗意波的统计解释。

需要强调的是,德布罗意波与经典物理学中研究的波是截然不同的,我们不能把微观粒

子的波动性理解为就是经典物理学中的波。

在单位体积 $d\tau = dxdydz$ 内,可视 $\psi(\pmb{x} \cdot t)$ 不变,则粒子在 $d\tau$ 内出现的概率正比于 $\left| \psi(\pmb{x} \cdot t) \right|^2$ 和 $d\tau$,即

$$\left| \psi \right|^2 d\tau = \psi(\pmb{r} \cdot t)\psi^*(\pmb{r} \cdot t)dxdydz \tag{1-52a}$$

其中,$\left| \psi \right|^2$ 为单位体积内粒子出现的概率,称为概率密度。这就是波函数的统计解释,也是量子力学的假设之一。

由于波函数与粒子在空间出现的概率相联系,所以波函数必定是单值的、连续的和有限的,且满足概率论的基本条件归一化:

$$\iiint \left| \psi \right|^2 dxdydz = 1 \tag{1-52b}$$

1.7.2　薛定谔方程

薛定谔方程是波函数随时间和空间变化所普遍遵从的规律,是量子力学中的基本方程式,并且是量子力学原理的一个基本假设。它的正确性要由实验来检验,或者由它的推论的结果的正确性来确认,所以它是不能直接证明或推导的。下面从自由粒子入手来演绎薛定谔方程的形式。

以一维自由粒子为例,波函数可以表示为 $\psi(x,t) = \psi_0 e^{-i(Et-px)/\hbar}$,对 x 求二阶导数得到

$$\frac{\partial^2 \psi(x,t)}{\partial x^2} = -\frac{p^2}{\hbar^2}\psi_0 e^{-i(Et-px)/\hbar}$$

进一步在上式两边同时乘以 $\frac{\hbar^2}{2m}$,得到

$$\frac{\hbar^2}{2m}\frac{\partial^2 \psi(x,t)}{\partial x^2} = -\frac{p^2}{2m}\psi(x,t) \tag{1-53a}$$

对自由粒子,$E_k = E = -\dfrac{p^2}{2m}$,故式(1-53a)可写为

$$\frac{\hbar^2}{2m}\frac{\partial^2 \psi(x,t)}{\partial x^2} = -E\psi(x,t) \tag{1-53b}$$

将波函数对 t 求导可得

$$\frac{\partial \psi(x,t)}{\partial t} = -\frac{iE}{\hbar}\psi(x,t) \tag{1-53c}$$

比较式(1-53b)和式(1-53c)可得

$$i\hbar\frac{\partial \psi(x,t)}{\partial t} = -\frac{\hbar^2}{2m}\frac{\partial^2 \psi(x,t)}{\partial x^2} \tag{1-54}$$

方程(1-54)就是一维情况下自由粒子的含时薛定谔方程。

把式(1-54)拓展到处于势场中的粒子,此时 $E = E_k + V = \dfrac{p^2}{2m} + V$,则方程(1-54)改成

$$-\frac{\hbar^2}{2m}\frac{\partial^2 \psi(x,t)}{\partial x^2} + V\psi(x,t) = i\hbar\frac{\partial \psi(x,t)}{\partial t} \tag{1-55a}$$

式(1-55a)是一维势场中粒子的薛定谔方程。将其进一步推广到三维情况为

$$-\frac{\hbar^2}{2m}\nabla^2\psi(\boldsymbol{r},t)+V\psi(\boldsymbol{r},t)=\mathrm{i}\hbar\frac{\partial\psi(\boldsymbol{r},t)}{\partial t} \tag{1-55b}$$

引入哈密顿量算符 $\hat{H}=-\dfrac{\hbar^2}{2m}\nabla^2+V(\boldsymbol{r},t)$，那么方程(1-55b)可以改写为

$$\hat{H}V(\boldsymbol{r},t)=\mathrm{i}\hbar\frac{\partial\psi(\boldsymbol{r},t)}{\partial t} \tag{1-56a}$$

薛定谔方程表明，只要知道粒子质量 m、势能 V 和粒子的初始状态 $\psi(\boldsymbol{r},0)$，就可以计算得到 $\psi(\boldsymbol{r},t)$，从而知道概率密度。$V\equiv V(x,y,z)$ 与 t 无关，称为定态，一般需要处理的问题都是定态问题（如分子、原子能级问题）。

设 $\psi(x,y,z,t)=\Phi(x,y,z)f(t)$，将其代入式(1-52b)可得

$$-\frac{\hbar^2}{2m}\nabla^2\Phi(x,y,z)\cdot f(t)+V\Phi(x,y,z)f(t)=\mathrm{i}\hbar\Phi(x,y,z)\frac{\partial f(t)}{\partial t}$$

两边同时除以 $\Phi(x,y,z)f(t)$ 可得

$$-\frac{\hbar^2}{2m}\frac{\nabla^2\Phi(x,y,z)}{\Phi(x,y,z)}+V=\frac{\mathrm{i}\hbar}{f(t)}\frac{\partial f(t)}{\partial t} \tag{1-56b}$$

式(1-56b)左边为空间 $\boldsymbol{r}$，右边为时间 t 的函数，结果应该为常数，设为 E，则有

$$\frac{\mathrm{i}\hbar}{f(t)}\cdot\frac{\partial f(t)}{\partial t}=E$$

解得 $f(t)=\mathrm{e}^{-\frac{\mathrm{i}}{\hbar}Et}$，代入式(1-56b)，经过计算化简得到不含时的定态薛定谔方程

$$-\frac{\hbar^2}{2m}\nabla^2\Phi+(V-E)\Phi=0 \tag{1-57a}$$

其中，本征值 E 为能量的量级，称为能量本征值，一般是指我们所说的能级。由式(1-56)求得 $\Phi(x,y,z)$，即可得到总的波函数为

$$\psi(x,y,z,t)=\Phi(x,y,z)\mathrm{e}^{-\frac{\mathrm{i}}{\hbar}Et} \tag{1-57b}$$

1.7.3   定态薛定谔方程的应用

1. 一维无限深势阱

一维无限深方势阱如图1-25所示，粒子在势阱中的势能为零，而在势阱外势能为无限大，即

$$V=\begin{cases}0, & 0<x<a\\ \infty, & x\leqslant 0 \text{ 或 } x\geqslant a\end{cases} \tag{1-58a}$$

当 $V=\infty$ 时，波函数 $\psi(x)=0$，即式(1-58a)满足 $\psi(0)=\psi(a)=0$ 的边界条件。当 $x<a$ 时，其薛定谔方程为 $-\dfrac{\hbar^2}{2m}\dfrac{\partial^2\psi(x)}{\partial x^2}+(0-E)\psi(x)=0$，可以简化为

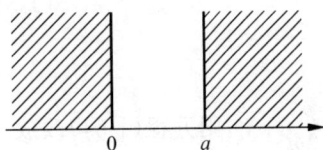

图 1-25   一维无限深方势阱

$$\frac{\partial^2\psi(x)}{\partial x^2}+k^2\psi(x)=0 \tag{1-58b}$$

其中，$k^2 = \dfrac{2mE}{\hbar^2}$。方程(1-58b)的通解为

$$\psi(x) = A \cdot \sin kx + B \cos kx \tag{1-58c}$$

由边界条件(1-58a)，可以得到

$$\begin{cases} A \cdot \sin k \cdot 0 + B \cdot \cos k \cdot 0 = 0 \\ A \sin ka + B \cdot \cos ka = 0 \end{cases}$$

故可得 $B = 0$。由于 $\sin ka = 0, ka = n\pi$，即 $\dfrac{\sqrt{2mE}}{\hbar} \cdot a = n\pi$，由此得到量子化的能量本征值 E_n 为

$$E_n = \frac{\pi^2 \hbar^2}{2ma^2} \cdot n^2, \quad n = 1, 2, 3, \cdots \tag{1-58d}$$

由式(1-58d)容易计算得到 $E_1 = \dfrac{\pi^2 \hbar^2}{2ma^2}, E_2 = 4E_1, E_3 = 9E_1, \cdots$。

图 1-26 是无限深势阱的能级分布及其波函数，其中

$$\Delta E = E_{n+1} - E_n = \frac{\pi^2 \hbar^2}{2m} \cdot \frac{(2n+1)}{a^2}$$

由上式不难发现，ΔE 随 a 的减小而变大。利用此原理制成的量子阱半导体激光器，可输出绿光甚至蓝光，使输出频率增大(能量增大)。

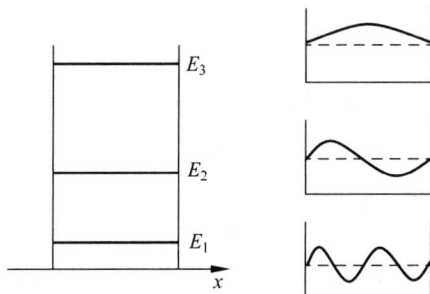

图 1-26 无限深势阱的能级分布及其波函数

式(1-58d)中 n 相当于玻尔理论中的量子数，但在这里却不是人为加上去的，而只是要求波函数满足标准条件即可得出。这里 n 不能取零，最小值为 1，粒子所具有的最低能量为 $E_1 = \pi^2 \hbar^2 / 2m_0^2$。这与经典理论不同，经典理论认为粒子的最低能量必须为零，故 E_1 又称为零点能。

对于每个本征值 E_n，有对应的本征波函数 $\psi_n = A \sin kx = A \sin n \dfrac{\pi}{a} x$，其满足归一化条件 $\displaystyle\int_{-\infty}^{\infty} |\psi_n(x)|^2 \mathrm{d}x = 1$，进而可以计算出待定常数 A，即

$$\int_{-\infty}^{\infty} A^2 \sin^2\left(\frac{n\pi}{a}x\right) \mathrm{d}x = A^2 \cdot \frac{a}{2} = 1 \Rightarrow A = \sqrt{\frac{\alpha}{a}}$$

所以

$$\psi_n = \sqrt{\frac{\alpha}{a}} \sin\left(\frac{n\pi}{a}x\right), \quad n = 1,2,3,\cdots \tag{1-58e}$$

例 1-12 估算电子在原子中的能量。

解 把电子在原子内的运动近似为在势阱中的情况,即

$$E_n = \frac{\pi^2 \hbar^2}{2ma^2} \cdot n^2$$

估计 $a = 10^{-10}$ m、$m_e = 9.11 \times 10^{-31}$ kg,代入上式可得 $E_n = 37.7n^2$(eV),$n = 1,2,3$。故 $E_1 = 37.7$ eV,与氢原子基态 $E_1 = 13.6$ eV 相比,这个近似很粗糙。

对于有限高和有限宽势垒,即使粒子能量低于势垒高度,粒子也有一定的概率能透过势垒并进入邻区,这种现象称为势垒穿透或隧道效应。经典理论认为这种现象是不可能发生的,但在实验中已被观察到。目前,隧道效应已被广泛应用于各个领域,例如人们利用隧道效应制造出了半导体隧道二极管和超导体隧道结及可实现原子搬家的扫描隧道显微镜。

2. 对应原理

在某些极限条件下,量子规律和经典规律可以趋于一致,或者说,量子规律可以转化为经典规律,这就是量子物理的对应原理。

例如,当物体的速度远小于光速时,相对论力学就过渡到经典力学,洛伦兹变换式退化为伽利略变换式,而且当 $v \ll c$ 时,由相对论动能表达式 $E_k = mc^2 - m_0c^2$,可以得到经典力学的动能表达式 $E_k = \frac{1}{2}mv^2$。

下面以一维无限深势阱中的能量为例,讨论量子物理中的对应原理。

由式(1-58d)可以得到一维无限深势阱中的能级差为

$$\Delta E_n = E_{n+1} - E_n = (2n+1)\frac{h^2}{8ma^2}$$

当 n 一定时,能级差由 m、a 决定。若 a 的尺度在原子尺度之内,ΔE_n 较大,量子效应显著。即 a 越小,量子效应越显著;a 越大,量子效应越不明显;当 a 增大到普通的宏观尺寸时,能级差则很小,此时,可以近似认为能量是连续变化的。如 $m = 9.1 \times 10^{-31}$ kg 的电子在 $a = 1.0 \times 10^{-2}$ m 的势阱中,能级差为

$$\Delta E \approx 2n\frac{h^2}{8ma^2} = n \times 7.54 \times 10^{-15} \text{ eV}$$

即使 n 很大时,也可将能量看作是连续变化的。若 $a = 1.0 \times 10^{-10}$ m,则 $\Delta E \approx n \times 7.54$ eV,此时的能级差很大,量子效应特别显著,能级相对间隔为

$$\frac{\Delta E_n}{E_n} = \frac{2n\frac{h^2}{8ma^2}}{n^2\frac{h^2}{8ma^2}} = \frac{2}{n}$$

即当 $n \to \infty$ 时,可以认为能量是连续变化的,因为 ΔE_n 较 E_n 要小得多。

3. 一维方势垒、隧道效应

如图 1-27 所示的势能分布称为一维方势垒。若粒子处于 $x<0$ 的区域内,且能量 E 小于势垒高度 U_0,按经典理论,粒子不可能进入 $x>0$ 的区域。然而,在量子物理领域,粒子却能穿过势垒,到达 $x>a$ 的区域,好像势垒当中有一个隧道,这种现象称为隧道效应。这一效应目前已得到广泛的应用,如扫描隧道显微镜,可以观察到单个原子在物质表面的排列及行为。

由薛定谔方程可以解出一维方势垒的波函数,为形象直观,图 1-27 直接给出了各区域内的波函数变化趋势。波函数的模的平方代表粒子在该区域内出现的概率,由图 1-27 可见,粒子在 $x>a$ 的区域中仍有一定的概率出现。

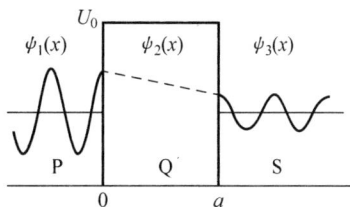

图 1-27   隧穿效应

*1.8   原子的量子理论

1.8.1   氢原子

本节主要介绍怎样利用定态薛定谔方程处理实际问题——氢原子问题,从而给出描述氢原子量子状态的四个量子数(n、l、m_l、m_s)及塞曼效应和电子自旋的概念。

对于氢原子、电子处在核所形成的平均场中的运动,可近似地认为核不动,而此库仑场是不随时间而变的,属于定态问题,对应的定态薛定谔方程为

$$\nabla^2 \psi + \frac{2m}{\hbar^2}\left[E - V(r)\right]\psi = 0 \tag{1-59a}$$

式中,$V(r) = -\dfrac{e^2}{4\pi\varepsilon_0 r}$ 为相互作用势。因为相互作用势具有球对称性,因而式(1-59a)在球坐标中求解比较方便。在球坐标下,拉普拉斯算符 ∇^2 为

$$\frac{1}{r^2}\frac{\partial}{\partial r}\left(r^2\frac{\partial}{\partial r}\right) + \frac{1}{r^2\sin\theta}\frac{\partial}{\partial\theta}\left(\sin\theta\frac{\partial}{\partial\theta}\right) + \frac{1}{r^2\sin^2\theta}\frac{\partial^2}{\partial\varphi^2}$$

则式(1-59a)变为

$$\frac{1}{r^2}\frac{\partial}{\partial r}\left(r^2\frac{\partial\psi}{\partial r}\right) + \frac{1}{r^2\sin\theta}\frac{\partial}{\partial\theta}\left(\sin\theta\frac{\partial\psi}{\partial\theta}\right) + \frac{1}{r^2\sin^2\theta}\frac{\partial^2\psi}{\partial\varphi^2} + \frac{2m}{\hbar^2}\left(E + \frac{e^2}{4\pi\varepsilon_0 r}\right)\psi = 0$$

$$\tag{1-59b}$$

求解方程(1-59b)比较烦琐,下面给出大体解题步骤。

利用分离变量法进行求解。设 $\psi(r,\theta,\varphi) = R(r)\Theta(\theta)\Phi(\varphi)$,首先把 r 与 θ、φ 分离开,式(1-59b)两边同时乘以 r^2,再同时除以 $R(r)\Theta(\theta)\Phi(\varphi)$,可得

$$\frac{1}{R}\frac{\partial}{\partial r}\left(r^2\frac{\partial R}{\partial r}\right) + \frac{2m}{\hbar^2}\left(E + \frac{e^2}{4\pi\varepsilon_0 r}\right)\cdot r^2 = \left[\frac{1}{\Theta}\frac{1}{\sin\theta}\frac{\partial}{\partial\theta}\left(\sin\theta\frac{\partial\Theta}{\partial\theta}\right) + \frac{1}{\Phi}\frac{1}{\sin^2\theta}\frac{\partial^2\Phi}{\partial\psi^2}\right]$$

上述方程的左边为 r 的函数,右边为 θ、φ 的函数,所以它必等于某一常数,设此常数为 $l(l+1)$(这是为了后面计算的简单),则有

$$\frac{\partial}{\partial r}\left(r^2\frac{\partial R(r)}{\partial r}\right)+\frac{\partial m}{\hbar^2}\left(E+\frac{e^2}{4\pi\varepsilon_0 r}\right)r^2 R(r)=l(l+1)R(r) \tag{1-60a}$$

$$\frac{1}{r\sin\theta}\frac{\partial}{\partial\theta}\left(\sin\theta\frac{\partial\Theta}{\partial\theta}\right)+\frac{1}{\Phi\sin^2\theta}\frac{\partial^2\Phi}{\partial\varphi^2}=-l(l+1) \tag{1-60b}$$

将式(1-60b)两边同时乘以 $\sin^2\theta$,经过移项得到

$$\frac{\sin\theta}{\Theta}\frac{\partial}{\partial\theta}\left(\sin\theta\frac{\partial\Theta}{\partial\theta}\right)+l(l+1)\sin^2\theta=-\frac{1}{\Phi}\frac{\partial^2\Phi}{\partial\varphi^2} \tag{1-61a}$$

同样地,设式(1-61a)等于某一常数 m_l^2,则有

$$\begin{cases} 右边:\dfrac{\partial^2\Phi}{\partial\varphi^2}+m_l^2\Phi=0 & (1\text{-}61b) \\[2mm] 左边:\dfrac{1}{\sin\theta}\dfrac{\partial}{\partial\theta}\left(\sin\theta\dfrac{\partial\Theta}{\partial\theta}\right)+\left[l(l+1)-\dfrac{m_l^2}{\sin^2\theta}\right]\Theta=0 & (1\text{-}61c) \end{cases}$$

整理式(1-60a)得

$$\frac{1}{r^2}\frac{\partial}{\partial\gamma}\left(r^2\frac{\partial R(r)}{\partial r}\right)+\frac{2m}{\hbar^2}\left[E+\frac{e^2}{4\pi\varepsilon_0 r}-\frac{\hbar^2}{2m}\frac{l(l+1)}{r^2}\right]R=0 \tag{1-62}$$

式(1-60)～式(1-62)为由氢原子薛定谔方程转换得到的三个微分方程,解出这三个微分方程即可得到氢原子的能量本征值和本征函数及描述氢原子的量子数。

1. 电子云

定态波函数 $\psi(r,\theta,\varphi)$ 的模的平方 $|\psi(r,\theta,\varphi)|^2$ 给出电子在空间 (r,θ,φ) 各点出现的概率密度,概率分布的不同,说明电子在某处出现的概率大些,在另外某处出现的概率小些,而不能断言电子一定会在某处出现。为描述这种现象,常引入电子云的概念,概率密度大的地方就把电子云画得密些,概率密度小的地方就把电子云画得稀疏些,这只是一个形象化的比喻。而 $|R(r)|^2$、$|\Theta(\theta)|^2$、$|\Phi(\varphi)|^2$ 则代表电子在不同 r、θ、φ 处出现的概率。图 1-28 是 $1s$、$2s$、$3s$ 电子随 r 的概率密度分布图,其中 $a_0=\dfrac{\varepsilon_0 h^2}{\pi me^2}=0.053\text{nm}$。$1s$ 电子在 a_0 处出现的概率最大,这正是按玻尔氢原子理论得到的基态轨道半径。$|R(r)|^2$ 等于零的位置称为节点,由图 1-28 可以确认节点数为 $n-1$。

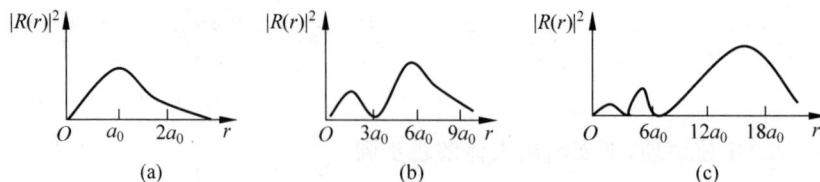

图 1-28　不同 n 的 s 轨道上电子云的径向分布

(a) $1s$ 电子;(b) $2s$ 电子;(c) $3s$ 电子

2. 氢原子的量子数及能量本征值

由边界条件及归一化条件求解方程(1-60)～方程(1-62)可得到关于 Φ、Θ、R 的方程有

解的条件和要求。由方程(1-61a)解得

$$m_l = 0, \pm 1, \pm 2, \cdots \tag{1-63a}$$

式中，m_l 称为磁量子数。把式(1-63a)代入方程(1-61c)，可解得

$$l = 0, 1, 2, \cdots, l \geqslant |m_l| \tag{1-63b}$$

式中，l 称为角动量量子数。将式(1-63b)代入方程(1-62)，经过求解可以得到

$$E_n = -\frac{me^4}{(4\pi\varepsilon_0)^2(2\hbar^2)} \cdot \frac{1}{n^2}, \quad n = 1, 2, \cdots, n \leqslant l+1 \tag{1-63c}$$

式中，n 称为主量子数。

对 $E > 0$ 的情形，$E = E_k + V > 0$，$E_k > |V|$，即动能大于核与电子间的势能，此时电子不受核的束缚，成为自由电子，求解方程(1-61c)、方程(1-62)还可求得电子的角动量 L 为

$$L = \sqrt{l(l+1)}\hbar, \quad l = 0, 1, 2, \cdots, n-1 \tag{1-63d}$$

由此可以看出，此时能量和角动量都是量子化的。

至此，氢原子的电子状态可由两个量子数 $(n、l)$ 来描述，即 $1s$、$2s$、$2p$、$3d$、$4f$ 等，s、p、d、f 分别对应 $l = 0, 1, 2, 3$。

3. 塞曼效应、角动量的空间量子化

既然氢原子的量子状态由 $(n、l)$ 描述，则 $(n、l)$ 定下之后，状态应唯一确定，由 $2p$ 态跃迁到 $1s$ 态应只有一条谱线，这在无磁场时确实如此。可加上弱磁场后，这条谱线却分裂为三条谱线，这种现象称为正常塞曼效应，如图 1-29 所示。

这是因为，运动的电子在磁场中具有一定的磁矩 $\boldsymbol{\mu}$，其大小为 $\boldsymbol{\mu} = -\frac{e}{2m_e}\boldsymbol{L}$。$\boldsymbol{L}$ 为角动量，因为电子带负电，故磁矩方向与角动量方向相反。

图 1-29　塞曼效应原理图

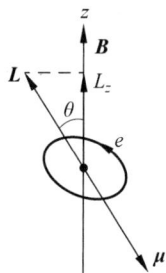

在磁场中，由此磁矩引起的势能为

$$U = -\boldsymbol{\mu} \cdot \boldsymbol{B} = \frac{e}{2m}\boldsymbol{L} \cdot \boldsymbol{B} = \frac{e}{2m}lB\cos\theta = \frac{e}{2m}BL_z$$

其中，$L_z = L\cos\theta$ 为角动量在磁场方向上的投影，如图 1-30 所示。由量子理论知 $L_z = m_l\hbar$，$m_l = 0, \pm 1, \pm 2, \cdots, \pm l$ 为磁量子数，因此，上式可改写为

$$U = \frac{e}{2m}Bm_l\hbar = \frac{e\hbar}{2m}Bm_l = \mu_B Bm_l \tag{1-64a}$$

其中，$\mu_B = \frac{e\hbar}{2m}$ 称为玻尔磁子。

图 1-30　角动量在磁场方向的投影

$L_z = m_l\hbar$ 的量子化说明角动量 $\boldsymbol{L}$ 与 $\boldsymbol{B}$ 的夹角 θ 也是量子化的，即角动量的取向在空间是量子化的，称为角动量的空间量子化，图 1-31 表示 m_l 分别为 l、0、$-l$ 时角动量的取向。

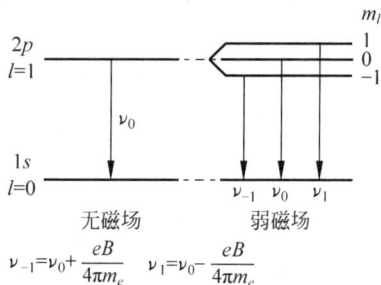

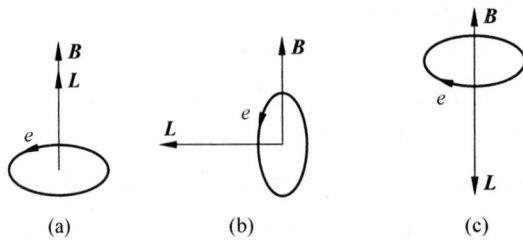

图 1-31　不同 m_l 下角动量的取向

(a) $\theta=0$；(b) $\theta=\pi/2$；(c) $\theta=\pi$

在弱磁场中,可将氢原子的能量修正为

$$E_n = -\frac{me^4}{(4\pi\varepsilon_0)^2 2\hbar^2} \cdot \frac{1}{n^2} + \frac{e\hbar}{2m}Bm_l \tag{1-64b}$$

对 $2p$ 态,$l=1$,$m_l=-1,0,1$,故能级分裂为三个,而对 $1s$ 态,$l=0$,$m_l=0$,故对 s 态,弱磁场中能级不分裂。

4. 反常塞曼效应与电子自旋

1921 年,斯特恩和盖拉赫发现在非均匀磁场中,s 态原子射线一分为二,因为 $l=0$,$m_l=0$,故不能用角动量空间量子化来解释这种现象。1925 年,乌仑贝克和高德斯密特提出电子自旋的概念,从而解释了这种反常塞曼效应现象。

引入电子自旋量子数 s,电子自旋角动量为 $S=\sqrt{s(s+1)}\hbar$,$s=\frac{1}{2}$。既然电子具有自旋,在磁场中就具有磁矩,由量子理论可知 $\boldsymbol{\mu}_s = -\frac{e}{m}\boldsymbol{s}$,在磁场中的势能为

$$U = -\boldsymbol{B} \cdot \boldsymbol{\mu}_s = \frac{e}{m}\boldsymbol{B} \cdot \boldsymbol{s} = \frac{e}{m}Bs\cos\theta \tag{1-65a}$$

其中,θ 为电子自旋方向与磁场方向的夹角。引入 $s_z=s\cos\theta=m_s\hbar$,$m_s=\pm\frac{1}{2}$,则式(1-65a)改写为

$$U = \frac{e}{m}Bm_s\hbar = \frac{e\hbar}{\partial m} \cdot B \cdot 2m_s = 2\mu_B Bm_s \tag{1-65b}$$

即可解释反常塞曼效应现象。

综上可知,氢原子核外电子可由四个量子数来描述,即 n、l、m_l、m_s,因所有电子自旋量子数均为 $s=\frac{1}{2}$,故常忽略此量子数。

例 1-13　理论计算表明氢原子在 $n=2$,$l=1$ 的径向波函数为 $R(r)=\left(\frac{1}{2r_1}\right)^{3/2}\frac{r}{\sqrt{3}\,r_1}\mathrm{e}^{-r/2r_1}$,$r_1$ 为玻尔半径。试计算电子出现概率最大处距核的距离。

解　因为电子出现在 $r\to r+\mathrm{d}r$ 的概率为 $P(r)\mathrm{d}r=|R(r)|^2 4\pi r^2\mathrm{d}r$,所以有

$$P(r) = 4\pi|R(r)|^2 r^2 = \frac{\pi r^4}{6r_1^5}\mathrm{e}^{-r/r_1}$$

概率最大条件为 $\mathrm{d}P(r)/\mathrm{d}r=0$,即

$$4r^3\mathrm{e}^{-r/r_1}-\frac{r^4}{r_1}\mathrm{e}^{-r/r_1}=0$$

得到 $r=4r_1$,说明 $r=4r_1$ 处电子出现的概率最大。

1.8.2　多电子原子中的电子分布

氢原子的原子核外只有一个电子,因此只要考虑电子与原子核之间的相互作用,处理起来比较简单。对于其他多电子原子,除了考虑原子核与电子之间的库仑作用,还需要考虑电子之间的相互作用,包括电子自旋性质、电子在原子轨道中的分布情况及其产生的各种效应。下面重点介绍这些内容。

1. 电子自旋、自旋磁量子数

原子中的电子除了绕核运动,还要绕自身的轴旋转,这种性质称为电子的自旋,它是电子的一种基本属性。

1921 年,斯特恩(O. Stern,1888—1969 年)和盖拉赫(W. Gerlach,1899—1979 年)首次观测到原子在磁场中取向量子化,证实了原子角动量的量子化。斯特恩也因此获得 1943 年诺贝尔物理学奖,其实验测量装置如图 1-32 所示。

在图 1-32 中,实验装置使银原子在电炉内蒸

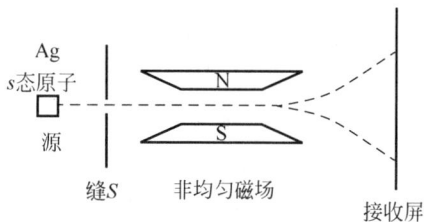

图 1-32　反常塞曼效应实验

发射出,通过狭缝 S 形成细束,经过一个抽成真空的不均匀的磁场区域(磁场垂直于射束方向),最后到达接收屏的照相底片上。显像后的底片上出现了两条黑斑,表明银原子束经过不均匀磁场区域时分成了两束。

根据实验中的炉温、磁极长度、横向不均匀磁场的梯度 $\mathrm{d}B/\mathrm{d}z$ 和原子束偏离中心的位移,可计算出原子磁矩在磁场方向上的分量的大小。当时测得银、铜、金和碱金属的原子磁矩分量大小都等于一个玻尔磁子,它们的原子束仅分裂为对称的两束。实验结果说明,原子在磁场中不能任意取向,证实了索末菲和德拜在 1916 年建立的原子的角动量在空间某特殊方向上取向量子化的理论。

1925 年,乌仑贝克和高德史密特提出了电子自旋的假设,全面地解释了斯特恩和盖拉赫的实验结果。利用电子自旋概念,对斯特恩-盖拉赫实验的结果作出如下解释和推断。

(1) 原子磁矩是电子的轨道磁矩和自旋磁矩之和(原子核磁矩很小,可忽略),在磁场方向上的分量 μ_z 只能取以下数值:

$$\mu_z=-m_l g\mu_B,\quad m_l=J,J-1,\cdots,-J \tag{1-66}$$

式中,m 称为磁量子数;J 为总角动量量子数;μ_B 为玻尔磁子;g 为朗德因子。即原子磁矩在磁场中只能取 $2J+1$ 个分立数值。银原子的基态是 $2S_{\frac{1}{2}}$,$J=1/2$,$m=1/2,-1/2$,所以在底片上出现两条黑斑。这说明磁矩有两种取值,根据经典理论,轨道角动量的取值只能是整数。解决这一问题的方案是引入电子自旋概念。

(2) 电子自旋的角动量是量子化的,其值为

$$S = \sqrt{s(s+1)}\, \hbar = \frac{\sqrt{3}}{2}\hbar \tag{1-67}$$

其中，$s = \frac{1}{2}$ 为自旋量子数。电子的自旋角动量在特定方向上的分量也是量子化的，如在 z 轴上的分量 $s_z = m_s \hbar$，其中 $m_s = \pm \frac{1}{2}$，称为自旋磁量子数。这说明电子的自旋角动量的分量只能取两种数值。

在斯特恩-盖拉赫实验的基础上建立起来的电子自旋概念，反过来又对碱金属原子光谱的精细结构和反常塞曼效应作出了圆满解释，所以这些都可以看作是电子自旋概念的实验基础。原子光谱是原子能级结构特征的反映，已成为观测和探知原子能级结构的重要手段。

2. 原子中电子的壳层结构

考虑电子自旋后，元素的性质取决于原子中电子所处的状态，而电子的状态是由四个量子数即 n、l、m 和 m_s 表征的，由这四个量子数即可确定原子中的电子分布情况。现概述如下。

(1) 主量子数 n：决定电子的能量，依照原子中电子的能量（由低到高），n 可取从 1 开始的一系列正整数，即 $n = 1,2,3,\cdots$。

(2) 轨道量子数 l：也称为角量子数，决定电子的角动量，反映了电子轨道角动量的大小。对于同一个 n 值下不同 l 的状态，电子的能量也有差别。在 n 值一定的情况下，l 可取 n 个可能的数值，即 $l = 0,1,2,\cdots,n-1$。

(3) 磁量子数 m：反映了电子轨道角动量在空间的取向，或轨道角动量在某特定方向（如磁场方向）的分量。对于给定的 l 值，m 可取 $2l+1$ 个可能的数值，即 $m = 0,\pm 1,\pm 2,\cdots,\pm l$。

(4) 自旋磁量子数 m_s：表示电子自旋角动量在空间的取向，或自旋角动量在磁场方向的分量。若自旋角动量向上，m_s 取 $1/2$；若自旋角动量向下，m_s 取 $-1/2$。

元素的物理性质和化学性质随原子中电子数的增加而逐渐表现出差异的事实说明，在多电子原子中，电子不可能都处于能量最低的状态，电子在原子中的分布是分层次的，称为电子壳层。壳层通过主量子数 n 进行区别，在每一壳层上，对应于 $l = 0,1,2,3\cdots$ 又分为 s、p、d、f 等支壳层，每一个支壳层上只能容纳一定数目的电子，电子的分布要服从一定的规律或原理。

3. 泡利不相容原理

在一个原子中，不可能有两个或两个以上的电子具有完全相同的量子态，即任何两个电子不可能有完全相同的量子数。例如，若两个电子的 n、l、m_l 均相同，则 m_s 不能相同，只能分别取 $\frac{1}{2}$ 和 $-\frac{1}{2}$。

根据 n、l、m_l、m_s 的取值范围，即 $l = 0,1,2,\cdots,n-1$，$m_l = -l,-l+1,\cdots,l-1,l$，$m_s = \pm \frac{1}{2}$ 可知，能级 n 的量子态数为 $Z_n = \sum_{l=0}^{n-1} 2(2l+1) = 2n^2$，即能级 n 上最多能容纳的电子数为 $2n^2$。表 1-1 列出了原子各壳层和支壳层所能容纳的电子数。

表 1-1　原子的壳层和支壳层所能容纳的电子数

l		0	1	2	3	4	5	6	Z_n
n		s	p	d	f	g	h	i	
1	K	2							2
2	L	2	6						8
3	M	2	6	10					18
4	N	2	6	10	14				32
5	O	2	6	10	14	18			50
6	P	2	6	10	14	18	22		72
7	Q	2	6	10	14	18	22	26	98

4. 能量最小原理

在原子系统内,每个电子趋向于占有最低的能级,只有在低能级填满后,电子才填充高能级,这就是能量最小原理。

由于能级主要由主量子数 n 决定,故一般来讲,最靠近原子核的壳层容易被占据,原子最外层的电子叫作价电子。例如,如图 1-33 所示的钠的原子结构中电子的分布如下:

图 1-33　^{11}Na

(1) $1s$ 态 2 个电子:$\left(1,0,0,\dfrac{1}{2}\right)$,$\left(1,0,0,-\dfrac{1}{2}\right)$;

(2) $2s$ 态 2 个电子:$\left(2,0,0,\dfrac{1}{2}\right)$,$\left(2,0,0,-\dfrac{1}{2}\right)$;

(3) $2p$ 态 6 个电子:$\left(2,1,-1,-\dfrac{1}{2}\right)$,$\left(2,1,-1,\dfrac{1}{2}\right)$,$\left(2,1,0,-\dfrac{1}{2}\right)$,$\left(2,1,0,\dfrac{1}{2}\right)$,$\left(2,1,1,-\dfrac{1}{2}\right)$,$\left(2,1,1,\dfrac{1}{2}\right)$;

(4) $3s$ 态 1 个电子:$\left(3,0,0,-\dfrac{1}{2}\right)$。

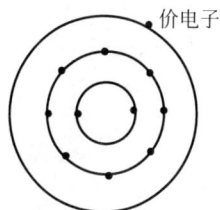

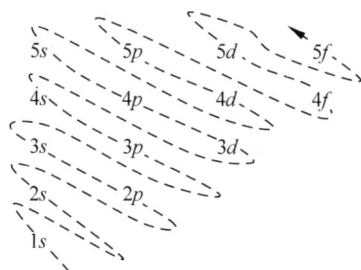

图 1-34　原子能级高低分布简图

原子能级的高低并不完全取决于 n,其次序如下:$1s$,$2s$,$2p$,$3s$,$3p$,$4s$,$3d$,$4p$,$5s$,$4d$,$5p$,$6s$,…,可用如图 1-34 所示的简图记忆。

随着原子序数的增加,核外电子按照上述规律在轨道上填充。如果每一个周期都从电子填充新壳层开始,那么决定元素物理性质和化学性质的最外壳层的电子数也将出现周期性,这正是门捷列夫发现的元素周期律的本质所在。

参考文献

[1]　韩天琪. 量子力学谁创立?[EB/OL]. (2015-11-13)[2023-12-01]. https://news.sciencenet.cn/sbhtmlnews/2015/11/306266.shtm.

[2] 徐富新,孔德明.大学物理实验[M].长沙:中南大学出版社,2013:374.
[3] 杨福家.原子物理学[M].上海:上海科技出版社,1985:238.
[4] 曾谨言.量子力学[M].北京:科学出版社,2015.
[5] 韩锋.量子力学中的态叠加原理[J].河池学院学报,2007,27(5):5-8.
[6] 曹天元.上帝掷骰子吗?——量子物理史话[M].沈阳:辽宁教育出版社,2010:148.
[7] 亚当·哈特-戴维斯.薛定谔的猫:改变物理学的50个实验[M].北京:北京联合出版社,2017.
[8] 厚宇德,王盼.哥廷根物理学派先驱人物述要[J].大学物理,2012,31(12):30-38.
[9] 倪光炯,王炎森.物理与文化[M].2版.北京:高等教育出版社,2009:288.
[10] 张成刚.量子笔迹[M].成都:电子科技大学出版社,2014.
[11] 张文卓.量子力学的随机性并没有被实验推翻[J].现代物理知识,2019(4):66-67.

附加读物　量子力学两大学派的关键人物

马克斯·玻恩(Max Born,1882—1970年),德国犹太裔理论物理学家,量子力学奠基人之一。玻恩在物理学中的主要成就是创立矩阵力学和对薛定谔的波函数作出统计解释。他因对量子力学的基础性研究尤其是对波函数的统计学诠释和博特(W. Bothe)共同获得了1954年的诺贝尔物理学奖。

玻恩从1901年起在布雷斯劳大学、海德堡大学、苏黎世大学和哥廷根大学等大学学习,先是学习法律和伦理学,后转学数学、物理学和天文学,并于1907年获得博士学位。

1926年,奥地利物理学家薛定谔创立了波动力学。同时,玻恩和海森伯、约尔丹等用矩阵这一数学工具,研究原子系统的规律,创立了矩阵力学,这个理论解决了量子论不能解决的有关原子理论的问题。后来,科学家证明矩阵力学和波动力学是同一理论的不同形式,二者统称为量子力学。因此,玻恩是量子力学的创始人之一。

为了描述波函数和各种物理现象的关系,玻恩通过大量研究对波函数的物理意义作出了统计解释,取得了很大的成功。从统计解释可以知道,在量度某一个物理量的时候,虽然已知几个体系处在相同的状态下,但是测量结果不都是一样的,而是有一个用波函数描述的统计分布。

除了对量子力学建立做出巨大贡献,玻恩的兴趣还集中在点阵力学上,研究固体中原子的结合和振动等理论。1912年,玻恩和冯·卡门(von Karman)发表了关于晶体振动谱的著名论文。1925年,玻恩撰写了一本关于晶体理论的书,开创了一门新学科——晶格动力学。1954年,他和我国著名物理学家黄昆合著的《晶格动力学》一书,被国际学术界誉为有关理论的经典著作。

1959年,他与沃耳夫合著的《光学原理》(至2001年已出至第7版),成为光的电磁理论方面的一部公认经典著作。玻恩还研究了流体动力学、非线性动力学等理论。

玻恩和弗兰克一起把哥廷根建成了在世界上享有盛誉的国际理论物理研究中心。当时,只有玻尔建立的哥本哈根理论物理中心可以与之匹敌。玻恩培养的学生有不少成为杰出的物理学家,如泡利、海森伯和我国的黄昆等。

沃纳·卡尔·海森伯(Werner Karl Heisenberg,1901—1976年),德国著名物理学家,

量子力学的主要创始人,哥本哈根学派的代表人物,撰写的《量子论的物理学基础》是量子力学领域的一部经典著作。

海森伯是继爱因斯坦之后最有作为的科学家之一。如同爱因斯坦受普朗克的量子理论的启发而提出了光量子假设,海森伯得益于爱因斯坦的相对论的思路,于1925年创立了矩阵力学,并提出不确定关系及矩阵理论。由于对量子理论的新贡献,他于1933年获得了诺贝尔物理学奖。他还完成了核反应堆理论。他取得的上述巨大成就,使他成为20世纪最重要的理论物理学家和原子物理学家。

1925年,海森伯提出了一个新的物理学说,一个在基本概念上与经典牛顿学说有着根本不同的学说。用数学理论能演绎出:在只涉及宏观体系的情况下,量子力学的预测不同于经典力学的预测,不过由于两者在量级上差别太小而无法度量出来。但是在涉及原子量纲体系的情况下,量子力学的预测与经典力学的预测迥然各异。实验表明,在这样的情况下,量子力学的预测是正确的。

海森伯的学说所得出的成果之一便是著名的"不确定关系"(旧称"测不准原理")。1927年,海森伯发表了《量子理论运动学和力学的直观内容》一文,提出了不确定关系,奠定了从物理学上解释量子力学的基础。不确定关系被公认为是科学中所有道理最深奥、意义最深远的原理之一。

不确定关系表明,从本质上来讲,物理学不能做出超越统计学范围的预测。在牵涉到巨大数目的情况下,统计方法经常可以为行动提供十分可靠的依据;但是在牵涉到小数目的情况下,统计预测确实靠不住。事实上,在微观体系里,不确定关系迫使我们不得不抛弃严格的物质因果观念。爱因斯坦曾经说过:"我不相信上帝在和宇宙投骰子。"然而这却基本上是大多数现代物理学家必须采纳的观点。

海森伯认为,当我们的工作从宏观领域进入微观领域时,我们的宏观仪器(观测工具)必然会对微观粒子(研究对象)产生干扰。平时人们只能用反映宏观世界的经典概念来描述宏观仪器所测量到的结果,这样,所测量到的结果就同粒子的原来状态不完全相同。根据这个原理,海森伯宣称,人们不可能同时准确地确定一个物理的位置和速度,其中一个量测定得越准确,则另一个量就越不准确。因此,在确定运动粒子的位置和速度时一定存在一些误差。这些误差对于普通人来说是微不足道的,但在原子研究中却不容忽视。不确定关系原则上可以影响物理学上或大或小的各种现象,但它的重要性在物理学上的微观领域表现得更加明显。通常,在实践中,如果研究中涉及的数量很大,那么统计的方法就为研究活动提供可靠的保障;然而,如果涉及的数量很小时,那么不确定关系会让我们改变原有的物理因果关系的观点,并且接受不确定关系。

不确定关系在一定程度上说明了科学测量存在的局限性,说明物理学上的基本定律有时也不能让科学家在理想的状况下正确认识研究体系,因而无法完全预测这一体系将要发生的变化。这一理论的提出具有巨大且深远的意义,它是对科学上的基本哲学观——决定论思想的一次重大革新:它告诉人们,测量仪器的不断改进,也不可能克服实际存在的误差。因而,在实践中,这一原理被越来越多的科学家所接受。

在海森伯的一生中,他还撰写了一系列物理学和哲学方面的著作,如《原子核科学的哲学问题》《物理学与哲学》《自然规律与物质结构》《部分与全部》《原子物理学的发展和社会》等，为现代物理学和哲学做出了不可磨灭的贡献。

埃尔温·薛定谔（Erwin Schrödinger，1887—1961 年），奥地利物理学家，量子力学奠基人之一，发展了分子生物学。他因发展了原子理论，和狄拉克（Paul Dirac）共获 1933 年诺贝尔物理学奖。他又于 1937 年荣获马克斯·普朗克奖章。

物理学方面，薛定谔在德布罗意物质波理论的基础上，建立的薛定谔方程是量子力学中描述微观粒子运动状态的基本定律，是波动力学的基石。薛定谔方程在量子力学中的地位大致相似于牛顿运动定律在经典力学中的地位。他提出的"薛定谔的猫"实验思想，试图证明量子力学在宏观条件下的不完备性。主要著作有《波动力学四讲》《统计热力学》《生命是什么？》等。在哲学上，薛定谔确信主体与客体是不可分割的。

1926 年时已 39 岁的薛定谔提出其波动方程，据说他的这种创造性的激情，来自圣诞节假期中与情人的幽会，且一发而不可收，在短短不到 5 个月时间里，一连发表了 6 篇论文，不仅建立起波动力学的完整框架，系统地回答了当时已知的实验现象，令整个物理学界为之震惊。尽管这方程的提出稍晚于海森伯的矩阵力学学说，但它使用了物理学上所通用的语言即微分方程，至今仍被认为是绝对的标准，而且薛定谔同年证明了波动力学与矩阵力学在数学上是等价的。虽然薛定谔为革命性的量子力学做出了基础性的贡献，但他本人的初衷却是恢复微观现象的经典解释；而更令人称绝的是，他本人坦承自己的科学工作，常常并非是独创性的，但他总能敏锐地抓住一些人的创新性观念，加以系统地构建和发挥，从而构成第一流的理论：波动力学来自德布罗意，《生命是什么？》来自玻尔和德尔布吕克，而"薛定谔的猫"则来自爱因斯坦。

量子力学已成为整个理论物理学和高科技的基础，从粒子物理和场论到激光、超导和计算机。但如何解释和理解量子力学的成果，至今依然是学术界，尤其是科学哲学上的热门话题。最著名的思想实验是薛定谔的猫，其大意是：在一个封闭的箱子内装有一只猫和一个与放射性物质相连的释放装置。在一段时间后，放射性物质不停地发生原子衰变，有可能通过继电器触发装置释放毒气，依据常识，这只猫或是死的，或是活的。而依据量子力学中通用的解释，波包塌缩依赖于观察，在观察之前，这只猫应处于不死不活的叠加态，这显然有悖于人们的常识，从而凸显出这种解释的困境。在这个实验中他把量子力学中的反直观的效果转嫁到日常生活中的事物上来，并想以此来表达他对想要用一般的统计学说来解释量子物理的拒绝。"薛定谔的猫"被爱因斯坦认为是最好地揭示了量子力学的通用解释的悖谬性。

为摆脱这种困境，人们设想出了种种方案。例如，格利宾认为猫死与猫活这两种结果分属两个独立平行且真实存在的世界，人们的观察行为选择了其中之一作为我们的世界。这似乎不仅没有消除，反而增加了人们的困惑。

1944 年薛定谔出版了《生命是什么？》，提出了生命密码和生命过程负熵的概念，并特别强调用物理和化学的方法研究生命现象的重要性，成为现代进化论的基础。这本书想通过用物理的语言来描述生物学中的课题。他发表的许多科普论文，至今仍然是人们进入广义相对论和统计力学的世界的最好向导。

德布罗意(L. V. de Broglie,1892—1987 年),法国理论物理学家,物质波理论的创立者,量子力学的奠基人之一。1929 年获得诺贝尔物理学奖。1932 年任巴黎大学理论物理学教授,1933 年被选为法国科学院院士。

德布罗意出生在法国一贵族家庭,是家中次子。德布罗意家族祖父 V. A. 德布罗意是法国著名政治家和国务活动家,1871 年当选为法国国民议会下院议员,同年担任法国驻英国大使,后来还担任过法国总理和外交部部长等职务。

德布罗意从小就酷爱读书,中学时代显示出文学才华,18 岁开始在巴黎索邦大学学习历史,1910 年获文学学士学位。他的哥哥莫里斯·德布罗意是一位实验物理学家,莫里斯曾在 1911 年第一届索尔维物理讨论会议上担任秘书。这次会议的主题是关于光、辐射、量子性质等问题的讨论,会议文件对德布罗意有很大启发,激起了他对物理学的强烈兴趣,特别是他读了庞加莱的《科学的价值》等书后,转向研究理论物理学。

莫里斯·德布罗意和另一位 X 射线专家 H. 布喇格联系密切。H. 布喇格曾主张过 X 射线的粒子性。这个观点对莫里斯很有影响,所以他经常跟弟弟讨论波和粒子的关系。这些条件促使德布罗意深入思考波粒二象性的问题。经过一番思想斗争后,德布罗意终于放弃了已决定研究法国历史的计划,选择了物理学的研究道路,跟随朗之万攻读物理学博士学位。

法国物理学家布里渊在 1919—1922 年发表过一系列论文,提出了一种能解释玻尔定态轨道原子模型的理论。他认为原子核周围的"以太"会因电子的运动激发一种波,这种波互相干涉,只有在电子轨道半径适当时才能形成环绕原子核的驻波,因而轨道半径是量子化的。德布罗意吸收了布里渊这一见解,他去掉"以太"的概念,把"以太"的波动性直接赋予电子本身,对原子理论进行深入探讨。

1923 年 9—10 月,德布罗意连续在《法国科学院通报》上发表了 3 篇有关波和量子的论文。第一篇《辐射——波与量子》,提出实物粒子也有波粒二象性,认为与运动粒子相应的还有一正弦波,两者总保持相同的相位。后来他把这种假想的非物质波称为相波。他考虑一个静止质量为 m_0 的运动粒子的相对论效应,把相应的内在能量 $m_0 c^2$ 视为一种频率为 ν_0 的简单周期性现象。他把相波概念应用到以闭合轨道绕核运动的电子,推导出玻尔量子化条件。在第三篇《量子气体运动理论以及费马原理》的论文中,进一步提出:"只有满足相位波谐振,才是稳定的轨道。"在第二年的博士论文中,更明确地写下了:"谐振条件是 $l = n\lambda$,即电子轨道的周长是相位波波长的整数倍。"

在第二篇《光学——光量子、衍射和干涉》的论文中,德布罗意提出如下设想:"在一定情形中,任一运动质点能够被衍射。穿过一个相当小的开孔的电子群会表现出衍射现象。正是在这一方面,有可能找到我们观点的实验验证。"

德布罗意在这里并没有明确提出物质波这一概念,只是用相位波或相波的概念。在他的博士论文结尾处,他特别声明:"我特意将相波和周期现象说得比较含糊,就像光量子的定义一样,可以说只是一种解释,因此最好将这一理论看成是物理内容尚未说清楚的一种表

达方式,而不能看成是最后定论的学说。"物质波是在薛定谔方程建立以后,诠释波函数的物理意义时才由薛定谔提出的。再有,德布罗意并没有明确提出波长 λ 和动量 p 之间的关系式:$\lambda = h/p$(h 为普朗克常量),但人们发觉在他的论文中已经隐含了这一关系,因此把这一关系称为德布罗意公式。

德布罗意的论文发表后,当时并没有引起多大反应。后来引起人们注意是由于爱因斯坦的支持。朗之万曾将德布罗意的论文寄了一份给爱因斯坦,爱因斯坦看到后非常高兴,他没有想到,自己创立的有关光的波粒二象性观念,在德布罗意手里发展成如此丰富的内容,竟扩展到了运动粒子。当时爱因斯坦正在撰写有关量子统计的论文,于是就在其中加了一段介绍德布罗意工作的内容,他写道:"一个物质粒子或物质粒子系可以怎样用一个波场相对应,德布罗意先生已经在一篇很值得注意的论文中指出了。"这样一来,德布罗意的工作立即获得大家的注意。

1924 年,德布罗意获巴黎大学物理学博士学位,在博士论文中首次提出了"物质波"概念。德布罗意的博士论文得到了答辩委员会的高度评价,认为很有独创精神,但是人们总认为他的想法过于玄妙而没有认真地加以对待。例如,在答辩会上,有人提问有没有办法验证这一新的观念。德布罗意答道:"通过电子在晶体上的衍射实验,应当有可能观察到这种假定的波动效应。"有一位实验物理学家道威利尔曾试图用阴极射线管做这样的实验,结果没有成功。

当 1926 年薛定谔发表他的波动力学论文时,曾明确表示:"这些考虑的灵感,主要归因于德布罗意先生的独创性的论文。"1927 年,美国的戴维孙和革末及英国的 G. P. 汤姆孙通过电子衍射实验各自证实了电子确实具有波动性。至此,德布罗意的理论作为大胆假设而成功的例子获得了普遍的赞赏,从而使他获得了 1929 年诺贝尔物理学奖。

第2章 从半导体材料到芯片

半导体芯片是现代电子产品中最为重要的零部件之一,它是由半导体材料制造而成的微小芯片,通过各种芯片技术来实现电路和数据的存储、处理和传输。芯片是由半导体晶片制造而成的,用于晶片制造的原料包括硅、氧化物和其他各种化学材料。这些原材料准备好后,才能开始芯片制造。生产出来的芯片可以在各行各业得到应用。常见的电子设备,如手机、计算机、电视等,都需要一个或多个芯片来运行。

半导体芯片制造包括:

(1) 集成电路设计是指以集成电路、超大规模集成电路为目标的设计流程。整个设计涉及对电子器件(例如晶体管、电阻器、电容器等)、器件间互连线模型的建立。所有的器件和互连线都能被安置在一块半导体晶片及其淀积的薄膜上,这些组件通过半导体器件制造工艺(例如光刻等)安置在单一的硅衬底上,从而形成电路。

(2) 工艺制作是把电路所需要的晶体管、二极管、电阻器和电容器等元件用一定工艺方式制作在一小块硅片、玻璃或陶瓷衬底上,再用适当的工艺进行互连,然后封装在一个管壳内,使整个电路的体积大大缩小,引出线和焊接点的数目也大为减少。

集成电路的设想出现在 20 世纪 50 年代末和 60 年代初,是采用硅平面技术和薄膜与厚膜技术来实现的。集成技术按工艺方法分为以硅平面工艺为基础的单片集成电路、以薄膜技术为基础的薄膜集成电路和以丝网印刷技术为基础的厚膜集成电路。

(3) 集成电路封装测试是指对集成电路封装进行的各项测试,以确保封装的质量和性能符合要求。封装测试通常包括以下内容:外观检查、引脚电性测试、封装性能测试、焊接可靠性测试、机械性能测试、防静电性能测试、封装尺寸测量和其他测试。根据实际需要进行其他测试,如耐高温性能测试、耐低温性能测试、耐辐射性能测试等。

封装测试是确保集成电路质量和可靠性的重要步骤,也是保障产品质量的必要手段。

本章先简要介绍半导体 Si 材料的晶体结构、本征半导体和掺杂半导体的导电机理和特征,接着介绍集成电路的基本单元二极管、三极管和 MOS 的组成结构与工作原理,然后介绍集成电路制作工艺、芯片的分类和应用,最后介绍半导体芯片制作的关键设备——光刻机的发展历程以及 EUV 光刻机的工作原理,简要分析我国由于短时间内难以制造先进的 EUV 光刻机,在半导体芯片生产上面临的挑战和机遇。

2.1　半导体电子结构

2.1.1　晶态固体的基本性质

1. 晶体的周期性

晶体属于固体的一类,固体物理是研究固体的结构和组成固体的粒子之间的相互作用及运动规律的学科。根据固体内部原子排列的有序程度,可以把固体分为晶体和非晶体。如图 2-1 所示,晶体内部原子排列长程有序,如食盐(NaCl 晶体)、金刚石(C)等固体;非晶体内容原子排列呈现短程有序、长程无序,如玻璃和塑料等固体。

无论哪种晶体,构成晶体的粒子都是按照一定方式在空间重复排列的,这种排列的规律性称为晶体的周期性。周期性是晶体的一种基本特征。如果用小圆圈代表构成晶体的基元(最基本的组成单元)的中心,它们在空间周期性地重复排列就形成了一定的网格或阵列,如图 2-1 所示,图 2-1(a)是简立方格子,图 2-1(b)是 NaCl 晶体。在 NaCl 晶体中,Na^+ 和 Cl^- 各自的格子是面心立方格子,如果把每一对 Na^+ 和 Cl^- 组成的基元用小圆圈表示,这种格架或阵列就称为空间点阵(或晶格),也称为布拉维格子。图中小圆圈所代表的构成晶体的粒子的中心位置,称为晶格的格点或结点。

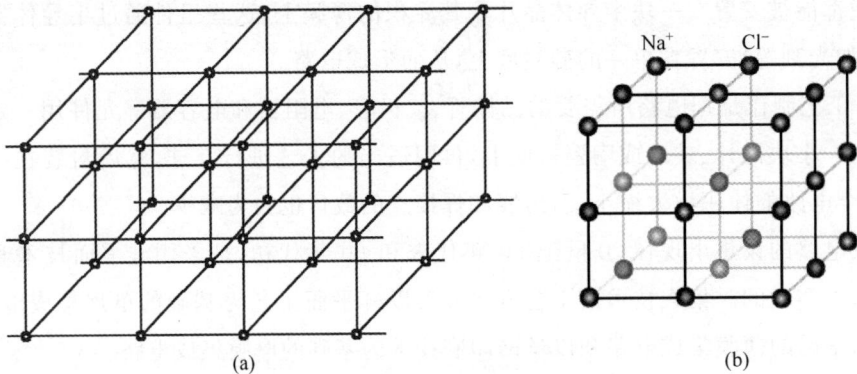

图 2-1　晶格与晶体结构

(a) 原子周期性排列(晶格);(b) NaCl 晶胞

为了既能反映晶体结构的周期性,同时又能反映其对称性,结晶学上所取的重复单元,体积不一定是最小的,结点不仅在顶角上,还可以在平行六面体的体心或面心上,但边长总是一个平移周期,这样的重复单元称为晶胞。如图 2-1(b)是 NaCl 晶体的晶胞。NaCl 晶体是典型的面心立方结构的离子晶体,钠离子(Na^+)和氯离子(Cl^-)各自形成相同的面心立方点阵,彼此错开半个平移周期。在这里,不能再将一个 Na^+ 和相邻的一个 Cl^- 看成一个 NaCl 分子了,却可以把整个晶体看成一个大分子。

根据晶体的周期性特征,在分析研究晶体的性质上只需要考察晶体中的最小重复单元——晶胞,这可以大大简化问题的复杂性。

2. 非晶体

非晶体又称无定形固体,把内部原子或分子的排列呈现杂乱无章的分布状态的固体称为非晶体,如玻璃、沥青、松香、塑料、石蜡、橡胶等。非晶态固体包括非晶态电介质、非晶态半导体、非晶态金属。它们有特殊的物理、化学性质。例如金属玻璃(非晶态金属)比一般(晶态)金属的强度高、弹性好、硬度和韧性高、抗腐蚀性好、导磁性强、电阻率高等。这使非晶态固体有多方面的应用。

3. 晶体与非晶体之间的区别

晶体和非晶体除了原子排列的区别,还存在着许多明显的宏观区别,主要有:

(1) 晶体外形对称,是各向异性的,而非晶体无此性质。

(2) 晶体具有一定的熔点,而非晶体没有固定的熔点。

(3) 晶体在外力作用下,容易沿着一定的平面裂开,这平面称为解理面,而非晶体没有解理面。

晶体与非晶体之间在一定条件下可以相互转化。例如,把石英晶体熔化并迅速冷却,可以得到石英玻璃,将非晶半导体物质在一定温度下热处理,可以得到相应的晶体。由此可见,晶态和非晶态是物质在不同条件下存在的两种不同的固体状态,晶态是热力学稳定态。

晶体和非晶体微观结构的区别在于:组成晶体的微粒有规律的周期性排列着,称为晶体点阵。而非晶体的排列却没有一定的规则。

按照晶体结构类型分类,晶体可分为单晶体和多晶体。按照晶体的结合类型分,可以分为离子晶体、共价晶体、分子晶体和金属晶体。

$$(1) 晶体结构 \begin{cases} 单晶体:有明显的各向异性、排列有规律 \\ 多晶体:由晶粒组成,晶粒有各向异性,排列有规律, \\ \qquad\quad 但晶粒大小不同,形状各异,无各向异性 \end{cases}$$

$$(2) 晶体结合类型 \begin{cases} 离子晶体:结合作用来自正负离子间库仑力 \\ 共价晶体:结合作用来自共价电子 \\ 分子晶体:来自瞬时电偶极矩,称为分子键,也称为范德瓦耳斯键 \\ 金属晶体:电子和离子实之间的相互作用 \end{cases}$$

2.1.2　晶体中的电子状态　能带结构

要了解晶体中的电子状态,需对晶体进行近似处理。与处理原子问题相似,一般采用单电子近似的方法,即近似认为电子处于原子实和其他电子所形成的平均场当中,且温度为0K。又因为各点阵离子实的排列是有规律的周期排列,故这个场为静态周期场。

1. 能带的形成

图 2-2 给出了两个氢原子形成氢分子时的能级和 N 个相同原子结合成为晶体后形成的能带。氢分子能级是由两个氢原子轨道产生杂化而形成的共价键能级,E_b 是成键轨道,E_a 是反键轨道,两个价电子填充在 E_b 能级。能带分为价带和导带。价带是由价电子能级分裂而成的能带。导带是由激发态能级分裂而成的能带。

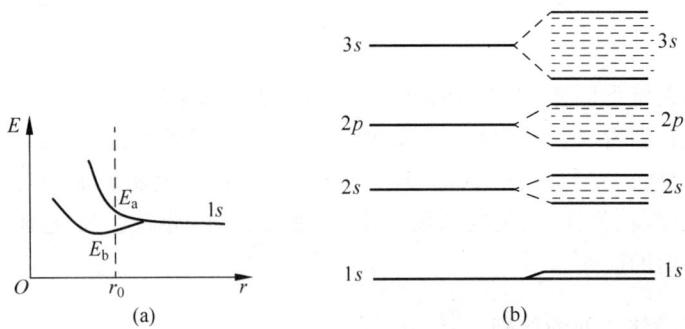

图 2-2　氢分子能级和晶体能带的形成

(a) 两个氢原子形成氢分子时能级的分裂；(b) N 个原子结合成晶体时形成能带的示意图

由单电子近似方法求得的电子在晶体中的能量状态，不再是分立的能级，而是连续的能带。不同能带之间有一定的间隔，称为禁带，这是由泡利不相容原理决定的。设有几个不同的原子结合成晶态，单个原子时处于 $1s$ 态的电子现在处于共有化状态，就不能占有同一能级，而是分裂为 $2N$ 个略微不同的分立能级，由于 N 很大，可看作能级是连续分布的，从而形成能带。

2. 能带中的电子分布

s 能带：共有 N 个原子，N 个原子的 s 能级有 $2N$ 个不同能态，故可容纳 $2N$ 个电子。

p 能带：因为 $m_l = -1, 0, +1$，故有 $6N$ 个不同能态，可容纳 $6N$ 个电子，依次类推。

角量子数为 l 的能带中最多可容纳的电子数为 $2(2l+1)N$ 个。

3. 电子在能带中的填充和运动

根据能带被电子填充的情况，可以把能带分成满带、导带和空带。图 2-3 给出了空带、导带和满带中电子的填充情况。

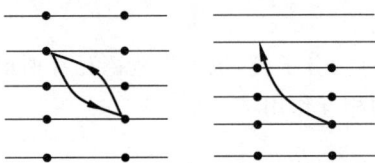

图 2-3　空带、导带和满带

满带是指能带中所有的能态都被电子填满，满带中的电子没有导电作用。这是因为电子填满了整个能带。一个能带有 N 个能级，每个能级可以填充两个电子，一个自旋向上、一个自旋向下。当一个电子向其他能量状态转移时，必有另一电子沿相反方向转移，总效果与没有电子转移时一样。

空带是指没有电子填充的能带，因为没有电子，所以不会有导电行为。

导带是指未被电子填满的能带，在这种情况下，大部分电子能自由移动，所以导带具有导电作用。

晶体的导电行为除了考虑电子在能带中填充的情况，还需要考虑能带之间电子跃迁的影响。能带之间存在的带隙称为禁带，用 E_g 表示。电子产生带间跃迁的概率为 $e^{-\frac{E_g}{kT}}$，这表明电子的带间跃迁与温度和禁带宽度密切相关。

综合能带类型和电子带间跃迁，就可以分析各种晶体的导电机理，解释绝缘体、导体、半导体的导电现象和能带情况。图 2-4 给出了绝缘体、导体、半导体和半金属能带中电子的填充情况和禁带宽度。

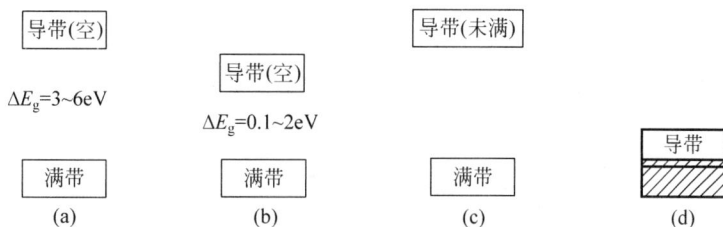

图 2-4　绝缘体、半导体、导体和半金属能带
（a）绝缘体；（b）半导体；（c）导体；（d）半金属

2.1.3　本征半导体和杂质半导体

半导体（semiconductor）指常温下导电性能介于导体与绝缘体之间的材料。由于杂质对半导体材料的导电起着主导作用，因此，对于一种半导体材料要明确是否掺入杂质。其中没有掺入杂质的半导体，由电子和空穴导电，称为本征半导体。用扩散的方法掺入其他杂质的半导体称为掺杂半导体。根据杂质的导电类型，把电子导电起主导作用的掺杂半导体称为 n 型半导体，而把正电荷（空穴）导电起主导作用的半导体称为 p 型半导体。这里的 n 是"negative"（负的）的缩写，p 是"positive"（正的）的缩写。

在极低的温度下，半导体的价带是满带，随着温度的升高，价带中的部分电子受到热激发后，会越过禁带进入能量较高的空带，空带中存在电子后成为导带，价带中缺少一个电子后形成一个带正电的空位，称为空穴。空穴导电并不是指空穴的实际运动，而是一种等效。电子导电时等电荷量的空穴会沿其反方向运动。电子和空穴在外电场作用下产生定向运动而形成宏观电流，分别称为电子导电和空穴导电。这种由于电子-空穴对的产生而形成的混合型导电方式称为本征导电。导带中的电子会落入空穴，电子-空穴对消失，称为复合。复合时释放出的能量变成电磁辐射（发光）能量或晶格的热振动能量（发热）。在一定温度下，电子-空穴对的产生和复合同时存在并达到动态平衡，此时半导体具有一定的载流子密度，从而具有一定的电阻率。当温度升高时，半导体因热激发将产生更多的电子-空穴对，导致载流子密度增加，电阻率减小。无晶格缺陷的纯净半导体的电阻率较大，直接应用的不多。

接下来重点介绍掺杂半导体的电子态形成过程及其导电机理。

1. n 型半导体

在Ⅳ族元素（Si 或 Ge）中掺入少量Ⅴ族元素（P、As）杂质，使之取代晶格中硅（或锗）原子的位置，就形成了 n 型半导体。每个Ⅴ族元素原子的 5 个电子与Ⅳ族元素原子的 4 个价电子形成共价键，多余的自由电子在离子所形成的电场中运动，形成的能级称为局域能级，靠近导带的边缘，处于局域能级（施主能级）的电子受到激发后，很容易跃迁到导带中去，从而提高其导电率。图 2-5 是Ⅳ族元素半导体施主掺杂及其导电示意图。

在 n 型半导体中，电子主要由杂质原子提供，空穴由热激发形成。自由电子数量远大于空穴的数量，属于多子，空穴为少子。掺入的杂质越多，多子（自由电子）的浓度就越高，导电性能就越强。

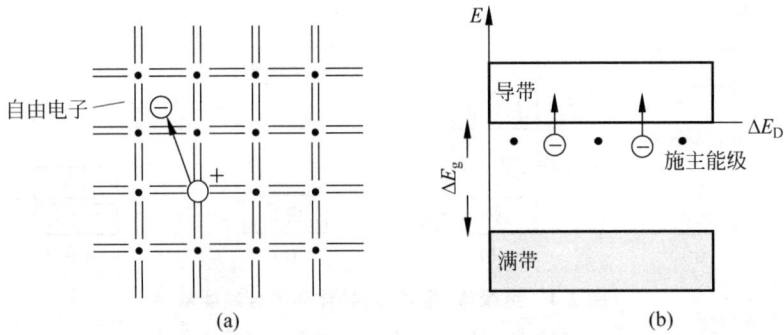

图 2-5 Ⅳ族元素半导体施主掺杂及其导电示意图
(a) n 型半导体；(b) n 型半导体导电示意图

2. p 型半导体

在Ⅳ族元素(Si 或 Ge)中掺入Ⅲ族元素(B、Ga)等杂质，使之取代晶格中硅或锗原子的位置，就形成 p 型半导体。在 p 型半导体中，导电的是空穴，所形成的局域能级(受主能级)靠近满带。图 2-6 是Ⅳ族元素半导体受主掺杂及其导电示意图。

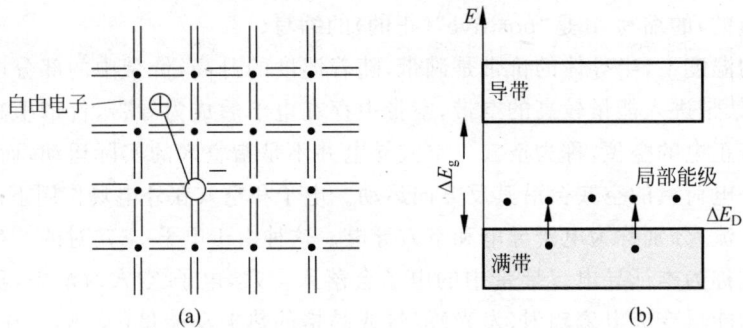

图 2-6 Ⅳ族元素半导体受主掺杂及其导电示意图
(a) p 型半导体；(b) p 型半导体导电示意图

在 p 型半导体中，杂质元素的三个价电子与硅原子的四个电子形成共价键，结果出现了电子的空位(或空穴)，空穴相当于带正电的粒子。在这种情况下，空穴为多子，在导电中起主要作用，而自由电子为少子，对导电影响小。在 p 型半导体中正、负电荷数量相等，故 p 型半导体呈电中性。空穴主要由杂质原子提供，自由电子由热激发形成。掺入的杂质越多，多子(空穴)的浓度就越高，导电性能就越强。

2.2 pn 结和其他半导体器件

2.2.1 pn 结

如果在一块 Si 本征半导体两边分别掺入Ⅴ族的 P 原子和Ⅲ族的 B 原子杂质，就构成一个 pn 结。

1. pn 结的单向导电性

由于 p 型半导体中空穴多，n 型半导体中电子多，因此在接触面上将发生扩散现象，从而在交界面上出现正负电荷的积累，在 p 型半导体一边是负电荷，在 n 型半导体一边是正电荷，平衡时，形成内建电场产生电势差 V_D，这相当于一个阻挡层，也叫作结。由于电子带负电，所以，p 型半导体中的电子将比 n 型半导体中的电子有更大的能量，反映在能带上，如图 2-7 所示。

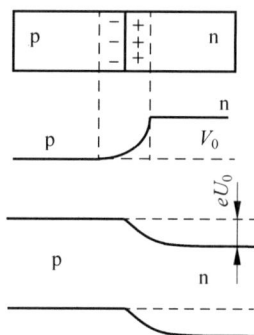

图 2-7 pn 结接触后的能带示意图

根据以上特性分析，当在 pn 结两边加上电压时，其通过的电流将发生相应变化。

如图 2-8(a)所示，当在 p 端加正电压、n 端加负电压时，由于外电压的作用将使阻挡层变薄，故电子和空穴就更容易通过阻挡层。外电压增大，电流也随之增大。这种状态称为正向导通。

如图 2-8(b)所示，当 pn 结所加电压反向时，电子和空穴将更难通过阻挡层，这种状态通常称为反向截止。

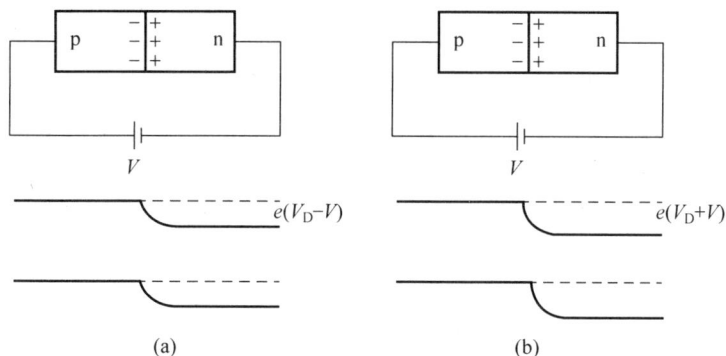

图 2-8 pn 单向导电（整流）效应

（a）正向导通；（b）反向截止

综合以上分析讨论，可以得到如下结论：

pn 结具有单向导电特性，对于交流电而言，上半周期 pn 结处于导电状态，下半周期 pn 结处于截止状态，因此其具有整流作用。根据半导体器件分析，pn 结的伏安特性关系式为

$$I = I_0 (\mathrm{e}^{qV/kT} - 1) \tag{2-1}$$

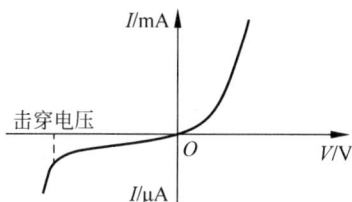

图 2-9 pn 结的伏安特性曲线

式中，$-I_0$ 是反向饱和电流，其与掺杂浓度和载流子的导电特性有关；V 是外加偏置电压，规定正向偏置（p 区为正电压端）电压为正；T 是热力学温度。根据方程(2-1)画出二极管的伏安特性曲线如图 2-9 所示，这是非线性 I-V 曲线。二极管具有体积小、制作简单、单向导电性等特点，可用于三极管和各种规模的模拟和数字集成电路。

2. pn 结的基本特点

利用量子力学计算半导体中的电子态分布,以及电子和空穴在电子态中的统计分布情况,可以得到 pn 结的基本物理特性。

(1) 在单独的 n 型半导体或者 p 型半导体中,电子的势能都是一样的(可以认为都是导带底能量),空穴亦然(价带顶能量);但是在热平衡的 pn 结中,因为 n 型半导体和 p 型半导体两边存在内建电势差,则电子在 n 型半导体和 p 型半导体中的势能不一样,所以导带底以及价带顶在两边的高低也就有所不同(即 p 型半导体一边的整个能带都要高于 n 型半导体一边的整个能带)。

(2) 对于一般的 pn 结,势垒区与空间电荷区是重合的(但是,pin 结的势垒区要比空间电荷区宽得多),因此只有在 pn 结势垒区中才存在内建电场,在势垒区以外是电中性区。从而,pn 结势垒区中的能带是倾斜的,载流子在势垒区以内的运动主要靠漂移;但在势垒区以外的能带是水平的,载流子的运动主要靠扩散。对于势垒区以外、两边的电中性区,其中一个扩散长度大小的范围称为扩散区,因为这是少数载流子能够扩散到势垒区边缘的一个有效范围,在此范围以外的电中性区中的少数载流子就难以扩散到势垒区。

(3) 因为势垒区是在界面附近的一个较薄区域内,所以势垒区中的内建电场通常都较强;而内建电场起着把导带电子驱赶到 n 型半导体、把价带空穴驱赶到 p 型半导体的作用,结果导致势垒区中留下的载流子数目往往很少。为了简化计算,通常认为势垒区是一个耗尽层,其中的载流子完全被驱赶出去。在耗尽层近似下,pn 结中的空间电荷就完全看成是由电离杂质中心所提供的。

2.2.2　三极管

1. 三极管结构与符号

三极管是半导体三极管的简称,通常指的是双极型晶体管,它是一种控制电流的半导体器件。其作用是把微弱电信号放大成幅度较大的电信号,也用作无触点开关。三极管是半导体基本元器件之一,具有电流放大作用,是电子电路的核心元件。三极管通过在一块半导体基片上加入两个相距很近的 pn 结制作而成,两个 pn 结把整块半导体分成三部分,中间部分是基区,两侧部分分别是发射区和集电区。三极管按排列方式可分为 npn 和 pnp 两种类型;按材料可分为锗管和硅管。对于 Si 三极管而言,n 区代表在高纯度 Si 中加入 P,在电压作用下产生自由电子导电,而 p 区代表是加入 B,产生大量空穴利于导电。对于 npn 型和 pnp 型三极管,除了电源极性和电流方向不同,其工作原理都是相同的。图 2-10(a) 是三极管横向结构和器件符号,图 2-10(b) 是 npn 型三极管的平面结构图。

2. Si-npn 三极管的电流放大原理

如图 2-10 所示,npn 型三极管是由 2 块 n 型半导体和中间夹着的一块 p 型半导体所组成的,发射区与基区之间形成的 pn 结称为发射结,而集电区与基区形成的 pn 结称为集电结,三条引线分别称为发射极 e、基极 b 和集电极 c。

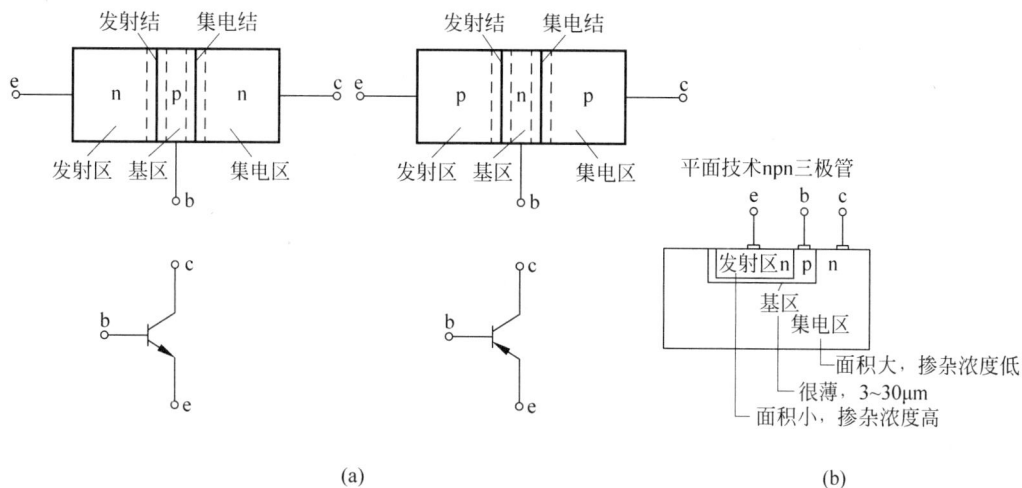

图 2-10　npn 型和 pnp 型晶体管示意图及其符号

（a）三极管的横向结构和符号；（b）三极管的平面结构示意图

1）三极管的放大原理

在制造三极管时，需要使发射区的多数载流子浓度大于基区的，同时基区做得很薄，而且要严格控制杂质含量，这样一旦接通电源后，由于发射结正偏，发射区的多数载流子（电子）及基区的多数载流子（空穴）很容易越过发射结互相向对方扩散。但因前者的浓度大于后者的浓度，所以通过发射结的电流基本上是电子流，这股电子流称为发射极电子流。图 2-11 给出了三极管的电流放大过程，图中把基区看成一个势垒，能够很好地解释三极管的电流放大机理。

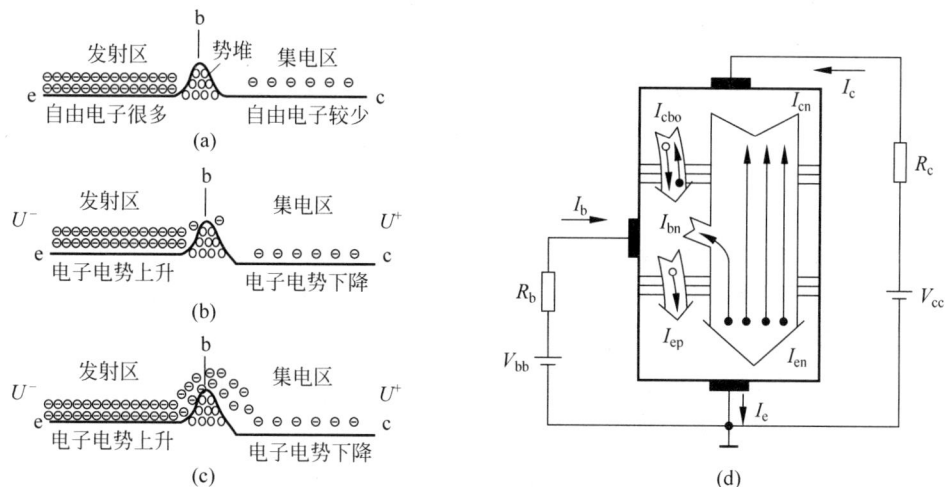

图 2-11　三极管的电流放大过程

（1）当三极管的三个电极没有施加电压时，发射区的高浓度电子被基极势垒区阻挡，不能流到集电极。

（2）当集电极 c 与发射极 e 之间加上电压时，刚开始会有极少量的发射区电子流到集电区，但基区势垒仍然挡住绝大部分的发射区电子流到集电极。

（3）当在集电极与发射极之间施加电压的同时，在基极施加一正电压，大量发射区电子被吸引至基区势垒顶部,使得电子流到势垒低的集电区一侧,由此产生源源不断的电子流。

(4) 由 npn 型三极管、偏置电阻和电源构成放大电路单元。

由(1)~(4)的放大过程可知,可以通过控制基极电压的"有无"来实现集电极与发射极电路上电流的通断(开关);通过控制基极电流的"大小"达到控制集电极与发射极电路上电流的大小,从而实现三极管的电流放大。

2) 三极管的放大倍数估算

当 b 极电位比 e 极电位高零点几伏时,发射结处于正向偏置状态,而当 c 极电位比 b 极电位高几伏时,集电结处于反向偏置状态,集电极电源电压 V_{CC} 要高于基极电源电压 V_{BB}。

由于基区很薄,加上集电结处于反向偏置状态,注入基区的电子大部分越过集电结进入集电区而形成集电极电流 I_c,只剩下很少(如 1%~10%)的电子在基区的空穴进行复合,被复合掉的基区空穴由基极电源 V_{BB} 补给,从而形成了基极电流 I_b。根据电流连续性原理得

$$I_e = I_b + I_c \tag{2-2}$$

这说明,在基极提供一个很小的 I_b,就可在集电极上得到一个较大的 I_c,从而实现了电流放大作用,I_c 与 I_b 满足一定的比例关系,即 $\bar{\beta} = I_c / I_b$,其中 $\bar{\beta}$ 称为直流电流放大倍数。

集电极电流的变化量 ΔI_c 与基极电流的变化量 ΔI_b 之比为

$$\beta = \Delta I_c / \Delta I_b \tag{2-3}$$

式中,β 称为交流电流放大倍数。由于低频时 $\bar{\beta}$ 和 β 的数值相差不大,为简便起见,对两者不作严格区分,都用 β 表示,β 为几十至一百多。

直流通路中的电流 I_c 与 I_e 之比为 $\bar{\alpha}$,称为直流放大倍数,即 $\bar{\alpha} = I_c / I_e$。而在共基极组态放大电路中,射极电流的变化量 ΔI_c 与集电极电流的变化量 ΔI_e 的关系满足

$$\alpha = \Delta I_c / \Delta I_e \tag{2-4}$$

式中,α 为交流共基极电流放大倍数。同样地,α 与 $\bar{\alpha}$ 在小信号输入时相差也不大,都用 α 表示。联立式(2-2)~式(2-4),经过简单计算可以得到 α 和 β 之间的关系式为

$$\beta = \frac{\alpha}{1-\alpha} \tag{2-5}$$

三极管的电流放大作用实际上是利用基极电流的微小变化去控制集电极电流的较大变化,因此,三极管是一种电流放大器件,在实际使用中常常通过电阻将三极管的电流放大作用转换成电压放大作用。

二极管和三极管属于电流型器件,其中二极管的单向导电性可以用作开关电路或者整流电路;三极管的电流放大特性经常用来设计各种放大电路。这两种器件作为有源器件是设计模拟电路的基础。

2.2.3　MOS 场效应管

MOS 场效应管的全称是金属-氧化物半导体场效应晶体管(metal oxide semiconductor field effect transistor,MOSFET),简称金氧半场效晶体管,MOS 是 MOSFET 的缩写。场效应晶体管包括源极(S)、漏极(D)、栅极(G)和连接源漏的沟道。栅极和沟道之间的绝缘层是二氧化硅。二氧化硅层很薄(薄至几个纳米),通过栅极能有效地控制沟道的电导特性。图 2-12(a)是 N 沟道 MOS 场效应管。MOS 管的源极和漏极(耗尽层)是可以对调的,它们

都在 P 型背栅中形成 N 型区。这样的器件被认为是对称的。

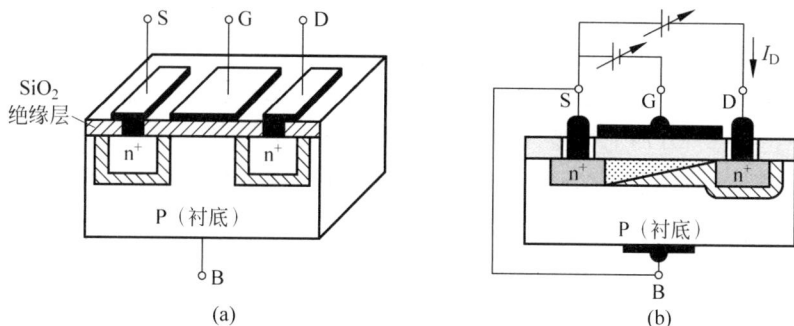

图 2-12　N 沟道 MOS 场效应管

1. MOS 场效应管的工作原理

MOS 场效应管根据沟道类型分为 PMOS 管(P 沟道型)和 NMOS(N 沟道型)管,如图 2-13 所示属于绝缘栅场效应管。根据导电方式的不同,MOSFET 又分增强型、耗尽型。所谓增强型是指,当 $V_{GS}=0$ 时,管子呈截止状态;加上 V_{GS} 后,多数载流子被吸引到栅极,从而"增强"了该区域的载流子,形成导电沟道。耗尽型则是指,当 $V_{GS}=0$ 时即形成沟道,加上正确的极性 V_{GS} 时,能使多数载流子流出沟道,因而"耗尽"了载流子,使管子转向截止。图 2-12(b)是 N 沟道 MOS 管各电极加上偏压后,源极和漏极之间产生 N 沟道的情况。

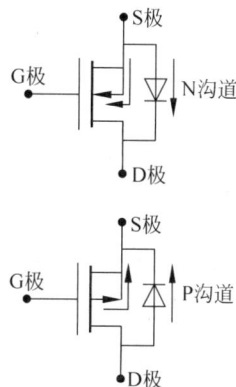

图 2-13　NMOS 管和 PMOS 管

下面以 N 沟道的形成过程为例。对于 NMOS 来讲,它是在 P 型硅衬底上制成两个高掺杂浓度的源扩散区 n^+ 和漏扩散区 n^+,再分别引出源极 S 和漏极 D。源极与衬底在内部连通,二者总保持等电位。电位方向从外向里,表示从 P 型材料(衬底)指向 N 型沟道。当漏极接电源正极,源极接电源负极且 $V_{GS}=0$ 时,沟道电流(即漏极电流)$I_D=0$。随着 V_{GS} 逐渐升高,受栅极正电压的吸引,在两个扩散区之间就感应出带负电的少数载流子,形成从漏极到源极的 N 型沟道,当 V_{GS} 大于管子的开启电压 V_{TN}(一般约为 2V)时,N 沟道管开始导通,形成漏极电流 I_D。

2. MOS 管的特性

(1) 开关特性。MOS 管是压控器件,作为开关时,NMOS 只要满足 $V_{GS} > V_{TN}$ 即可导通,PMOS 只要满足 $V_{GS} > |V_{TP}|$ 即可导通。

(2) 开关损耗。MOS 管的损耗主要包括开关损耗和导通损耗,导通损耗是由于管子导通后存在导通电阻而产生的,一般导通电阻都很小。开关损耗是在 MOS 管由可变电阻区进入夹断区的过程中,也就是 MOS 管处于恒流区时所产生的损耗。开关损耗远大于导通损耗。减小损耗通常有两个方法:一是缩短开关时间;二是降低开关频率。

(3) 由压控所导致的开关特性。由于制作工艺的限制,NMOS 管的使用场景要远比 PMOS 管广泛,因此在将更适合于高端驱动的 PMOS 管替换成 NMOS 管时便出现了问题。

在高压驱动电路中,当 MOS 管导通时,$V_S = V_D = V_{DD}$,此时要保持 MOS 管的导通,就需要 $V_G > V_{DD}$。在功率驱动电路中,MOS 管经常开关的是电源电压,或者说是系统中最高的电压,此时要保证 MOS 管的导通就需要额外升压以提供 V_G。

（4）在宽电压的应用场景中,栅极的控制电压在很多时候是不确定的,为了保证 MOS 管的安全工作,很多 MOS 管内置了稳压管来限制栅极的控制电压。当驱动电压大于稳压管电压时,会额外增加管子的功耗。如果栅极控制电压不足时,则会导致管子开关不彻底,也会增加管子功耗。

3. MOS 管通常用于放大电路或开关电路

1）电源开关和电平转换

对于 PMOS 管来说,其一般用于管理电源的通断,属于无触点开关,栅极低电平就完全导通,高电平就完全截止。而且,栅极可以加高过电源的电压,意味着可以用 5V 信号管理 3V 电源的开关,这个原理也用于电平转换。

而 NMOS 管一般用于管理某电路是否接地,属于无触点开关,栅极高电平就导通导致接地,低电平截止。因为栅极是隔离的,所以栅极可以加高过被控制部分的电源的电压,因此可以用 5V 信号控制 3V 系统的某处是否接地,这个原理也用于电平转换。

2）放大区应用

MOS 管工作于放大区,一般用来设计反馈电路,常用于镜像电流源、电流反馈、电压反馈等。把 MOS 管作为运放的集成应用,可以忽略 MOS 管中的导通电阻和寄生电容。

3）设计各种逻辑门电路

若将 PMOS 的电平转换作为上拉网络,而将 NMOS 的电平转换作为下拉网络,就可以设计基于 MOS 管的各种逻辑门电路。图 2-14(a)就是基于 MOS 管设计与非门的原理图。

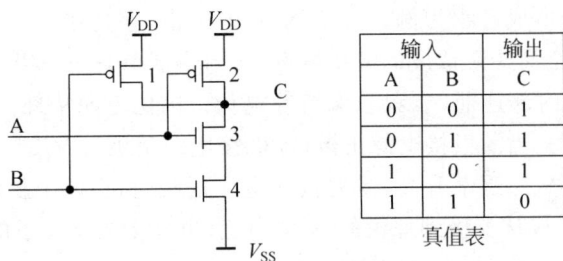

输入		输出
A	B	C
0	0	1
0	1	1
1	0	1
1	1	0

真值表

(a)

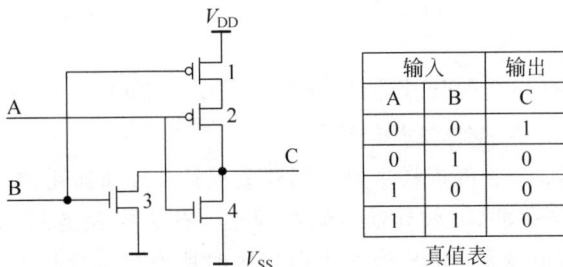

输入		输出
A	B	C
0	0	1
0	1	0
1	0	0
1	1	0

真值表

(b)

图 2-14　由 MOS 管构成(a)与非门和(b)或非门及其真值表

(a)与非门原理图；(b)或非门原理图

类似地,还可以设计或非门,如图 2-14(b)所示。常见的与门、或门和非门,乃至缓冲器都可以由 PMOS 和 NMOS 管构成的电路来实现。MOS 管电路具有功耗小、体积小和速度快、隔离性好等优点,是数字集成电路中的有源器件,广泛应用于包括存储器、中央处理器(CPU)、延时器、开关控制器等数字集成电路上。

2.3　集成电路

集成电路(integrated-circuit,IC)是一种微型电子器件或部件,又称微电路(micro-circuit)、微芯片(micro-chip)。集成电路发明者是杰克·基尔比(基于锗(Ge)的集成电路)和罗伯特·诺伊思(基于硅(Si)的集成电路)。当今半导体工业大多数应用的是基于硅的集成电路。

如图 2-15(a)所示,集成电路是采用一定的工艺,把一个电路中所需的晶体管、电阻、电容和电感等元件及布线互连一起,制作在一小块或几小块半导体晶片或介质基片上。如图 2-15(b)所示,芯片(chip)是半导体元件产品的统称,是集成电路的载体,由晶圆分割而成,现在经常 IC 器件称为芯片。

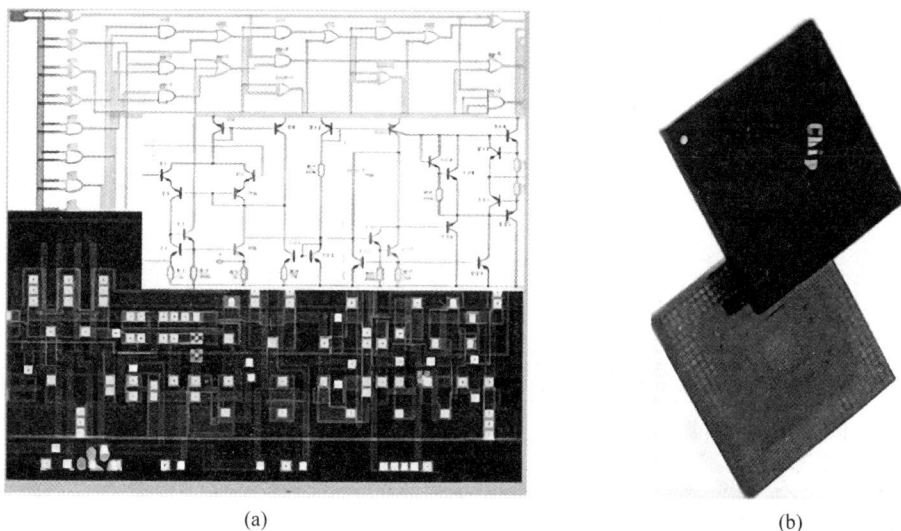

(a) (b)

图 2-15　集成电路和芯片

(a) 集成电路;(b) 芯片

实际使用的集成电路是把芯片焊接封装在一个管壳内的电子器件。封装后的集成电路成为具有所需电路功能的微型结构;其中所有元件在结构上已组成一个整体,使电子元件向着微小型化、低功耗、智能化和高可靠性方面迈进了一大步。封装外壳有圆壳式、扁平式或双列直插式等多种形式。

集成电路技术包括芯片制造技术与设计技术,主要体现在加工设备,加工工艺,封装测试,批量生产及设计创新的能力上。

2.3.1 半导体芯片制造工艺

1. 芯片的制造过程和工艺

集成电路的制作需要经过氧化、光刻、扩散、外延、蒸铝等半导体制造工艺,把构成具有一定功能的电路所需的半导体、电阻、电容等元件及它们之间的连接导线全部集成在一小块硅片上。完整过程包括电路(芯片)设计、掩模版制作、晶圆测试、封装和包装等 8 个环节,其中晶片制作过程尤为复杂。芯片的制作环节及其相互关系如图 2-16 所示。

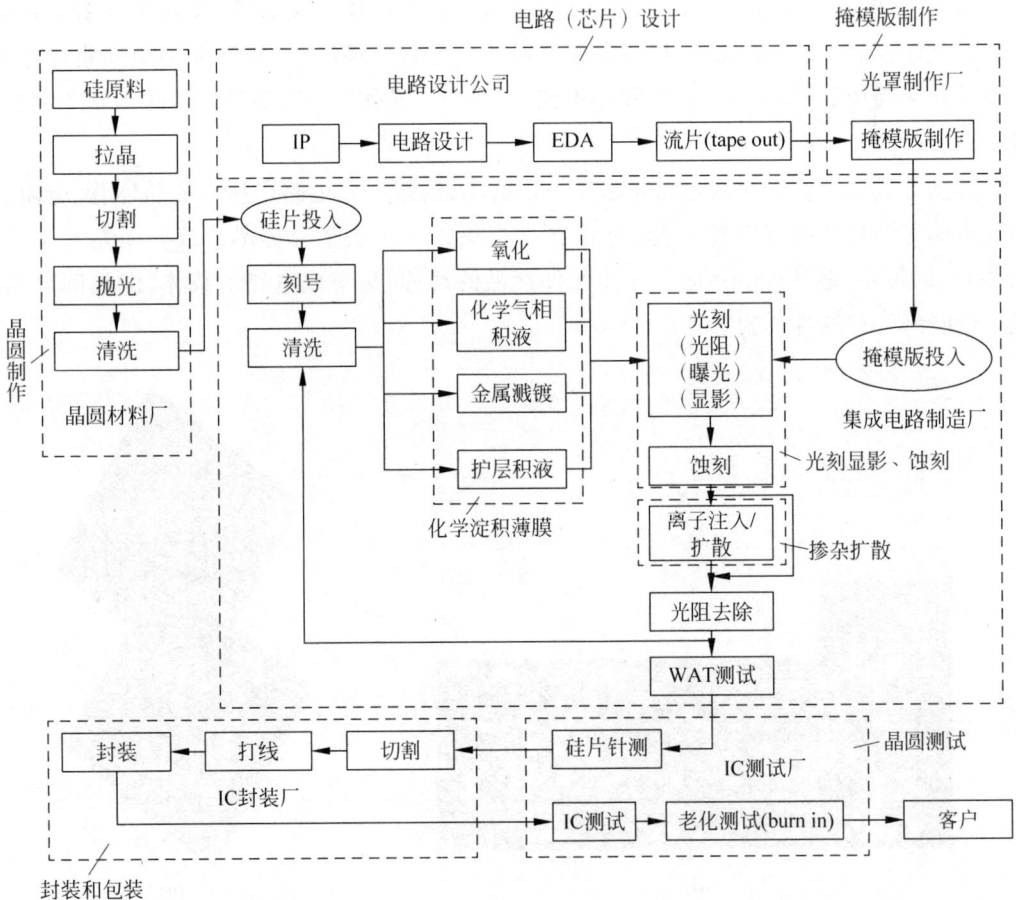

图 2-16 芯片的制作环节及其相互关系

(1) 电路(芯片)设计

根据制作电路功能和集成的需求进行设计与验证,最后生成"图样"。

(2) 掩模版制作

根据芯片设计生成的"图样",制作掩模版。其作用将在光刻工艺中介绍。

(3) 晶圆制作

晶圆的成分是硅。由纯度高于 99.999% 的硅材料经过熔化提拉得到硅晶棒,再将硅晶棒切片就制成了芯片制作所需要的晶圆。晶圆越薄,生产的成本越低,但对工艺就要求得越高。

（4）化学淀积薄膜

晶圆涂膜能抵抗氧化以及耐温，其材料为光阻的一种。

（5）光刻显影、蚀刻

每个芯片上的实际电路结构是用掩模版和光刻技术制作形成的。掩模版是器件或部分器件的物理表示。掩模版上的不透明部分是用紫外线吸收材料制作的。光敏层即光刻胶被预先喷到半导体表面。

掩模和光刻工艺是很关键的，因为它们决定着器件的极限尺寸。除了紫外线，电子束和 X 射线也能用来对光刻胶进行曝光。

掩模版的性能直接决定了光刻工艺的质量。在投影式光刻机中，掩模版作为一个光学元件位于会聚透镜（condenser lens）与投影透镜（projection lens）之间，它并不和晶圆有直接接触。掩模版上的图形缩小 1/10～1/4（现代光刻机一般都是缩小 1/4）后投射在晶圆表面。

光刻过程使用对紫外线敏感的化学物质，即遇紫外线则变软。通过掩模版控制遮光物的位置可以得到芯片的外形。在硅晶片涂上光致抗蚀剂，使其遇紫外线就会溶解。这时可以用上第一层遮光物，使得紫外线直射的部分被溶解，且溶解部分可用溶剂将其冲走。这样剩下的部分就与遮光物的形状一样，从而得到所需要的二氧化硅层。

（6）掺加扩散

将晶圆中植入离子，生成相应的 p、n 型半导体。具体工艺是是从硅片上暴露的区域开始，放入化学离子混合液中。这一工艺将改变掺杂区的导电方式，使每个晶体管可以通、断或携带数据。简单的芯片可以只用一层，但复杂的芯片通常有很多层，这时将该流程不断重复，不同层可通过开启窗口连接起来。这一点类似多层 PCB 板的制作原理。更为复杂的芯片可能需要多个二氧化硅层，这时通过重复光刻以及上面流程来实现，形成一个立体的结构。

（7）晶圆测试

经过上面的几道工艺之后，晶圆上就形成了一个个格状的晶粒。通过探针测试方式对每个晶粒进行电气特性检测。一般每个芯片拥有的晶粒数量是庞大的，组织一次探针测试模式是非常复杂的过程，这要求在生产时，尽量是同等芯片规格构造的型号的大批量生产。数量越多相对成本就会越低，这也是主流芯片器件造价低的因素。

（8）封装和包装

将制造完成的晶圆固定，绑定引脚，按照需求去制作成各种不同的封装形式，这就是同种芯片内核可以有不同封装形式的原因。比如，DIP、QFP、PLCC、QFN 等。这里主要是由用户的应用习惯、应用环境、市场形势等外围因素决定的。

经过上述工艺流程以后，芯片制作就已经全部完成了，这一步骤是将芯片进行测试、剔除不良品，以及包装。

2. 微电子技术

微电子技术是微电子产业的核心，是在电子电路和系统的超小型化和微型化的过程中逐渐形成和发展起来的。微电子技术也是信息技术的基础和心脏，是当今发展最快的技术之一。近年来，微电子技术已经开始向相关行业渗透，形成新的研究领域。

微电子技术的发展水平已经成为衡量一个国家科技进步和综合国力的重要标志之一。"微电子"不是"微型的电子",其完整的名字应该是"微型电子电路",微电子技术则是微型电子电路技术,它对社会发展起着重要作用,使社会高速信息化,并推动人类社会的高速发展。"信息经济"和"信息社会"是伴随着微电子技术发展所必然产生的。

微电子技术的基础材料是取之不尽的硅。硅的优点一是工作温度高,可达200℃;二是能在高温下氧化生成 SiO_2 薄膜。这种氧化硅薄膜可以用作为杂质扩散的掩护膜,从而能使扩散、光刻等工艺结合起来制成各种结构的电路,而 SiO_2 层又是一种很好的绝缘体,在集成电路制造中可以作为电路互连的载体。此外,SiO_2 膜还是一种很好的保护膜,它能防止器件工作时受周围环境影响而导致性能退化。同时,由于受主和施主杂质有几乎相同的扩散系数,这为硅器件和电路工艺的制作提供了更大的自由度。硅材料的这些优越性能促成了平面工艺的发展,简化了工艺程序,降低了制造成本,改善了可靠性,并大大提高了集成电路的集成度,使超大规模集成电路得到了迅猛的发展。

利用微电子技术制作的 IC 卡,是现代微电子技术的结晶,是硬件与软件技术的高度结合。存储 IC 卡也称记忆 IC 卡,它包含存储器等微电路芯片而具有数据记忆存储功能。在智能 IC 卡中必须包括微处理器,它实际上具有微计算机功能,不仅具有暂时或永久存储、读取、处理数据的能力,还具备其他逻辑处理能力、一定的对外界环境响应、识别和判断处理能力。IC 卡在人们工作生活中无处不在,广泛应用于金融、商贸、保健、安全、通信及管理等多个方面。随着 IC 技术的成熟,IC 卡的芯片已由最初的存储卡发展到逻辑加密卡和装有微控制器的各种智能卡。它们的存储量也越来越大,运算功能越来越强,保密性也越来越高。在一张卡上赋予身份识别、资料(如电话号码、主要数据、密码等)存储、现金支付等功能已非难事,"手持一卡走遍天下"将会成为现实。

由于集成电路对各个产业的强烈渗透,因此出现了一些新领域。

(1) 微机电系统

微机电系统(micro-electro-mechanical systems,MEMS)主要由微传感器、微执行器、信号处理电路和控制电路、通信接口和电源等部件组成,主要包括微型传感器、执行器和相应的处理电路三部分,它融合多种微细加工技术,并将微电子技术和精密机械加工技术融为一体,是在现代信息技术的最新成果的基础上发展起来的高科技前沿技术。

当前,制作 MEMS 器件的技术主要有三种:第一种是以日本为代表的传统机械加工技术,即利用大机械制造小机械,再利用小机械制造微机械的方法,加工一些在特殊场合应用的微机械装置,如微型机器人,微型手术台等;第二种是以美国为代表的利用化学腐蚀或集成电路工艺技术对硅材料进行加工,形成硅基 MEMS 器件的技术,它与传统 IC 工艺兼容,可以实现微机械和微电子的系统集成,同时适合于批量生产,已成为目前 MEMS 的主流技术;第三种是以德国为代表的 LIGA(即光刻,电铸如塑造)技术,它是一种利用 X 射线光刻技术通过电铸成型和塑造形成深层微结构的技术,人们已利用该技术开发和制造出了微齿轮、微马达、微加速度计、微射流计等。

(2) 生物工程芯片

生物工程芯片是微电子技术与生物科学相结合的产物。它以生物科学为基础,利用生物体、生物组织或细胞功能,在固体芯片表面构建微分析单元,以实现对化合物、蛋白质、核酸、细胞及其他生物组分的正确、快速的检测。目前已有 DNA 基因检测芯片问世,如

Santford 和 Affymetrize 公司制作的 DNA 芯片包含有 600 余种 DNA 基本片段。其制作方法是在玻璃片上刻蚀出非常小的沟槽,然后在沟槽中覆盖一层 DNA 纤维,不同的 DNA 纤维图案分别表示不同的 DNA 基本片段。采用施加电场等措施可使一些特殊物质反映出某些基因的特性从而达到检测基因的目的。以 DNA 芯片为代表的生物工程芯片将微电子与生物技术紧密结合,采用微电子加工技术,在指甲大小的硅片上制作包含多达 20 万种 DNA 基本片段的芯片。DNA 芯片可在极短的时间内检测或发现遗传基因的变化,对遗传学研究、疾病诊断、疾病治疗和预防、转基因工程等具有极其重要的作用。生物工程芯片是 21 世纪微电子领域的一个研究热点并具有广阔的应用前景。

2.3.2　集成电路与半导体芯片

1. 半导体芯片

芯片是由不同种类型的集成电路或者单一类型集成电路封装形成的产品。大部分芯片都属于数字集成电路。芯片按功能分类可分成处理器、存储器、逻辑器。下面主要介绍处理器。

根据通用计算机与嵌入式系统的分类,可以把微处理器分为通用处理器与嵌入式处理器两类。通用处理器以 x86 体系结构的产品为代表,目前,基本为 Intel 和 AMD 两家公司所垄断,它们是针对通用计算机的需要进行设计的,追求更快的计算速度、更大的数据吞吐率,从 8 位、16 位、32 位,到 64 位一代代发展过来。有时通用处理器也会应用在一些需要很高计算性能的嵌入式系统中,比如,在一些 PC104、Compact PCI 的主控板上可见到 Celoron、Pentium 处理器,这是通用计算机技术在嵌入式领域的一种应用。

事实上,在整个嵌入式领域里,通用处理器的应用很少,真正的主角是各种嵌入式处理器。因为嵌入式系统具有应用针对性的特点,不同的系统对处理器要求千差万别,因此嵌入式处理器种类繁多。据不完全统计,全世界嵌入式处理器的种类已经超过 1000 种,流行的体系结构有 30 多个。在所有嵌入式处理器中,8051 体系的占一大半,共有 350 多种衍生产品。现在几乎每个半导体制造商都生产嵌入式处理器,越来越多的公司有自己的处理器设计部门。

（1）集成运放电路

运算放大器简称运放,最初应用于模拟计算机对模拟信号进行加减法、微积分等数学运算,并因此得名。其第四代产品,即集成运放,通过对中、大规模集成技术加以利用,将极为复杂的分立元件电路部件集成在一片极小的芯片上。其设计调试更为简便,性能更为稳定可靠,通用性极强,性价比更高,灵活性更大。

在当前的模拟电路中,除去要求大功率及高频等较特殊应用的场合,集成运放已基本取代分立元件电路。集成运放可顺利实现放大器、比较器、缓冲器、电平转换器、积分器、有源滤波器以及峰值检波器等多种电路功能,并且其应用范围已由最初的计算机延伸至电子、汽车、通信以及消费娱乐等诸多领域。目前,基本上各个大型半导体制造商所制造的产品线中均应用集成运放。随着集成技术的不断发展,其应用也从最初的信号运算延伸至对信号的处理、产生及变换等。

（2）嵌入式微处理器

嵌入式微处理器的字长一般为 16 位或 32 位,Intel、AMD、Motorola、ARM 等公司提供很多这样的处理器产品。嵌入式微处理器通用性比较好、处理能力较强、可扩展性好、寻址范围大、支持各种灵活的设计,且不限于某个具体的应用领域。

在实践应用中,嵌入式微处理器需要在芯片外配置 RAM 和 ROM,根据应用要求往往要扩展一些外部接口设备,如网络接口、GPS、A/D 接口等。嵌入式微处理器及其存储器、总线、外设等安装在一块电路板上,所构成的计算机系统称为单板计算机。

嵌入式微处理器在通用性上有点类似通用处理器,但前者在功能、价格、功耗、芯片封装、温度适应性、电磁兼容方面更适合嵌入式系统应用要求。嵌入式处理器有很多种类型,如 xScale、Geode、Power PC、MIPS、ARM 等嵌入式处理器系列。

(3) CPU 与 GPU

中央处理器(central processing unit,CPU)作为计算机系统的运算和控制核心,是信息处理、程序运行的最终执行单元。CPU 自产生以来,在逻辑结构、运行效率以及功能外延上取得了巨大发展。CPU 是计算机中负责读取指令,对指令译码并执行指令的核心部件。中央处理器主要包括两部分,即控制器和运算器,其中还包括高速缓冲存储器及实现它们之间联系的数据、控制的总线。电子计算机三大核心部件就是 CPU、内部存储器、输入/输出设备。CPU 的功能主要为处理指令、执行操作、控制时间、处理数据。

图形处理器(graphics processing unit,GPU)和 CPU 工作流程与物理结构大致是类似的,相较于 CPU 而言,GPU 的工作更为单一。在大多数的个人计算机中,GPU 仅仅是用来绘制图像的。如果 CPU 想画一个二维图形,只需要发个指令给 GPU,GPU 就可以迅速计算出该图形的所有像素,并且在显示器上指定位置画出相应的图形。由于 GPU 会产生大量的热量,所以通常显卡上都会有独立的散热装置。

CPU 有强大的算术运算单元,可以在很短的时钟周期内完成算术计算。同时,CPU 有很大的缓存可以保存很多数据。此外,其还有复杂的逻辑控制单元,当程序有多个分支时,通过提供分支预测的能力来降低延时。GPU 是基于大的吞吐量进行设计的,有很多的算术运算单元和很少的缓存。同时 GPU 支持大量的线程同时运行,如果它们需要访问同一个数据,缓存会合并这些访问,自然会带来延时的问题。尽管有延时,但是因为其算术运算单元的数量庞大,因此也能够达到吞吐量非常大的效果。

2. 嵌入式系统中的处理器

(1) 嵌入式 DSP

在数字化时代,数字信号处理(digital signal processing,DSP)是一门应用广泛的技术,如数字滤波、快速傅里叶变换(FFT)、谱分析、语音编码、视频编码等、数据编码、雷达目标提取等。传统微处理器在进行这类计算操作时的性能较低,专门的数字信号处理芯片——DSP 也就应运而生。DSP 的系统结构和指令系统针对数字信号处理进行了特殊设计,因而在执行相关操作时具有很高的效率。在应用中,DSP 总是完成某些特定的任务,硬件和软件需要为应用进行专门定制,因此 DSP 是一种嵌入式处理器。

(2) 嵌入式片上系统

当某一类特定的应用对嵌入式系统的性能、功能、接口有相似的要求时,针对嵌入式系统的这个特点,利用大规模集成电路技术将某一类应用需要的大多数模块集成在一个芯片上,从而在芯片上实现一个嵌入式系统大部分核心功能,这种处理器就是系统级芯片

(system on chip,SOC)。

SOC 把微处理器和特定应用中常用的模块集成在一个芯片上,应用时,往往只需要在 SOC 外部扩充内存、接口驱动、一些分立元件及供电电路,就可以构成一套实用的系统,极大地简化了系统设计的难度,同时还有利于减小电路板面积、降低系统成本、提高系统可靠性。SOC 是嵌入式处理器的一个重要发展趋势。

嵌入式微控制器和 SOC 都具有高集成度的特点,将计算机小系统的全部或大部分集成在单个芯片中,有些文献将嵌入式微控制器归为 SOC。后续为了更清晰地描述,将内部集成了 RAM 和 ROM 存储器、主要用于控制的单片机称为微控制器,而所说的 SOC 则没有内置的存储器,以嵌入式微处理器为核心、集成各种应用需要的外部设备控制器,具有较强的计算性能。

嵌入式处理器是嵌入式系统的核心,是控制、辅助系统运行的硬件单元。它是处理器除了服务器和 PC 领域之外的主要应用领域。近年来,随着各种新技术新领域的进一步发展,嵌入式领域也被发展成了几个不同的子领域而产生了分化。

首先是随着智能手机(mobile smart phone)和手持设备(mobile device)的发展,移动(mobile)领域逐渐发展成了规模匹敌甚至超过 PC 领域的一个独立领域。由于移动领域的处理器需要加载 Linux 操作系统,同时涉及复杂的软件生态,因此,其具有和 PC 领域一样的对软件生态严重依赖的特性。

其次是实时(real time)嵌入式领域。该领域相对而言没有那么严重的软件依赖性,因此没有形成绝对的垄断,但是由于 ARM 处理器 IP 商业推广的成功,目前 ARM 处理器架构仍占大多数市场份额,其他处理器架构如 Synopsys ARC 等也有不错的市场成绩。

最后是深嵌入式领域。该领域更像前面所指的传统嵌入式领域。该领域的需求量非常之大,但往往注重低功耗、低成本和高能效比,无须加载像 Linux 这样的大型应用操作系统,软件大多是需要定制的裸机程序或者简单的实时操作系统,因此对软件生态的依赖性相对比较低。

(3) 嵌入式微控制器

嵌入式微控制器又称为单片机,目前在嵌入式系统中有着极其广泛的应用。这种处理器内部集成 RAM、各种非易失性存储器、总线控制器、定时/计数器、看门狗、I/O、串行口、脉宽调制输出、A/D、D/A 等各种必要功能和外设。

跟嵌入式微处理器相比,微控制器的最大特点是将计算机最小系统所需要的部件及一些应用需要的控制器/外部设备集成在一个芯片上,实现单片化,使得芯片尺寸大大减小,从而使系统总功耗和成本下降、可靠性提高。微控制器的片上外设资源一般比较丰富,适合于控制,因此称为微控制器。微控制器品种丰富、价格低廉,目前占嵌入式系统约 70% 以上的市场份额。

2.3.3　集成电路设计与 IP 设计技术

在 CMOS 工艺发展背景下,CMOS 集成电路得到了广泛应用,目前仍有 95% 的集成电路融入了 CMOS 工艺技术,但基于 64kb 动态存储器的发展,集成电路微小化设计逐渐引起了人们的关注。为了迎合集成电路时代的发展,在当前集成电路设计过程中注重从微电路、芯片等角度入手,对集成电路进行改善与优化,且突出小型化设计优势。下面将详细阐述集成电路设计与 IP 设计技术,为当前集成电路设计发展提供参考。

1. 当前集成电路设计方法

(1) 全定制设计方法

集成电路,即通过光刻、扩散、氧化等工艺,将一个电路中所需半导体器件、电阻、电容等元器件集中于一块小硅片并置入管壳内制作成具有所需功能的微型器件,广泛应用于网络通信、计算机、电子技术等领域中。而在集成电路设计过程中,为了营造良好的电路设计空间,应注重强调对全定制设计方法的应用,即在集成电路实践设计环节开展过程中通过版图编辑工具,对半导体元器件图形、尺寸、连线、位置等各个设计环节进行把控,最终通过版图布局、布线等,达到元器件组合、优化目的。同时,在元器件电路参数优化过程中,为了满足小型化集成电路应用需求,应遵从"自由格式"版图设计原则,且以紧凑的设计方法,对每个元器件所连导线进行布局,就此将芯片尺寸控制在最小状态。例如,随机逻辑网络在设计过程中,为了提高网络运行速度,即采取全定制集成电路设计方法,满足了网络平台运行需求。但由于全定制设计方法在实施过程中设计周期较长,为此,应注重对其的合理化应用。

(2) 半定制设计方法

半定制设计方法在应用过程中需借助原有的单元电路,同时注重在集成电路优化过程中,从单元库内选取适宜的电压或压焊块,以自动化方式对集成电路进行布局、布线,获取掩模版图。例如,专用集成电路 ASIC 在设计过程中为了减少成本投入,即采用了半定制设计方法,同时注重在半定制设计方式应用过程中融入门阵列设计理念,即将若干个器件进行排序,且排列为门阵列形式,继而通过导线连接形式形成统一的电路单元,并保障各单元间的一致性。而在半定制集成电路设计过程中,亦可采取标准单元设计方式,即要求相关技术人员在集成电路设计过程中应运用版图编辑工具对集成电路进行操控,同时结合电路单元版图,连接、布局集成电路运作环境,达到布通率 100% 的集成电路设计状态。从上述分析即可看出,在小型化集成电路设计过程中,强调对半定制设计方法的应用,有助于缩短设计周期,为此,应提高对其的重视程度。

(3) 基于 IP 的设计方法

在 $0.35\mu m$ CMOS 工艺的推动下,传统的集成电路设计方式已经无法满足计算机、网络通信等领域集成电路的应用需求,因而在此基础上,为了推动各领域产业的进一步发展,应注重融入 IP 设计方法(是指将已验证的、可以重复使用的具有某种确切功能的集成电路设计模块用于新的芯片设计中的过程),即在集成电路设计过程中将"设计复用与软硬件协同"作为导向,开发单一模块,并集成、复用 IP,从而将集成电路工作量控制到原有的 1/10,而工作效益提升 10 倍。但基于 IP 视角下,在集成电路设计过程中,要求相关工作人员应注重通过专业 IP 公司、Foundry 积累、EDA 厂商等路径获取 IP 核,且基于 IP 核支撑资源获取的基础上,完善检索系统、开发库管理系统、IP 核库等。最终对 1700 多个 IP 核资源进行系统化整理,并通过 VSIA 标准评估方式,对 IP 核集成电路运行环境的安全性、动态性进行质量检测、评估,规避集成电路故障问题的凸显,达到最佳的集成电路设计状态。另外,在 IP 集成电路设计过程中,亦应注重增设 HDL 代码等检测功能,从而满足集成电路设计要求,达到最佳的设计状态,使其能更好地应用于计算机、网络通信等领域。

2. 集成电路设计中 IP 设计技术分析

基于 IP 的设计技术,主要分为软核、硬核、固核三种设计方式,同时在 IP 系统规划过程中,需完善 32 位处理器,同时融入微处理器、DSP 等,继而应用于 Internet、USB 接口、微处理器核、UART 等运作环境。而 IP 设计技术在应用过程中对测试平台支撑条件提出了更高的要求,因而在 IP 设计环节开展过程中,应注重选用适宜的接口,寄存 I/O,且以独立性 IP 模块设计方式对芯片布局布线进行操控,简化集成电路整体设计过程。此外,在 IP 设计技术应用过程中,必须突出全面性特点,即从特性概述、框图、工作描述、版图信息、软模型/HDL 模型等角度入手,推进 IP 文件化,最终实现对集成电路设计信息的全方位反馈。另外,就当前的现状来看,IP 设计技术涵盖了 ASIC 测试、系统仿真、ASIC 模拟、IP 集成等设计环节,且制定了 IP 战略,因而有助于减少 IP 集成电路开发风险。为此,在当前集成电路设计工作开展过程中应融入 IP 设计技术,并构建 AMBA 总线等,打造良好的集成电路运行环境,强化整体电路集成度,达到最佳的电路布局和规划状态。

2.4　光刻技术

集成电路产业是现代信息社会的基石。集成电路的发明使电子产品的成本大幅降低,尺寸奇迹般地减小。自 1958 年世界上第一块平面集成电路问世,在短短 50 多年间,半导体及微电子技术取得突飞猛进的发展,带动了现代信息技术的腾飞。集成电路的发展与其制造工艺——光刻技术的进步密不可分。集成电路飞速发展的象征是集成尺度遵循摩尔定律不断缩小,这有赖于光刻技术的飞速发展。光刻技术是迄今所能达到的最高精度的加工技术。

光刻技术是利用光化学反应原理和化学、物理刻蚀方法将掩模版上的图案传递到晶圆上的工艺技术,其原理起源于印刷技术中的照相制版,就是在一个平面上加工形成微图形。按曝光光源分类,光刻技术主要分为光学光刻和粒子束光刻(常见的粒子束主要有 X 射线、电子束和离子束等)。其中光学光刻是目前的主流光刻技术,在今后几年内其主流地位仍然不可动摇。

光刻技术是促进集成电路及相关产业发展的关键技术。10 年前一根 512MB 的内存条价格为几百元,而目前同样价格可买到一根 16～32GB 的内存条。由于芯片性价比的提高、体积的缩小,今天一个中档手机的计算性能,已经超过 10 年前的个人微机。由此可见,光刻技术的发展大大提高了芯片的计算速度和存储量,也在改变着人们的生活。

2.4.1　光刻技术的发展史

1. 光刻技术的五代发展历程

由于光刻技术的进步,使得器件的特征尺寸不断减小,芯片的集成度和性能不断提高,这正是摩尔定律预测的发展趋势。在摩尔定律的引领下,光学光刻技术经历了接触/接近、等倍投影、缩小步进投影、步进扫描投影等曝光方式的变革。曝光光源的波长由 436nm(G

线)、365nm(I线),发展到 248nm(KrF),再到 193nm(ArF)乃至 13.5nm(EUV)。制程工艺也从 1978 年的 $1.5\mu m$、$1\mu m$、$0.5\mu m$、90nm、45nm,一直发展到目前的 22nm、7nm,甚至 5nm。集成电路的发展始终随着光学光刻技术的不断创新向前推进。图 2-17 是光刻技术节点的发展历史曲线。

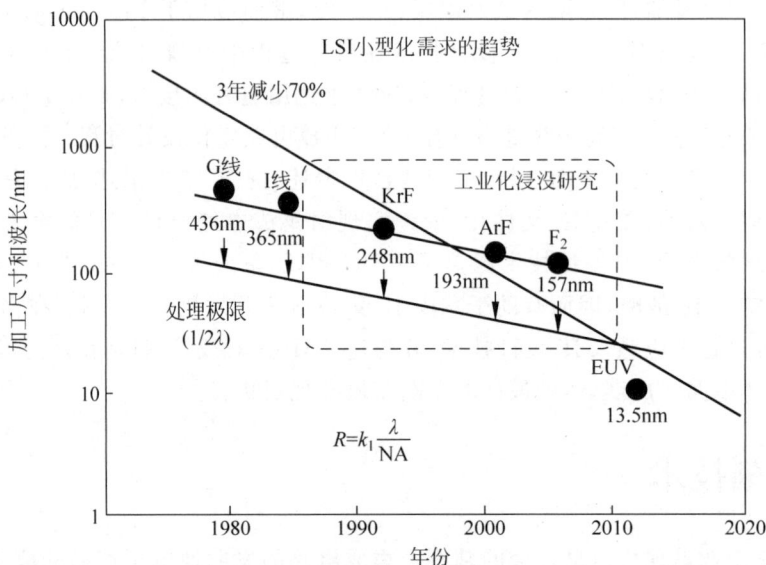

图 2-17　光刻技术节点的发展历史

为了实现摩尔定律,光刻技术就需要每两年把曝光关键尺寸(CD)降低 $30\%\sim50\%$。对于光学投影光刻系统而言,其分辨率由瑞利公式决定:

$$CD = k_1\lambda/NA \tag{2-6}$$

式中,k_1 为工艺因子,对于单次曝光,k_1 为 0.25;λ 为光源波长;NA 为投影物镜的光学数值孔径。由瑞利公式(2-6)可知,改进光学分辨率有三条途径:一是降低 k_1;二是提高数值孔径 NA;三是采用波长更短的曝光光源。在这些途径中,增大数值孔径 NA 和采用更短的曝光光源波长 λ 是通过改变曝光设备实现的,而 k_1 因子的降低则是通过改进工艺技术去实现,如投影曝光系统各阶段采用的分辨率增强技术主要包括偏振光照明、相移掩模版、离轴照明等。

在光刻技术节点的发展历史中,降低曝光光源的波长是光刻技术的重要发展趋势。半个世纪以来随着光刻技术的发展,特征尺寸随之减小。在 20 世纪 60 年代,半导体芯片制造主要用可见光作为光源。到了 20 世纪 80 年代,光刻技术主要将高压放电汞灯产生的 436nm(G 线)和 365nm(I线)作为光源,应用于步进曝光机,从而实现 $0.35\mu m$ 的特征尺寸。后来改用波长为 250nm 的紫外光,首次实现了降低光刻光源波长的需求。随着集成电路技术节点向纳米级发展,光刻机光源也很快从近紫外波段的汞灯光源发展到深紫外波段的准分子激光。准分子激光器光源包括 KrF 的 248nm 激光,ArF 的 193nm 激光和 F_2 的 157nm 激光。由于光刻胶和掩模材料的局限、图形对比度低等因素的限制,157nm 光刻技术的发展曾受到很大限制。

准分子激光器是紫外波段最强大的激光光源,是一种可以辐射几十纳秒脉宽的气体放电紫外激光器。准分子是一种激发态结合而基态离解的受激二聚体,其特点是基态不稳定,一般在振动弛豫时间内分解为自由粒子。而其激发态以结合的形式出现并相对稳定,以辐射的形式衰减,因而准分子激光具有高增益的特点。

后来研究人员发现,水对 193nm 光波几乎完全透明,充入水浸没液后,193nm 光源等效波长小于 157nm,同时投影透镜数值孔径也有很大的提高,并且很快地解决了浸没技术的相关问题,因而采用浸没技术的 193nm 光源取代 157nm 光源继续成为研究的热点。

由于可选的光刻曝光光源是有限的,且每更换一种曝光波长,光刻机掩模图样和光刻胶材料、投影物镜等系统的结构与材料都需更新,因而开发一个新波长的光刻机(也称光刻系统)需要高昂的人力和物力成本,需要多个国家和公司的通力合作方能成功。相对于157nm 光刻技术,193nm 浸没式光刻技术不需要研发新的掩模、透镜和光刻胶材料。193nm 浸没式光刻机甚至可以保留原有 193nm 干式光刻机的大部分组件,仅需改进设计部分系统。世界上三大光刻机生产商阿斯麦(ASML)、尼康(Nikon)和佳能(Canon)公司的第一代 193nm 浸没式样机都是在原有 193nm 干式光刻机的基础上改进研制而成的,这大大降低了研发成本和风险。

随着双重图形曝光技术的发展,以英特尔(Intel)为代表的芯片制造商已经宣布正式放弃 157nm 的光刻技术,从 90nm 工艺一直到 45nm 工艺都依赖于 193nm 光刻技术。同时随着浸没式光刻技术和分辨率增强技术的发展,光刻精度和性能不断提高。2006 年,IBM 的工程师宣布,他们采用 193nm 干涉浸没光刻装置 NEMO,制作出 29.9nm 的线条,打破了32nm 这一光学光刻极限的预言。目前采用浸没技术的 ArF 准分子激光,光刻节点已经达到 22nm,未来有可能进一步达到 16nm 节点。通过不断创新的光刻技术,摩尔定律仍然是适用的。

光刻机是光刻技术的关键装备,其构成主要包括光刻光源、均匀照明系统、投影物镜系统、机械及控制系统(包括工件台、掩模台、硅片传输系统等)。其中光刻光源是光刻机的核心部分。随着集成电路器件尺寸的不断缩小,芯片集成度和运算速度的不断提高,对光刻技术曝光分辨率也提出更高的要求。光学分辨率是指能在晶圆上成像的最小特征尺寸。

根据光刻机所用光源改进和工艺创新,光刻机经历了五代产品发展,每次改进和创新都显著提升了光刻机所能实现的最小工艺节点,表 2-1 是五代光刻机的特征比较。

表 2-1 光刻机经历了五代发展

	光源	波长/nm	类　　型	制程/nm
第一代	G 线	436	接触接近式	250~800
第二代	I 线	365	接触接近式	250~800
第三代	KrE	248	扫描投影式	130~180
第四代	ArE	193	步进式扫描投影	65~130
			浸没步进式	22~45
第五代	EUV	13.5	极紫外式	3~22

第一代与第二代均为接触接近式光刻机,曝光方式为接触接近式,使用光源分别为436nm 的 G 线和 365nm 的 I 线。接触式光刻机由于掩模与光刻胶直接接触,所以易受污染,而且由于气垫影响,成像精度不高。

第三代为扫描投影式光刻机,利用光学透镜可以聚集衍射光提高成像质量,将曝光方式创新为光学投影式光刻,以扫描的方式实现曝光,光源也改进为 248nm 的 KrF 激光,实现了跨越式发展,将最小工艺推进至 130～180nm。

第四代为步进式扫描投影光刻机,最具代表性的光刻机产品于 1986 年由 ASML 首先推出。其采用 193nm ArF 激光光源,实现了光刻过程中掩模和硅片同步移动,并且采用了缩小投影镜头,缩小比例达到 5：1,有效提升了掩模的使用效率和曝光精度,将芯片的制程和生产效率提升了一个台阶。2002 年以前,业界普遍认为 193nm 光刻技术无法延伸到 65nm 技术节点,而 157nm 光刻技术将成为主流技术。然而,157nm 光刻技术遭遇到了来自光刻机透镜的巨大挑战。正当众多研究者在 157nm 浸入式光刻面前踌躇不前时,时任台积电资深处长的林本坚提出 193nm 浸入式光刻的概念。2007 年,ASML 与台积电合作开发,成功推出第一台浸没式光刻机。193nm 光波在水中的等效波长缩短为 134nm,足可超越 157nm 的极限,193nm 浸入式光刻的研究随即成为该业界追逐的焦点;2010 年,193nm 液浸式光刻系统已能实现 32nm 制程产品;到 2012 年,ArF 光刻机已经最高可以实现 22nm 的芯片制程。浸没式光刻技术展现出巨大优势,成为 EUV 之前能力最强且最成熟的技术。

第五代为极紫外式光刻机。所谓 EUV,是指波长为 10～14nm 的极紫外光。前四代光刻机都使用深紫外光(DUV),但在摩尔定律的推动下,半导体产业对于芯片的需求已经发展到 5nm,甚至 3nm,浸入式光刻面临更为严峻的镜头孔径和材料的挑战。第五代 EUV 光刻机,可将最小工艺节点推进至 5nm 甚至 3nm。

目前半导体公司已经进军 10nm 制程工艺,但面临的物理限制越来越高,半导体工艺提升需要全新的设备。极紫外(EUV)式光刻机是特征尺寸突破 10nm 及之后的 7nm、5nm 工艺的关键设备,而波长 13.5nm 的极紫外光极可能成为下一代光刻光源。激光等离子体极紫外(LPP-EUV)光源由于具有较好的功率扩展能力,目前被认为是最有希望的高功率EUV 光刻光源。

在 2016 年国际光学工程学会(SPIE)的先进光刻技术研讨会上,与会者认为:虽然目前 EUV 技术已经取得了巨大进展,但仍不适合应用于半导体大批量的生产制造。荷兰 ASML 公司和日本的 Gigaphoton 公司在 EUV 光源领域占据领先地位,均已具有 250W EUV 光源的研发能力。其中 ASML 公司开发了 NXE:33xOB 商业光刻光源,2016 年功率达到 250W,每小时可量产 125 片晶圆。Gigaphoton 公司在 2016 年 7 月展示了功率 250W、效率 4% 的 LPP-EUV 原型样机。

EUV 技术是新一代半导体工艺突破的关键。现在三星公司、台积电公司和英特尔公司已经利用 EUV 技术实现 3～5nm 制程工艺。EUV 光刻机每台价值 1.1 亿美元,虽然价格昂贵但仍然受到芯片制造厂商的青睐。三星公司和台积电公司积极采购 EUV 光刻机,以谋求在新的节点采用 EUV 工艺来提高生产效率并降低成本。

2. 光刻机产业链

由于光刻机涉及的技术很多,也很复杂,比如系统集成、精密光学、精密运动、精密物料传输、高精度微环境控制等多项先进技术,它是所有半导体制造设备中技术含量最高的设备。所以对研发光刻机的技术门槛就非常高,能够单独研发光刻机的企业凤毛麟角,生产一台光刻机往往需要上游上千家供应商的共同合作,从而形成了一个高新技术产业——光刻机产业链。图 2-18 是目前全球光刻技术的产业链示意图。

图 2-18　全球光刻机产业链示意图

从光刻机完整的产业链来看,可拆分为两部分:一是光刻机的核心组件,包括光源、镜头、双工作台、浸没系统等关键子系统;二是光刻机的配套设施,包括光刻胶、光掩模版、涂胶显影设备等。

目前世界上三大光刻机生产商为阿斯麦(ASML)、尼康和佳能公司,形成了两个具有代表性的光刻机产业链:阿斯麦产业链和日本产业链。

阿斯麦光刻机的产业链如图 2-19 所示,该产业链以阿斯麦公司为核心,吸收了来自德国、美国和中国台湾的各种光学、工艺和材料优势,集成制造出当今最先进的光刻机,提供给台积电、英特尔和三星等世界上先进的集成电路生产商使用。

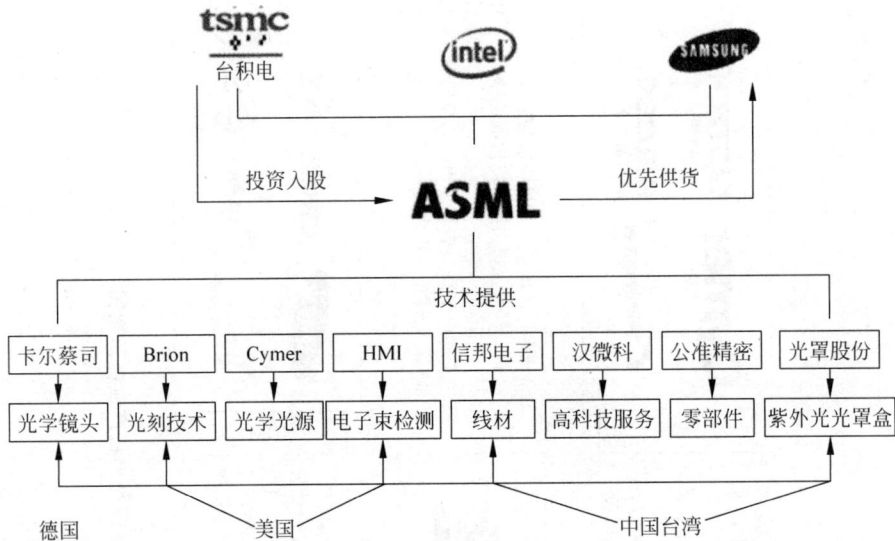

图 2-19　阿斯麦光刻机产业链

另一条光刻机产业链是日本光刻机产业链。这条产业链由尼康和佳能两家日本公司牵头,其他日本公司共同参与,如图 2-20 所示。这条光刻机产业链的光刻机技术虽然不如阿斯麦先进,但在光刻材料方面具有优势,同时其光刻机价格较低,产量也高。

2.4.2　光刻原理与技术

1. 光刻原理

在集成电路制造中,光刻是一道重要的工艺流程,它是把传统的照相技术与刻蚀工艺结合起来的产物。光刻是利用光学-化学反应原理和化学、物理刻蚀方法,将电路图形传递到单晶表面或介质层上,形成有效图形窗口或功能图形的工艺技术。经过 60 多年的发展光刻技术成为一种精密的微细加工技术,所用的曝光光源有紫外光,X 射线及电子束,波长已从 400nm 扩展到 0.01nm 数量级范围,光刻传递图形的尺寸限度缩小了 2～3 个数量级(从毫米级到亚微米级甚至纳米),集成电路规模不断提高对曝光分辨率的要求。

光刻技术主要过程为:首先紫外线通过掩模版照射到附有一层光刻胶薄膜的基片表面,引起曝光区域的光刻胶发生化学反应;然后通过显影技术溶解去除曝光区域或未曝光区域的光刻胶(前者称为正性光刻胶,后者称为负性光刻胶),使掩模版上的图形被复制到光

① Si晶圆
② 光敏化学涂层

光刻胶

涂布机/显影剂：
东京电子（日本）

晶圆

EUV
曝光设备

曝光设备：ASML（荷兰）
光源：千兆光子（日本）
掩模检测设备：
激光技术（日本）
跟踪装置：JEOL（日本）
纽富莱技术（日本）

③ EUV用于打印电路

光掩模
晶圆

投影设备

④ 化学刻蚀

⑤ 刻蚀后的晶片

刻蚀设备：
东京电子（日本）
清洗设备：
斯克林集团（日本）

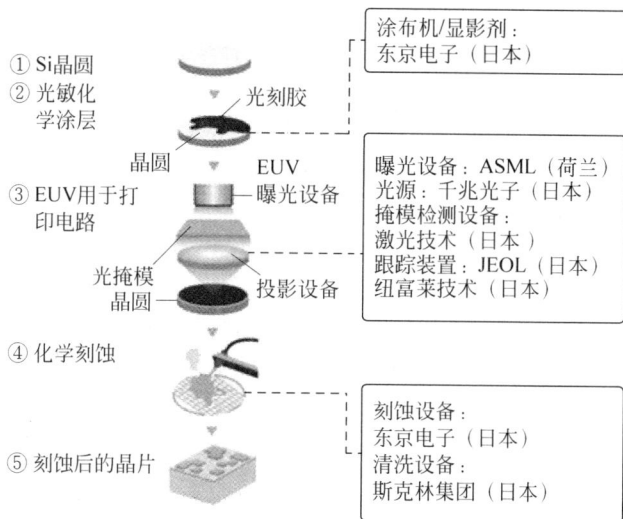

图 2-20　从事 EUV 外芯片制造的日本公司

刻胶薄膜上；最后利用刻蚀技术将图形转移到基片上。

　　紫外线光源在电子工业中的应用主要有光刻和印刷线路板曝光二种。光刻是平面型晶体管和大规模集成电路中的一道关键工艺，光刻质量的好坏对晶体管和大规模集成电路的性能有很大影响。它是当前生产中影响成品率的主要原因之一。随着半导体器件的工作频率和功率的不断提高，器件的尺寸不断缩小，对光刻工艺的要求也越来越高。光刻精度不够，往往是导致器件质量不过关的主要原因。

　　应用在大规模集成电路微细加工光刻工艺上的紫外光源，其波长在 200～400nm，一般使用高压汞灯和中短波紫外线金属卤化物灯。灯的波长必须与所使用的紫外感光胶所吸收的波长一致，一般当光致抗蚀剂的敏感波长由普通紫外光向远紫外光移动时，由于光的波长缩短，衍射效应减弱，能量增加，从而提高其分辨率和感光度。聚甲基丙烯酸甲酯(PMMA)在 215nm 的紫外区具有特征吸收峰，而聚甲基异丙基甲酮(PMIPK)在 190nm 和 200nm 的远紫外区具有特征吸收峰，但是能量吸收率较低。此外，由于它们的敏感波长不一定与曝光光源的光谱一致，感光度相对降低。为了提高感光度，可以采用在抗蚀剂分子主链上引入光敏基团的内增感的化学方法。

　　如今，芯片光刻技术已经成为现代半导体工业不可或缺的关键技术之一，广泛应用于计算机、通信、消费电子、汽车等各个领域。随着技术的不断发展和升级，芯片光刻技术将继续推动半导体工业的发展，为人类带来更加先进、智能化的科技产品和服务。

2. 工艺流程

1）两种光刻工艺

　　常规光刻技术是采用波长为 200～450nm 的紫外光作为图像信息载体，以光致抗蚀剂为中间（图像记录）介质实现图形的变换、转移和处理，最终把图像信息传递到晶片（主要指硅片）或介质层上的一种工艺，如图 2-21(a)所示。在广义上，它包括光复印工艺和刻蚀工艺两个主要流程。

（1）光复印工艺：经曝光系统将预制在掩模版上的器件或电路图形按所要求的位置，精确传递到预涂在晶片表面或介质层上的光致抗蚀剂薄层上，如图 2-21(b)所示。

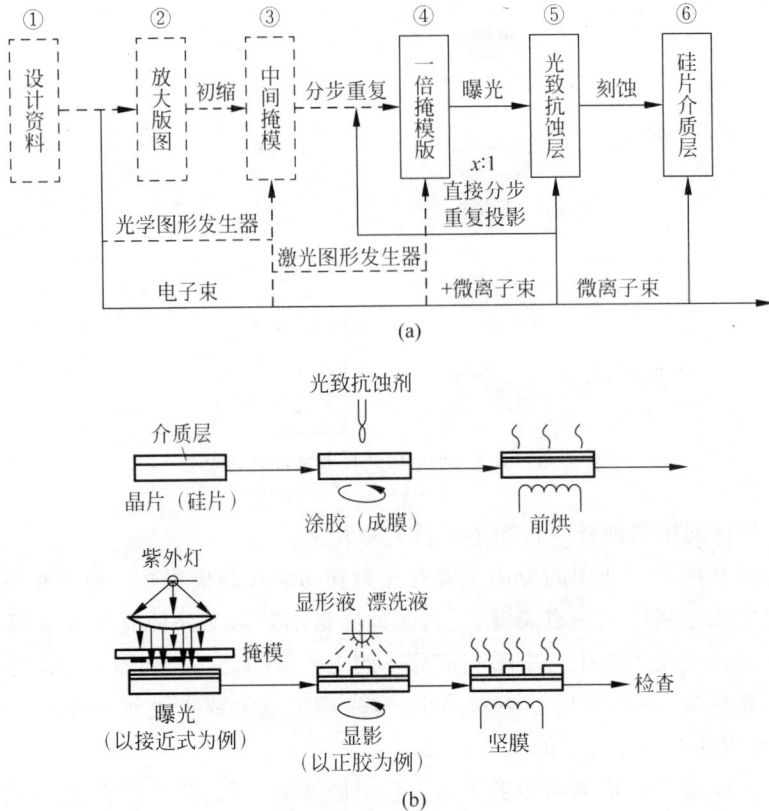

图 2-21　光刻技术

(a) 半导体器件图像传递流程图；(b) 光复印工艺的主要流程

（2）刻蚀工艺：利用化学或物理方法，将抗蚀剂薄层未掩蔽的晶片表面或介质层除去，从而在晶片表面或介质层上获得与抗蚀剂薄层图形完全一致的图形。

集成电路各功能层是立体重叠的，因而光刻工艺总是多次反复进行。典型的大规模集成电路要经过约 10 次光刻才能完成各层图形的全部传递。在狭义上，光刻工艺仅指光复印工艺，即从图 2-21(a)④～⑤或从③～⑤的工艺过程。

2）曝光系统

常用的曝光方式分为接触式曝光和非接触式曝光两类。两者的区别在于：曝光时掩模与晶片间的相对关系是贴紧的还是分开的。接触式曝光具有分辨率高、复印面积大、复印精度好、曝光设备简单、操作方便和生产效率高等特点，但容易损伤和玷污掩模版和晶片上的感光胶涂层，从而影响成品率和掩模版寿命。此外，其对准精度的提高也受到较多的限制。一般认为，接触式曝光只适用于分立元件和中小规模集成电路的生产。

非接触式曝光主要指投影曝光。在投影曝光系统中，掩模图形经光学系统成像在感光层上，掩模与晶片上的感光胶层不接触，不会引起损伤和玷污，成品率较高，对准精度也高，能满足高集成度器件和电路生产的要求。但投影曝光设备复杂、技术难度高，因而不适于低档产品的生产。现在应用最广的是 1：1 倍的全反射扫描曝光系统和 x：1 倍的直接分步重复曝光系统。

超大规模集成电路需要有高分辨率、高套刻精度和大直径晶片加工。直接分步重复曝光系统是为适应这些相互制约的要求而发展起来的光学曝光系统。其主要技术特点如下。

(1) 采用像面分割原理，以覆盖最大芯片面积的单次曝光区作为最小成像单元，从而为获得高分辨率的光学系统创造条件。

(2) 采用精密的定位控制技术和自动对准技术进行重复曝光，以组合方式实现大面积图像传递，从而满足晶片直径不断增大的实际要求。

(3) 缩短图像传递链，减少工艺上造成的缺陷和误差，可获得很高的成品率。

(4) 采用精密自动调焦技术，避免高温工艺引起的晶片变形对成像质量的影响。

(5) 采用原版自动选择机构(版库)，不但有利于成品率的提高，而且成为能灵活生产多电路组合的常规曝光系统。

这种系统属于精密复杂的光、机、电综合系统。它在光学系统上分为两类：一类是全折射式成像系统，多采用 1/10～1/5 的缩小倍率，技术较成熟；另一类是 1：1 倍的折射-反射系统，光路简单，对使用条件要求较低。

3) 光致抗蚀剂

光致抗蚀剂，简称光刻胶或抗蚀剂，是一种经光照后能改变抗蚀能力的高分子化合物。光蚀剂分为两大类。

(1) 正性光致抗蚀剂：受光照部分发生降解反应而能为显影液所溶解。留下的非曝光部分的图形与掩模版一致。正性光致抗蚀剂具有分辨率高、对驻波效应不敏感、曝光容限大、针孔密度低和无毒性等优点，适于高集成度器件的生产。

(2) 负性光致抗蚀剂：受光照部分产生交链反应而成为不溶物，非曝光部分被显影液溶解，获得的图形与掩模版图形互补。负性光致抗蚀剂的附着力强、灵敏度高、显影条件要求不严，适于低集成度的器件的生产。

半导体器件和集成电路对光刻曝光技术提出了越来越高的要求，在单位面积上要求完善传递图像的信息量已接近常规光学的极限。光刻曝光的常用波长是 365.0～435.8nm，其实用分辨率约为 $1\mu m$。

根据几何光学原理，如果允许采用波长向下延伸至约 200nm 的远紫外波长，此时可达到的实用分辨率为 0.5～0.7μm。微米级图形的光复印技术除要求先进的曝光系统，对抗蚀剂的特性、成膜技术、显影技术、超净环境控制技术、刻蚀技术、硅片平整度、变形控制技术等也有极高的要求。因此，工艺过程的自动化和数学模型化是两个重要的研究方向。

3. 光刻机的组成及其工作原理

光刻机是光刻技术的关键设备，主要由光学系统、机械系统和控制系统组成，如图 2-22(a)所示，它的几个主要组成部分及其功能如下。

(1) 光学系统：包括曝光光源、透镜、反射镜等，用于将掩模上的图形投影到硅片上。

(2) 机械系统：包括平台、运动控制系统、自动对位系统等，用于控制硅片的位置和运动轨迹。

(3) 控制系统：包括计算机及控制软件等，用于控制整个光刻机的运行和曝光过程。

光刻的基本步骤为:气相成底模→旋转烘胶→软烘→对准和曝光→光后烘焙(PEB)→显影→坚膜烘焙→显影检查。可见,光刻机的工作原理主要包括曝光和显影两个过程,如图 2-22(b)所示。

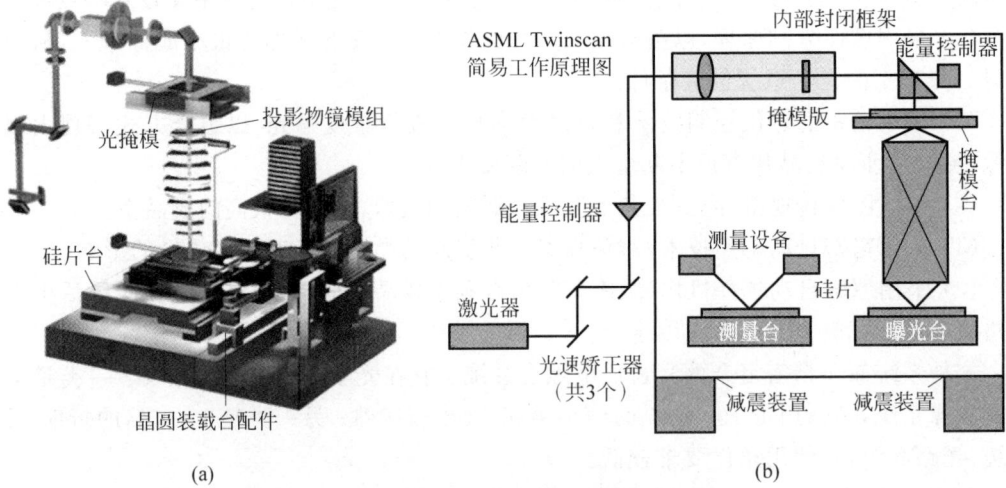

图 2-22　光刻机工作原理图及其组成结构

(a) 光刻机工作原理图;(b) 组成结构

1) 曝光过程

曝光过程是指将掩模上的图形通过光学系统投影到硅片上的过程。曝光过程如图 2-23 所示,主要包括以下几个步骤。

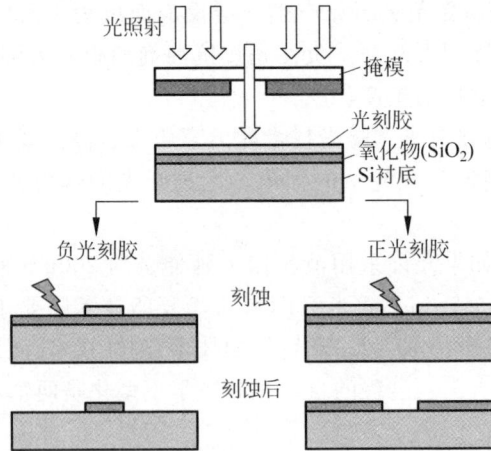

图 2-23　光刻机曝光过程

(1) 准备工作:将硅片放置在平台上,并通过自动对位系统对硅片进行定位和对位。

(2) 加热处理:将硅片加热至一定温度,以使其表面更容易吸收光线。

(3) 涂覆光刻胶:将光刻胶涂覆在硅片表面,以形成一个光刻胶层。

(4) 对位:通过自动对位系统将掩模和硅片对位,以确保图形的正确投影。

(5) 曝光:通过光学系统将掩模上的图形投影到硅片上,并使用紫外线照射硅片表面,使其形成微小的结构。

2）显影过程

显影过程是指将硅片表面的光刻胶进行化学反应，从而形成微小结构的过程。显影过程如图 2-24 所示，主要包括以下几个步骤。

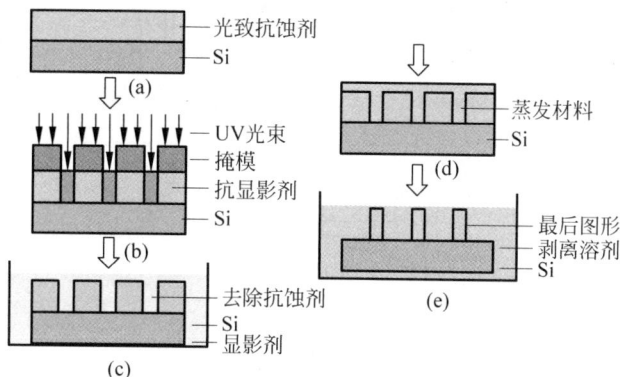

图 2-24　显影过程

（1）涂覆显影剂：将显影剂涂覆在硅片表面，以溶解光刻胶。

（2）显影：通过化学反应将硅片表面的光刻胶进行溶解，从而形成微小的结构。

（3）清洗：将硅片表面的显影剂和光刻胶残留物清洗干净，以准备下一次曝光。

3）曝光过程中的技术

计算光刻技术是通过对掩模、光源的正向或反演优化，降低因光波衍射影响光刻效果的程度。计算光刻是采用计算机模拟、仿真光刻工艺的光化学反应和物理过程，从理论上指导光刻工艺参数的优化。

光学邻近效应修正（optical proximity correction，OPC）是一种通过调整光刻掩模上透光区域图形的拓扑结构，或者在掩模上添加细小的亚分辨辅助图形，使得在光刻胶中的成像结果尽量接近掩模图形的技术。OPC 技术也是一种通过改变掩模透射光的振幅，进而对光刻系统成像质量的下降进行补偿的一种技术。图 2-25 为 OPC 应用的范例，其中图 2-25（a）和图 2-25（b）分别是 OPC 处理前后图形及其曝光结果比较，不难发现 OPC 处理后图形边缘更加陡峭。图 2-25（c）是 OPC 进行邻近修正和源掩模优化的流程框图。

OPC 主要在半导体器件的生产过程中使用。在光刻工艺中，掩模上的图形通过曝光系统投影在光刻胶上，由于光学系统的不完善性和衍射效应，光刻胶上的图形和掩模上的图形不完全一致。这些失真如果不纠正，可能大大改变生产出来的电路的电气性能。

源掩模协同优化（source mask optimization，SMO）技术同时考虑光源照明模式和掩模图形，与传统分辨率增强技术（OPC）相比，SMO 具有更大自由度，是进一步提高光刻分辨率和工艺窗口的关键技术之一。图 2-25（c）给出了 OPC 进行邻近效应修正和 SMO 进行掩模优化的流程图。

整体曝光过程中的技术主要包括以下几个方面。

（1）光源技术：光源是曝光过程中最关键的部分，它的稳定性和光强度对于曝光的精度和速度都有着重要的影响。现代光刻机使用的光源主要有氙气灯、荧光灯、激光等。

（2）透镜技术：透镜是将掩模上的图形投影到硅片上的关键部件，它的制造精度和材料质量对于曝光的精度和分辨率都有着重要的影响。

(a)　　　　　　　　　　(b)

(c)

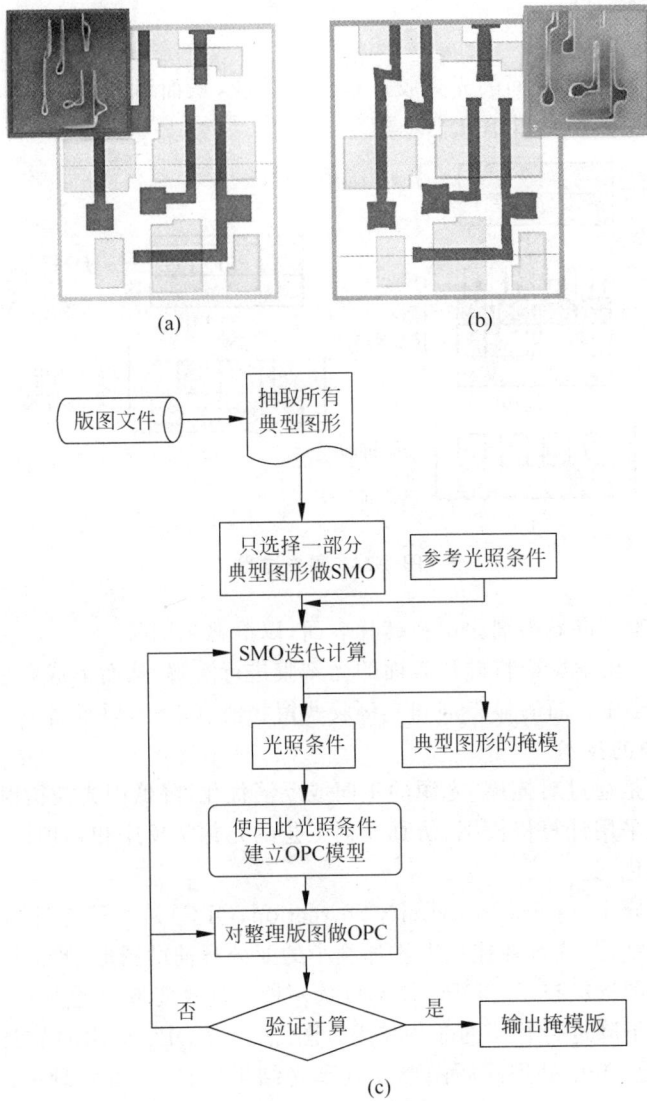

图 2-25　OPC 应用范例

(a)和(b)是 OPC 处理前后曝光结果比较；(c)是用 OPC 对邻近效应修正和源掩模优化的流程图

（3）控制系统技术：控制系统是光刻机的核心部分，负责整个曝光过程的控制和管理。现代控制系统采用计算机和控制软件，能够实现自动对位、自动曝光、自动对焦等功能。

（4）曝光技术：曝光技术是光刻机制造中最关键的技术之一，它的精度和速度直接影响到芯片的制造质量和效率。现代曝光技术主要包括多重图形投射式曝光技术、极紫外光曝光技术等。

2.4.3　EUV 光刻机

阿斯麦公司的光刻机主要分为 i-line、KrF、ArF、EUV 等几大类型。其中，EUV 光刻机是阿斯麦的代表性产品，也是目前行业中技术含量最高、最具前瞻性的产品。

EUV 光刻机采用 13.5nm 紫外线光刻技术，是当前最先进、最理想的半导体制造技术。

相较于其他光刻机,它具有更高的分辨率、更高的成像质量和更大的制造能力,可满足当前和未来半导体制造中需要的高精度与高容量要求。同时,该技术也具有较高的成本和工艺难度,不是所有光刻机厂商都能研发和推广的。

目前,阿斯麦公司在全球光刻机市场中占有绝对的市场份额,占有全球光刻机市场份额的 80% 以上,是仅次于英特尔、三星等全球知名半导体企业的全球第三大半导体公司。

1. 光刻机总体结构

由于 EUV 系统主要成像原理是光波波长为 $10\sim14$nm 的极紫外光波经过周期性多层膜反射镜投射到反射式掩模版上,由反射式掩模版反射出的极紫外光波再通过由多面反射镜组成的缩小投影系统,能将反射式掩模版上的集成电路几何图形投影成像到硅片表面的光刻胶中,形成集成电路制造所需要的光刻图形。

由于波长为 $10\sim14$nm 的极紫外光在材料中被强烈吸收,其光学系统必须采用反射形式。LPP-EUV 通常采用高功率的 CO_2 激光束照射到液滴靶材(一般为金属锡)上,产生等离子体并辐射出紫外线,再用反射式聚光系统收集 EUV 辐射并投射到母版上,母版反射的 EUV 辐射使掩模图形再经过一个反射的成像系统,缩小投影成像到涂有抗蚀剂的硅片上。因此,EUV 组成结构与传统光刻机略有不同,其主要由四部分组成,即反射式投影曝光系统、反射式光刻掩模版、极紫外光源系统和能用于极紫外的光刻涂层。

高端光刻机具有高数值孔径、高吞吐量、高临界尺寸控制性能和低运行成本等特点,这些特点要求光刻光源具有相应的激光性能。优质光刻光源要求具有较窄的激光谱宽、高的单色波长和能量稳定性、高平均功率和激光重频特性。目前波长为 193nm 的 ArF 准分子激光采用浸没技术,可以达到 22nm 的光刻节点,并向 16nm 光刻节点延伸,其成为高端光刻机的主流光源。图 2-26 是阿斯麦光刻机部件组成示意图。

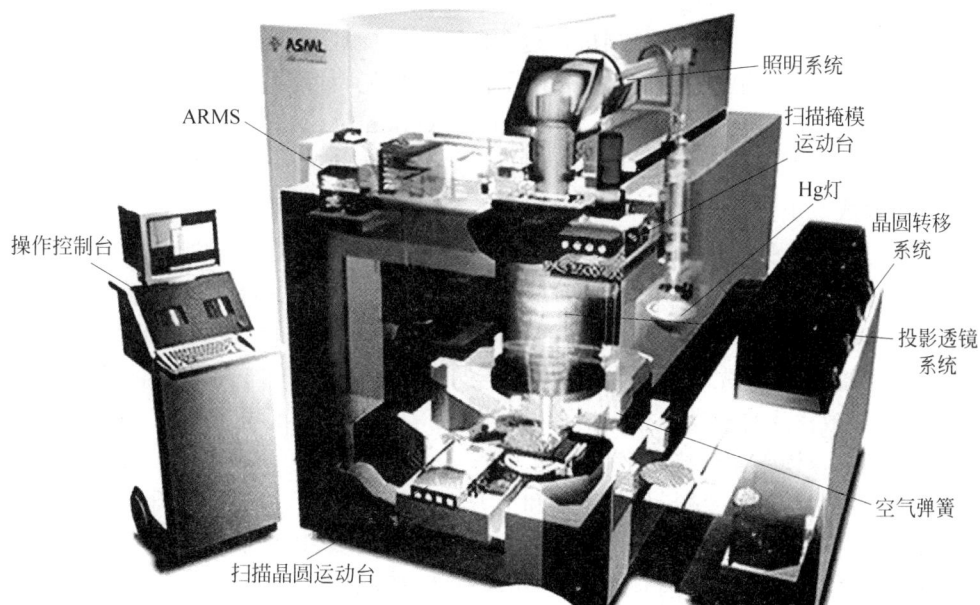

图 2-26　阿斯麦光刻机部件组成示意图

阿斯麦光刻机主要由以下几个部分组成。

（1）光学系统：包括曝光光源、透镜、反射镜等，用于将掩模上的图形投影到硅片上。EUV 光刻机其光路示意图如图 2-27 所示。

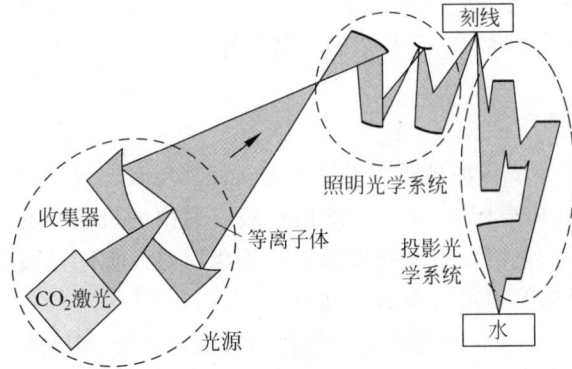

图 2-27　EUV 光源的光路示意图

限制 EUV 光源功率提升的一个重要难题是去除聚光镜上靶材残留物，残留物中的锡会导致镜面的反射率降低。除了光源，EUV 的技术难题还包括掩模、精密光学系统及元件的制造等。

（2）机械系统：包括平台、运动控制系统、自动对位系统等，用于控制硅片的位置和运动轨迹。

（3）控制系统：包括计算机、控制软件等，用于控制整个光刻机的运行和曝光过程。

高精度的对准系统需要近乎完美的精密机械工艺，这是国产光刻机望尘莫及的技术之一，应用特殊专利的机械工艺设计。例如，采用全气动轴承设计专利技术，可以有效避免轴承机械摩擦所带来的工艺误差。

除了上述三大系统，ASML 光刻机还包含以下几项技术设备。

对准系统为了增强显微镜的视场，采用了 LED 照明。对准系统共有两套，具备调焦功能。对准系统主要由双目双视场对准显微镜主体、目镜和物镜（各 1 对，光刻机通常会提供不同放大倍率的目镜和物镜供用户组合使用）构成。对准系统的作用是将掩模和样片的对准标记放大并成像于监视器上。

工件台是放置工件的平台，光刻工艺最主要的工件就是掩模和基片。工件台是光刻机的一个关键部件，由掩模样片整体运动台（XY）、掩模样片相对运动台（XY）、转动台、样片调平机构、样片调焦机构、承片台、掩模夹、抽拉掩模台组成。其中，样片调平机构包括球座和半球。在调平过程中，首先对球座和半球通上空气，再通过调焦手轮，使球座、半球、样片向上运动，从而导致样片与掩模相靠而找平样片，然后利用二位三通电磁阀将球座和半球切换为真空状态后进行锁紧而保持调平状态。

样片调焦机构由调焦手轮、杠杆机构和上升直线导轨等组成，调平上升过程初步调焦，调平完成锁紧球气浮后，样片和掩模之间会产生一定的间隙，因此必须进行微调焦。另外，调平完成后对准，必须有一定的对准间隙，还需要进行微调焦。

承片台和掩模夹是根据不同的样片和掩模尺寸而进行设计的。

抽拉掩模台主要用于快速上下片，由燕尾导轨、定位挡块和锁紧手轮组成。

2. EUV 光源

从 20 世纪 70 年代开始,许多学术机构和政府实验室尝试通过用激光束轰击金、镍以及其他过渡金属和稀土金属等元素产生 DUV(深紫外)甚至 EUV(极紫外)辐射。当 1981 年奥沙利文(O. Sullivan)和卡洛尔(K. Carroll)在都柏林大学工作之后,该领域开始迅速发展。他们发现用超过一定阈值脉冲能量的激光照射稀土和过渡金属靶会产生强烈的共振发射,这些发射波长在 4～20nm 范围,这都归因于等离子体中存在的多电荷金属离子发生 $4d \sim 4f$ 跃迁。系统研究表明,随着目标原子序数的增加,这些窄带发射的峰值单调地移向较短的波长。他们还发现,锡等离子体会发射中心波长为 13.5nm 的光强极强、宽度极窄的谱带。

在总结 20 世纪 90 年代的几种预期技术之后,半导体行业逐渐达成共识,即认为采用波长为 15nm 左右的极紫外(EUV)光源的光刻技术是最好的前进之路。这很大程度上是因为 EUV 技术保留了晶圆制造商长期以来所熟悉的许多功能,例如,电磁辐射的控制以及标线和步进器的使用。

从那时起,许多学术机构和公司实验室就致力于开发实用、可靠且寿命长的锡等离子体 EUV 光源,这些努力最终促成了现代 EUV 系统的建立,该系统是特别针对半导体光刻的辐射源。它们通过在超高真空室内照射一束高纯度锡的细小液滴流来工作,这些细小液滴流以每秒数万个液滴的速率发射,并带有来自 CO_2 激光器的脉冲,锡液滴的瞄准是由监控滴流量的高速摄像机控制的。当激光脉冲撞击锡液滴时,它们立即产生以 EUV 波长辐射的高温等离子体。辐射由椭圆形收集镜收集、过滤并从源容器中运出,进入扫描仪单元以进行光刻图案化。部署实用的 LPP EUV 光源的主要挑战是保护辐射收集光学器件免受污染。由钼和硅薄膜的多层交替堆叠制成的椭圆形收集镜在真空室内部具有较大的表面积,它距离等离子体产生和 EUV 发射(主要聚焦)的位置只有几厘米的距离,它的大小和位置使其特别容易受到激光脉冲烧蚀每个锡液滴所产生的污染的影响。激光产生的高峰值功率红外辐射与熔化的锡液滴相互作用,除产生锡等离子体,还会产生锡蒸气和颗粒物质。

EUV 光源如图 2-28(a)所示。LPP EUV 光源由几个主要组件组成:①主振荡器和功率放大器(MOPA)组成高功率 CO_2 激光器;②光束传输系统(BTS)包括聚焦和光束位置控制;③装有液滴发生器、收集器和计量模块的真空容器。CO_2 激光聚焦在液滴发生器输送的锡液滴上。激光等离子体相互作用发生在椭圆形收集镜的主要焦点处,激光液滴对准是通过光学计量模块和传感器进行测量的,传感器提供反馈以保持同步和最佳性能。椭圆镜透射从等离子体收集 EUV 光,并将其通过中间聚焦孔重定向到扫描仪的照明光学器件。

ASML EUV 光刻的最佳波长辐射是 13.5nm。图 2-28(b)是通快集团和 ASML 联合提出的解决方案——Droplet 产生器。Droplet 产生器通过激光照射产生发光的等离子体,可以提供这种波长极短的辐射。因此,首先要产生等离子体。下面描述锡等离子体产生的过程:锡发生器使锡液滴落入真空室③,随后来自通快的脉冲式高功率激光器①击中从旁边飞过的锡液滴②,脉冲频率为 50kHz。锡原子被电离,产生高强度的等离子体。收集镜捕获等离子体向所有方向发出的 EUV 辐射,将其集中起来并最终传递至光刻系统④以曝光晶片⑤。

现在厂商把 EUV 光源、曝光装置和一体式旋转结构集成制作,其中 EUV 光源包括:

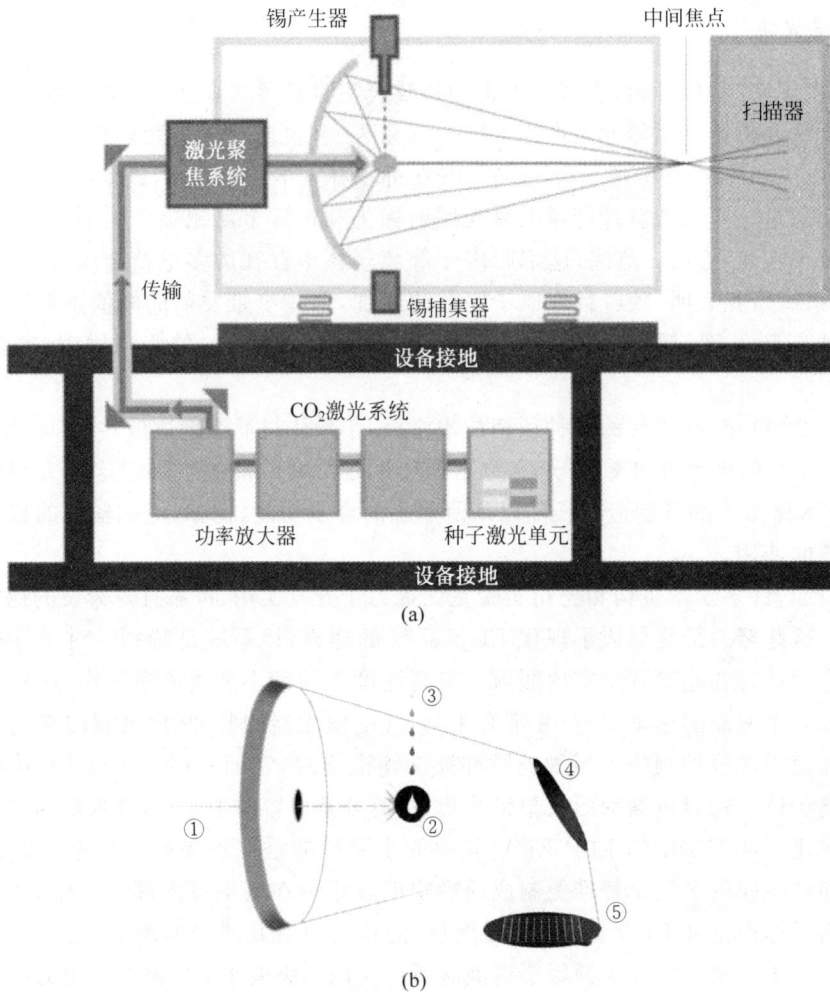

图 2-28 **EUV 光源**（资料来源：ASML、OFweek 产业研究院）

（a）EUV 光源结构图；（b）Droplet 产生器

液滴阵列，用于依次向下方的环形辐射位置喷吐液滴；激光源，用于产生激光束，使旋转扫描依次轰击到达环形辐射位置的液滴，形成辐射极紫外光。一体式旋转结构，位于液滴阵列和激光源之间，包括聚光镜和电机驱动轴，聚光镜包括内凹的第一表面以及相对的第二表面，第二表面与电机驱动轴相连接，第一表面包括偏心且倾斜的椭球形反射面以及包围椭球形反射面的非反射面。一体式旋转结构用于旋转扫描，旋转扫描时偏心且倾斜的椭球形反射面收集辐射的极紫外光，并将收集的极紫外光会聚于环形辐射位置下方的中心焦点，使得EUV 光源输出的极紫外光的功率增加。

3. 谱线宽度技术

由放电腔发出的原始光谱宽度达几百皮米（pm），这样宽的光谱带宽无法满足光刻等应用的要求。以目前主流的光刻光源 ArF 准分子激光器为例，需要把自由振荡的 500pm 左右的宽带光谱压窄至亚皮米量级。光谱带宽是影响成像能力和特征尺寸的重要因素。首先,由于光学材料在深紫外波长区的限制,ArF 光刻系统的投影棱镜不可避免地产生色差现象。亚皮米的光谱线展宽所产生的影响也不可忽略,然而,可以通过压窄光源光谱线宽来减小色差效应。为了实现集成电路光刻 90nm 技术节点,必须使激光脉冲的线宽达到亚皮米的量级。其次,采用浸没式光刻增加数值孔径的同时,需要更窄的谱宽相匹配。再次,窄线宽可降低光源对临界尺寸的灵敏度,从而改善由于光源不稳定造成的光刻图样不均匀的状况。最后,较低的工艺因子 k_1 值,要求较窄的光谱线宽相匹配。因此,为了减小光刻的特征尺寸,提高拉曼散射效率和荧光光谱分析精度,有必要对较宽的自然光谱进行线宽压窄。

光刻光源一般采用多棱镜扩束器和大尺寸光栅组合的线宽压窄方案。棱镜扩束器用于分离波长并保持较小的发散角,通常使用 2~4 块棱镜可实现 20~40 倍的光学扩束。棱镜材料为紫外波段高透过率的融石英或氟化钙,在棱镜的激光入射和出射面通常都镀有增透膜层。扩束后的光斑投射到大尺寸光栅上,棱镜组与光栅的光路组成利特罗(Littrow)结构。综合考虑棱镜的扩束率、透过率和棱镜增透的要求,棱镜的入射角通常设在 68°~71°。大尺寸光栅通常为中阶梯光栅,其较大的闪耀角有利于光谱的高阶色散和线宽压缩。扩束后的光束也可以先入射到高反平面镜再反射到光栅上,转动高反平面镜可改变入射到光栅的角度,从而实现激光中心波长的调谐和稳定控制。

为避免大气中氧原子对紫外激光强烈吸收造成的能量损耗,同时隔绝外界对光学元件的污染,通常把棱镜扩束器、反射镜和大尺寸光栅等光学元件装配在一个封闭的腔体内。在光刻光源中,这样的腔体被称为线宽压窄模块。当光刻机工作时,线宽压窄模块内一般通有特定流量的高纯氮气或氦气。

激光的光谱宽度除了用峰值的半高全宽(FWHM)表示,还可用显示光谱能量 95% 的积分宽度(E95)表示。E95 指标的大小及稳定性是光刻机的重要参数之一,它影响曝光系统的成像能力和临界尺寸(CD)控制。Cymer 和 Gigaphoton 最新机型的 E95 指标的大小都小于 0.35pm。

4. 光谱稳定技术

高重频脉冲的波长抖动和短时间内波长的漂移都会引起光谱的宽度变化。为减少光谱变化引起的曝光像差,光刻光源的波长测量必须要实现较高的精度(相对波长)和准确度(绝对波长)。相对波长的测量可通过一个或多个标准具实现。因为激光通过标准具形成的干涉环条纹的宽度、间距与激光的波长和线宽相关。另外,绝对波长的确定(波长校准)则可以通过将测得的相对波长与原子吸收线比较来实现。稳定的光谱带宽对低节点光刻应用尤为重要。由于投影镜头的色差,光谱带宽的变化将导致散焦误差,引起对比度损失和产生光学邻近误差。此外,激光腔工作气体中氟气的浓度也会影响激光的光谱宽度。在主振荡器放大结构中光谱宽度会随两腔体放电间隔时间近似呈线性变化。利用这一特性,可以在线检测激光光谱参数,并采用闭环控制系统动态调节放电间隔时间,从而实现对光谱进行短期的稳定控制。在线宽压窄模块中,同样利用这一特性实时检测窄线宽激光的光谱,并动态微调光栅的衍射角,以控制中心波长和线宽的稳定性。

光刻机照明系统的作用是为整个掩模面提供高均匀性的光照,通过控制曝光剂量和实现离轴照明模式以提高光刻系统分辨率,增大焦深。高分辨率投影光刻的照明系统对输出光的波长、均匀性、光强度等都有很高的要求,其中对照明的均匀性要求为 1‰～1.5‰。照明系统的质量直接影响到投影光刻的质量,高均匀照明技术是照明系统的主要关键技术。

在对照明均匀性要求不是很高的系统中,可以通过增加补偿器来改善光照均匀度。补偿器原理是通过控制通光表面各处的透过率来提高光能分布的均匀性。为了进一步提高输出光能分布的均匀性,照明系统通常采用光学均匀器(或称光学积分器)。作为光学均匀器的复眼透镜或棒状导光棒能够将光束分割成许多细小的光束,使每一束子光束的均匀性比原有光阑的均匀性都有所提高,然后将所有的子光束在空间叠加,使各子光束的光能分布得到进一步补偿,从而较大地提高光能分布的均匀性。

在设计照明系统的光路时,首先要考虑经过扩束后的准直系统。由于准分子激光的光束截面呈矩形,因此首先需要一组柱面扩束镜进行扩束,将准分子激光原始的矩形光斑改变成正方形分布,然后由一组球面扩束镜进一步将其扩束为大小较合适的正方形光斑,再利用微透镜阵列器获得好的照明均匀性。这是因为微透镜阵列能够分割能量分布不均匀的激光束,由数学中的积分原理可知,许多细光束叠加可得到能量分布较为均匀的照明。最后微透镜阵列组要与聚光镜组配合才会得到较好的照明均匀性,通常采用柯勒(Kohler)照明方式,即微透镜阵列组的前透镜阵列被它后面的光学系统在掩模上成像时,其后透镜阵列应该被聚光镜组在投影物镜的入瞳处成像,这样既保证了像面均匀性,又保证了与投影物镜之间的匹配。同时为了使投影系统的入瞳与照明系统的出瞳相匹配,照明系统的出瞳要在无穷远处,此时掩模应位于聚光镜组的后焦面处。微透镜阵列后组应位于聚光镜组的前焦面处,只有这样才可以保证微透镜阵列前组被它后面的光学系统成像在掩模上。另外,对于聚光镜组,视场与孔径角都相对较小,所以只用两片球面透镜像差,就可以得到较好的校正。

对于曝光系统光束能量的利用率和通过投影系统后激光光束整体的均匀性,都需要一些定量的评价指标,如准分子激光光束均匀性的评价指标主要有加工窗口、能量分数、平顶因子等。

5. 液体浸没技术

根据瑞利公式(2-6),增大数值孔径(NA)是提高光刻精度的有效技术途径。浸没式光刻技术的原理是在光刻机投影物镜和晶圆上的光刻胶之间充满高折射率的液体,从而使数值孔径大于 1,如图 2-29 所示。

对于 193nm 光刻技术,传统的干式光刻机在投影物镜和晶圆之间的介质是空气,其有效数值孔径最大仅为 0.93。而水在 193nm 处的折射率为 1.44,并且具有较高的透过率。在曝光过程中,由于水中溶解的物质有可能沉积到投影物镜最后一个透镜的下表面或者光刻胶上,从而引起成像缺陷,而水中溶解的气体也有可能形成气泡,使光线发生散射和折射。因此,目前业界普遍使用价格便宜、简单易得的去离子和去气体的纯水作为第一代浸没式光刻机的浸没液体。将水作为浸没液体,可实现较大的数值孔径(1.35),光刻节点可达到 32nm。为了将浸没式光刻技术延伸到 32nm 甚至 22nm 节点,应用折射率更高的液体取代水作为浸没液体。许多公司正致力于第二代浸没液体的研究,已经找到多种折射率在 1.65 左右的液体。今后,寻找高折射率(大于 1.65)的投影物镜底部透镜材料将成为进一步提高数值孔径的关键。

浸没式光刻技术已经展现出巨大的优势和发展潜力,浸没式光刻技术带来的一系列难

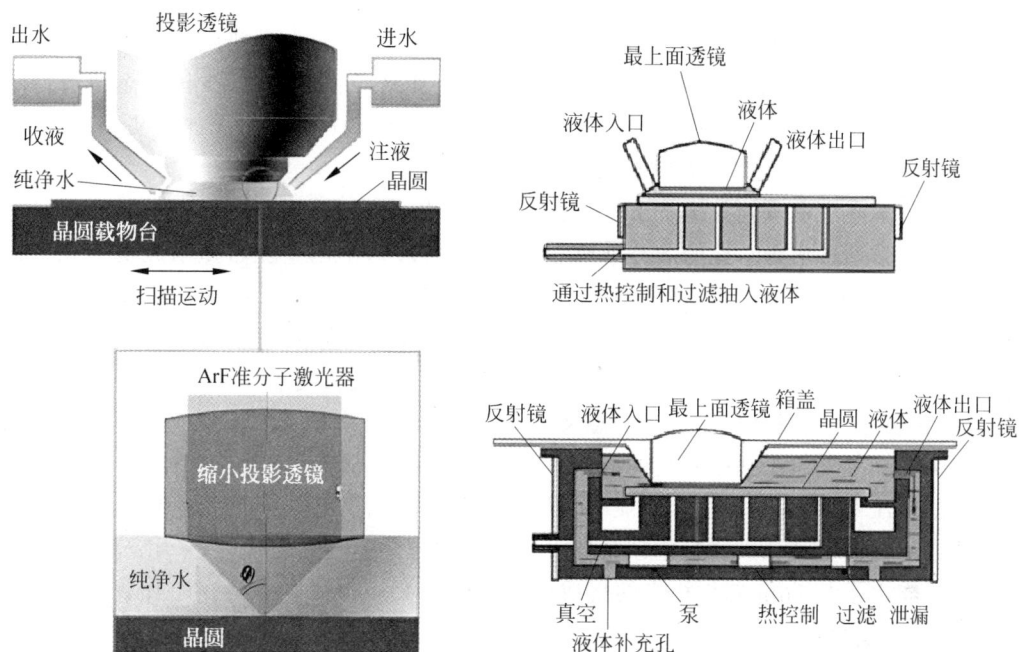

图 2-29　浸入式光刻技术原理

题也找到了相应的对策,如液体温度的控制、压力的测量和控制、气泡的消除、光刻胶被液体浸没产生的污染、光学系统的重新优化等难题。浸没式光刻机将继续朝着更大数值孔径的方向发展。今后各公司将使用各种第二代浸没液体和高折射率底部透镜材料搭建实验平台来进行曝光测试,分析曝光缺陷、线宽均匀性、液体的循环以及液体对成像质量的影响,找到最佳的材料,在此基础上设计数值孔径更高的浸没式光刻机,以应对更小光刻线宽的挑战。

2.4.4　国内芯片产业的挑战

近年来,美国对中国企业和半导体产业发起了一系列的封锁与打压行动。特别是针对华为公司和中芯国际的制裁,几乎将它们在芯片领域推到了起点。美国的这种做法不仅是出于对中国企业超越他们的担心,更是出于维护自己技术霸权地位的需要。然而,这种制裁和打压只能暂时阻碍我国芯片产业的发展,却并未将其击倒。相反,面对困境,中国芯片企业和研究机构积极调整策略,将凭借自主研发的能力,在芯片领域取得重要突破。

对中国芯片产业来说,面临的主要问题是如何突破关键核心技术和脱离对国外代工企业的依赖。虽然在 3nm、4nm 的工艺节点上,中国目前仍无法独立生产芯片,但在 28nm 的工艺节点上,中国已经占据了一定优势。然而,目前我们还面临无法生产 EUV 光刻机的问题。若能成功研发 EUV 光刻机,中国将在短期内逆袭高端芯片市场,实现真正的逆风翻盘。目前,中国正在探索通过芯片堆叠和量子芯片技术绕开光刻机的生产难题。

1. 国内芯片产业取得的突破和挑战

（1）28nm 芯片的优势与广泛应用

在中国芯片产业取得的突破中,28nm 芯片的制造和应用占据了重要地位。虽然 28nm

工艺相对来说并不是太先进,但中国在该领域已经形成了一定的优势。28nm 芯片的市场应用范围十分广泛,如我们日常用的新能源汽车和工业机器,大量使用这一工艺制造的芯片。同时,中国的 28nm 芯片不仅性能强大,价格也相对较低,成为不少国外企业进口芯片的首选。这一突破不仅提升了国产芯片产业的竞争力,也为国内企业带来了更多发展机会。

(2)突破 EUV 光刻机难题的探索

虽然中国尚未实现独立生产 EUV 光刻机的能力,但在突破这一难题方面,正采取另辟蹊径的方式。通过华为掌握的芯片堆叠和量子芯片技术,中国企业希望以此绕开光刻机的限制,实现相应的芯片生产。这种创新的思路不仅展示了中国芯片企业的创造力和勇于冒险的精神,也为克服技术难题开辟了新路径。虽然目前仍需努力攻克这些问题,相信在国内芯片企业的共同努力下,突破 EUV 光刻机难题的日子不会太遥远。

(3)麒麟芯片的成功研制背后的意义

华为成功独立研制麒麟芯片的消息令人振奋。这一突破不仅减轻了华为在受制裁的情况下面临的压力,也为中国芯片产业的发展树立了榜样。麒麟芯片的研制成功,彰显了中国芯片研发能力的不断强大和自主创新的水平。通过与中芯国际的合作,采用 N+1 工艺,华为成功生产出了与 7nm 芯片相当的集成电路。这一突破证明了中国在芯片领域有着巨大潜力,同时也震撼了一直被认为是华为重要合作伙伴的台积电。

2. 对国内芯片产业发展的思考

尽管面临着许多技术难题和国际竞争的压力,中国芯片企业和研究机构始终坚持走自主创新的道路,并取得了令人瞩目的成就。然而,我们也要看到中国芯片产业面临的挑战和亟待解决的技术问题。

最近有关华为成功研制出麒麟芯片的消息传来,这让台积电感到震惊。因为在此之前,台积电一直是华为最重要的合作伙伴。如今华为可以做到没有台积电的合作,也能成功生产高性能芯片的能力,着实让台积电感到意外。

总体来说,中国芯片和半导体产业取得了一些重要的成就,但发展的步伐并未停止,目前中国芯片行业仍面临着许多技术难题,包括如何生产或绕开 EUV 光刻机,如何生产高质量的 AI 芯片等。只有在这些问题解决后,中国才能稳固地立足于世界科技领域的巅峰。

参考文献

[1]　方俊鑫,陆栋.固体物理学[M].上海:上海科技出版社,1991.

[2]　黄昆.固体物理学[M].北京:北京大学出版社,2014.

[3]　刘恩科,朱秉升,罗晋生.半导体物理学[M].7 版.北京:电子工业出版社,2011.

[4]　高勇,乔世杰,陈曦.集成电路设计技术[M].北京:科学出版社,2011.

[5]　常青,陶华敏,肖山竹,等.微电子技术概论[M].北京:国防工业出版社,2006.

[6]　王颖.集成电路版图设计与 Tanner EDA 工具的使用[M].西安:西安电子科技大学出版社,2009.

[7]　于宝明,金明.电子信息[M].南京:东南大学出版社,2010.

[8]　王琪民,刘明候,秦丰华.微机电系统工程基础[M].合肥:中国科学技术大学出版社,2010.

[9]　肖春花.集成电路设计方法及 IP 重用设计技术研究[J].电子技术与软件工程,2014(6):190-191.

[10]　李群,樊丽春.基于 IP 技术的模拟集成电路设计研究[J].科技创新导报,2013(8):56-57.

［11］ 关于《中国集成电路设计业 2014 年会暨中国内地与香港集成电路产业协作发展高峰论坛》的通知［J］.中国集成电路,2014,20(10):90-92.

［12］ 黄越.数字集成电路自动测试生成算法研究［D］.无锡:江南大学,2012.

［13］ 马建军.光学光刻技术的历史演变［J］.电子工业专用设备,2008,37(4):28-32.

［14］ 张海波,楼祺洪,周军,等.准分子激光器线宽压缩技术［J］.激光与光电子学进展,2009,46(12):46-51.

［15］ 余吟山,游利兵,梁勖,等.准分子激光技术发展［J］.中国激光,2010,37(9):2253-2270.

［16］ 李红霞,楼祺洪,叶震寰,等.准分子激光光束均匀性的评价指标研究［J］.强激光与粒子束,2004,16(6):729-732.

［17］ 袁琼雁,王向朝,施伟杰,等.浸没式光刻技术的研究进展［J］.激光与光电子学进展,2006,43(8):13-20.

［18］ Saito T,Ueno Y,Yabu T,et al. LPP-EUV light source for HVM lithography［C］//Proc. SPIE 10254,XXI International Symposium on High Power Laser Systems and Applications 2016. 2017.

［19］ Mizoguchi H,Nakarai H,Abe T,et al. Development of 25 OW EUV light source for HVM lithography［C］//China Semiconductor Technology International Conference,12-13 March 2017,Shanghai,China.

第3章 零碳能源

低碳能源,是替代高碳能源的一种新型能源,是指 CO_2 等温室气体排放量低或者零排放的能源产品,主要包括核能和一部分可再生能源等。所谓零碳能源,是指通过发展清洁能源,包括风能、太阳能、核能、地热能和生物质能等新型能源来替代煤炭、石油等化石能源,以减少 CO_2 排放。这类能源有个共同特性,就是在能源生产过程不需要燃烧碳化石,而是通过物理的能量转换来实现,因此称为零碳能源。

在现阶段实际使用的能源产品中,石化燃料仍居主导地位,但石化燃料总会有用光的一天,因此一定要发展可再生的能源,而且是无污染的可持续应用的能源。图 3-1 是一个绿色零碳能源的可持续应用范例。水能、太阳能、风能、地热能、海洋能、生物质能、核能等来源广泛,特别是太阳能、风能、水能、核能已成为重点产业,快速发展成为汽车的一次能源或二次能源。科学家推测,有朝一日核聚变技术能用于发电,将对全球电能供应产生巨大的影响,使电力资源更加丰富,电价更加便宜,将大大促进电动汽车的发展。

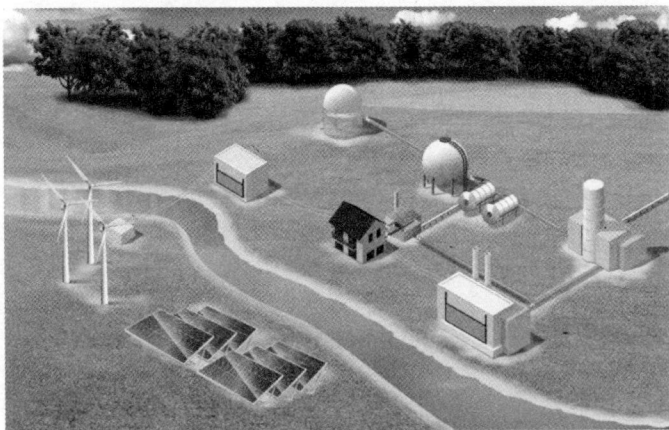

图 3-1 绿色零碳能源的可持续应用范例

国家非常重视低碳能源技术的开发与应用,相继出台了一系列鼓励发展政策,尽可能地促使低碳能源技术实现大规模化产业应用。2021 年 1 月 29 日,科技部印发《国家高新区绿色发展专项行动实施方案》,提出培育一批具有全国乃至全球影响力的绿色发展示范园区和一批绿色技术领先企业,在国家高新区率先实现联合国 2030 年碳达峰、园区绿色发展治理能力现代化等目标,部分高新区率先实现碳中和。

国家电力投资集团公司(简称"国家电投")作为世界 500 强企业,业务范围涵盖 45 个国家,是世界第一大光伏发电企业、我国四大核电开发建设运营商之一,牵头组织实施大型先进压水堆核电站、重型燃气轮机两个国家科技重大专项。

国家电投总公司统筹负责其在各省的区域规划、政府对接、市场开发、品牌建设等工作。各省的子公司紧密跟踪并响应国家的能源政策,坚持专业化、区域化协同发展,聚焦清洁能源和未来产业,以新能源为基础,以新产业、新业态、新模式为战略性增长点,构建绿色低碳、多能互补、智能协同的现代能源产业,将先进能源技术开发商、清洁低碳能源供应商、能源生态系统集成商作为总体定位,致力于建设区域一流清洁能源企业。

本章将重点介绍水力发电、风力发电、光伏太阳能和核电技术。它们都能实现零碳发展,并已得到广泛应用。

3.1　绿色环保的风力发电

风是流动的空气,是一种极其普遍的自然现象。流动的空气既有密度,又有速度,所以具有能量,在忽略化学能的情况下,这些能量包括机械能(动能和势能)和热能。风能(wind energy)就是空气流动所产生的动能,是太阳能的一种转化形式。

风的形成有两个原因:地球的转动以及地球表面受太阳加热程度的差别。一方面,地球自身不停地转动,地球表面对大气的摩擦使空气同样发生运动,但由于大气与地面没有固定的联结,其运动速度相对较慢,这等效于空气相对地球表面作反向的水平运动。另一方面,太阳光辐射造成地球表面各部分受热不均匀,引起大气层中压力分布不平衡,空气受热膨胀向上升,远方的冷空气横向流动,这时上升的空气逐渐变轻降落,地表温度较高又会加热空气,就形成了风。实际上,地面风不仅受这两个力的支配,而且在很大程度上受海洋、地形的影响,山隘和海峡能改变气流运动的方向。因此,自然界中的风取之不尽、用之不竭,而且没有污染,利用风力发电是十分清洁环保的发电方式。

3.1.1　风能利用及风力发电历史

人类利用风能的历史悠久,古埃及、波斯和中国在几千年前就有资料记载。在蒸汽机发明以前,风能曾作为重要的动力,最典型的应用方式是"风帆行舟"。几千年前,古埃及人的风帆船就在尼罗河上航行。中国在商朝就出现了帆船,最辉煌的风帆时代是在明朝,当时我国的帆船制造技术已领先于世界。

1973 年,全球发生石油危机后,美国、西欧等发达国家和地区为寻求替代化石燃料的能源,投入了大量经费,组织了空气动力学、结构力学和材料科学等领域的研究者,利用新技术研制现代风力发电机组,开创了风能开发的新时代。到 20 世纪末,世界范围内的风电装机总容量每隔 3 年翻一番,发电成本已降低到 20 世纪 80 年代早期的 1/6 左右。

我国风电场行业的发展历经三个发展阶段。

1986—1990 年,是并网风电项目的探索和示范阶段,其特点是项目规模小、单机容量小,在此期间共建立了 4 个风电场,安装 32 台风电机组,最大单机容量为 200kW。

1991—1995 年,是示范项目取得成效并逐步推广阶段,共建立 5 个风电场,安装风电机组 131 台,最大单机容量为 500kW。

1996 年及以后,是扩大建设规模阶段,平均年新增装机容量为 61.8MW,最大单机容量达 1300kW。目前,中国是世界上风力发电机组数量最多的国家,发电的区域主要集中在内蒙古、青海、西藏等地,这些地区有着丰富的风力资源,每年都能产生出上亿千瓦的风电。虽然风力发电机转动速度并不快,但投资风力发电机效益显著,3~5 年就能回本。中国的风电发展目标是到 2050 年,风电装机容量达到 10 亿 kW,约占全国电力消费量的 17%,成为主要的可再生能源。

3.1.2　风力发电原理与效能分析

风力发电就是把风的动能转变成机械能,再把机械能转化为电能。具体来讲,利用风力推动风车叶片旋转,再经过增速机将叶片旋转的速度提升,来促使发电机发电。依据目前的风车技术,只要有速度大约为 3m/s 的微风(微风的程度),便可以开始发电。太阳风能资源的总储量非常巨大,一年中可开发的能量约 5.3×10^{13} kW/h(度)。

下面着重分析风力发电的效能。若风电机风轮的截面积为 S,空气密度为 ρ,则时间 t 内流过气体的空气质量为

$$m = \rho V = \rho S v t \tag{3-1}$$

这时气流所具有的动能为

$$E = \frac{1}{2} \rho v^3 S t \tag{3-2a}$$

式(3-2a)即为风能的表达式。式中,v 为风速(单位:m/s);ρ 为空气密度(单位:kg/m^3);S 为空气流过的截面积(单位:m^2);E 为风能(单位:J)。

风能密度是指气流在单位时间内垂直通过单位面积的风能,即

$$w = \frac{E}{St} = \frac{1}{2} \rho v^3 \tag{3-2b}$$

风能密度 w 的单位是 W/m^2,它是描述一个地方风能潜力最方便、最有价值的物理量。但是由于风速的随机性很大,用某一瞬间的风速无法来评估某一地区的风能潜力,通常采用某一段时间内的平均风能密度来说明该地区的风能资源潜力。平均风能密度可以采用直接计算和概率计算来评估。

$$\bar{w} = \frac{1}{T} \int \frac{1}{2} \rho v^3 \mathrm{d}t \tag{3-2c}$$

式中,$\bar{w}$ 是该段时间 0~T 内的平均风能密度;ρ 是空气密度(ρ 的变化可以忽略不计);v 对应 T 时刻的风速。

风能的表达式(3-2a)揭示了风中的能量即流经风轮的风所具有的全部动能,但风电机组风轮并不能将所有的风能都吸收转换成其他形式的能量,而是只能吸收转换其中一部分,通过风轮后依然向前流动的空气带走其余部分的风能。1926 年,德国物理学家贝茨利用预测轮船螺旋桨性能的线性动量理论对理想风轮能够吸收多少风能的问题进行了推算,得到风轮所能产生的最大功率为

$$P_{\max} = \frac{8}{27} \rho v^3 S \tag{3-3}$$

由此可推导出风电机的理论最大效率(或称为理论风能利用系数)为

$$\eta_{\max} = \frac{P_{\max}}{\frac{1}{2} \rho v^3 S} = \frac{16}{27} \approx 0.593 \tag{3-4}$$

式中, η_{max} 就是贝茨极限,它是转化效率的最大可能值。造成这种现象的原因是:从风中获取能量后,风速会减慢,但由于气体流量必须保持不变,风能通过风电机组不可能全部转换为旋转的机械能,否则风电机组后面的空气就会静止不动,气流就会被阻挡住,这在实际上是不可能的。

3.1.3 风电机组

基于风力发电原理和效率分析,下面介绍风力发电的实现过程。图 3-2 是大型水平轴风力发电机系统的基本原理图。由图可见,风力发电机系统包括转子叶片、转子中心、发动机箱、塔架和转换器四部分。转子叶片、转子中心、发动机箱是发电机系统的核心,统称为风力发电机;塔架是安装固定风力发电机的结构体;转换器包括逆变器和蓄电池,风力发电机因风量不稳定,故其输出的是在 $13\sim25V$ 变化的交流电,因此需经充电器整流,再对蓄电池充电,使风力发电机产生的电能变成化学能,然后用有保护电路的逆变器,把电池里的化学能转变成 220V 的交流电,才能保证稳定使用。

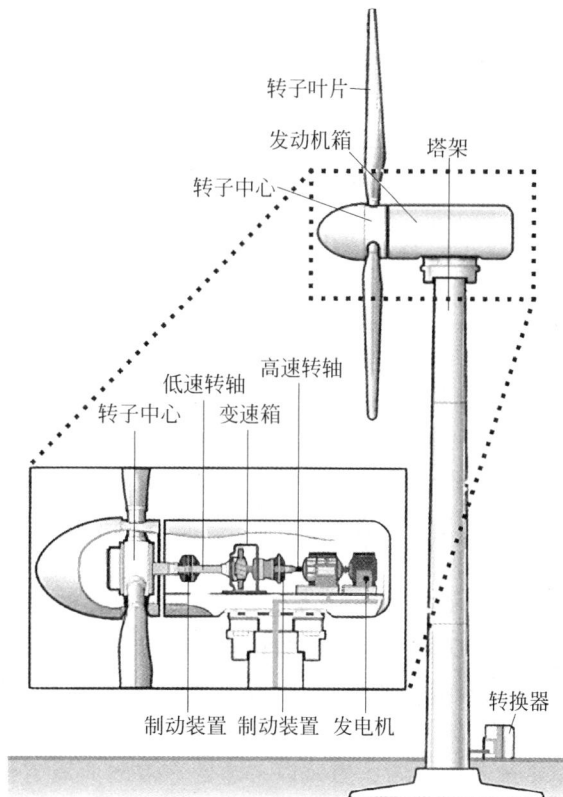

图 3-2　水平轴风力发电机

风力发电机由 8 部分组成:风机前锥体、转子叶片、风叶毂(转子中心),以及发动机箱内部的制动装置、低速转轴、变速箱、高速转轴和发电机等。各主要组成部分功能简述如下:

(1)风机前锥体又称变浆系统,其外壳是由玻璃纤维制作的导(风)流罩,内部安装变浆系统,该系统通过改变叶片的浆距角,使叶片在不同风速时处于最佳的吸收风能的状态,当风速超过切出风速时,使叶片顺桨刹车。

(2) 转子叶片安装在前锥体后面,是吸收风能的单元,用于将空气的动能转换为叶轮转动的机械能。

(3) 风叶毂(转子中心)通常由轮毂主体、主轴、轮毂盖板、轴承等组成。它起着传递叶片所接收到的风能,将其转化成机械能,输出到齿轮箱的作用。风机轮毂还承担着叶片调整、角度控制的重要任务。轮毂主体将叶片固定在一起,并且承受叶片上传递的各种载荷,然后传递到发电机转动轴上。

(4) 风机的制动装置是一个由液压推动的盘式制动器,用于锁住转子(刹车)。

(5) 低速转轴是承受叶轮载荷的重要部件,其性能要求包括:①强度和刚度。低速轴需要承受叶轮的巨大载荷,需要具备足够的强度和刚度,才能保证其不会发生弯曲或变形。②耐疲劳性。需要具备足够的耐疲劳性,以保证风力发电机长期运行过程中不会发生疲劳断裂。③平衡性:需要具备良好的平衡性,以避免因质量不平衡而引起的振动和噪声。

(6) 齿轮变速箱是将风轮在风力作用下所产生的动力传递给发电机,并使其得到相应的转速。

(7) 高速轴在风力发电机的工作中的作用是将风力轮毂旋转的动能传递到发电机中,从而将风能转化为电能。当风向风力轮毂方向吹来时,风力叶片便开始旋转,并带动转子一起旋转。转子上的高速轴随之旋转,将机械能传递给发电机,进而将转子内的线圈感应出电流,最终产生电能。

(8) 发电机是将叶轮转动的机械动能转换为电能的部件。转子与变频器连接,可向转子回路提供可调频率的电压,输出转速可以在同步转速±30%范围内调节。

无论何种风力发电形式,在风力发电系统中的主要设备是风力发电机组。风力发电机组由风力机和发电机两部分组成。风力机主要指风轮部分,其作用是将风能转换为旋转机械能,发电机则将旋转机械能转换为电能。

除了上述几个部分,还有偏航系统,它采用主动对风齿轮驱动形式,与控制系统相配合,使叶轮始终处于迎风状态,充分利用风能,提高发电效率。同时提供必要的锁紧力矩,以保障机组安全运行。对于小型风力发电机,采用尾翼调整方向;对于大型风力发电机则采用伺服传动来控制。

风机的工作工程是风流推动叶片转动,低速轴承转动,机械连接与功率传递水平轴风机桨叶通过齿轮箱及其高速轴与万能弹性联轴节相连,将转矩传递到发电机的传动轴,此联轴节应按具有很好的吸收阻尼和振动的特性,表现为吸收适量的径向、轴向和一定角度的偏移,并且联轴器可阻止机械装置的过载。

图 3-3 是风力发电系统的原理图。当风以一定的速度吹向风力机时,在风轮上产生的力矩驱动风轮转动,将风的动能变成风轮旋转的动能,两者都属于机械能。因此,风轮的输出功率为

$$P_1 = M_1 \Omega_1 \tag{3-5a}$$

式中,P_1 为风轮的输出功率(单位: W);M_1 为风轮的输出转矩(单位: N·m);Ω_1 为风轮的角速度(单位: rad/s)。风轮的输出功率通过主传动系统传递。主传动系统可能使转矩和转速发生变化,于是有

$$P_2 = M_2 \Omega_2 = M_1 \Omega_1 \eta_1 \tag{3-5b}$$

式中，P_2 为主传动系统的输出功率（单位：W）；M_2 为主传动系统的输出转矩（单位：N·m）；Ω_2 为主传动系统的输出角速度（单位：rad/s）；η_1 为主传动系统的总效率。

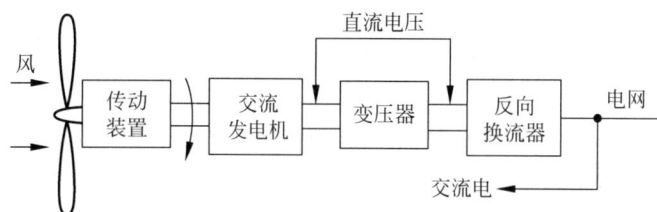

图 3-3 风力发电系统原理图

主传动系统将动力传递给发电系统，发电机把机械能变为电能。发电机的输出功率为

$$P_3 = \sqrt{3}\,U_N I_N \cos\varphi_N = P_2 \eta_2 \tag{3-5c}$$

式中，P_3 为发电机的输出功率（单位：W）；U_N 为定子三相绕组上的线电压（单位：V）；I_N 为流过定子绕组的线电流（单位：A）；$\cos\varphi_N$ 为功率因素；η_2 为发电系统的总功率。

风力机是风力发电系统的核心部件，风力机的种类和样式很多。根据风轮旋转主轴与地面相对位置的关系，风力机分为水平轴风力机和垂直轴风力机，在大型工业应用中，大多数使用水平轴风力机。

水平轴风力机的叶片围绕一个水平轴旋转，旋转平面与风向垂直，如图 3-4 所示。叶片径向安装在风轮上，与旋转轴垂直或近似垂直，而与风轮的旋转平面成一角度 ϕ（安装角）。大型风力机叶片数一般为 1～4 片，绝大多数是 2 片或者 3 片。由于其叶片数很少，因此在输出功率相同的条件下，其比叶片数多的低速风力机要轻得多，因此适用于发电。按照风轮与塔架相对位置的不同，水平轴风力机又分为逆风式风力机和顺风式风力机，如图 3-4(a)和图 3-4(b)所示。以空气流向为参考，风轮在塔架前迎风旋转的风力机为逆风式风力机；风轮在塔架下风位置旋转的风力机为顺风式风力机。逆风式风力机需要调风装置，使风轮迎风面正对风向；而顺风式风力机则能够自动对准风向，不需要调向装置，但需要让空气流先通过塔架，然后流向风轮，这会导致塔影效应，从而降低风力机性能。

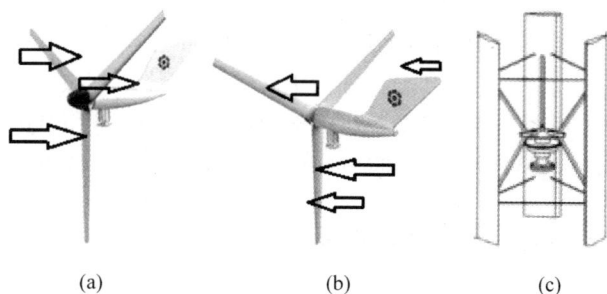

图 3-4 水平轴与垂直轴风力发电机
（a）逆风；（b）顺风；（c）垂直

图 3-4(c)是垂直轴风力机，它的风轮围绕一个垂直轴进行旋转。由于这种结构特点可接受来自任何方向的风，当风向改变时，无须对风，因此不受风向限制。同时，其变速箱、发电机、制动机构、控制装置都可安于地面，使结构和安装大大简化，也便于检修。此外，垂

直轴风电机组的叶片与轮毂的连接形式有多种选择,这样有利于改善叶片所受的载荷。

根据空气动力学的做功原理,垂直轴风力机主要分为两类:一类是利用空气对叶片的阻力做功的阻力型风力机,一类是利用翼型升力做功的升力型风力机。典型的阻力型风力机为由两个轴线错开的半圆柱形叶片组成的萨伏纽斯(Savonius)风力机,由于风轮周围气流不对称,从而产生侧向推力,因此 S 型风力机大型化很困难,而且其风能利用系数仅为 0.15 左右,结果是在风轮尺寸、质量和成本相同的条件下,其功率输出较低,用于发电的经济性较差。典型的升力型风力机为达里厄型风力机,其叶片具有翼型剖面,空气绕叶片流动而产生合力,形成转矩,因此叶片几乎在旋转一周内的任何角度都有升力产生。达里厄型风力机有 H 形、△形、菱形、Y 形和 Φ 形等,如图 3-5 所示,其中 H 形风轮和 Φ 形风轮应用最为广泛。达里厄型风力机的风能利用系数与水平轴风力机的相当,目前是水平轴风力机的主要竞争者。

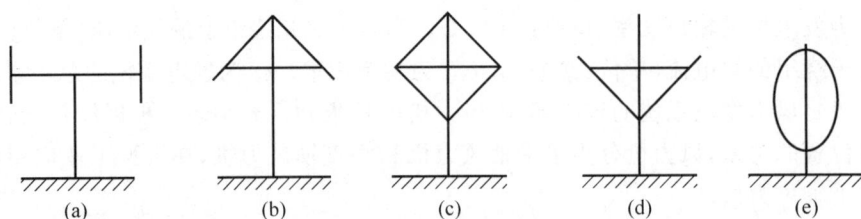

图 3-5 达里厄型风力机
(a) H 形风轮;(b) △形风轮;(c) 菱形风轮;(d) Y 形风轮;(e) Φ 形风轮

风力发电系统有两类:一类是独立的风电系统,由风力发电机、逆变器和蓄电池组成系统,主要建造在电网不易到达的边远地区,为用电装置提供电力,同时将过剩的电力通过逆变器转换成直流电,向蓄电池充电;另一类是并网的风电系统,采用风力发电机与电网连接,由于风电的发电频率与电网频率不同,因此需要进入交流变频系统,进而转换成交流电网频率的交流电,再接入电网。为了防止风电的不稳定输出功率对电网造成的冲击,风电场装机容量占所接入电网的比例不宜超过 5%~10%,这是制约风电场向大型化发展的一个制约因素。

目前新型的风力发电技术还有海上风力发电技术、高空风力发电技术、低风速风力发电技术和涡轮风力发电技术等。其中,悬浮式海上风力发电技术不仅能充分利用海上风力资源,更重要的是为日渐增多的海上活动提供能源,使军事雷达工作,海运业、渔业和旅游业从中获益。中国海上风能的量值是陆上风能的 3 倍,具有广阔的开发应用场景。

3.1.4 风力发电的发展趋势及挑战

1. 发展前景

风力发电的场地主要有:近海、高山、草原和荒漠,如图 3-6 所示。中国是世界上风力资源占有率最高的国家,也是世界上最早利用风能的国家之一。据资料统计,我国 10m 高度层风能资源总量为 3226GW,其中陆上可开采风能总量为 253GW,加上海上风力资源,我国可利用风力资源近 1000GW。如果风力资源开发率达到 60%,仅风能发电一项就可支撑我国目前的全部电力需求。2021 年前 11 个月,全国风电发电量达到 5866.7 亿千瓦时,累计装机容量稳居世界首位。

图 3-6　风力发电的场地：近海、高山、草原和荒漠

中国新能源战略开始把大力发展风力发电作为重点，发展前景十分广阔，预计未来很长一段时间都将保持高速发展，同时盈利能力也将随着技术的逐渐成熟稳步提升。随着风电技术的发展，其正在形成与煤电、水电的竞争优势。风电的优势在于：能力每增加一倍，成本就下降 15％，风电装机的国产化和发电的规模化，使风电成本进一步降低。因此风电开始成为越来越多投资者的逐金之地。

2. 面临三大挑战

中国的风电发展面临着三大挑战：一是风能作为可再生的清洁能源，储量大、分布广，但它的能量密度低（只有水能的 1/800），并且不稳定，只有在一定的技术条件下，才能被利用。二是经济性仍是制约风电发展的重要因素。与传统的化石发电相比，风电的建设成本仍比较高，行业发展受政策变动影响较大。同时，反映化石环境成本的价格和税收机制尚未建立，风电等清洁的环境效益无法得到体现。三是风电开发地方保护问题较为突出，部分地区对风电"重建设、轻利用"，对优先发展可再生的政策落实不到位。产业优胜劣汰机制尚未建立，产业集中度有待进一步提高。

3. 风力发电的"危害"

首先是风力发电破坏了鸟类的栖息地，并让很多鸟类死于扇叶之下。

风力发电机在运行时会产生巨大的噪声，所以风力发动机一般都建立在远离人类聚居区的荒野之上。但是，这些荒野很多都是鸟类的栖息地，人类受不了的噪声，鸟类同样也难以忍受，最终只能逃离栖息地。图 3-7 是风力发电机对迁徙鸟类的危害。

图 3-7　风力发电对鸟类的危害

另外在夜间,风力发电机的光源会吸引大量鸟类靠近。平时看风力发电机,感觉它的扇叶转得似乎很慢,事实上,这是一种错觉,由于扇叶很长,即使中间的轴承转得很慢,扇叶顶端的速度也能高达几十千米每小时。这么快的速度,任何鸟类只要撞到必死无疑。

其次是风力发电对气候造成了影响。曾经有哈佛大学的研究员表示,经过他们的研究发现,风力发电厂附近温室效应更强,气温比其他地区高了 0.5℃。

环保主义者认为,人类通过风力发电窃取了自然界的风能,干扰了空气的正常流动,据此判断,风力发电将会对全球的气候产生严重的影响。的确,风力发电对鸟类的生存产生了一定的危害,每年死在风力发电机扇叶下的鸟约有几十万只。但是其他发电方式和高压线路传输电能过程中造成的鸟类死亡的数量要比风力发电更大。

风力发电会对地球气候产生影响。虽然风力发电站附近的气温比其他地区的气温高,这只是一个客观存在的现象,但这并不能说明会对其他地区的气候产生影响。根据科学模型计算,如果想用风力发电机改变一个地区的气候,那么需要将这个地区所有的土地上都安装上风力发电机才行,这显然是不可能的。

虽然现在风力发电还有着效率低、电能转化率差等缺点,但是和化石能源相比,风力发电有着清洁无污染的优点,并且不会枯竭,随着人类科技的进步,风力发电将会成为人类今后赖以生存的重要能量来源。

中国酒泉风电基地拥有 7000 台涡轮发电机,其峰值功率能到达 2000 万 kW,是目前世界上最大的风力发电场。酒泉风电基地位于甘肃省酒泉市的戈壁滩上,风能资源丰富,但远离中国人口稠密(用电需求大)的中东部地区,超远距离的电力输送是该风电场物尽其用的最大阻碍。尽管酒泉风电基地潜力巨大,但较为孤立的地理位置和需求疲软,它只有 40% 的电力得到使用。

3.2　可持续的水力发电

数千年前,人们就已经知道利用流水的能量来转动水车,汲水灌溉。自 19 世纪末德国建成世界上第一座水电站以来,水力发电就成了水能利用的主要形式。当上游的水冲击水轮机的叶片时,就把大部分动能传递给水轮机,使水轮机转动起来,由此带动发电机发电。水电是清洁能源,可再生、无污染、运行费用低,便于进行电力调峰,有利于提高资源利用率和经济社会的综合效益。在地球传统能源日益紧张的情况下,世界各国普遍优先开发水电,大力利用水能资源。目前,全世界范围内水力发电站共计输出 675GW 的电能,这些能量约等于 36 亿 t 原油产生的能量,占据全世界 24% 的用电,为超过 10 亿人提供电力。中国的水力发电处于世界领先水平,无论是已探明的水能资源蕴藏量,还是可能开发的水能资源,中国都居世界第一位。2020 年中国的水能资源以 41% 的占比额成为世界第一。

水力发电厂就是把水的位(势)能和动能转换成电能的工厂,其基本生产过程是:从河流高处或其他水库内引水,利用水的压力或流速冲动水轮机而使其旋转,将重力势能和动能转变成机械能,然后水轮机带动发电机旋转,将机械能转变成电能。电站主要由挡水建筑物(坝)、泄洪建筑物(溢洪道或闸)、引水建筑物(引水渠或隧洞,包括调压井)及电站厂房(包括尾水渠、升压站)四大部分组成,主要组成部分包括水工建筑物、水力机械设备、发电设备、变电设备、配电设备、输电设备和控制及辅助设备。

3.2.1　水力发电的原理与基本类型

1. 水力发电的工作原理

江河水流一泻千里,蕴藏着巨大能量,把天然水能加以开发利用转化为电能,就是水力发电。水力发电就是利用水流落差产生的水流动能冲击水轮机叶片,使水轮机主轴转动,物理上就是将水的势能转换成机械能,并通过主轴带动发电机转子跟着转动,在发电机转子线圈中通入直流电流,转子线圈就会产生旋转磁场,磁感应线在旋转过程中,被定子线圈切割,根据电磁感应理论,定子线圈中就会产生电压,定子线圈接入负载后,会在其中产生电流,从而实现了将机械能转换成电能而输出,再通过输电线路送往用户,即形成整个水力发电到用电的过程。

2. 水电的发电方式

水力发电在某种意义上来说是水的势能变成转动动能,又变成电能的转换过程。根据流体力学原理,可推算出水力发电的功率的计算公式如下

$$P = 9.81\eta \cdot H \cdot Q \tag{3-6a}$$

式中,P 为输出功率(单位：kW),即机组机端输出的功率;H 为水头(单位：m),作用在水轮机上的有效水头,等于水库水位与下游水位之差(即毛水头)减去引水部分水头损失 Δh。根据经验,水头损失 Δh 一般为 H(毛水头)的 $3\% \sim 10\%$;Q 为流量(单位：m^3/s),即水电厂水轮机的引用流量;η 为水轮发电机组效率,包括水轮机的效率和发电机的效率,η 不仅与水轮机、发电机的类型和参数有关,还会随机组运行工况的改变而改变,它不是一个固定值。为简化计算,令 $k = 9.81\eta$,则可把式(3-6a)简化为

$$P = k \cdot H \cdot Q \tag{3-6b}$$

式中,k 为水电站出力系数。对于大中型水电站,$k = 8.0 \sim 8.5$;对于中小型水电站,$k = 6.5 \sim 8.0$;而对小型水电站,$k = 6.0 \sim 6.5$。

由式(3-6a)可知,水力发电的功率有三个决定要素：水头(落差)H、水流量 Q 和水轮发电机组效率 η。流量由河流本身决定。但河流自然落差一般沿河流逐渐形成,在较短距离内水流自然落差较小,直接利用河水的动能的利用效率会很低。同时,也不可能在整个河流的截面上布满水轮机。

为了提高水力发电量和发电效率,首先需要通过适当的工程措施,人为地提高落差,将分散的自然落差集中,形成可利用的水头。因此在天然的河流上,修建拦水坝等建筑物,集中水头,然后通过引水道将高位的水引导到低位置的水轮机,使水能转变为转动动能,带动与水轮机同轴的发电机发电,从而实现从水能到电能的转换。其次必须根据不同季节河流的来水量和白昼时段用电量的不同,科学地调节发电机的工作时段和发电量,保证水头高度,提高发电效率和有效利用电力。

常用的集中落差方式有筑坝、引水或两者混合方式。图3-8给出了筑坝和引水两种水力发电系统的原理图。

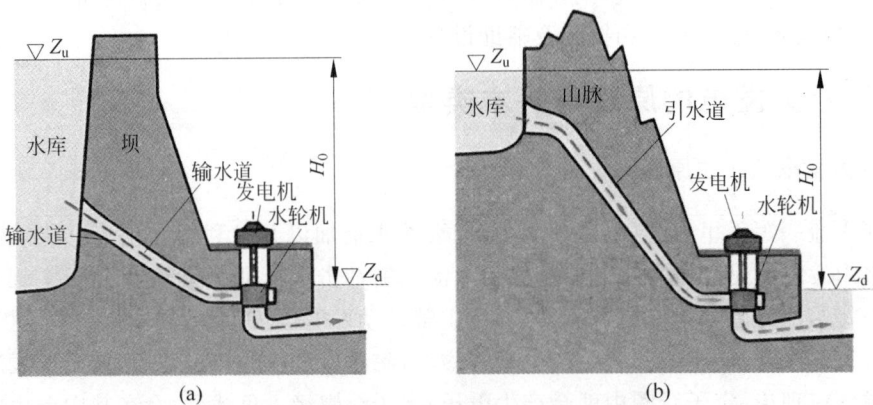

图 3-8　筑坝建库发电原理和引水发电原理图
（a）筑坝式发电；（b）引水式发电

1）筑坝发电方式

采用筑坝集中落差的方法建立的水电站称为坝式水电站，主要有坝后式水电站与河床式水电站。比如，我国的白鹤滩水力发电站就是坝后式水电站。它是通过建设水坝来提高水头，获取水体的重力势能来发电的一种发电形式。

在落差较大的河段修建水坝，建立水库蓄水提高水位，在坝外安装水轮机，水库的水流通过输水道（引水道）到坝外低处的水轮机，水流推动水轮机旋转带动发电机发电，然后通过尾水渠到下游河道，这是筑坝建库发电的方式。

由于坝内水库水面与坝外水轮机出水面有较大的水位差，水库里大量的水具有较大的重力势能而进行做功，可获得很高的水资源利用率。

2）引水发电方式

引水式电站是利用人工水渠，将水流引到较远的与下游河道有较大落差的地方，在那里修建电站，利用水流落差发电。这种电站往是流量较少，高差较大，经常采用冲击式水轮机发电。在河流高处建立水库蓄水提高水位，在较低的下游安装水轮机，通过引水道把上游水库的水引到下游低处的水轮机，水流推动水轮机旋转带动发电机发电，然后通过尾水渠到下游河道，引水道会较长并穿过山体，这是一种引水发电的方式。

由于上游水库水面与下游水轮机出水面有较大的水位差 H_0，水库里大量的水具有较大的重力势能而进行做功，可获得很高的水资源利用率。采用引水方式集中落差的水电站称为引水式水电站，主要有有压引水式水电站与无压引水式水电站。

水能为自然界的可再生能源，随着水文循环周而复始，重复再生。水电站所发的电能来源于水能（最初来源于太阳能），且由于水力发电在把水能转化为电能的过程中不发生化学变化，不排泄有害物质，对环境影响较小，所以，水力发电所获得的能源是一种清洁可再生能源。水电站总体结构主要由挡水建筑物（坝）、泄洪建筑物（溢洪道或闸）、引水建筑物（引水渠或隧洞，包括调压井）及电站厂房（包括尾水渠、升压站）四大部分组成。图 3-9 是河床式水电站（混合式厂房）剖面图，其主要组成部分包括水工建筑物、水力机械设备、发电设备、变电设备、配电设备、输电设备和控制及辅助设备。

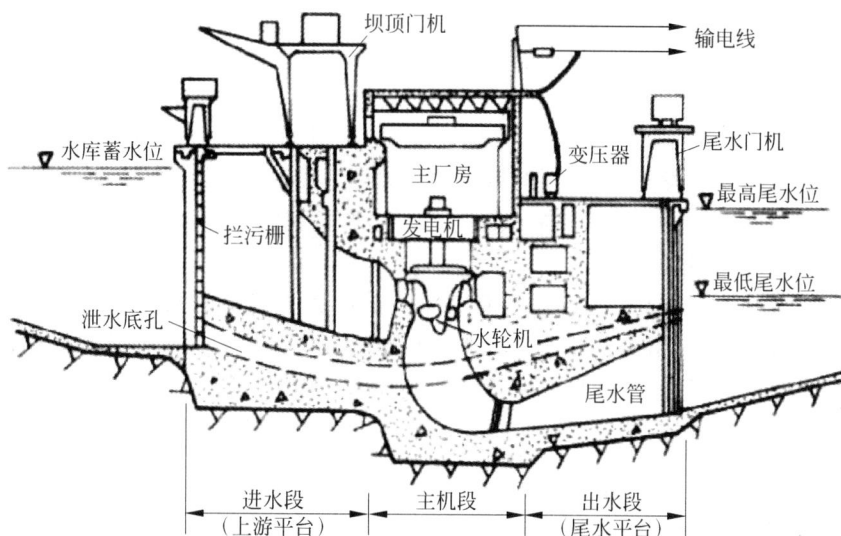

图 3-9 河床式水电站(混合式厂房)剖面图

3. 水工建筑物的组成与作用

1) 水工建筑物的组成

水工建筑物主要包括挡水建筑物(坝)、泄水建筑物(溢洪道、泄水孔、溢流坝、泄洪洞)、闸门(进水闸门、尾水闸门、溢洪道闸门)、用水建筑物(进水口、渠道或隧洞、压力钢管、引水道)和主厂房。

2) 水工建筑物的作用

挡水建筑物的作用是拦截水流、抬高水位、形成水库,造成上下游之间的水位高差,使电站具备水力发电的基本条件。在有调节库容的坝式水电站上,挡水建筑物(即坝)同时实现集中河段落差和调节河流中的流量的双重作用,不仅为水电厂服务,还有防汛、灌溉、航运、工业给水等作用。

泄水建筑物的作用是排泄洪水,防止洪水漫顶,确保大坝安全。有的泄水建筑物还可以用来放空水库或施工导流等。泄水建筑物按泄流方式可分为溢洪道和深式泄水道两类。

闸门的作用是调节流量和控制洪水。闸门可根据它所在的位置的不同分为低水头闸门和高水头闸门。发电用的进水口闸门和底孔闸门属于高水头闸门,溢洪道上的闸门属于低水头闸门。从其结构划分,最常见的有平板闸门和弧形闸门。尾水闸门主要在设备检修时使用。

用水建筑物可分为进水建筑物和引水建筑物,它包括进水口和引水道,其作用是将坝内的水引到厂房供水轮发电机组使用。引水道可分为渠道、隧洞(有压和无压)、压力水管、渡槽和倒虹吸等,一些引水式水电站在引水建筑物上还设有压力前池、调压室或调压井等。

主厂房主要作用是作为安装水轮发电机组及其辅助设备的厂房,以及组装、检修发电机组的装配场。

3.2.2　水力发电机的结构

水轮发电机分为两种类型：同步发电机和异步发电机。同步发电机应用广泛,绝大多数水轮发电机均采用同步发电机。而异步发电机一般只用在功率较小的微型水电站中。水轮发电机大多采用同步发电机,主要有以下两个原因：其一是与异步发电机相比,同步发电机具有较高的功率因数,其效率较高；其二是同步发电机具有较"硬"的机械特性,转速受转矩的影响较小,性能更稳定。

如图 3-10 所示,上游大坝蓄水使得具有重力势能或者压力的水流经拦污栅、进水口检修闸门、工作闸门及发电引水钢管后进入水轮机蜗壳,初步形成环流,再经座环固定导叶分流后均匀地进入活动导叶,活动导叶开度的大小调节转轮的水流量,转轮在水的压力和速度作用下旋转,把水能(动能、势能)转换成机械能,转轮出口水流通过尾水管排至下游。

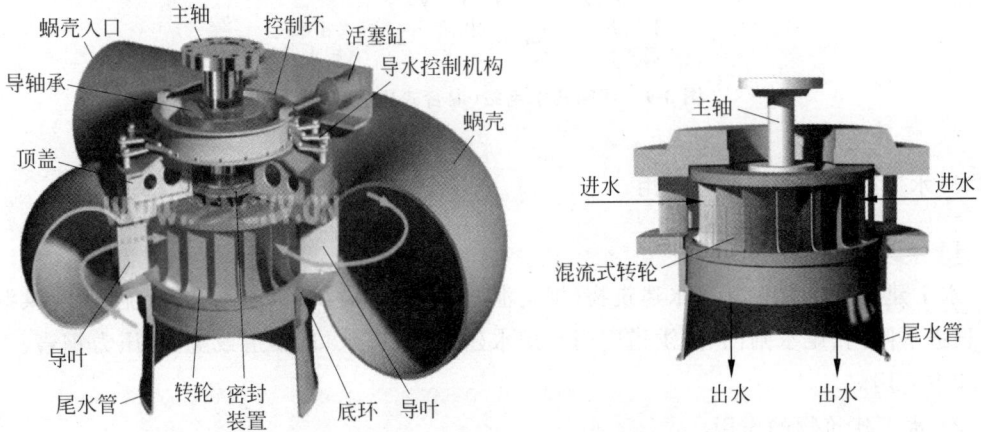

图 3-10　同步水轮发电机和水轮机剖面

水轮机的主要功能是使流动的高压水流冲击叶片推动叶轮转动从而将水的动能转化为机械能。图 3-11 是混流式和轴流式叶片。

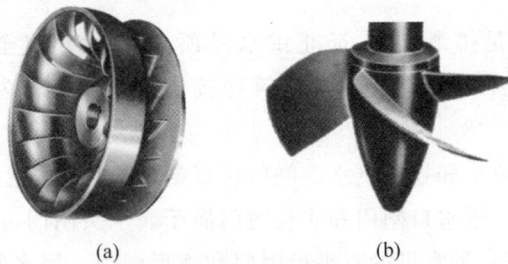

图 3-11　混流式和轴流式叶片

(a) 混流式；(b) 轴流式

发电机主要由定子、转子等部件构成。图 3-12 是同步发电机的转子和定子。如图 3-12(a)所示,磁轭安装在转子支架上,在转子支架中心安有发电机主轴,在主轴的上端头安装有励磁发电机或集电环,轴下端有连接水轮机的法兰。

同步发电机的定子如图 3-12(b)所示,定子的铁芯由导磁良好的硅钢片叠成,在铁芯内圆均匀分布着许多槽,用来嵌放定子线圈。定子线圈嵌放在定子槽内,组成三相绕组,每相绕组由多个线圈组成,并按一定规律排列。

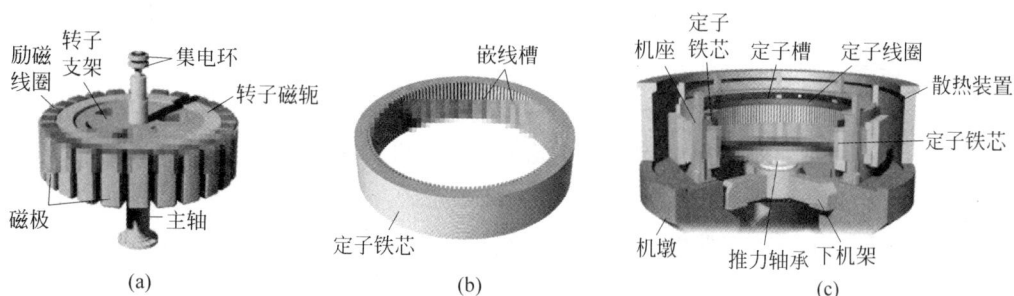

图 3-12　同步发电机的转子和定子

（a）转子；（b）定子芯；（c）定子安装在机座上

图 3-12(c)是将水轮发电机的定子安装在由混凝土浇筑的机墩上,并在机墩上安装机座的示意图。机座是定子铁芯的安装基座,也是水轮发电机的外壳,在机座外壳安装有散热装置,以降低发电机冷却空气的温度;在机墩上安装下机架,下机架有推力轴承,用来安装发电机转子,推力轴承可承受转子的质量与振动、冲击等;同时,在机座上安装定子铁芯与定子线圈。

铺好上层平台地板,装好电刷装置或励磁电机,就完成了一台水轮发电机的安装,如图 3-13 所示。

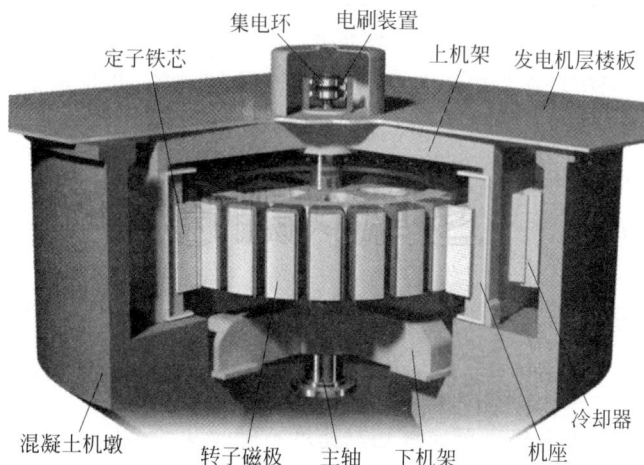

图 3-13　完成安装的水轮发电机模型

3.2.3　水轮发电机的工作原理

水轮发电机的工作原理是通过将上游水库中的水经引水管引向水轮机,推动水轮机转轮旋转,带动水轮发电机发电,做完功的水则通过尾水管道排向下游。

1. 水能转化为机械能

（1）水轮发电机的功率为 $P=KHQ$,根据能量守恒定律,要改变 P,必须调节进入水轮

机的流量 Q 或者改变水头 H。因为水头调节范围较小（$431\sim440\mathrm{m}$），且汛期留有防洪库容，水头调节范围更小，所以一般通过调节进入水轮机的流量 Q 来改变 P。通过改变活动导叶开度这一途径来调节进水量或切断水流。导叶的操作力来自液压接力器，而液压接力器则受调速器来控制。

（2）水电厂包括水力发电和输变电设备，参见图3-8和图3-9，水力发电的流程为：天然水流—坝—水库—取水口—压力钢管—水轮机—发电机—输变电装置—用户。

（3）流量的调节过程：由水轮机的控制单元来完成。具体工作程序为：调节命令（上位机）—机组现地LCU—调速器电气部分—调速器机械部分—液压接力器—控制环—导叶拐臂—导叶开度改变—改变进入水轮机的流量。

2. 机械能转换为电能

水流驱动水轮机转动拖动三相同步发电机转动，从而实现把机械能转化为电能的功能。

（1）水轮机大轴把转轮的转动力矩传给与水轮机大轴连接的发电机转子，并带动发电机转子转动，当发电机转子绕组中通以直流电，由于转子旋转而产生旋转磁场。发电机定子绕组因切割转子的旋转磁场，而在发电机三相定子绕组中产生交变感应电势。

（2）发电机工作的基本原理为电磁感应定律。导线切割磁感应线将产生感应电动势，闭合导线产生交变电流。在工程上，由于电枢绕组庞大，因此电厂一般采用移动磁感应线去切割固定不动的电枢绕组。当发电机三相定子绕组输出回路接负载时就产生交变三相电流，此交变电流产生的磁场在发电机定子、转子形成旋转磁场，并且定子绕组产生的旋转磁场与发电机转子的旋转磁场同向、同速。根据电磁感应定律，定子磁极与转子磁极产生相互作用力，二者之间的角度决定了力的大小（有功负荷大小）和性质（发电机或电动机）。当发电机转子磁极对数 p 一定，即发电机的转速一定时，发电机的转速 n 与电势的频率 f 存在严格不变的关系，即同步关系 $f=pn/60$。

（3）发电机工作时，需要控制单元自适应地调整工作状态，主要包括发电机调压过程：由电磁感应定律 $E=L\dfrac{\mathrm{d}i}{\mathrm{d}t}$ 可知，改变等式右侧任意一个参数就可以改变感应电动势 E，但一般 L 不可改变，即同步发电机磁感应线切割速度不可改变，所以一般通过改变磁通强度（磁感应线密度）来调整电压，要改变磁通强度必先改变励磁电流强度，也就是改变晶闸管导通角。具体程序为：电压调整命令—现地LCU—晶闸管导通角—转子电压—转子电流—磁通—感应电动势改变。

中国长江三峡水利枢纽工程是世界上规模最大的水电站，是中国以及世界上有史以来建设的最大的水坝，图3-14是长江三峡水库的壮美山水景色。三峡水电站的机组布置在大坝的后侧，共安装32台70万kW水轮发电机组，其中左岸14台、右岸12台、右岸地下6台，另外还有2台5万kW的电源机组，总装机容量2250万kW，年发电量约1000亿kW·h。

图 3-14 长江三峡水库的壮美山水景色

3.3 清洁高效的核电能

核物理研究表明：放射性元素能够发生核裂变和核聚变，伴随这两种反应产生的质量亏损所带来的能量释放是巨大的。根据相对论质能关系式，核聚变和核裂变所释放的能量为 $E = \Delta m c^2$，其中 Δm 是反应前后亏损的质量，c 是光速。当人类发现这种巨大的能量释放后，首先想到的是用来制造核武器，并且投入当时的第二次世界大战的战场上。第二次世界大战结束后，美苏的核竞赛持续 40 多年，形成长期的东西方冷战格局。其次，人类自从发现核裂变和核聚变可释放出巨大能量以来，也在不断地探索如何利用这种能量来造福人类，虽然目前人类还无法实现商用的可控核聚变，但是铀的核裂变技术已经非常成熟，并且成功地把核裂变释放的能量用来发电。经过半个多世纪工程技术实践的充分检验，人们已经深刻认识到核电能是一种安全、清洁、经济、高效的能源。比如，美国大约有 1/5 的电能来自核电厂，核电厂数量有 100 多座，占全世界的 1/4。

3.3.1 核裂变和核聚变的基本原理

1. 铀的核裂变

目前的核电站大多通过核裂变技术进行发电。核电站使用的燃料一般是放射性重金属：铀（U）、钚（Pu）。铀共有 7 种同位素，其中只有三种同位素属于天然形成的同位素，分别是 U-235、U-238 和 U-234。它们的含量也有所不同，这三种同位素在自然界中含量最多的是 U-238，占比 99.275%，其次是 U-235，占比 0.72%，含量最少的是 U-234，只占 0.006%。

1）原子核的结合能

原子核的质量略小于原子核所含核子的质量总和，两者之间的差值就是该原子核的质量亏损。孤立的核子组成原子核时所释放出来的能量，就是该原子核的结合能。根据相对论质能关系，核的质量亏损与结合能 $B(Z, A)$ 之间存在着如下关系：

$$B(Z,A) = [ZM_H + (A - Z)m_n - M(Z,A)]c^2 \tag{3-7}$$

式中，Z 为质子数；M_H 为质子质量；A 是原子的质量数；m_n 是中子的质量；$M(Z,A)$ 是原子核的总质量。需要指出以下几个问题。

（1）为什么核子结合成原子核时会释放能量？用例子来说明。

例 3-1 取两块永磁体，并将它们的异性极靠近，当把手松开时，两块永磁体会自动地吸在一起。在它们依靠磁场力而互相靠近并吸在一起的过程中，它们一定需要释放能量来克服桌面的摩擦力和空气的阻力做功，使周围的空气和桌面发热。

例 3-2 考虑例 3-1 的相反过程，当将吸在一起的两块永磁体分离开时，外界必须为克服它们之间的磁场力而做功，这部分功一定与先前两块永磁体结合在一起的过程中所释放出来的能量，二者在数值上相等。

通过这两个例子容易理解，当核子结合成原子核时，必定要释放能量这一物理事实。实际上，任何两个或多个相互吸引的分立体在组成一个束缚系统的过程中，都要释放结合能。如电子与原子核组成一个原子，几个原子组成一个分子等，只是在这些情况下释放的结合能比原子核的结合能小得多。

（2）质量亏损并不表示质量消失，也不能说质量转变为能量，而应该说是物体的静能与动能之间的转换。根据相对论关系，物体的总能量等于其动能 E_k 与其静能 $m_0 c^2$ 之和，即

$$\begin{cases} E = mc^2 = \gamma m_0 c^2 = m_0 c^2 + E_k \\ E_0 = m_0 c^2 \\ E_k = E - E_0 = (\gamma - 1)E_0 \end{cases} \tag{3-8}$$

在一个孤立系统内无论发生何种变化，其总能量是守恒的，即变化前系统中所有物体的能量之和等于变化后系统中所有物体的能量之和，而系统或物体的静能与动能之间是可以相互转化的。物体的静能也是能量的一种形式，在一定条件下它可以转换为动能，并以热能、电磁能或化学能等其他能量形式释放出来。同样地，相反的能量转换过程也可以发生。

当自由核子结合为原子核时，发生了质量亏损，表示一部分静能转换为动能，并以热能或光能的形式释放出来，这就是通常所说的结合能。当原子核分裂为自由核子时，外界必须对核做功，做功的结果将使核子的静能增加，所以自由核子的质量之和大于原先原子核的质量。

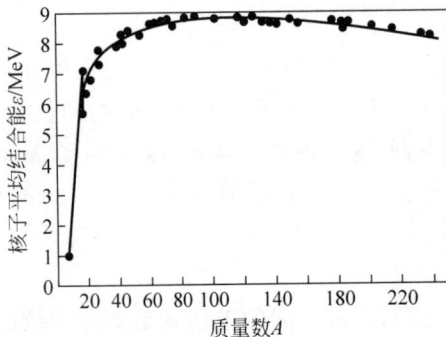

图 3-15 质量数与核子平均结合能的关系

（3）原子核的核子平均结合能，也称为比结合能，定义为原子核的结合能 B 与原子核内所包含的总核子数 A（即质量数）之比，即

$$\varepsilon = B/A \tag{3-9}$$

① 核子平均结合能的大小反映了核内核子结合的牢固程度和原子核的稳定程度。由图 3-15 可以看出，中等质量的核（质量数 A 在 40～120）的核子平均结合能较大，表示这些原子核中核子的结合比较牢固，原子核比较稳定，而较轻的核和较重的核的核子平均

结合能较小,其原子核稳定性较差。

② 原子核的核子平均结合能与原子核的质量数的关系,向我们揭示了释放部分结合能的途径,就是将核子平均结合能较小的原子核转变为核子平均结合能较大的原子核,具体地说,就是将轻核聚合为中等质量的核,或者将重核分裂为中等质量的核。

2. 结合能的释放和利用

根据相对论质能关系,核聚变和核裂变所释放的能量为

$$E = \Delta mc^2 \tag{3-10}$$

式中,Δm 是反应前后亏损的质量;c 是光速。1kg 铀裂变产生的全部能量大概相当于 2700t 标准煤燃烧放出的能量,可见,铀是一个高能物质,其裂变产生的核能也是当今世界的清洁能源之一。

重核裂变是指将重核分裂为多个中等质量的核而释放出部分结合能的过程。

1)$^{238}_{92}U$ 的裂变特点和链式反应

(1)$^{238}_{92}U$ 需要用能量大于 1.1 MeV 的快中子轰击才能引发裂变,而 $^{235}_{92}U$ 只要用能量为 0.025eV 的所谓热中子就能够引发裂变。这说明 $^{238}_{92}U$ 不容易发生核裂变。

(2)要在短时间内释放出大量的核能,必须形成链式反应,使裂变过程自持地进行下去。

(3)要形成链式反应,使裂变过程自持地进行下去,需要核燃料的体积必须大于临界体积。研究表明,直径为 4.8cm 的纯钚(Pu)小球的体积已经达到了临界体积,临界体积对应的质量称为临界质量,其临界质量约为 5kg。纯 $^{235}_{92}U$ 球的临界质量约为 16.0kg。

(4)受控链式反应的装置就是核反应堆。在核反应堆内,人为地控制堆内的中子的数量,使链式反应强度维持在一定的平稳进行的水平上。

2)裂变的全过程

如图 3-16 所示,处于激发态的原子核(例如,U-235 核吸收一个中子后,就形成激发态的 U-236 核)发生形变时,一部分激发能转化为形变势能。随着原子核逐步拉长,形变能将经历一个先增大后减小的过程。这其中有两种因素在起作用:来自核力的表面能是随形变而增大的;来自质子之间静电斥力的库仑能却是随形变的增大而减小的。两种因素综合作用的结果是形成一个裂变势垒,原子核只有通过势垒才能发生裂变。势垒的顶点称为鞍点。到达最终断开的剪裂点后,两个初生碎片受到相互的静电斥力作用,向相反方向飞离。静电库仑能转化成两碎片的动能。初生碎片具有很大的形变,它们很快收缩成球形,碎片的形变能就转变成为它们的内部激发能。具有相当高激发能的碎片,以发射若干中子和 γ 射线的方式退激,这就是裂变瞬发中子和瞬发 γ 射线。退激到基态的碎片由于中子数(N)与质子数(Z)的比例(N/Z)偏大,均处于 β 稳定线的丰中子一侧,因此要经历一系列的 β 衰变而变成稳定核。这就是裂变碎片的 β 衰变链。在 β 衰变过程中,有些核又可能发出中子,这些中子称为缓发中子。以上就是一个激发核裂变的全过程。

铀核裂变是指由中子撞击使铀原子核分裂产生能量的过程。铀核反应方程有三种,分别为:

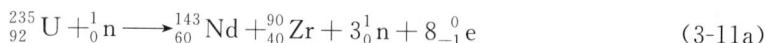

$$^{235}_{92}U + ^{1}_{0}n \longrightarrow ^{143}_{60}Nd + ^{90}_{40}Zr + 3^{1}_{0}n + 8^{0}_{-1}e \tag{3-11a}$$

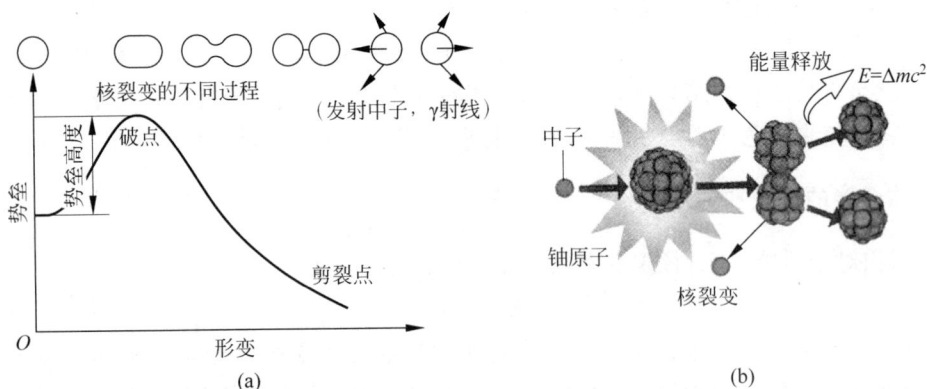

图 3-16 裂变势垒分布曲线及核裂变碎片

(a) 核裂变势垒；(b) 核裂变碎片

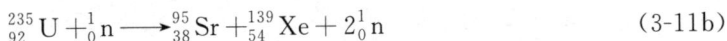

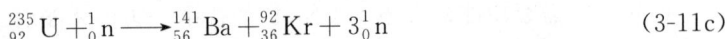

$$^{235}_{92}U + ^{1}_{0}n \longrightarrow ^{95}_{38}Sr + ^{139}_{54}Xe + 2^{1}_{0}n \tag{3-11b}$$

$$^{235}_{92}U + ^{1}_{0}n \longrightarrow ^{141}_{56}Ba + ^{92}_{36}Kr + 3^{1}_{0}n \tag{3-11c}$$

这是最主要的三个方程。根据这些方程可以发现，在铀核裂变后，铀原子核最终有可能会形成钕和锆、锶和氙、钡和氪等原子核，而且反应前后，质量减少，这些减少的质量都转变为释放出去的能量。

铀核裂变有两种方式：一种是人为地用中子撞击原子核，原子核在吸收这个中子之后，就会分裂成两个或两个以上的原子核，并且在释放能量的同时，释放出更多的中子使其他的原子核也开始裂变，产生链式反应；另一种就是自发裂变，但这种方式发生的条件严苛、发生概率很小。

例 3-3 铀核裂变有多种形式，其中一种核反应方程是方程(3-11c)，即

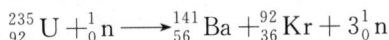

$$^{235}_{92}U + ^{1}_{0}n \longrightarrow ^{141}_{56}Ba + ^{92}_{36}Kr + 3^{1}_{0}n$$

(1) 试计算一个 U-235 原子核裂变后释放的能量。其中，$^{235}_{92}U$、$^{141}_{56}Ba$、$^{92}_{36}Kr$、$^{1}_{0}n$ 的质量分别为 235.0439u、140.9139u、91.8973u、1.0087u，1u 相当于 931MeV。

(2) 1kg U-235 原子核发生上述裂变时能放出多少核能？它相当于燃烧多少吨煤释放的能量？其中，煤的热值为 $2.94 \times 10^7 J/kg$。

(3) 一座发电能力为 $P = 1.00 \times 10^6 kW$ 的核电站，核能转化为电能的效率为 $\eta = 40\%$。假定反应堆中发生的裂变反应都是题中的核反应，即方程(3-11c)，所用铀矿石中 U-235 的含量为 4%，则该核电站一年消耗铀矿石多少吨？

解 (1) 裂变反应的质量亏损为

$$\Delta m = (235.0439 + 1.0087 - 140.9139 - 91.8973 - 3 \times 1.0087)u = 0.2153u$$

一个 U-235 原子核裂变后释放的能量为

$$\Delta E = 0.2153 \times 931 MeV \approx 200.4 MeV$$

(2) 1kg U-235 中含原子核的个数为

$$N = \frac{m}{M_U} N_A = \frac{10^3}{235} \times 6.02 \times 10^{23} \approx 2.56 \times 10^{24}$$

则 1kg U-235 原子核发生裂变时释放的总能量

$$\Delta E_N = N \Delta E = 2.56 \times 10^{24} \times 200.4 \mathrm{MeV} \approx 5.13 \times 10^{26} \mathrm{MeV}$$

设 q 为煤的热值，m 为煤的质量，且 $\Delta E_N = qm$，所以

$$m = \frac{\Delta E_N}{q} = \frac{5.13 \times 10^{26} \times 10^6 \times 1.6 \times 10^{-19}}{2.94 \times 10^7} \mathrm{t} \approx 2791.8 \mathrm{t}$$

（3）核电站一年的发电量 $E = Pt$，需要的核能为 $\dfrac{E}{\eta} = \dfrac{Pt}{\eta} = N \Delta E$。设所用铀矿石质量

为 M，则所用 U-235 的质量为 $0.04M$，对应的原子核数为 $N = \dfrac{0.04M}{M_U} N_A$，所以可得

$$M = \frac{P t M_U}{0.04 \eta N_A \Delta E} = \frac{10^9 \times 365 \times 24 \times 3600 \times 235}{0.04 \times 40\% \times 6.02 \times 10^{23} \times 200.4 \times 10^6 \times 1.6 \times 10^{-19}} \mathrm{g}$$

$$\approx 2.4 \times 10^7 \mathrm{g} = 24 \mathrm{t}$$

经过上面估算，得到一个 U-235 原子核裂变后释放的能量为 200.4MeV，1kg 的 U-235 原子核发生上述裂变时能放出 5.13×10^{26} MeV 的能量，它相当于燃烧 2791.8t 煤释放的能量。核电站一年消耗铀矿石 24t。

3.3.2 　轻核聚变

核聚变，又称核融合、融合反应或聚变反应，两个轻核在发生聚变时因它们都带正电荷而彼此排斥，然而两个能量足够高的核迎面相遇，就能相当它们紧密地聚集在一起，以致核力能够克服库仑斥力而发生核反应，这个反应叫作核聚变。在核聚变过程中产生的质量亏损会释放出巨大的能量，并且合成较重的原子核。由于原子核的静电斥力同其所带电荷的乘积成正比，所以，原子序数越小，质子数越少，聚合所需的动能（即温度）就越低。因此，只有一些较轻的原子核，如氢、氘、氚、氦、锂等才容易释放出聚变能。常见的核聚变是将氢的同位素氘和氚聚合成较重的 He，同时释放出巨大能量的过程，太阳发光发热和氢弹爆炸都属于核聚变反应。

例 3-4 在热核反应

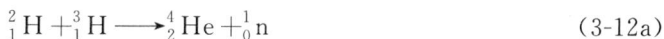

$$^2_1 \mathrm{H} + ^3_1 \mathrm{H} \longrightarrow ^4_2 \mathrm{He} + ^1_0 \mathrm{n} \tag{3-12a}$$

过程中，如果反应前粒子动能相对较小，试计算反应后粒子所具有的总动能。已知各粒子静止质量分别为

核反应前的质量：$m_0(^2_1 \mathrm{H}) = 3.3437 \times 10^{-27} \mathrm{kg}$，$m_0(^3_1 \mathrm{H}) = 5.0049 \times 10^{-27} \mathrm{kg}$

核反应后的质量：$m_0(^4_2 \mathrm{He}) = 6.6425 \times 10^{-27} \mathrm{kg}$，$m_0(^1_0 \mathrm{n}) = 1.6750 \times 10^{-27} \mathrm{kg}$

解 核聚变过程如图 3-18 所示，反应前、后的粒子静止质量之和 m_{10}、m_{20} 分别为

$$m_{10} = m_0(^2_1 \mathrm{H}) + m_0(^3_1 \mathrm{H}) = 8.3486 \times 10^{-27} \mathrm{kg}$$

$$m_{20} = m_0(^4_2 \mathrm{He}) + m_0(^1_0 \mathrm{n}) = 8.3175 \times 10^{-27} \mathrm{kg}$$

与质量亏损所对应的静止能量减少量即为动量增量，也就是反应后粒子所具有的总动能为

$$\Delta E_k = (m_{10} - m_{20}) c^2 = 0.0311 \times 10^{-27} \times 9 \times 10^{16} \mathrm{J} = 2.80 \times 10^{-12} \mathrm{J} = 17.5 \mathrm{MeV}$$

这也就是上述反应过程中能够释放出来的能量，即

$$^2_1 \mathrm{H} + ^3_1 \mathrm{H} \longrightarrow ^4_2 \mathrm{He} + ^1_0 \mathrm{n} + 17.5 \mathrm{MeV} \tag{3-12b}$$

聚变能的特点是：聚变反应释放出大量的能量（1L 海水中的氘通过聚变反应可释放出相当于 300L 汽油燃烧的能量）。地球上海水中所含的氘，用于氘氚聚变反应可供人类用上

氘原子核　　　　　　　　　　中子

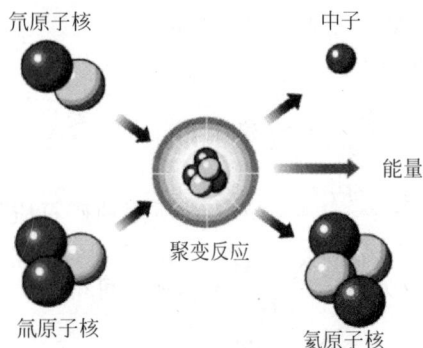

能量

聚变反应

氚原子核　　　　　　　　　　氦原子核

图 3-17　He 原子核聚变反应过程

亿年,而用于产生氚的锂也有较丰富的储量;聚变反应的产物是比较稳定的氦,反应过程如图 3-17 所示。由于聚变能固有的安全性、环境的优越性、燃料资源的丰富性,因此被认为是人类最理想的洁净能源之一。

1. 核聚变发电

核聚变发电是一种利用原子核聚变反应产生热能,然后利用热能发电的技术。目前科学家正在研究的重要技术是把等离子体加热到 10^9 K 以上高温并稳定足够长的时间,让它产生核聚变,然后利用热能发电。与核裂变相比,热核聚变不仅聚变资源无限且易于获得,还有更好的安全性。热核反应堆在事故状态时释能增加,等离子体与放电室壁的相互作用强度则增大,造成核辐射和核污染。但核聚变发电的最终实现还需很长的时间。实现受控热核聚变反应需要满足以下两个苛刻条件。

1) 极高的温度

要使两个轻核(如氘核)发生聚变反应,必须使它们彼此靠得足够近,达到原子核内核子与核子之间核力的作用距离,此时核力才能将它们"黏合"成整体形成新的原子核。由于原子核都带正电,当两个原子核靠得越来越近时,它们之间的静电斥力也越来越大。静电斥力也称静电势垒,它像一座高山一样将两个轻核隔开。研究表明,要使它们相互接近从而发生聚变,外界必须为克服它们之间的库仑斥力而提供足够的能量,提供能量的合适方法就是加热。这种在高温下进行的轻核聚变称为热核反应。

实验资料估计,要使两个氘核相遇,它们的相对速度必须大于 1000km/s。此时单个氘核具有巨大的动能,对于一团氘核整体而言,则具有极高的温度。两个氘核产生聚变反应时,温度必须高达 10^9 K。氘核与氚核间发生聚变反应时,温度也须达到 $5×10^8$ K 以上。这种在极高温度下才能发生的聚变核反应也称热核反应。在如此高温下,物质已全部电离,形成高温等离子体。

要从聚变反应中获得巨大能量,必须使聚变反应能够自持地进行下去。聚变反应得以自持,必须达到劳森判据的要求。科学家劳森研究得到了实现聚变必须满足的点火条件(也称劳森条件或劳森判据),它是温度 T 和约束时间 $τ$ 与密度 n 乘积的函数。

2) 充分约束等离子体

实现受控热核反应的关键,是将温度高达 10^8 K 的聚变物质等离子体约束在一起足够长的时间。要实现聚变点火,必须达到一定的约束时间。约束时间跟密度相关,密度大,单位时间里参加反应的原子核较多,释放的能量也较多,必要的约束时间相应较短。反之,约束时间必须较长。充分约束是指将高温等离子体维持相对足够长的时间,以便充分地发生聚变反应,释放出足够多的能量,使聚变反应释放的能量大于产生和加热等离子体本身所需的能量及其在此过程中损失的能量。这样,利用聚变反应释放出的能量就可以维持所需的极高温度,无须再从外界吸收能量,聚变反应就能够自持地进行。

目前最有希望实现的两种约束方案,是磁约束和激光惯性约束。

(1) 磁约束:带电粒子在磁场中作螺旋线运动,回旋半径与磁感应强度成反比。在很强的磁场中,每个带电粒子的活动空间都被约束在磁感应线附近的很小范围内。图 3-18 是环形磁场构成的磁约束装置的示意图。

(2) 激光惯性约束:将强激光束会聚到直径约为几十到几百微米的氘氚靶丸上,靶丸表面的氘、氚核发生聚变并以高速向外喷射热物质,由此产生的反冲力将靶丸内的氘、氚核迅速压缩至高密度状态,同时温度剧增,使聚变反应得以进行。

图 3-18　核聚变的磁约束制作

核聚变释放出的能量是铀裂变反应的 5 倍。由于核聚变要求很高的温度,目前,只有在氢弹爆炸和由加速器产生的高能粒子的碰撞中才能实现。只有受控核聚变才能用于发电,因此,要使聚变能够持续地释放,并成为人类可控制的能源,必须实现可控热核反应,这仍是 21 世纪科学家不懈奋斗的目标。

2. 核电站的工作原理

根据相对论的质能关系,在发生核反应时原子会发生质量亏损从而释放出巨大的核能,主要包括裂变能和聚变能两种形式。目前人们已经掌握了控制裂变链式反应速度的方法,并将其用于发电。利用核能发电的电站叫作核电站。目前已建成的核电站都是利用重核裂变的链式反应释放的能量来发电的。核电站的核心是核反应堆,链式裂变反应就在其中进行。世界上第一座铀核链式反应堆是在物理学家费米领导下于 1942 年 12 月在美国芝加哥大学建成的。

核电厂用的燃料是铀。当铀-235 的原子核受到外来中子轰击时引起原子核裂变,一个原子核会吸收一个中子分裂成两个质量较小的原子核,同时放出 2～3 个中子,新产生的中子引起新的原子核裂变,裂变反应连续不断地进行下去,如此持续进行就是裂变的链式反应,用铀制成的核燃料在"反应堆"的设备内发生连续裂变而产生大量热能,再用处于高压力下的循环水(或其他物质)把热能带出,在蒸汽发生器内产生蒸汽,蒸汽推动汽轮机带着发电机一起旋转,电能就源源不断地产生出来,并通过电网输送到四面八方。

3. 核电站内部

建造核反应堆需要一些浓度低的铀。通常,铀被制作成直径为 17.8mm 左右(相当于 10 美分硬币的直径),长度为 2.5cm 左右的燃料元件。燃料元件被安装到长燃料棒中,燃料棒被进一步组装成燃料组件。

燃料组件通常被浸泡在压力容器中。容器中的水起冷却作用。为使反应堆工作,浸泡在水中的燃料组件必须处于稍微超临界的状态。由吸收中子的材料制成的控制棒通过升降装置插入燃料组件中。操作员通过升降控制棒来控制核反应堆内中子的数目,达到控制其输出功率大小的程度。当操作员希望铀堆芯产生更多的热量时,可将控制棒从铀燃料组件中升起。要使热量减少,则降低控制棒以插入铀燃料组件中。在发生事故或者更换燃料时,控制棒还能被完全插入铀燃料组件中以关闭核反应堆。

核电站由核岛、常规岛、核电站配套设施、核电站的安全防护措施组成。核岛为核电站的核心部分,主要部件为核反应堆、压力容器(压力壳)、蒸汽发生器、主循环泵、稳压器及相应的管道、阀门等组成的回路系统。

3.3.3 压水堆核电站

压水堆核电站是以压水堆为热源的核电站。如图 3-19 所示,压水堆核电站核岛中的四大部件是蒸汽发生器、稳压器、主泵和堆芯。在压水堆内,由核燃料铀原子核自持链式裂变反应产生大量热量,冷却剂(又称为载热体)将反应堆中的热量带入蒸汽发生器,并将热量传给其工作介质——水,然后主循环泵把冷却剂输送回反应堆,循环使用,由此组成一个回路,称为一次回路。这一过程也就是核裂变能转换为热能的能量转换过程。

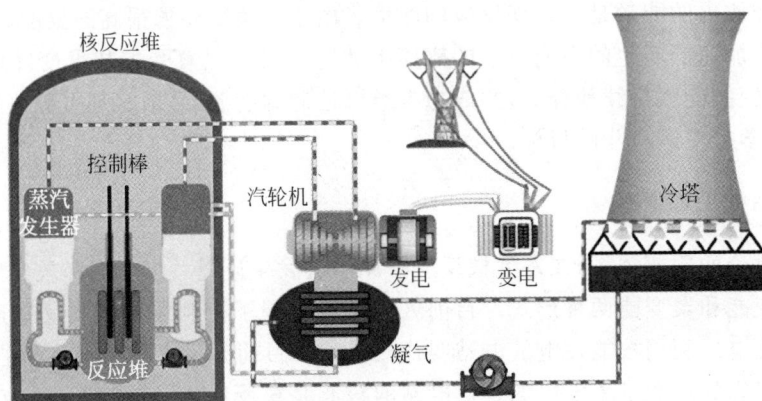

图 3-19　压水堆核电站原理图

蒸汽发生器 U 形管外二次侧的工作介质受热蒸发形成蒸汽,蒸汽通过管路进入汽轮机内膨胀做功,将蒸汽焓降放出的热能转换成汽轮机的转子转动的机械能,这一过程称为热能转换为机械能的能量转换过程。做了功的蒸汽在凝汽器内冷凝成凝结水,重新返回蒸汽发生器,组成另一个循环回路,称为二次回路,这一过程称为热能转换为机械能的能量转换过程。汽轮机的旋转转子直接带动发电机的转子旋转,使发电机发出电能,这是由机械能转换为电能的能量转换过程。

整个过程的能量转换是核能转换为热能、热能转换为机械能、机械能再转换为电能。核电站可分为两部分:一是核岛,包括反应堆厂房、辅助厂房、核燃料厂房和应急柴油机厂房;二是常规岛,包括汽轮发电机厂房和海水泵房。我国目前核电站采用的堆型有压水堆、重水堆、高温气冷堆和快中子堆。

核电站的一次回路系统与二次回路系统完全隔开,它是一个密闭的循环系统。该核电站的原理流程为:主泵将高压冷却剂送入反应堆,一般冷却剂保持在 120～160 个大气压。在高压情况下,冷却剂即使在温度为 300℃时也不会汽化。冷却剂把核燃料放出的热能带出反应堆,并进入蒸汽发生器,通过数以千计的传热管,把热量传给管外的二次回路水,使水沸腾产生蒸汽。

冷却剂流经蒸汽发生器后,再由主泵送入反应堆,这样来回循环,不断地把反应堆中的热量带出并转换产生蒸汽。从蒸汽发生器出来的高温高压蒸汽,推动汽轮发电机组发电。做过功的废气在冷凝器中凝结成水,再由凝结给水泵送入加热器,重新加热后送回蒸汽发生器。这就是二次回路循环系统。

压水堆由压力容器和堆芯两部分组成。压力容器是一个密封的、又厚又重的、高达数十米的圆筒形大钢壳,所用的钢材耐高温高压、耐腐蚀,用来推动汽轮机转动的高温高压蒸汽就在这里产生的。在容器的顶部设置有控制棒驱动机构,用以驱动控制棒在堆芯内上下移动。堆芯是反应堆的心脏,装在压力容器中间。它是由燃料组件构成的。芯块是由二氧化铀烧结而成的,含有 2%～4% 的铀-235,呈小圆柱形,直径为 9.3mm。图 3-20 给出了核反应堆与核控制棒的组成结构。

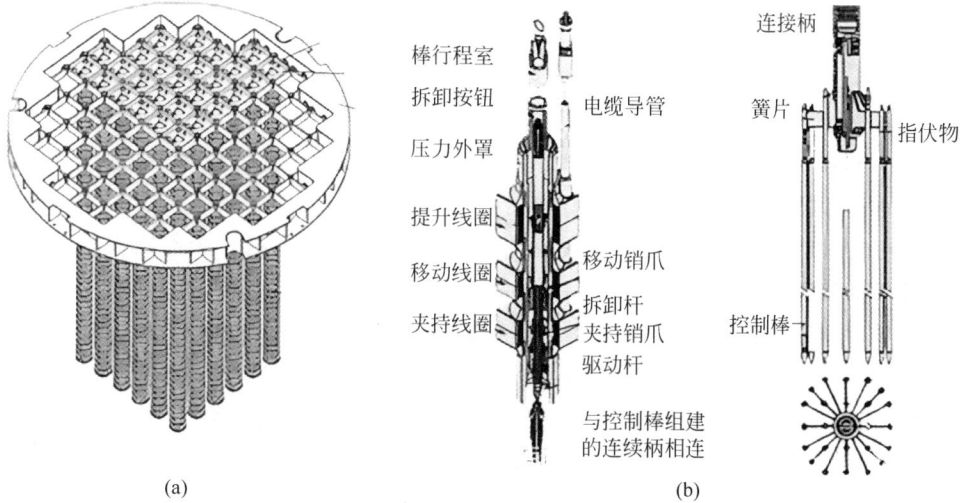

图 3-20　核反应堆与核控制棒
(a) 反应堆；(b) 控制棒

把这种芯块装在两端密封的锆合金包壳管中,成为一根长约 4m、直径约 10mm 的燃料棒。把 200 多根燃料棒按正方形排列,用定位格架固定,就组成了一个燃料组件。每个堆芯一般由 121～193 个组件组成。这样,一座压水堆就需要燃料棒几万根、二氧化铀芯块 1000 多万块。此外,这种反应堆的堆芯还有控制棒和含硼的冷却水(冷却剂)。控制棒用银铟镉材料制成,外面套有不锈钢包壳,可以吸收反应堆中的中子。多根控制棒可以组成棒束型,用来控制反应堆核反应的快慢。如果反应堆发生故障,立即把足够多的控制棒插入堆芯,在很短时间内反应堆就会停止工作,这就保证了反应堆运行的安全。

即使再怎么利用转换出来的钚-239 等易裂变材料,核反应堆对铀资源的利用率也只有 1%～2%,但在快堆中,铀-238 原则上都能转换成钚-239 而得以使用,但考虑到各种损耗,快堆可将铀资源的利用率提高到 60%～70%。利用裂变链式反应构建快堆是核聚变的关键技术。

1) 核裂变链式反应

裂变链式反应指的是以中子为媒介而维持的自持的裂变反应。图 3-21 是核裂变链式反应示意图。当一个中子引起铀核裂变时,同时放出 2～3 个中子,如果这些中子再引起其他铀核裂变,就可使裂变反应不断地进行下去,这种反应称为链式反应。根据一次反应所直接引起的平均反应次数小于、等于或大于 1,链式反应可分为次临界的链式反应、临界的链式反应或超临界的链式反应三种。

(1) 超临界链式反应:当中子的产生率大于中子的消失率时,核物质就处于超临界状态,不加以控制就会发生超临界事故甚至引起核爆。比如,原子弹就是利用高浓缩(90%以上)铀-235 等易裂变物质为燃料,进行不可控的裂变链式反应。原子弹设计的基本原理是

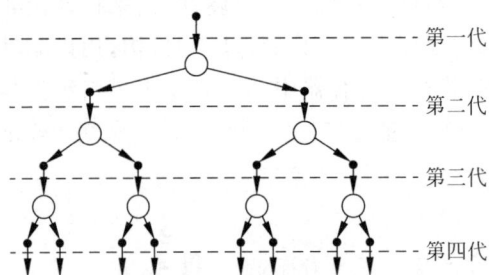

图 3-21　核裂变链式反应

使最初处于次临界状态的裂变装料在瞬间达到超临界状态,并适时地用中子源提供适量中子,触发裂变链式反应并发生核爆炸。

(2)次临界链式反应:反应堆首次装料完毕后,所有控制棒处于全部插入堆芯的位置,一次回路冷却剂中含有较高浓度的硼离子,中子几乎都被吸收。这时,中子的产生率小于中子的消失率,堆芯处于次临界状态,而且是深度次临界状态。

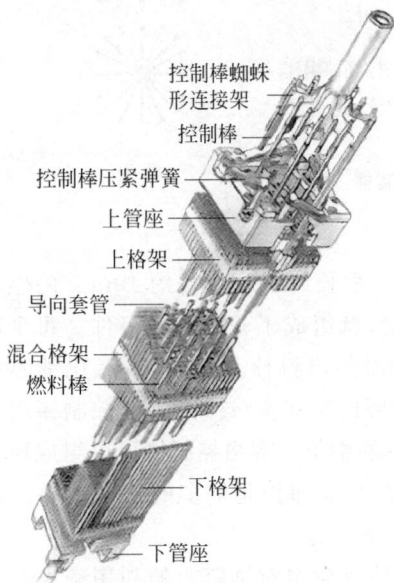

图 3-22　控制棒的组成结构

(3)临界链式反应:此时,中子的产生率等于中子的消失率。这也是反应堆控制所要达成的目标。于是,需要控制棒。

2)反应堆控制棒

控制棒是由硼和镉等易于吸收电子的材料制成的,利用核反应压力容器外的一套机械装置可以操纵控制棒。控制棒完全插入反应中心时,能够吸收大量中子,以阻止链式反应的进行。如果把控制棒拔出一点,反应堆就开始运转,链式反应的速度达到一定的稳定值;如果想增加反应释放的能量,只需将控制棒再抽出一点,这样被吸收的中子减少,有更多的中子参与裂变反应。要停止链式反应的进行,将控制棒完全插入核反应中心吸收大部分中子即可。控制棒对反应堆的控制可以参考汽车的油门和刹车对车速的控制。控制棒插在燃料组件里,而不是燃料包壳里。图 3-22 给出了压水堆燃料组件,其中星形架(图中为控制棒蜘蛛形连接架)连接的那几根棒就是控制棒。

3.3.4　核电站按反应堆类型分类

1. 核电站的分类

核反应堆的合理结构应该是:核燃料+慢化剂+热载体+控制设施+防护装。

目前世界上有大小反应堆上千座,反应堆的结构形式也是千姿百态。根据燃料形式、冷却剂种类、中子能量分布形式、特殊的设计需要等因素可建造成各种结构形式的反应堆。按能谱分类,反应堆可分为由热能中子和快速中子引起裂变的热堆和快堆;按冷却剂分类,反应堆可分为轻水堆(即普通水堆)、重水堆、气冷堆和钠冷堆;按用途分类,反应堆可分为①研究试验堆:利用中子特性对物理学、生物学、辐照防护学以及材料学等方面进行研究的反应堆;②生产堆:主要是用于生产新的易裂变的材料如铀-233、钚-239 的反应堆;③动力堆:利用核裂变所产生的热能广泛用于舰船的推进动力和核能发电的反应堆。

(1)气冷堆型核电站。反应堆将天然铀作为燃料,将石墨作为慢化剂,将二氧化碳或氦作为冷却剂。此种反应堆由于一次装入燃料多,因此体积大、造价高。英国和法国的核电站曾采用此种堆型。

(2)改进型气冷堆型核电站。反应堆所用慢化剂和冷却剂与上述气冷堆型相同,只是燃料采用 2.5%~3% 的低浓缩铀,因此一次装入的燃料只有天然铀的 1/5~1/4(按质量计),从而使得反应堆体积大大缩小,更换燃料也较简单,并可在较高温度下运行,热效率较高。美国、德国的核电站曾采用此种堆型。我国石岛湾核电厂气冷堆也采用此方案。

(3)轻水堆型核电站。反应堆将 2%~3% 的低浓缩铀作为燃料,将水作为慢化剂和冷却剂。此种反应堆的体积小、造价低,技术也较容易掌握,世界上 85% 以上的核电站均采用此种堆型,我国绝大多数核电站也采用此种堆型。

轻水堆型核电站又可分为沸水堆型核电站和压水堆型核电站两种。

① 沸水堆型核电站。这种核电站中的水既作为慢化剂又作为冷却剂在反应堆内直接沸腾。沸水堆核电站的工作流程是:冷却剂(水)从堆芯下部流进,沿堆芯上升的过程中,从燃料棒得到热量,使冷却剂变成了蒸汽和水的混合物,经过汽水分离器和蒸汽干燥器后,分离出蒸汽来推动汽轮发电机组发电,因此,沸水堆只有一个回路,省去了容易发生泄漏的蒸汽发生器,因而结构显得简单。

沸水堆由压力容器及其中间的燃料元件、十字形控制棒和汽水分离器等组成。汽水分离器在堆芯的上部,它的作用是把蒸汽和水滴分开,防止水进入汽轮机,避免造成汽轮机叶片损坏。沸水堆所用的燃料和燃料组件与压水堆相同。它只有一个回路,水在反应堆内受热变为蒸汽,直接用来推动汽轮机、带动发电机发电。沸水堆型的回路设备少,且几乎不会发生失水事故,比压水堆更经济,更能适应外界负荷变化的需要。但其带放射性沾染的水蒸气直接进入汽轮机组,使机组维修困难,检修时停堆时间长,从而影响核电站的有效运行;此外,水沸腾后,密度降低,慢化作用减弱,因此所需核燃料比同功率的压水堆多,其堆芯体积和外壳直径相应增大。同时,气泡密度在堆内变化,容易引起功率不稳定,使控制复杂化。由于上述种种因素,沸水堆型核电站的建造数量不断减少。

② 压水堆型核电站。这种核电站用普通水作为慢化剂和冷却剂,堆中的水在反应堆内不沸腾。其工作原理详见 3.3.3 节。我国的核电站建设近期以压水堆型核电站为主,已建成的秦山核电站和大亚湾核电站,均为压水堆型核电站。

(4)重水堆型核电站。反应堆将重水(含氘)作为慢化剂和冷却剂,将天然铀作为燃料。此种反应堆的燃料成本较低,但重水的成本较贵。加拿大大力发展此种堆型的核电站。我国秦山三期核电厂也采用此类反应堆。

(5)快中子增殖型核电站。反应堆不用慢化剂,堆内绝大部分是快中子,容易被反应堆周围的铀-238 所吸收,使铀-238 变为可裂变的钚-239。此种反应堆可在 10 年左右使核燃料钚-239 比初装入量增殖 20% 以上,提高了铀资源的利用率,但其初期投资费用高。

2. 核电站的特点

1) 消耗的燃料少

核电站只需消耗很少的核燃料,就能产生大量的电能。例如,一座功率为 10^7kW 的火力发电厂每年要耗煤 $(3\sim4)\times10^7\text{t}$,而相同功率的核电站每年只需核燃料 $30\sim40\text{t}$,这就大大减少了燃料的运输。

2) 成本低

虽然铀燃料的开发和提炼比煤的开采要复杂得多,但是最后核算下来的成本仍然要比火力发电站低 20% 以上。所以世界上很多国家都在大力发展核电站。到 1989 年,全世界运行中的核电站已有 434 座,总装机容量约 $3.2\times10^9\text{kW}$,发电量占全世界总发电量的 17%,核能将成为 21 世纪的主要能源之一。

3.3.5 核电站-安全保障系统

为了保护核电站工作人员和核电站周围居民的健康,核电站必须始终坚持"质量第一、安全第一"的原则建立核电站的安全防护措施,用来确保核电站安全及进行环境保护,防止放射性物质逸出。

按照纵深防御的原则,核电站对核燃料及有关部分设置了三道严密可靠的屏障。第一道屏障为堆芯,作为燃料包壳,包壳由锆合金管或不锈钢管制成,核燃料芯密封于包壳内。第二道屏障为压力壳,这是反应堆冷却剂压力边界,由一回路和反应堆压力容器组成。壳体是一层厚合金钢板(通常功率为 $3\times10^6\text{kW}$ 的压水堆,压力壳壁厚为 160mm;功率为 $9\times10^6\text{kW}$ 的压水堆,压力壳壁厚超过 20cm),其作用是燃料包壳密封万一损坏,放射性物质泄漏到水中,也仍然处在密封的一回路中,受到压力壳的屏障。第三道屏障为安全壳,或称反应堆厂房。它是一座顶部呈球面的预应力钢筋混凝土建筑物,其壁厚约 1m,内衬 $6\sim7\text{mm}$ 的厚钢板。一回路的设备都安装在安全壳内,具有良好的密封性能,即使在发生严重事故的情况下,如一回路管道损坏或地震等,也能确保放射性物质不致外泄,有效地防止核电站周围环境受到核放射污染。

核电站配置的外设安全系统包括如下系统。

(1) 隔离系统。用来将反应堆厂房与外部环境隔离开来,主要有自动关闭穿过厂房的各条运行管道的阀门,收集厂房内泄漏物质将其过滤后再排出厂外。

(2) 注水系统。在反应堆可能失水时,向堆芯注水,冷却燃料组件以避免包壳破裂,注入水中含有硼,用以制止核链式反应。注水系统使用压力氮气,在无电流和无人操作情况下,在一定压力下可自动注水。

(3) 事故冷却器和喷淋系统。用来冷却厂房以降低厂房的压力。在厂房压力上升时,先启动空气冷却(风机-换热器)的事故冷却器;再进一步启动厂房喷淋系统将冷水或含翻水喷入厂房,以降热和降压。

万一发生了核外泄事故,应启动应急计划。应急计划的内容主要包括:疏散人员、封闭核污染区(核反应堆及核电站)、清除核污染,以保证人身安全和环境清洁。

3.3.6 我国核电的发展

1984 年,中国大陆第一座核电站——秦山核电站破土动工,1991 年 12 月 15 日并网发电,截至 2022 年 3 月 31 日,我国共运行核电机组 54 台(不含台湾地区),装机容量为 55805.74MW(额定装机容量)。预计在 2030 年前后,中国的核能发电量有望超过美国和欧盟。其中,我国装机容量排名世界前 10 位的核电站有:红沿河核电站、福清核电厂、田湾核电厂、秦山核电站和阳江核电站。核电已经成为生活用电的一部分。

图 3-23 是红沿河核电站,位于辽宁省瓦房店市红沿河镇,是目前中国最大、世界第三大的核电站,已并网 6 台压水堆核电机组,总装机容量 $6.714 \times 10^7 \mathrm{kW}$。其中,1～4 号机组采用 CPR1000 技术,单台机组装机容量为 $1.119 \times 10^7 \mathrm{kW}$;1～2 号机组于 2013 年实现首次并网,3～4 号机组分别于 2015 年和 2016 年实现首次并网。5～6 号机组采用 ACPR1000 技术,单台机组装机容量为 $1.119 \times 10^7 \mathrm{kW}$,分别于 2021 年和 2022 年实现首次并网。

图 3-23　中国辽宁红沿河核电站

3.4　取之不尽的太阳能

3.4.1　太阳能与太阳辐射

太阳是一个炽热的气体球,其主要组成元素为氢(约 80%)和氦(约 19%)。由于太阳内部持续进行着剧烈的由氢聚变成氦的热核反应,以 $E = \Delta m c^2$(Δm 为核原料的亏损质量,c 为光速)的关系进行质能转换(1g 物质可转化为 9000J 能量),以电磁波的形式不断地向宇宙空间释放出巨大的能量,这种形式的能量称为太阳能。太阳能以可见光、红外线、紫外线等辐射到达地球,辐射到地球的太阳能通过光热转换、光电转换、光合作用转换成热能、电能、生物质能等被人类利用。根据目前太阳产生核能的速率估算,其氢的储量足够维持 600 亿年,因此太阳能可以说是"取之不尽、用之不竭"的能源。

3.4.2　太阳能电池工作原理

1. 光伏发电机理

太阳能利用的一个主要方式是根据半导体的光伏效应将太阳的辐射能直接转变为电能。也就是说,太阳能电池是利用光伏效应的原理来工作的,因此太阳能电池又称光伏电池。太阳能电池是太阳能发电技术的核心组件。

半导体对光的吸收取决于它的能带结构。当外部不向半导体提供能量时,半导体中电子充满价带,而导带中不存在电子,此时半导体不具有导电性,是绝缘体。当半导体接受太阳辐射的能量时,价带的电子获得能量并激发至导带,价带本身称为带正电荷的空穴,这些传导电流的介质统称为光载流子。

太阳能电池是一种以半导体 pn 结上接受太阳光照产生光伏效应为基础,直接将光能转换成电能的能量转换器。太阳能电池的光电转换过程可以概括为:当太阳光照射到太阳能电池上时,一部分被太阳能电池的表面反射掉,另一部分被太阳能电池吸收,还有少量透过太阳能电池。在被太阳能电池吸收的光子中,那些能量大于半导体禁带宽度的光子使半导体中原子的价电子受到激发,电子挣脱原子核的束缚,在太阳能电池 p 区、空间电荷区和 n 区产生大量光生电子-空穴对(也称光生载流子),这种现象称为内光电效应(在光照射下,电子从物体的表面逸出的现象是外光电效应)。因此,太阳能电池是依靠内光电效应把光能转化为电能的,实现内光电效应的条件是所吸收的光子能量要大于半导体材料的禁带宽度,即

$$h\nu \geqslant E_g \quad \text{或者} \quad \lambda \leqslant hc/E_g \tag{3-13}$$

即光子的波长只要满足了上式的要求就能产生电子-空穴对。式中,$h\nu$ 是光子能量;h 是普朗克常量;ν 是光波频率;λ 是光波波长;E_g 是半导体材料的禁带宽度。

硅太阳能电池工作原理的基础是半导体 pn 结的光生伏特效应,即光伏效应,如图 3-24 所示。当光照射到 pn 结上时,产生电子-空穴对,在半导体内部 pn 结附近生成的载流子没有被覆合而到达空间电荷区,受内部电场的吸引,电子流入 n 区,空穴流入 p 区,结果使 n 区储存了过剩的电子,p 区有过剩的空穴。它们在 pn 结附近形成与势垒方向相反的光生电场。光生电场除了部分抵消势垒电场的作用外,还使 p 区带正电,n 区带负电,在 n 区和 p 区之间的薄层就产生电动势,这就是光生伏特效应。当太阳光或其他光照射半导体的 pn 结时,就会在 pn 结的两边出现电压,称为光生电压。

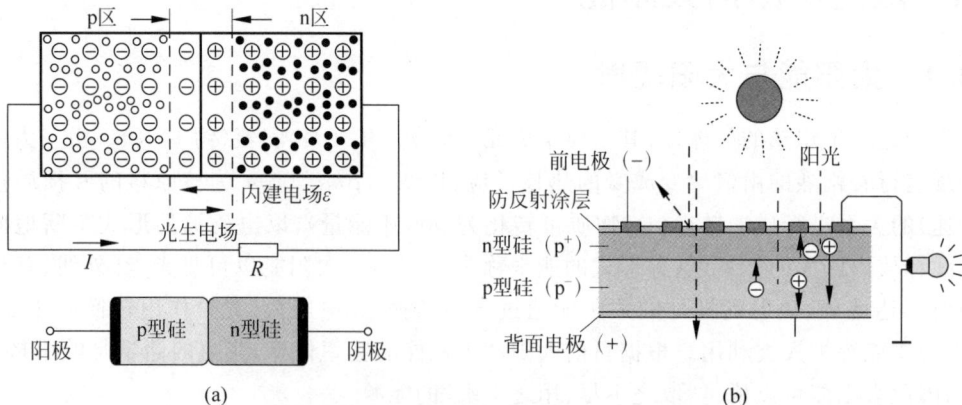

图 3-24 硅太阳能电池的工作原理和结构

(a) 工作原理;(b) 结构图

不过,在一般的半导体中,光照射产生的自由电子和空穴很快就结合在一起了,自由电子和空穴的生命周期很短。但是在 pn 结半导体中有内电场,当太阳光在 pn 结中产生电子和空穴对时,电子会在内电场的作用下,向 n 型半导体中移动,同样地,空穴向 p 型半导体中

移动。此时,如果 pn 结两端接通导线,电路中就可以产生电流了。

为了增加电荷的积累量,需要加大 pn 结的受光面积,在制作电极时,将电极做成栅线,一方面要尽量减少电极对光线的遮挡,另一方面要能尽量多地收集电荷。

2. 太阳能电池的电流方程

有光照时,pn 结内将产生一个附加电流(光电流)I_p,其方向与 pn 结反向饱和电流 I_0 相同,一般 $I_p > I_0$。根据二极管的电流方程 $I_F = I_0 [\exp(qU/kT) - 1]$,此时,光伏电池电流为

$$I = I_p - I_F = I_p - I_0 [\exp(qU/kT) - 1] \tag{3-14a}$$

式中,q 为电子的电荷量;U 为 pn 结正向电压降;k 为玻耳兹曼常量;T 为热力学温度。

假设 S 为光照强度,γ 为光电转换系数,即平均每个入射光子产生的电子-空穴对数。那么,光电流 $I_p = \gamma S$。根据光伏效应,光照强度大时,太阳能电池产生电荷多;光照强度小时,太阳能电池产生电荷少,电流与光强度基本成正比。这样,可以把方程(3-14a)改写为

$$I = \gamma S - I_0 [\exp(qU/kT) - 1] \tag{3-14b}$$

在光照下 pn 结有两个重要参数,分别是开路电压和短路电流。开路电压即光照下 pn 结在外电路开路时 p 端对 n 端的电压,即式(3-14b)中 $I = 0$ 时的 U 值 U_{OC},则

$$U_{OC} = \frac{kT}{q} \ln(1 + \gamma S/I_0) \equiv \frac{kT}{q} \ln(\gamma S/I_0) \tag{3-15}$$

短路电流即光照下 pn 结在外电路短路时,从 p 端流出,经过外部直通连线,从 n 端流入的电流,即式(3-14b)中 $U = 0$ 的电流值 I_{SC},则

$$I_{SC} = \gamma S \tag{3-16}$$

3.4.3 光伏发电技术与分类

1. 光伏发电系统的组成和功能

光伏发电系统由太阳能电池方阵、蓄电池组、充放电控制器、逆变器、交流配电柜、太阳跟踪控制系统等部件组成,如图 3-25(a)所示。其部分部件的功能如下:

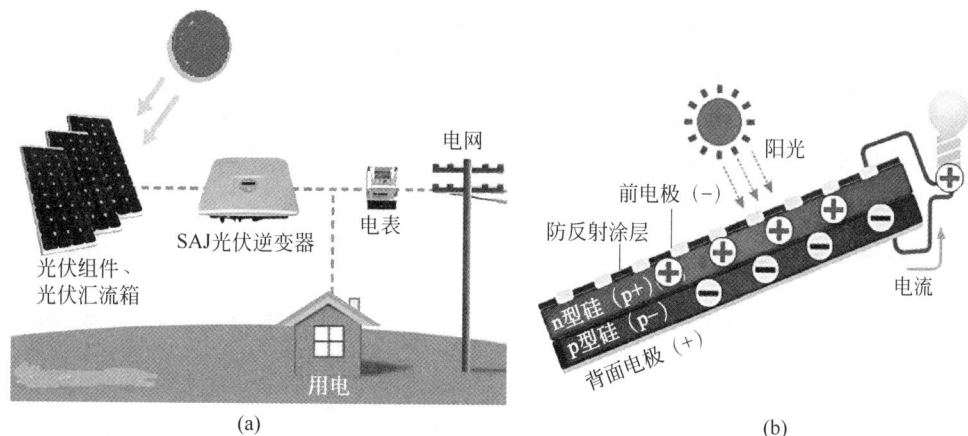

图 3-25 太阳能发电系统和硅太阳能电池组件

(a) 太阳能发电系统;(b) 硅太阳能电池组件

1）太阳能电池方阵

在有光照（无论是太阳光，还是其他发光体产生的光照）情况下，太阳能电池吸收光能，其两端出现异号电荷的积累，即产生"光生电压"，这就是"光生伏特效应"。在光生伏特效应的作用下，太阳能电池的两端产生电动势，将光能转换成电能，是一种能量转换的器件。

太阳能电池一般为硅电池，分为单晶硅太阳能电池、多晶硅太阳能电池和非晶硅太阳能电池 3 种，其组件如图 3-25(b)所示。

2）蓄电池组

其作用是储存太阳能电池方阵受光照时产生的电能并可随时向负载供电。

3）充放电控制器

它是能自动防止蓄电池过充电和过放电的设备。由于蓄电池的循环充放电次数及放电深度是决定蓄电池使用寿命的重要因素，因此能控制蓄电池组过充电或过放电的充放电控制器是必不可少的设备。

4）逆变器

它是将直流电转换成交流电的设备。由于太阳能电池和蓄电池是直流电源，而当负载是交流负载时，逆变器是必不可少的。逆变器按运行方式，可分为独立运行逆变器和并网逆变器。

独立运行逆变器用于独立运行的光伏发电系统，为独立负载供电。并网逆变器用于并网运行的光伏发电系统。

逆变器按输出波形可分为方波逆变器和正弦波逆变器。方波逆变器电路简单，造价低，但谐波分量大，一般用于几百瓦以下和对谐波要求不高的系统。正弦波逆变器成本高，但可以适用于各种负载。

5）跟踪系统

由于相对于某一个固定地点的光伏发电系统，一年春夏秋冬四季、每天日升日落，太阳的光照角度时时刻刻都在变化，如果太阳能电池板能够时刻正对太阳，其发电效率就可达到最佳状态。

世界上通用的太阳跟踪控制系统都需要将一年中每个时刻的太阳位置存储到 PLC（可编程逻辑控制器）、单片机或计算机软件中，也就是需要计算太阳位置以实现跟踪。由于该控制系统需要地球经纬度地区的数据和设定，因此一旦安装，就不便移动或装拆，每次移动完就必须由专业人士操作重新设定数据和调整各个参数。将加装了智能太阳跟踪仪的光伏发电系统安装在高速行驶的汽车、火车上，无论系统向何方行驶、如何调头、拐弯，智能太阳跟踪仪都能保证设备始终正对太阳。

2. 光伏发电系统分类

光伏发电系统按其应用形式可以分为 3 大类：独立光伏发电系统、并网光伏发电系统和分布式光伏发电系统。

1）独立光伏发电系统

独立光伏发电也叫作离网光伏发电，主要由太阳能电池组件、控制器、蓄电池组成，若要为交流负载供电，还需要配置交流逆变器。独立光伏电站适用于边远地区的村庄供电系统，还可作为户用电源系统、通信信号电源、阴极保护系统、太阳能路灯等各种带有蓄电池的可以独立运行的光伏发电系统。

2）并网光伏发电系统

并网光伏发电系统就是将太阳能组件产生的直流电经过并网逆变器转换成符合市电电网要求的交流电之后直接接入公共电网的发电系统,它可以分为带蓄电池的并网发电系统和不带蓄电池的并网发电系统。

带有蓄电池的并网发电系统具有可调度性,可以根据需要并入或退出电网,还具有备用电源的功能,当电网因故障停电时可紧急供电。带有蓄电池的光伏并网发电系统常常安装在居民建筑;不带蓄电池的并网发电系统不具备可调度性和备用电源的功能,一般安装在较大型的系统上。

并网光伏发电系统其中一种为集中式大型并网光伏电站,一般都是国家级电站,其主要特点是将所发电能直接输送到电网,由电网统一调配向用户供电。但这种电站投资大、建设周期长、占地面积大,还没有太大发展。另一种是分散式小型并网光伏发电系统,特别是光伏建筑一体化光伏发电系统,由于具有投资小、建设快、占地面积小、政策支持力度大等优点,是并网光伏发电系统的主流。

3）分布式光伏发电系统

分布式光伏发电系统,又称分散式发电系统或分布式供能系统,是指在用户现场或靠近用电现场配置较小的光伏发电供电系统,以满足特定用户的需求,支持现存配电网的经济运行,或者同时满足这两个方面的要求。

分布式光伏发电系统的基本设备包括光伏电池组件、光伏方阵支架、直流汇流箱、直流配电柜、并网逆变器、交流配电柜等,另外还包括供电系统监控装置和环境监测装置。其运行模式是在有太阳辐射的条件下,光伏发电系统的太阳能电池组件阵列将太阳能转换成输出的电能,经过直流汇流箱集中送入直流配电柜,再由并网逆变器逆变成交流电供给建筑自身负载,多余或不足的电力通过连接电网来调节。

3. 光伏电池的效率和衰减

可供制造光伏电池的半导体材料很多,随着材料工业的发展,光伏电池的品种将越来越多。按照制作材料分类,光伏电池分为晶体硅光伏电池、薄膜光伏电池等。其中晶体硅(硅基)光伏电池又分为单晶硅光伏电池、多晶硅光伏电池和特殊结构光伏电池等。

1）发电效率

光伏电池的发电效率是指单位面积太阳能电池板的输出功率与辐照到板上的太阳能辐射功率之比。它与光伏电池的结构和性能密切相关。表 3-1 列出了常用的光伏电池的效率和优点。

表 3-1　各种太阳能电池的效率和优点

材　　料	转换效率/%	极限效率/%	优　　点
单晶硅	19.8~21.0	30.0	性能稳定,性价比高
多晶硅	18.0~18.5	30.0	性能不如单晶硅,适合大面积生产
GaAs	23.0	—	性能稳定,价格昂贵,用于航空航天
薄膜	9~13	—	轻薄、柔性好,适合一体化生产

2) 效率衰减

晶硅光伏电池组件安装后,暴晒 50～100d,效率衰减 2%～3%,此后衰减幅度大幅减缓并稳定在每年衰减 0.5%～0.8%,20 年衰减约 20%。单晶硅光伏电池组件的衰减要小于多晶硅光伏电池组件。非晶硅光伏电池组件的衰减约低于晶硅光伏电池组件。因此,提升转化率、降低成本仍将是光伏产业未来发展的两大主题。无论是哪种方式,如果能够将转化率提升到 30% 以上,成本控制在每千瓦 5000 元以下(和水电持平),那么人类将在核聚变发电研究成功之前得到最为广泛、最清洁、最廉价的几乎无限的可靠新能源。

3.4.4　光伏发电技术的应用

光伏发电技术已经被应用于各个领域,主要有:

(1) 用户太阳能电源:①小型电源(10～100W),主要用于边远无电地区如高原、海岛、牧区、边防哨所等军民生活用电;②3～5kW 家庭屋顶并网发电系统;③光伏水泵:解决无电地区的深水井抽水用于饮用、灌溉。

(2) 交通领域如航标灯、交通/铁路信号灯、交通警示/标志灯、宇翔路灯、高空障碍灯、高速公路/铁路无线电话亭、无人值守道班供电等。

(3) 通讯/通信领域:如太阳能无人值守微波中继站、光缆维护站、广播/通信/寻呼电源系统、农村载波电话光伏系统、小型通信机、野外 GPS 供电等。

(4) 石油、海洋、气象领域:如石油管道和水库闸门阴极保护太阳能电源系统、石油钻井平台生活及应急电源、海洋检测设备、气象/水文观测设备等。

(5) 家庭灯具电源:如庭院灯、路灯、手提灯、野营灯、登山灯、垂钓灯、黑光灯、割胶灯、节能灯等。

(6) 光伏电站:如 10kW～50MW 独立光伏电站、风光互补电站、各种大型停车场充电站等。

(7) 太阳能建筑:将太阳能发电与建筑材料相结合,使得大型建筑实现电力自给,是未来一大发展方向。

(8) 其他领域包括:①与汽车配套:如太阳能汽车/电动车、电池充电设备、汽车空调、换气扇、冷饮箱等;②太阳能制氢加燃料电池的再生发电系统;③为海水淡化设备供电;④为卫星、航天器、空间站等供电。

图 3-26 是中国宁夏腾格里光伏电站,它位于腾格里沙漠中,占地 43 平方千米,光伏电站装机容量为 1547MW,是目前中国最大、世界第三大的光伏电站。该光伏电站和沙漠治理、节水农业相结合,成功开创了全国乃至全世界沙漠光伏并网电站的先河。为了节约用地,光伏电池板下面还种植了枸杞,以增加经济收入,帮助贫困人口。

图 3-26　腾格里光伏电站

图 3-27 是太阳能电池板分别在汽车、帆板和飞翔器等交通工具上的应用。

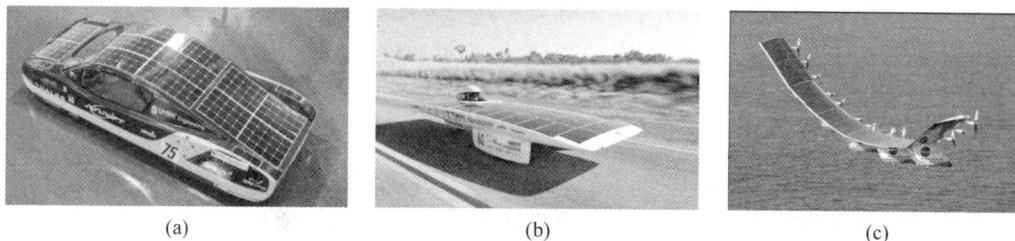

(a)　　　　　　　　　　　(b)　　　　　　　　　　　(c)

图 3-27　太阳能电池板在交通工具中的应用

（a）太阳能汽车；（b）太阳能帆板；（c）太阳能飞翔器

3.4.5　太阳能热水器工作原理

太阳能热水器把太阳能转换为热能，将水从低温加热到高温，以满足人们在生活、生产中对热水的使用需求。太阳能热水器按结构形式分为真空管式太阳能热水器和平板式太阳能热水器。其中，真空管式太阳能热水器占绝大部分，占据国内 95% 的市场份额。真空管式家用太阳能热水器由集热管、储水箱及支架等相关附件组成。其中，集热管是把太阳能转换成热能的主要装置。集热管利用热水上浮冷水下沉的原理，使水产生微循环而传递热量，以获得所需的热水。

1. 太阳能热水器工作原理

图 3-28 是太阳能热水器的组成结构及其工作流程，其中集热板是关键部件，它实际上是真空集热管阵列。系统主要组成结构如下。

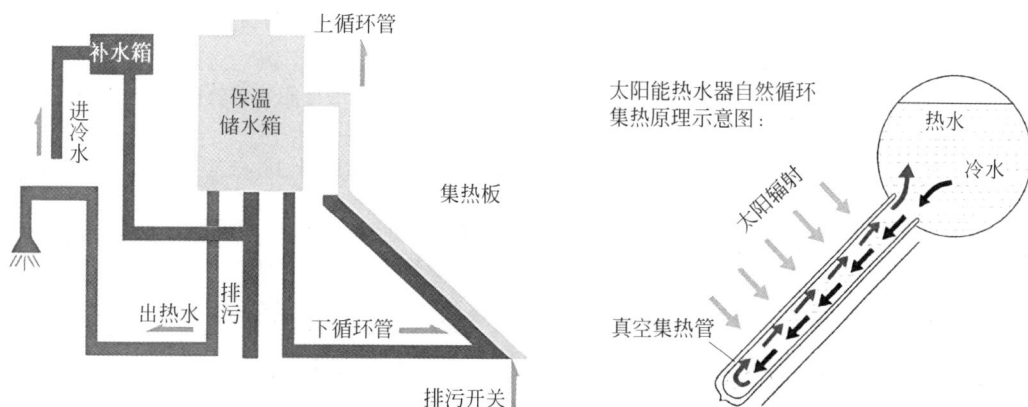

图 3-28　太阳能热水器的组成结构及其工作流程

1）吸热部件

吸热部件由真空集热管或平板式集热板组成。真空管式太阳能热水器的工作原理是：首先太阳辐射透过真空管的外管，然后被集热镀膜吸收后沿内管壁传递到管内的水，此时水受热而导致温度逐渐升高、密度逐渐减小，从而水不断上升，形成一个向上的动力，构成一个热虹吸系统。随着热水的不断上移并储存在储水箱上部，同时温度较低的水沿管的另一侧不断补充,如此循环往复,最终使整个储水箱内的水都升高至一定的温度。

平板式集热太阳能热水器的工作原理是:其中介质在集热板内因热虹吸自然循环,随后将太阳辐射热量及时传送到水箱内,同时介质也可通过泵循环实现热量传递,因此就有源源不断的能量来保持水温的稳定。

2) 循环管路

直插式结构的真空管式太阳能热水器通过重力的作用提供动力;然而,平板式太阳能热水器则通过自来水的压力提供动力。不过这两种太阳能集中供热系统均采用泵循环。由于太阳能热水器集热面积不大,考虑到热能损失,一般不采用管道循环。

2. 系统工作

1) 温差控制

当太阳能热水器吸收太阳能辐射后,在太阳能热水器中的集热器温测器和水温感应器促使集热管温度上升,然后当集热器温度和水箱温度水温差到达设定值 ΔT 时,检测系统发出指令,循环泵将中央热水器中的冷水输入集热器中,当冷水被加热后又再次回到水箱中,从而使水箱内的水达到设定的温度。

2) 地暖管道循环系统

这个系统以增加热水循环泵作为不同点,然后通过控制器更好地控制地暖管道循环。当水温达到设定温度时,自动启动地暖循环泵,使高温水通过地暖盘管在室内循环,从而使室内温度不断提高。当水箱水温开始低于某一设定值时,地暖管道循环泵自动停止工作。

参考文献

[1] 张宇,崔超然,杨倩,等.北太平洋北部的风能输入门户[J].海洋学报,2021,43(3):40-47.

[2] 陈刚.新能源发电并网控制策略研究[J].装备制造技术,2014(11):247-249.

[3] 梁红,魏科,马骄.我国西北大规模太阳能与风能发电场建设产生的可能气候效应[J].气候与环境研究,2021,26(2):124-142.

[4] 杨先华.基于太阳能循环的水利枢纽梯级调度发电最大负荷概率预测[J].电气自动化,2021,43(3):48-50.

[5] 大水力发电机组转轮在三峡坝区启运[EB/OL].(2012-12-28)[2023-12-01].中华人民共和国商务部网站.

[6] 李鸿鹏,孙小凯,李林蔚.欧洲能源危机对我国发展核能带来的启示[J].中国能源,2022,44(9):57-68.

[7] 夏梦蝶,夏芸,江林.俄罗斯国家原子能公司科技创新管理模式[J].全球科技经济瞭望,2017,32(2):70-76.

[8] 刘海军,陈晓丽.国内外核燃料后处理技术研究现状[J].节能技术,2021,39(4):358-362.

[9] 房勇汉,刘达,李林蔚,等.第四代核能系统发展现状分析与对策建议[J].产业与科技论坛,2022,21(23):19-20.

[10] 晁颖,金烨,朱晶亮,等.考虑光伏发电出力不确定性的年度最大负荷概率预测[J].广东电力,2018,31(9):83-89.

[11] 国家能源局.2022年全国电力工业统计数据[EB/OL].(2023-01-18)[2023-12-01].

第4章 纳米科技与锂离子电池

纳米材料是以纳米尺度(1～100nm)的物质单元为基本构筑基元,通过可控自组装或外延生长方式构建的一种新的功能体系。以该体系为基础的纳米科技是当前从纳米材料领域派生出来的含有丰富科学内涵的一个重要科学分支。由于纳米材料具有许多奇特的物理性质和化学性质且它的结构和下一代量子结构器件密切相关,因此,研制各种纳米功能材料、探索纳米结构与奇特的物理性质和化学性质的关系,开发纳米材料和结构的应用已经成为当今材料科学与量子器件的重要发展领域。本章将首先介绍纳米材料和它的结构,然后重点介绍纳米材料在锂离子电池中的应用。

4.1 纳米技术概述

纳米材料是指在三维空间中至少有一维处在纳米尺度范围(1～100nm)或将它们作为基本单元构成的固体材料。这是指纳米晶体粒表面原子数与总原子数之比随粒径变小而急剧增大后所引起的性质上的变化。例如,粒子直径为 10nm 时,微粒包含 4000 个原子,表面原子占 40%;粒子直径为 1nm 时,微粒包含有 30 个原子,表面原子占 99%。

纳米技术(nanotechnology)是指用单个原子、分子制造物质的技术。纳米技术是以许多现代先进制造技术为基础的高新技术,它是现代科学(混沌物理、量子力学、介观物理、分子生物学)和现代技术(计算机技术、微电子和扫描隧道显微镜技术、核分析技术)结合的产物。纳米技术又将引发一系列新的科学技术,例如纳米电子学、纳米材料学、纳米机械学等。

4.1.1 纳米材料与技术的发展概要

1. 纳米材料发展的三个阶段

20 世纪 70 年代,科学家已成功制备了纳米颗粒材料;20 世纪 80 年代初,德国科学家 Gleiter 提出纳米晶体材料的概念,并采用人工制备首次获得纳米晶体;1987 年,美国阿贡国家实验室 Siegles 等采用惰性气体蒸发原位加压的方法,制备了纳米量级 TiO_2 陶瓷材料。到 20 世纪 90 年代,人工制备的纳米材料已达百种以上。根据纳米材料的研究内涵和特点,可以把纳米材料的发展大致划分为三个阶段。

第一阶段(1990 年以前):主要是在实验室探索用各种方法制备各种纳米尺度颗粒粉体或合成块体,研究评估表征的方法,探索纳米材料不同于普通材料的特殊性能;研究对象一般局限在单一材料和单相材料,国际上通常把这种材料称为纳米晶或纳米相材料。

第二阶段(1990—1994 年):人们关注的热点是如何利用纳米材料已发掘的物理特性

和化学特性,设计纳米复合材料,探索复合材料的合成和物性一度成为纳米材料研究的主导方向。

第三阶段(1994年至今):纳米组装体系、人工组装合成的纳米结构材料体系正在成为纳米材料研究的新热点。国际上把这类材料称为纳米组装材料体系或者纳米尺度的图案材料。它的基本内涵是以纳米颗粒以及由它们组成的纳米丝、管为基本单元在一维、二维和三维空间组装排列成具有纳米结构的体系。

2. 纳米技术的发展概要

1993年,第一届国际纳米技术大会(international nanotechnology conference,INTC)在美国波士顿召开,会议首次系统性地将纳米技术划分为六大分支:纳米物理学、纳米生物学、纳米化学、纳米电子学、纳米加工技术和纳米计量学,促进了纳米技术的发展。纳米技术一般指纳米量级($1\sim100nm$)材料结构构建及其设计、制造、测量、控制、应用产品的技术,主要包含下列四个方面。

(1) 纳米材料。当物质达到纳米尺度(即$1\sim100nm$)以后,物质的性能就会发生突变而具有某些特殊性能。这种由既不同于原来组成的原子、分子,也不同于宏观的物质的特殊性能构成的材料,即为纳米材料。如果仅仅是尺度达到纳米量级,而没有特殊性能的材料,也不能叫纳米材料。

(2) 纳米动力学。主要研究微机械和微电机(或统称微机电系统(MEMS)),用于有传动机械的微型传感器和执行器、光纤通信系统、特种电子设备、医疗和诊断仪器等,用的是一种类似于集成电器设计和制造的新工艺。它的特点是部件很小,刻蚀的深度往往要求仅数十至数百微米,且宽度误差很小。利用这种工艺可制作三相电动机、超快速离心机或陀螺仪等。在研究方面,用于检测准原子尺度的微变形和微摩擦等。它具有很大的潜在科学价值和经济价值。理论上讲,可以使微电机和检测技术达到纳米量级。

(3) 纳米生物学和纳米药物学:研究内容如在云母表面用纳米尺度微粒的胶体金固定DNA的粒子,在二氧化硅表面的叉指形电极做生物分子间互作用的实验,磷脂和脂肪酸双层平面生物膜,DNA的精细结构等。利用纳米技术的自组装方法在细胞内放入零件或组件使之构成新的材料。新的药物,即使是微米粒子的细粉,也大约有半数不溶于水,但如粒子为纳米尺度(即超微粒子),则可溶于水。

在纳米生物技术方面,可用纳米材料制成具有识别能力的纳米生物细胞,吸收变异细胞的生物医药注入人体内用于定向杀害变异细胞。

(4) 纳米电子学:研究内容包括基于量子效应的纳米电子器件、纳米结构的光/电性质、纳米电子材料的表征,以及原子操纵和原子组装等。当前电子技术发展的一个趋势是,要求器件和系统的尺寸更小、响应速度更快,单个器件的功耗更小。

总之,纳米技术正成为各国科技界所关注的焦点,正如钱学森院士所预言的那样:"纳米左右和纳米以下的结构将是下一阶段科技发展的特点,会是一次技术革命,从而将是21世纪的又一次产业革命。"

4.1.2 纳米材料的特性

纳米材料具有一些与常规材料不同的特性。主要包括以下4个方面。

1. 表面与界面效应

表面效应是指纳米粒子表面原子数与总原子数之比,是随粒径的变小而急剧增大后所引起材料的性质变化。表 4-1 给出了纳米粒子尺寸与表面原子数的关系。

表 4-1 纳米粒子尺寸与表面原子数的关系

粒径/nm	包含的原子数/个	表面原子所占比例/%	粒径/nm	包含的原子数/个	表面原子所占比例/%
20	2.5×10^5	10	2	2.5×10^2	80
10	3.0×10^4	20	1	30	99
5	4.0×10^2	40			

由表 4-1 可见,粒径的减小,表面原子所占比例迅速增加。另外,随着粒径的减小,纳米粒子的表面积、表面能都迅速增加。这主要是粒径越小,处于表面的原子所占比例越大。表面原子的晶体场环境和结合能与内部原子不同。表面原子周围缺少相邻的原子,有许多悬空键,具有不饱和性质,易与其他原子结合而稳定下来,因而表现出较强的化学性和催化活性。

由纳米微粒制成的纳米固体,它不同于长程有序的晶态固体,也不同于长程无序短程有序的非晶态固体,而是处于一种更无序的状态。格莱特认为,这类固体的晶界有"类气体"的结构,具有很高的活性和可移动性。从结构组成上看,它是由两种组元构成的,一种是具有不同取向的晶粒构成的颗粒组元,另一种是具有完全无序结构且各不相同的晶界构成的界面组元。由于颗粒尺寸小,因此界面组元占据了可以与颗粒组元相比拟的体积百分数,例如,当颗粒粒径为 5~50nm 时构成的纳米固体,界面组元所占体积百分数为 30%~50%。晶体界面对晶体材料的许多性能有重大的影响,例如,材料的热学、电学、力学和磁学等性能很大程度上取决于原子间的相邻状态。

由于纳米固体的界面与通常的晶粒材料有很大的不同,界面组元的增加会使纳米固体中的界面自由能大大增加,从而使得界面的离子价态、电子运动传递等与结构有关的性能发生了相当大的变化,这种变化称为纳米固体的界面效应。

2. 小尺寸效应与量子尺寸效应

当物质尺度小到与光波波长、德布罗意波长及超导态的相干长度或透射深度等物理特征尺寸相当或更小时,其周期性的边界条件被破坏,导致表面原子占比超过 50%,引发磁性、内压、光吸收、热阻、化学活性、催化性及熔点等性质发生突变。这种由维度缩减而产生的表面效应与量子限域效应统称为纳米粒子的体积效应,纳米材料几个方面的效应及其多方面的应用均基于其体积效应。例如,纳米银的熔点为 373K,而银块的熔点则为 1234K;纳米铁的抗断裂应力比普通铁高 12 倍,此特性为粉末冶金工业提供了新工艺;基于表面等离子共振频移与颗粒尺寸的关联性,可以精准调控纳米颗粒的尺寸,可有效调节材料的吸收峰位移,进而制造出特定频宽的微波吸收纳米材料,这类材料在电磁屏蔽、隐形飞机涂层等领域具有广阔的应用前景。

当粒子尺度达到纳米量级时,需要用量子力学来计算处理。粒子尺度下降到一定值时,费米能级接近的电子能级由准连续能级变为分立能级的现象称为量子尺寸效应。日本科学家 Kubo 基于金属电子模型,推导出金属超微粒子的能级间距为

$$\Delta E = \frac{4}{3} \cdot \frac{E_F}{N} \qquad (4\text{-}1)$$

式中,E_F 为费米势能;N 为微粒中的原子数。当能级间距大于热能、磁能、静电能、静磁能、光子能或超导态的凝聚能时,纳米材料将呈现量子效应,进而使其磁、光、声、热、电、超导性发生变化。例如,某类金属纳米粒子具有极强的光吸收能力,在 1.1365kg 水里只要放入质量分数为 0.1% 的这种粒子,水就会变得完全不透明。

由式(4-1)可知,当宏观物体的 N 趋向于无穷大时,能级间距趋向于零。而纳米粒子因为原子数有限,N 值较小,导致 ΔE 有一定的值,即能级间距发生分裂。随着尺寸的减小,半导体纳米粒子的电子态会从固体材料的连续能带转变为具有分立结构的能级,这在吸收光谱上表现为从无结构的宽吸收带转变为具有特征结构的吸收谱。纳米粒子中处于分立的量子化能级中的电子的波动性赋予其一系列特性,如高的光学非线性、特殊的催化和光催化性质等。

3. 宏观量子隧道效应

微观粒子具有贯穿势垒的能力称为隧道效应。研究发现,一些宏观量,例如,微颗粒的磁化强度、量子相干器件的磁通量以及电荷等亦具有隧道效应,它们可以穿越宏观系统的势垒而产生变化,这种现象称为宏观量子隧道效应。这一概念可用于定性解释诸如超细镍微粒在低温下保持超顺磁性等物理现象。

4. 介电限域效应

纳米粒子的介电限域效应因相对微弱,因而往往不被注意。然而,实际样品粒子被空气、聚合物、玻璃或溶剂等介质所包围,而这些介质的折射率普遍低于无机半导体。当光照射时,由于介质与纳米半导体间的折射率差异形成界面,致使邻近纳米半导体表面的区域、纳米半导体表面甚至纳米粒子内部的场强显著高于入射光强。这种局部的场强效应,对半导体纳米粒子的光学及非线性光学特性有直接的影响。在无机-有机杂化材料以及多相反应体系中,介电限域效应对反应过程和动力学性能有重要影响。

除上述物理化学特性外,相较于宏观物质,纳米材料在力学、光催化性能、储氢性能、烧结性能和热学性质等方面也展现出独特性能。同时,由于晶粒尺度减小到纳米量级,材料的强度和硬度随粒径的减小而增大。具体而言,纳米材料所具有的特性还表现在:高硬度与强可塑性;高比热和热膨胀;高导电率和扩散性;高磁化率和高矫顽力。此外,在熔点、蒸气压、相变温度、烧结行为、超导性能等方面也表现出与宏观晶体材料显著不同的特殊性能。

4.1.3 纳米材料的分类与制备

纳米材料又称超微颗粒材料,由纳米粒子(nano particle)组成。纳米粒子也叫超微颗粒,一般是指尺度在 1~100nm 的粒子,其处在原子簇和宏观物体交界的过渡区域。从微观和宏观的视角来看,这类系统既非典型的微观系统,亦非典型的宏观系统,而是一种典型的介观系统,具备表面效应、小尺寸效应和宏观量子隧道效应。当宏观物体被细化成超微颗粒

（纳米量级）后,会呈现出许多奇异的特性,其光学、热学、电学、磁学、力学以及化学方面的性质和大块固体时相比,将会有显著的不同。

纳米结构是以纳米尺度的物质单元为基础,按一定规律构建的一种新型体系。它主要包括纳米阵列体系、介孔组装体系和薄膜嵌镶体系。对纳米阵列体系的研究聚焦于金属纳米微粒或半导体纳米微粒在绝缘的衬底上有序排列所形成的二维体系上。而介孔组装体系由于微粒本身的特性以及与基体界面耦合所产生的新效应,也使其成了研究热点;按照其中支撑体的种类,可将它分为无机介孔复合体和高分子介孔复合体两大类;按照支撑体的状态,又可将它分为有序介孔复合体和无序介孔复合体。在薄膜嵌镶体系中,对纳米颗粒膜的研究主要围绕基于体系的电学和磁学特性展开。例如,美国科学家利用自组装技术将几百只单壁碳纳米管组成晶体索"Ropes",这种晶体"索"具有金属特性,室温下电阻率低于 $0.0001\Omega/m$;将纳米三碘化铅组装到尼龙-11 材料表面后,在 X 射线照射下展现出光电导性能,这种性能为数字射线照相技术的发展奠定了基础。

1. 材料分类

纳米材料大致可分为纳米粉末、纳米纤维、纳米膜、纳米块体等四类。其中纳米粉末开发时间最长、技术最为成熟,是生产其他三类产品的基础。

（1）纳米粉末

纳米粉末又称为超微粉或超细粉,一般指粒度在 100nm 以下的粉末或颗粒,是一种介于原子、分子与宏观物体之间处于中间物态的固体颗粒材料。其可用作高密度磁记录材料、吸波隐身材料、磁流体材料、防辐射材料、单晶硅和精密光学器件抛光材料、微芯片导热基片与布线材料、微电子封装材料、光电子材料、先进的电池电极材料、太阳能电池材料。也可用于制造高效催化剂、高效助燃剂、敏感元件、高韧性陶瓷材料（摔不裂的陶瓷,用于陶瓷发动机等）、人体修复材料和抗癌制剂等。

（2）纳米纤维

纳米纤维是指直径为几十至几百纳米的线状材料。它是制造微导线、微光纤（未来量子计算机与光子计算机的重要元件）、新型激光或发光二极管等的材料。静电纺丝法是制备无机物纳米纤维的一种简单易行的方法。

（3）纳米膜

纳米膜分为颗粒膜与致密膜。颗粒膜是指纳米颗粒黏在一起,中间有极为细小的间隙的薄膜。致密膜指膜层致密但晶粒尺寸为纳米级的薄膜。其可用作气体催化（如汽车尾气处理）材料、过滤器材料、高密度磁记录材料、光敏材料、平面显示器材料和超导材料等。

（4）纳米块体

纳米块体是指将纳米粉末高压成型或控制金属液体结晶而得到的纳米晶粒材料,其主要用于超高强度材料和智能金属材料等。它的主要代表为纳米陶瓷。纳米陶瓷材料是利用纳米粉末对现有陶瓷进行改性的产物。通过往陶瓷中添加或生成纳米级颗粒、晶须、晶片纤维等,使陶瓷的晶粒、晶界以及它们之间的结合都达到纳米尺度,从而大幅提升材料的强度、韧性和超塑性。它克服了工程陶瓷的许多不足,并对材料的力学、电学、热学、磁光学等性能产生重要影响,为代替工程陶瓷的应用开拓了新领域。

2. 纳米材料的制备方法

（1）物理方法。主要有：①惰性气体下蒸发凝聚法。在惰性气体环境中，使材料蒸发形成具有清洁表面的原子或分子，它们在气体中冷却凝聚形成纳米颗粒，这些颗粒经高压成形可得到纳米固体材料，对于纳米陶瓷，还需要进一步烧结。国外用上述惰性气体蒸发和真空原位加压方法已研制成功多种纳米固体材料，包括金属和合金、陶瓷、离子晶体、非晶态和半导体等纳米固体材料。我国也成功地利用此方法制成金属、半导体、陶瓷等纳米材料；②机械粉碎法，包括机械粉碎、高能球磨和高速气流粉碎，是指通过机械力将大块材料粉碎成纳米级颗粒；③气相沉积法，包括热蒸发法、等离子体蒸发沉积、离子溅射法等。

（2）化学方法。主要有：水热法，包括水热沉淀、合成、分解和结晶法，适宜制备纳米氧化物；水解法，包括溶胶-凝胶法、溶剂挥发分解法、乳胶法和蒸发分离法等。综合方法，结合物理气相法和化学沉积法所形成的制备方法。

4.2　典型的纳米材料与器件

4.2.1　纳米磁性材料

纳米磁性材料的尺寸线度为纳米量级，具有十分特别的磁学性质，如具有单磁畴结构和较高的矫顽力，用它制成的磁记录材料不仅呈现出良好的音质、清晰的图像和较好的信噪比，而且记录密度比 $\gamma\text{-}Fe_2O_3$ 高几十倍。具有超顺磁性的强磁性纳米颗粒还可制成磁性液体，广泛应用于电声器件、阻尼器件、旋转密封及润滑和选矿等领域。

1988 年 Baibich 等首次在纳米 Fe/Cr 多层膜里发现磁电阻变化率达到 50%，与一般的坡莫合金相比，该变化率要大得多，并且是负值的，且为各向同性，具有巨磁阻（gaint magnetoresistance，GMR）效应。磁电阻是指导体在磁场中电阻的变化，通常用电阻变化率 $\Delta r/r$ 描述。研究发现，一般金属导体的 $\Delta r/r$ 很小，只有约 0.00001%；对于磁性金属或合金材料（例如坡莫合金），$\Delta r/r$ 可达 3%～5%。所谓巨磁电阻材料，是指某些磁性或合金材料的磁电阻在一定磁场作用下急剧减小，而电阻变化率急剧增大的特性，一般而言，其增大的幅度比通常的磁性与合金材料的磁电阻约高 10 倍。

随着对 GMR 效应研究的深入，科研人员用巨磁阻材料替换原先磁隧道结中的铁磁层，实现了隧道磁阻效应（tunnel magnetoresistance，TMR）。量子隧道效应是基本的量子现象之一，具体表现为当微观粒子的总能量小于势垒高度时，该粒子仍能穿越这一势垒。按经典理论，粒子为脱离此能量的势垒，必须从势垒的顶部越过。但由于量子力学中的量子不确定性，时间和能量为一组共轭量，在很短的时间中（即时间很确定），能量的不确定性增大，从而使粒子看起来像是从"隧道"中穿过了势垒。下面介绍 TMR 效应。

如图 4-1(a)所示，磁隧道结（MTJs）的一般结构为铁磁质层/非磁绝缘层/铁磁质层（FM/I/FM）的三明治结构。在饱和磁化状态时，两铁磁质层的磁化方向互相平行，而通常两铁磁质层的矫顽力不同，因此反向磁化时，矫顽力小的铁磁质层磁化强度矢量首先翻转，使得两铁磁质层的磁化方向变成反平行。电子从一个磁性层隧穿到另一个磁性层的隧穿概率与两磁性层的磁化方向有关。

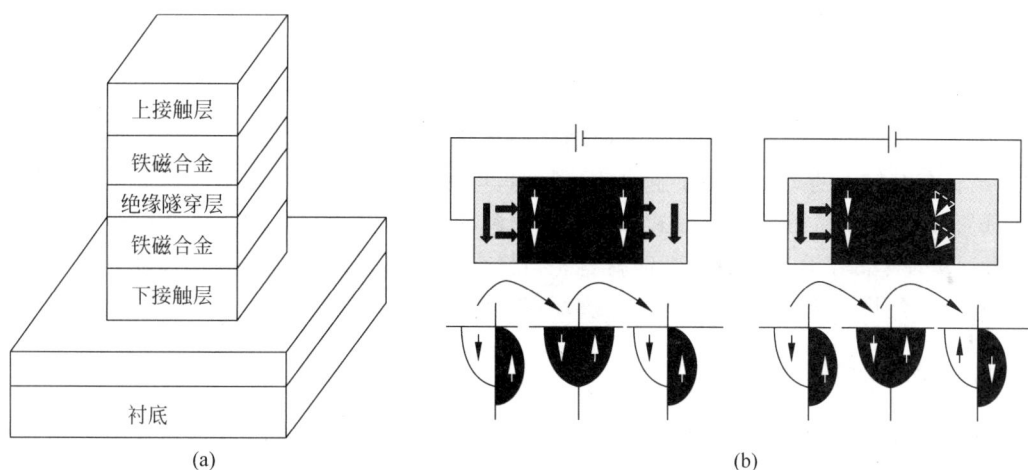

图 4-1　磁隧道结及其 TMR 效应

(a) 磁隧道结；(b) TMR 效应的产生机理

若两铁磁质层的磁化方向互相平行,则在一个铁磁质层中,多数自旋子能带的电子将进入另一铁磁质层中多数自旋子能带的空态,少数自旋子能带的电子也将进入另一铁磁质层中少数自旋子能带的空态,总的隧穿电流较大;若两铁磁质层的磁化方向反平行,情况则刚好相反,即在一个铁磁质层中,多数自旋子能带的电子将进入另一铁磁质层中少数自旋子能带的空态,而少数自旋子能带的电子也将进入另一铁磁质层中多数自旋子能带的空态,这种状态的隧穿电流比较小。因此,隧穿电导随着两铁磁质层磁化方向的改变而变化,磁化强度矢量平行时的电导高于反平行时的电导。通过施加外磁场可以改变两铁磁质层的磁化方向,从而使得隧穿电导发生变化,导致 TMR 效应的出现。

磁隧道结中两铁磁质层电极的自旋极化率定义为

$$P = \frac{N_\uparrow - N_\downarrow}{N_\uparrow + N_\downarrow} \tag{4-2}$$

式中,$N_\uparrow$ 和 $N_\downarrow$ 分别为铁磁金属费米面处自旋向上和自旋向下电子的态密度。

隧道磁阻定义为

$$\mathrm{TMR} = \frac{2P_1 P_2}{1 - P_1 P_2} \tag{4-3}$$

式中,P_1 和 P_2 分别为两金属层的自旋极化率。在磁隧道结中,TMR 效应的产生机理是自旋相关的隧穿效应。

4.2.2　纳米陶瓷材料

与传统陶瓷相比,纳米陶瓷的晶粒尺寸极小,这使得晶粒更易在其他晶粒表面运动。因此,纳米陶瓷材料具有极高的强度和良好的韧性以及延展性,这些特性使纳米陶瓷材料可在常温或次高温下进行冷加工。如果在次高温下将纳米陶瓷颗粒加工成形,然后进行表面退火处理,就可以获得一种特殊的高性能陶瓷——其表面保持常规陶瓷材料的硬度和化学稳定性,而内部仍具有纳米材料的延展性,有效克服了传统陶瓷中晶粒不易滑动、质地脆硬、烧结温度过高的缺陷。

1. 纳米倾斜功能材料

在航天领域中应用的氢氧发动机,燃烧室的内壁需要耐受高温,其外表面要与冷却剂接触。因此,内壁宜采用陶瓷制作,外表面则要用导热性良好的金属制作。然而,块状陶瓷和金属结合存在较大的难度。为了解决这一问题,可在金属和陶瓷之间制作成分逐渐变化的过渡层。该过渡层的成分变化形式如同一个倾斜的梯子,促使金属和陶瓷能够逐步相互融合,最终实现牢固结合形成倾斜功能材料。当将金属和陶瓷纳米颗粒按其含量逐渐变化的要求进行混合并烧结成型后,就能满足燃烧室内侧耐高温、外侧导热良好的设计要求。

2. 纳米陶瓷传感器

纳米二氧化锆、纳米氧化镍、纳米二氧化钛等陶瓷对温度变化、红外线以及汽车尾气具有极高的敏感性。用它们制作温度传感器、红外线检测仪和汽车尾气检测仪,其检测灵敏度比普通的同类陶瓷传感器高得多。

4.2.3 碳纳米材料

碳元素可以形成多种单质异形体。如图 4-2 所示,由碳元素构成的三维结构的金刚石、二维片状的石墨、笼状的 C_{60} 球(富勒烯的一种)和一维的碳纳米管,这 4 种同素异形体不仅结构各异,它们的性质也有很多的差异。其中,金刚石是稀有的钻石,石墨是储量丰富的矿物,C_{60} 球和碳纳米管是两种人工合成的纳米材料。研究表明,C_{60} 和碳纳米管具有许多独特性质,隐含着广阔的应用前景。

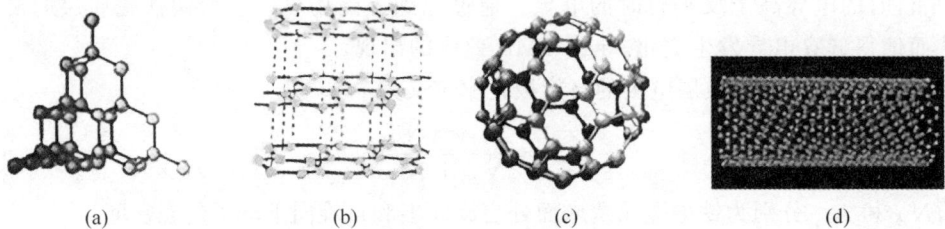

图 4-2 由碳元素形成的 4 种单质异形体
(a) 金刚石;(b) 石墨;(c) C_{60};(d) 碳纳米管

1. 富勒烯

富勒烯(Fullerene)是一类完全由碳元素组成的中空分子,其形状呈现多样化,包括球形、椭球形、柱形或管状。1985 年,科学家制备出了第一种富勒烯——C_{60} 分子(也称作[60]富勒烯)。这种分子的结构与建筑学家巴克明斯特·富勒的建筑作品很相似,故将其命名为"巴克明斯特·富勒烯"(俗称"巴克球")。值得注意的是,人们早在 1980 年之前就在透射电子显微镜下观察到这种洋葱状的结构。富勒烯并非仅存在于实验室合成环境中,在自然界和外太空中均存在富勒烯。

在数学拓扑学上,富勒烯的结构都是以五边形和六边形面组成的凸多面体。最小的富勒烯是 C_{20},具有正十二面体的几何构造。不存在具有 22 个顶点的富勒烯结构,此后符合

通式 $C_{2n}(n=12,13,14,\cdots)$ 的富勒烯均存在,所有富勒烯结构中,五边形个数固定为 12 个,六边形个数则为 $n-10$。

通过质谱分析、X 射线分析等技术手段证实,C_{60} 的分子结构为球形 32 面体,它由 60个碳原子通过 20 个六元环和 12 个五元环连接而成,是一个具有 30 个碳碳双键的足球状空心对称分子,所以,富勒烯也被称为足球烯。理论计算表明,C_{60} 的最低未占据分子轨道(LUMO)轨道为三重简并轨道,因此它理论上可接受至少六个电子,常规的循环伏安法和脉冲伏安法检测只能得到 4 个还原电势,而在真空条件下使用乙腈和甲苯的 $1:5$ 的混合溶剂可以得到呈现六个还原电势的谱图。

在固体状态下,自由的 C_{60} 分子的分立能级弥散程度较弱,导致固体中非重叠的带间隙很窄,仅约为 $0.5eV$。未掺杂的 C_{60} 固体,5 倍 hu 带构成其最高占据分子轨道(HOMO)能级,3 倍的 t1u 带为空的最低未占据分子轨道(LUMO)能级,此体系呈现带禁阻特性。但是,当 C_{60} 固体被金属原子掺杂时,金属原子会向 t1u 带注入电子或使 3 倍的 t1g 带部分占据电子,有时会使其呈现金属性质。按照 BCS 理论,$A4C_{60}$ 的 t1u 带部分占据应该表现出金属性质,但是它是一个绝缘体,这个矛盾可能用 Jahn-Teller 效应来解释,高对称分子的自发变形导致了它的兼并轨道的分裂,从而改变电子能量。这种 Jahn-Teller 型的电子-声子作用在 C_{60} 固体中非常强,以至于可以破坏特定价态的价带图案。窄带隙或强电子相互作用以及简并的基态等特性对于理解并解释富勒烯固体的超导性具有重要意义。当电子相互斥力比带宽大时,简单的 Mott-Hubbard 模型会产生绝缘的局域电子基态,这就解释了常压下铯掺杂的 C_{60} 固体是没有超导性的。而通过使用高压能减小富勒烯分子间的间距,可促使铯掺杂的 C_{60} 固体呈现出金属性和超导性。

富勒烯在诸多领域已经得到广泛应用。由于富勒烯能够亲和自由基,因此个别商家将水溶性富勒烯分散于化妆品,发挥抗氧化作用,使其成为化妆品制备中的重要抗氧化因子。在太阳能电池中,富勒烯也充当关键材料。富勒烯衍生物与卟啉、二茂铁等富电子基团通过共价或非共价方式形成多元体,用于研究分子内能量、电荷转移、光致能量。

2. 碳纳米管

1991 年,日本科学家成功制备出一种称为碳纳米管的材料,它是由许多六边形的环状碳原子组合而成的一种管状物,也存在由同轴的几根管状物嵌套形成的多层结构,且单层和多层的碳纳米管的两端常常呈封死状态。其主要结构由呈六边形排列的碳原子构成数层到数十层的同轴圆管,层与层之间保持固定的距离,约为 $0.34nm$,直径一般为 $2\sim20nm$。

研究表明,单壁碳纳米管可视为由片状石墨卷绕而成,如图 4-3(a)所示。受制造工艺的限制,碳纳米管中普遍存在大量缺陷,如原子空位缺陷(包含单原子或多原子空位)和 STW(Stone-Thrower-Wales)型缺陷等,如图 4-3(b)所示。

根据碳六边形沿轴向的不同取向卷绕方式,碳纳米管可分成扶手椅型(armchair form)、锯齿型(zig-zag form)和手性型(chiral form)三类,如图 4-4(b)所示。研究结果表明,由于锯齿型和扶手椅型碳纳米管没有手性,它们的抗张强度比钢高出 100 倍,导电率比铜还要高。碳纳米管三种类型结构特征可以用手性指数 (n,m) 与螺旋度表示,一般地,$n\geqslant m$。当 $n=m$ 时,碳纳米管为扶手椅型纳米管,手性角(螺旋角)为 $30°$;当 $n>m=0$ 时,碳纳米管为锯齿型纳米管,手性角(螺旋角)为 $0°$;当 $n>m\neq0$ 时,碳纳米管为手性型碳纳米管。

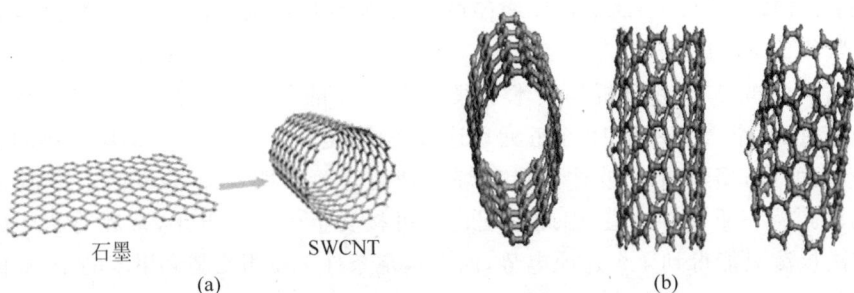

石墨　　　　SWCNT

(a)

(b)

图 4-3　由石墨片卷绕成单壁碳纳米管和含缺陷的碳纳米管

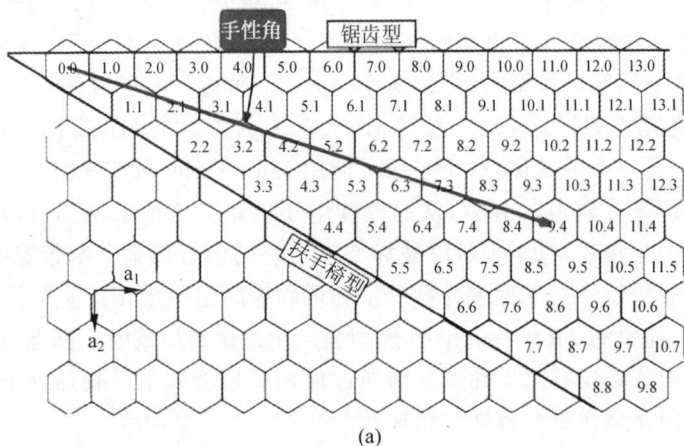

(a)

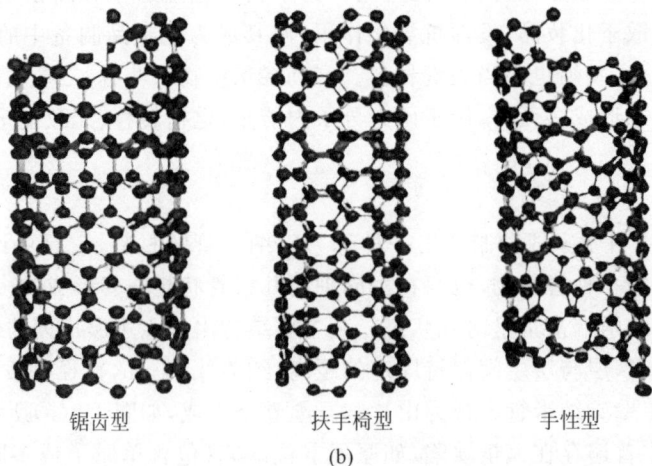

锯齿型　　　　　扶手椅型　　　　　手性型

(b)

图 4-4　不同手性的单壁碳纳米管和三种不同手性碳纳米管的理想结构模型

碳纳米管的电学性能与其结构特征紧密相关。研究表明，根据碳纳米管的导电性，可将其分为金属型碳纳米管和半导体型碳纳米管：当 $n-m=3k$（k 为整数）时，碳纳米管为金属型碳纳米管；当 $n-m=3k\pm1$，碳纳米管为半导体型碳纳米管。

在空气中将碳纳米管加热到 700℃ 左右，使管子顶部封口处的碳原子因被氧化而破坏，形成开口的碳纳米管。然后用电子束将低熔点金属（如铅）蒸发后使其凝聚在开口的碳纳米管上,由于虹吸作用,金属便进入碳纳米管中空芯部。由于碳纳米管的直径极小,因此管内形成的金属丝极为纤细,被称为纳米丝,它产生的尺寸效应是具有超导性。因此,碳纳米管与纳米丝的结合有望成为新型的超导体。

3. 碳纳米管的应用

碳纳米管在多个领域的应用已展开广泛研究和开发。具体如下:

(1) 碳纳米管可制成透明的导电薄膜,用以代替氧化铟锡(ITO)作为触摸屏材料。其制备技术是:从一团超顺排碳纳米管阵列中直接抽出薄膜,并铺在衬底上形成透明导电膜,该过程类似从棉条中抽纱线。碳纳米管触摸屏于 2007—2008 年首次被成功开发出来,并由天津富纳源创公司于 2011 年实现产业化,至今已有多款智能手机使用碳纳米管材料制成的触摸屏。

碳纳米管触摸屏中的碳纳米管具有导电异向性,管膜可形成天然内置的图形,无须光刻、蚀刻和水洗流程,制作过程较为环保节能。此外,该触摸屏还具有柔性、抗干扰、防水、耐敲击与耐刮擦等特性,可以制作曲面的触摸屏用于穿戴式装置、智慧家居等产品。

(2) 碳纳米晶体管和计算机

2021 年,由日本、中国、俄罗斯和澳大利亚的研究人员组成的国际研究小组将一种独特的工具插入电子显微镜中,成功制造出了一个宽度仅为人头发丝 1/25000 的晶体管,如图 4-5 所示。这项研究成果已发表在《科学》杂志上,充分证实了控制单个碳纳米管的电子特性是可能的。

研究人员通过对由多层组成的碳纳米管同时施加力和低电压并进行加热,使外管壳分离仅保留一个单层纳米管,从而制造出微型晶体管。在此过程中,热量和应变改变了纳米管的结构特性,碳原子连接模

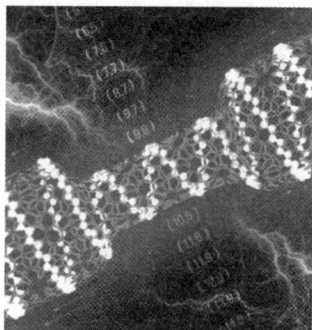

图 4-5　碳纳米晶体管(https://doi.org/ 10.1126/science.abi8884)

式被重新排列,使纳米管转变为晶体管,从而实现了通过操纵纳米管的分子特性制造纳米级电气设备。

几十年来,计算机行业一直致力于开发外形尺寸更小的晶体管,但受限于硅材料的性能瓶颈。近年来,纳米晶体管研发取得了重大进展,其尺寸非常小,数以百万计的纳米晶体管可以装在一个大头针的头部。美国工程师首次利用碳纳米管构建出计算机原型,比基于硅芯片模式的计算机在体积、运算速度和能耗方面更有优势。如果采用纳米技术来构筑电子计算机的器件,未来有望诞生"分子计算机",其便携性远超现有计算机,在材料节约和能源利用方面也将给社会带来十分可观的效益。瑞士学者瓦尼·德·米凯利教授认为,这一世界性成就有两个关键技术贡献:一是将基于碳纳米管电路的制造过程落实到位;二是建立了一个简单且有效的电路,表明碳纳米管计算机的可行性。

在碳纳米晶体管研发进程中,众多科研团队不断取得进展。2014 年,IBM 成功制备出栅长 20nm 的碳纳米管器件。2017 年,北京大学研究团队在制备栅长 5nm 的碳纳米晶体管上取得重大进展,该研究成果发表于《科学》(Science)杂志上。2019 年 8 月,麻省理工学院研制出世界上首个碳纳米管微处理器 RV16X-NANO,并在《自然》(Nature)杂志上发表相

关成果,如图 4-6 所示。

图 4-6　碳纳米管微处理器 RV16X-NANO

RV16X-NANO 基于 RISC-V 架构,其性能远超硅晶体管。在其设计过程中,研究人员发现,金属碳纳米管不同逻辑门组合存在不同的影响。例如,A 门中的一个金属碳纳米管可能会破坏 A 和 B 之间的连接,但是 B 门中的几个金属碳纳米管可能不会影响 A 和 B 之间的任何连接。为此,研究人员定制了一个芯片设计程序,自动筛选出受金属碳纳米管影响最小的组合,以确保芯片设计的稳定性。

(3) 碳纳米管的内部可以填充金属、氧化物等物质,这样碳纳米管就可以充当模具。首先用金属等物质填充至碳纳米管,再通过腐蚀去除碳层,就可以制备出纳米尺度的导线或者新型的一维材料,在未来的分子电子学器件或纳米电子学器件中得到应用。部分碳纳米管本身也可以作为纳米尺度的导线,这些微型导线可以集成于硅芯片上,用来制造更加复杂的电路。

利用碳纳米管的性质还可以制备出很多性能优异的复合材料。例如,碳纳米管增强塑料不仅力学性能优良、导电性好,还具有耐腐蚀性以及屏蔽无线电波的能力。

此外,基于碳纳米管上极小的微粒可以引起碳纳米管在电流中的摆动频率发生变化的特性,科学家发明了精度达 10^{-17} kg 的"纳米秤",能够称量单个病毒的质量,后续还研制出能称量单个原子的"纳米秤"。

4.2.4　纳米膜

2013 年,科学家研制出一种由二硫化钼晶体制成的新型二维纳米材料(见图 4-7),该材料有望为电子工业带来革命性变革。在材料学中,通常将厚度为纳米量级的晶体薄膜视为二维材料,这类材料仅有长宽两个维度,厚度可忽略不计。新研制出的二硫化钼二维纳米材料厚度仅有 11nm,具有独特的物理性质,电子在其内部能以极高速度运动。预计,若该材料被电子工业领域广泛接受,有望在 5~7 年内成为电子产品的标准材料。

另一种备受关注的二维材料是石墨烯。石墨烯的碳原子排列与石墨的单原子层雷同,是由碳原子通过 sp^2 混成轨域以蜂巢晶格排列构成的单层二维晶体。从结构上看,石墨烯可以看作由碳原子和其共价键所形成的原子尺寸网络,其名称源于英文的"graphite"(石墨)与"-ene"(烯类结尾)的组合。石墨烯被认为是平面多环芳香烃原子晶体,是人类已知的最薄材料,电子在其中能高速运动。但石墨烯存在一个关键缺陷——缺乏能隙,这导致用它制造的晶体管无法实现电流开关功能。与之不同的是,二硫化钼材料本身拥有能隙,将它制成类似石墨烯的薄片后,既支持电子高速运动,其半导体特性又适合制造晶体管。

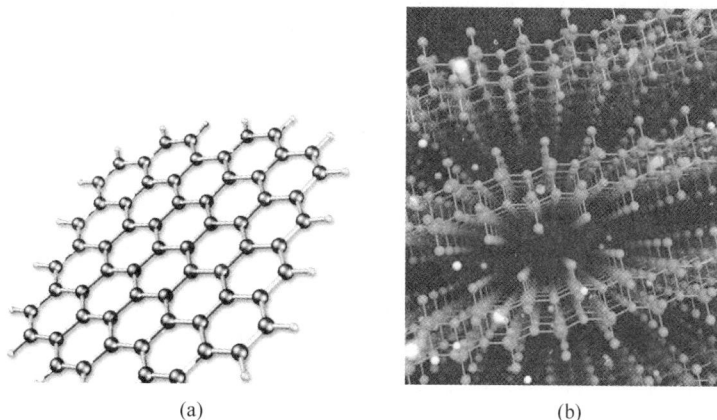

(a)　　　　　　　　　　　(b)

图 4-7　富勒烯膜和 MoS$_2$ 膜

由纳米膜制作的光学涂层(涂料),具有以下特殊的应用。

(1) 红外反射材料。科研人员用纳米 SiO$_2$ 和纳米 TiO$_2$ 微粒制备出多层干涉膜,并将其衬在有灯丝的灯泡罩的内壁。结果不但透光率好,而且有很强的红外线反射能力。

(2) 优异的光吸收材料。纳米微粒由于量子尺寸效应等特性会对某种波长的光吸收带产生蓝移现象,同时其粉体对各种波长光的吸收带呈现宽化特征。基于这两大特性,纳米微粒被广泛应用于紫外吸收材料领域。

(3) 隐身材料。由于纳米微粒的尺寸远小于红外及雷达波的波长,因此纳米微粒材料对这些波的透过率显著高于常规材料,进而大幅降低了波的反射率。而且,纳米微粒对红外光和电磁波的吸收率也比常规材料大得多,这使得红外探测器和雷达接收到的反射信号极为微弱,从而使之达到隐身的作用。

4.2.5　纳米电子技术

在过去的几十年里,技术的飞速进步使晶体管体积大大缩小,硅芯片的性能实现了成千上万倍的提升,带来了信息技术革命。但受限于硅材料自身的性质,传统半导体技术已经趋近性能极限。因此,科学家正在积极寻找新一代半导体核心材料,期望借助新材料制造出纳米尺度的晶体管,为半导体技术的持续发展开辟新路径。

将硅、砷化镓等半导体材料制成纳米材料后,具有许多优异性能。例如,纳米半导体中的量子隧道效应会使某些半导体材料出现电子输运异常现象,表现为导电率降低;同时热导率也随颗粒尺寸的减小而下降,甚至出现负值。这些特性在大规模集成电路器件、光电器件等领域发挥至关重要的作用。

利用半导体纳米粒子可以制备出光电转换效率极高的、即使在阴雨天也能正常工作的新型太阳能电池。此外,由于纳米半导体粒子受光照射时产生的电子和空穴具有较强的还原和氧化能力,因而它能氧化有毒的无机物,并降解大多数有机物,最终将其转化为无毒、无味的二氧化碳和水等物质,所以,可以借助半导体纳米粒子利用太阳能实现对无机物和有机物的催化分解。

1. 纳米电子器件

在半导体领域中,科研人员利用超晶格量子阱材料的特性成功研制出了新一代电子器件,如高电子迁移率晶体管(HEMT),异质结双极型晶体管(HBT)以及低阈值电流量子激光器等。

在半导体超薄层中,主要存在尺寸效应、隧道效应和干涉效应这三种量子效应,并且这些效应已在研制新器件时得到不同程度的应用。

(1) 在场效应管(FET)中,采用异质结构,利用电子的量子限域效应,可使施主杂质与电子空间分离,从而消除杂质散射,显著提高电子迁移率。这种晶体管,在电场下有高跨导特性,其工作频率可达到毫米波频段,同时具备极好的噪声特性。

(2) 利用谐振隧道效应制成谐振隧道二极管和晶体管。将它用于逻辑集成电路,不仅可以减小所需晶体管的数目,还有利于实现电路的低功耗和高速化。

(3) 新型光探测器的研发。在量子阱内,电子可形成多个能级,利用能级间的跃迁特性,可制成红外线探测器。

此外,以量子线、量子点结构作为激光器的有源区,比传统的量子阱激光器具有更加优越的性能。在量子隧道过程中,当电子通过隧道结时,隧道势垒两侧的电位差会发生变化,如果势垒的静电能变化幅度大于热能就会对后续电子穿过下一个隧道结起阻碍作用。基于这一原理,可开发出放大器件、振荡器件或存储器件。目前,量子微结构的制备技术大体分为微细加工和晶体生长两大类。

2. 微电子技术的主要研究方向

目前微电子技术正朝着三个方向发展。第一,增大晶圆尺寸并缩减特征尺寸。第二,集成电路向系统芯片(system on chip,SOC)方向发展。第三,微电子技术与其他领域相结合催生新产业和新学科,譬如微机电系统和生物芯片。随着微电子学与其他学科的交叉日趋深入,相关的新现象、新材料、新器件的探索也将日益增加,光子集成如光电子集成技术也在不断发展,这些研究的不断深入,彼此间的交叉融合,将是未来的研究方向。

4.2.6 纳米材料在生物医学的应用

在生物医学领域,纳米材料展现出独特的优势与广阔的应用前景。血液中红细胞的大小为 6000~9000nm,而纳米粒子的尺寸仅为几个纳米,远小于红细胞,因此它可以在血液中自由活动。如果把各种具备治疗作用的纳米粒子注入人体各个部位,不仅可以用于疾病诊断,还能开展针对性治疗,相较于传统的打针、吃药方式,其效果更加显著。

碳材料具有优良的血液相容性,在 21 世纪,人工心瓣的制造常采用在材料基底上沉积一层热解碳或类金刚石碳的方法。但是这种沉积工艺比较复杂,而且一般只适用于制备硬材料,一定程度上限制了其应用范围。

在介入性医疗器械方面,气囊和导管一般由高弹性的聚氨酯材料制备。通过把具有高长径比和纯碳原子组成的碳纳米管材料引入高弹性的聚氨酯中,能够制备出性能更为优异的纳米复合材料。这种复合材料一方面保留了其优异的力学性质和容易加工成型的特性,另一方面获得更好的血液相容性。

　　实验数据显示,这种纳米复合材料可降低血液溶血的程度和血小板的激活程度。在药物研发与生产领域,纳米技术能使药品生产过程越来越精细,并能够在纳米材料的尺度上直接利用原子、分子的排布,制造出具有特定功能的药品。纳米材料粒子的应用将使药物在人体内的传输更为方便,例如,用数层纳米粒子包裹的智能药物进入人体后,可主动识别并攻击癌细胞或修补损伤组织。此外,基于纳米技术开发的新型诊断仪器只需少量血液样本,就能通过检测其中的蛋白质和 DNA 诊断出各种疾病。通过对纳米粒子进行表面修饰,赋予其靶向性、可控释放性以及便于检测的特性,为局部病变的精准治疗提供新的方法,也为药物开发开辟了新的方向。

4.3　介孔材料

　　自然界中存在一种天然硅铝酸盐,称为沸石,其具有筛分分子、吸附、离子交换和催化等功能。人工合成的沸石也称为分子筛。根据国际纯粹化学与应用化学联合会(IUPAC)的规定,介孔材料是指孔径介于 2～50nm 的一类多孔材料。如图 4-8 所示,介孔材料具有一系列独特的性质:拥有极高的比表面积和孔体积;孔道结构呈现从一维到三维的规则有序排列;孔径分布狭窄;孔径大小连续可调。这些特性使得介孔材料在大分子的吸附、分离方面展现出比沸石分子筛更优异的性能,尤其是催化反应领域。介孔材料的有序孔道可作为"微型反应器",用于组装具有纳米尺度的"主客体材料"。得益于小尺寸效应、量子尺寸效应等,介孔材料有望在电极材料、光电器件、微电子技术、化学传感器、非线性光学材料等领域得到广泛的应用。

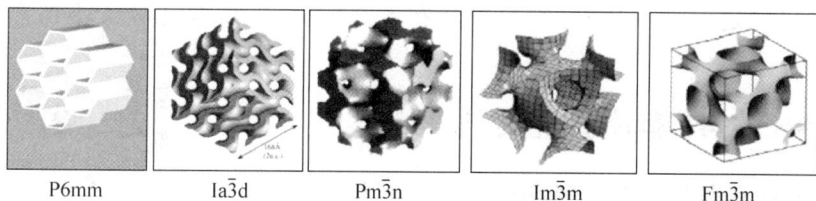

P6mm　　Ia3̄d　　Pm3̄n　　Im3̄m　　Fm3̄m

图 4-8　几种高对称性的介孔结构

4.3.1　两类介孔材料

　　介孔材料按照化学组成分类,一般可分为硅系和非硅系两大类。

　　(1) 硅系介孔材料具有孔径分布狭窄、孔道结构规则的特点,并且制备技术成熟,是当前研究的重点方向,广泛应用于催化、分离提纯、药物包埋缓释、气体传感等领域。根据组成差异,硅系介孔材料又可细分为纯硅系和杂原子掺杂两类。其中,杂原子的掺杂指通过取代骨架中硅原子位点引入异质元素(如 Al、Ti 等)。杂原子的引入会显著调控材料性能,例如,可通过改变骨架稳定性调节亲疏水性质以及赋予催化活性位点调节催化活性等。

　　(2) 非硅系介孔材料主要包括过渡金属氧化物、磷酸盐和硫化物等。由于它们一般存在着可变价态,有可能为介孔材料开辟新的应用领域,展现出硅基介孔材料所不能及的应用前景。例如,铝磷酸基分子筛材料中因部分磷被硅取代后形成的硅铝磷酸盐(silicon-

alumino phosphate，SAPOs)、架构中引入二价金属的铝磷酸盐(metal-substituted AIPOs，MAPOs)已广泛应用于吸附、催化剂负载、酸催化、氧化催化(如甲醇烯烃化、碳氢化合物氧化)等领域；内表面积大和孔容量高的活性炭，由于具有高的吸附量以及可从气液中吸附不同类型的化合物等特性，已成为主要的工业吸附剂。此外，由介孔碳制得的双电层电容器材料的电容量高于金属氧化物粒子组装后的电容量，更远高于市售的金属氧化物双电层电容器。TiO_2 基介孔材料因其具有光催化活性强、催化剂载容量高的特点，已成为当前研究热点之一。

在溶剂相合成体系中，介孔分子筛材料一般是构成分子筛骨架的无机物种，在表面活性剂的模板(templating)作用下，通过超分子自组装而形成一类有序多孔材料。最常用的合成方法为水热合成法，也有报道用微波合成、湿胶焙烧法、相转变法及在非水体系中的合成。选择无机物种的主要理论依据是 sol-gel 化学，即原料的水解和缩聚速度相当，且经过水热过程等处理后提高其缩聚程度。根据目标介孔材料的骨架组成，无机物种可以是直接加入的无机盐，也可以是水解后产生无机低聚体的有机金属氧化物，如 $Si(OEt)_4$、$Al(i-OPr)_3$ 等。

用于合成介孔分子筛材料的表面活性剂有很多种，根据亲水基电性质的不同，大致可分为以下 4 类：①阴离子型，具有带负电的极性基因；②阳离子型，具有带正电的极性基因；③非离子型，极性基团不带电；④两性型，具有两个亲水基团，一个带正电，一个带负电，如三甲基胺乙内醋(CAPB，一端是带正电的四元胺基、另一端是带负电的羧基)等。一表面活性剂的极性头与无机物种之间的界面组装作用力是不同合成体系中形成介孔分子筛的一个共同点。合成路线的多样化可以通过改变两相界面作用力的类型(如静电作用、氢键作用或配位作用)或调变其大小(如调变胶束表面电荷密度亦可以调节两相静电引力大小；调变反应温度可以调节氢键作用力大小)来实现。不同的无机物种和表面活性剂在不同的组装作用下可形成特定的合成体系，组装成具有不同结构、形貌和孔径大小的介孔分子筛材料。

4.3.2 MCM-41 有序介孔材料

1. MCM-41 有序介孔材料的特征

1992 年，Kresge 等在《自然》(*Nature*)杂志上首次报道了一种名为 MCM-41 的有序介孔材料，它是一种新型的纳米结构材料，具有孔道呈六方有序排列、大小均匀、孔径可在 2～10nm 连续调节、比表面积大等特点。

MCM-41 的合成方式与传统分子筛的最大区别是所用的模板剂不同，传统沸石或分子筛的合成是以单个有机小分子或金属离子为模板剂。以 ZSM-5 为例，其所用典型模板剂为四丙基胺离子，晶体是通过酸盐在模板剂周围的缩聚形成的，而 MCM-41 的合成则不同，它是以大分子表面活性剂为模板剂，通过超分子自组装形成非晶态骨架，模板剂的烷基链一般多于 10 个碳原子。与其他沸石材料相比，MCM-41 的骨架铝物种热稳定性相对较差，在焙烧过程中易脱铝形成非骨架铝物种。

纯硅 MCM-41 本身的酸性很弱，直接用作催化剂活性较低。因此，研究人员常对其进行改性，以增加其催化活性。改性的方法主要有以下三种。

(1) 杂原子掺杂。在合成骨架中掺入如 Al^{3+}、Cu^{2+}、Fe^{3+}、Zn^{2+}、Ga^{3+} 等非四配位的

离子,这些离子产生的阴离子表面中心,可通过质子或其他过渡金属离子进行抗衡,从而形成催化活性中心。

(2) 担载杂多酸及其他物质。采用担载杂多酸等方法,可制得一系列适用于不同反应的多相催化剂,如 B 酸氢型 MCM-41;掺杂 L 酸型 MCM-1;掺杂金属氧化物的碱性或两性 MCM-41;担载 PW12、SIW12、PMo12 等杂多酸的 MCM-41;以及担载 TiO_2/SO_4^{2-}、ZrO_2/SO_4^{2-} 等固体超强酸型的 MCM-41。

(3) 孔内组装固载。在 MCM-41 孔内组装固载大分子过渡金属络合物。

Kresge 成功合成孔道直径在 $1.5 \sim 10nm$ 可调的 M41S 硅酸盐型分子筛:M41S 系列分子筛包含六方相的 MCM-41,立方相的 MCM-48 和层状相的 MCM-50 三种类型,它们的结构如图 4-9 所示。

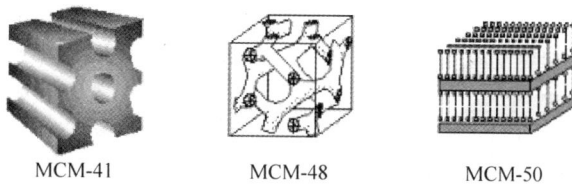

MCM-41　　　　　MCM-48　　　　　MCM-50

图 4-9　M41S 系列分子筛包含三类介孔孔道

由于 M41S 具有可调的规整介孔孔道、独特的液晶自组织合成机理、组分的多样可变性、极高的比表面积、良好的热稳定性,因此其具有广泛的应用前景,因而备受关注。例如石油化工领域,它为重油组分的大分子(润滑油、重油加氢,烯烃聚合等催化领域)选择催化反应提供有利空间。

此外,纳米尺寸的规整孔道可用于组装生成量子点、量子线等低维材料,为纳米尺寸电子器件的设计提供了新的契机。

2. 材料的合成与结构

MCM-41 有序介孔材料可以通过操作简单、可控性强的工艺制备,主要包括自组织生长和介孔的生成两个工艺流程。

(1) 自组织生长

MCM-41 采用水热自组织生长的方法合成。利用具有双亲性质(一端为亲水基团,另一端为疏水基团)的表面活性剂有机分子,与可聚合无机单体分子或齐聚物(无机源物种)在高压水热的环境下,自组织生成有机物与无机物的六方相——液晶织态结构相,此结构相具有纳米尺寸的晶格常数。

(2) 介孔的生成

通过高温热处理或化学方法除去有机表面活性剂,其所占据的空间即形成介孔孔道,所得到的介孔固体就是 MCM-41 介孔分子筛。

MCM-41 介孔分子筛呈多层次有序结构,在多个层次上(在纳米、微米量级或宏观尺度)具有特定有序的结构或形貌(分子筛颗粒可视为具有特定几何形状的颗粒,有序的介孔排列为晶格点阵)。在纳米量级上,MCM-41 呈有序的"蜂巢状"多孔结构,即由一维线性孔道呈六方密堆的周期性阵列构成:沿轴向存在许多平行、有序的六角形通道,但在 C 方向上,其结构无周期性。

MCM-41 介孔分子筛的孔径在 $1.5 \sim 30nm$ 可调,典型值约为 $4nm$。介孔孔道的纵横比可以很大,可贯穿整个分子筛颗粒(尺寸为几微米到几十微米)。(骨架)孔壁为致密的非晶态(无规则结构),壁厚 $1nm$ 左右($0.8 \sim 0.9nm$)。故 MCM-41 为非晶态物质。该材料比表面积很大,可达 $1200m^2/g$ 以上。

除铝硅酸盐外,MCM-41 的组成还可以是磷酸盐、氧化硅、过渡族金属氧化物、Ⅱ-Ⅵ族半导体,并可通过掺杂 B、Ti、Fe、Mn、Ga、V、Zr、Co、Cr 或 La 等离子,赋予材料特定的物理、化学性质,体现出化学组成多样且可控的特点。

相较其他一些多孔材料,MCM-41 的显著优势表现在:①高度有序的孔道结构,且孔径呈单一分布;②孔径尺寸调节范围宽($2 \sim 30nm$),可通过改变表面活性剂的脂肪链长度调节孔径大小。

在晶化反应中添加辅助有机分子,并进行水热后处理以重整扩大孔径可以使材料具备高的热稳定性、组分的多样性、高比表面积($>1000m^2/g$)及高介孔孔隙率(可达 $1mL/g$)。这类晶化多孔材料有着广泛的应用前景,如大分子催化、选择吸附(环保、分离)、作为生长一维或零维材料时的模板(guest/host 体系)等。

3. MCM-41 的形成机理

关于 MCM-41 的形成,目前研究人员已提出几种机理,并在不断进行改进及完善。

(1)液晶模板机理

Beck 等于 1992 年提出液晶模板机理,该模型认为:作为有机模板的表面活性剂在水溶液中先形成球形胶束,再(在高浓度下)转变为棒状胶束;胶束的外表面由表面活性剂的亲水端构成,这些胶棒按六方密堆积的方式堆积。溶解在溶剂中的无机单体分子或齐聚物因与亲水端存在引力,沉淀在胶束棒之间的孔隙内,聚合固化构成管壁。通过热处理或溶剂置换除去表面活性剂,即获得介孔分子筛。这个模型过于强调表面活性剂在形成过程中的作用,无法解释实验中极低浓度的表面活性剂(不含有棒状胶束形成,不会有六方密堆的有机模板生成)下也可形成分子筛的现象。

(2)层状中间相转化机理

Monnier 等于 1993 年提出层状中间相转化机理,该模型认为:在一定条件下,溶液中首先形成层状相,层状相逐渐完全转变为六方相。其电荷平衡机制为:溶液中,硅酸离子 $[Si(OH)_3O^-]$(齐聚体)与表面活性剂(导向剂)亲水端产生强的相互作用,界面迅速被齐聚体充满,其数量恰好可补偿表面活性剂亲水端所带的正电荷量。这个模型可解释 MCM-41 分子筛的骨架厚度在各种条件下相对稳定($0.8 \sim 0.9nm$)的现象。

例如,在硅酸快速沉积到界面后,高浓度且带负电荷被导向剂亲水端正电荷屏蔽的硅酸齐聚体开始在界面优先聚合。此无机硅酸层与有机表面活性剂相的相互作用是个缓慢过程:起初,无机微相中主要为带大量负电荷的硅酸齐聚物,使液晶相呈层状结构;随着无机相中硅酸的聚合度提高,即无机骨架聚合,促使液晶相转变为六方相。

(3)无机-有机分子协作自组织机理

Firouzi 等于 1995 年提出无机-有机协作自组装机理,该模型整合并发展了 Beck 和 Monnier 的理论,其核心观点为:有序有机模板阵列的预先形成并不是生成无机-有机介观有序体系的必要条件(在有机导向剂浓度很低的情况下,导向剂本身无法形成有序结构)。无机-有机有序结构的形成主要源于有机相与无机相之间复杂的相互作用:空间位阻(黏滞阻力)、范德瓦耳斯力、库仑力(引力、斥力)、氢键等。

　　MCM-41 的生长过程与生物矿化过程(骨、贝壳、珍珠、蛋壳等)中的自组装现象十分类似。除内部的微结构自组装外,介孔组装体的生长形态复杂多样、令人惊奇,用经典的成核与生长理论无法解释。图 4-10 给出了 MCM-41 介孔材料采用软模板法合成的过程。

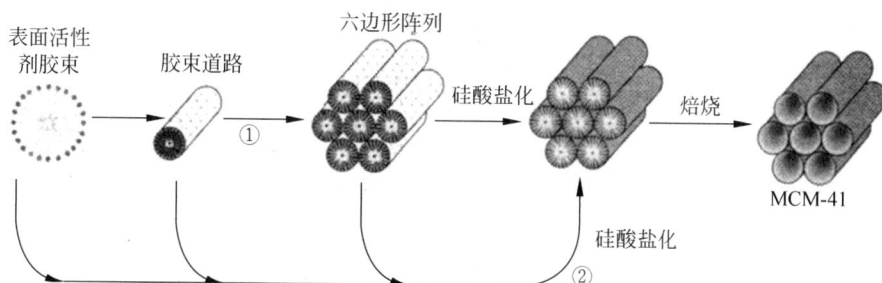

图 4-10　MCM-41 介孔材料的软模板合成过程

对于介孔氧化硅、纳米粒子等的合成,通常采用硬模板法,其合成过程如图 4-11 所示。

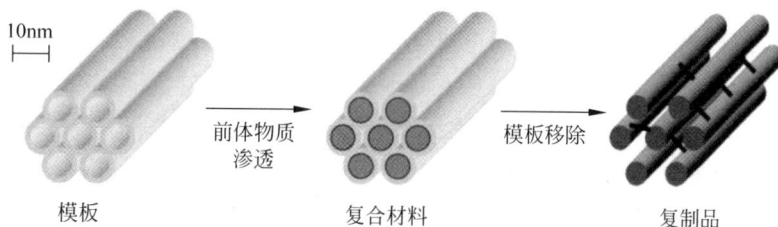

图 4-11　硬模板合成过程

4. MCM-41 介孔组装体的研究结果

　　① 器件应用方面。MCM-41 具有尺寸单一、规整的线孔道,是合成一维纳米线的理想基质。研究人员已在一维孔道中制备出聚苯胺导线,导线包含多达 800 个苯胺环,具有很好的导电性能,在纳米导电器件领域具有潜在应用价值。

　　② 催化方面。将 Ag_3Ru_{10} 原子团簇载入 MCM-41 线性孔道后,可形成类似佛珠状的团簇串。该 Ag_3Ru_{10}/MCM-41 体系在己烯加氢制备己烷的反应中表现出色,催化转化率和选择性均接近 100%。

　　③ 客体组装。通过化学气相沉积(CVD)法可将 GaAs 沉积到 MCM-41 介孔内形成纳米颗粒;利用金属有机化学气相沉积(MOCVD)技术可将 InP 组装到 MCM-41 中形成 InP 颗粒;采用蒸汽输运可将 C_{60} 组装到铝硅酸盐型 MCM-41 分子筛中。引入客体后,组装体系的光学性质发生变化(如界面耦合等激活作用),有望开发出具有新的物性的材料。

　　除了 M41S 介孔材料,众多科研团队在介孔材料领域不断探索。Stucky 等合成了一系列含有笼结构的介孔材料,与合成 M41S 介孔材料相比,它是利用双链结构的表面活性剂在酸性条件室温或较低温度下短时间合成的。Brinker 等利用酸性的醇溶液为反应介质和挥发诱导自组装(EISA)工艺可以合成高质量的氧化硅介孔薄膜,这为介孔材料在膜分离与催化、微电子、传感器和光电功能器件等领域的应用开辟了广阔的前景。Zhao 等利用非离子型的三嵌段共聚物合成了大孔径的 SBA-15 介孔材料,由于其具有较大的孔径(5~30nm)和壁厚(3.1~6.4nm),使得其热和水热稳定性有了显著提高,从而拓宽了介孔材料的应用范围。Ryoo 以介孔材料为硬模板成功地复制了其他介孔材料。他先后以 MCM-48,SBA-1,SBA-15 为模板复制出了 CMK-1,CMK-2,CMK-3 介孔碳分子筛材料,并为后来成功合成贵金属、金属氧化物、硫化物等非硅基介孔材料提供了切实可行的路线。Zhao 等提出了"酸碱对"概念,利用酸碱配对的无机前驱物在非水体系中通过"自我调节"酸度控制合成了一系列非硅介孔材料。该方法在一定程度上解决了如何寻找金属溶胶前驱体的问题,是合成多元氧化物介孔材料的一种通用的方法。Che 等利用阴离子的手性表面活性剂为模板,合成了具有螺旋孔道的手性介孔材料。这种具有独特孔道结构的介孔材料,有望在手性分子识别、分离和催化方面发挥重要作用。

4.4 纳米结构的自组装和模板合成技术

4.4.1 纳米结构的自组装

纳米体系的自组装包括纳米结构自组装体系和分子自组装体系。

纳米结构自组装体系是指通过弱且方向性较小的非共价键(氢键、范德瓦耳斯键和弱离子键)的协同作用,把原子、离子或分子连接在一起,构建成一个纳米结构或纳米结构图案。该过程是一种整体的、复杂的协同作用。实现纳米结构自组装需满足两个条件:一是足够数量的弱键;二是体系能量处于较低水平。

分子自组装体系是指在平衡条件下,分子与分子之间依赖分子间的非共价键力自发地结合成稳定且结构确定的分子聚集体。

分子自组装体系可以分成三个层次。

首先,通过有序的共价键形成复杂、完整的中间分子体;

其次,通过非共价弱键的协同作用形成大的分子聚集体;

最后,这些分子聚集体作为结构单元,重复自组织排列形成纳米结构体系。

目前,已有的几种自组装体系的合成技术,主要有以下两大类。

1. 胶体晶体的自组织合成

利用包含表面活性剂的量子点(纳米微粒)与溶剂之间的协同作用能够形成自组装纳米结构的平面胶体晶体(量子点超点阵)。例如,PtFe 合金纳米粒子(尺寸为 3~10nm),在表面活性剂的作用下可自组织形成三维的超晶格结构。这种自组织结构在力学、化学性质上都很稳定,在高密度可逆磁存储领域具有潜在应用水平。

2. 半导体量子点阵体系的自组织合成

基于量子点表面包敷层与辛醇协同作用,可在固体表面形成 CdSe 量子点有序阵列。相比于分子束外延(MBE)、电子束刻蚀,该方法具有工艺简单、价格便宜的优势。

（1）金属胶体自组装纳米结构

表面经处理并连有官能团的金属微料，可在有机环境下形成自组装纳米结构。合成成功的案例包括：在石墨、MoS_2 等光滑衬底上，Au 胶体纳米粒子间通过有机分子链相互连接形成自组装体；在覆盖有机膜的衬底上，Au 胶体粒子与有机膜中的官能团协同作用，形成纳米单层膜结构；在共聚物衬底上，Au 纳米粒子经退火处理后定向运动，形成镶嵌于共聚物中的 Au 颗粒自组装体。

（2）多孔的纳米结构自组织合成

利用微乳液滴中的自组织过程，可制备具有纳米空心结构的文石。

（3）分子自组织合成纳米结构

分子在特定条件下发生自组装，自发产生复杂有序且具有特定功能的聚集体（超分子）的过程，即为分子自组织。这一现象普遍存在于生物系统中，是构成千姿百态、结构复杂的生命体的重要基础。将其应用于材料合成，主要依赖分子间力的协同作用和空间互补。

组成自组装体系的分子之间应存在弱相互作用力（静电相互作用、氢键及范德瓦耳斯力等），才能保持体系的稳定，且在组装的结构中具有内在的自我纠错过程。当自组装体系达到热力学平衡状态时，能够自动排除组装结构中任何错误的分子或错误的位置，从而确保自组装过程可以生成十分相似的结构，并使体系保持稳定。

分子自组装技术不仅可用于有机纳米材料的合成，还可用于复杂形态无机纳米材料的制备，如纳米微粒、纳米棒、纳米管、多层膜、纳米网、孔洞材料等。

4.4.2　厚膜模板合成纳米阵列

1. 阵列纳米结构

结构高度取向的纳米阵列是以纳米颗粒、纳米线、纳米管为基本单元，通过物理或化学的方法在二维或三维空间内构筑的纳米体系。按照单元的维度及放置情况，其可分为以下几类：

（1）零维的纳米点单元阵列；

（2）平面结构单元阵列，如纳米盘、纳米环；

（3）平行排列的一维纳米阵列，如纳米管、纳米线；

（4）纳米孔阵列，当介质较薄时，也称为纳米反点或纳米网络结构。

利用模板合成纳米结构单元（纳米粒子、纳米棒、管）和纳米结构阵列体系，能够为控制纳米结构体系性质提供更多的自由度，为设计下一代纳米结构元器件奠定基础。

通过设计、组装纳米结构的阵列，可以得到常规体系所不具备的新物性，是纳米结构制备科学的前沿技术，集成了多种物理、化学方法。

2. 模板的制备和分类

厚膜模板是厚度介于几十到几百微米之间的膜，内部包含高密度的纳米量级柱形孔洞。制备纳米阵列通常以具有纳米孔洞阵列的厚膜作为模板，通过电化学法、化学气相沉积（CVD）法、溶胶-凝胶法等，将被组装的物质引入纳米孔洞阵列。

获取内含纳米孔洞的模板是制备的前提。常用的厚膜模板有阳极氧化铝模板、高分子模板和金属模板(Pt,Au)。

(1) 阳极氧化铝模板(anodic aluminum oxide,AAO):一般选用高纯铝片(质量分数在99.9%以上),在硫酸、草酸、磷酸水溶液中经过阳极氧化处理得到。该模板的纳米孔道内径统一,呈六方排列,管道密度可达 $10^{11}/cm^2$,孔径可在几纳米到几百纳米范围内调节。与六方液晶类似,AAO 也能提供呈六方排布的孔道,因此用它可合成具有六方对称排列的纳米结构体系。

(2) 高分子模板:一般采用厚度为 $6\sim20\mu m$ 的聚碳酸酯、聚酯等高分子材料经过核裂变碎片轰击使其出现损伤的痕迹,再用化学腐蚀方法使这些痕迹变成孔洞。此类模板的孔径可以达到微米级甚至纳米级(最小达到 10nm),孔率可达 $10^9 cm^{-2}$,但孔分布是随机的、不均匀且无规律的,并且很多孔洞与膜面倾斜交叉。

由于高分子模板自身的特征,使得用这些模板组装的纳米结构难以形成有序的阵列体系。同时,由于存在很多孔洞斜交的现象,当人们理论模拟模板合成的纳米微粒的光学特性时,就会出现理论预计和现实情况不相符合的情形,例如,理论预示独立的金属微粒在某个特殊的波段吸收最强,然而,利用高分子模板合成的这种金属纳米微粒间的物理接触可使这个最大吸收带移动 200nm 或更多。

(3) 金属模板(Pt,Au):通过对 Al_2O_3 模板进行两阶段复型制备:第一阶段,利用有机高分子在 Al_2O_3 孔洞聚合,得到 Al_2O_3 模板的负复型;第二阶段用非电金属沉积填满负复型孔洞,得到 Al_2O_3 模板的正复型(即 Pt、Au 金属纳米孔洞阵列模板)。

此外,常见的模板还有纳米孔洞玻璃、多孔 Si 模板、介孔沸石和 MCM-41 分子筛等。

3. 模板合成纳米结构阵列的方法

模板合成方法适用范围广泛,在合成时,根据模板种类的不同必须注意以下方面:①化学前驱溶液对孔壁的浸润性以及亲水或疏水性质,这是合成组装能否成功的关键;②应控制在孔洞内的沉积速度,沉积速度过快会造成孔洞通道口堵塞,致使组装失败;③控制反应条件,避免被组装介质与模板发生化学反应,确保模板在组装过程中的稳定性。模板合成纳米结构阵列的方法很多,一般属于化学方法,主要包括电化学沉积、化学镀、化合聚合、溶胶-凝胶沉积和化学气相沉积(CVD)等方法。下面主要介绍电化学沉积法和化学气相沉积法。

(1) 电化学沉积(电解电镀)法

该方法适用于在 Al_2O_3 和高分子模板内组装金属与导电高分子的丝、管。将模板的一面涂上金属膜作为电镀阴极,以被组装金属的盐溶液作为电解液,在特定条件下进行电解、沉积、组装。通过控制沉积量,可调节金属丝的长短;对模板孔壁进行特殊处理,可使金属在孔壁优先成膜,进而制备金属纳米管;对于导电高分子,可通过控制聚合时间调节纳米管的壁厚。

(2) 化学气相沉积法

在放置孔性氧化铝模板的实验装置中通入易于分解或反应的气体,这些气体在通过模板孔壁时发生热解或化合反应,可在孔道内形成纳米管、纳米线或者纳米粒子。影响化学气相沉积法应用于模板合成的一个主要障碍是其沉积速度常常太快,导致在气体分子进入孔道之前,表面的孔就已被堵塞,使得蒸气无法进入整个柱形孔洞,也就无法形成丝和管。

Kyotani 等将氧化铝膜置于 700℃的熔炉中并通入乙烯或丙烯气体,气体受热分解后在孔壁沉积形成碳膜,成功合成出碳纳米管。管的厚度与反应时间和通过气体的压力有关。

4. 模板组装纳米结构的优点

利用模板合成方法制备纳米材料具有如下优点。

(1) 可以制备各种材料,例如,金属、合金、半导体、导电高分子、氧化物、碳及其他材料的纳米结构。

(2) 可以合成分散性好的纳米结构材料以及它们的复合体系,例如,pn 结、多层管和丝等。

(3) 可以获得其他手段难以得到的直径极小的纳米管和纳米纤维,还可以通过改变模板柱形孔径的大小来调节纳米管和纳米纤维的直径。

(4) 可以根据模板内被组装物质的成分以及纳米管和纳米纤维的纵横比,对纳米结构的性能进行调节。

可见,模板合成纳米结构是一种集成物理、化学等多种方法的合成策略,使人们在设计、制备、组装多种材料纳米结构及其阵列体系上有了更多的自由度,在纳米结构制备科学领域占有极其重要的地位,拥有广阔的应用前景。

4.4.3 有序介孔材料的应用

有序介孔材料凭借较大的比表面积、相对大的孔径以及规整的孔道结构,在多个领域展现出独特的应用价值:①催化领域。适用于处理有大体积分子参加的反应;在有序介孔材料骨架中掺杂具有氧化还原能力的过渡元素、稀土元素或者负载氧化还原催化剂制备接枝材料,这种接枝材料具有更高的催化活性和择形性,是开发介孔分子筛催化剂的重点方向。②光学材料制备。可用于制备比常规光学材料性能更优异的新型介孔结构的光学材料,以及应用于光学器件和微传感器的开发。③模板应用。作为模板,用于制备纳米尺寸、纳米结构的新材料,如碳纳米管等。④生物医药领域。在材料的孔道里载上卟啉、吡啶,或者固定包埋蛋白等生物药物,通过修饰官能团实现药物控释,提高药物疗效;利用生物导向作用,可精准作用于癌细胞和病变部位,充分发挥药物的疗效;此外,有序介孔材料的孔径可连续调节且无生理毒性,非常适合用于酶、蛋白质等的固定和分离;在不同的有序介孔材料基片上形成的连续且结合牢固的膜材料,可直接用于细胞/DNA 的分离,为构建微芯片实验室提供支持。⑤储能领域。有序介孔材料具有宽敞的孔道,可以在其孔道中原位制造出含碳或 Pd 等储能材料,增加材料的可处理性和表面积,实现能量的缓慢释放,发挥储能传递的作用。

4.5 锂离子电池概况

4.5.1 锂离子电池的特点

电池依据使用特性可分为只能用一次的一次电池(如干电池)和能多次充电使用的电池即二次电池。锂离子(Li^+)电池作为一种能够充电的二次电池,与其他类型的电池相比,具备小型轻量化以及储存电能多等显著优势。

1. 电池的两种工作机理

图 4-12 展示了锂离子电池的充放电工作原理。图中电池中包含使用金属材料的正电极(正极)和负电极(负极),在正负极之间充满了借由离子导电的物质(电解质)。当金属电极在电解质作用下发生反应时,会分解为离子和电子,电子从负极向正极移动,从而产生电流并提供电能。对于二次电池而言在开始使用前通过充电,预先将电子存储在负极,使用时存储的电子向正极移动从而产生电流。实际上,除锂离子电池外,电池还有其他各种类型,它们产生电的基本工作原理大致相同。

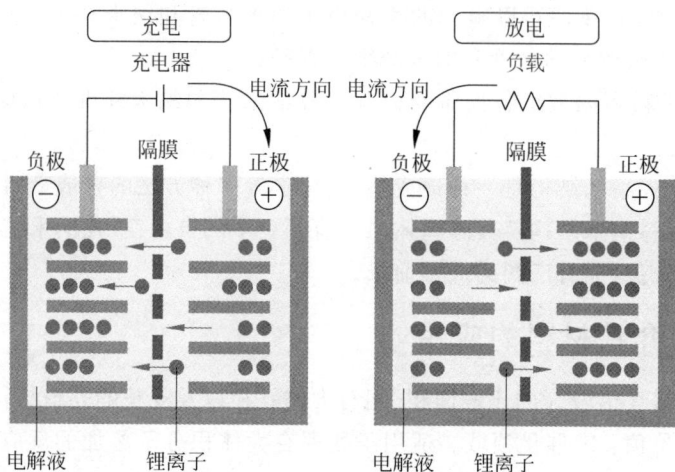

图 4-12　锂离子电池产生电流的工作原理

锂离子电池的结构特点在于,正极使用含锂金属化合物,负极使用能吸储锂的石墨碳。这种结构使得其无须像传统电池那样依靠电解质熔化电极来发电,从而有效减缓了电池老化速度,不仅能储蓄更多的电能,还能增加充放电的次数。此外,锂元素具有体积小而量轻的特性,这使得锂离子电池具备小型轻量化等各种优点。

2. 铅蓄电池与锂离子电池的区别

除锂离子电池之外,还有多种可充电电池。其中铅蓄电池是一种具有一百多年历史的传统电池,即便在锂离子电池等新型电池不断涌现的今天,铅蓄电池依然还继续用作汽车的蓄电池。

铅蓄电池的正负极材料均为铅,因而与锂离子电池相比,它的制造成本相对低廉。但由于铅的密度较大,因此铅蓄电池自身较重。同时,铅蓄电池存在一些性能上的不足,例如提供的电压最高仅为 2V,且自放电现象较为严重。

4.5.2　锂离子电池的种类

根据正极所用金属材料的不同,锂离子电池可分为多个种类。最初,锂离子电池所用的正极金属材料主要是钴。但由于钴的储量稀少,与锂一样都是稀有金属,制造成本较高。因此,逐渐被廉价且对环境负荷小的锰、镍、铁等金属材料所替代。表 4-2 列出了锂离子电池的种类和特点。

表 4-2　锂离子电池的种类和特点

锂离子电池的种类	电压	可放电次数	优缺点
钴系锂离子电池	3.7V	500～1000 次	广泛普及成为锂离子的标准电池；价格昂贵，未被作为车载电池
锰系锂离子电池	3.7V	300～700 次	安全性高，能快速充电、快速放电
磷酸铁系锂离子电池	3.2V	1000～2000 次	廉价且循环寿命（充放电而老化）和日历寿命（搁置而老化）长；电压比其他锂离子电池低
三元系锂离子电池	3.6V	1000～2000 次	电压较高，循环寿命也长

1. 钴系锂离子电池

该类电池正极使用钴酸锂。钴酸锂的优点是比较容易合成，便于生产使用，钴酸锂离子电池是最早量产的锂离子电池。但由于钴是稀有金属，价格昂贵，在汽车零件领域的应用有限。

2. 锰系锂离子电池

该类电池正极使用锰酸锂，其所提供的电压与钴系锂离子电池相近，且制造成本低廉，但是在充放电过程中，锰可能会熔化于电解质而缩短电池的使用寿命。

3. 磷酸铁系锂离子电池

该类电池正极使用磷酸铁锂。这种电池的突出优点是安全性高，即使内部发热，结构也难以被损坏，而且以铁为原料使得制造成本比锰系电池更低。但它所能提供的电压比其他的锂离子电池低。

4. 三元系锂离子电池

三元系锂离子电池是指为了减少钴的用量，用钴、镍、锰三种材料制造的电池。目前三元系锂离子电池中镍的比例较高。该电池的电压比钴系、锰系电池略低，但能有效降低制造成本。然而，其也面临一些问题，例如各种材料的合成制备难度较大、稳定性较低等问题需要进一步研究解决，以使材料实用化。

4.5.3　锂离子电池的优点和用途

1. 锂离子电池的优点

与铅蓄电池等其他电池相比，锂离子电池在安全和功能方面有显著优势，主要表现为：

（1）能量密度与体积重量优势。能反复充电使用的其他二次电池还有铅蓄电池、镍氢电池、镍镉电池等，但与这些电池相比，锂离子电池具有体积小、重量轻、能量密度大的特点。

（2）输出电压优势。对同尺寸的二次充电电池，铅蓄电池的输出电压为 2.1V，镍氢电池为 1.2V，镍镉电池为 1.25V。而锂离子电池则能输出 3.2～3.7V 的高电压。

（3）充放电性能优势。锂离子电池经得起反复充放电。与其他的二次电池不同，锂离子电池不利用化学反应产生电能,电极的老化速度比其他的二次电池要慢。锂离子电池能快速充电,且充电器能判断电池是否已充满,故得以实用化。虽然其他二次电池也能短时间快速充电,但镍氢电池、镍镉电池因难以判断电是否充满,故未能实用化。此外,锂离子电池支持无线充电,利用这项新技术,未来有望研发停车场无线充电系统,为停靠的电动汽车提供无线充电服务,进一步提升使用的便利性。

(4)自放电优势。锂离子电池自放电小。自放电是指电池闲置不用时内部发生化学反应而造成电池老化和电量损失。锂离子电池采用的反应机制与其他的二次电池发生的电池反应有所不同,因此几乎不产生自放电现象。不过,需要注意的是,装载了锂离子电池的智能手机、计算机,即使没有操作使用,其电池也会损耗。这是因为设备的电源并没有完全断开,仍在消耗着微量电能以便能够立即唤醒屏幕,但这种损耗并非是由自放电引起的。

2. 锂离子电池在产业领域的用途

得益于电池技术向高能量密度、小型化方向的发展,以锂离子电池为代表的电能存储装置已深度融入现代生活场景(图4-13)。在消费电子领域,智能手机、笔记本电脑、数码相机等设备通过电池的小型集成技术实现了产品轻量化与长续航能力的突破;在家居应用层面,电池不仅为无绳吸尘器、熨斗等小型家电提供移动电源解决方案,更作为电动自行车、电动摩托车等新型交通工具的核心动力单元,同时在户用光伏系统中承担着电能调节与储能的重要角色。

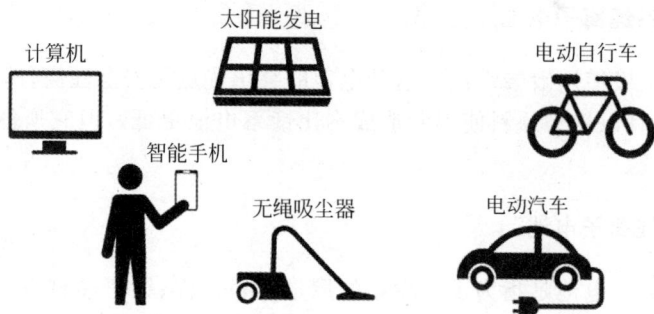

图4-13 生活中使用的锂离子电池

在电动汽车领域,动力电池技术经历了革命性迭代。早期以镍氢电池为主的储能系统虽具备较高能量密度,但其固有的记忆效应(须完全放电后充电)制约了使用便捷性。随着锂离子电池在循环寿命、充放电效率等关键指标的突破,其已成为新能源汽车的主流选择(图4-14)。值得关注的是,中国通过电池技术研发与产业链整合,在纯电动汽车领域成功实现弯道超车,推动新能源汽车市场占有率快速提升。

在产业应用方面,锂离子电池已渗透至高端制造领域:在工业自动化场景中为无线操控机器人、无人机提供高功率动力支持;在物联网生态中作为分布式传感器的持久供能模块;更在航天航空领域突破技术边界,为人造卫星、深空探测器及新型储能系统提供高可靠性电能保障。当前行业正积极探索电池技术在飞行汽车等下一代载具中的应用潜力,而材料科学与电池管理系统的持续创新,预示着能量密度提升、快速充放电等关键技术仍存在显

图 4-14　产业领域使用的锂离子电池

著突破空间。

　　与其他的二次电池相比,锂离子电池被广泛采用的原因是其寿命长。二次电池的寿命由多个因素决定,锂离子电池寿命长主要有两个原因:一是在放电时,其内部发生的反应与其他的二次电池发生的反应有所不同,电池电极老化少;二是其不仅循环反复充放电次数多,且自放电小,这也是延长电池寿命的因素。

　　衡量电池寿命的参数包括使用的循环次数和日历寿命。循环一次表示电池如果已经放电到极限(充电量衰减到 0 的状态)又充满电(充电量达到 100%),然后完全放电到 0 的状态的一个完整充放电循环。电池从出厂到报废能经历的反复充放电的次数就是循环次数。日历寿命表示电池在规定的充电状态下即使搁置也能使用的时间。

　　电池寿命用受到电池厂家、产品、工作环境和状况、维护条件等各种因素影响,因此电池寿命的数值,不能一概而论。例如,表 4-3 是日本发布的"蓄电池战略"资料,表中铅蓄电池的寿命比锂离子电池更长,但将铅蓄电池装载到汽车上时,存在体积大、重量重的问题,与锂离子电池在大小和重量上根本无法相比。

表 4-3　铅蓄电池、镍氢电池、锂离子电池寿命的比较

参　　　数	铅 蓄 电 池	镍 氢 电 池	锂 离 子 电 池
循环次数	3150 次	2000 次	3500 次
日历寿命	17 年	5～7 年	6～10 年

4.5.4　锂离子电池的发展历史

1. 锂离子电池的历史

　　锂离子电池的发明在人类历史上留下了浓墨重彩的一笔。1976 年由美国石油公司的技术员惠廷厄姆提出将锂用于电池技术。当时的电池用二硫化钛作为正极材料,以锂作为负极材料。然而二硫化钛与锂组合的电池无法作为二次电池稳定工作,因此锂电池最初作为钓鱼用的浮标电池和一次性相机的闪光灯电源等不能充电的一次电池,开始走向实用化。

1980 年,研究锂电池的古迪纳夫提出用钴酸锂作为正极材料,次年吉野彰提出钴酸锂正极与碳基材料负极的组合方式。1983 年,古迪纳夫证实廉价的锰酸锂也能用作正极材料,其后吉野彰发明了正负极之间离子稳定移动的技术,奠定了锂离子电池作为二次电池实用化的基础。

到了 20 世纪 90 年代,手机、笔记本电脑等个人设备所用的锂离子电池上市发售。锂离子电池最初被用作手机电源,其后广泛用于便携式音响、笔记本电脑等设备。采用锂离子电池的原因在于它能使设备本体小型化,并且降低设备所需电压,原本需要 5.5V 的设备现在只需 3V。与使用 3 节只能输出 1.25V 电压的镍镉电池相比,用单电池能输出 3V 以上电压的锂离子电池效率更高。

继 20 世纪 90 年代信息技术相关商品的移动化之后,2006 年后的环境与能源(Environment and Energy,ET)革命推动了电动汽车需求高涨,具有适合电压高、能量密度大的汽车用锂离子电池被用于电动汽车等相关领域。

随着时间的推移和技术的不断进步,锂离子电池越来越广泛地应用于各种商品。产量的增加、技术的成熟,使得锂离子电池的成本不断下降,应用场景越来越广。

2. 锂离子电池获得诺贝尔化学奖

2019 年,诺贝尔化学奖授予了为锂离子电池的研发做出贡献的工程师吉野彰、物理学家约翰·古迪纳夫、化学家斯坦利·惠廷厄姆三位研究人员。

锂离子电池能够在世界上受到如此关注,甚至获得了诺贝尔化学奖,其原因就在于锂离子电池的实用化不仅在电池发展史上具有重要意义,在人类历史上也产生了深远影响。如果锂离子电池这种小型轻量的二次电池没有实用化,智能手机和笔记本电脑可能就不会像现在这么轻薄,电动汽车充一次电能够行驶的距离也会很短,实用化进程就可能遥遥无期。如今,锂离子电池在航空拍摄、高空巡视、物流运输等各个领域也得到应用,锂离子电池驱动的无人机之类的新工具可能也将问世。

锂离子电池实现了铅蓄电池、镍镉电池和镍氢电池难以达到的小型轻量化,催生出了甚至能改变社会机制的各种工具。诺贝尔化学奖颁予三位研究人员,不单是对他们在电池开发领域所做出的贡献的表彰,更是对他们推动人类社会发展所做出的贡献的认可。

在获得诺贝尔化学奖之前,2014 年锂离子电池曾获得被誉为工程学界诺贝尔奖的"查尔斯·斯塔克·德拉普尔奖",以表彰约翰·古迪纳夫、西美绪、Rachid Yazami、吉野彰为锂离子电池的普及和基本结构开发所做出的贡献。

3. 发展中的锂离子电池

虽然自 1983 年吉野彰发明正负极之间离子稳定移动的技术以来,锂离子电池的基本构成并无多大改变,但在材料和电能储蓄量、质量减轻等方面却不断得到改进。正极材料从 1980 年采用古迪纳夫提出的钴系,经过几代更新,逐渐采用锰系、镍系、铁系等材料。这些材料的更新使得电池的成本不断下降,循环寿命和性能得到显著提升。为了能更多地储蓄电量,电池内部尽量装入材料,并且装电池材料的外壳从不锈钢改为叠层,以实现轻量化的目标,通过这些改进,锂离子的性能进一步提升。在研究人员的不懈努力下,锂离子电池技术不断发展和走向成熟。

（1）把铅蓄电池换成锂离子电池

人们经常将锂离子电池与铅蓄电池进行比较。实际上，按产生电能的方式，电池可以分为化学电池、物理电池和生物电池三大类。通过电池内部的化学反应来产生并取出电能的电池称为化学电池，化学电池又可细分为三种："一次电池"，如干电池等；可以充电、反复使用的"二次电池"，如锂离子电池与铅蓄电池；能持续取出通过化学反应产生电能的"燃料电池"。通过光电效应、光伏效应等物理效应产生电能的器件称为物理电池，如太阳能电池、双电层电容器。将生物质能直接转化为电能的装置（生物质蕴含的能量绝大部分来自太阳能，是绿色植物和光合细菌通过光合作用转化而来的）称为生物电池。图 4-15 是按电能产生方法的电池分类。

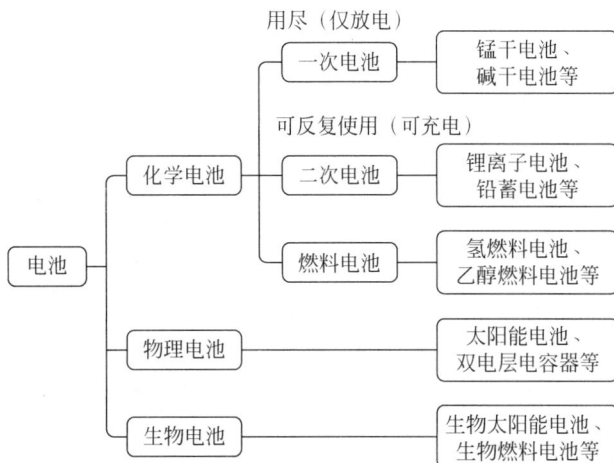

图 4-15　按电能产生方法的电池分类

同为二次电池，从所用的材料来看，锂离子电池的环境负荷比铅蓄电池小。在地球上，铅是一种容易获取的物质，所以铅蓄电池的价格比锂离子电池要低，而且其技术已基本成熟，具有较高的可靠性，因此，铅蓄电池被广泛用于汽车电池等众多领域。

然而，锂离子电池具有对环境污染小、能量密度大、体积小等优点。能量密度是表示从一定质量或容积里能取出的能量大小的数值，数值越大电池性能越高。按单位质量（体积）来比较能量密度，铅蓄电池为 $25\sim50\mathrm{W\cdot h/kg}$（$50\sim100\mathrm{W\cdot h/L}$），锂离子电池为 $100\sim250\mathrm{W\cdot h/kg}$（$200\sim700\mathrm{W\cdot h/L}$）。另外，化学电池普遍存在"自放电"现象，不用时内部会发生少量的化学反应，导致电量逐渐减少。而锂离子电池几乎不自放电，所以电池不易老化且耐用。

因此，今后使用锂离子电池的场景将越来越多，铅蓄电池在一些领域将逐步被锂离子电池替代。

（2）锂离子电池的再利用

随着电动汽车的普及，报废锂离子动力电池的处理利用已经开始引起工业界和环保机构的关注，因为这不仅关系到减少对环境的破坏还涉及资源的有效利用。关于锂离子电池的再利用，主要有以下方式：改变还留有容量的电池的用途（再使用）；在工厂从完全无法使用的电池取出有用资源，进行再循环，如图 4-16 所示。

① 改变用途后再使用。例如，对于电动汽车，如果充电一次后汽车行驶的距离变短，通

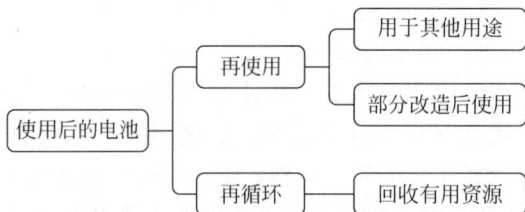

图 4-16　锂离子电池再使用和再循环方法案例

常会判断电池已老化。然而,因为车用锂离子电池体积很大,容量也大,即使无法用于汽车,往往还留有相当多的容量。因此,可以将这些电池原封不动或更换、修理部分零件后用于其他用途。

② 再循环有用资源。虽然铅蓄电池等的再循环过程已相对成熟,但锂离子电池的再循环还处于开发应用阶段。通常,在工厂从使用后的废弃电池中取出有用资源时,通过预处理将金属和塑料等分开,分离正极的原料。锂离子电池的正极材料包含稀有金属锂和钴,如果再循环技术成熟,可以有效地使这些稀有金属再生。但是运用现有的再生技术实现再循环的成本还太高,这是亟待解决的问题。

(3) 为可持续发展社会做贡献

在现代社会里,石油、煤炭和天然气体等化石燃料作为能源,发挥着重要的作用,但化石燃料存在资源枯竭和排放二氧化碳等问题。为了实现可持续发展社会,“摆脱化石燃料”成为一项重要的任务,“电气化”作为解决措施之一备受关注。如果将电能作为动力源的产品不断增加,燃烧化石燃料产生能源的情况可能会减少。

将锂离子电池作为能源的电动汽车对环境的影响比直接用燃烧化石燃料驱动的动力汽车小。因为对每部动力汽车排放废气的处理技术比较单一,而电动汽车在使用过程中不直接产生废气。但是,不能就此断言“电气化等同于关爱环境”。因为在发电过程中仍然可能在使用化石燃料,因此同时增加引进可再生能源十分重要。另外,在锂离子电池制造工艺使用了对环境和人体健康有影响的 NMP 溶剂。今后需要推进溶剂的再利用,减少溶剂用量和去除溶剂对环境影响,寻找替代溶剂等措施。

人们还设想利用锂离子电池降低环境负荷,构建智能城市。例如,日本爱知县正在推进利用太阳能发电和锂离子电池存储,架构分散型供电网,为整座城市有效利用电力做出贡献。在其他地方,各种有关利用锂离子电池建设可持续发展社会的实验也在如火如荼地展开。

4.6　锂离子电池的工作机理及其组成结构

锂离子电池是一种二次电池(可充电电池),它依靠锂离子在正负两极之间的移动来实现充放电过程。图 4-17 为锂离子电池的工作原理以及结构示意图。

电池的正负极采用两种不同的材料。当电池充电时,锂离子从正极脱嵌,经过电解质嵌入负极,负极处于富锂状态;当电池放电时,锂离子从负极脱嵌,经过电解质向相反的方向移动,并嵌入正极。这一过程中,锂离子在正极和负极之间来回嵌入/脱嵌如同摇椅一般,因此,其也称为“摇椅电池”。同时,伴随着与锂离子等量的电子在正、负极间的嵌入和脱嵌。锂离子电池一般选用石墨类碳材料作为负极。

正极材料和负极材料的电位差异是锂离子电池构成的重要前提,正极材料的电位较高,负极材料的电位较低,这样才能形成较大的电位差。负极主要使用石墨(碳的一种),而正极主要使用过渡金属的氧化物,如钴酸锂或者是锰酸锂、磷酸铁锂等。

隔膜是一种具有微孔结构的功能膜材料,厚度一般为 $8\sim40\mu m$,在电池体系中起着分隔正负极、阻止充放电时电路中电子通过、允许电解液中锂离子自由通过的作用并且在电池充放电或温度升高的情况下,隔膜能有选择地闭合微孔,以限制过大电流、防止短路,隔膜性能的优劣对电池的整体性能起着至关重要的作用。

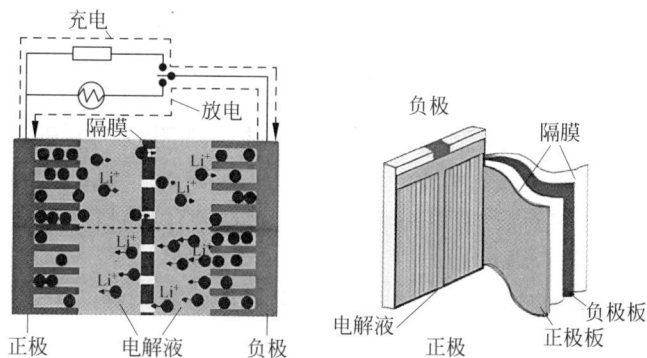

图 4-17　锂离子电池工作原理及结构示意图

锂离子电池的形状多种多样,包括圆柱形、纽扣形、包状形等,如图 4-18 所示。

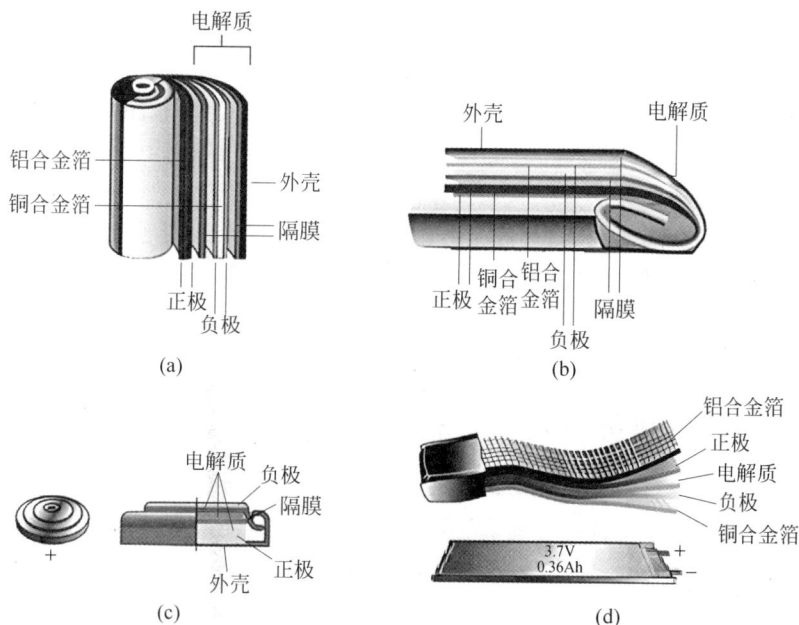

图 4-18　锂离子电池的形状及其组成结构

(a)圆柱形;(b)纽扣形;(c)包状形;(d)聚合物薄膜

此外,锂离子电池容易与锂电池、锂离子聚合物电池混淆,它们之间的区别如下。

(1)锂电池:以金属锂为负极。

（2）锂离子电池：用（非水）液态有机电解质。

（3）锂离子聚合物电池：用聚合物液态把有机溶剂凝胶化，或者直接用全固态电解质。

锂离子电池主要由正极材料、负极材料、有机电解液、隔膜和外壳封装5部分组成。各部分的功能如下。

（1）正极：由活性物质、导电剂、溶剂、黏合剂、基体组成。活性物质一般为锰酸锂、钴酸锂或者镍钴锰酸锂等材料。例如，电动自行车普遍用镍钴锰酸锂（俗称"三元"）或者"三元＋少量锰酸锂"作为正极材料，导电集流体使用厚度 $10\sim20\mu m$ 的电解铝箔。

锂离子电池的正极在电池放电时从外电路获得电子，主要采用含金属锂的化合物。在锂离子电池中市场容量最大、附加值较高，大约占锂离子电池成本的30%，毛利率为15%～70%，高则70%以上。

（2）负极：由活性物质、黏合剂、溶剂、基体组成。活性物质为石墨，或近似石墨结构的MCMB、CMS碳，导电集流体使用厚度 $7\sim15\mu m$ 的电解铜箔。电池负极在放电时向外电路输送电子，此时电极发生氧化反应，电极电位较低。负极材料占锂电池成本的比例较低，主要包括碳负极材料和非碳负极材料。

（3）有机电解液：通常是溶解有六氟磷酸锂的碳酸酯类溶剂。锂离子电池电解液材料注重高安全性、高环境适应性，未来的发展方向主要集中在新型溶剂（拓宽工作温度范围）、离子液体、新型锂盐（提高环境适应性）、添加剂（阻燃、氧化还原穿梭、保护正负极成膜等）等方面。

（4）隔膜：是一种经特殊成形的高分子薄膜，具有微孔结构，置于正极和负极之间，用于隔离电极，防止两极上的活性物质直接接触而造成电池内部短路。但隔膜仍允许带电锂离子自由通过多烯微孔膜，以形成通路，而电子不能通过。

（5）电池外壳：分为钢壳（方型很少使用）、铝壳、镀镍铁壳（圆柱电池使用）、铝塑膜（软包装）等，还包括电池的盖板、盖帽，它们是电池的正、负极引出端，同时也起到电极耳、绝缘等作用。

锂离子电池的核心部件是电芯，其原材料主要包括电解液、隔膜、正负极材料等。其中，正、负极材料的选择和质量直接决定锂离子电池的性能与价格。因此，研发廉价、高性能的正极材料和负极材料一直是锂离子电池行业发展的重点方向。下面将分别介绍电芯的正极、负极、电解液和隔膜的制备及工作机理。

4.6.1 正极材料制备及其工作机理

锂离子电池的正极材料在电池中占有较大比例（正负极材料的质量比为 $3:1\sim4:1$），其性能直接影响着锂离子电池的性能，其成本也直接决定电池成本的高低。

当锂嵌入正极材料或者从正极材料中脱嵌时，会伴随着晶相变化，因此锂离子电池的电极膜都要求很薄，一般为几十微米的数量级。正极材料的嵌锂化合物是锂离子的临时储存容器。为了获得较高的单体电池电压，通常倾向于选择高电位的嵌锂化合物。

正极材料是锂离子的主要来源，对于动力电池而言，正极材料是其能量密度的短板。正极材料的性能直接决定了锂离子电池的电压、能量密度以及安全性等关键指标。研发廉价、高容量、高比能量、安全可靠的正极材料是未来锂离子电池发展面临的重要挑战。

在研发正极材料时，必须遵循以下原则：①金属离子 Mn^+ 在嵌入化合物 $Li_xM_yX_z$ 中有较高的氧化还原电位,以保证电池的输出电压;②锂离子在电极材料中具有较高的扩散系数,以实现快速充放电;③正极材料能可逆地嵌入和脱出大量的锂离子,以保证高容量;④锂离子嵌入/脱嵌过程高度可逆,材料主体结构基本不发生变化,以保证良好的循环性能;⑤具有较高的电子电导率、离子电导率,以保证减小极化,实现大电流充放电;⑥氧化还原电位随 x 变化尽可能少,以保证电压稳定;⑦在整个电压范围具有良好的化学稳定性,以保证形成稳定的 SEI 膜;⑧价格便宜且环保,以保证具备实用性。

目前研制成功并得到应用的正极材料主要有磷酸铁锂、钴酸锂、锰酸锂、三元材料镍钴锰酸锂和镍钴铝酸锂等过渡金属氧化物或多阴离子化合物。这些材料具有电极电位高、结构稳定的特点。

1. 钴酸锂(LiCoO$_2$)正极材料

LiCoO$_2$ 正极材料属于层状,O 原子呈现 ABCABC 立方密堆积排列,在 O 原子的层间 Li$^+$ 和 Co^{2+} 交替占据其层间的八面体位置(空隙),Li$^+$ 在 CoO$_2$ 原子密实层的层间进行二维运动。该正极材料最常用的合成方法是固相反应法,此外还有溶胶-凝胶法、水热法、模板法、共沉淀法。

以 LiCoO$_2$ 为正极材料,石墨烯 C 作为负极材料的锂离子电池结构如图 4-19(a)所示,其充放电的化学反应式如图 4-19(b)所示。LiCoO$_2$ 作为正极材料具有以下特点:①合成方法简单、容易实现;②工作电压较高,充放电电压平稳;③比能量高,适合大电流充放电;④实际容量较低,只有理论容量的 50%;⑤钴资源有限,价格昂贵;⑥钴毒性较大,对环境污染较大;⑦安全性能和循环性能有待提高。

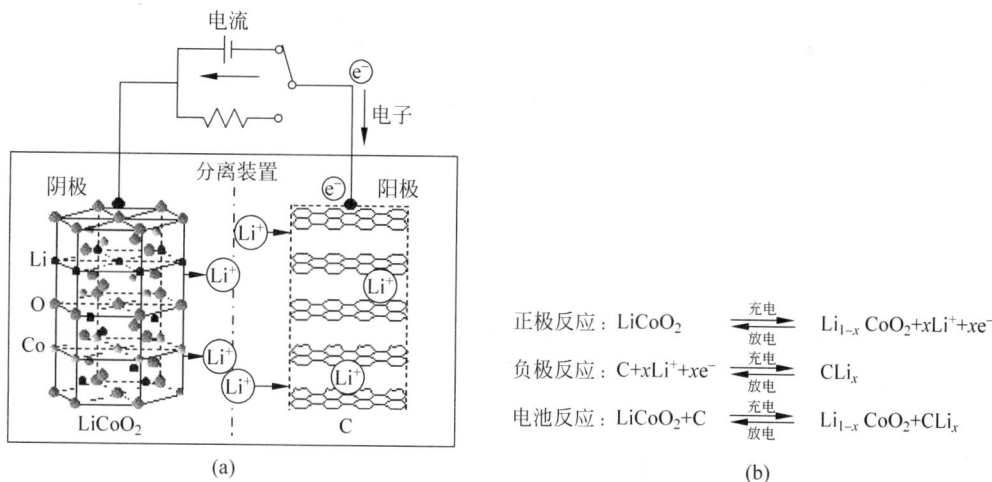

图 4-19　LiCoO$_2$/C 系锂离子电池工作原理和充放电反应式

钴酸锂是第一代商业化正极材料,被认为是最成熟的锂离子电池正极材料。虽然其具有很多优点,但钴元素毒性较大,制作大型动力电池时安全性难以保证,目前主要应用于小型 3C 锂电池。

通过掺杂其他元素可以对 LiCoO$_2$ 正极材料进行改性。例如,在 LiCoO$_2$ 中掺杂 Mn 可以使电池的工作电压升高,增加可逆容量;掺杂 Al 形成固溶体,可使电压升高,增加结构的稳定性并提高电容量和循环性能。掺杂 Mg 可以有效提高可逆性和循环寿命；掺杂 B 能降低极化，减弱电解液分解，提高循环性能。未来的主要研究方向为降低 $LiCoO_2$ 的成本，并提高在较高温度（<65℃）下的循环性能。

此外，用 MgO、Al_2O_3、TiO_2、ZrO_2、C 等无机氧化物包裹正极材料，可防止电解液与 $Li_{1-x}CoO_2$ 接触，抑制氧的析出导致结构的变化，提高结构的稳定性和热稳定性等。

2. 磷酸铁锂($LiFePO_4$)正极材料

磷酸铁锂是中国最早采用的正极材料技术路线，也是广受关注的正极材料之一。这种材料的优点是不含有害元素、成本低廉、安全性高，循环寿命长，缺点是能量密度低，因此多

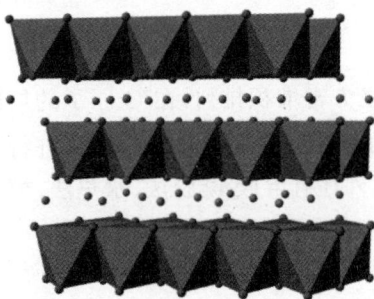

用于电动大巴车及少量乘用车。例如，比亚迪的刀片电池就采用了 $LiFePO_4$ 正极材料。

图 4-20 是 $LiFePO_4$ 晶体在(010)方向上的晶体结构。晶体中[PO_6]八面体通过共用 O 原子的方式连接在一起，导致了材料的电子电导率低。此外，另一个影响 $LiFePO_4$ 性能的是 Fe 的占位问题，在一维方向上，Li^+ 有很高的扩散系数，但部分 Fe 原子占据了 Li 原子的位置，从而影响了 Li^+ 在(001)方向上的扩散速度，导致材料的极化较大，倍率性能较差。

图 4-20　磷酸铁锂($LiFePO_4$)材料的结构

磷酸铁锂电池充放电过程中，电池内部的电化学反应方程式为：

(1) 正极反应

充电：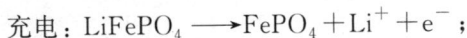 $LiFePO_4 \longrightarrow FePO_4 + Li^+ + e^-$；

放电：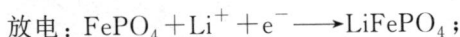 $FePO_4 + Li^+ + e^- \longrightarrow LiFePO_4$；

(2) 负极反应

充电：$6C + xLi^+ + xe^- \longrightarrow Li_xC_6$；

放电： $Li_xC_6 \longrightarrow 6C + xLi^+ + xe^-$；

总反应式：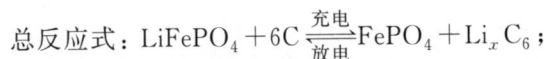 $LiFePO_4 + 6C \underset{放电}{\overset{充电}{\rightleftharpoons}} FePO_4 + Li_xC_6$；

磷酸铁锂电池的正极材料是($LiFePO_4$)，负极材料则是石墨(C_6)。在充放电过程中，锂离子在正负极材料之间迁移，驱动电池工作。

在正极反应中，充电时磷酸铁锂($LiFePO_4$)分解成锂离子(Li^+)、磷酸铁($FePO_4$)和电子(e^-)。此过程中，$LiFePO_4$ 中 Fe 元素的化合价由 +2 价升高至 +3 价，发生氧化反应，同时释放出电子。放电时，过程相反。

在负极反应中，石墨(C_6)在充放电过程中发生可逆的嵌入—脱嵌反应。放电时，嵌入石墨晶格中的锂离子(Li_xC_6)脱离晶格，产生锂离子(Li^+)、石墨(C_6)和电子(e^-)。充电时，过程相反。

整体反应是正负极反应的综合效果。在充电过程中，锂离子从正极脱出，迁移到负极并嵌入负极材料的晶格中。同时，电子从正极通过外部电路流向负极，完成电荷转移。在放电过程中，锂离子从负极材料中脱出，迁移到正极并嵌入正极材料，电子则从负极通过外部电

路流向正极,形成闭合回路,实现电能的输出。

3. 三元正极材料

除了 $LiCoO_2$ 和 $LiFePO_4$ 正极材料外,目前研究的热点还有三元正极材料(如三元镍钴锰材料 $Li(Ni,Co,Mn)O_2$)。三元镍钴锰材料一般是指镍钴锰酸锂 $LiNi_{1-x-y}Co_xMn_yO_2$,该材料存在三元协同效应,其电化学性能优于任何单一材料,综合了 $LiCoO_2$ 的循环稳定性、$LiNiO_2$ 的高比容量以及 $LiMn_2O_4$ 的热稳定性、安全性和价格低的优点。

锰酸锂原料资源丰富、成本低、电池安全性好,但电池比能量低,循环稳定性欠佳,目前主要应用于储能领域,且多与三元材料掺杂使用。提高三元镍钴锰材料中镍含量可以提高材料的可逆嵌锂容量,但容易出现阳离子混排现象,随着镍含量的增加,材料的镍锂混排现象加剧,使材料发生不可逆的容量损失。引入钴可以提高材料的电子电导率,减弱离子混排现象,稳定材料层状结构,提升材料的倍率及循环稳定性。合理调节三元材料中的比例得到性能优化的三元材料是锂离子电化领域的研究热点和重点。

三元材料可以在比能量、循环性、安全性和成本方面进行调控。镍提升容量但降低循环性,钴提高稳定性但损害容量,锰降低成本并改善安全性,但破坏结构。不同的元素配置会带来不同的性能表现。研发的重点就是找到最佳的材料比例以达到综合性能最佳,或者通过元素替代(如把锰用铝替代,变成镍钴铝酸锂)来优化材料性能。三元材料主要用在动力电池,并且已成为正极材料增速最高的细分领域。

4.6.2　锂离子电池的负极材料

正极材料是锂离子电池中最为关键的材料,它决定了电池的安全性能和大型化的可能性,因此,正极材料的发展引领了锂离子电池的发展。但锂离子电池的负极材料的比容量以及工作电压直接决定着电池的能量密度和工作电压。随着整个市场对高容量、高功率负极材料需求的不断提升以及新一代负极材料制备工艺的逐渐成熟,市场重心将逐步向新一代负极材料偏移。如图 4-21 所示,目前,锂离子电池的负极材料主要有碳素材料和非碳材料两大类,已实际用于锂离子电池的负极材料基本上都是碳素材料,如人工石墨、天然石墨、中间相碳微球(MCMB)、石油焦、碳纤维、热解树脂碳等。此外,人们也在积极研究开发钛酸锂等非碳负极材料。

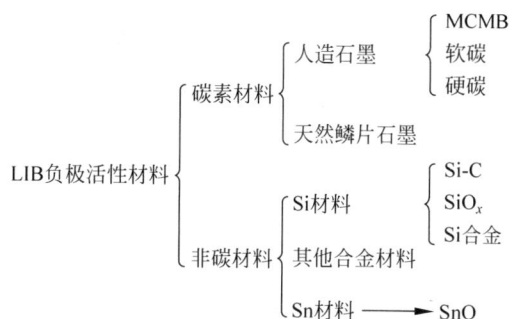

图 4-21　负极材料的分类

锂离子电池对负极材料有以下基本要求:①允许较多的锂离子可逆脱嵌,比容量较高;②在充放电过程中结构相对稳定,具有较长的循环寿命;③能够与电解液形成稳定的固体电解质膜,保证较高的库仑效率。

虽然硅材料开始逐步走向产业化,但目前主流的负极材料仍然是石墨类负极材料,其在反应过程中具有较低的嵌锂电位,同时生成的插锂层间化合物代替金属锂负极,从而避免了金属锂枝晶的沉积,显著提升了电池的安全性。

石墨类材料主要分为人造石墨和天然石墨。根据加工工艺的不同,人造石墨分为MCMB(中间相碳微球)、软碳和硬碳等。理想的石墨具有层状结构,每个平面类似于苯环,层面之间通过大 π 键连接。并且,石墨具有 2H 型六方晶系以及 3R 型菱面体晶系两种不同的堆积方式(图 4-22):以 ABAB……的顺序重复堆积(图 4-22(a)),具有六方晶系对称,称为六方石墨,又称 α 石墨,空间群为 D6h4-P63/mmc,晶胞参数为 $a=2.456$Å(1Å = 0.1nm),$c=6.696$Å;以 ABCABC……的顺序重复堆积(图 4-22(b)),称为三方石墨,又称 β 石墨,层间结合力是范德瓦耳斯力,空间群为 D3d5-R3m,晶胞参数为 $d=3.635$Å,$\alpha=39.5°$。这两种石墨的物理性质相似,天然石墨中含质量分数约为 30% 的 β 石墨;这两种石墨在一定条件下可以相互转变:

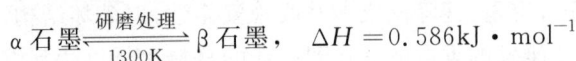

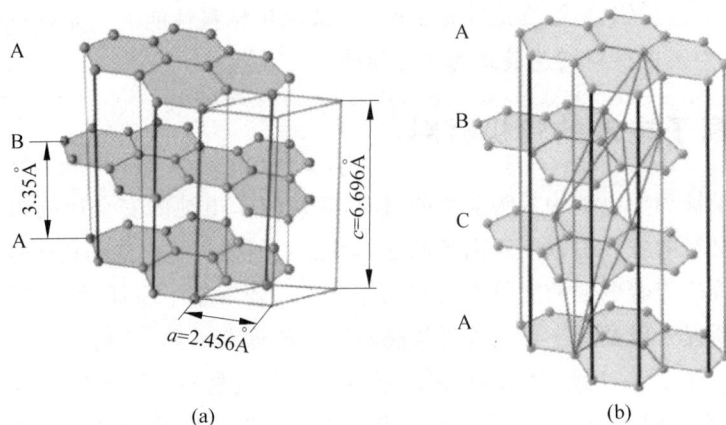

$$\alpha \text{ 石墨} \underset{1300\text{K}}{\overset{\text{研磨处理}}{\rightleftharpoons}} \beta \text{ 石墨}, \quad \Delta H = 0.586\text{kJ} \cdot \text{mol}^{-1}$$

图 4-22 石墨结构

(a) 六方结构;(b) 棱面体结构

对于理想的石墨而言,其理论容量为 372mAh/g,但在实际的电池设计过程中,一般负极材料会过量 5%~10%。同时,在首次充电过程中,负极表面会形成 SEI 膜(固体电解质界面膜)。这层膜能有效阻止电解液和负极发生进一步反应,其质量的优劣将直接影响电池的各项性能。

如图 4-23 所示,在石墨负极充电过程中,随着锂离子嵌入程度越来越深入(第 4 阶段~第 1 阶段),负极的表面颜色也逐渐发生变化,由初始的黑色变为青黑色,再变为暗黄色,最后呈现金黄色,石墨负极也完成了 $C-LiC_{12}-LiC_6$ 的转变,也标志着完成了充电过程。

天然石墨和人造石墨在形貌上有着明显的区别,天然石墨颗粒大小不一,粒径分布广,因此未经处理的天然石墨是不能作为负极材料直接使用,需要经过一系列的加工处理后才

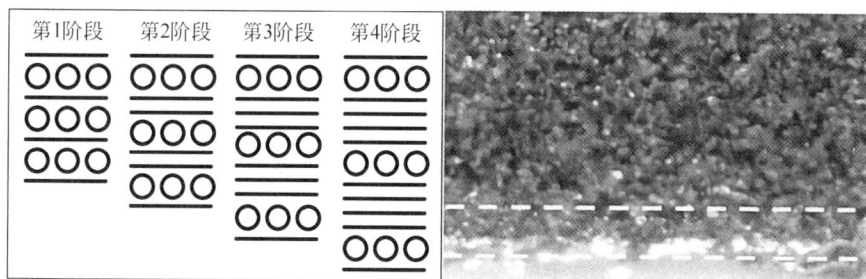

图 4-23　Li^+ 离子嵌入石墨过程及其引起负极表面层的颜色变化

能使用。一般认为,天然石墨的容量高,压实密度高,价格也比较便宜,但是由于颗粒大小不一,表面缺陷较多,与电解液的相容性比较差,在充放电时容易引起较多的副反应;而人造石墨则各项性能比较均衡,循环性能及与电解液的相容性都比较好,价格也会贵一些。

负极材料的取向度(也称为 OI 值)是影响电池性能的关键参数之一。它的大小将直接影响着负极的电解液浸润、表面的阻抗、大倍率充放电性能以及在循环过程中的膨胀程度。取向度＝$I(004)/I(110)$,通过 X 射线衍射仪(XRD)实验数据来计算。实验结果表明,随着取向度的降低,负极材料在大倍率充电条件下的性能逐渐提升,最后趋于稳定。

除此以外,石墨负极的形貌也对电池性能有很大的影响。如图 4-24(a)所示,球形石墨颗粒之间的接触多为点接触,这种接触方式使得电子传导路径相对曲折,导致其阻抗明显高于不规则石墨颗粒间的面接触形式(图 4-24(b))。因此,在材料设计时要求颗粒大小匹配以及保证颗粒之间形成有效的面接触,增大接触面积,降低接触阻抗,从而达到降低极化的目的。

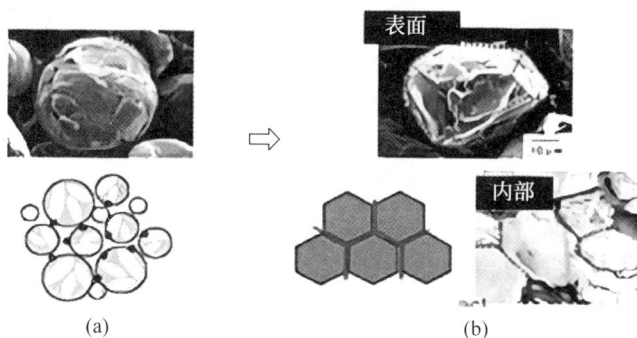

图 4-24　球状石墨颗粒的导电性比多面体石墨颗粒的导电性差

(a)球状颗粒间是点接触;(b)多面体颗粒间是面接触

为了防止材料本身的包覆状态对负极性能的影响,一般会在负极材料表面包覆一些无定型的碳材料,从而优化负极的界面阻抗,改善低温以及循环性能,如图 4-25 所示。随着电池能量密度的提升,石墨负极的容量利用率也逐渐接近理论值,同时压实也会不断提高,这就要求石墨负极的稳定性也要随之提高,目前而言,掺杂和包覆仍然是提升石墨负极稳定性的一个主流手段。包覆层可以阻止电解液和负极的进一步反应,从而直接影响电池的各项性能。好的包覆层可以使石墨负极在循环过程中的结构以及表面状态得到保护,增强了循环的稳定性。另外,通过引入金属以及非金属元素进行掺杂改性,也可以显著地改善负极的性能。

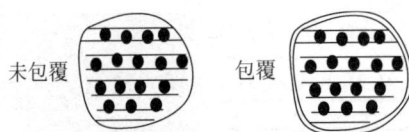

图 4-25 阴极材料包覆,阻止电解液的反应腐蚀

提高石墨负极性能的另一种措施是优化石墨颗粒排列实现快速充电,其中双梯度电极技术尤为关键。该技术的核心在于构建一种新型粒子级理论模型,通过同步优化电极结构中的粒度分布和电极孔隙率分布两个参数,提高石墨负极的快充性能。

传统的二维模型通常将石墨颗粒简化为均质球形并假设孔隙均匀分布。事实上,石墨颗粒大小不一、形状不同,且排列无序。同时,孔的形状和大小也非均匀分布。与之相比,新型粒子级理论模型是基于真实的石墨颗粒构建出的三维模型,更贴近现实的电极形态。在该模型中,研究人员按照石墨颗粒的大小对石墨颗粒进行有序排列,并精心设计电极孔隙率梯度。电极顶部采用较小的石墨颗粒,孔隙率较高;电极底部采用较大的石墨颗粒,孔隙率较低。

这种独特的结构称为双梯度电极。模拟计算结果表明,在大电流密度充电条件下,双梯度电极相对于传统的随机均质电极以及单梯度电极,展现出了更为优异的快充性能。通过将理论模型转化为实际电极结构,提高了电池性能。

在传统的电极制备方法中,由于浆料黏度很高,制备的石墨浆料稳定性强,不易发生沉降,因此制备出的电极(包括石墨颗粒大小和孔隙率大小)通常都是均匀分布的。这就像速溶奶粉,任何一部分都是均质的。

为了构筑一种"异质"结构,需要开发一种低黏度无聚合物黏结剂浆料自组装技术:将铜包覆的石墨负极颗粒与铜纳米线混合于乙醇溶液中制成浆料,利用不同尺寸石墨颗粒在浆料中沉降速度的差异性,实现颗粒的有序排列,进而成功构建出模拟计算优化的双梯度结构电极。实验研究发现,基于这种新型双梯度石墨负极材料的锂离子电池能够在 6min 内从零充电到 60%,在 12min 内从零充电到 80%,同时保持高能量密度。

然而,该技术目前仍面临产业化挑战。实验室的制备方法很难直接用于大规模生产,且双梯度结构的设计很难保持电极的一致性,距离产业化还有一定的距离。

4.6.3 电解液

在锂离子电池的工作过程中,锂离子从正极迁移到负极的顺利传输至关重要,而电解液作为运输锂离子的载体,成为影响锂离子电池性能的关键。理想的液体电解质材料一般需具备如下特性:①电导率高,要求电解液黏度低,锂盐溶解度和电离度高;②Li$^+$ 导电迁移数高;③稳定性高,要求电解液具备高的闪点、高的分解温度、低的电极反应活性,并且在搁置时无副反应、储存时间长等;④界面稳定,具备较好的正负极材料表面成膜特性,能在前几周充放电过程中形成稳定的低阻抗固体电解质中间相(solid electrolyte interphase,SEI 膜);⑤有宽的电化学窗口,能够使电极表面钝化,从而在较宽的电压范围内工作;⑥工作温度范围宽;⑦与正负极材料的浸润性好;⑧不易燃烧;⑨环境友好,无毒或毒性小;⑩成本低廉。

目前用的电解液主要由有机溶剂、锂盐和添加剂组成。其中有机溶剂主要由碳酸二乙酯(DEC)、碳酸丙烯(PC)、碳酸乙烯酯(EC)、二甲酯(DMC)等一种或几种溶剂混合物组成。作为运输锂离子的载体,有机溶剂对电解质盐进行溶剂化作用,保证锂离子的顺利传输。锂盐则是锂离子的提供者,其种类和性质直接影响电池的倍率及循环性能,目前市场上的锂盐主要包括 LiPF$_6$、LiClO$_4$、LiBF$_4$ 等;添加剂主要用于改善 SEI 膜的性能、增强阻燃及防止电池过充等,常见的有 VC。

锂离子电池电解质的性质与溶剂的性质密切相关,一般来说,溶剂的选择应该满足如下基本要求:①有机溶剂应该具有较高的介电常数 ε,从而使其有足够强的溶解锂盐的能力;②有机溶剂应该具有较低的黏度,从而使电解液中 Li$^+$ 更容易迁移;③有机溶剂对电池中的各个组分呈惰性,尤其是在电池工作电压范围内,必须与正极和负极有良好的兼容性;④有机溶剂或者其混合物必须有较低的熔点和较高的沸点,从而使电池有比较宽的工作温度范围;⑤有机溶剂必须具有较高的安全性(高的闪点)、无毒无害,同时成本较低。

从溶剂需要具有较高的介电常数出发,可以应用于锂离子电池的有机溶剂应该含有羧基(C=O),腈基(C≡N),磺酰基(S=O)和醚链(—O—)等极性基团。锂离子电池溶剂的研究主要包括有机醚和有机酯,这些溶剂分为环状的和链状的,一些主要有机溶剂的物理性质参见表 4-4。

表 4-4　一些锂离子电池用的有机溶剂的物理性质

种类	状态	溶　　剂	熔点 T_m/℃	沸点 T_b/℃	介电常数 (25℃)ε	黏度 (25℃)η/cP
碳酸酯	环状	乙烯碳酸酯(EC)	36.4	248	89.78	1.90(40℃)
		丙烯碳酸酯(PC)	−48.8	242	64.92	2.53
		丁烯碳酸酯(BC)	−53	240	53	3.2
	链状	碳酸二甲酯(DMC)	4.6	91	3.107	0.59(20℃)
		碳酸二乙酯(DEC)	−74.3	126	2.805	0.75
		碳酸甲乙酯(EMC)	−53	110	2.958	0.65
羧酸酯	环状	γ-丁内酯(γBL)	−43.5	204	39	1.73
	链状	乙酸乙酯(EA)	−84	77	6.02	0.45
		甲酸甲酯(MF)	−99	32	8.5	0.33
醚类	环状	四氢呋喃(THF)	−109	66	7.4	0.46
		2-甲基-四氢呋喃(2-Me-THF)	−137	80	6.2	0.47
	链状	二甲氧基甲烷(DMM)	−105	41	2.7	0.33
		1,2-二甲氧基乙烷(DME)	−58	84	7.2	0.46
腈类	链状	乙腈(AN)	−48.8	81.6	35.95	0.341

对于有机酯来说,其中大部分环状有机酯具有较宽的液程、较高的介电常数和较高的黏度,而链状的溶剂一般具有较窄的液程、较低的介电常数和较低的黏度。其原因主要是环状的结构具有比较有序的偶极子阵列,而链状结构比较开放和灵活,导致偶极子会相互抵消,所以一般会用链状和环状的有机酯混合物作为锂离子电池电解液的溶剂。对于有机醚来说,不管是链状的还是环状的化合物,都具有比较适中的介电常数和比较低的黏度。

乙烯碳酸酯(EC)具有较高的热稳定性、较高的介电常数和较低的黏度,这有利于锂盐在其中的溶解和离子的传导,另外,它还有助于 SEI 膜的形成。但它的高熔点性会降低低温下电池的电量和功率容量,从而限制了电池使用温度范围。丙烯碳酸酯(PC)有较高的相对介电常数(25℃时为 65),较高的化学、电化学的光稳定性。但溶剂混合物中含有 30% 的 PC 就足以破坏石墨的结构,使电极发生剥落,影响电池的性能。DMC、DEC 等通常不单独使用,常与 EC 或 PC 构成共溶剂体系,原因是 DMC 和 DEC 具有较低的黏度和介电系数,单独作为溶剂会降低电解液的电导率。而 EMC 可单独使用,且呈现出较高的电化学性能,但其热稳定性差,容易受热或在碱性条件下发生酯交换反应,进而影响电池的长期稳定性。γ-丁内酯(BL)和 THF 作为溶剂时用量较少,甚至只用作添加剂,常用在三元及其以上溶剂体系中。

用单一溶剂作锂电池溶剂很难同时满足上述要求,因此人们研究更多的是由两种或两种以上溶剂共混构成的溶剂体系。共溶剂体系的性质优于单一溶剂,它通过协同作用使各溶剂性能扬长避短,也是优化电解液组成、提高电池性能的重要途径。研究人员测量了 EC 和 DMC 组成溶剂体系的熔点,结果表明此共溶剂体系的低共熔点为 −7.6℃,接近溶剂体系中熔点最低者 DMC(−10℃),这样此溶剂体系就克服了 EC 熔点高、锂电池使用温度受限的缺点。

在锂盐-溶剂混合物中,锂盐以各种形式存在于锂盐溶剂络合物中,如溶剂分离离子对(SSIP)、接触离子对(CIP)和聚集体(AGG)的形式。溶剂化主要指的是锂离子的溶剂化,阴离子一般以自由状态存在。离子自由运动的难易决定着电导率的大小,离子与电解液各组成部分间的相互作用决定着离子运动的自由度,而这些决定因素主要包括溶剂的黏度、介电常数、锂盐的种类、浓度及自身离子的相互作用,以及离子与溶剂形成的溶剂氛围(离子周围溶剂的数目、螯合作用及离子氛的整体运动等)。

不同溶剂化结构影响 SEI 膜的稳定性及 Li⁺ 去溶剂化过程。大量研究表明,在 SSIP 占比较高的电解液中,通常是溶剂首先分解形成富含有机物、导通性较差的 CEI/SEI、CIP 或 AGG 比例较高的电解液,如(局部)超浓电解液,或添加了 LiNO₃、氟代碳酸乙烯酯(FEC)等特殊添加剂的电解液,有利于形成富含无机物的 SEI/CEI,从而提高电池循环稳定性。

图 4-26 是低浓度电解液和高浓度电解液中不同的界面反应示意图。锂盐溶剂化结构也影响着 Li⁺ 在电极界面及 SEI 界面处的传输速率,Li⁺ 从溶剂化鞘层中脱出,是 Li⁺ 传输速率的控速步骤,低溶剂化能的溶剂有助于降低 Li⁺ 的 E_d,同时降低 Li 平均溶剂化数,改变溶剂化结构等,都可使 Li⁺ 在 SEI 膜处脱溶剂化更容易发生,使 Li⁺ 在锂离子电池中的传输速率提高。

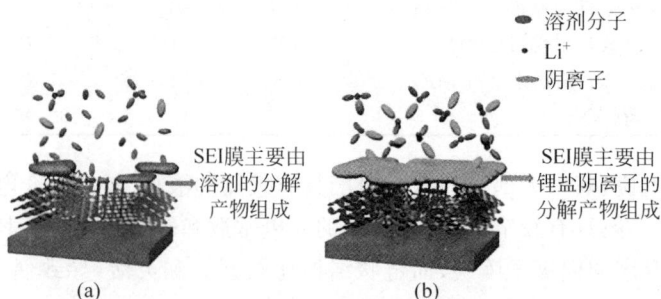

图 4-26　低浓度电解液和高浓度电解液中不同的界面反应

(a) 低浓度电解液;(b) 高浓度电解液

除传统溶剂以外,还有一些新型溶剂,包括氟代溶剂、砜类溶剂、二腈类溶剂、离子液体等,可以拓展电解液稳定电压范围,提高高低温性能,提高 SEI 膜稳定性等。氟原子由于强的电负性,使得碳氟键(C-F)比碳氢键(C-H)的键能强,因此用氟原子取代碳酸酯上的氢原子,能提高碳酸酯溶剂的热稳定性。同时,氟原子取代后导致分子对称性降低,分子热运动加快,熔沸点降低,导致溶剂较好的低温性能。另外,氟原子取代还会降低溶剂分子的最高占据分子轨道(HOMO)和最低未占空轨道(LUMO)的能级,不仅提高溶剂的抗氧化能力,还提高了溶剂的还原电位,有助于在锂离子电池负极形成更好的 SEI 膜。因此,氟代溶剂是提高电解液电化学窗口的较好选择之一。但是它对 $LiPF_6$ 的溶解性较差,需要进一步的改善及调整锂盐体系。

室温离子液体(RTIL)是由特定的阴阳离子构成的、在室温下呈液态的新型溶剂,常见的室温离子液体阳离子有季铵盐类、季磷盐类、咪唑类、吡啶类等。阴离子有氯离子(Cl^-)、溴离子(Br^-)、硝酸根(NO_3^-)、四氟硼酸根(BF_4^-)、六氟磷酸根(PF_6^-)、二(三氟甲基磺酰)亚胺根 $N(CF_3SO_2)_2^{2-}$ 等。这类溶剂具有电导率高、蒸气压低、液程宽等特点,成为锂离子电池电解质材料的研究对象。可用于锂电池的有些离子液体的阴阳离子半径都很大,这使得每个离子的电荷与半径比就小,从而导致晶格能低、静电引力弱和熔点低的缺点。大的离子半径会使离子液体黏度大,黏度越大离子迁移的速率就越慢,这就会造成离子液体的电导率低下。这个缺点可以用两种方法加以克服:一种是修正离子液体的结构;另一种是将其与有机溶剂共混组成溶剂体系。另外一些离子液体,如季铵盐类、咪唑类不能在负极形成稳定 SEI 膜,需要在其中添加一些添加剂,如 VC、EC、氯代碳酸乙烯酯(Cl-EC)、硫酸乙烯酯(ES)等。

砜类溶剂由于具有高的阳极稳定性和宽的电化学窗口(>5V)而常被应用到高压电解液体系中。它们大都熔点高、黏度大,且和负极石墨不相容,很少单独作为电解液溶剂使用。通常要在砜类溶剂中加入一些低熔点、低黏度的线性碳酸酯或者在砜基溶剂的分子结构中接入醚基可克服这些缺陷。对负极而言,由于大部分砜类溶剂不能在石墨负极形成保护膜,导致连续的电解液反应和自放电,故对于负极只能选用钛酸锂($Li_4Ti_5O_{12}$)。

尽管锂盐的种类非常多,但是能应用于锂离子电池电解质的锂盐却非常少。如果要应用于锂离子电池,它需要满足如下一些基本要求:①在有机溶剂中具有比较高的溶解度,易于解离,从而保证电解液具有比较高的电导率;②具有比较高的抗氧化还原稳定性,与有机溶剂、电极材料和电池部件不发生电化学和热力学反应;③锂盐阴离子必须无毒无害,对环境友好;④生产成本较低,易于制备和提纯。实验室和工业生产中一般选择阴离子半径较大、氧化和还原稳定性较好的锂盐,以尽量满足以上特性。表 4-5 列出常用锂盐的物理性质。

表 4-5　一些锂离子电池常用锂盐的物理性质

锂　　盐	相对分子质量/ $(g \cdot mol^{-1})$	是否铝箔腐蚀	是否对水敏感	电导率 $\sigma/(mS \cdot cm^{-1})$ (1mol/L in EC/DMC,20℃)
六氟磷酸锂($LiPF_6$)	151.91	否	是	10.00
四氟硼酸锂($LiBF_4$)	93.74	否	是	4.50
高氯酸锂($LiClO_4$)	106.40	否	否	9.00
六氟砷酸锂($LiAsF_6$)	195.85	否	是	11.10(25℃)
三氟甲基磺酸锂($LiCF_3SO_3$)	156.01	是	是	1.70(in PC,25℃)

续表

锂 盐	相对分子质量/ $(g \cdot mol^{-1})$	是否铝箔腐蚀	是否对水敏感	电导率 $\sigma/(mS \cdot cm^{-1})$ (1mol/L in EC/DMC,20℃)
双(三氟甲基磺酰)亚胺锂(LiTFSI)	287.08	是	是	6.18
双(全氟乙基磺酰)亚胺锂(LiBETI)	387.11	是	是	5.45
双氟磺酰亚胺锂(LiFSI)	187.07	是	是	10.40(25℃)
(三氟甲基磺酰)(正全氟丁基磺酰)亚胺锂(LiTNFSI)	437.11	否	是	1.55
(氟磺酰)(正全氟丁基磺酰)亚胺锂(LiFNFSI)	387.11	否	是	4.70
双草酸硼酸锂(LiBOB)	193.79	否	是	7.50(25℃)

表 4-6 列出了常见锂盐的阴离子半径。从表中可以看出,阴离子半径较小的锂盐(如 LiF、LiCl 和 Li_2O 等)虽然成本较低,但是其在有机溶剂中溶解度较低,很难满足实际需求。虽然硼基阴离子受体化合物的使用大大提高了它们的溶解度,但是会带来电解液黏度增加等问题。如果使用 Br^-、I^-、S^{2-} 和羧酸根等弱路易斯碱离子取代这些阴离子,锂盐的溶解度会得到提高,但是电解液的抗氧化性将会降低。目前,经常研究的锂盐主要是基于温和路易斯酸的一些化合物,这些化合物主要包括高氯酸锂($LiClO_4$)、硼酸锂、砷酸锂、磷酸锂和锑酸锂等(简称 $LiMF_n$,其中 M 代表 B、As、P、Sb 等,n 等于 4 或者 6)。除此之外,有机锂盐(如 $LiCF_3SO_3$、$LiN(SO_2CF_3)_2$)及其衍生物也被广泛研究和使用。

表 4-6 常见锂盐的阴离子半径

阴离子种类	阴离子半径/nm	阴离子种类	阴离子半径/nm
$(CF_3SO_2)_3C^-$	0.375	AsF_6^-	0.260
$(CF_3SO_2)_2N^-$	0.325	$CF_3SO_3^-$	0.270
ClO_4^-	0.237	$C_4H_9SO_3^-$	0.339
BF_4^-	0.229	$(C_4F_9SO_2)_2N^-$ [①]	0.463
PF_6^-	0.254	$(C_4F_9SO_2)(CF_3SO_2)_2C^-$ [①]	0.444

六氟磷酸锂($LiPF_6$)是目前商品锂离子电池中广泛使用的电解质锂盐,虽然它单一的性质并不是最优的,但是其综合性能是最有优势的。$LiPF_6$ 在常用有机溶剂中具有比较适中的离子迁移数,适中的离解常数,较好的抗氧化性能和良好的铝箔钝化能力,使其能够与各种正负极材料匹配。但是 $LiPF_6$ 也有其缺点,限制了它在很多体系中的应用。首先,$LiPF_6$ 是化学和热力学不稳定的,即使在室温下也会发生如下反应: $LiPF_6(s) \longrightarrow LiF(s) + PF_5(g)$,该反应的气相产物 PF_5 会使反应向右移动,在高温下分解尤其严重。PF_5 是很强的路易斯酸,很容易进攻有机溶剂中氧原子上的孤对电子,导致溶剂的开环聚合和醚键裂解。其次,$LiPF_6$ 对水比较敏感,痕量水的存在就会导致 $LiPF_6$ 的分解,这也是 $LiPF_6$ 难以制备和提纯的主要原因。其分解产物主要是 HF 和 LiF。

由于 $LiPF_6$ 存在易分解和水分敏感的问题,关于 $LiPF_6$ 的替代锂盐的研究工作一直在进行,四氟硼酸锂($LiBF_4$)便是其中的一种。相对于 $LiPF_6$ 来说,$LiBF_4$ 的高温性能和低温性能均比较好,抗氧化性能和 $LiPF_6$ 比较接近。除此之外,相对于 $LiClO_4$ 来说,它具有比较高的安全性。但是它的离解常数相对于其他锂盐要小很多,导致 $LiBF_4$ 基电解质电导率不高,$LiBF_4$ 容易与金属 Li 发生反应,这些因素限制了它的大规模应用。

高氯酸锂($LiClO_4$)由于其价格低廉、水分不敏感、高稳定性、高溶解性、高离子电导率和正极表面高氧化稳定性一直受到广泛关注。研究发现,相比于 $LiPF_6$ 和 $LiBF_4$ 来说,$LiClO_4$ 基的电解质在负极表面形成的 SEI 膜具有更低的电阻,这与前者容易形成 HF 和 LiF 有关。$LiClO_4$ 是一种强氧化剂,它在高温和大电流充电的情况下很容易与溶剂发生剧烈反应;另外它在运输过程中不安全,因此 $LiClO_4$ 一般在实验室应用而几乎不应用于工业生产。

六氟砷酸锂($LiAsF_6$)的各项性能均比较好,与 $LiPF_6$ 接近,它作为锂盐的电解液具有比较高的离子电导率,比较好的负极成膜性能,并且 SEI 膜中不含 LiF,原因是 As-F 键比较稳定,不容易水解,该类电解液还具有比较宽的电化学窗口,$LiAsF_6$ 曾经广泛应用于一次锂电池中。但是 $LiAsF_6$ 有毒,成膜过程中会有剧毒的 As(Ⅲ)生成,其反应式为:$AsF_6+2e=AsF_3+3F$,并且在一次锂电池中还存在锂枝晶的生长。

磺酸盐是一类重要的锂离子电池电解质锂盐,这类有机锂盐存在强的全氟烷基吸电子基团,强的吸电子基团和共轭结构的存在导致负电荷被离域,所以其阴离子比较稳定,酸性明显提高。因此,这些锂盐即使在低介电常数的溶剂中解离常数也非常高,全氟烷基的存在导致这些锂盐在有机溶剂中溶解度也很大。相比于羧酸盐、$LiPF_6$ 和 $LiBF_4$,磺酸盐的抗氧化性好、热稳定性高、无毒、对水分不敏感。

综上所述,有机磺酸锂盐比较适合作为锂离子电池电解质锂盐。其中三氟甲基磺酸锂($LiCF_3SO_3$)是一种组成和结构最简单的磺酸盐,是最早工业化的锂盐之一,它具有比较好的电化学稳定性,与 $LiPF_6$ 接近。但是它存在的一些缺点限制了它的大规模应用:首先是一次电池中锂枝晶的生长问题;其次是这种锂盐所组成的电解液电导率较低;最后是这种盐存在严重的铝箔腐蚀问题。

双(三氟甲基磺酰)亚胺锂(LiTFSI)是一种酰胺基的锂盐。其结构如图 4-27(a)所示,该盐的阴离子由两个三氟甲基磺酸基团稳定,存在较强的吸电子基团和共轭结构,所以它也是一种酸性很强的化合物,与硫酸相近。研究人员将此盐应用于聚合物锂离子电池,3M 公司在 20 世纪 90 年代将此盐进行商业化,作为动力电池的添加剂使用,具有改善正负极 SEI 膜,稳定正负极界面,抑制气体产生,改善高温性能和循环性等多种功能。LiTFSI 具有高的离子电导率,宽的电化学窗口(玻璃碳作为工作电极),能够抑制锂枝晶的生长。但是LiTFSI 也有其不足之处,其对正极集流体铝箔存在严重的腐蚀,需要加入能够钝化铝箔的添加剂(例如 $LiBF_4$ 或含腈基的化合物),才能在一定程度上抑制该反应。

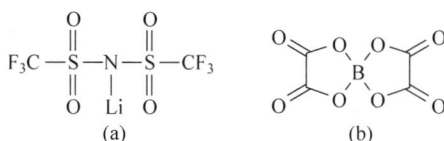

图 4-27　两种锂盐结构

(a) LiTFSI 分子结构;(b) LiBOB 分子结构

双氟磺酰亚胺锂(LiFSI)具有与 LiTFSI 相似的物理化学性质。该盐是由 Armand 等于 1999 年合成并报道的,它具有比较高的电导率,随后 Zaghib 等对此盐及其在锂离子电池中的应用进行了初步的研究。该盐各项性能都比较好：具有高的热稳定性，在碳酸酯体系中具有高的溶解度，相比于 $LiPF_6$ 体系具有较高的电导率和锂离子迁移数。但是它存在腐蚀铝箔的问题，这主要是由合成过程中引入的 Cl 杂质和电解液中痕量水分造成的。该盐的铝箔腐蚀问题可以通过加入 $LiClO_4$ 等添加剂来解决。

双草酸硼酸锂（LiBOB）首先由 Lischka 等在 1999 年合成，它是一种配位螯合物，正交晶系，属于 Pnma 空间点群。它的结构如图 4-27(b)所示，从中可以看出，BOB 以硼原子为中心，呈四面体结构，这种五重配位的形式使得 Li^+ 很容易再结合其他分子形成正八面体配位结构，所以 LiBOB 具有很强的吸湿性。这种结构电荷分布比较分散，阴阳离子相互作用较弱，在有机溶剂中具有较高的溶解度。但由于实际溶解度较小、电导率较低，所以可以作为添加剂在锂离子电池中使用。

添加剂是锂离子电池电解液的重要组成部分，它的用量很少却能很大程度地改善电池的性能。添加剂的种类很多，常见的有：成膜剂、阻燃剂、高低温添加剂、过充保护剂、除水及 HF 添加剂等。下面简要列举一些添加剂的特性。

SEI 成膜添加剂。碳负极形成的 SEI 膜对于锂离子电池的循环寿命、放电倍率和低温性能有重要影响。SEI 成膜添加剂能够优先在电极表面发生氧化还原反应，促进生成致密、稳定的 SEI 膜，因此选择合适的 SEI 成膜添加剂是十分有必要的。成膜添加剂主要包括不饱和酯类添加剂、锂盐添加剂、含硫添加剂、无机化合物类添加剂等。

酯类添加剂主要有 VC、FEC、VEC、CC、AEC、VA 等，其分子结构如图 4-28 所示。VC 应该是比较经典的成膜添加剂，VC 的反应活性来自其可聚合乙烯基的功能性和高应变结构，这是由环上的 sp^2 杂化碳原子引起的。

VC 的成膜机理是能够优先于电解液发生还原，因此能够优先形成 SEI 膜。实验发现，在含有体积分数为 1% 的 VC 的 1.0mol/L 的 $LiPF_6$/EC/DMC 电解液中可以在较高电位下促进初始 SEI 的形成，还抑制了 EC 的还原，如图 4-28 所示。VC 首先发生还原反应，并在 HOPG 基面上形成许多颗粒，之后的 EC 还原有助于在未覆盖的 HOPG 表面上形成薄层。

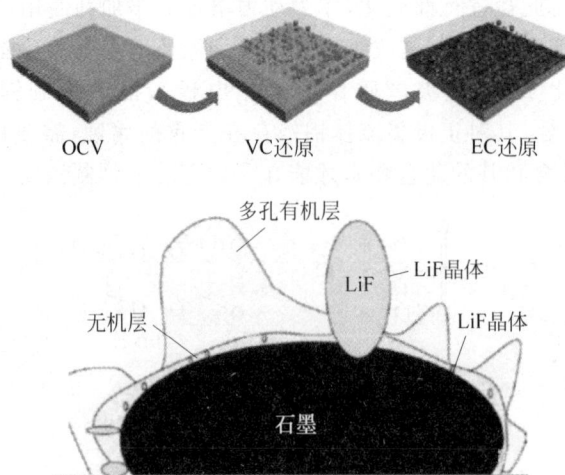

OCV　　　　　VC还原　　　　　EC还原

图 4-28　HOPG 电极上不同表面演化阶段的示意图

总体来说,VC 作为经典的电解液成膜添加剂,在较低电压下体积分数 5% 以内的 VC 几乎对绝大多数电池体系的电化学性能有改善作用。但是 VC 添加剂对锂离子电池阴极的热性能和安全特性会产生负面影响,在高温条件下电化学性能较差,实际往往需要和其他的功能添加剂一起使用。

FEC 是 EC 的单 F 原子取代产物,F 具有很强的电负性和弱极性,导致该添加剂的凝固点较低、氧化稳定性较高以及提高了电极/电解液界面的兼容性,因此提高了电池的低温性能、抗氧化性能和电极润湿性。FEC 添加剂可以形成富 LiF 的固体电解质界面,其诱导形成的 SEI 层致密稳定,有利于获得均匀的 Li 沉积形态。近些年含氟或氟化物的电解液被重点关注,也说明 LiF 是一种特别有利的 SEI 组分。FEC 添加剂的优先还原被认为有利于阳极表面的早期钝化,并促进 SEI 成分的改善。通过经典分子动力学、傅里叶变换红外光谱和量子化学计算,证实了 FEC 作为电解质添加剂可以显著改变溶剂化结构和 SEI 的形成过程,如图 4-29 所示。有限数量的 FEC 的加入可以促进离子对结合,触发阳极钝化的早期发生,促进 LiF 的形成,并可能通过形成亚稳中间体促进 SEI 中的聚合。

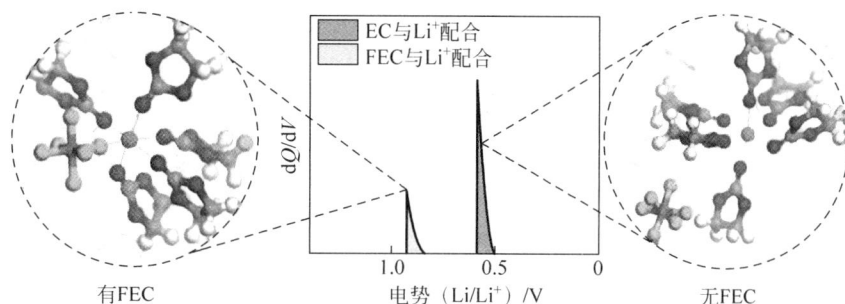

图 4-29　在 EC 和 FEC 电解液形成过程中计算的微分电容图

单独使用 FEC 添加剂可能会导致锂离子电池的循环性能下降。研究发现,FEC 分解产物会阻碍通过 SEI 的电荷传输,从而显著增加整体阳极阻抗。由 FEC 作为共溶剂生成的 F-SEI 和由 $LiNO_3$ 缓释形成的 N-SEI 具有可持续性,在此基础上,对 F-SEI 和 N-SEI 进行合理组合,可在碳酸盐电解质中构建可持续的氟化氮化 SEI(FN-SEI)。

其他的酯类添加剂还有 VEC、CC、AEC、VA 等,它们都对 SEI 膜有稳定作用。研究发现,含有 VEC 的电解液的 SEI 膜在锂离子插入过程中更稳定,并且能够灵活地适应石墨材料的体积变化,从而使锂离子的嵌入/脱嵌具有更好的可逆性。除此之外,研究人员还发现 VEC 可以改善电池的高电压稳定性以及容量保持率。

锂盐类添加剂主要包括 LiBOB、LiTFSI、LiFSI 等能够抑制电解液的氧化分解并稳定阴极的 SEI,具有良好的成膜效果,能显著降低 SEI 膜阻抗,能够保证电解液的电化学稳定性,从而显著提高电池的循环寿命、高低温性、倍率性能等。

其他添加剂如含硫添加剂 PS、ES、DES、PES、DMS、VES、DTD、TMS、FPS、SPA 等,它们主要是对 SEI 膜有修饰作用,但硫的价态较多,分解产物与分解路径不一,有副反应及产生气体,一般和其他添加剂组合使用;无机盐类如 Na_2CO_3、K_2CO_3、$NaClO_4$、Li_2CO_3、Na_2SO_3 等可以修饰 SEI 膜,但无机添加剂的溶解度比有机添加剂要低得多,因此它们的应用较少。

除 SEI 添加剂以外，还有其他功能添加剂，如阻燃添加剂，其原理是添加一些高沸点、高闪点、不易燃烧的物质，提高电池稳定性及安全性，主要包括有机磷系化合物、含氮化合物、卤代有机物等；高低温添加剂，它的作用是扩展电池温度使用范围，提升电池高低温性能等，主要有 LiBOB，含氟碳酸脂等；过充添加剂，它的作用是在电池过充时起到在正极氧化，负极还原的作用，提高抗过充能力，主要有邻位和对位的二甲氧基取代苯、丁基二茂铁和联苯等；除水及 HF 添加剂，它的作用是与电解液中酸和水结合来降低它们的含量，主要有氧化铝，氧化镁，三乙胺，正丁胺，DCC，硅氮烷等；导电添加剂，通过阴阳离子配体或中性配体来提高锂盐的离解度，主要有 12-冠-4 醚、阴离子受体化合物和无机纳米氧化物等。

对于电解液产品性能及测试标准，可以参考 HG/T 4066—2015，HG/T 4067—2015，SJ/T 11568—2016，SJ/T 11723—2018。产品品质主要检测以下技术指标，包括电解液的外观，色度，水分，酸度，密度，电导率，杂质离子等。表 4-7 为电解液技术指标。

表 4-7　电解液技术指标

检 测 项 目		技 术 指 标
外观		澄清透明液体
色度[①]/APHA		$\leqslant 50$
水分/($mg \cdot g^{-1}$)		$\leqslant 20.0$
游离酸[②]（以 HF 计）/($mg \cdot kg^{-1}$)		$\leqslant 50.0$
密度（25℃）/($g \cdot cm^{-3}$)		根据具体配方确定，标准值±0.010
电导率（25℃）/($mS \cdot cm^{-1}$)		根据具体配方确定，标准值±0.5
金属杂质含量/ ($mg \cdot kg^{-1}$)	钾（K）	$\leqslant 5.0$
	钠（Na）	$\leqslant 5.0$
	铁（Fe）	$\leqslant 5.0$
	钙（Ca）	$\leqslant 5.0$
	铅（Pb）	$\leqslant 5.0$
氯化物（以 Cl^- 计）含量/($mg \cdot kg^{-1}$)		$\leqslant 5.0$
硫酸盐（以 SO_4^{2-} 计）含量/($mg \cdot kg^{-1}$)		$\leqslant 10.0$

注：①②含特殊组分除外。

电解液行业具备投资强度低、周转率高、龙头净利率较高的特点。锂离子电池电解质未来发展的方向需要重点解决以下问题。

（1）电解液和电池的安全性。通过离子液体、氟代碳酸酯、加入过充添加剂、阻燃剂、采用高稳定性锂盐来解决，最终可能需要通过固体电解质来彻底解决安全性。

（2）提高电解质的工作电压。通过提纯溶剂、采用离子液体、氟代碳酸酯、添加正极表面膜添加剂等来解决。

（3）拓宽工作温度范围。低温电解质体系需要采用熔点较低的醚、腈类体系，高温需要采用离子液体（熔融盐）、新锂盐、氟代酯醚体系来提高温区。

（4）延长电池寿命。需要精确调控 SEI 膜的组成与结构，主要通过 SEI 膜成膜添加剂、游离过渡金属离子捕获剂等来实现。

（5）降低成本及品质提升。需要优化生产工艺，降低锂盐和溶剂的成本，以及提升产品质量，提高纯度。

随着电池技术的发展，半固态及固态等新电解质体系有可能取代传统电解液体系，4.8

节将介绍固体锂离子电池的研究。

4.6.4　隔膜

隔膜是一种经特殊成形的高分子薄膜,薄膜有微孔结构,置于正极和负极之间,作为隔离电极的装置,防止两极上的活性物质直接接触而造成电池内部短路。但隔膜必须允许带电 Li^+ 离子自由通过多烯微孔膜,而不允许电子通过,以形成单向通路。市场化的隔膜材料主要有聚乙烯(polyethylene,PE)、聚丙烯(polypropylene,PP)、聚烯烃(polyolefin)类隔膜,或其复合膜,PP/PE/PP 三层隔膜。其中,PE 产品主要用湿法工艺制备,PP 产品主要用干法工艺制备。

1. 传统锂离子隔膜制备方法

传统锂离子电池隔膜为聚烯烃隔膜,多为单层或三层结构,如单层 PE、单层 PP、PP/PE/PP 复合膜等。按照常规制备工艺可分为干法和湿法工艺。图 4-30 是不同工艺制备材料的形貌比较。

1) 干法工艺

干法工艺是最常采用的方法,利用挤压、吹膜工艺,将熔融的聚烯烃树脂制成片状结晶薄膜,并通过单向拉伸或双向拉伸在高温下形成狭缝状多孔结构。单向拉伸工艺制备的薄膜微孔结构扁长且相互贯通,导通性好;生产过程中不需用溶剂,工艺环境友好;薄膜的纵向强度优于横向,且横向基本没有热收缩。美国的 Celgard 公司、日本的 UBE 公司及国内的星源材质、沧州明珠和东航光电等公司是通过该工艺生产隔膜的主要厂商。

中国科学院化学研究所开发具有自主知识产权的双向拉伸工艺,通过在 PP 中加入具有成核作用的 β 晶型改进剂,利用 PP 不同相态间密度的差异,在拉伸过程中发生晶型转变形成微孔,所制备的薄膜纵横向均具有一定的强度,微孔尺寸及分布均匀。国内新乡格瑞恩、新时科技、星源材质等公司均有生产。

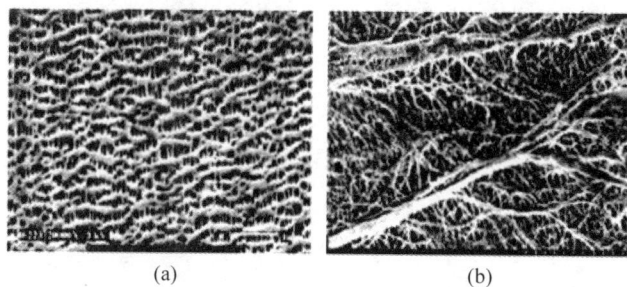

图 4-30　干/湿工艺制备膜的形貌比较
(a) 干法拉伸膜;(b) 湿法工艺膜

2) 湿法工艺

湿法工艺在工业上又称为相分离法或热致相分离法,其制备原理是加热熔融在常温下互不相容的低分子量物质(液态烃、石蜡等)和高分子量物质(聚烯烃树脂)的混合物,使该混合物形成均匀混合的液态,并通过降温相分离压制得到微孔膜材料。湿法工艺制备的薄膜比干法工艺制备的薄膜的三维结构更加复杂,微孔屈曲度更高;但是该生产过程使用溶剂,在绿色环保方面有所欠缺,且热稳定性差,工艺流程也相对复杂。

根据压制膜片时拉伸工艺的不同,可分为双向同步拉伸和双向异步拉伸,两种拉伸工艺的区别在于在压制成膜片时所进行的拉伸是否是纵横向同时进行。双向同步拉伸制备的薄膜各项性能如拉伸强度、热收缩率等在纵横方向上基本相同;双向异步拉伸则是将熔融的高分子降温制得膜片后,先进行纵向拉伸,再进行横向拉伸,因在分步拉伸时无法保证拉伸力完全一致,制备的薄膜性能在纵横方向上差异较大。

2. 国内外锂离子隔膜研究现状

1) 多层复合隔膜

多层复合隔膜是由美国 Celgard 公司自主开发的 PP/PE 两层复合隔膜或 PP/PE/PP 三层复合隔膜,集合了 PP 膜力学性能好、熔断温度高以及 PE 膜柔软、韧性好、闭孔温度低的优点,增加了电池的安全性能;但是这类膜对电解质的亲和性较差,且 PP/PE/PP 三层隔膜的纤维结构为线条状,一旦发生短路,会使短路面积瞬间迅速扩大,热量急剧上升难以排出,存在潜在的爆炸风险。

2) 有机/无机复合隔膜

有机/无机复合隔膜是将无机材料(如 Al_2O_3、SiO_2 等颗粒)涂覆在聚烯烃薄膜或无纺布上,通过有机、无机材料的配合互补提高锂离子电池的安全性和大功率快速充放电的性能,既有有机材料柔韧及有效的闭孔功能,防止电池短路,又有无机材料传热率低、电池内热失控点不易扩大、可吸收电解液中微量水,延长电池使用寿命的功能。

ESCHOI 等将一种耐热性较好的 PET 无纺薄膜两侧浸涂陶瓷粒子,发现较传统 PE 膜的导电率提高 50%。日本日立麦克赛尔公司则将板状无机颗粒涂覆在基膜表面,可在高温下保持形状的完整性。德国德固赛公司将 Al_2O_3、SiO_2 颗粒均匀混合的硅胶溶液涂覆在柔韧、通孔的纤维素无纺布基布上制备了 Separion 隔膜,其结构如图 4-31 所示。

图 4-31　Separion 隔膜 SEM 图及结构示意图

3) 纳米纤维涂层隔膜

纳米纤维涂层隔膜是通过将纳米级纤维涂覆于基膜上,对现有隔膜或无纺布基布表面进行改性而制成的。它不仅可以提高隔膜的耐高温收缩性,还可以提高电池隔膜的电极兼容性和黏结性,并增加了隔膜对电解液的吸收性与亲和性。

PARORA 等制备了含聚偏氟乙烯纳米纤维涂层的 PP 隔膜,该隔膜内阻低、孔隙率高且均一性好、电化学稳定性好、电解质容纳量可达 $1.2 \sim 1.5 \mathrm{mg/cm^2}$,孔隙率为 $50\% \sim 60\%$,热收缩率纵向小于 1%,横向小于 0.5%。尹艳红等以 PE 膜为基膜,涂覆 PVDF 和纳米 Al_2O_3 颗粒,制备了纳米颗粒涂层隔膜,该涂层隔膜提高了原 PE 基膜对电解液的亲和性以及电化学稳定性。

4）静电纺丝隔膜

静电纺丝是对聚合物溶液或熔体施加电场以雾化形成微射流,最终固化成纳米级纤维的技术。利用静电纺丝技术制备的电池隔膜,其原料取材范围广,制备的隔膜比表面积大,孔隙率高,纤维孔径小,长径比大。

FCROCE 等通过静电纺丝技术制备了 PVDF-CTFE 纤维膜,结果表明,此种隔膜在较宽温度范围内具有较好的离子电导率,能够较好地阻隔正负电极。焦晓宁等通过结合静电纺丝技术获得一层纳米纤维膜,然后使用纳米颗粒与聚合物混合后的溶液对纳米纤维膜进行静电喷雾,最后通过静电纺丝一层纳米纤维膜,得到三明治结构的有机/无机复合隔膜,其吸液率、电化学稳定性以及热尺寸稳定性较好。

虽然静电纺丝法可以通过改变纺丝条件获得形貌可控、孔隙率可调的隔膜;但是静电纺丝隔膜一般力学性能较差。为克服静电纺丝隔膜本身力学性能较差的缺点,研究人员将聚丙烯酸作为芯层,PVDF-HFP 作为皮层纺丝液,通过同轴静电纺丝技术获得 PAA/PVDF-HFP 复合纳米纤维膜,经亚胺化过程,制备出 PVDF-HFP 部分熔融相互黏结的纤维膜,有效增加了纤维膜的强度。

5）纤维素基隔膜

纤维素基隔膜是以纤维素纤维为原料,采用非织造等加工技术制备的锂离子电池隔膜材料。纤维素纤维是自然界中分布最广、储存量最大的天然高分子,与合成高分子相比,纤维素纤维具有环境友好、可再生、生物相容较好等优点,且纤维素基材具有孔隙结构较大、浸润性好、热稳定性好、化学稳定性好等优点。日本王子公司提出利用原纤化的天丝纤维通过湿法成形与环氧、酚醛等热固性树脂增强制备了孔径细小的电池隔膜;日本三菱制纸公司和东京理工大学开发了纤维素纤维/PET 的非织造布并用于电池隔膜,其最大特点是具有高热稳定性以及优异的电解液浸透性;日本旭化成公司也开发了类似的产品。刘志宏等率先提出阻燃隔膜的概念,制备的阻燃型纤维素电池隔膜极限氧指数从 17 提高到 40,对提高电池的安全性能具有重要意义。

3. 锂离子电池隔膜的特性及技术要求

1）隔膜的主要性能要求

锂离子电池隔膜的性能要求主要有:①电子绝缘性;②孔径和孔隙率适当;③电化学稳定性较好,耐电解液腐蚀;④热稳定性好,低闭孔温度和高熔断温度;⑤与电解液亲和性好,具有一定的吸液率;⑥足够的力学性能和较小的厚度;⑦空间稳定性和平整度好。

2）测试标准及方法

参考美国先进电池联盟对锂离子电池隔膜性能参数的规定,电池隔膜性能包括理化性能、力学性能、热性能和电化学性能等。

（1）理化性能

理化性能包括厚度、孔隙率、平均孔径与分布、透气性、曲折度、润湿性、吸液率、化学稳定性。厚度作为电池隔膜最基本的参数，与锂离子的通透性成反比，在力学性能满足实际需要的情况下，厚度应尽可能小；孔隙率是指材料内微孔的体积占材料总体积的百分数，与电池隔膜的透气性、吸液率、电化学阻抗性有密切的联系，孔隙率可通过吸液法、计算法和仪器测量法得到；孔径大小及分布一般采用 SEM 电镜观测测量，也可以使用仪器结合拉普拉斯方程进行测量；润湿性和吸液率是隔膜具有保持电解液的能力，以减小电池内阻，提高电池性能。

（2）力学性能

力学性能主要包括穿刺强度、混合穿刺强度和拉伸强度。隔膜材料不仅要承受电池工作过程中受到电极混合物的刺穿力，也要承受在生产过程中因卷曲缠绕、包装、制成时的物理冲击、穿刺、磨损、压缩和拉伸等，这对于防止电池短路有着重要的作用。

（3）热学性能

热学性能主要包括热闭孔温度、熔断温度和热收缩率。闭孔温度是隔膜对电池的特殊保护机制设定，即当温度超过闭孔温度时，隔膜内的微孔闭合，阻止锂离子的通过，在一定程度上减少短路的危险；而熔融温度则是指隔膜在高温下破裂发生短路的温度，该温度越高，则短路的危险越小。

（4）电化学性能

电化学性能主要包括电化学稳定性、界面特性、循环特性、离子传输特性等。为了研究隔膜的电化学稳定性，通常对其进行线性伏安扫描测试（LSV）。具体的操作方法是：将隔膜夹在不锈钢片和金属锂片之间，组装成为纽扣型电池，其中不锈钢片作为工作电极、金属锂片作为参比电极，并用 IVIUM 电化学工作站对其测试。通常可以采用 1.0mV/s 的扫描速率，电压则可以从开路设置到 6.0V。

电化学阻抗谱（EIS）是研究电化学界面过程的重要方法，被广泛应用于研究锂离子在碳材料和过渡金属氧化物中的嵌入和脱出过程，同时也被用于研究电池中隔膜对锂离子透过性的影响。一般情况下，用交流法测量的电化学阻抗谱图中，可以得到电池的内阻（和隔膜的电阻有关），因此可以用此方法得到电池的电荷转移电阻。采用 IVIUM 电化学工作站测试，工作频率为 0.1Hz～100kHz。

电池的循环性能主要由循环次数、首次放电容量和保留容量 3 个指标来衡量。电池连续重复进行多次的充放电行为称为循环充放电，循环充放电的次数称为循环次数；首次放电容量是指电池完全充满电后第一次的放电容量；保留容量是指完成一定次数的循环充放电后，电池依旧保持的放电容量。通常至少循环 100 次以后，得到的循环性能的数据才有说服力。因此，隔膜的性能优劣，直接影响到电池的循环性能。

电池的离子传输特性的主要参数为离子电导率和 Mac-Mullin 值。离子电导率和离子电阻率互为倒数，实际测试得到的通常是电池的离子电阻，即体积电阻。而试验测试得到的离子电阻（R_b）是隔膜电阻（R_s）与电池中电解液的电阻（R_e）之和。由此计算出隔膜的离子电导率（σ_s）。Mac-Mullin 值（Nm）是指在饱和电解液中的多孔介质的电阻与相同体积的饱和电解液电阻的比值。Mac-Mullin 值实际上比离子电导率更能够说明隔膜对锂离子的透过性，因为它消除了电解液的影响。

4.6.5　锂离子电池充电方法

锂离子电池的充电过程分为三个阶段,分别为预充阶段、恒流充电阶段和恒压充电阶段。

(1) 预充(prefilling)阶段。直流电源接通后,检测到锂离子电池后,启动充电芯片进入预充电过程。在此期间,充电控制器以相对较小的电流对电池进行充电,使电池电压和温度恢复到正常状态。

(2) 恒流充电阶段。在充电初始阶段,充电电路对锂离子电池进行恒流充电。在恒流充电时,电池电压会缓慢上升,只要电池电压达到设定的终止电压,恒流充电就会终止,然后进入恒压充电过程。

(3) 恒压充电阶段。在恒压充电过程中,充电电流会逐渐下降。当监测到充电电流低于设定值或充电时间超时变为顶部并停止充电时,充电控制器此时会以非常小的充电电流弥补充电电池的自放电。

4.7　锂电池生产工序

锂离子电池是一个复杂的体系,包含了正极、负极、隔膜、电解液、集流体和黏结剂、导电剂等,涉及的反应包括正负极的电化学反应、锂离子传导和电子传导,以及热量的扩散等。锂电池的生产工艺流程较长,生产过程中涉及有 50 多道工序。图 4-32 给出了锂离子电池的制造流程及所需的机器设备。

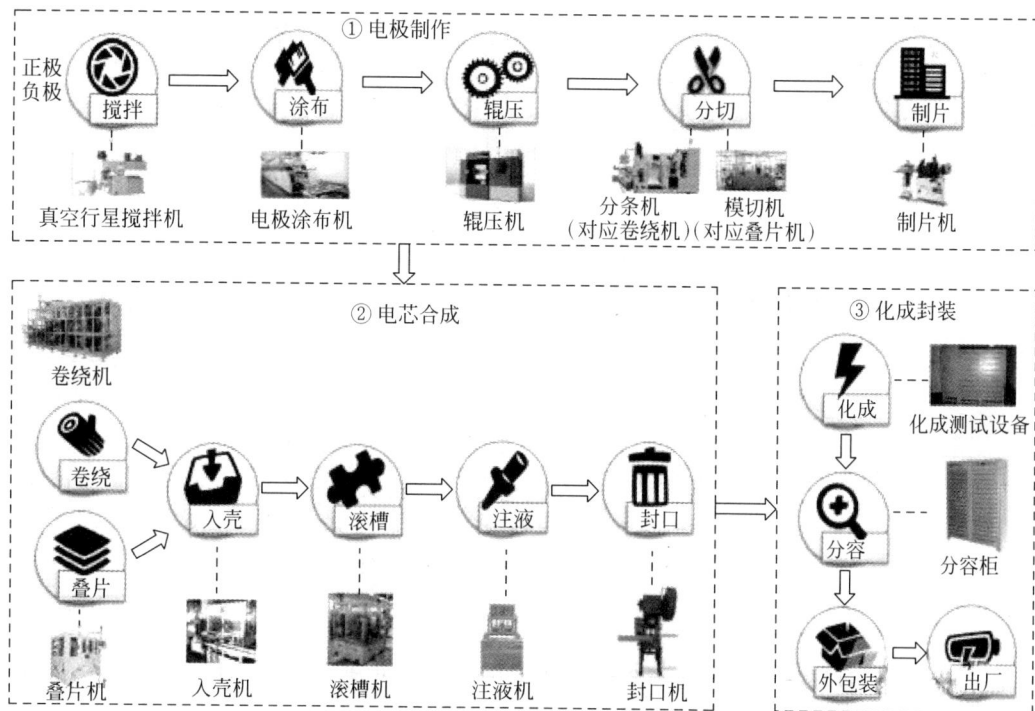

图 4-32　锂电池制造流程及其机器设备

锂电池按照形态可分为圆柱形电池、方形电池和软包电池等，其生产工艺有一定差异，但整体上可将锂电池制造流程划分为前段工序（极片制造）、中段工序（电芯合成）、后段工序（化成封装）。由于锂离子电池的安全性能要求很高，因此在电池制造过程中对锂电池制造设备（简称锂电设备）的精度、稳定性和自动化水平都有极高的要求。

锂电设备是将正负极材料、隔膜材料、电解液等原料通过有序工艺，进行制造生产的工艺装备，锂电设备对锂电池性能和成本有重大影响，是决定因素之一。按照不同工艺流程可将锂电设备分为前段设备、中段设备、后段设备，在锂电池生产线中，前段、中段、后段设备的价值占比约为 4∶3∶3。

4.7.1　前段工序

前段工序的生产目标是完成（正、负）极片的制造。前段工序主要流程有：搅拌、涂布、辊压、分切、制片、模切，所涉及的设备主要包括：搅拌机、涂布机、辊压机、分条机、制片机、模切机等。

浆料搅拌（所用设备为真空搅拌机，其工作原理如图 4-33（a）所示）是将正极、负极固态电池材料混合均匀后加入溶剂搅拌成浆状。浆料搅拌是前段工序的始点，是完成后续涂布、辊压等工艺的前序基础。

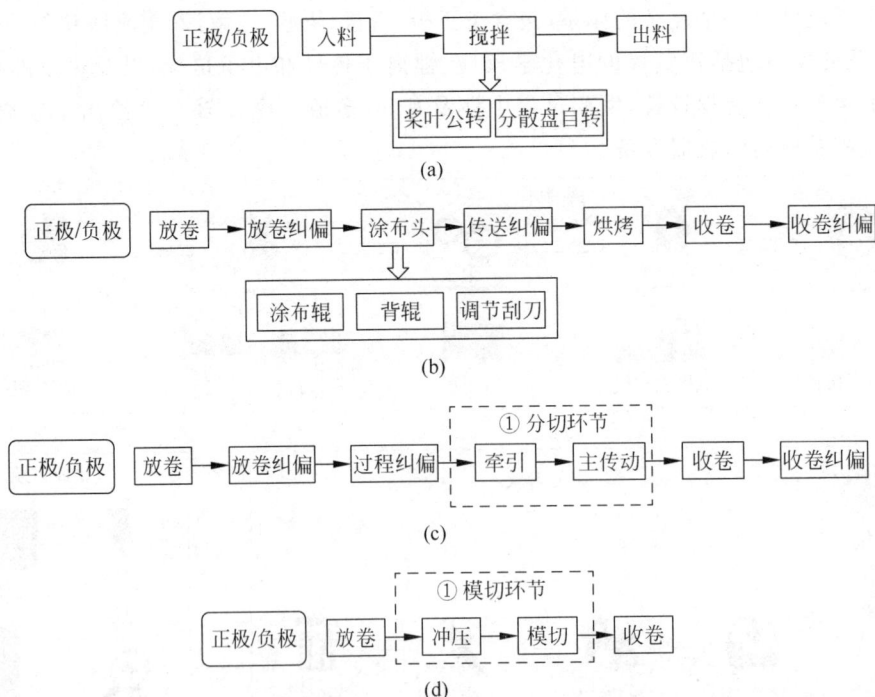

图 4-33　前段工序所涉及设备的工作原理
(a) 真空搅拌机；(b) 转移式涂布机；(c) 分条机；(d) 模切机

涂布（机）是将搅拌后的浆料均匀涂覆在金属箔片上并烘干制成正极、负极片。作为前段工序的核心环节，涂布工序执行的质量标准深刻影响着成品电池的一致性、安全性、寿命周期，所以涂布机是前段工序中价值最高的设备，其工作原理如图 4-33（b）所示。

挤压式涂布机不需要背辊和刮刀,只要用涂布辊。

辊压(机)是将涂布后的极片进一步压实,从而提高锂电池的能量密度。辊压后极片的平整程度会直接影响后续分切工艺加工效果,而极片活性物质的均匀程度也会间接影响锂电池的电芯性能。

分切(所用设备是分条机,其工作原理如图 4-33(c)所示)是将较宽的整卷极片连续纵切成若干所需宽度的窄片。极片在分切中遭遇剪切作用断裂失效,分切后的边缘平整程度(无毛刺、无屈曲)是考察分条机性能优劣的关键。

制片(所用设备为制片机)包括对分切后的极片焊接极耳、贴保护胶纸、极耳包胶或使用激光切割成型极耳等,从而用于后续的卷绕工艺。模切(所用设备为模切机,其工作原理如图 4-33(d)所示)是将涂布后极片冲切成形,用于后续工艺。

4.7.2 中段工序

中段工序的生产目标是完成电芯的制造,不同类型锂电池的中段工序技术路线、产线设备存在差异。中段工序的本质是装配工序,具体来说是将前段工序制成的(正、负)极片,与隔膜、电解质进行有序装配。方形(卷状)、圆柱形(卷状)与软包(层状)电池储能结构不同,导致不同类别锂电池在中段工序的技术路线、产线设备存在明显差异。具体来说,方形、圆柱形电池的中段工序主要流程有:卷绕、注液、封装。所涉及的设备主要包括卷绕机、注液机、封装设备(入壳机、滚槽机、封口机、焊接机)等;软包电池的中段工序主要流程有:叠片、注液、封装。所涉及的设备主要包括叠片机、注液机、封装设备等。

(1)卷绕(所用设备为卷绕机)是将制片工序或收卷式模切机制作的极片卷绕成锂离子电池的电芯,主要用于方形、圆柱形锂电池生产。卷绕机可细分为方形卷绕机、圆柱形卷绕机两类,分别用于方形、圆柱形锂电池的生产。相比圆柱形卷绕工艺,方形卷绕工艺对张力控制的要求更高,故方形卷绕机技术难度更大。

(2)叠片(所用设备为叠片机)是将模切工序中制作的单体极片叠成锂离子电池的电芯,主要用于软包电池生产。相比方形、圆柱形电芯,软包电芯在能量密度、安全性、放电性能等方面具有明显优势。然而,叠片机完成单次堆叠任务,涉及多个子工序并行与复杂机构协同,提升叠片效率需应对复杂动力学控制问题;而卷绕机转速与卷绕效率直接联系,增效手段相对简单。目前,叠片电芯的生产效率、良率与卷绕电芯有所差距。

(3)注液(所用设备为注液机,其工作原理如图 4-34 所示)是将电池的电解液定量注入电芯中。

电芯 → 插注液杯 → 装电池 → 电池注液 → 抽真空 → 出电池

图 4-34 注液机原理

(4)封装(所用设备为封装机)是利用入壳机、滚槽机、封口机、焊接机将卷芯放入电芯外壳中。

4.7.3 后段工序

后段工序的生产目标是完成化成封装。截至中段工序,锂电池的电芯功能结构已经形成,后段工序的意义在于将其激活,经过检测、分选、组装,形成使用安全、性能稳定的锂电池成品。后段工序主要流程有化成、分容、检测、分选等,所涉及的设备主要包括充放电机、检测设备等。

(1) 化成和分容(所用设备为充放电机)

化成是指通过第一次充电使电芯激活,在此过程中负极表面生成有效钝化膜(SEI 膜),以实现锂电池的"初始化"。分容即"分析容量",是将化成后的电芯按照设计标准进行充放电,以测量电芯的电容量。对电芯进行充放电贯穿化成、分容工艺过程,因此充放电机是最常用的后段核心设备。充放电机的最小工作单位是"通道",一个"单元"(BOX)由若干"通道"组合而成,多个"单元"组合在一起,就构成了一台充放电机。

(2) 检测和分选(所用设备为检测设备)

检测在充电、放电、静置前后均要进行;分选是根据检测结果对化成、分容后的锂电池按一定标准进行分类选择。检测、分选工序的意义不仅在于排除不合格品,由于锂离子电池实际应用中,电芯常以并联、串联方式结合,所以还有助于选取性能接近的电芯,以使电池整体性能达到最优。

锂电池的生产离不开锂电设备,除了电池本身所用材料之外,制造工艺和生产设备是决定锂电池性能的重要因素。早期,我国锂电设备主要依赖进口,经过几年的快速发展,中国锂电设备企业在技术、效率、稳定性等多个方面都已经逐步赶超了日韩设备企业,并拥有性价比、售后维护等方面的优势。目前国内锂电设备企业集群已经形成,并成为中国高端装备名片进入国际市场。随着锂电龙头企业纵向结盟与出口扩产,锂电设备受益下游扩产迎来快速增长的全新机遇期。

4.8　全固态锂电池

当前,受重量、体积、安全性等因素限制,液态锂电池已接近能量密度极限,技术迭代成为动力电池行业的焦点议题。全固态电池技术因其高安全性、高能量密度等优势而备受关注,并被视为未来重要的电池技术发展方向。在电池需求高速增长及技术代际升级的双重驱动下,全固态电池迅速发展,被认为将颠覆现有的电池体系,成为最具前景的新一代电池材料技术。

锂离子电池等二次电池(可以充电、反复使用的电池)主要由以金属为材料的两个电极(正极和负极)以及充满其间的电解质构成。传统二次电池使用液体电解质,而全固态电池使用固态电解质,即构成电池的所有部件均是"固态"的材料。

采用固态电解质后,电池有望实现更大容量与更高的功率密度。此外,固态电解质赋予电池比锂离子电池更高的安全性,其在电动汽车等领域的应用潜力备受关注。如果全固态电池能够实用化,将具备显著优势。因此,"全固态电池"被认为最有希望成为下一代电池。

4.8.1　全固态锂电池的原理

全固态锂离子电池的基本原理与普通锂离子电池几乎相同:均采用金属作为电极材料,离子通过电解质在正负极之间移动,从而产生电流。两者的主要区别在于电解质的状态——普通锂离子电池使用液态电解质,需通过隔膜隔开正负极,以防止两侧电解液直接接触；而全固态锂电池采用固态电解质，无须隔膜。两者的工作流程如图 4-35所示。

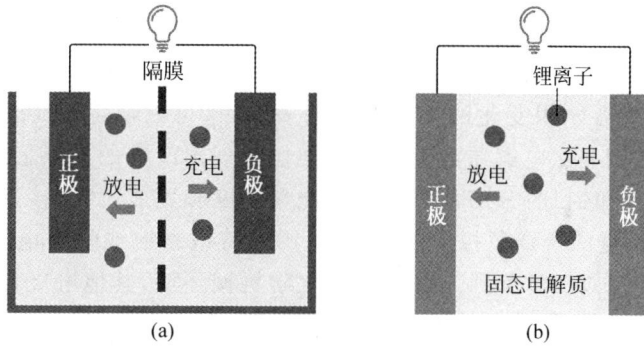

图 4-35　全固态锂离子与普通锂离子电池
（a）锂离子电池；（b）全固态电池

　　固态锂离子电池被认为是破解传统锂离子电池能量密度和安全性"魔咒"的下一代动力电池技术，一旦突破产业化障碍，有望颠覆传统锂离子电池产业，可能极大冲击传统电解液和隔膜产业链，进一步对正负极材料及其上下游产业链产生影响。固态电池研究的关键在于找到和开发固体材料。以前，没有找到离子能在内部移动使足够的电向电极流动的固体材料，找到后全固态电池的开发日益活跃。通过将电解质从液体变为固体，离子在电池内频繁移动，可以实现比锂离子电池容量更大、功率更高的电池。

　　全固态电池按其制造方式被分为堆积型和薄膜型两大类。它们储存的能量的特点不同，用途也不同，如表 4-8 所列。

表 4-8　不同种类全固态电池的特点和用途

种　类	特　点	所设想的用途
堆积型	能储存的能量的量多	电动汽车的电池等
薄膜型	能储存的能量的量少，但耐用	IoT 设备等

　　堆积型全固态电池把粉体（粉和粒子等集聚的物质）作为电极和电解质的材料。可以制作能储存更多能量的大容量电池。设想主要用于电动汽车等大型设备。

　　薄膜型全固态电池采用在真空状态下把薄膜状电解质堆积在电极上的方式制造电池。能储存的能量少，无法输出大容量。但具有循环寿命长、易于制造等优点。因体型小，适用于传感器等小型设备。

　　在最基础的技术路线上，目前行业内还没有形成统一。按照电解质的不同，目前市场上主流的固态电池可以划分为三种技术路径——聚合物、氧化物、硫化物。聚合物路线的以欧美企业为主，欧洲著名的整车厂多次投资国外的电池企业。氧化物路线在我国比较热门，因为它可以应用于固液混合电池，是目前量产进度最快的路线，它能在一定程度上提升液态电池的能量密度和安全性能。硫化物固态电解质的离子电导率很高，综合来看，硫化物是全固态电池中潜力最大，同时也是研发难度最大的；因其优异的性能表现，日韩龙头企业都选择了硫化物为主要技术路径，我国部分企业研发全固态电池也是硫化物路线。

4.8.2　全固态电池的性质

1. 化学机械特性

与锂离子电池相比,固态电池提供了完全不同的化学机械环境。例如,固态电解质(SSE)不会流动以润湿体积变化的负极颗粒的表面,这可以稳定 SEI 的形成。具有硅基负电极的 SSB 与使用非水电解质溶液的电池相比表现出改善的循环稳定性。此外,具有各种合金基负极(硅和铝)的 SSB 可以实现高能量密度和比能,甚至接近具有过量锂的锂金属 SSB。然而,最近的合金负极 SSB 演示使用了铸造颗粒或复合电极,其概念上与传统锂离子电池电极相似。考虑到 SSB 不同的化学机械环境,其他电极概念对于长期耐用性可能是可行的,包括开发致密箔电极。与锂金属物理合金化的厚($>100\mu m$)铟箔或铝箔已被用作 SSB 负极,以充当锂汇,但这些厚箔具有大量多余的材料,导致能量密度低,这对于实际应用来说是不现实的。此外,避免使用锂金属进行预锂化有利于规模化电池生产。

有文献报道,一种硬碳稳定的锂硅合金负极,实现了高负载和高电流密度下的长期循环,抑制了锂枝晶的生长。通过对锂原子分布和锂离子分布的相场模拟,论证了锂离子负极的有效性和硅与 HC 的最佳质量比(4:6)。该材料可以防止硅负极的急剧降解,减轻硅负极的软短路。通过对负极的 XRD、XPS、SEM 和 AES 的实验分析证实,富锂离子电子网络渗透到负极中,扩大了负极的活性面积,从而提高了电动力学稳定性。

研究表明,锂合金金属负极具有较高的理论电荷存储容量,是开发高能可充电电池的理想选择。然而,这种电极材料在使用标准非水液体电解质溶液的锂离子电池中表现出有限的可逆性。如图 4-36 所示。为了避免这个问题,研究人员提出多相微观结构铝箔负极全固态锂离子电池。

有文献报道,在全固态锂离子电池配置中使用非预锂化铝箔基负极的工程微结构。当 $30\mu m$ 厚的 $Al_{94.5}In_{5.5}$ 负极与 Li_6PS_5Cl 固态电解质和 $LiNi_{0.6}Mn_{0.2}Co_{0.2}O_2$ 基正极相结合时,实验室规模的电池在高电流密度($6.5mA\cdot cm^{-2}$)下提供数百次稳定循环,具有实际相关的面积容量。图 4-37 是铝基负极的全固态电池的电化学行为测量结果,实验证明,由于铝基体内分布的 LiIn 网络,多相 Al-In 微观结构可以改善速率行为和增强可逆性。这些结果表明,在简化制造工艺的同时,通过负极的冶金设计改进全固态电池的可能性。

2. 温度特性:能耐低温至高温

因为锂离子电池的电解质使用可燃性有机溶剂(溶化不溶于水的物质的液体),所以担心在高温环境下的使用。而全固态电池的电解质不使用可燃性材料,所以在更高温度下也可使用。而且,在低温下液体电解质中有时离子移动会变得迟钝,电池性能会下降,电压也会下降。而低温下固体电解质也不会像液体般地结冻,所以内部的电阻并不怎么上升,电池性能也并不怎么下降。图 4-38 是各种电池配置中铝基电极的循环、倍率行为、阻抗和 GITT 的测量曲线。

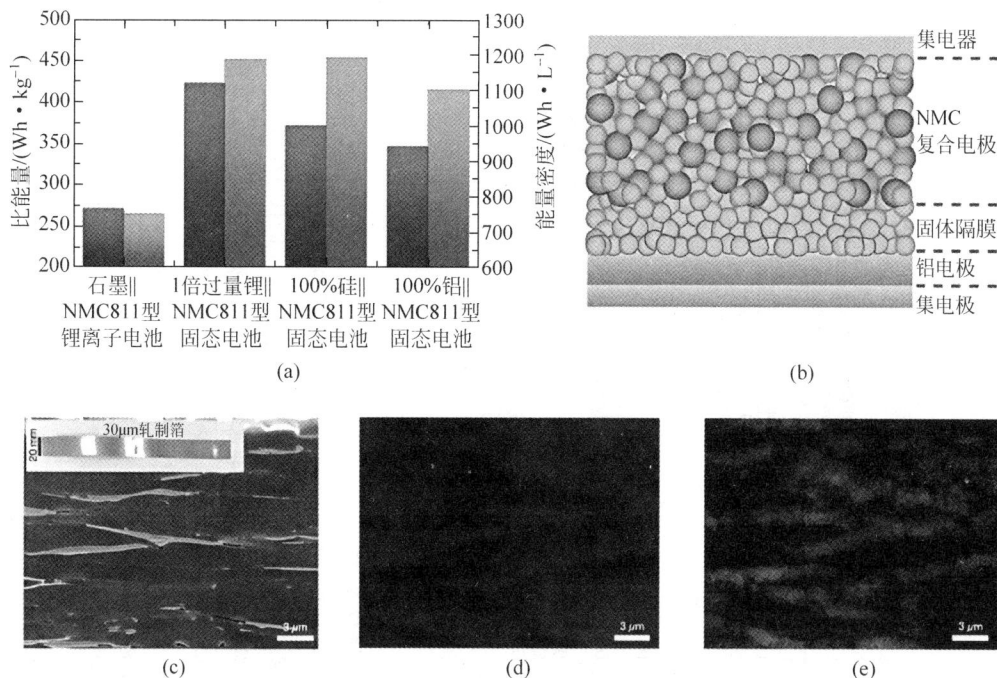

图 4-36　固态电解质内各种负极的能量指标和负极结构

（a）理论堆级比能量（Wh/kg）和能量密度（Wh/L）具有石墨复合负极和液体电解质的锂离子电池（LIB）、在
负极处具有 1×过量锂金属的 SSB、具有致密硅负极的 SSB 和具有致密铝负极的 SSB；（b）具有铝基负极、
SSE 隔板和 NMC 复合正极的 SSB 示意图；（c）原始 Al-In 合金箔的 Cryo-FIB SEM 图像；较亮的对比度区域
对应于铟。图为卷箔的照片。（d）来自不同 SEM 横截面的铝信号的 EDS 图；（e）铟信号的 EDS 图谱

（1）快速充电

耐高温的优点在快速充电时也很有利。充电的速度越快，电池的温度越高，耐高温的全
固态电池能比现在的锂离子电池更能适应快速地充电。

（2）寿命长

电池的寿命因电解质的性质而异。因为锂离子电池不利用其他二次电池似的电池反
应，所以电极老化少，寿命长，但是长期使用时还是可见电解质的老化。全固态电池的电解
质比液体的老化更少，因此可进一步延长寿命。

（3）形状的自由度高

为了防止液体漏出，液体电解质在结构上有限制，而全固态电池因为没有这种限制，所
以易于小型化、薄型化，还可叠合、折弯使用，可以各种形状使用。

4.8.3　全固态电池的用途

1. 全固态电池的用途

全固态电池的一个备受期待的用途是电动汽车。现在，锂离子电池被用于电动汽车，如果
使用全固态电池，则因为不含可燃性有机溶剂，所以可望降低由事故引起的起火等风险。另外，
现在的电动汽车与燃油汽车相比，充电较花时间，如果使用全固态电池，则能更快速地充电。

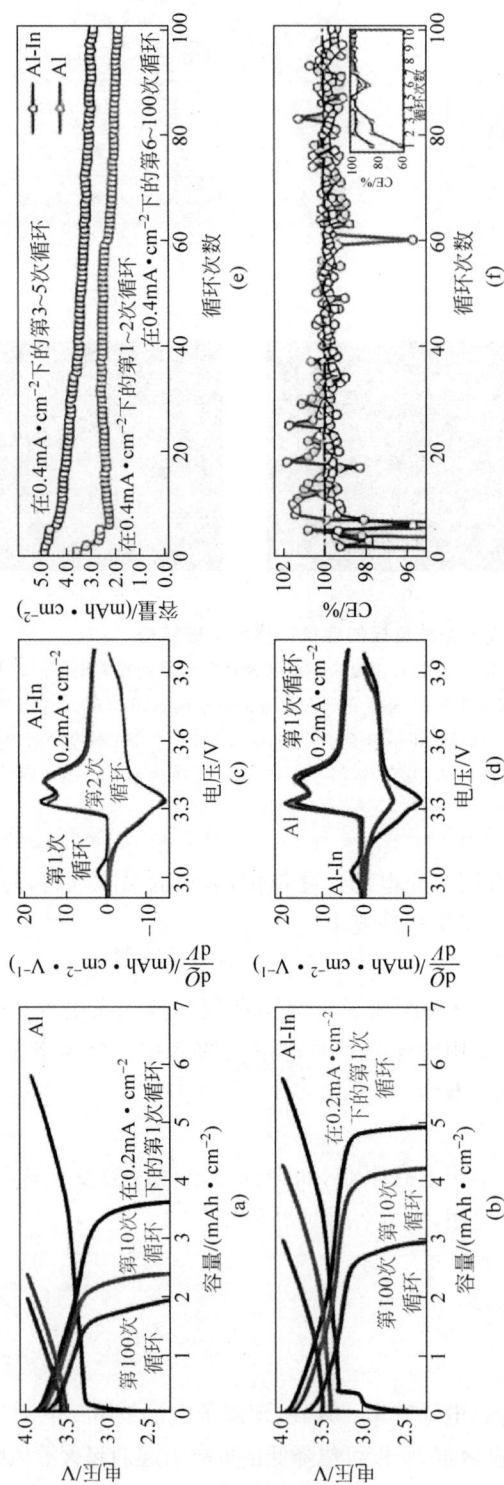

图 4-37　铝基负极的全固态电池的电化学行为

图 (a)～(f) 分别是 Al/Al$_{94.5}$In$_{5.5}$ 电池的恒电流测试；前两个循环 (1～2) 在 0.2mA·cm^{-2} 条件下进行，接下来的三个循环在 0.4mA·cm^{-2} 条件下进行，后续循环在 0.8mA·cm^{-2} 条件下进行。(a) 为 Al‖LPSC‖NMC 电池电压曲线。(b) 为 Al$_{94.5}$In$_{5.5}$‖LPSC‖NMC 电池电压曲线。(c) 为来自 (b) 的 Al-In 电池前两个循环 CE。图中 (g) 是 Al 和 Al$_{94.5}$In$_{5.5}$ 电池的第一次循环的面积容量。(f) 为两个电池循环时的面积容量。(e) 为两个电池循环的第一次循环的 CE。图中 (g) 是 Al 和 Al$_{94.5}$In$_{5.5}$ 电池的第一次循环，插图显示前十个循环的 CE。(g) 为 Al‖LPSC‖NMC 电池电压曲线。(h) 为 Al$_{94.5}$In$_{5.5}$‖LPSC‖NMC 电池电压曲线。(i) 为 Al$_{94.5}$In$_{5.5}$ 容量的增加是由于环境温度略微升高。条件下进行 (24MPa 堆压，5.8mAh·cm^{-2} 正极负载)。(d) 为 dQ/dV 曲线。电池在更高电流密度为 0.8mA·cm^{-2}，50MPa 堆压，8.3mAh·cm^{-2} 正极负载。循环 65hr Al$_{94.5}$In$_{5.5}$ 和 125hr Al 容量的增加是由于环境温度升高。所有测试都在 25℃ 进行前两个循环的 dQ/dV 曲线，比较 Al 与 Al-In 曲线，后续循环用 6.5mA·cm^{-2}，50MPa 堆压，8.3mAh·cm^{-2} 正极负载。(g) 为 Al‖LPSC‖NMC 电池电压曲线。(h) 为 Al$_{94.5}$In$_{5.5}$‖LPSC‖NMC 电池电压曲线，插图显示前十个循环的 CE；插图中循环 2 上 CE 下降是由于该循环期间电流密度同电流的增加。(j) 为 CE 与 Al$_{94.5}$In$_{5.5}$‖LPSC‖NMC 电池电压曲线。

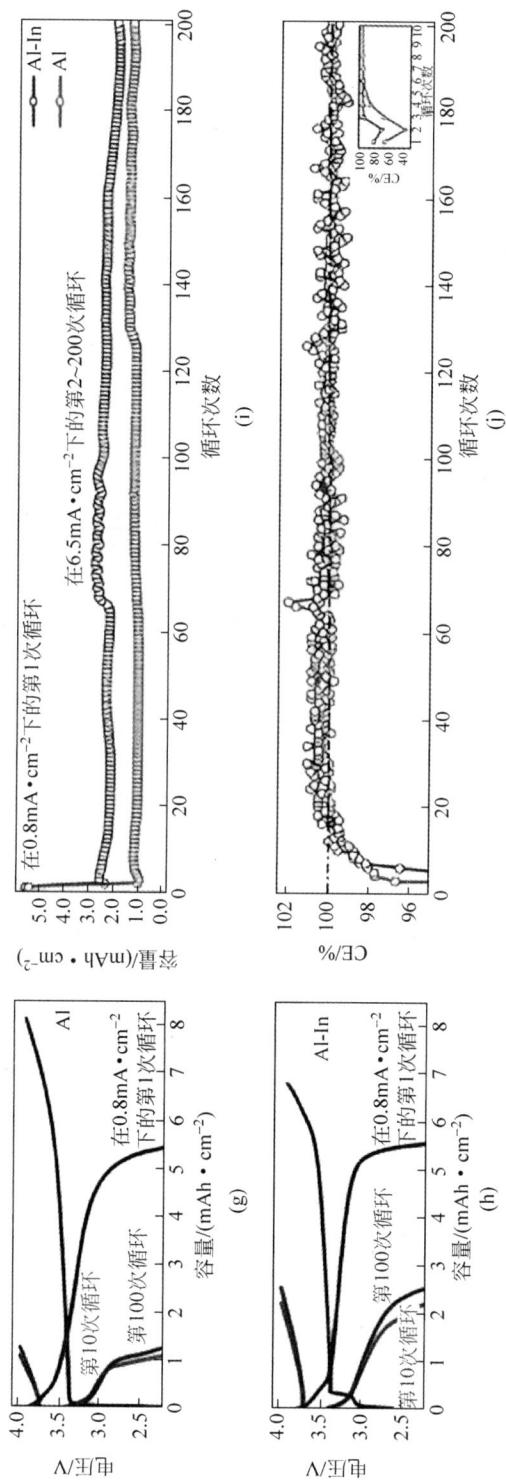

图 4-37（续）

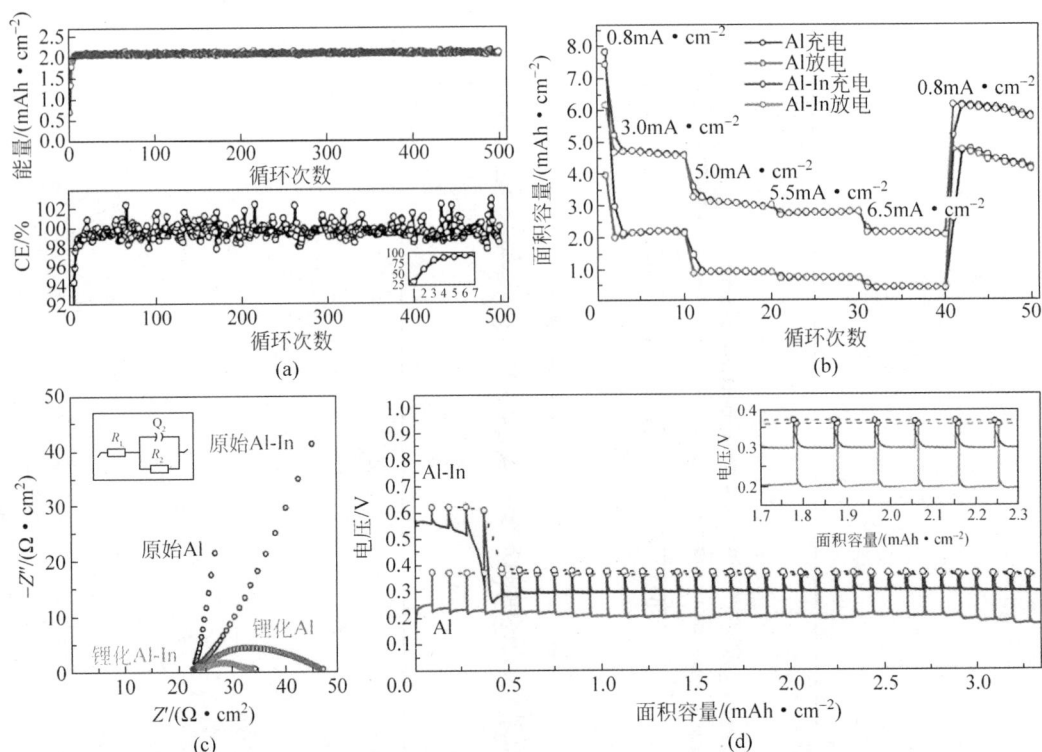

图 4-38　各种电池配置中铝基电极的循环、倍率行为、阻抗和 GITT

(a)为 $Al_{94.5}In_{5.5}$ 电极的恒电流测试：第一个循环在 $0.5mA \cdot cm^{-2}$ 下，后续循环用于恒定容量在 $2.0mA \cdot cm^{-2}$ 测试(每个循环控制在 $2.1mAh \cdot cm^{-2}$ 的锂容量)。在 50MPa 堆压测试，得到该电池正极($16\ mAh \cdot cm^{-2}$)有显著的 NMC 过量。(b)为在 $8.3mAh \cdot cm^{-2}$ 正极负载，50MPa 堆压和标定的电流密度下测试 $Al|LPSC|NMC$ 和 $Al_{94.5}In_{5.5}|LPSC|NMC$ 电池的速率。(c)为在 $8.3mAh \cdot cm^{-2}$ 正极负载和 50MPa 堆压条件下，$Al|LPSC|NMC$ 和 $Al_{94.5}In_{5.5}|LPSC|NMC$ 电池的奈奎斯特图和等效电路，等效电路具有两个电阻器元件(R_1 和 R_2)以及恒定相位元件 Q2。(d)为在 10MPa 堆压下，$Al|LPSC|Li$ 和 $Al_{94.5}In_{5.5}|LPSC|Li$ 半电池的 GITT 测量。空心圆表示停息之后的 OCV 值，实线表示电流施加期间的电压轨迹。所有测试均在 25℃ 进行

　　另外，积极推进全固态电池实用化的原因之一是可以弥补锂离子电池具有的不耐高温的弱点。如果利用耐热的特点，便可以直接焊接在电子基板上，所以设想可用于电子设备的备份电源和 IoT 传感器等。如果用于计算机和智能手机等，便可实现更长时间、更有力的工作。而且，与锂离子电池相比，因为可以实现更大容量、更大功率，可望用于飞机和船舶等，而且因为能适应从高温至低温的温度变化，所以还可望用于在宇宙空间所用的设备等。图 4-39 是全固态电池的用途预期。

2. 全固态电池的安全性

　　因为锂离子电池将易于汽化的有机溶剂作为电解质，所以人们担心在高温环境下使用潜在风险。另外，使用液体电解质时，为了不造成正极和负极因冲击而直接接触的状态(短路)，需使用将正极和负极隔开的隔膜等。

　　因为全固态电池的电极被固体隔开，所以不易发生短路，并因为使用耐热性高的电解

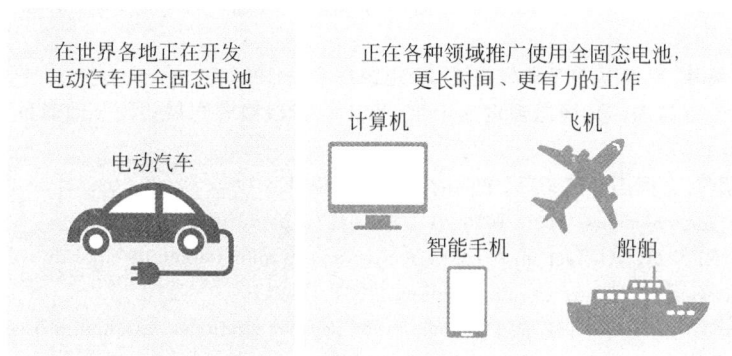

图 4-39　全固态电池的用途的设想

质,所以可以在更高温度下使用。虽说如此,但因为电池是"能源罐头",所以全固态电池也有风险,也会因某种原因,发生电极短路,所以使用操作时需要小心谨慎。

4.8.4　全固态电池实用化的研究

现在正以在 20 世纪 30 年代上半叶实现全固态电池的实用化为目标,研发更高性能的固态电解质材料。而为了实用化,需要解决以下技术问题。

(1) 固态电解质

为了让电池发挥高性能,电极和电解质要始终靠紧。液体电解质的形状始终可变,即使电极有些许变化也能一直靠紧,而固体之间难以始终靠紧。

(2) 电极物质

与现有的锂离子电池相比,要大幅提高全固态电池的能量密度,需要开发在相同重量、体积大小下能储存更多电能的电极。

(3) 制造工艺

因为电解质从液体变为了固体,所以需要与锂离子电池不同的制造工艺。例如全固态电池根据材料有氧化物系、硫化物系、氮化物系等,主流之一的硫化物系全固态电池所用的固态电解质具有即使碰上空气中的水分也会变质的不耐水的性质,所以,要求严格的水分管理的全固态电池生产需要干燥室等专用设备。

综上所述,对于作为能进一步提高锂离子电池性能的电池得到期待的全固态电池,现在各家企业正在实施实用化举措。

参考文献

[1] TANG D M,EROHIN S V,KVASHNIN D G,et al. Semiconductor nanochannels in metallic carbon nanotubes by thermomechanical chirality alteration[J]. Science,2021,374(6575):1616-1620.

[2] 王鹏博,郑俊超. 锂离子电池的发展现状及展望[J]. 自然杂志,2017,39(4):283-289.

[3] WANG D X,CHEN L Q,LI H,et al. Recent progress of solid-state lithium batteries in China[J]. Applied Physics Letters,2022,121(12):120502.

[4] 吕桃林. 机理模型在锂离子电池状态估计与预测中的应用[D]. 哈尔滨:哈尔滨工业大学,2017.

[5] 郭营军,晨晖,谢燕婷. 锂离子电池电解液研究进展[J]. 物理化学学报,2007,23(8):60-64.

[6] 周静颖,胡晨吉,邰一蓉,等.全固态电池的研究进展与挑战[J].中国科学基金,2023,37(2): 199-208.

[7] 李杨,丁飞,桑林,等.固态电池研究进展[J].电源技术,2019,43(7):5-8.

[8] 吴敬华,杨菁,刘高瞻,等.固态锂电池十年(2011—2021)回顾与展望[J].储能科学与技术,2022, 11(9):2713-2745.

[9] 戴书琪,黄明俊.全固态锂离子/锂电池的发展与展望[EB/OL].(2020-10-19)[2023-12-01].http:// www2.scut.edu.cn/aismst/2020/1019/c11008a404777/page.htm.

[10] WANG K,REN Q,GU Z,et al. A cost-effective and humidity-tolerant chloride solid electrolyte for lithium batteries[J]. Nature Communications,2021,12:4410.

[11] LIU Y,WANG C,YOON S G,et al. Aluminum foil negative electrodes with multiphase microstructure for all-solid-state Li-ion batteries[J]. Nature Communications,2023,14:7504.

[12] 杨毅,闫崇,黄佳琦.锂电池中固体电解质界面研究进展[J].物理化学学报,2021,37(11):2010077.

光纤通信技术

激光(laser)是 20 世纪 60 年代前后发展起来的一门新兴技术,是物理理论应用于技术的一次伟大革命。激光的出现,促进了物理学和其他学科的发展。作为激光技术的重要应用,以光纤通信技术为主要代表的激光信息技术筑造了现代通信网络的框架,成为信息传递的重要组成部分。光纤通信技术是当前互联网世界的重要承载网络,同时也是信息时代的核心技术之一。光纤通信技术的基本要素是光源、光纤和光电探测器(photodetector,PD)。其中,应用最为广泛的光源是激光器;光纤的能量传输效率极佳,它的传输损耗是波导电磁传输系统中最小的;光电探测器是光纤通信接收端的关键组成部分。本章首先介绍激光工作的基本原理,然后介绍目前广泛应用于光通信和信息处理的半导体激光器,最后介绍光纤通信技术。

5.1 激光的基本原理

5.1.1 自发辐射和受激辐射

假设原子处于能量为 E_1 的低能级,由于从外界吸收了一个能量为 ΔE 的光子而被激发到达能量为 E_2 的高能级,这一过程称为光吸收。当原子从高能级 E_2 跃迁到低能级 E_1 时,必将辐射出能量为 $h\nu$ 的光子。图 5-1 给出原子辐射光子和吸收光子的过程。辐射出的光子能量为

$$h\nu = E_2 - E_1 = \Delta E \tag{5-1}$$

这一过程称为光辐射。光辐射有两种情形:一种是原子自发地由高能级跃迁到低能级,相应的辐射称为自发辐射;另一种是原子在外界的作用下由低能级跃迁到高能级,相应的辐射称为受激辐射。

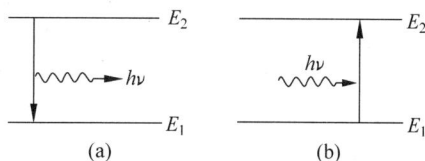

图 5-1 原子的辐射光子和吸收光子
(a) 辐射光子;(b) 吸收光子

在普通光源中,大量原子处于各自不同的激发态,并且各自独立地向基态跃迁,所发出光波的频率、振动方向、传播方向以及相位都各不相同,因此它们是彼此不相干的。通常用原子在某一能级停留的平均时间代表该能态的平均寿命,用 τ 表示。处于高能级的原子在单位时间内从高能级 E_2 自发跃迁到低能级 E_1 的原子数比率 A_{21},称为原子自发跃迁的概率。它与电子处于高能级 E_2 的平均寿命 τ 成反比关系,即

$$\tau = 1/A_{21} \tag{5-2}$$

式(5-2)表明,原子自发跃迁的概率越大,它在该能级的平均寿命就越短。一般情况下,激发态自发跃迁的概率都很大,所以激发态的平均寿命通常极其短暂的,约为 10^{-8} s。

处于高能级 E_2 的工作物质在发生自发跃迁之前,若受到能量为 $h\nu = \Delta E$ 的外来光子的扰动,就可能使一部分原子发生受激跃迁,且其原子数大于从高能级 E_2 跃迁到低能级 E_1 的原子数,这种受激辐射过程将导致外来光子和受激跃迁光子同时辐射,且这两个光子具有相同的频率、相同的相位、相同的振动方向和相同的传播方向。由于该过程只吸收一个光子,却发射两个相同的光子,因此具有光子倍增效应,也称为光放大。图 5-2 是光放大过程的示意图。如果把倍增的光子继续注入光子发射区域,就会产生更多的具有相同频率、相同相位、相同振动方向和相同传播方向的光子。因此,利用光子的倍增效应,就能输出一束单色性和相干性都很好的高强度光束,这个高强度的光束称为激光,输出激光的设备称为激光器。由于光的放大过程取决于发光系统中的原子所处的状态,因此需要从微观上研究光放大的形成机理,才能制造出高质量的激光器。

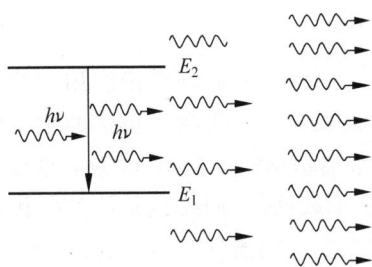

图 5-2　光的放大过程

5.1.2　粒子数反转与光放大

理论分析表明,原子发光系统发生受激辐射过程与发生光吸收过程的概率之比等于处于高能级的原子数 N_2 与处于低能级的原子数 N_1 之比,即 N_2/N_1。为了实现光放大过程,必须满足 $N_2/N_1 \gg 1$,也就是要使处于高能级的原子数量远大于处于低能级的原子数量。

根据热学中的统计分布原理,在一个温度为 T 的平衡态原子系统中,原子处于各能级的数目必须遵循玻耳兹曼分布。由玻耳兹曼分布可知,处于能级 E_i 的电子数为 N_i 可表示为 $N_i = Ce^{-E_i/kT}$,其中 C 是归一化系数,则处于高、低两个能级上的原子数之比为

$$\frac{N_2}{N_1} = e^{-(E_2 - E_1)/kT} = e^{-\Delta E/kT} \tag{5-3}$$

可见,在平衡态下,处于高能级的原子数总是远少于处于低能级的原子数,并且能级差越大,两能级上原子数量的差别就越悬殊。这说明实现光放大的条件 $N_2 \gg N_1$ 是违背玻耳兹曼分布规律的。科学家把这种分布方式称为粒子数反转或者光放大过程的基本条件。

通常情况下,原子处于激发态的平均寿命都极其短暂,当原子被激发到高能级后,就会立即自发跃迁返回到基态,而不可能在高能级停留等待并积累足够多的原子从而出现粒子数反转的情形。但有些物质的原子能级中存在一种平均寿命比较长的高能级,这种能级称为亚稳能级,亚稳能级的存在使粒子数反转的实现成为可能。

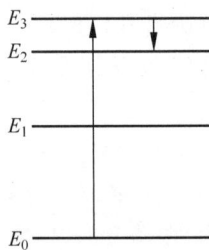

图 5-3　4能级电子跃迁

图 5-3 是一个 4 能级系统示意图，4 个能级中 E_2 是亚稳能级。当用频率为 $\nu_{30} = \dfrac{E_3 - E_0}{h}$ 的光照射该物质时，将会有大量的原子从基态 E_0 激发到高能级 E_3，由于原子在 E_3 能级的寿命极短，处于 E_3 能级的原子将通过与其他原子碰撞等无辐射跃迁很快到达亚稳能级 E_2。由于原子在亚稳能级 E_2 的寿命比较长，所以在这个能级上可以积累足够多的原子。而这时处于 E_1 能级的原子数极少，于是就形成了 E_2 能级对 E_1 能级的粒子数反转，由 E_2 到 E_1 的自发辐射就会引发光放大过程，产生频率为

$$\nu_{21} = \frac{E_2 - E_1}{h} \tag{5-4}$$

的受激辐射。

　　显然，在形成 E_2 能级对 E_1 能级的粒子数反转的过程中，外界是要向工作物质提供能量的。原子获得能量才得以从低能级激发到高能级，这种过程称为泵浦或抽运过程。图 5-3 是用频率为 ν_{30} 的光照射工作物质的方式实现抽运过程的，这种提供能量的方式称为光激励。实际上，将原子从低能级激发到高能级，可以通过不同的激励方式，光激励只是其中的一种。泵浦源就是使激光工作介质达到粒子数反转的激励源。粒子从基态激发到高能级的过程称为泵浦过程。常见的泵浦方式主要有电泵浦、化学泵浦、光泵浦、气动泵浦四种，而光泵浦和电泵浦是目前应用最广泛的方式。总之，要形成粒子数反转，必须建立适当的能量输入系统。

5.1.3　光学谐振腔

　　只有工作物质的粒子数反转并不能产生激光，这是由于在一般情况下自发辐射的概率比受激辐射的概率大得多，这样发出的光是沿各个方向传播的散射光，不具有相干性。所以，要获得激光，必须提高受激辐射的概率，而且要使某个单一方向上的受激辐射占优势，这就是光学谐振腔的主要作用。

　　光学谐振腔是在工作物质两端放置相互平行的全反射镜 M_1 和部分反射镜 M_2 所形成的腔体，如图 5-4 所示。最初，处于粒子数反转的工作物质中有一部分原子要发生自发辐射，光子向各个方向发射，沿其他方向发射的光子都一去不复返，而只有沿管轴方向发射的光子受到反射镜的往返反射，如图 5-4(a)和图 5-4(b)所示。这些被往返反射的光子在工作物质中穿越时就不断地引发受激辐射，因而得到光放大，使腔体内部光强度越来越强，并从部分反射镜 M_2 射出，就得到激光，如图 5-4(c)所示。

　　光在共振腔内往返传播，当往返不同次数的光到达 M_2 的相位差满足 2π 的整数倍时，腔内才能形成稳定的驻波，并且在 M_2

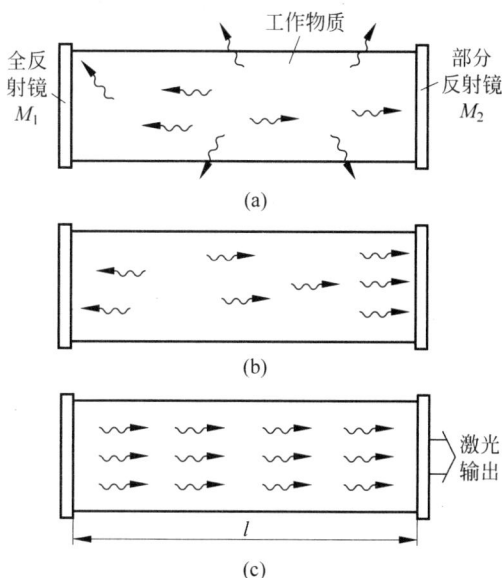

图 5-4　光学谐振腔

处形成相长干涉。这就要求光在共振腔内往返一次的光程 $2nl$ 应等于波长 λ 的整数倍,即

$$2nl = k\lambda, \quad k = 1, 2, \cdots \tag{5-5a}$$

式中,l 是共振腔的长度;n 是工作物质的折射率。或者将式(5-5a)改写为

$$\nu = k\frac{c}{2nl}, \quad k = 1, 2, \cdots \tag{5-5b}$$

式(5-5a)和式(5-5b)统称为谐振条件。对于长度为 l 和折射率为 n 的光学腔,只有某些特定频率 ν 的光才能形成光振荡而输出激光。反之,对于输出一定频率的激光,共振腔的长度必须满足式(5-5a)或式(5-5b)的条件。

综上可知,激光器主要由谐振腔、泵浦源以及工作物质等部分组成。根据各种工作物质的不同分为气体激光器、液体激光器和固体激光器,气体激光器常采用电泵浦方式,而液体激光器和固体激光器则广泛采用光泵浦方式。

5.2 半导体激光器

半导体激光器是指将半导体材料作为工作物质的激光器,又称半导体激光二极管(laser diode,LD),这是 20 世纪 60 年代发展起来的一种固体激光器。半导体激光器的工作物质有几十种,典型的有砷化镓(GaAs)、硫化镉(CdS)等材料,激励方式主要有电注入式、光泵式和高能电子束激励式三种形式。半导体激光器从最初工作在低温(77K)下发展到在室温下连续工作;从同质结发展成单异质结、双异质结、量子阱(单、多量子阱)等多种形式。半导体激光器,因其波长的扩展、高功率激光阵列的出现以及可兼容的光纤导光和激光能量参数微机控制的出现而迅速发展。半导体激光器具有体积小、质量轻、成本低、波长可选择等优势,已应用到光通信、加工制造、临床治疗和环境探测等各个领域,近年来大功率半导体激光器的开发和应用也取得了突出进展。

5.2.1 半导体产生受激辐射的条件

半导体是一种特殊的固体,其能带结构由导带和价带组成。对于本征硅半导体,在 $T = 300K$ 时,电子从价带顶跃迁到导带底,形成数量很少的电子-空穴对,呈现电阻率约为 $2.3 \times 10^5 \Omega \cdot cm$ 的高阻特性。当掺入 n 型杂质时,施主杂质电离进入导带,半导体呈现电子导电性,这种掺杂半导体就是 n 型半导体。当掺入 p 型杂质时,p 型杂质电离从价带顶拽取电子,使价带顶成为带正电的空穴区,这种掺杂半导体就是 p 型半导体。由于半导体同时存在着导带和价带以及杂质能级,在一定的温度下,载流子会在这些能级之间形成动态跃迁,直至维持动态平衡,因此,半导体中的载流子浓度需要分别利用统计力学计算。根据半导体物理理论和统计结果,可以得到如下结论。

(1)热平衡时,电子在半导体能带中的分布不再服从玻耳兹曼分布,而服从费米分布,能级 E 被电子占据的概率为 $f(E) = \left[1 + \exp\left(\dfrac{E - E_F}{kT}\right)\right]^{-1}$,其中 E_F 是电子的化学势,称为费米能级。

(2)在杂质半导体中,费米能级的位置与杂质类型及掺杂浓度有密切关系,如图 5-5 所示。其中,图 5-5(a)是本征半导体,费米能级 E_F 位于禁带中央附近;图 5-5(b)和图 5-5(c)

分别是 p 型轻掺杂和重掺杂半导体的空穴分布及其费米能级位置,其中 p 型重掺杂的杂质能级扩展到价带顶附近,形成 p 型简并半导体;类似地,图 5-5(d)和图 5-5(e)分别是 n 型轻掺杂和重掺杂半导体的电子分布及其费米能级位置。

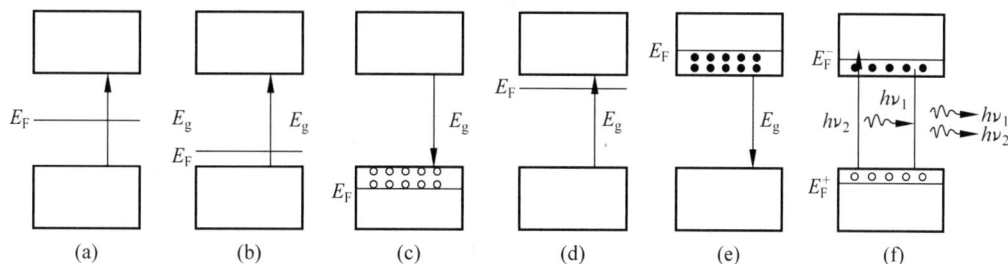

图 5-5　费米能级的位置与杂质类型及掺杂浓度关系
(a) 本征型;(b) 轻掺杂 p 型;(c) 重掺杂 p 型简并;(d) 轻掺杂 n 型;(e) 重掺杂 n 型简并;(f) 双简并

(3) 理论分析表明:如果在半导体 pn 结的两侧分别实施 n 型重掺杂和 p 型重掺杂,那么,在结区附近的半导体中产生光放大的条件是存在双简并能带(见图 5-5(f)),并且入射光的频率满足以下关系:

$$E_F^n - E_F^p > h\nu > E_g \tag{5-6}$$

式中,E_g 为相应的禁带宽度。

5.2.2　半导体激光器的工作原理

半导体激光器是一种能够产生相干辐射光源的半导体器件,本节讨论如何使半导体 pn 结满足激光的三个基本条件,实现稳定的激光输出。

1. pn 结的粒子数反转

(1) pn 结的双简并能带结构

把 p 型半导体和 n 型半导体制作在一起,由半导体物理理论可知,在 pn 结的结区存在两个费米能级 E_F^n 和 E_F^p。在重掺杂的情况下,由于未加电场时,p 区和 n 区的费米能级必然达到同一水平,结果出现如图 5-6(a)所示的 pn 结的能带结构,即有部分电子从 p 区的价带顶穿过势垒进入 n 区形成简并能带。

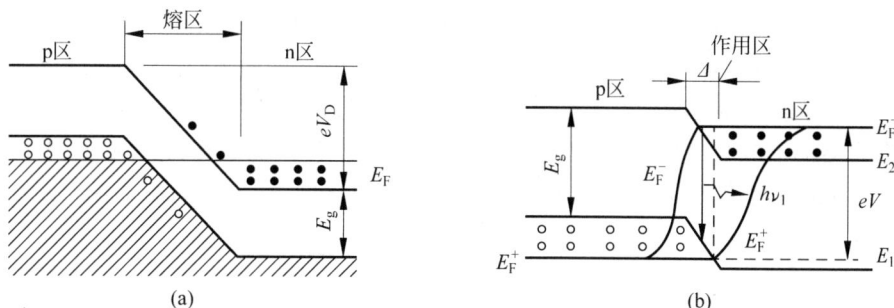

图 5-6　pn 结的双简并能带结构
(a) pn 结的能带结构;(b) 正向电压 V 下的双简并能带结构

当在 pn 结上施加正向电压 V 时,形成双简并能带结构,结区的两个费米能级 E_F^p 和 E_F^n,称为准费米能级。如图 5-6(b)是在正向电压 V 作用下形成的双简并能带结构,此时在 pn 结区附近具备双简并条件,满足式(5-6)的基本要求,具备产生光放大的条件。

(2)粒子数反转

产生受激辐射的条件是在结区的导带底部和价带顶部形成粒子数反转分布。激光器处于连续辐射光的动态平衡状态,导带底电子的占据概率为

$$f_n(E_2) = \frac{1}{\exp\left(\dfrac{E_2 - E_F^n}{kT}\right) + 1} \tag{5-7a}$$

价带顶空穴的占据概率根据 p 区的准费米能级利用下式来计算:

$$f_p(E_1) = \frac{1}{\exp\left(\dfrac{E_F^p - E_1}{kT}\right) + 1} \tag{5-7b}$$

因此,价带顶电子占据概率则为

$$f_n(E_1) = 1 - f_p(E_1) = \frac{1}{\exp\left(\dfrac{E_1 - E_F^p}{kT}\right) + 1} \tag{5-7c}$$

由于在结区导带底和价带顶实现粒子(电子)数反转的条件为

$$f_N(E_2) > f_N(E_1)$$

把式(5-7a)~式(5-7c)代入上式,经过计算化简,即得

$$E_F^n - E_F^p > E_2 - E_1 = E_g \tag{5-8}$$

式(5-8)就是粒子数反转的条件,它表明在半导体中要实现粒子数反转,必须在两个能带区域之间,处在高能级导带底的电子数比处在低能级价带顶的空穴数大得多,这可以通过向同质结或异质结施加正向偏压,由外部向 pn 结的有源层内注入必要的载流子来实现,并将电子从能级较低的价带激发到能级较高的导带中去。当处于粒子数反转状态的大量电子与空穴复合时,就会产生受激发射作用。一旦在半导体激光器上加上正向偏压,在结区就发生粒子数反转而进行复合。

2. 光学谐振腔

夹着结区的 p 区与 n 区被制作成层状,结区厚度为几十微米,面积小于 $1mm^2$,其外形及大小与小功率半导体二极管类似,仅在外壳上多一个激光输出窗口,如图 5-7(a)所示。要实际获得相干受激辐射,必须使受激辐射在光学谐振腔内得到多次反馈从而形成激光振荡。半导体激光器的谐振腔由与 pn 结平面相垂直的自然解理面([110]面)构成,如图 5-7(b)所示,它有 35% 的反射率,足以引起激光振荡。若需增加反射率,可在晶面上镀一层 SiO_2,再镀一层金属银膜,可获得 95% 以上的反射率。

3. 形成稳定振荡

激光工作物质必须能够提供足够大的增益,以弥补谐振腔引起的光损耗及从腔面的激光输出等引起的损耗,不断增加腔内的光场。这就需要有足够强的电流注入,即有足够的粒

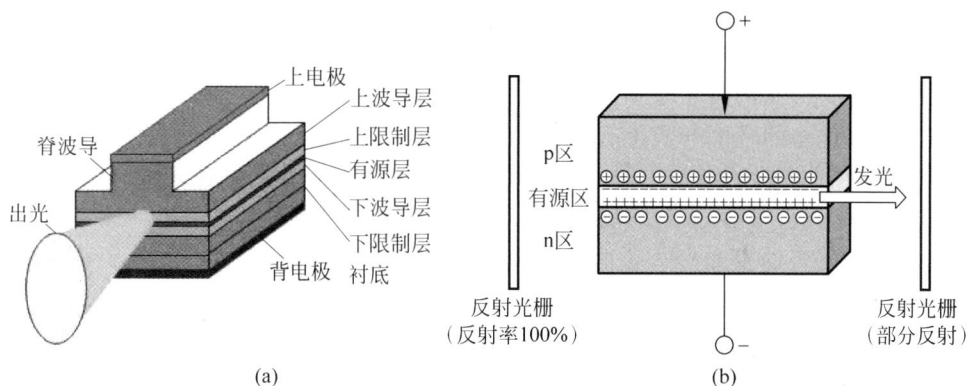

图 5-7　半导体激光器与谐振腔

（a）半导体激光器结构图；（b）带光学谐振腔的半导体激光器

子数反转,粒子数反转程度越高,得到的光增益就越大。因此,要求激光器必须满足一定的电流阈值条件。当激光器达到电流阈值时,具有特定波长的光就能在腔内谐振并被放大,最后形成激光而连续地输出。

　　在半导体激光器中,电子和空穴的偶极子跃迁是基本的光发射与光放大过程。图 5-8(a)是一种单 pn 结激光器。对于新型半导体激光器而言,目前公认量子阱半导体激光器是未来发展的方向。量子阱可以是二维、一维和零维量子点结构,目前 GaInN 量子点已应用于半导体激光器。图 5-8(b)给出了一个量子级联激光器的工作原理,其基于从半导体导带的一个次能级到同一能带更低一级状态的跃迁,由于只有导带中的电子参与这种过程,因此它是单极性器件。

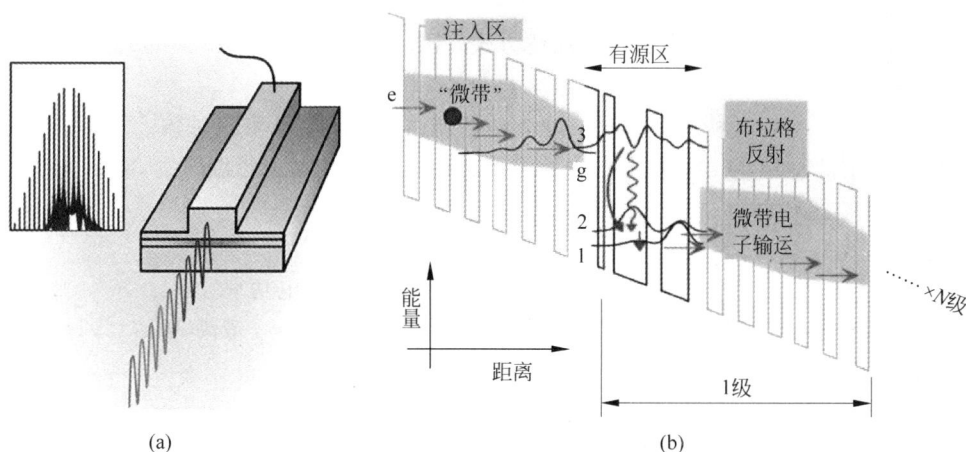

图 5-8　单 pn 结与级联半导体激光器

（a）单 pn 结激光器；（b）级联量子阱半导体激光器

4. 半导体激光器的激励方式

半导体激光器主要有三种激励方式:电注入式、光泵式和高能电子束激励式。绝大多数半导体激光器的激励方式是电注入式。

若在形成了 pn 结的半导体二极管上加上正向偏压,p 区接正极,n 区接负极。显然,正向电压的电场与 pn 结的自建电场方向相反,它削弱了自建电场对晶体中电子扩散运动的阻碍作用,使 n 区中的自由电子在正向电压的作用下,又源源不断地通过 pn 结向 p 区扩散,当结区内同时存在着大量导带中的电子和价带中的空穴时,它们将在注入区产生复合,当导带中的电子跃迁到价带时,多余的能量就以光的形式发射出来。这就是半导体场致发光的机理,这种自发复合的发光形式称为自发辐射。因此半导体激光器又称为半导体激光二极管。

5. 半导体激光器的工作特性

(1) 阈值电流

当注入 pn 结的电流较低时,只有自发辐射产生,随着电流的增大,增益也不断增大,当电流达到阈值电流时,pn 结就能够产生激光输出。影响阈值电流的因素有:①晶体的掺杂浓度越大,阈值电流越小。②谐振腔的损耗越小,阈值电流越小。③半导体材料的结型不同,阈值电流也不同,例如异质结的阈值电流比同质结的阈值电流低得多。目前,室温下同质结的阈值电流大于 $3 \times 10^3 \mathrm{A/cm^2}$;单异质结的阈值电流约为 $8 \times 10^3 \mathrm{A/cm^2}$;双异质结的阈值电流约为 $1.6 \times 10^3 \mathrm{A/cm^2}$。现在,人们已用双异质结制成在室温下能连续输出几十毫瓦的半导体激光器。④温度越高,阈值电流越大。当温度在 100K 以上时,阈值电流随 T^3 增加。因此,半导体激光器最好在低温和室温下工作。

(2) 方向性

由于半导体激光器的谐振腔短小,因此输出的激光方向性较差。在结的垂直平面内,发散角最大可达 $20°\sim30°$;在结的水平面内,发散角约为 $10°$。

(3) 效率

半导体激光器的工作效率有两种描述方式。

① 量子效率

$$\eta = 每秒发射的光子数 / 每秒到达结区的电子空穴对数 \qquad (5\text{-}9a)$$

当温度为 77K 时,GaAs 激光器的量子效率达 $70\%\sim80\%$;当温度为 300K 时,量子效率降到 30% 左右。

② 功率效率

$$\eta_1 = 辐射的光功率 / 加在激光器上的电功率 \qquad (5\text{-}9b)$$

由于各种损耗,目前的双异质结半导体激光器在室温时的 η_1 最高为 10%,只有在低温下,η_1 才能达到 $30\%\sim40\%$。

(4) 光谱特性

由于半导体材料的特殊电子结构,受激复合辐射发生在能带(导带与价带)之间,所以激光线宽较宽,例如 GaAs 激光器在室温下的谱线宽度为几纳米,可见其单色性较差。当温度为 77K 时,半导体激光器输出激光的峰值波长为 840nm;而当温度为 300K 时,输出激光的峰值波长则变为 902nm。

5.2.3　激光的特性和应用

根据 5.2.1 节和 5.2.2 节对半导体激光器原理的分析,可以得到这类半导体激光器具有如下特性。

（1）方向性好。由于谐振腔中反射镜的作用，激光的方向性极好，这在定位、定向当中有着广泛的应用。激光光束发散角小，几乎是一束平行光，如从地球发射到月球的激光，扩散直径还不到 2m。

（2）单色性好，能量集中。利用激光单色性好的特点，可把激光波长作为长度标准进行精密测量，如激光器频率宽度为 $\Delta\nu = 0.1Hz$，测量精度可达到 $10^{-8} \sim 10^{-7}Hz$。利用激光能量集中的特点，可做激光刀。

（3）相干性好。普通光源发出的光不是相干光，而激光器的发光过程是受激辐射，发出的光是相干光，因此，激光具有很好的相干性。利用激光干涉仪进行检测，比普通干涉仪的检测速度快、精度高。

根据上述特性，半导体激光的具体应用如下。

（1）激光通信。由于激光具有很好的方向性和单色性，且具有信息传递量大、体积小、抗干扰强等优点，因此广泛用于通信领域。

（2）激光医疗。目前比较成熟的技术是利用激光医治视网膜的脱落。它的原理是：利用眼球内水晶体的聚集作用，将能量集中在视网膜的微小点上，同时利用激光的热效应使组织凝结，从而将脱落的视网膜焊接到眼底上。

（3）激光核聚变。将高功率激光作为惯性约束核聚变的驱动器。

（4）在军事领域的应用，包括测距定位、激光探测、激光制导和激光照射等。

（5）片光源。片光源是指利用某种仪器调整偏振比和线偏振，使光源以某种大小的角度散射，形成较大的散射光束。例如，用柱面透镜将激光束扩束为扇形片光，其横向光强分布依然保持激光束中的高斯分布。片光源常应用于荧光成像、高空摄影。

5.3　信息传输的主力军——光纤通信

光波与通信用的无线电波一样，均属于电磁波，只是光波的波长很短，频率很高，可达到 $10^{13} \sim 10^{15}Hz$。一般可用作传输广播电台、电视、移动通信信号的是无线电波，同样光波也可以传输这些媒体信号，而且具有容量大、速度高、数字化和综合业务处理更方便的优势。所不同的是，一般无线电波通过空气传输信号，而光波大部分通过光纤来传输信号。图 5-9 是光波在电磁波谱中的位置，其中可见光的波长为 $0.39 \sim 0.76\mu m$，包括红、橙、黄、绿、蓝、靛、紫，它们混合而成白光；红光的波长为 $0.625 \sim 0.76\mu m$，波长大于 $0.76\mu m$ 的光波是不可见的红外光；波长为 $0.76 \sim 15\mu m$ 的光波称为近红外波，波长为 $15 \sim 25\mu m$ 的光波称为中红外波，波长为 $25 \sim 300\mu m$ 的光波称为远红外波。如氦氖激光器输出光的波长为 $0.6328\mu m$，属于可见的红外光；又如 CO_2 激光器，输出光的波长为 $10.6\mu m$，为不可见近红外光。大气窗口中的 $0.6 \sim 1.6\mu m$ 波段属于可见红外光与不可见近红外光波段。比紫外光波波长更短的光波为不可见的紫外光波。红外光波段到紫外光波段范围内的光统称光波。

光纤通信是一种以光波为载体，以光纤为传输介质的通信方式。在光纤传输中，光信号被限制在光纤的纤芯里通过内全反射方式沿着中轴线传播。目前光纤是一种理想的光传输介质，我们只需要在光纤的两头，接上光发射机和光接收机，就组成了一个光纤通信系统，可以进行光通信。在光纤通信系统中，光端机需要具有光信号和电信号相互转换的功能，才能

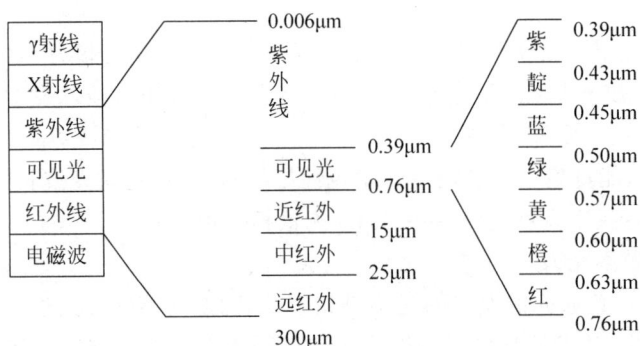

图 5-9 光波的波谱

够与电子通信进行衔接。为了让光波传输更远,需要在光纤中间加上光中继器。由于激光具有高方向性、高相干性、高单色性等显著优点,光纤通信中的光波主要是激光,所以光纤通信又称为激光-光纤通信。相较电缆、微波等通信方式,光纤通信具有更宽的传输频带、更小的信号衰减、更强的抗干扰性,现已成为世界上的主流通信方式,在各领域的数据传输中都占有重要地位。

5.3.1 发展历程

1966 年,英籍华人高锟(Charles Kao)发表了一篇划时代性的论文,提出利用带有包层材料的石英玻璃光学纤维作为通信介质(其损耗可达 20dB/km),可实现大容量的光纤通信。从此,他开创了光纤通信领域的研究工作。2009 年高锟因发明光纤获得诺贝尔物理学奖。

1970 年,美国的康宁(Corning)公司研制出损失率低达 20dB/km、长约 30m 的石英光纤。1977 年,美国在芝加哥相距 7000m 的两电话局之间,首次用多模光纤成功地进行光纤通信试验。0.85μm 波段的多模光纤成为第一代光纤通信系统。

1981 年,研究者用 1.3μm 多模光纤实现了两电话局之间的通信系统,这是第二代光纤通信系统。

1984 年前后,通信所使用的半导体激光器研制成功,实现了 1.3μm 单模光纤的通信系统,即第三代光纤通信系统。光纤通信的速率达到 144Mb/s,可同时传输 1920 路电话。

20 世纪 80 年代中后期,研究者又实现了 1.55μm 单模光纤通信系统,即第四代光纤通信系统。

20 世纪末至 21 世纪初,研究者发明了第五代光纤通信系统,包括成功研制了各种波长的激光器,用波分复用(WDM)技术实现在一条光纤进行多波长多通道的光纤通信,且把光纤传输速率提高到 640Gb/s。利用光波放大增加传输距离,利用光孤子通信系统获得极高的通信速率,加上光纤放大器,使实现极高速率和极长距离的光纤通信成为可能。

正是一系列的技术发明,构成了当代的光通信技术。从光纤发展史可以看出,光纤的传输容量非常巨大。事实上,如果有高速度的激光器和微电子电路,光纤还有巨大的潜在传输容量。电子器件的传输速率才达到 Gb/s 量级,各种波长的高速激光器的出现将使光纤传输速率达到 Tb/s 量级(1Tb/s=1000Gb/s),这才使得人类认识到光纤的发明引发了通信技术的一场革命。

5.3.2 光纤通信原理

1. 基本光纤通信系统的组成

基本光纤通信系统的组成如图 5-10 所示。整个通信系统主要由数据源、光发送端、光学传输信道和光接收端四大部分组成。其中，数据源即信号源，包括话音、数据、图像等各类业务编码所得电信号；光发送端用于将电信号转变为光信号，并对其进行适当处理以在光纤上进行传输。光学信道用于光信号的传输，如光纤、中继放大器 EDFA 等；光接收端用于接收光信号，将其转换为电信号，并还原为原始话音、数据、图像等信息。

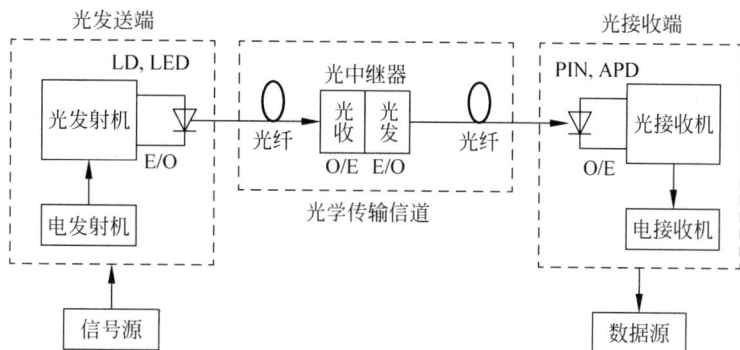

图 5-10 光纤通信系统的组成

2. 光通信原理

光纤通信系统如图 5-11 所示。首先，调制装置将原始信息转变为电信号，再经发送端转变为光信号；其次，将处理后的光信号送至光纤等光学信道中进行传输；最后，接收端接收信道中的光信号，将其转换为电信号，并通过解调装置恢复成原始信息。

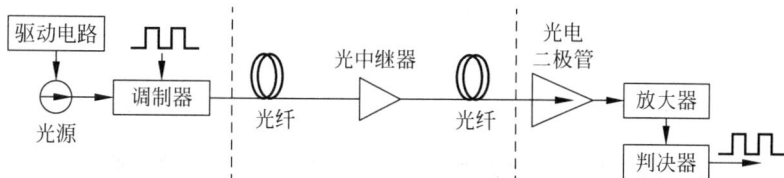

图 5-11 光纤通信原理

电端机将来自信号源的信号进行模数转换、多路复用等处理（1.44MB/s 或 2MB/s，34MB/s 和 140MB/s 等）后送给发光端机，转变成光信号，并按同步数字体系（synchronous digital hierarchy，SDH）输入光纤，接收方的光端机通过光检测器把光信号还原成电信号，经过放大、整形、恢复后输入电端机（交换机或远端模块），完成通信。光端机间的传输距离在长波波段可以达到 100km，超过该距离则用中继器将光纤衰减和畸变后的微弱光信号放大、整形再生成一定强度的光信号，继续向前传输。采用掺铒光放大器可以实现全光中继。

在光纤通信系统中,光源具有非常重要的地位。可作为光纤光源的有白炽灯、激光器和半导体光源等。半导体光源利用半导体的 pn 结将电能转换成光能,常用的半导体光源有半导体发光二极管(light emitting diode,LED)和激光二极管(laser diode,LD)。半导体光源具有体积小、质量轻、结构简单、使用方便、易于与光纤相容等优点,在光纤通信系统中得到广泛应用。

尽管光纤具有巨大的传输容量,但要充分发挥光纤的超大容量的通信传输能力,必须采用频分复用的光纤通信系统,频分复用(frequency division multiplexing,FDM)又称波分复用(wavelength division multiplexing,WDM),使光纤能同时传输许多不同波长的光信号。图 5-12 给出了波分复用(WDM)光通信系统原理图,在这种通信系统中,光发送机负责把不同波长的光信号束合成为单光束,并通过光监控信道发生器把合成的光信号入射到光纤,由光纤和光中继器组成的光传输系统负责把光信号传输到接收机端口,光接收机用光监控信道接收器进行信道选择,经过放大和光分波,把不同波长的光信号发送给光接收器,实现波分复用的光通信。现在已开发出能传输 100～200 个的光频道,每个频道可容纳 10～20GB/s 的信息容量的波分复用光通信系统,因此 WDM 通信技术得到广泛应用。

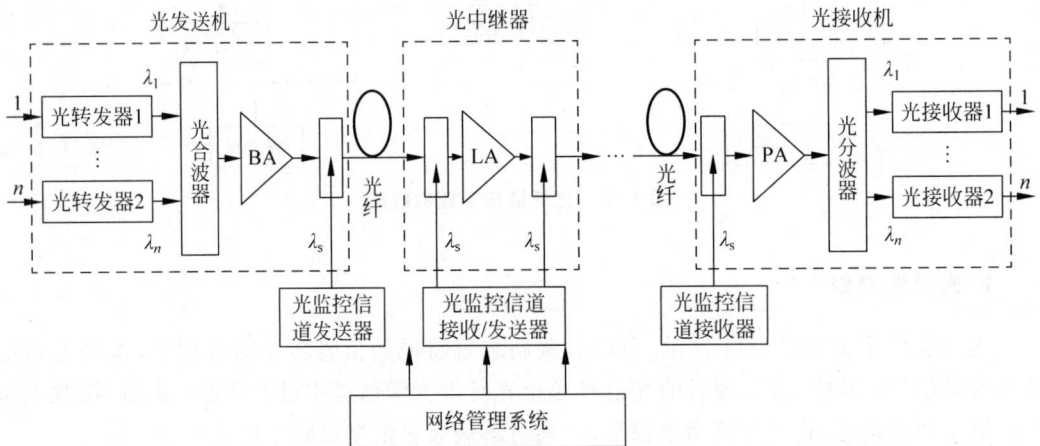

图 5-12　波分复用(WDM)光通信系统

3. 光发射机

在光端机中,对电信号通常有两种光调制方法:一种是在光源如激光器上进行调制,产生随电信号变化的光信号,这种光发送机称为直接调制光发射机。对半导体激光器可以通过直接调制注入电流来实现光波强度调制,如图 5-13 所示。具有响应速度快、输出波形好的调制电路是获得好的光调制波形的前提条件。在图 5-13 中,信号经复用和编码后通过调制电路对光波进行光强度调制。发送出的光一部分反馈到光的自动功率控制(APC)电路,由于半导体激光器的输出光功率与温度有密切的关系,所以一般还要有自动温度控制(ATC)电路。

另一种是外调制光发射机,又称间接调制。这种调制的光发射机通过利用电光调制器在光源外部进行调制,其调制速率高,可达 10～20GB/s,但仍远远低于光纤的传输带宽(20000GB/s)。图 5-14 给出了间接调制光发射机的组成框图,采用外部的电光调制器,将

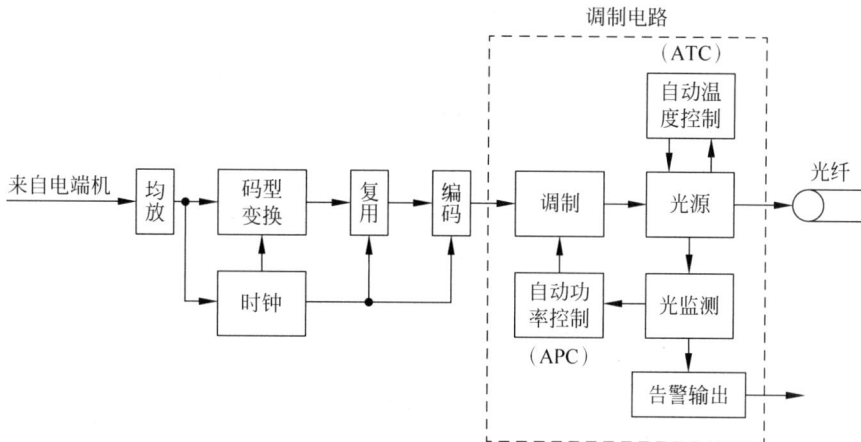

图 5-13　直接调制光反射机

激光光源的出射光送入外调制器中,电端发生器把发送信号经复用、编码后转换为驱动信号并加入通信的预失真信号,然后施加到外调制器对入射光的强度和相位进行调制。

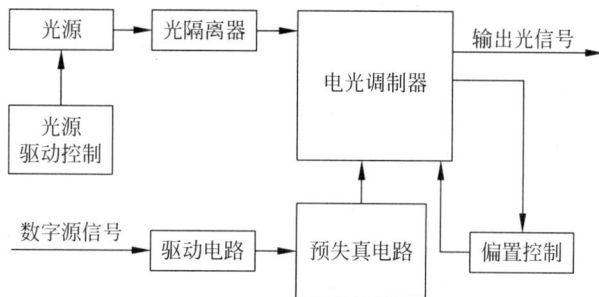

图 5-14　间接调制光发射机

5.3.3　数字光接收机

在光纤通信系统中,光发射机发射出的光信号经长距离传输后,不仅会发生幅度衰减,还会发生脉冲波形展宽。光接收机的任务就是检测经过传输的微弱光信号,将其经过放大、整形、再生成原传输信号,以最小的附加噪声及失真,还原出光纤传输后由光载波所携带的信息,因此光接收机的输出特性综合反映了整个光纤通信系统的性能。

当光纤传输的光信号到达接收端时,先由光接收机把光信号还原成相应的电信号,再送到电接收机。光接收器的作用就是将由光纤传送过来的光信号转换成电信号,再把该电信号传送到控制系统进行处理,其具体工作流程如图 5-15 所示。光接收器用光照射到光电转换器,常用半导体 pin 结实现光电效应。半导体的 pin 结吸收光能后将产生载流子,利用 pin 结的这种光电效应,从而将光信号转换成电信号。数字光接收机是目前常用的光接收机,其功能是:把经光纤传输后幅度被衰减、波形被展宽的微弱光信号转换为电信号,并放大处理,还原为原始的数字码流。

数字光接收机最主要的性能指标是灵敏度、动态范围。灵敏度和误码率密切相关,主要取决于光检测器的性能和相关电路的设计。现在的光纤通信大多采用数字通信,下面将重点介绍数字光纤接收机的组成、光电检测技术和放大电路基本特性。

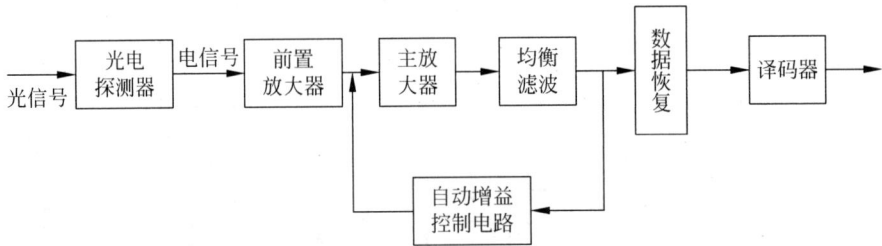

图 5-15　光接收机框图

1. 数字光接收机基本组成

图 5-16 是直接强度调制、直接检测方式的数字光接收机框图,主要包括光检测器、前置放大器、主放大器、均衡器、时钟提取电路、取样判决器以及自动增益控制(AGC)电路。

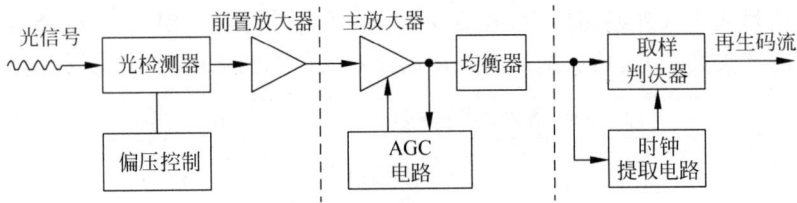

图 5-16　数字光接收机框图

其中,对光检测器的要求如下:
(1) 波长响应要和光纤低损耗窗口($0.85\mu m$、$1.31\mu m$ 和 $1.55\mu m$)兼容;
(2) 响应度要高,在一定的接收光功率下,能产生最大的光电流;
(3) 噪声要尽可能低,能接收极微弱的光信号;
(4) 性能稳定,可靠性高,寿命长,功耗和体积小。

2. 光电检测技术

光电探测器主要作用是利用光电效应把光信号转变为电信号。在光通信系统中,对光电探测器的要求是灵敏度高、响应快、噪声小、成本低和可靠性高。光电检测过程的基本原理是光吸收。在光通信系统中常用的光电检测器是 PIN 光电二极管和雪崩二极管(APD)。

(1) PIN 光电二极管

① PIN 光电二极管的结构

为了提高转换效率和响应速率,通过在 p 型和 n 型半导体之间增加一层轻掺杂的 n 型材料本征(intrinsic,I)层,以展宽耗尽层,提高转换效率。这是因为轻掺杂 I 层,电子浓度很低,经扩散后就可以形成一个很宽的耗尽层。这种结构的光电二极管就是 PIN 光电二极管,如图 5-17(a)所示。

② PIN 光电二极管的工作原理

图 5-17(b)展示 PIN 光电二极管的工作原理。当向器件施加反向偏压时,耗尽区开始在本征层中扩展。其宽度不断增加,直到达到 I 层的厚度。结果是,耗尽区变得没有任何移动电荷载流子,因此没有电流流动。此时,在耗尽区中没有发生电子-空穴复合现象。

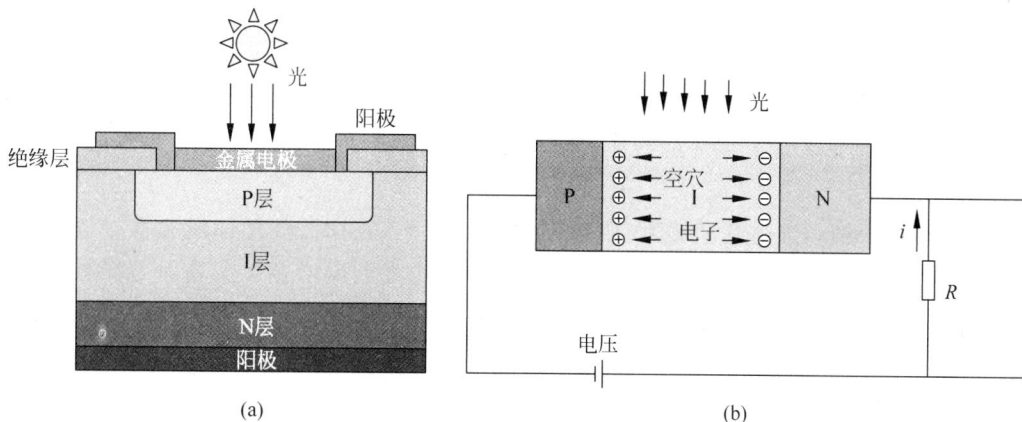

图 5-17　PIN 光电二极管及其工作电路

当具有充足能量的光线($h\nu \geqslant E_g$，E_g 为半导体的带隙能)进入 I 区时，每个吸收的光子产生一个电子-空穴对。由于存在于耗尽区中的势垒电场，因此这些电子-空穴对会承受强大的作用力。在该力作用下，电荷和空穴沿相反方向移动，并产生电流。因此，光能被转换成电能。总之，PIN 光电二极管的工作原理是：光子照射在半导体材料上产生光生载流子；光电流在外部电路作用下形成电信号并输出。

（2）APD 雪崩光电二极管

① APD 雪崩光电二极管结构

APD 雪崩光电二极管具有较高的接收机灵敏度，其结构是在 PIN 光电二极管的基础结构中增加了雪崩区，使得雪崩光电二极管成为具有内增益的一种光伏器件。图 5-18(a) 为达通(reach-through)型 APD 或 RAPD，它由 p^+-π-p-n^+ 几层构成，p^+、n^+ 为高掺杂低阻区，π 为接近本征的低掺杂区(很宽)，大部分入射光子在此被吸收并产生光生载流子。倍增的高电场区集中在 p-n^+ 结附近的窄区，当电场强度超过一定值，在雪崩层出现电子倍增的雪崩效应，电子数量急剧上升，如图 5-18(b) 所示。

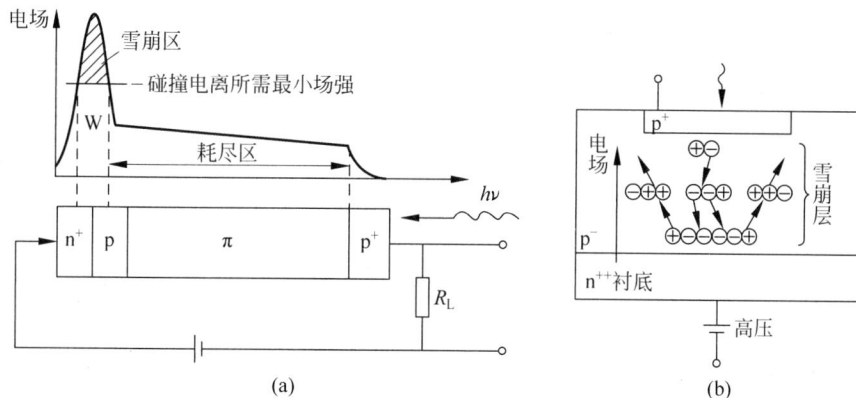

图 5-18　达通型 APD 雪崩光电二极管和雪崩区载流子的倍增效应

（a）APD 管的工作曲线；（b）雪崩过程

② 工作过程和雪崩效应

如图 5-18(b) 所示，在 APD 雪崩光电二极管施加反向偏置。随着所加电压的增加，p 区将逐渐成为耗尽区并继续扩大到整个 π 区,这样入射光子在 π 区吸收建立一次电子-空穴对(π 区电离系数 k 很小,可获得低的倍增噪声),一次电子向 p-n$^+$ 结漂移并在 p-n$^+$ 结区产生雪崩倍增,一次空穴则直接被 p$^+$ 吸收。换句话说,当偏压较小时,p 区只有部分耗尽层,APD 基本没有增益。随着偏压的增加,耗尽区扩大到 π 区,并使 p 区与 π 区电场增加,光电流增益连续增大。

当耗尽区中的场强达到足够大(如相当于 $3 \times 10^5 \mathrm{V/cm}$)时,外加偏压非常接近于体击穿电压,载流子运动进入雪崩过程,二极管获得很高的光电流增益。这是因为在雪崩过程中,光生载流子在强电场的作用下做高速定向运动,具有很高动能的光生电子或空穴与晶格原子碰撞,使晶格原子电离产生二次电子-空穴对;二次电子和空穴对在电场的作用下获得足够的动能,又使晶格原子电离产生新的电子-空穴对,此过程像"雪崩"似地继续下去。这个物理过程称为雪崩效应。

由于倍增过程是随机产生的,倍增增益与许多因素有关,如载流子电离系数,雪崩区的宽度以及反向偏压的高低等。因此。倍增增益就取统计平均值 M。APD 增益与偏压的关系为

$$M = \frac{1}{1 - (V/V_\mathrm{B})^n} \tag{5-10}$$

式中,V_B 是体击穿电压,n 是一个与材料性质及注入载流子的类型有关的指数。图 5-19 是 APD 雪崩二极管在反向偏置下的光电响应曲线,可见,当偏置电压接近 V_B 光电流指数式上升。

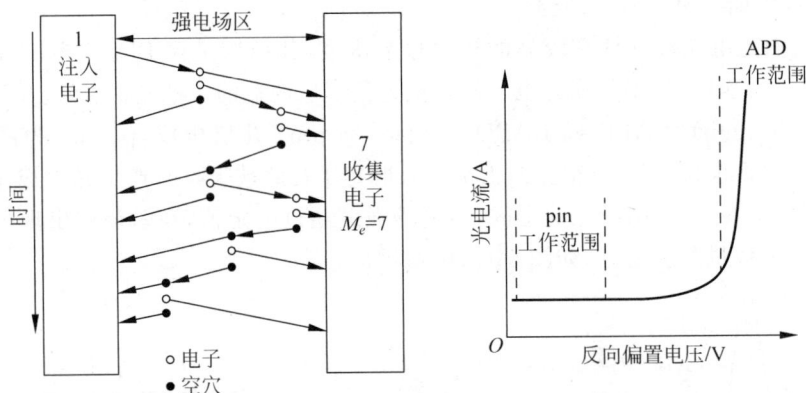

图 5-19　APD 雪崩光电二极管的结构与光电响应曲线

总之,导体光电二极管的原理是:①光子照射在半导体材料上,因相互作用而产生光生载流子;②光生载流子在雪崩区即高电场区发生雪崩倍增;③光电流在外部电路作用下形成电信号并输出。当偏压增大到一定值时,使 $M \to \infty$ 时的偏压称为击穿电压。因此,可以通过改变偏压的大小,使雪崩光电二极管实际上是工作于接近(但没有达到)雪崩击穿状态来控制 APD 的增益。

3. 放大电路基本特性

(1)光接收机对放大器的要求。

① 对前置放大器的要求。由于噪声影响光接收机的灵敏度,故要求选择噪声低的放大

器类型。

②主放大器一般是多级放大器。它的作用是提供足够的增益,并通过它实现自动增益控制(AGC),以使输入光信号在一定范围内变化时,输出电信号保持恒定。主放大器和 AGC 决定着光接收机的动态范围。

(2)光接收机的噪声特性。光接收机的噪声主要包括:外部电磁干扰的噪声和信号检测和放大过程中引入的内部随机噪声。内部随机噪声只能通过器件的选择和电路的设计与制造尽可能减小,一般不可能完全消除。

光接收机的内部噪声主要来源于光检测器的噪声和前置放大器的噪声。主放大器引入的噪声可以忽略不计。光检测器的噪声大小主要是由光电二极管的材料和结构决定的。

4. 均衡和再生

均衡的目的是对经光纤传输、光/电转换和放大后已产生畸变(失真)的电信号进行补偿,使输出信号的波形适合于判决(一般用具有升余弦谱的码元脉冲波形),以消除码间干扰,减小误码率。

再生电路包括判决电路和时钟提取电路,它的功能是从放大器输出的信号与噪声混合的波形中提取码元时钟,并逐个地对码元波形进行取样判决,以得到原发送的码流。

随着光电集成技术的发展,可以采用集成技术把电子器件集成在同一芯片上,组成光电集成接收机。其优点是适合高传输速率的需求。现实应用:单片光接收机即用光电集成电路(OEIC)技术在同一芯片上集成包括光检测器在内的全部元件。这样的完全集成对于 GaAs 接收机(即工作在短波长的接收机)是比较容易的,而且早已得到实现。

5.4　光纤传输机理

光的传播性质可以通过波动性来解释。惠更斯原理认为光在传播途中每一点都是一个次波点源,发射的是球面波,对光源面(一个有限半径的面积)发出的所有球面波积分(当光源面远大于光的波长时),积分结果近似为等面积、同方向的柱体,即表现为直线传播,这就是通常所说的光线。实际上,除了理想激光外,光传播都有发散。在均匀介质中光是直线传播的,但当光遇到另一介质(均匀介质)时方向会发生改变,改变后依然沿直线传播。而在非均匀介质中,光一般是按曲线传播的。以上光的传播路径都可以通过费马原理来确定。

光纤传输是以光导纤维为介质进行数据与信号传输的技术。光导纤维,即光纤,不仅可用来传输模拟信号和数字信号,而且可以满足视频传输的需求。光纤传输一般使用光缆进行,单条光导纤维的数据传输速率能达几兆比特每秒(Gbps),在不使用中继器的情况下,传输距离能达几十千米。

在分析光纤中光的传输机理时,主要存在两种理论:射线光学(即几何光学)理论和波动光学理论。

5.4.1　光射线的传播定律

射线光学理论采用光射线代替光能量的传输路线,对于光波长远远小于光波导尺寸的多模光纤,该理论能提供简单且直观的分析结果,但对于复杂问题,射线光学只能给出比较直观且粗糙的概念框架。下面详细介绍光线传播的基本原理。

1. 光速与光的直线传播定律

根据光的衍射特性,如果光通过孔径为 d 的小孔,当 d 接近或小于光波波长 λ 时,光将明显地偏离直线传播,偏离角(即衍射角)大致可表示为 $\alpha = \dfrac{\lambda}{d}$,可见,只有在 $\lambda = 0$ 的极限条件下,才有 $\alpha = 0$,即光严格地沿直线传播。如果满足

$$d \gg \lambda \tag{5-11}$$

光的实际传播路径与直线的偏差甚小,可以近似地认为光是沿直线传播的。

光在同种均匀介质中总是沿着直线传播且速度恒定的特性称为光的直线传播定律。这个特性是几何光学的基础,利用光的直线传播定律处理具体问题时,应保证式(5-11)所表示的条件始终被满足。

2. 光的反射、折射和全反射定律

光由一种介质向另一种介质传播时,在两种介质的分界面上,入射光被分解为反射光和折射光,仍在第一种介质中传播的光是反射光,进入第二种介质的光是折射光。入射光与分界面法线所构成的平面称为入射面,分界面法线与入射光、反射光和折射光所成的角 i、i' 和 r,分别称为入射角、反射角和折射角,如图 5-20 所示。反射光和折射光满足下面的规律:

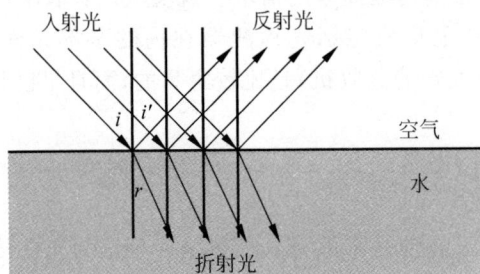

图 5-20　光在空气与水界面上的反射和折射

（1）光的反射定律。反射光处于入射面内,而且反射角等于入射角,如图 5-21(a)所示,即

$$i = i' \tag{5-12}$$

（2）光的折射定律。折射光处于入射面内,而且入射角的正弦与折射角的正弦之比,等于第二种介质的折射率 n_2 与第一种介质的折射率 n_1 之比,如图 5-21(a)所示,即

$$\frac{\sin i}{\sin \gamma} = \frac{n_2}{n_1} = n_{21} \tag{5-13}$$

式中,n_{21} 是第二种介质相对第一种介质的折射率。介质对光的折射率与介质对波的折射率具有相同含义,所不同的在于光的折射率涉及光的传播速率,介质对光的折射率 n 定义为 $n = c/v$,式中 c 是真空中的光速,v 是光在该介质中的传播速率。若令式(5-13)中 $n_2 = n_1$,则可得 $i = \gamma$,这与式(5-12)形式相同。

（3）光的全反射定律。

由式(5-13)可以看出,如果 $n_2 > n_1$,即光从折射率较小的介质射向折射率较大的介质,

那么入射角 i 将大于折射角 r，折射后的光线将向法线靠拢；如果 $n_2 < n_1$，即光从折射率较大的介质射向折射率较小的介质，那么入射角 i 将小于折射角 r，折射后的光将偏离法线。通常把折射率较大的介质称为光密介质，而把折射率较小的介质称为光疏介质。

由式(5-13)可得 $\sin\gamma = \dfrac{\sin i}{n_{21}}$，$\sin\gamma = \dfrac{\sin i}{n_{21}}\sin r \leqslant 1$。但当光从光密介质射向光疏介质时，$n_2 > n_1$，$n_{21} > 1$。如果入射角 i 等于某特定值 i_c 时，$\sin\gamma = 1$，$\gamma = \pi/2$，即

$$\sin i_c = n_{21} \tag{5-14}$$

这表明，折射光沿着两种介质的界面传播。如果增大入射角 i，使 $i > i_c$，光将不会进入第二种介质，而是全部反射到第一种介质，这种现象称为全反射，如图 5-21(b)所示。其中，i_c 称为全反射临界角。

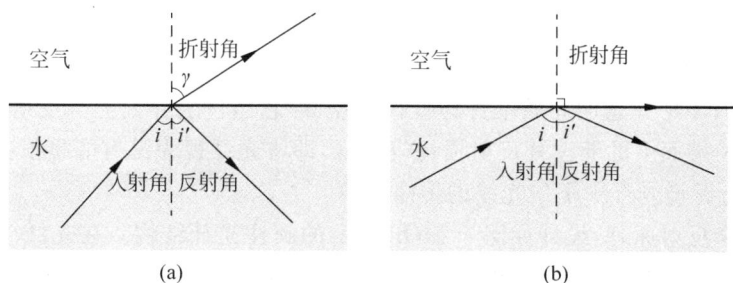

图 5-21　光线的传播

（a）光的反射与折射；（b）光的全反射

（4）光的可逆性原理。

当光以原入射相反的方向入射时，光将沿着与原先反方向的同一路径传播，这一规律称为光的可逆性原理。按照这一原理，在反射的情况下，如果光逆着反射光入射，则它必定逆着原先的入射光出射，如图 5-22(a)所示。在折射的情况下，如果光逆着折射光入射，则它必定逆着原先的入射光出射，如图 5-22(b)所示。光的可逆性原理不仅适用于光的反射和折射过程，对于光的一切传播过程都是适用的。

图 5-22　光的可逆性

（a）光反射的可逆性；（b）光折射的可逆性

5.4.2　光纤传输机理的射线理论

1. 光纤结构

严格来讲，光纤是光导纤维。激光的光导纤维通信就是利用全反射原理来实现的。每

根光纤由折射率较高的玻璃纤维作为纤芯,外部包覆一层折射率较低的玻璃介质。信号光线从玻璃纤维的一端射入,经多次全反射后从另一端射出,将信号携带到另一端,从而达到传输光信号的目的。光纤通信具有抗电磁干扰能力强、频带宽、容量大和保密性好等优点,已在现代通信领域广泛使用。

光纤的结构如图 5-23(a)所示,包括纤芯、包层、涂敷层和护套。全反射发生在纤芯和包层的界面。根据光的全反射原理,纤芯的折射率 n_1 必须大于包层的折射率 n_2,光波才能在纤芯中进行全反射传播。目前的纤芯是由石英(SiO_2)制成的。根据 n_1 和 n_2 的分布情况,实用石英光纤通常有三种:阶跃型多模光纤、渐变型多模光纤(G.651)和阶跃型单模光纤。

2. 光在理想阶跃型直圆柱光纤中的传播规律

理想的阶跃型直圆柱光纤是指纤芯和包层的折射率均为常数(分别记为 n_1 和 n_2),且 $n_1 > n_2$。研究时不考虑透明介质本身的吸收损耗、纤芯与包层界面上全反射不完全而产生的反射损耗以及端面上的菲涅耳反射损耗等因素,即将光纤视为没有能量损耗的理想介质。

(1)理想阶跃型光纤中子午光线的传播规律

利用光的全反射原理,设计如图 5-23(b)所示的圆柱光纤结构。在光纤中,通过光纤中心轴线的任何平面均为子午面,位于子午面内的光线称为子午光线。当子午光线投射到芯与包层界面上时,如图 5-23(b)所示,若入射光满足全反射条件(即 $n_1 > n_2$,$i > i_c$,i_c 为全反射临界角),光从折射率大的纤芯射向折射率小的包层,折射角大于入射角,并随入射角的增大而增大,当入射角增大到临界角 i_c 时,则光在纤芯与包层界面依次发生全反射,其轨迹为子午面内的平面折线,且在一个周期内与芯轴相交两次。根据式(5-14),可以得到芯层与包层发生投射的全反射角为

$$i_c = \arcsin \frac{n_2}{n_1} \tag{5-15}$$

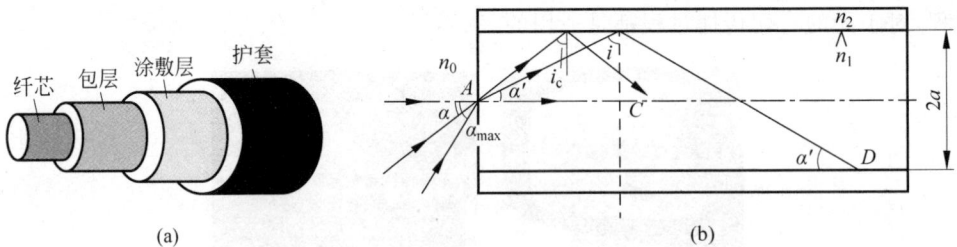

图 5-23 光纤结构与光的传输

(a)光纤的结构图;(b)理想阶跃型光纤子午光线传播规律

由于 n_1、n_2 相对差值很小,因此大多数光纤的全反射临界角大于 70°(在 70°~80°)。若光纤位于 n_0 介质中,当在界面 B 点处发生全反射(投射角 $i > i_c$)时端面 A 点处的入射角 α 应为

$$\sin\alpha = \frac{n_1}{n_0}\sin\alpha' = \frac{n_1}{n_0}\sin\left(\frac{\pi}{2} - i\right) = \frac{n_1}{n_0}\cos i = \frac{n_1}{n_0}\sqrt{1 - \sin^2 i} \tag{5-16}$$

与界面全反射临界角 i_c 相对应的光纤端面轴心 A 点处的最大入射角应为

$$\alpha_{\max} = \arcsin\left[\frac{n_1}{n_0}\sqrt{1 - \sin^2 i_c}\right] = \arcsin\left[\frac{1}{n_0}\sqrt{n_1^2 - n_2^2}\right]$$

其中，$\alpha_{\max}$ 称为"孔径角"。

（2）数值孔径 NA

为了定量描述光纤的集光能力，引入光纤数值孔径（NA）参量。光纤的数值孔径定义为

$$NA = n_0 \sin\alpha_{\max} = \sqrt{n_1^2 - n_2^2} \approx n_1\sqrt{2\Delta} \tag{5-17}$$

式中，$\Delta = \dfrac{n_1 - n_2}{n_1}$。由于 n_1 和 n_2 相差不大，因此，其数值孔径也很小，只有 0.1～0.3。

数值孔径 NA 是阶跃多模光纤的一个重要参数，直接反映光纤集光能力的大小，即能进入光纤的光通量的多少。数值孔径 NA 在一定程度上反映了光纤是否容易被激发、是否容易进行光束耦合的性质。

根据上述定义，只有满足 $\alpha \leqslant \alpha_{\max}$ 的端面入射光才能在阶跃光纤中得到传播；而大于 $\alpha_{\max}$ 的端面入射光，在芯与包层界面将发生部分折射进入包层，并且能量将很快损耗，因而不能在光纤中传播。从光波导的观点看，$\alpha \leqslant \alpha_{\max}$ 的任意光线对应于相应的传导模；以最大入射角 $\alpha_{\max}$ 入射的光，在光纤内部满足全反射临界角 i_c，相对应的 α 则是多模光纤中的最高阶传导模；而 $\alpha > \alpha_{\max}$ 的光线，在界面将产生部分折射，因而 α 对应于辐射模。

当 $\Delta \ll 1$ 时，则称这种芯与包层折射率差值很小的光波导为弱导光波导。一般对标准的石英阶跃多模光纤与渐变折射率多模光纤 $\Delta < 1\%$，而对阶跃单模光纤 $\Delta < 3\%$。

式（5-17）表明，光纤的数值孔径主要取决于纤芯与包层折射率差的相对值 Δ，即仅与芯及包层材料的折射率有关，而与光纤芯及包层的几何尺寸（直径）无关。因此，光纤可以制成数值孔径很大且直径很细的，从而实现其结构细长、具备柔性、可弯曲的特点。

3. 渐变型光纤的导光原理

如果光纤纤芯折射率 n_1 随着半径的加大而逐渐减小，而包层的折射率 n_2 是均匀的，则称这种光纤为渐变型光纤，又称为非均匀光纤，它的折射率分布如图 5-24 所示。

对于渐变型光纤，式（5-17）的 Δ 一般以光纤的光轴点的折射率 $n(0)$ 和包层的折射率 $n(a)$ 的差 Δ 来表示：

图 5-24　光纤中的圆柱坐标

$$\Delta = \frac{n(0)^2 - n(a)^2}{2n(0)^2} \tag{5-18}$$

对于渐变型光纤，由于纤芯中各处的折射率不同，因此各点的数值孔径也不相同。把射入点 r 处的数值孔径称为渐变型光纤的本地数值孔径，用 $NA(r)$ 表示，其公式为

$$NA = \sqrt{n^2(r) - n^2(a)} \approx n(r)\sqrt{2\Delta(r)} \tag{5-19}$$

采用渐变型折射率光纤的目的是有效降低模间色散，其导光原理如图 5-25 所示。图中给出了渐变型折射率光纤中三条不同路径的光线沿光纤传播的情况，与轴线夹角大的光线经过的路径要长一些，然而它的折射率较小，光线速度沿轴向的传播速度较大；而沿着轴线

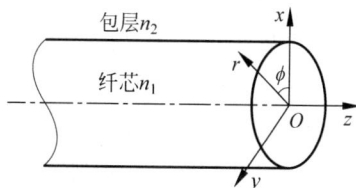

传播的光线尽管路径最短,但传播速度却最慢。如果选择合适的折射率分布,就可使所有光线同时到达光纤输出端。因此,采用渐变型折射率光纤可以降低模间色散。

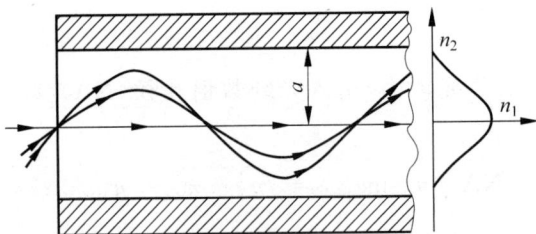

图 5-25 渐变型折射率光纤的导光原理

5.4.3 阶跃型光纤的波动光学理论

1. 光纤传输光波的波动方程和求解方法

光波在阶跃型光纤中的传输满足麦克斯韦方程组,且阶跃型光纤的内部可视为一个无源空间,即电荷密度 $\rho=0$。因此,由麦克斯韦方程组可推出简谐时变电磁场的电场强度和磁场强度的微分方程,即

$$\nabla^2 \boldsymbol{E} + k_0^2 n^2 \boldsymbol{E} = 0 \tag{5-20a}$$

$$\nabla^2 \boldsymbol{H} + k_0^2 n^2 \boldsymbol{H} = 0 \tag{5-20b}$$

上述方程组(5-20)称为亥姆霍兹方程。式中,$k_0 = 2\pi/\lambda_0$ 为自由空间的波数,n 为介质的折射率,在纤芯中 $n=n_1$,在包层中 $n=n_2$;∇^2 为拉普拉斯算符,在直角坐标系、球坐标系和圆柱坐标系中展开式有所不同。对于光纤来说,采用圆柱坐标系最合适,从而简化计算和求解过程。

直接求解矢量的亥姆霍兹方程十分烦琐,得到的解也较为复杂,所以一般采用标量近似解法。电磁场近似为 TEM 波,由电磁场的性质可得纤芯的磁场强度 H_{x1} 和包层的磁场强度 H_{x2}。利用麦克斯韦方程组可以得到纤芯中纵向分量 E_{y1}、H_{x1},包层中纵向分量用 E_{y2}、H_{x2} 表示。这样,光纤中的电磁场的场方程就都获得了。

由于阶跃型光纤中的纤芯和包层的折射率差很小,因而在纤芯和包层界面上发生全反射的临界角 i_c 趋近 $90°$,光线的入射角必须大于 i_c 才能形成导波,即光纤中的光线几乎与光纤轴平行。这种波非常接近横向电磁波(TEM),其电磁场的轴向分量 E_z 和 H_z 非常小,而横向分量 E_t 和 H_t 则相对较强。设横向电场沿 y 轴偏振,即设横向场 E_t 用分量 E_y 表示,则它满足下面的分量波动方程

$$\nabla^2 E_y + k_0^2 n^2 E_y = 0 \tag{5-21}$$

将式(5-21)在如图 5-25 所示的圆柱坐标系中展开,得光纤的分量微分方程

$$\left(\frac{\partial^2}{\partial r^2} + \frac{1}{r} \frac{\partial}{\partial r} + \frac{1}{r^2} \frac{\partial^2}{\partial \theta^2} + \frac{\partial^2}{\partial z^2} \right) E_y + k_0^2 n^2 E_y = 0 \tag{5-22}$$

式(5-22)属于二阶三维偏微分方程,可以利用分离变量法求解 E_y。

设 $E_y = A R(r) \cdot \Theta(\theta) \cdot Z(z)$,式中 A 是常数,$R(r)$、$\Theta(\theta)$ 和 $Z(z)$ 分别是坐标 r、θ 和 z 的函数。利用分离变量法,分别求出 $R(r)$、$\Theta(\theta)$ 和 $Z(z)$,从而得到横向场 E_y 的通解。

再根据边界条件即可得到如式(5-23)所示的标量近似解：

$$E_{y1} = A\frac{J_m\left(\dfrac{u}{a}r\right)}{J_m(u)} \cdot \cos m\theta \cdot \exp[i(\omega t - \beta z)], \quad 0 \leqslant r < a \tag{5-23a}$$

$$E_{y2} = A\frac{K_m\left(\dfrac{w}{a}r\right)}{K_m(w)} \cdot \cos m\theta \cdot \exp[i(\omega t - \beta z)], \quad r > a \tag{5-23b}$$

式中，下标 1 和下标 2 分别表示纤芯和包层的电场分量；J_m 是第一类标准贝塞尔函数；K_m 是第二类虚宗量贝塞尔函数。β 是电磁波的相位常数；$m = 0,1,2,\cdots$；u 和 w 为解方程过程中引入的两个常数。图 5-26 是两种第一类贝塞尔函数的分布曲线。

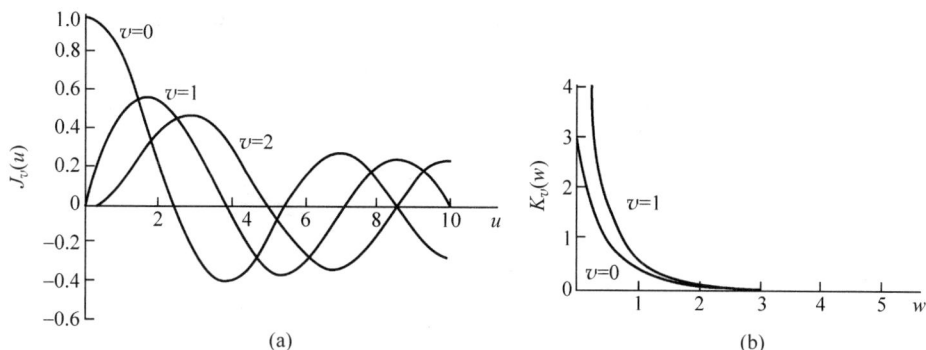

图 5-26　两种第一类贝塞尔函数
（a）贝塞尔函数；（b）修正的贝塞尔函数

采用完全相同的方法和步骤可以求解方程(5-20b)，按照准 TEM 波近似，横向磁场只有 x 分量，则可得到横向场 H_x 的通解为

$$
\begin{aligned}
H_{x1} &= \frac{-Bn_1}{Z_0 J_m(U)} J_m\left(\frac{u}{a}r\right)\cos m\varphi, \quad 0 \leqslant r \leqslant a \\
H_{x2} &= \frac{-Bn_2}{Z_0 K_m(w)} K_m\left(\frac{w}{a}r\right)\cos m\varphi, \quad r > a
\end{aligned}
\tag{5-24}
$$

式中，B 是常数；$Z_0 = 377\Omega$ 是自由空间的波阻抗；"$-$"号是为了保证 E_y 和 H_x 分量构成的 TEM 波的传播方向在 z 轴方向，从而和行波因子一致。

2. 光纤的归一化频率和特征方程

在解方程过程中已经引入的两个常数 u 和 w 的表达式分别为

$$u = \sqrt{n_1^2 k_0^2 - \beta^2}\, a \tag{5-25a}$$

$$w = \sqrt{\beta^2 - n_2^2 k_0^2}\, a \tag{5-25b}$$

式中，u 称为导波的径向归一化相位常数，表明了在光纤的纤芯中，导波沿半径 r 方向的场的分布规律；w 称为导波的径向归一化衰减系数，表明了在光纤的包纤中，场沿半径 r 方向的衰减规律。

由 u 和 w 可以得出两个重要的参量：归一化传播常数 b 和归一化频率 V。b 和 V 分别定义为

$$V = \sqrt{u^2 + w^2} \quad , b = (w/V)^2 = 1 - (u/V)^2$$

把式(5-25)代入式(5-26)得到如下关系式

$$V = \sqrt{u^2 + w^2} = k_0 a \sqrt{n_1^2 - n_2^2} \tag{5-26a}$$

和

$$b = \frac{\beta/k_0 - n_2}{n_1 - n_2} \tag{5-26b}$$

对于弱波导光纤，$b = \dfrac{\beta/k_0 - n_2}{n_1 - n_2}$，$V = k_0 a n_1 \sqrt{2\Delta}$，这两个参数由光纤的结构和波长决定。

图 5-27 给出了若干低阶模式下，归一化传播常数 b 随归一化频率 V 变化的情况。

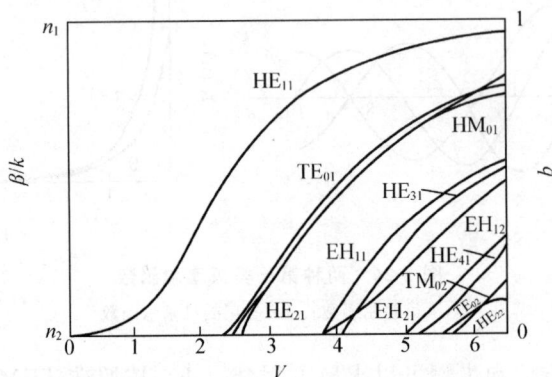

图 5-27 若干低阶模式归一化传播常数随归一化频率变化的曲线

实际应用时，需要确定导波传播的相位常数 β，式(5-26a)和式(5-26b)是 u、w 和 β 的两个关系式，还需要得到另外一个关系式，才能确定这三个参数，它就是特征方程。利用在边界 $r=a$ 处的连续性条件 $E_{y1} = E_{y2}$ 和 $H_{x1} = H_{x2}$，可以推出对于弱导波光纤特征方程为

$$\left[\frac{J_m'(u)}{uJ_m(u)} + \frac{K_m'(w)}{wK_m(w)} \right] \left[\frac{n_1^2 J_m'(u)}{uJ_m(u)} + \frac{n_2^2 K_m'(w)}{wK_m(w)} \right] = \frac{\beta^2 m^2}{k_0^2} \left(\frac{1}{u^2} + \frac{1}{w^2} \right)^2 \tag{5-27}$$

式中含有三个待求量 u、w 和 β，将它和特征常数关系式方程联立，即可在已知光纤参量及工作波长的条件下，求得光纤导波模式的特征参量。式(5-27)称为光纤或圆柱状介质波导的特征方程。

通常所用的光纤为弱导光纤，实际上，$\Delta < 1\%$，所以可以认为 $n_2/n_1 = 1$，将其代入上式可得一个简化的特征方程：

$$\frac{J_m'(u)}{uJ_m(u)} + \frac{K_m'(w)}{wK_m(w)} = \pm m \left(\frac{1}{u^2} + \frac{1}{w^2} \right) \tag{5-28}$$

式中，$m = 0, 1, 2, \cdots$。这就是弱导光纤中的特征方程，它属于一个超越方程，通常用数值法求解即可以得到导波传播的相位常数 β，进而分析其传输特性。

3. 传播模式分类

根据上面特征方程(5-28)中的 m 是否为零,以及"±"的取法可以将光纤中传播的光波分为 4 种不同的模式。如果 $m=0$,可以得到 TE 模和 TM 模;如果 $m \neq 0$,则可以得到 EH 模和 HE 模。下面分别进行讨论。

1) TE 模和 TM 模

在特征方程中取 $m=0$,由前面的 E_y 和 H_x 的表达式可知,二者之中必有一个为零。如果 $E_y=0$,则在波的传播方向上电场强度为零,这就是所谓横电波模式,也就是 TE 模。如果 $H_x=0$,则在波的传播方向上磁场强度为零,这就是所谓的横磁波模式,也就是 TM 模。由于 $m=0$,所以特征方程可以简化为

$$\frac{J'_0(u)}{uJ_0(u)} + \frac{K'_0(w)}{wK_0(w)} = 0 \tag{5-29}$$

式(5-29)是 TE 模和 TM 模的特征方程。式中,$J'_0(u)$ 表示零阶贝塞尔函数的导函数。

利用贝塞尔函数的递推公式

$$J'_0(u) = -J'_1(u), \quad K'_0(w) = -K_1(w) \tag{5-30}$$

可将式(5-29)的 TE 模和 TM 模的特征方程改写为

$$\frac{J_1(u)}{uJ_0(u)} + \frac{K_1(w)}{wK_0(w)} = 0 \tag{5-31}$$

由式(5-29)~式(5-31)得知,当 $m=0$ 时电磁场与 φ 无关,即电磁场只有在光纤中呈轴对称分布函数,才能在光纤或介质波导中以 TE 波或 TM 波的形式存在。

2) EH 模和 HE 模

如果 $m \neq 0$,场量沿圆周方向按函数 $\sin m\theta$ 和 $\cos m\theta$ 分布,要使边界条件得到满足,则 A 和 B 都不得为零,即电磁波的纵向场分量 $E_y \neq 0$,$H_x \neq 0$。也就是说,光纤中的非轴对称场不可能是单独的 TE 场,也不可能是单独的 TM 场。E_y 和 H_x 同时存在的电磁场模式称为混合模。

当 $m \neq 0$ 时,方程弱导光纤中的特征方程在取同一 m 值时,有两组不同的解,对应着两类不同的模式。在弱导条件下,方程右边取正号时所解得的一组模式称为 EH 模,而右边取负号时所解得的一组模式称为 HE 模。

根据上面的分类,在弱导条件下,光纤中 EH 模和 HE 模的特征方程分别为

(1) EH 模的 H 模:

$$\frac{J'_m(u)}{uJ_m(u)} + \frac{K'_m(w)}{wK_m(w)} = m\left(\frac{1}{u^2} + \frac{1}{w^2}\right)$$

(2) HE 模的 E 模:

$$\frac{J'_m(u)}{uJ_m(u)} + \frac{K'_m(w)}{wK_m(w)} = -m\left(\frac{1}{u^2} + \frac{1}{w^2}\right)$$

利用贝塞尔函数的递推公式,可将上两式改写为

(1) EH 模的 H 模:

$$\frac{J_{m+1}(u)}{uJ_m(u)} + \frac{K_{m+1}(w)}{wK_m(w)} = 0 \tag{5-32a}$$

（2）HE 模的 E 模：

$$\frac{J_{m-1}(u)}{uJ_m(u)} + \frac{K_{m-1}(w)}{wK_m(w)} = 0 \tag{5-32b}$$

3）模式的截止参数和单模传输条件

传播模又称为导波模，一个导波模式场的横向分布特点由 m、u 和 w 确定，纵向传播特征则由 β 确定。其中，参数 m 确定场量沿 θ 角方向场的分布规律；u 确定纤芯内场沿半径方向的分布规律；w 则决定场量在包层中沿半径方向衰减的快慢程度。u、w 和 β 之间的关系由式(5-29)~式(5-31)给出，只要由特征方程解出其中的一个，其他两个便可求得，导波模的特征也就完全确定了。

一个导波模沿 z 方向无衰减传播（忽略材料自身的吸收损耗）的条件是 u、w 均为正实数。当 w 为正实数时，包层中的电磁场沿半径方向几乎按指数规律快速衰减，w 越大衰减越快，电磁能量就越集中在纤芯中。反之，w 越小，就有越多的电磁能量向包层中弥散。如果 $w^2 < 0$，在包层中的场将用汉克尔函数描述，成为沿径向辐射的模式，这就是介质天线的情形。如果 $w^2 = 0$，则恰好称为一个模式是导波模还是辐射模的临界点。将 $w = 0$ 条件下求得的纤芯内的归一化径向相位常数 u 记为 u_c，此时归一化频率则记为 ν_c，u_c、ν_c 即为导波的截止参数。显然在截止点上，有

$$\nu_c^2 = u_c^2 + w_c^2 = u_c^2 \quad 或 \quad \nu_c = u_c \quad 或 \quad w = 0 \tag{5-33}$$

根据各类模式的特征方程以及第二类变态贝塞尔函数在 $w \to 0$ 时的渐近特性，可以求得它们的截止参数。

4. 阶跃型光纤中的线性偏振模式

在弱导波光纤中传播的电磁波非常接近 TEM 波，具有偏振方向保持不变的特性，称之为线性偏振模式，也称为标量模，用 LP_{mn} 表示。其中，m 取值为 $m = 0, 1, 2, \cdots$，n 取值为 $n = 0, 1, 2, \cdots$。

m 和 n 的值不同，则场的分布状况和传输特性都不同，对应着不同的模式。图 5-28 给出几个低阶模的强度分布和可视图形，可以很好地理解线性偏振模式。

线性偏振模式 LP_{mn} 中有的可以在光纤中传输，有的则不能传输。不同结构的阶跃型光纤，传输的 LP_{mn} 及数量都不相同。

特征方程通常用数值解法，从特征方程可以得出不同 V 值时的 u、w，然后求出 β。从线性偏振模式 LP_{mn} 讨论传输特性，可以得出如下结论。

当光纤的归一化频率 ν 满足 $0 < \nu < 2.405$ 时，只传导单一模式 LP_{01} 模，LP_{11} 以上的所有高阶模都处于截止状态，不能在光纤中传输，这种光纤称为单模光纤。其满足的条件为

$$0 < \nu < 2.405 \tag{5-34}$$

也称为单模传输条件。

由式(5-34)可知，对于单模光纤，纤芯直径 $2a$ 很小，而对于多模阶跃型光纤，则归一化频率 ν 很大，传导的模式很多，因此纤芯直径 $2a$ 很大。

若干低阶 $LP_{\nu u}$ 模简化的本征方程和相应的模式截止值 u_c 和远离截止值 u_∞ 列于表 5-1 中，这些低阶模式和相应的 ν 值范围列于表 5-2 中。

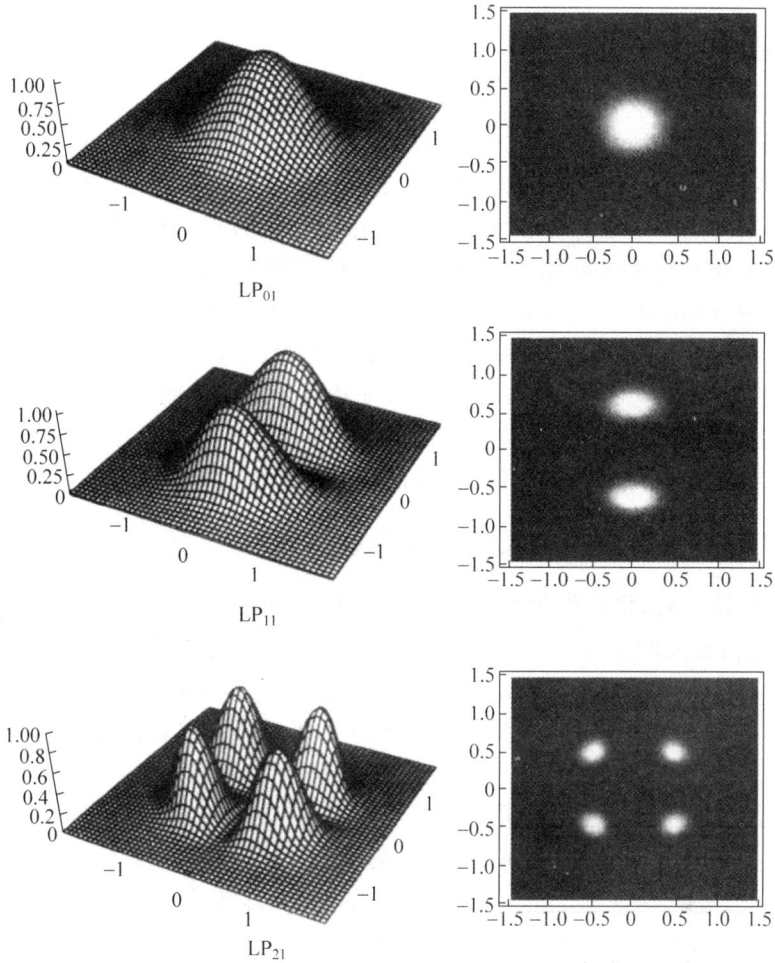

图 5-28   几个低阶模的强度分布和可视图

表 5-1 $LP_{\nu u}$ 模截止值和远离截止值

方位角 模数	$w \to 0$ 本征方程	$w \to \infty$ 本征方程	截止值 u_c		远离截止值 u_∞			
$v = 0$	$J_1(u_c) = 0$	$J_0(u_\infty) = 0$	u_c	0	3.832	7.016	10.173	⋯
			u_∞	2.405	5.520	8.654	11.793	⋯
			LP_{0u}	LP_{01}	LP_{02}	LP_{03}	LP_{04}	⋯
$v = 1$	$J_0(u_c) = 0$	$J_1(u_\infty) = 0$ $U_\infty \neq 0$	u_c	2.405	3.832	7.016	10.173	⋯
			u_∞	3.832	7.016	10.173	13.237	⋯
			LP_{0u}	LP_{11}	LP_{12}	LP_{13}	LP_{14}	⋯

表 5-2   低阶($\nu = 0$ 和 $\nu = 1$)模式和相应的 ν 值范围

ν 值范围	低阶模式	ν 值范围	低阶模式
0～2.405	LP_{01}：HE_{11}	5.520～7.016	LP_{12}：HE_{22} TM_{21} TM_{02}
2.405～3.832	LP_{11}：HE_{21} TM_{01} TM_{11}	7.016～8.654	LP_{03}：HE_{13}
3.832～5.520	LP_{02}：HE_{12}	8.654～10.173	LP_{13}：HE_{23} TM_{03} TM_{03}

5.5　光纤放大器

由于光纤损耗和色散的存在,在传输过程中光信号的幅度会越来越小,光脉冲的宽度会越变越宽,从而限制了光纤通信系统特别是大容量光纤通信系统的传送距离。因此,长途光纤传输系统需要每隔一定距离就增加一个再生光中继器,以保证信号的质量。传统的再生光中继器的基本功能是实现光-电-光转换,并在光信号转变为电信号时进行再生、整形和定时处理,这种 3R(reshaping,regenerating and retiming)的处理过程显然是很复杂且成本上是很昂贵的。目前光-电-光转换的中继方式大多被光纤放大器所替代。

光纤放大器主要有三种类型:①利用光纤非线性效应制作的常规光纤光放大器,如拉曼放大器;②利用半导体制作的半导体光放大器;③利用稀土掺杂的光纤放大器。下面介绍铒掺杂的光纤放大器 EDFA 的工作原理和应用。

5.5.1　EDFA 光纤放大器的工作原理

铒是一种稀土元素,将它作为激活离子掺进光纤芯中,使光纤成为能对特定波长 $\lambda=1550\text{nm}$ 的光进行放大的增益介质。EDFA 光纤放大器是通过光抽运方法实现光泵浦,利用受激发射产生相干辐射,实现光放大。图 5-29 是简化了的铒掺离子的能级图,它是一种三能级系统。用波长 $\lambda_p=980\text{nm}$ 的泵浦光将处于基态(4I$_{15/2}$)的铒离子抽运到高能态(4I$_{11/2}$),然后经过无辐射跃迁方式到达亚稳态(4I$_{13/2}$)。亚稳态是寿命较长的能态,铒离子可以停留在亚稳态,等到外部有特定波长 $\lambda_s=980\text{nm}$ 的信号光到达时,被该信号光诱发而从亚稳态感应跃迁回到基态,其相应的能量差将以光的形式辐射形成发射光波。该光波和入射诱发的信号光波的波长一样(1550nm)且是同相位的,从而使入射的 1550nm 光信号通过

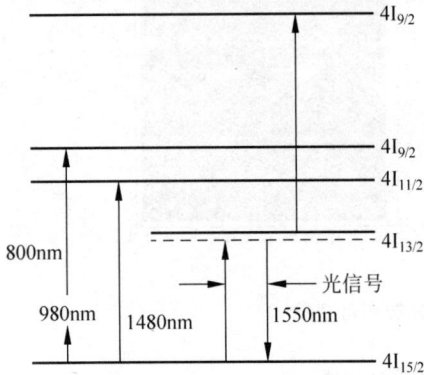

图 5-29　铒离子的能级图

铒光纤得到放大。

稀土掺杂光纤光放大器是利用光纤中稀土掺杂物质引起的增益机制实现光放大的。光纤通信系统最感兴趣的稀土掺杂光纤放大器是工作波长为 1550nm 的铒(Er)掺杂光纤光放大器(EDFA)和工作波长为 1300nm 的镨(Pr)掺杂光纤光放大器(PDFA)。目前,已商品化并大量应用于通信系统的是 EDFA。PDFA 的放大波段在 1300nm 并与 G-652 光纤的零色散点相吻合,工作在 1.3μm 光通信系统中有着巨大的应用市场,但因掺镨光纤的机械强度和与普通光纤熔接困难等因素,目前尚未获得广泛的商业应用。工作在 1.4μm 波段的掺铥光纤放大器(TDFA)为传输开辟了新的波段资源,它和 EDFA 组合可以实现超带宽合波传输。

5.5.2　光纤放大器的构成及泵浦方式

掺铒光纤放大器主要由掺铒光纤、泵浦激光器、波分复用器(WDM)、光隔离器组成,如图 5-30 所示。泵浦激光二极管发出的波长 $\lambda_s=980\text{nm}$ 的泵浦光经波分复用器(wavelength division multiplexer,WDM)进入掺铒光纤中;同时,波长为 $\lambda_s = 1550nm$ 的信号光通过光隔离器也进入掺铒光纤中。掺铒光纤是增益介质,在有泵浦光照射的情况下,能将泵浦光转换成为信号光,使输入信号光在掺铒光纤中得到放大,然后经过波分复用器输出。光隔离器的作用是提高泵浦光的泵浦效率,同时防止输出光返回光纤放大器中产生不良的干扰。波分复用器(WDM)的作用是把不同波长的光输入光纤中或从光纤中按不同波长将光分离出来。

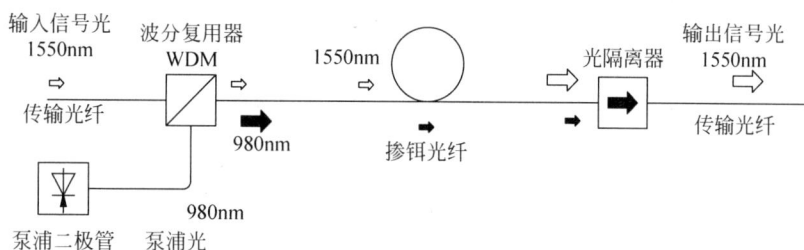

图 5-30 光纤放大器的组成

光纤放大器的泵浦方式有三种:前向泵浦、后向泵浦和双向泵浦。在前向泵浦方式中,信号光和泵浦光沿同一方向传输;在后向泵浦方式中,信号光和泵浦光沿相反方向传输;在双向泵浦方式中,泵浦光沿两个方向同时进入光纤放大器,如图 5-31 所示。

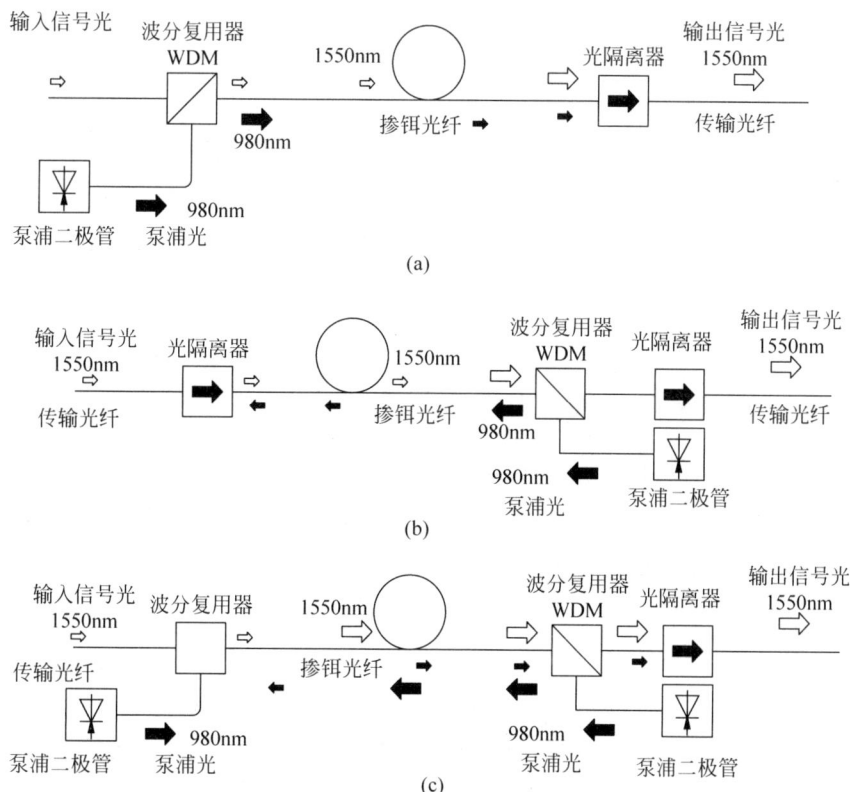

(a)

(b)

(c)

图 5-31 光纤放大器的三种泵浦方式

(a)前向泵浦;(b)后向泵浦;(c)双向泵浦

5.5.3 光纤放大器的应用

光纤放大器的主要用途有：光功率放大、光中继放大和光前置放大。这三种用途的连接方式如图 5-32 所示。

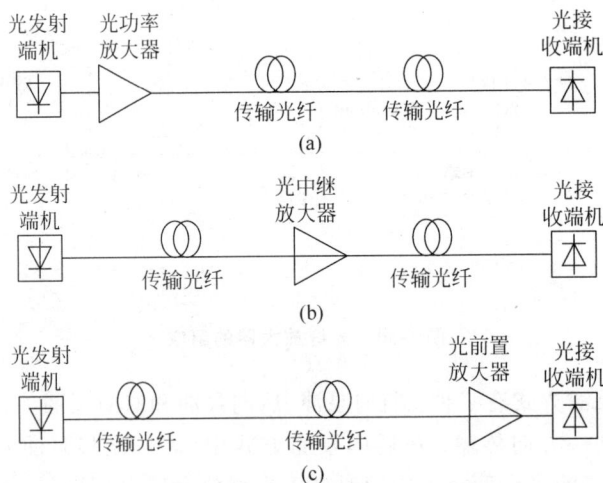

图 5-32 光纤放大器的三种主要用途

(a) 光功率放大；(b) 光中继放大；(c) 光前置放大

1. 光功率放大器

将光纤放大器放在发射端光源之后，放大输入光纤中的光功率，应用范围在 +1~+17dBm。其连接方式如图 5-32(a)所示，利用这类光功率放大器(Booster Amplifier，BA)，可以提高光纤通信系统发射端实际进入光纤中的光功率，减轻了对光源输出功率要求高的压力，也解决了将高功率的光从光源有效地注入光纤的耦合问题。

2. 在线(on-line)放大器或中继放大器

将光纤放大器放在传输线的中间，在信号传输路途上对光信号进行放大，应用范围在 −20~0dBm。其连接方式如图 5-32(b)所示，利用这类光纤在线放大器，可以取代传统的光-电-光中继器，从而实现全光纤通信。

3. 光前置放大器

将光纤放大器放在接收端光电探测器的前面，在光电探测器进行光电转换之前先对从传输光纤中来的光信号进行放大，使用范围在 −30~−10dBm。这类光前置放大器(Preamplifer，PA)，由于是将它放在光电探测器的前面，光电探测器及其后面的电子放大器的热噪声不会引入其中被放大，因此，利用这类光前置放大器，可以提高光纤通信系统接收端的信噪比，其连接方式如图 5-32(c)所示。

名人堂：光纤之父高锟与光纤通信

高锟(Charles Kuen Kao,1933.11.4—2018.9.23),生于江苏省金山县(今上海市金山区),华裔物理学家、教育家,光纤通信、电机工程专家,被誉为"光纤之父""光纤通信之父""宽带教父"。

高锟 1949 年移居香港,1954 年赴英国攻读电机工程,并于1957 年及 1965 年分别获伦敦大学学院学士和博士学位;1970 年加入香港中文大学,1987—1996 年任香港中文大学第三任校长;1990 年获选为美国国家工程院院士;1992 年获选为"中央研究院"院士;1996 年获选为中国科学院外籍院士;1997 年获选为英国皇家学会院士;2009 年获得诺贝尔物理学奖;2010 年获颁大紫荆勋章;2015 年获选为香港科学院荣誉院士。

高锟长期从事光导纤维在通信领域运用的研究。1964 年,他提出在电话网络中以光代替电流,以玻璃纤维代替导线。1965 年,高锟与霍克汉姆共同研究得出结论,玻璃光衰减的基本限制在 20dB/km 以下(dB/km,是一种测量距离上信号衰减的方法),这是光通信的关键阈值。然而,在此测定时,光纤通常表现出高达 1000dB/km 甚至更多的光损耗。这一结论开启了寻找低损耗材料和合适纤维以达到这一标准的历程。

1966 年,高锟发表了一篇题为"光频率介质纤维表面波导"的论文,开创性地提出光导纤维在通信上应用的基本原理(见图 5-33),描述了长程及高信息量光通信所需绝缘性纤维的结构和材料特性。简单地说,只要解决好玻璃纯度和成分等问题,就能够利用玻璃制作光学纤维,从而高效传输信息。这一设想提出之后,有人称之为匪夷所思,也有人对此大加褒扬。但在争论中,高锟的设想逐步变成现实:利用石英玻璃制成的光纤应用越来越广泛,全世界掀起了一场光纤通信的革命。

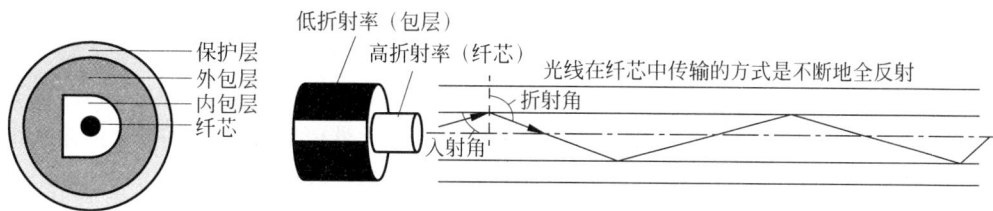

图 5-33　突变型单模光纤传输原理

高锟在光通信工程和商业实现的早期发挥了主导作用。1969 年,高锟测量了 4dB/km 的熔融二氧化硅的固有损耗,这是超透明玻璃在传输信号有效性的第一个证据。在他的努力推动下,1971 年,世界上第一条 1km 长的光纤问世,第一个光纤通信系统也在 1981 年启用。

在 20 世纪 70 年代中期,高锟对玻璃纤维疲劳强度进行了开创性的研究。在被任命为国际电话电报公司首位执行科学家时,高锟启动了"Terabit 技术"("兆兆位技术")计划,以解决信号处理的高频限制,因此高锟也被称为"Terabit 技术理念之父"。

高锟还开发了实现光纤通信所需的辅助性子系统(见图 5-34)。他在单模纤维的构造、纤维的强度和耐久性、纤维连接器和耦合器以及扩散均衡特性等多个领域都做了大量的研究,而这些研究成果都是使信号在无放大的条件下,以每秒亿兆位元传送至距离以万米为单位的成功关键。

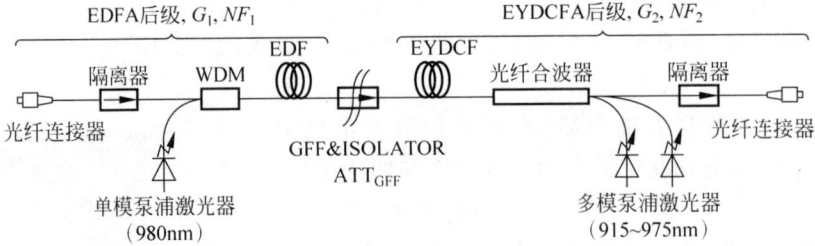

图 5-34　带有光纤放大器的 WDM 传输原理

随着光纤通信的发展,光纤网络的应用越来越广泛,面对不同的技术应用需求,科学家研制出各种性能的光纤。不同的光纤发挥不同的作用。目前,主要的光纤有:

(1) 传输光纤。光纤技术在传输系统中的应用首先是通过各种不同的光网络来实现的。到目前为止,各种光纤传输网络的扩展结构基本上可以分为三类:星形、总线形和环形。从网络的分层模型来看,网络可以从上到下分为几层,每层可以分为几个子网络。也就是说,由各交换中心及其传输系统组成的网络和网络也可以继续分为几个较小的子网络,使整个数字网络能够有效地通信服务全数字综合业务数字网络(ISDN)是通信网络的总体目标。随着 ADSL 和 CATV 的普及,城市接入系统容量的增加,干线骨干网络的扩展需要不同类型的光纤来承担传输的责任。

(2) 色散补偿光纤(DCF)。光纤色散可以扩大脉冲,导致误码。这是通信网络中必须避免的问题,也是长途传输系统中需要解决的问题。一般来说,光纤色散包括材料色散和波导结构色散。材料色散取决于制造光纤的二氧化硅母料和掺杂剂的分散性,波导色散通常是一种模式的有效折射率随波长而变化的趋势。色散补偿光纤是传输系统中解决色散管理问题的技术。

(3) 放大光纤。放大光纤可与石英光纤芯层中的稀土元素混合制成,如掺铒放大光纤(EDF)、放大光纤(TOF)等。放大光纤与传统石英光纤具有良好的集成性能,但也具有输出高、宽带宽、噪声低等优点。由放大光纤制成的光纤放大器(如 EDFA)是当今传输系统中应用最广泛的关键设备。EDF 的放大带宽已从 C 波段(1530～1560nm)扩展到 L 波段(1570～1610nm),放大带宽为 80nm。最新的研究结果表明,EDF 也可以在 S 波段(1460～1530nm)中放大,并在 S 波段上制造了感应喇曼光纤放大器。

(4) 超连续波(SC)光纤。超连续波是强光脉冲在透明介质中传输时光谱超宽带的现象。作为新一代多载波光源,自 1970 年 Alfano 和 shapiro 在大容量玻璃中观察到超宽带光以来,超宽带光已在光纤、半导体材料、水等物质中观察到。

(5) 光纤设备。随着大量光通信网络的建设和扩展,有源和无源设备的数量不断增加。其中,光纤设备应用最广泛,主要包括光纤放大器、光纤耦合器、光分波合波器、光纤光栅(FG)、AWG 等。这些光纤设备必须具有低损耗、高可靠性、高效耦合连接性能。

(6) 保偏光纤。保偏光纤最早用于相干光传输。此后,被用于光纤陀螺等光纤传感器技术领域。近年来,由于 DWDM 传输系统中波分复用量的增加和快速发展,保偏光纤得到了更广泛的应用。其中,熊猫光纤(PANDA)应用最广泛。

5.6　海底光缆

海底光缆(submarine (Undersea) optical fibre cable),又称海底通信电缆。海底光缆系统主要用于建立国家之间的电信传输,是连接光缆和 Internet 的关键基础设备,被誉为互联网的"中枢神经",它承载了全球 90% 以上的国际语音和数据传输,没有它,互联网只是一个局域网。

5.6.1　设备结构

海底光缆的基本结构包括聚乙烯层、聚酯树脂或沥青层、钢绞线层、铝制防水层、聚碳酸酯层、铜管或铝管、石蜡,烷烃层、光纤束等,如图 5-35(a)所示。海底光缆是用绝缘外皮包裹的导线束铺设在海底,海水可防止外界光和电磁波的干扰,所以海底光缆的信噪比较高;海底光缆通信中感受不到时间延迟;海底光缆的设计寿命长达 25 年,而人造卫星一般在 10～15 年就会因燃料用尽而失效。

海底光缆的结构要求坚固、材料轻,但不能用轻金属铝,因为铝和海水会发生电化学反应而产生氢气。若氢分子会扩散到光纤的玻璃材料中,会使光纤的损耗变大。因此海底光缆既要防止内部产生氢气,同时还要防止氢气从外部渗入光缆。为此,在 20 世纪 90 年代初期,研制开发出一种涂碳或涂钛层的光纤,可阻止氢的渗透和防止化学腐蚀。同时,光纤接头也需具备高强度特性,以确保接续后保持原有光纤的强度和原有光纤的表面不受损伤。

根据不同的海洋环境和水深,海底光缆可分为深海光缆和浅海光缆,对应结构为单层铠装层和双层铠装层。在产品型号表示方法上用 DK 表示单层铠装,用 SK 表示双层铠装,规格由光纤数量和类别确定。深海光缆的结构比较复杂:光纤设在 U 形槽塑料骨架中,槽内填满油膏或弹性塑料体形成纤芯。纤芯周围用高强度的钢丝绕包,在绕包过程中要把所有缝隙都用防水材料填满,再在钢丝周围绕包一层铜带并焊接搭缝,使钢丝和铜管形成一个抗压和抗拉的联合体。在钢丝和铜管的外面还要再加一层聚乙烯护套。这样严密多层的结构是为了保护光纤、防止断裂以及防止海水的侵入。在有鲨鱼出没的地区,在海缆外面还要再加一层聚乙烯护套。

海底光缆系统由岸上设备和水下设备两大部分构成,如图 5-35(b)所示。岸上设备将语音、图像、数据等通信业务打包传输。水下设备负责通信信号的处理、发送和接收。水下设备分为海底光缆、光放大器/中继器和水下"分支单元"三部分:海底光缆是其中最重要的也是最脆弱的部分。岸上设备主要包括光缆终端设备、远供电源设备、线路监测设备、网络管理设备和接地装置等设备。光缆终端设备负责两端信号处理、发送和接收;检测设备就是告警监控和故障定位等,如图 5-35 所示。

海底光缆与陆地光缆一样,里面是头发丝大小的纤芯,不过,海底光缆需配备更加强化的铠装保护,且需增设远供电源设备,用于向海底中继器供电。

根据作用和功能,海底光缆可分为海底通信光缆和海底光力光缆。前者主要用于通信业务,后者主要用于水下大功率光能传输。

1：聚乙烯层
2：聚酯树脂或沥青层
3：钢绞线层
4：铝制防水层
5：聚碳酸酯层
6：铜管或铝管
7：石蜡，烷烃层
8：光纤束

(a)

(b)

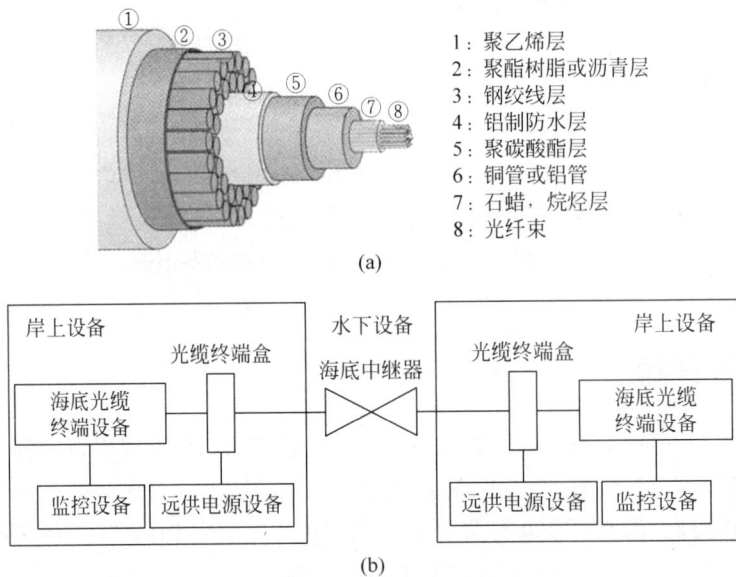

图 5-35　海底光缆系统

（a）内置光纤的海底电力电缆；（b）海底光缆系统由两部分组成：岸上设备和水下设备

5.6.2　远程供电源设备和海底中继器

尽管光纤的速度快、带宽足，但由于光在光纤传输过程中会产生衰耗，限制了信号传输距离。为了实现长距离传输，需要在中间加中继器（信号放大器）。这个问题在陆地上很容易解决，但是到了茫茫大海，在海底为中继器供电就变成棘手问题。因此，海缆系统的远程供电十分重要，海底电缆沿线的中继器，要靠登陆站远程供电工作。海底光缆用的数字中继器功能多，比海底电缆的模拟中继器的用电量要大好几倍，供电要求有很高的可靠性，不容许出现中断。因此在有鲨鱼出没的地区，在海底光缆的外部通常会缠绕两层钢带并加设一层聚乙烯外护套。即使是如此严密的防护，在 20 世纪 80 年代末曾发现深海光缆的聚乙烯绝缘体被鲨鱼咬坏造成供电故障的案例。

解决方案是海底光缆系统在两端的陆地上配置了远供电源设备，它通过海底光缆的远供导体向海底中继器馈电，从而解决供电的问题。供电采用高电压、低电流的直流供电，供电电流为 1A 左右，供电电压可高达几千伏，如图 5-36 所示。

如图 5-37（a）所示，这是在光缆铺设船上的中继器。中继器直径比海底光缆大得多，正是因为它的尺寸限制了海底光缆的纤芯数量。这些海底光缆和中继器一旦放进海里后，如果不出现故障，可以长期稳定运行几十年。海底光缆系统的岸上设备部分是供电几千伏电压的电源机房。

远供电源设备由许多直流变换器组成，每一个变换器提供几千伏直流电，且是 $N+1$ 备份的。电源监控界面实时显示海底光缆的供电电压情况。这和所有的电源机房一样，同时有备用蓄电池，保证断电时可由蓄电池供电，如图 5-37（b）所示。除了备用蓄电池外，还有用于备电的柴油发电机等，最后是线路终端设备机房。

海底光缆上岸后，会接入陆地终端设备，再通过配线架连接到传输终端设备，最后连接

图 5-36　陆地远程供电站

到各大数据中心。这样,就用海底光缆连通了全球互联网。

(a)　　　　　　　　　　　　　　　　　　(b)

图 5-37　海底光缆供电设备

(a) 中继器与海底光缆连接；(b) 成排的蓄电池

5.6.3　技术原理

世界各国的网络可视为一个大型局域网,海底和陆上光缆将它们连接成为互联网,光缆是互联网的"中枢神经",而美国则几乎是互联网的"大脑"。美国作为互联网的发源地,存放着很多的 Web 和 IM(如 MSN)等服务器,全球解析域名的 13 个根服务器就有 10 个在美国,登录多数 .com、.net 网站或发电子邮件,数据几乎都要到美国绕一圈才能到达目的地。

如果有人把海底光缆捞出来,加进光纤传输,就可以偷走信息。如果发生战争,可能有人破坏光缆。海底光缆是通信的最好解决办法,别的方法如卫星、微波可以作为补充,但是看来它们将无法取代海底光缆,主要是它们的信道有限。

同陆地光缆相比,海底光缆有很多优势:一是铺设不需要挖坑道或用支架支撑,因而投资少,建设速度快;二是除了登陆地段以外,电缆大多在一定深度的海底,不受风浪等自然环境的破坏和人类生产活动的干扰,所以,电缆安全稳定,抗干扰能力强,保密性能好。因此,海底光缆传输具有传输容量大、性价比高等优势,能让广大用户以便宜的方式进行沟通。

海底光缆已经成为国际互联网的骨架。光缆数量的多少,代表一国与互联网联系的紧密程度。中国大陆的海底光缆连接点只有 3 个,即青岛(2 条光缆)、上海(6 条光缆)和汕头(3 条光缆)。由于光缆之间存在重合,所以实际上,中国大陆与 Internet 的所有通道,只有 3

个入口 6 条光缆。下面罗列一下这些入口的基本特性。

① APCN2(亚太二号)海底光缆,带宽 2.56Tbps,长度 19 000km。经过地区有中国大陆、中国香港、中国台湾、日本、韩国、马来西亚、菲律宾。入境地点在汕头、上海。

② CUCN(中美)海底光缆,带宽 2.2Tbps,长度 30 000km。经过地区有中国大陆、中国台湾、日本、韩国和美国。入境地点在汕头、上海。

③ SEA-ME-WE 3(亚欧)海底光缆,带宽 960Gbps,长度 39 000km,经过地区有东亚、东南亚、中东和西欧。入境地点在汕头、上海。

④ EAC-C2C 海底光缆,带宽 10.24Tbps,长度 36 800km,经过地区有亚太地区,入境地点在上海、青岛。

⑤ FLAG 海底光缆,带宽 10Gbps,长度 27 000km,经过地区有西欧、中东、南亚、东亚,入境地点在上海。

⑥ Trans-Pacific Express(TPE,泛太平洋)海底光缆,带宽 5.12Tbps,长度 17 700km,经过地区有中国大陆、中国台湾、韩国、美国,入境地点在上海和青岛。

与之对比,中国台湾有 9 条光缆,中国香港和韩国各有 11 条光缆,而日本至少有 11 个入口 15 条光缆。

5.6.4　海底光缆的维护

海底光缆是分区维护的,出于安全目的,海底光缆平时也需维护。首先,得用光时域反射仪(OTDR)找到故障点,判断断点具体位置,再派出水下机器人(ROV)在断点处剪断光缆,接着将光缆的两端拉到在船上进行熔接。这个熔接过程相当复杂,因为需对光缆里像头发丝粗细的光纤一条条进行熔接。

完成光缆熔接封装后,将修复好的光缆抛入海中,并对其进行"冲埋",即用高压水枪将海底的淤泥冲出一条沟,再将修复的海底光缆"安放"进去,这一过程也由机器人完成。

5.6.5　海底光缆的发展现状和展望

最早的海底光缆铺设可以追溯到 20～30 年前,当时,为了争夺通信技术的发展机遇,美国率先发起了信息高速公路计划,这一计划迅速吸引了世界各国的注意,当时中国的实力并不能自主建设一条属于自己的海底光缆,因此只能与世界各国合力建设,本来这也算是一种双赢,但这一切都在 2013 年发生了改变,因为作为世界第一大国的美国,居然传出了对海底光缆进行窃听的丑闻,这使得国际公用海底光缆的安全性再也没有办法得到保证,在种背景下,建设一条中国自主建设的海底光缆势在必行。2018 年 10 月,中国提出要修建 1.2×10^4 km 海底光缆的和平光缆计划,在这一消息传出之后,就有不少外国人纷纷感慨称:这条从中国一直修建到法国的海底光缆,真是一个奇迹。

从功能上看,海底光缆主要用于连接光缆和互联网,一般由岸上设备和水下设备两大部分组成,前者负责数据打包,后者则负责信号处理和接收。因为海底光缆的这些特质,人们把它称为信息高速公路。和平光缆计划的提出,从安全的角度出发,修建这条 1.2×10^4 km 的海底光缆,对国防建设和信息安全保障有着不可估量的意义,对通信技术领域的发展也有很重要的影响,它将大大提高中国互联网数据传输的速度,由于其传输能力大且延时最小的缘故,它所提升的将不仅仅是速度,还有强大的云计算能力,它将使中国的商业应用程序更具优势,从而在国际上赢得广泛的互联网应用市场,并最终提升国家的经济实力。

随着通信技术的发展,在2020年的一些国际会议上,通信技术与信息流动对国家经济的影响已经成为世界各国都在讨论的核心话题,人们都认为新一轮的大数据时代即将到来,而且会在很短的时间内成为国家经济发展的命脉,而能提升大数据能力的,除了技术上的进步之外,也就只有海底光缆等基础通信设施了。

目前,用于支持全球互联网的 1.3×10^6 km的海底光缆,有66%控制在西方手中,其中谷歌、微软、亚马逊等西方企业,占据主导地位。如果再这样发展下去,这些企业一旦形成垄断,就会对其他企业构成威胁。在国际通信中,海底光缆具有主导作用。全球200多个国家和地区里有100多个拥有海岸线,所以都需要架设海底光缆。可以说一个国家的海底光缆,直接关系到这个国家的国际通信水平。而全世界99%的通信和数据都是通过海底光缆传输的。

为了发展海底通信,需要开拓以下几个关键技术。

1. 传输系统设计技术

影响传输系统性能的主要因素有光信噪比、色散、非线性。为了克服这些因素给海底光缆传输系统带来的影响,必须采用专门的技术和对策,包括低噪声光放大技术、前向纠错和色散补偿技术等。另外,水下中继器的间距设计也是设计的关键。

2. 水下中继器技术

水下光中继器是有中继海缆系统最重要的设备,对设备可靠性提出很高的要求,要求使用寿命超过25年。为实现高可靠性,在实现取电、放大的同时,需考虑状态监测、关键部件冗余备份等。对结构体积要求高,要求直径小且适合敷设、高水压密封。另外,要求设备功耗小,并考虑长时间使用散热问题。

3. 远供电源系统技术

远供电源技术是控制传输距离和每个光缆系统数的一个重要因素。远供电源系统采用高压恒直流的方式通过海缆远供电源向海底设备供电。可采用单端或双端供电方式,双端供电方式时,在一端故障情况下,另一端自动转换为单端供电。远供电源系统参数选择与设计、供电方案、备份方案、故障与维护技术等难度大。

4. 线路故障监测定位与性能监控技术

该技术包括网元管理系统以及海底设备的线路监控系统。其中网元管理系统实现对站内网元设备的集中监控,海底设备的线路监控系统用于检测海底中继器和光纤情况,在光缆和中继器故障的情况下,海底设备的线路监控系统可以自动告警并故障定位。

5. 工程施工技术

海缆系统施工受地域建设、海洋工程、施工设备等条件限制,工程建设涉及技术领域广泛,投资规模大,施工技术复杂。工程前期主要涉及工程设计、海缆路由选择、海缆制造运输;系统工程施工期间主要包含海缆路由定位、海缆敷设、海缆保护、陆地设备安装、检测与调试、工程验收等,技术复杂且难度高。

参考文献

［1］ 缪延彪.光纤光学［M］.北京：清华大学出版社,2000.

［2］ 刘德明,向清,黄德修.光纤光学［M］.北京：国防工业出版社,1999.

［3］ 杨祥林.光纤传输系统［M］.南京：东南大学出版社,1991.

［4］ 马军山.光纤通信技术［M］.北京：人民邮电出版社,2004.

［5］ 张达,徐抒岩.高速 CCD 图像数据光纤传输系统［J］.光学精密工程,2009,3(3)：669-675.

［6］ 国际要闻回顾："最"案现场 标准光纤数据传输创最快纪录［EB/OL］.科技日报数字电子版.(2023-06-05)［2023-12-01］. http://digitalpaper. stdaily. com/http_www. kjrb. com/kjrb/html/2023-06-05/content_554255. htm? div=-1.

［7］ 李炎新,石立华,高成,等.用宽带模拟量光纤传输系统测量脉冲电磁场［J］.高电压技术,2006,32(2)：39-41.

［8］ 王华,汶德胜,李相国,等.无压缩多路数字视频光纤传输系统的研制［J］.光子学报,2005,34(1)：151-154.

第6章 多维度光纤传输与全光纤网络

在光纤通信发展的历史上,通信容量的增长一直依赖通信复用技术和调制技术作为支撑,包括波分复用、时分复用、偏振复用、多级幅度和相位调制等。EDFA 的发明以及波分复用技术的出现,揭开了通信技术崭新的一页,通信容量在 10 年间飞速增长近 1000 倍,揭示了光纤传输的摩尔定律趋势,推动整个社会的信息化程度产生质的飞跃,人类生活与社会发展进入了信息引领的时代。为了满足高容量的传输需求,需要在传统的波分复用和光时分复用的基础上,进一步挖掘光纤中其他维度的资源。在此背景下,空分复用技术得到了研究者的广泛关注。

在光纤通信系统中,主要有 7 个可供复用的物理维度,即频率(或波长)、幅度、相位、时间(OTDM)、空间(空分复用)、偏振(PDM)和轨道角动量复用(OAMM)。随着人们对信息传输和交换的需求越来越高,数据传输量也在急剧增加。然而,由于光纤通信系统中的单模光纤非线性效应,网络传输容量即将达到极限。目前,光通信复用技术中的时间维度、频率维度、相位维度、振幅维度和偏振维度已经被开发殆尽,人们亟须寻找一种新的通信技术来打破这种极限,以满足今后 10 年甚至 20 年网络通信发展对传输容量的需求。在光纤中传输的光波可表示为

$$\boldsymbol{E} = \hat{e} E_0 \mathrm{e}^{\mathrm{j}\varphi} \psi(x, y) \exp[\mathrm{j}(\omega t - \beta z)] \tag{6-1}$$

式中,角频率(ω)、时间(t)、幅度(E_0)、相位(φ)、偏振($\hat{e}$)、空间 $\psi(x, y)$ 都是独立的维度或维度函数,这些维度的参量都可以经过调制得到复用。其中,波分复用(ω)和时分复用(t)都得到充分的开发和应用,偏振($\hat{e}$)复用可以将容量提高一倍,但是也很难进一步对其改进。目前研究较多的是光信号多进制调制技术(E_0 和 $\mathrm{e}^{\mathrm{j}\varphi}$)即幅度和相位维度的利用,其中 QAM调制实际上是幅度调制和相位调制的组合。通常理论上讲,多进制调制(幅度(E_0)、相位(φ)),只要提高光信号多进制调制的阶数,就可以提高频谱效率,从而提高传输数据带宽。但在实际系统中,光信号调制阶数的提高必然要受到光信噪比的限制。或者说,当光信号调制阶数提高时,需要更高的光信噪比(更好的光信号功率)才能使得接收端顺利接收,而当光信号功率到一个阈值时,光纤中的非线性效应反而会使得信噪比下降。因此,通过提高光信号调制阶数来提高光纤传输容量会受到一定的限制,无法被一直挖掘下去。还有一个比较简单易行的方法是通过增加单模光纤铺设的数量来提高光通信系统容量,该方法是目前通信运营商和设备制造商采用的提高通信容量的一个主要方法。然而,这种做法存在明显的缺陷:一方面,光通信容量与所需单模光纤数量成正比,且光通信系统体积、设备数、能耗等指标又与单模光纤数量成正比,当光纤通信容量以指数形式增长到一定程度时,通信设备及光纤的体积、数量、能耗和成本将超出可承受范围;另一方面,在光交换部件方面,如果单纯

采用单模光纤作为交换维度将导致网络结构越来越复杂,在大规模传输或网络系统中甚至会出现维护和管理灾难;如果使用大量的单模光纤,相关的光通信器件很难实现集成化,也会进一步增加网络系统的能耗和体积。

基于上述关于增加光纤传输容量的现状分析,进一步提高光纤传输容量的方向主要聚焦于利用空间 $\psi(x,y)$ 复用(又称空分复用),以及把空间复用与现有的维度复用结合起来,这就是所谓的多维度复用。由于空间 $\psi(x,y)$ 复用自身隐含着巨大的容量可以开发,因此,目前的复用研究往往围绕空间 $\psi(x,y)$ 复用的某一个方向展开,并结合式(6-1)中其他光波维度,实现基于空间复用的多维度调制复用。

本章首先介绍基于空间复用的多维度光纤传输理论;其次分析多维复用光网络中的关键技术,重点阐述物理传输层面的空分复用技术;再次探讨多维复用的光网络架构、频谱分配及频谱重构等前沿技术;最后介绍全光传输网。

6.1　多维度光纤通信

第 5 章已明确指出,光纤通信是利用光信号携带信息,在光纤中进行数据传输的技术。复用作为通信和计算机网络中的常用概念,是指在一个信道上传输多路信号或数据;而在光学领域中,复用则是指多个光波自由度作为独立的信号通道,以实现光信息传输。光纤通信容量的增大一直以通信复用技术和调制技术为支撑。

光调制技术主要基于单一的信号域与空间域的调制,调制往往使通信系统的性能明显降低。例如,模拟调光(analogue dimming,AD)技术容易引起削峰噪声,对于信号峰均功率比较高的 OFDM 系统影响较大;数字调光技术(digital dimming,DD)通常需要结合脉冲宽度调制来实现不同的占空比,难以实现同步,并限制了系统的通信数据率;空间调光技术虽然能够克服调光技术中的削峰噪声和速率受限的问题,但是调光精度仍然不足。此外,还没有考虑到 MIMO 系统中的多用户干扰,从而难以在不同亮度等级下优化 MIMO 系统的通信性能。

光波本质上属于电磁波,光信号符合电磁波的物理特性。要提高光通信的信息传输容量,主要有三种基本途径:提高信号的波特率、光纤通信复用技术和高阶调制。

6.1.1　提高信号的波特率

波特率(baud rate)定义为单位时间内传送的码元符号(symbol)的个数。显然,波特率越高,每秒传输的符号就越多,信息量就越大。对于二进制信号,1 个符号就是 1 比特(bit),每秒的符号数(波特率)就等于每秒的比特数(比特率,bit/s)。对于四进制信号,1 个符号可表达 2 比特,其比特率=每秒的符号数×2,如图 6-1 所示,在相同波特率下,四进制的比特率是二进制的 2 倍(信息量翻倍)。

为了提升每秒的比特数(信息传输速率),需要一个符号能表达更多的比特。目前,随着芯片处理技术从 16nm 提高到 7nm 和 5nm,光学器件和光电转换器件的波特率也从 30Gb 提高到 64Gb、90Gb,甚至 120Gb。波特率不能无限提高,越往上,实现的技术难度越高。而且高波特率器件带来的非线性失真、带宽补偿、IQ 时延和串扰补偿等问题,需要更先进的算法和硬件加以补偿。

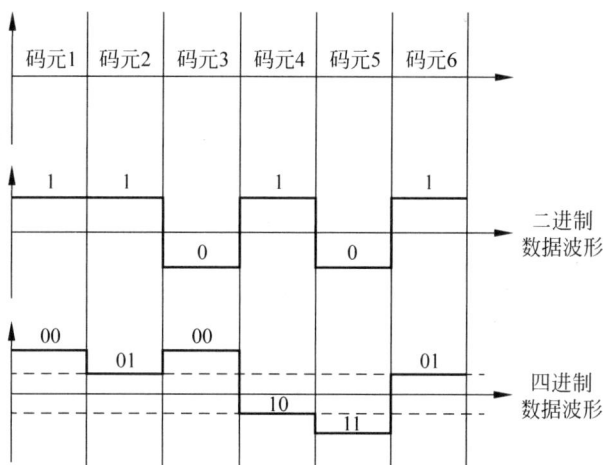

图 6-1　二进制和四进制的编码波形

6.1.2　光纤通信复用技术

光纤通信是基于光载波的传输,所谓的光纤通信复用,就是光波维度复用。光纤通信复用技术主要分为三类:光波复用、光信号复用和副载波复用(SCM)。光波复用包括波分复用(WDM)和空分复用(SDM)。空分复用包括多芯复用和模式复用、两者相结合的多芯多模复用以及基于轨道角动量的复用(本质上也是高阶模式复用)。SDM 提供了新的传输复用维度,是解决未来超大传输容量危机的潜在候选技术。光信号复用包括时分复用(TDM)和频分复用(FDM)。

1. 光波复用

所谓波分复用,就是在发送端,用光复用器将两种或多种不同波长的光载波信号汇合起来,并耦合到光线路的同一根光纤中进行传输;因为波长与频率乘积为光速(恒定值),受到光的单色性限制,每一载波频道的波长都有一定宽度,如图 6-2 所示,占用一定的频率区间,分割的频率信道不是无限波数的,而且相互之间还要有保护间隔,防止频道之间出现串扰。

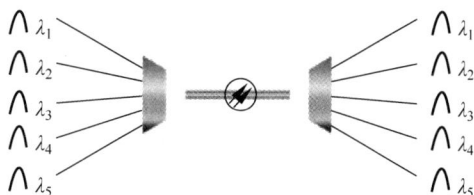

图 6-2　波分复用光传输示意图

目前行业正在努力将光通信的频段拓展到"C＋L"频段,可以实现 192 个波长,频谱带宽接近 9.6THz。如果单波传输速率 400G,则总传输速率可达 192×400G＝76.8Tbps。

(1) 波分复用

在接收端经光分波器将各种波长的光载波进行分离,然后由光接收机做进一步处理以恢复原信号。这就是波分复用。适用于多模和单模系统,单向、双向传输,既可分配传输也可环路传输。其工作波长可以从 $0.8\mu m$ 到 $1.7\mu m$,光纤的低衰耗低色散窗口。复用器要求有较低的插入损耗($1.0\sim2.5dB$),足够的带宽和良好的隔离度。采用波分复用技术可以使光纤通信系统的通信能力成倍提高。多用于沿线设置光放大器的长途干线和海底光缆系统。

(2) 空分复用

光纤传输的空分复用技术包括两个方面:一是光纤的复用,将多条光纤组合成束;二是在一条光纤中光束沿空间分割的一种多维通信方式。可以通过多维相干度调制和解调来实现多路空分复用通信。传像束是一种特殊的空分复用方式。将图像采用空分复用方式传输,传输速度会呈数量级提高。目前,几十万像素的多芯传像光纤技术已发展成熟,其色保持特性和透光性已相当好。

2. 光信号复用

光信号复用包括时分复用(TDM)和频分复用(FDM)。

(1) 时分复用

时分复用是光数字通信中的一种有效多路方法。它是将通信时间分成相等的间隔,每一间隔只传输固定的信道,各个信道按照一定的时间顺序依次进行传输。一般采用帧同步和位同步两种同步方式。过去,受电子器件对高数字速率的限制,以及光时分复用所需的光复接和分接技术难度较大等因素影响,该技术进展缓慢。但近年一些关键技术取得了突破,如时分复用/解复用技术、变换极限超短光脉冲的产生、全光时钟提取技术、全光信息再生技术、光调制和光放大以及光的线性和非线性传输技术等,这就使得全光信息处理系统的实现成为可能。

(2) 频分复用

频分复用和波分复用在本质上没有什么差别。若在同一条光纤中传输的光载波路数不多,载波间的间距较大,称为波分复用;若光载波路数较多,波长间隔较小而又密集,就是频分复用。频分复用可以使通信容量几十,甚至几百倍的提高。在密集频分的情况下,不用通常的光复用器和分波器,而是依靠调谐器件、光功率耦合器或光滤波器等。在接收端有两种不同的调谐方法来实现密集频分多路,一种是利用相干光纤通信的外差检测和调谐本振激光器;另一种是利用常规光纤通信的直接检测与调谐光纤滤波器。这两种方法主要应用于光纤用户网和综合光纤局域网,特别适合于频分多址应用。

3. 副载波复用

副载波复用是将所要传输的信号首先调制一个射频波,再用射频波来调制发射光源。在接收端,经光电转换后恢复带有信号的射频波,再通过射频检测还原成原信号。副载波光纤传输要经过两次调制和两次解调,其中两重载波分别是光波和射频波,射频波也称为副载波。副载波多路系统也是通过增加频带宽度来实现多路传输,工作带宽随着负载波的频率和频道数目的增加而增加。其优点是可以采用成熟的微波技术,对光器件的要求也不高,在技术上容易实现。

这种技术的实现需要采用更多的光纤数或通道数。光缆中光纤数量越多,传输通道也越多,传输的信息量也越大。但是,依靠增加光纤数目会导致投资成本上升。而且,光纤数太多,安装很麻烦。

如果在一条光纤里,通过空间信道包括模式(单模/多模)、纤芯(多纤芯的光纤)、偏振复用技术,不仅能有效地提高传输通道数目,而且各种空间信道都是依赖独立的空间维度。建立多个信道,信道数可以是空间信道、频率信道。频率信道利用波分复用(WDM)技术。WDM 也称为频分复用。

6.1.3　高阶调制

采用更高级的调制技术,能够提升单个符号所能代表的比特,进而提升比特率。对于电通信和移动通信来说,常用的调制技术有 PAM4、BPSK、QPSK、16QAM、64QAM 等。以 PAM4 信号调制为例,它是一种四阶脉冲幅度调制编码技术,可以有效提升带宽利用率。用四个不同幅度的电平分别对应逻辑比特 00、01、10 和 11。因此,PAM4 编码的每个符号由 2 个比特组成,它们对应一个维度——电平幅度。

电磁波信号表达不同的信息,对电磁波的常用调制物理维度有幅度、频率和相位。光波属于电磁波,通过对光波进行调制,也可以提高通信维度。对于光纤通信系统,主要有 6 个物理维度可供复用,即频率(波长)、幅度、相位、时间(OTDM)、空间(空分复用)和偏振(PDM)。在光传输过程中,同时采用 2 个以上的物理维度,实现多信道通信,就称为多维度光通信。例如,同时使用多模与偏振复用维度,或联合实施波分复用与多模或者偏振复用,均可实现多维度信息传输。

6.2　光调制技术

信息本身是无法传递的,需要借助信号作为载体,以物理信号的某个特征来表示这个信息。在物理世界中,信号无非就三个特征:相位、幅度和频率。其中频率和相位可以通过一定的关系来等价。因此,在实际应用中主要关注的是相位和幅度。

调制就是将原始信号与载波信号混合的方法。调制方式分为:数字信号调制、模拟信号调制和脉冲调制。其中,数字信号调制的原始信号为数字信号,模拟信号调制和脉冲调制的原始信号均为模拟信号。而星座图是基于在数字信号调制下的正交幅度调制(QAM)概念。

由于实际要传输的信号(基带信号)所占据的频带通常从低频开始,而实际通信信道往往都是带通信号,要在这种情况下进行通信,就必须对包含信息的信号进行调制,实现基带信号频谱的迁移,以适合实际信道的传输。即用基带信号对载波信号的某些参量进行控制,使载波的这些参量随基带信号的变化而变化。因为正弦信号具有特殊优点(如形式简单,便于产生和接收等),所以在大多数数字通信系统中,都选用正弦信号作为载波。显然,可以利用正弦信号的幅度、频率和相位来携带原始数字基带信号,对应的调制形式分别称为调幅、调频和调相三种基本形式。当然,也可以将其中两种方式相结合来实现数字信号的传输,如调幅-调相,以实现更好的信号传输特性。

1) IQ 调制

IQ 调制就是把数据分为两路，分别进行载波调制，两路载波相互正交。其中，I 表示 In-phase（同相），Q 表示 Quadrature（正交）。可以用矢量的方向来描述 IQ 调制问题，同相是指矢量方向相同的信号；正交分量则是两个信号矢量正交（差 90°）；IQ 信号的一路是 0° 和 180°，另一路是 90° 和 270°，分别称为 I 路和 Q 路，这是两路正交的信号。

在两个载频不同的信道中同时传输。输入正交器的信号一般称为 IQ 信号，通常构建一个复数信号用 $a+bj$ 来表示，将 a、b 两个符号划分到同一个信道，利用一对正交载波，同时调制传输，这样就可以节约一倍的频谱资源。IQ 调制的目的是同时传输两个符号即 a 和 b。

IQ 信号与 IQ 调制有关，其调制原理如图 6-3 所示。

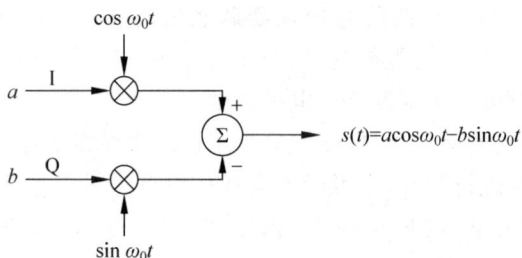

图 6-3　IQ 调制原理

把 a、b 两个数据分别输入 I 路和 Q 路，I 路信号与 $\cos\omega_0 t$ 相乘，Q 路信号与 $\sin\omega_0 t$ 相乘，然后把 I、Q 两路信号叠加（通常 Q 路在叠加时会乘以 -1），则输出信号为

$$s(t) = a\cos\omega_0 t - b\sin\omega_0 t \tag{6-2}$$

正交载波指的就是 $\cos\omega_0 t$ 和 $\sin\omega_0 t$。它们频率相同，相位相差 $\pi/2$，恰好正交。完成上述调制的称为 IQ 调制，也叫正交调制。

在 IQ 调制过程中，出现的信号 a、b、$\cos\omega_0 t$、$\sin\omega_0 t$ 和最终的输出信号 $s(t) = a\cos\omega_0 t - b\sin\omega_0 t$ 都是实信号，只是在实现过程中，为了方便分析和处理，把相关的信号表示为复数。

IQ 调制可以利用复数乘法来实现。图 6-4(a) 展示了 IQ 调制原理，图 6-4(b) 是用旋转矢量表示 IQ 调制的几何图。

在一个二维平面里面，一个向量的信息可以转换为幅度（模）和相位（夹角）来表示。反变换时，一个给定的向量，由于其模和夹角不同，可以通过该给定的向量表示一定的信息。

在数字通信中，通常以 I、Q 表示二维量。极坐标的 I 轴在相位基准上，而 Q 轴则旋转 90°。矢量信号在 I 轴上的投影为 I 分量，在 Q 轴上的投影为 Q 分量。

矢量幅度和相位分别为

$$\begin{cases} A = \sqrt{I^2 + Q^2}, \\ \varphi = \arctan\left(\dfrac{Q}{I}\right) \end{cases} \tag{6-3}$$

其中，IQ 坐标分别表示为，$I = A\cos\varphi$，$Q = A\sin\varphi$，详见图 6-4(b) 中 I 和 Q 的几何关系。

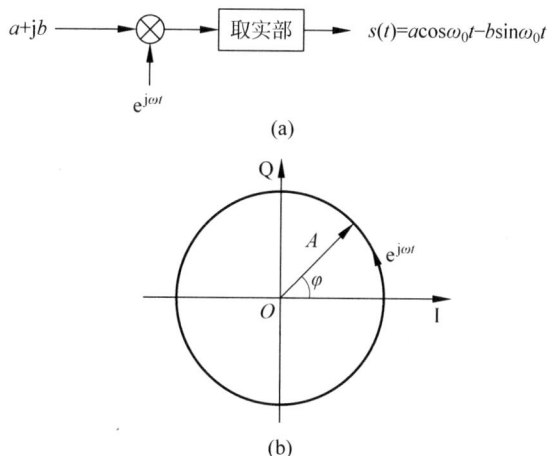

图 6-4　IQ 调制的实现

（a）IQ 调制的实现；（b）IQ 调制中 I 和 Q 的关系

例 6-1　介绍 QPSK 的调制过程，给出其中基带信号、IQ 信号、发送信号和信号相位，并在直角坐标系中标出信号坐标。

解　QPSK 调制也叫 4PSK，即四个相位的调制。为了使误码率最小，此时选的 4 个相位为 $\pi/4, 3\pi/4, 5\pi/4$ 和 $7\pi/4$。基带信号为 00、01、10、11，根据式（6-3）计算 IQ 信号。发送的信号为 $\{\cos(\omega t + \varphi_k), \varphi_k = (2k+1)\pi/4, k = 0, 1, 2, 3\}$，表 6-1 列出了基带信号、IQ 信号、发送信号和信号相位。图 6-5 画出了 QPSK 调制的信号坐标图。四个矢量由于和水平轴正半轴的夹角不同，可以分别表示 4 个值。

表 6-1　QPSK 调制的各种信号

基带信号	IQ 信号	发送信号	信号相位
0 0	$a = \dfrac{1}{\sqrt{2}}, b = \dfrac{1}{\sqrt{2}}$	$\cos\left(\omega_0 t + \dfrac{\pi}{4}\right)$	$\dfrac{\pi}{4}$
0 1	$a = -\dfrac{1}{\sqrt{2}}, b = \dfrac{1}{\sqrt{2}}$	$\cos\left(\omega_0 t + \dfrac{3\pi}{4}\right)$	$\dfrac{3\pi}{4}$
1 1	$a = -\dfrac{1}{\sqrt{2}}, b = -\dfrac{1}{\sqrt{2}}$	$\cos\left(\omega_0 t + \dfrac{5\pi}{4}\right)$	$\dfrac{5\pi}{4}$
1 0	$a = \dfrac{1}{\sqrt{2}}, b = -\dfrac{1}{\sqrt{2}}$	$\cos\left(\omega_0 t + \dfrac{7\pi}{4}\right)$	$\dfrac{7\pi}{4}$

2）IQ 调制作用和解调

因为 I 和 Q 在相位上是正交的（相互独立，不相干），可以将它们视为两路独立的信号，所以 IQ 调制的频谱利用率比单相调制提高一倍。但是 IQ 调制对解调要求高于单相（必须严格与 I 相差 90°的整数倍，否则 Q 信号会混进 I，I 也会混进 Q）。

简单地说，数据分为两路，分别进行载波调制，两路载波相互正交。正交信号就是两路频率相同，相位相差 90°的载波，一般用 $\cos\omega_0 t$ 和 $\sin\omega_0 t$ 表示，与 I，Q 两路信号分别调制后一起发射，从而提高频谱利用率。通过 IQ 调制，几乎可以用它来完成所有调试方式。一般

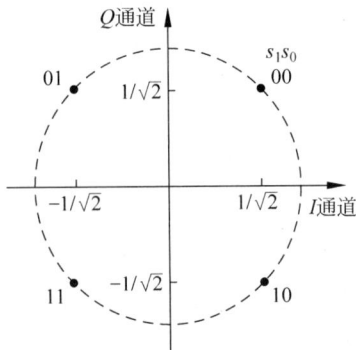

图 6-5　QPSK 信号坐标图

有 BPSK,QPSK,16QAM 等。

基于傅里叶变换原理,IQ 信号的解调可以通过以下公式来实现:

$$a = \frac{1}{T}\int_{-T/2}^{T/2} s(t)\cos\omega_0 t\,\mathrm{d}t, \quad b = \frac{1}{T}\int_{-T/2}^{T/2} s(t)\sin\omega_0 t\,\mathrm{d}t \tag{6-4}$$

式中,$T = 2\pi/\omega_0$ 是信号的周期。

（1）IQ 调制中的相位

相位（phase）是对于一个波,体现在特定的时刻它在循环中的位置:波峰、波谷或它们之间的某点的标度。相位描述信号波形变化,以度（角度）作为单位时也称为相角。当信号波形以周期的方式变化时,波形循环一周即为 360°。相位在科学领域,如数学、物理学等中有着广泛的应用。

例如,在函数 $y = A\cos(\omega t + \varphi)$ 中,$\omega t + \varphi$ 称为相位。图 6-6 是简谐运动方程的几何表征:旋转矢量法和传播曲线。在图 6-6 中,对质点运动照相,得到该质点该时刻的位置上的"相",这就是相位。

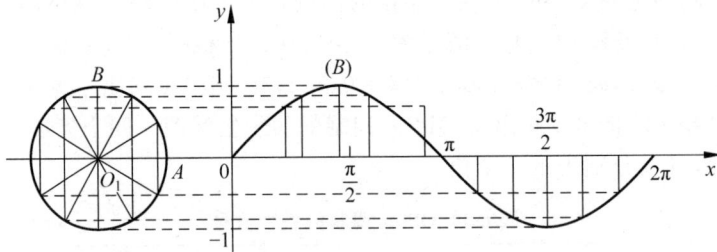

图 6-6　简谐运动方程式的几何表征

（2）QAM 调制与星座图

QAM（quadrature amplitude modulation）为正交幅度调制,属于高阶数字调制,一个符号携带多个比特（基本信息单位）信息,比如 16/32/64/128/256/512/1024 QAM 等,因此在移动通信中较为常用。前面介绍的 QPSK 调制并不会改变载波的振幅,只是改变其相位,而 QAM 调制相当于调幅和调相结合的调制方式,不仅会改变载波振幅,还会改变其相位。

QAM 调制实际上是幅度调制和相位调制的组合。相位及幅度状态定义了一个数字或数字的组合。QAM 具有更大的符号率的优点,从而可获得更高的系统效率。通常由符号率确定占用带宽。因此每个符号的比特越多,效率就越高。对于给定的系统,所需要的符号数为 $2n$,这里 n 是每个符号的比特数。

对于 4QAM,$n=2$,因此有 4 个符号,每个符号代表 2bit:00,01,10,11。对于 16QAM,$n=4$,因此有 16 个符号,每个符号代表 4bit:0000,0001,0010 等。对于 64QAM,$n=6$,因此有 64 个符号,每个符号代表 6bit:000000,000001,000010 等。以上就是 QAM 调制的基本原理。

为了描述 QAM 信号点在坐标系中的分布情况,需要引入 IQ 调制星座图。我们知道,极坐标图是观察幅度和相位的最好方法,载波是频率和相位的基准,信号表示为对载波的关系。信号以幅度和相位表示为极坐标的形式。相位是对基准信号而言的,基准信号一般是载波,幅度为绝对值或相对值。

星座图就是把 QAM 信号直观地标志在极坐标系的 IQ 坐标信号图。由于星座图完整地、清晰地表达了数字调制的映射关系,因此,数字调制也经常被称为星座调制。

星座图对于调制过程中的误码率判断具有重要作用:

- 星座图中,量度的坐标轴单位是角度。点到原点的距离代表的是:这个点对应于信号的能量,离原点越远,则此信号能量越大。
- 相邻两个点的距离称为欧氏距离,表示这种调制所具有的抗噪声性能,欧氏距离越大,抗噪声性能越好。

星座图里的点表示在一种调制里可以判决的各种情况。比如对一个简单的 PSK 来说,就 2 种判决,相位相差 $180°$,两个点可以一个在正半轴,一个在负半轴。如果在星座图中,各个点离得越远,说明误判的可能性越小。

例 6-2　64QAM 星座图的建立过程。

解　经过信道编码的二进制的 MPEG-2 比特流进入 QAM 调制器,信号被分为两路,一路传输给 I,另一路传输给 Q,每一路一次给 3bit 的数据,这 3bit 的二进制数共有 8 种不同的状态,分别对应 8 种不同的电平幅度,这样 I 路有 8 个不同幅度的电平,Q 路有 8 个不同幅度电平,而且 I 和 Q 两路信号正交。这样,任意一个 I 路的幅度和任意一个 Q 路的幅度组合都会在极坐标图上映射一个对应的星座点,每个星座点代表由 6bit 的数据组成的一个映射,I 和 Q 两路共有 $8×8=64$ 种组合状态,各种可能出现过的数据状态组合最后映射到星座图上,即为图 6-7 所显示的 64QAM 星座图。

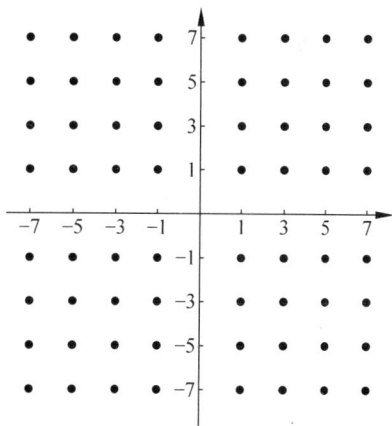

图 6-7　64QAM 星座图

6.3　光调制器及其调制技术

6.3.1　幅度调制

频率复用其实就是 WDM 波分复用,接下来介绍幅度调制。幅度调制有两种方法:一种是通过控制光源的发光功率来调制输出光强度,称为直接调制或强度调制(IM);另一种称为外调制,调制器作用于激光器外部的光路,通过电光、热光或声光等物理效应,使激光器发射的激光束的光参量发生变化,从而实现调制。两种幅度调制方法的原理如图 6-8 所示。

1. 直接调制

早期的光通信系采用的是直接调制(direct modulation laser,DML),又称为强度(幅度)调制(IM)。

图 6-8　两种光幅度调制：直接调制与外调制

(a) 直接调制；(b) 外调制

在直接调制中，电信号直接用开关键控（on-off keying，OOK）方式，调制激光器的强度（幅度），如图 6-9 所示。

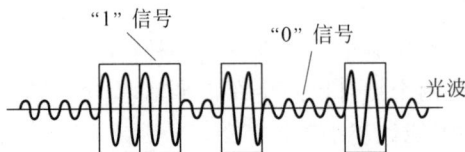

图 6-9　直接调制输出的光脉冲系列

直接调制的优点是采用单一器件，成本低廉，附件损耗小。但是，它的缺点也很多。例如，调制频率受限（与激光器弛豫振荡有关），会产生强的频率啁啾，从而限制传输距离。直接调制激光器可能出现的线性调频，使输出线宽增大，色散引入脉冲展宽，使信道能量损失，并产生对邻近信道的串扰。所以，后来出现了外调制（external modulation laser，EML）。

2. 外调制

常用的外调制方式有两种。一种是 EA 电吸收调制。它将调制器与激光器集成到一起，激光器恒定光强的光送到 EA 调制器，EA 调制器等同于一个门，门开的大小由电压控制。通过改变电场的大小，可以调整对光信号的吸收率，进而实现调制。

还有一种是 MZ 调制器，也就是马赫-曾德尔（Mach-Zehnder）调制器。这种调制器把输入的激光通过电光晶体分成两路，改变施加在电光晶体上的偏置电压，利用电光效应使两路光之间的相位差发生变化，再在调制器输出端叠加在一起。两种外调制方法的原理如图 6-10 所示。

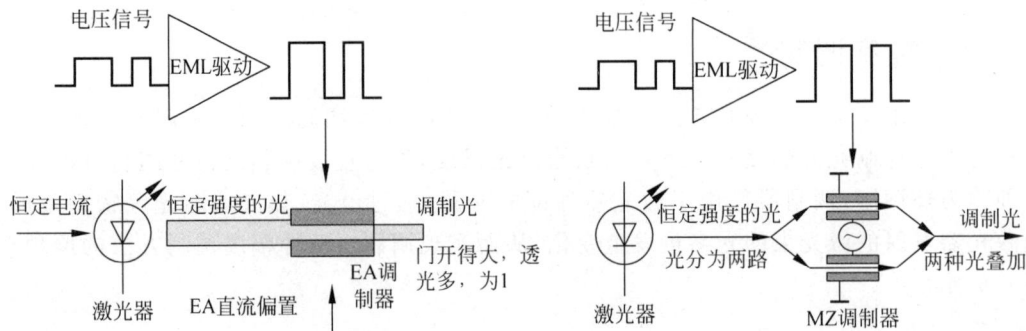

图 6-10　两种外调制方法：电吸收调制和马赫-曾德尔调制

MZ 调制器的电光效应来自某些晶体（如铌酸锂）的折射率 n，随局部电场强度变化而变化。如图 6-11 所示，双臂就是双路径，一个是调制路径（modulated path），一个是非调制路径(unmodulated path)。

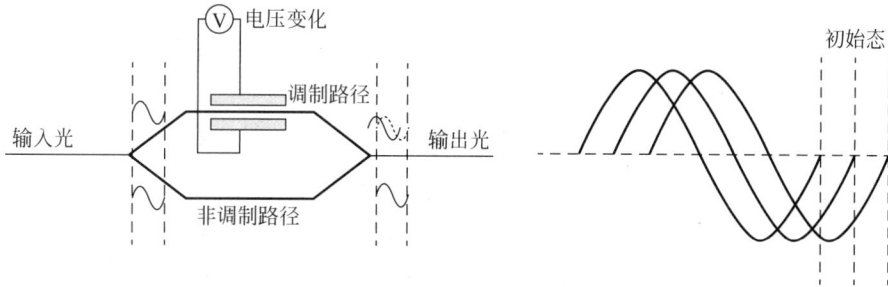

图 6-11　MZ 调制实现幅度的基本原理

当作用在调制路径上的电压变化时,这个臂上的折射率 n 发生了变化。光在介质中的传播速率 $v = c/n$(光在真空中的速率除以折射率),折射率变大使光传输速度变慢而延迟到达耦合点,相位落后。所以,光传播的速率 v 发生变化,导致两条长度相同的光路的光程不一样,两束光汇合时存在相位差,进而实现幅度调制。

6.3.2　光相位调制

本节以电光相位调制为例,介绍光相位调制的原理。

6.3.2.1　电光相位调制原理

图 6-12 是电光相位调制的原理图,它由起偏器和电光晶体组成。外电场不改变出射光的偏振状态,仅改变其相位,相位的变化为

$$\Delta\varphi_{x'} = -\frac{\omega_c}{c}\Delta n_{x'}L \tag{6-5}$$

输出光场为

$$E_o = A_c\cos\left[\omega_c t - \frac{\omega_c}{c}\left(n_o - \frac{1}{2}n_o^3 r_{63}E_m\sin\omega_m t\right)L\right] \tag{6-6a}$$

则式(6-6a)可写成

$$E_{out} = A_c\cos(\omega_c t + m_\varphi\sin\omega_m t) \tag{6-6b}$$

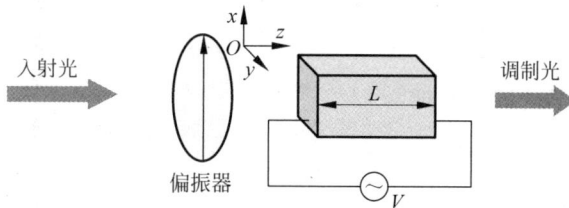

图 6-12　电光相位调制原理图

对电光调制器来说,总是希望获得高的调制效率及满足要求的调制带宽。下面分析电光调制器在不同调制频率情况下的工作特性。

电光调制器的等效电路如图 6-13(a)所示。其中,V_s 和 R_s 分别表示调制电压和调制电

源内阻,C_0 为调制器的等效电容,R_e 和 R 分别为导线电阻和晶体的直流电阻。由图可知,作用到晶体上的实际电压为

$$V = \frac{V_s\left[\frac{1}{(1/R) + j\omega C_0}\right]}{R_s + R_e + \frac{1}{(1/R) + j\omega C_0}} = \frac{V_s R}{R_s + R_e + R + j\omega C_0(R_s R + R_e R)}$$

在低频调制时,一般有 $R \gg R_s + R_e$,$j\omega C_0$ 也较小,因此信号电压可以有效地加到晶体上。但是,当调制频率增高时,调制晶体的交流阻抗变小,当 $R > (\omega C_0)^{-1}$ 时,大部分调制电压就降在 R_s 上,调制电源与晶体负载电路之间阻抗不匹配,这时调制效率就会大大降低,甚至无法正常工作。实现阻抗匹配的办法是在晶体两端并联一电感 L,构成一个并联谐振回路,其谐振频率为 $\omega_0^2 = (LC_0)^{-1}$,另外再并联一个分流电阻 R_L,其等效电路如图 6-13(b)所示。当调制信号频率 $\omega_m = \omega_0$ 时,此电路的阻抗就等于 R_L,若选择 $R_L \gg R_s$,就可使调制电压大部分加到晶体上。但是,这种方法虽然能提高调制效率,可是谐振回路的带宽是有限的。它的阻抗只在频率间隔 $\Delta\omega \approx 1/R_L C_0$ 的范围内才比较高。因此,欲使调制波不发生畸变,其最大可容许调制带宽(即调制信号占据的频带宽度)必须小于

$$\Delta f_m = \frac{\Delta\omega}{2\pi} \approx \frac{1}{2\pi R_L C_0} \tag{6-7}$$

称为体调制器。其缺点在于要给整个晶体施加外电场,要改变晶体的光学性能,需要施加相当高的电压,从而使通过的光波受到调制。

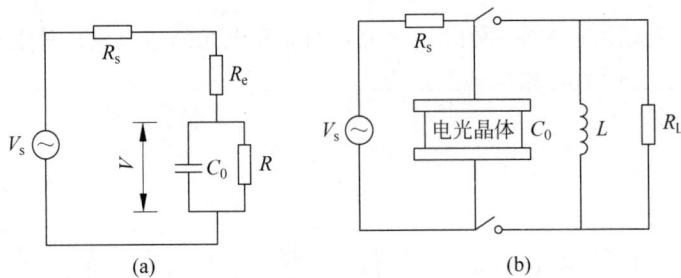

图 6-13 电光调制器的等效电路图和并联谐振回路
(a) 等效电路图;(b) 并联谐振回路

6.3.2.2 电光波导调制器

1. 电光波导调制器的调制原理

在电光波导调制器中,存在 TE 模和 TM 模之间的耦合现象,导致模式之间的功率转换,即一个输入模 TE(或 TM)的功率会部分或全部转换到输出的 TM(或 TE)模上去。相应的耦合方程为

$$\left. \begin{array}{l} \dfrac{dA_m^{TE}}{dz} = -i\kappa A_1^{TM}\exp[-j(\beta_m^{TE} - \beta_1^{TM})z] \\[3mm] \dfrac{dA_1^{TM}}{dz} = -i\kappa A_m^{TE}\exp[-j(\beta_m^{TE} - \beta_1^{TM})z] \end{array} \right\} \tag{6-8}$$

通过这种模式间功率转换的控制,可以实现对光信号的调制。

2. 电光波导相位调制器的结构

电光波导相位调制器结构如图 6-14 所示。典型的电光波导相位调制器主要由以下几部分构成:

- 波导层:这是光传播的通道,通常由具有电光效应的材料制成。例如,在铌酸锂基的相位调制器中,波导层就是铌酸锂晶体。波导的形状和尺寸会影响光的传播模式和特性,一般会设计成单模波导,以保证光的稳定传输和良好的调制效果。
- 电极层:用于施加外加电场。电极的设计和布局对调制效率有重要影响。常见的电极结构有共面波导电极和条形电极等。共面波导电极可以实现较好的微波与光波的相互作用,提高调制带宽;条形电极结构相对简单,便于制作。
- 衬底层:为波导层和电极层提供支撑和机械稳定性。衬底材料通常需要与波导材料有良好的兼容性,并且具有较低的损耗和合适的热性能。

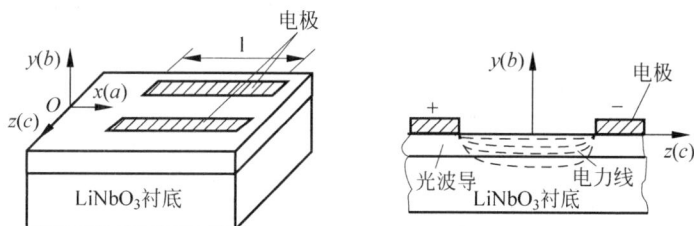

图 6-14　LiNbO₃ 电光波导相位调制器结构示意图

3. 电光波导强度调制

电光波导强度调制器的结构类似于马赫-曾德尔(MZ)干涉仪。MZ 干涉仪型调制器示意图如图 6-15 所示。假定在波导的输入端激励一 TE 模,在外加电场的作用下,在分叉的波导中传输的导模由于受到一大小相等、符号相反的电场 E_c 的作用(因为两分支导结构完全对称),则分别产生 $\Delta\varphi_1$ 和 $\Delta\varphi_2$ 的相位变化。设电极长度为 l,两电极间距离为 d,则两导模的相位差为 $2\Delta\varphi = 2\pi n_e^3 r_{33} E_c l/\lambda$。在输出的第二个分叉汇合处,两束光相干合成的光强将随相位差的不同而异,从而获得强度调制。

在 MZ 干涉仪型强度调制器中,为了提高其调制深度及降低插入损耗,必须采取以下措施:①分支张角不宜太大(一般为 1°左右),因为张角越大,辐射损耗越大;②波导必须设计成单模,防止高阶模被激励;③波导和电极在结构上应严格对称,使两个调相波的固定相位差等于零。

此外,电光波导强度调制器还有走向耦合调制器、折射率分布调制器、电光光栅调制器等类型。

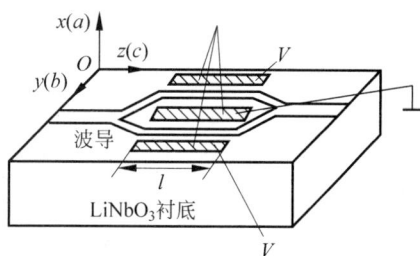

图 6-15　干涉仪型电光波导强度调制器

6.4 多维度光纤传输的研究进展

6.4.1 光纤通信技术的研究现状

自 20 世纪 90 年代以来,随着互联网技术的迅速发展,用户对互联网流量的需求日益增长,并随之带来了对光纤通信容量的迫切增长需求。起初,当 2.5Gbit/s 的光纤通信技术问世后,人们普遍认为其可以支撑好几代互联网的发展,但光纤通信容量的增长需求很快打破了这一现状。

如何提升光纤通信的容量成为亟须解决的问题。"信息论之父"香农给出了信道容量的极限,任何通信系统传输信息的容量都不会超过这个极限,它与系统的带宽与信道中的信噪比相关。当系统带宽越大、信噪比越高,系统的容量极限就会越高。根据香农的理论,单条光纤纤芯中的容量极限可以表示为

$$C = 2B\log_2(1 + S/N) \tag{6-9}$$

式中,2 为两个正交偏振态复用;B 为带宽(波特率),光纤的带宽取决于光放大器能够提供的带宽,而 C+L 波段一共约 95nm;S 为入纤功率,受限于光纤的非线性效应;N 为噪声功率,取决于放大器的噪声系数、光纤损耗、跨段长度和跨段数。

典型的 C 波段掺铒光纤放大器(EDFA)的带宽为 35nm,即约 4375GHz。面对如此巨大的带宽资源,如何充分利用它来实现大容量的光纤传输是关键。由此波分复用(WDM)技术应运而生。波分复用是使不同波长的载波同时承载信号,共同在一条光纤中传输,由于各载波的波长不同,故可轻易分别解调出来。此外,光纤布拉格光栅(FBG)的发明也方便了波分复用,它可以用于密集波分复用(DWDM)的滤波器、增加/减少多路复用器、EDFA 增益均衡器。图 6-16 为 WDM 光纤通信系统示意图。

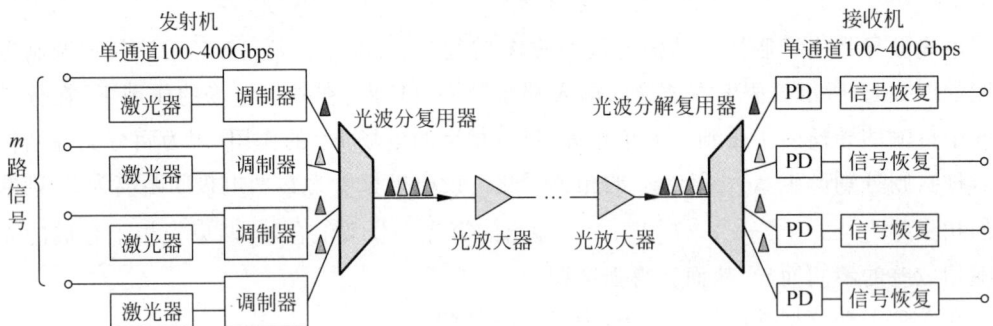

图 6-16　WDM 光纤通信系统示意图

从另一个角度看香农公式,它可以表示为

$$C/B = 2\log_2(1 + S/N) \tag{6-10}$$

式中,C/B 表示频谱效率,单位为 bit/s/Hz;而 S/N 表示信号的电信噪比。例如,当电信噪比为 10dB 时,系统所能达到的极限频谱效率为 6.9bit/s/Hz。由于系统的带宽受限于 EDFA,光纤通信目前只能获得有限的带宽,故可以通过提高频谱效率的方式来增加信道容量。增加带宽 B 内的利用率可从两个方向来展开:一是采用 DWDM、高阶调制格式、奈奎

斯特(Nyquist)整形、超级信道(super channel)、超奈奎斯特传输(FTN)、前向纠错(FEC)、概率整形等技术来逼近香农极限,但频谱效率的增加将对电信噪比的要求有所提升,从而减少了传输的距离;二是充分利用相位、偏振态的信息承载能力来进行传输,这也就是第二代相干光通信系统,如图 6-17 所示。偏振复用(PDM)已普遍采用,用两个正交的偏振态来分别承载信息以使信道容量翻倍。第二代相干光通信系统采用光混频器进行内差(intradyne)检测,并采用偏振分集接收,即在接收端将信号光与本振光分解为偏振态互为正交的两束光,在这两个偏振方向上分别拍频,这样可以实现偏振不敏感接收。另外,需要指出的是,此时接收端的频率跟踪、载波相位恢复、均衡、同步、偏振跟踪和解复用均可以通过数字信号处理(DSP)技术来完成,这极大简化了接收机的硬件设计,并提升了信号恢复能力。

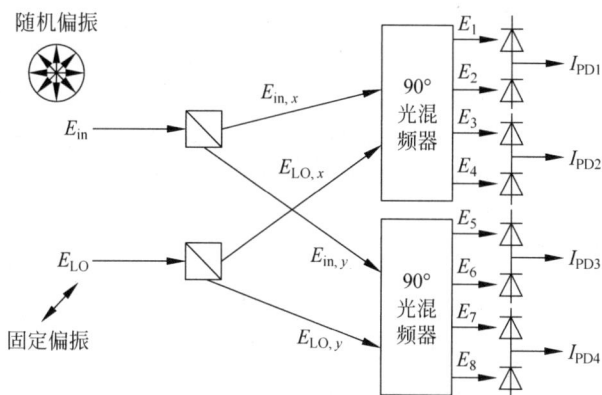

图 6-17　第二代相干检测示意图

目前,上述技术产品在商业领域中的应用现状为:中国电信集团有限公司和华为技术有限公司已实现了 50G 波道间隔、单路 200Gbit/s 的偏振复用 16QAM 信号,通过概率星座图整形和奈奎斯特整形实现了 1142km 传输(实验室可实现 1920km 传输),单纤总容量为16Tbit/s。而最新的研究成果有:贝尔实验室等利用半导体光放大器(SOA)和拉曼放大实现了 107Tbit/s、103nm(1515~1618nm)波段范围的 300km 传输;华为技术有限公司利用C+L 波段的 EDFA 实现了 124Tb/s 信号在 600km 的传输。

6.4.2　多维度光纤传输技术的研究进展

1. 基于光纤模式复用的多维度传输

光场模式复用作为一种有效提升光谱效率、增加光通信传输容量的新方案,正逐渐受到学术界的高度关注。若能在光纤中使两个甚至多个模式分别承载信息,各模式互无干扰,近乎独立地在同一光纤中独立进行传输,则可大幅提升单纤容量,这将是光纤通信中继密集波分复用之后的又一场质变。研究人员重点研究:模式选择性激发及多模式耦合的相关理论,基于硅基液晶和光栅的物理特性研究模式转换的机理,长距离多模光纤传输链路中模间交叉作用的理论模型,降低模式交叉噪声补偿模间色散损伤的 MDM-MIMO 信号处理算法,最终构建基于高阶调制格式、密集波分复用、偏振复用与模式复用多维度复用相结合的验证系统。通过以上创新性理论研究工作和科学实验工作,拟在模式选择性激发、高低阶模相互转换、补偿模间色散的高速数字信号处理模块、多模光纤模式复用系统等方面实现突破,为未来多维度复用光纤通信系统应用奠定一定基础。

在对模式转换和耦合的关键技术研究分析的基础上,建立了低阶模与高阶模之间相互转化与耦合理论,实现模式转化过程中的模式分布及能量的精确预测。设计了一种新型多阶跃少模光纤,提出并验证了用正负模式色散光纤改善传输性能的方法。深入研究少模光纤信道模型,发现链路的弯折、光纤折射率等随机扰动会使原本的正交模式耦合,因此提出基于非均匀模场分布的少模多芯光纤信道建模方案,以及将芯间耦合器和模间耦合器串联的少模多芯传输系统 MIMO 均衡器。在模场分布和光线传播基本理论的研究分析基础上,针对多模多芯光纤提出了基于矩阵变化的 MIMO 均衡方案,研究表明,本项目提出的均衡方法能降低均衡器复杂度,有效抑制串扰。基于对少模、多模光纤传输模型以及 MIMO 均衡算法的研究成果,建立了包含衰减、色度色散及模间交叉作用的完整的少模光纤模式复用系统,建立基于新型矩阵变换的 9×9 模式复用系统链路仿真模型,提出并验证利用注水算法提升系统容量的方法,对建模进行完善。搭建基于七芯光纤的光传输系统实验平台,完成了距离为 58.7km 的大容量长距离太比特 DS 传输实验,验证了上述理论模型以及均衡算法的正确性,为未来进一步提高光通信系统性能奠定了坚实的基础。

2. 新型多维光学信息传输

多维特性(包括调制格式和复用方式)是未来高速、大容量、长距离光纤传输系统必备特征之一。研究新型多维传输关键技术对提升信息容量和发展下一代光纤通信系统具有重要的科学和社会意义。研究人员围绕维度之间(inter-dimension)和维度内部(intra-dimension)所涉及的关键科学问题,以模式/偏振复用与高阶调制信号传输为主要对象,重点研究新型高频谱效率多维复用方式,多维传输系统链路损伤机制和信号性能监控技术,以及多维传输信号的补偿与优化技术等。

随着光纤通信系统已经从传统的波分复用发展到以多维(波长、偏振、模式等)为关键特征的阶段,研究人员针对新型多维传输,从多维信号产生及复用机理、关键功能单元、系统传输和系统优化四个层面开展研究工作,实现多维传输系统中不同关键性能参数的有效(参量分离)监控手段;形成系统的有关多维传输系统链路损伤机制(特别针对"维度相关"损伤)理论体系;针对链路非线性损伤提出并完善低复杂度高效补偿方案;实现多维传输系统中维度增益平坦、低噪和高增益的新型放大技术,以支撑未来超大容量多维光通信系统发展,同时探索多维模拟信号的产生及调控,为多维模拟信号的传输应用奠定基础。该项目在多偏振态信号调控(四个偏振态)、多模放大及传输(6 芯 3 模,共 18 个空间信道)、多维模拟信号生成及应用(少模光纤微波光子应用)等研究方向形成特色和影响。

研究人员深入分析了模分复用光纤中 LP 模式的传播特性,系统研究了多模传输的光场耦合和功率耦合理论以及矩阵传输耦合模型,取得系列研究成果。

(1)提出自适应步长多入多出恒模算法并用于解模式耦合通过对多维复用盲均衡算法中的多入多出恒模算法(MIMO-CMA)的学习,结合自适应数字信号处理的方法,在原有的 MIMO-CMA 算法的基础上,提出了用自适应步长功能的多入多出恒模算法。

(2)在不同耦合强度下,测量了四个模式的接收信号的误比特率和算法收敛性能。相对传统的 MIMO-CMA 算法在误码性能上有所提高;提出基于人工神经网络的多维解复用算法并利用该算法,实现了解模式耦合。

（3）提出一种新型的盲均衡算法。该算法采用基于人工神经网络（hopfield 神经网络）的多维解复用算法实现模分复用传输系统的相干接收端的解模式耦合。采用基于人工神经网络的多维解复用算法,可以实现在不同耦合强度下,相对于多入多出恒模算法,提升了四个模式的接收信号的误比特率性能,并减少了对数据量的依赖。

3. 光纤通信多维复用的光场调控与传输技术

为了满足日益增长的数据传输需求,在光纤通信领域,不但波分复用技术（WDM）、偏振复用技术（PDM）、时分复用技术（TDM）、高级调制技术和普通线偏振模式复用技术（LPM）得到广泛应用,而且基于复杂光场（COF）的模式复用（MDM）光纤通信技术也被广泛研究。复杂光场主要指相位、振幅和偏振等具有特殊分布的结构光场,典型的结构光场包括具有螺旋相位的涡旋光场和偏振态非均匀分布的矢量光场等。

基于光纤通信多维复用的光场调控与传输技术的研究进展,现有综述系统探讨了通过光纤实现复杂光场产生、调控、传输的方法;简述了新型环形纤芯光纤在低复杂度、短距模式复用光纤通信系统中的应用;分析了模式复用的基本原理就是利用相互正交的光纤模式作为独立的信道进行数据传输。作为新兴空分复用技术的代表之一,模式复用技术被认为能进一步突破单模光纤传输容量的瓶颈,实现超大容量高速光纤通信系统。目前,基于少模光纤（FMF）或多模光纤（MMF）的模式复用技术是模式复用技术的典型代表。其中,基于轨道角动量模式（OAM）和矢量模式（VM）的复用技术受到广泛关注。OAM 模式携带涡旋相位,因而一般又被称为涡旋光场;矢量模式则是一种偏振态非均匀分布的特殊光场。研究这些特殊光场模式的产生、调控、传输和检测等对新一代光纤通信技术的发展尤为重要。

为了打破 MIMO 均衡复杂度随复用模式数增加而升高的规律,以较低的成本、功耗实现较高的传输容量,近年来,研究人员提出了许多针对 MDM 系统的解决方案,主要分为两类:第一类是采用特殊光纤设计来降低模式间耦合的 MDM 系统。具有代表性的是基于弱耦合 FMF 以及椭圆纤芯光纤（ECF）的 MDM 系统。其中,前者通过拉大弱耦合阶跃折射率（SI）FMF 各非简并模式之间的相对折射率差来降低模式之间的耦合,从而控制此类模式之间的串扰,且无须采用 MIMO 补偿。仅仅通过 2×2 或者 4×4 部分 MIMO 对简并模式以及同一模式的两个正交偏振态之间的串扰进行补偿,就可以降低 MIMO 均衡矩阵的规模,进而降低其复杂度。第二类是基于模组复用（MGM）的系统。MGM 系统将 GIG MMF/FMF 光纤中同一模式组内简并或近似简并的模式看成是同一信道,保证模式组之间的弱耦合状态,即可避免 MIMO 均衡的使用。MGM 系统结合了弱耦合 FMF 和 ECF 两种系统的优点,既避免了 MIMO 均衡的使用,又避免了光纤拉制造成的光纤传输距离的限制（目前已报道的最长的 MGM 系统传输距离可达 20km）。但是,为了避免模式分配噪声的影响,接收端需要对组内所有模式进行同时接收。随着模组阶数增加,组内模式数随之增加,例如多模光纤（MMF）和环芯光纤,这在一定程度上增加了高阶模式组的接收难度,从而限制了MGM 系统向高阶模组的拓展。因此,需要研究新型的特种光纤及相应的数字信号处理技术,以满足模式复用系统在未来超大容量光纤通信系统中的应用。

环形纤芯光纤（RCF）可分为两类。第一类为限制径向高模阶的 RCF,其目的是可以传输稳定的 OAM 模式。此外,从一阶微扰理论可得出,光纤径向较大的折射率梯度（如在较大的 Δn 的情况下,纤芯包层边界的阶跃变化等）可以引起近似简并的 EH、HE 本征模式之间的分离,增大 RCF 中相邻模式组之间的有效折射率差 Δn_{eff}。EH、HE 本征模式之间的分离不仅不能进一步分开组内模式,反而会使 LP 模式传输的时延增大,增加相干系统中的 MIMO 均衡复杂度,或在直检系统中引入更严重的频率选择性衰落。因此,此类光纤通常被称为 OAM 光纤。

第二类为增加组内模式简并度的 RCF。与 OAM 光纤的设计理念相反,此类光纤主要通过降低径向折射率梯度来增加组内模式的简并度,使它们之间达到强耦合状态,以降低组内模式差模时延(DMD);同时拉大模式组间的 Δn_{eff},以减小组间串扰,避免组间模式的串扰补偿。此类设计主要应用于几十千米量级的系统传输,既可以应用在基于相干检测的 MDM 系统中,也可以用在基于直接检测的 MGM 系统中,且 LP 和 OAM 模式在此类系统中具有类似的传输性能。

基于光纤光栅的 OAM 模式产生的基本原理,光纤模式有矢量模式和线偏振模式两种表示方式,光纤的严格本征解对应矢量模式,而线偏振模式可以看成是弱导近似下矢量模式的简并叠加。通过耦合模理论计算出不同 LP 模式的有效折射率,利用不同折射率调制的光栅可以高效地将基模 LP_{01} 的能量耦合到 LP_{11}、LP_{21}、LP_{31}、LP_{41} 等角向高阶模式上。OAM 模式可以由相应阶数的一组 LP 模式叠加而成,只要能够高效地产生 LP 模式就能对应地激发出相应的 OAM 模式。在光纤中产生 OAM 传导模式主要分为以下两个步骤。

① 产生角向高阶的线性偏振模 $LP_{m1}(m \geqslant 1)$;

② 通过对光纤扭转等方法使得到的 LP_{m1} 模式的奇偶分量产生 $\pi/2$ 的相位差,进而形成相应阶数的 OAM 模式。

基于 OAM-MDM 光纤传输系统实验表明,通过涡旋光纤的高差别环形折射率分布,打破了正、负阶 OAM 模式之间的近似简并特性,最终实现了零阶、一阶 4 个 OAM 模式、10 个波长、总容量为 1.6Tb/s 数据的 1.1km 传输,并且通过在接收端自适应调整接收偏振态,避免了 MIMO 均衡的使用。经过改进后,实现了 4 个 OAM 模式、15 个波长、总容量为 3.36Tb/s 数据的 100m 光纤传输。

6.5　光纤通信网

在当今的网络时代,存储技术正在发生着革命性的变化,主要表现在以下几个方面:首先是存储容量的急速膨胀,信息爆炸使人们切实感受到比特流的无限蔓延;其次是数据存储时间的延展,过去的信息系统基本上都有后台作业时间,现在的网络数据却需要保证 24h 处于就绪状态;最后,数据存储的结构也产生了变化。在信息孤岛的时代,存储设备基本上是与特定的计算机系统对应的。在互联网时代,数据应该是跨系统、跨部门、甚至是面向全世界的,这对存储技术提出了挑战,它不仅要求信息在公司内部共享,也要求在其合作人及用户之间共享,同时,数据的存储只应该受到安全机制的管理,而不应该受到地域空间的约束。

信息的爆炸性增长给存储技术的发展提供了良好的机遇,人们对存储及设备容量、性能方面的要求越来越高,需要一项具有高性能、高可靠性,并能长距离传输的技术的支持。光纤通道技术(fibre channel)正是在这一需求的驱动下而发展起来的。它是一项具有高可靠性的千兆比特连接技术,它通过 IP 或 SCSI 协议,提供对从工作站、服务器到大型主机、存储设备以及其他外围设备的广泛连接支持,给系统提供更新一层次的可靠性和巨大的数据吞吐,充分满足对数据存储的爆炸性增长的要求。

光网络技术是指用光纤传输的网络结构技术。光网络技术并非简单的光纤传输链路,它是在光纤提供的大容量、长距离、高可靠性的传输媒质的基础上,利用光和电子控制技术,实现多节点网络的互联和灵活调度。光网络一般指使用光纤作为主要传输介质的广域网、城域网或者新建的大范围的局域网。

从光网络的发展历史来看,光网络可以分为以下三代。

第一代光网络以 SDH/SONET 为代表,它在历史上第一次实现了全球统一的光网络互联技术,规范了光接口,而且定义了对光信号质量的监控、故障定位和配置等重要网络管理功能,SDH/SONET 采用光传输系统和电子节点的组合,光技术用于实现大容量的信息传输,光信号在电子节点中转换为电信号,在电层上实现交换、选路和其他智能。由于该网络受到光/电/光信号转化效率的影响,因此为了提高光纤的传输带宽和网络的传输性能,使WDM 光网络得到了发展。但是它在互联技术上并没有实现统一,网络的性能依然有待改善。

第二代光网络被认为是以 ITU-T 提出的光传送网(optical transport network,OTN)。OTN 是以波分复用技术为基础在光层组织网络的传送网,它是通过增加交换、选路和其他智能等功能而在光层上实现的,解决了传统的 WDM 光网络无波长/子波业务调度能力,以及组网能力弱和保护能力弱等问题。

第三代光网络被认为是全光网,它是指网络端到端用户节点之间数据传输交换的整个过程都是在光域内进行的,其间并没有光/电信号的转换。对于光信号网络是完全透明的从而可充分利用光纤的潜力,进而提高网络的传输性能。然而全光交换技术和全光交叉技术尚不成熟,以及全光组网技术未标准化,使得全光网成为一个研究热点。

6.5.1　光纤传输网

6.5.1.1　FC 结构光纤网

光纤路径自 1988 年出现以来,已经发展成为一项非常复杂、高速、高扩张性的网络技术,最早版本的光纤路径并不是作为一种存储网络技术来研究的,而是一种为包括 IP数据在内的多种目的而推出的高速骨干网技术,存储只是作为次要的应用。在光纤路径设计中,为了提供更快更好的性能,以适应可能出现的技术变革,有以下的这些要素:可扩展性。最大规模网络应用中的异步通信,交互通信能力和连接新的介质的能力,低延迟的交互网络互连,为开发和配置复杂性准备的模块化和层次化结构;高带宽、低延迟的低错误率。

应用于存储网络中的技术是千兆网络技术与 VO 路径技术相结合而形成的单一、集成的技术体系,是一种基于 SCSI 和 FCP 协议,不同于一般的并行 SCSI 技术和串行 SCSI技术。

1. 光纤网络路径 1 的物理层

在光纤网络中,通信不是通过总线进行的,而是通过网络中的典型设备实现的,在这个物理层次上有三个基本的单元：端口、网络设备、线缆连接，如图 6-18 所示。下面主要介绍端口和线缆连接。

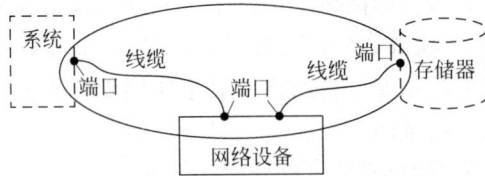

图 6-18　光纤网络物理层的典型设备

1）端口

光纤网络中的所有组件都使用端口作为网络的连接，它是在网络的物理层和控制层中实现的。在更深入地了解光纤网络以前，有必要介绍端口及其类型，以及对应的功能。

（1）端口的类型

光纤网络中的端口包括七种类型：N 端口、F 端口、L 端口、NL 端口、FL 端口、E 端口、G 端口。其中，N、L 和 NL 端口用作光纤网络中的终端结点，F、FL、E 和 G 端口在交换机中实现。

（2）N 端口和 F 端口

N 端口是访问光纤网络的存储设备和计算机，N 端口的任务为初始化及接收帧，如果没有 N 端口，就不会有网络上的数据通信。

F 端口在光纤交换机中实现，以代表 N 端口提供管理和连接服务。这些服务是为每对 N 端口之间的通信提供的，通过分类管理所有流经交换机的流量，它们能够为整个网络提供有效的服务。

在 N 端口和 F 端口之间，存在一对一的关系。在交换机上，仅有一个 N 端口和 F 端口相连接，光纤网络中其他 N 端口和该 N 端口之间的通信通过其各自在交换机上的端口初始化进程和该 N 端口的通信来实现。无论 N 端口是发送还是接收数据，它总是和 F 端口通信，在没有数据传输的时候，N 端口向交换机上对应的 F 端口发送 IDLE 帧，在 N 端口和 F 端口之间建立一种"心跳"，以便能很快检测到可能发生的连接中的问题。

（3）L 端口

L 端口存在于光纤环网中。光纤环网的概念出现在交换技术和点对点技术成熟后，目的是降低光纤网络的带宽费用，从而使其在连接存储设备使用时，具有经济上的吸引力。和交换式网络不同，环状网络中的节点共享一个公用连接结构，和交换式网络结构中的 N 端口用来初始化和 F 端口通信相类似，L 端口被设计来初始化和该环中的其他 L 端口的直接通信。

但是，在光纤环网中没有和 F 端口相对应的端口名称。因为光纤环网是一个逻辑环，被设计在没有网络集线器的环境下工作，因此，如果未被要求，集线器不能为环网提供既定的端口功能。光纤环网中的集线器仅仅起到连接以及防止失效的作用。

（4）NL 端口和 FL 端口

当光纤环路加入光纤网络中时，必须允许 N 端口节点和 L 端口节点之间进行通信，为此定义了两个新的端口：NL 端口和 FL 端口。

FL 端口在交换机上实现,允许其作为一个特殊的节点加入光纤环网中。光纤环网为 FL 端口保留仅有的一个地址,即在同一时刻不可能同时有两个交换机进行通信。

NL 端口位于环内,具有 N 端口和 L 端口的双重能力,同时支持交换式光纤网和光纤环网,从而使得交换式光纤网和光纤环网之间的通信成为可能。

(5) E 端口和 G 端口

在交换机中,还有两种常见的端口,分别是 E 端口和 G 端口。G 端门是"万能"端口,它能用于交换机中如 F 端口和 FL 端口等不同的端口。E 端口是一种特别的端口,用于交换机的级联。

2) 线缆连接

光纤把光纤网络技术与光缆区分开来。因为光纤网络既可以运行在光缆上,也可以运行在双线状的铜缆上。

光缆包括了两种介质:一种用于传输,另一种用于接收。而铜缆是一对双绞线包在外壳中组成,一条传输信号,而另外一条为地线,连接器为使用其中 4 针的 9 针 DB-9 连接器或 HSSDC 连接器。使用 9μm 的单模光纤的长波光缆,传输距离可以达到 10km;或者使用 50μm 的多模光纤的短波光缆,传输距离可以达到 500m。使用铜缆的传输距离为 30m。

光纤路径连接器采用一种端对端的方式,一边是发送端,一边是接收端。铜缆和光缆都支持等价于在每个方向上 100MB/s 的千兆位传输,在全双工的模式下理论上可以达到 200MB/s 的最大值。但是在存储 I/O 上该性能无法实现,主要是因为光纤网络的 SCSI 协议 FCP 是半双工的。

光纤网络可以同时使用铜缆和光缆,光纤网络的主机总线适配器能支持其中的任何一种,但不能同时支持其中两种,可以使用 HBA 和 GLM(千兆位连接模型),则可以将铜缆换为光缆;或使用 HBA 和 GBIC(千兆位接口转换器),此时可以使用 MIA(介质接口适配器)将铜缆信号转换为光缆信号。

(1) 光纤网络的层次和协议

光纤通道协议(fabre channel,FC)是一种高速网络技术标准(T11),主要应用于存储网络。FC 技术标准是 1994 年由 ANSI 标准化组织制定的一种适合于千兆位数据传输通信的网络技术。光纤通道用于服务器共享存储设备的连接,存储控制器和驱动器之间的内部连接。

FC 网络具备传统以太网不具备的特点,如支持多种上层协议、支持多种底层传输介质、支持基于信用的流量控制等,再加上其支持 16Gbps 以上的链路速率,支持多种拓扑结构,已经让其在组网选择过程中,具备绝对优势,总结来说,FC 网络具备以下特点。

① 拓扑结构灵活:点到点、仲裁环、交换,通过交换机级联构建大规模分布式网络系统;

② 高速率:支持 1、2、4、8、16Gbps 等多种传输速率;

③ 高可靠性:物理链路传输误码率小于 10^{-12};

④ 抗干扰:采用光纤传输,抗电磁干扰能力强;

⑤ 轻便:光纤重量轻,1km 长比同轴缆线轻 20kg,因此能节省空间,易于铺设。

根据 FC 网络模型,把 FC 分为 FC-0,FC-1,FC-2,FC-3,FC-4。其中,FC-0 层到 FC-2

层被称为 FC-PH 光纤通道物理层协议；FC-1 层到 FC-3 层被称为 FC-FS 光纤通道协议标准，规定了帧的传输与信号交换。FC-2 层最为重要，数据分割、流量控制策略、网络寻址方法、传输服务类型均在 FC-2 层规定，FC-2 层在 FC 协议中是承上启下的一层。其他层的具体功能概述如下：

- FC-0 物理层，由传送介质、发送器和接收器以及它们的接口组成。
- FC-1 传输协议，包括串行编码、解码和错误检测。光纤通道传输信息用的是 8b/10b 的编码方式，生成传送字符。
- FC-2 信号协议，定义了 FC 的传输机制，单元内部帧的结构和信息的位置。
- FC-3，提供一组对一个节点的多个 Nx-Port 中通用的服务。
- FC-4，ULP 映射层，如 IP 和 SCSI 的映射。它是标准中定义的最高等级，定义了光纤通道的底层协议(ULP)之间的映射关系以及与现行标准的应用接口。

图 6-19 给出了 FC 协议栈的链路关系。光纤路径协议栈的最上层是 FC-4，它能接纳很多上层协议，这些上层协议能被底层的光纤路径网络传输。这种在光纤路径传输之上接纳上层协议的技术被称为协议映射，协议映射描述了位于光纤路径传输中的上层协议消息块的位置和顺序。其中光纤路径协议(FCP)，被用于在光纤路径网络上为并行 SCSI 到串行 SCSI-3 之间传输信号和操作。

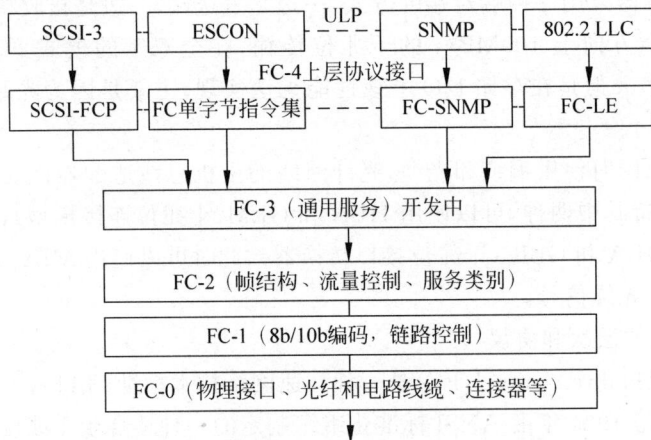

图 6-19　FC 协议栈

FCP 的映射独立于较低的 FC-0 层，这意味着它具有能在所有的光纤路径拓扑结构和所有类型的服务上工作的独立性。已经被映射到光纤路径的协议有：小型计算机系统接口(SCSI)，被称为光纤路径协议(FCP)的 SCSI-3 协议映射，是映射到光纤路径的主要协议；网际协议(IP)；可视化接口结构(VIA)；高性能并行接口(HIPPI)；IEEE 802 逻辑链接控制层(802.2)；单字节指令代码集(SBCCS)，SBCCS 是在 IBM 大型系统中使用的 ESCON 存储 I/O 路径中指令和控制协议的实现；异步传输模式适配层 5(AAL5)；光纤连接(FICON)，FICON 是将 IBM S/390 主机架构中的 ESCON 网络通信协议映射为光纤路径网络上的一个上层协议。表 6-2 是对光纤路径网络的几个主要上层协议映射的比较。

表 6-2　光纤路径映射协议比较

项　　目	光　纤　信　道	兆位以太网	ATM
技术应用	存储、网络、视频、集群	网络	网络、视频
拓扑	点对点环路集线器、交换式	点对点集线器、交换式	交换式
波特率	1.06Gbps	1.25Gbps	6.22Mbps
可扩展到更高的数据速率	2.12Gbps、4.24Gbps	未定义	1.24Gbps
保证发送	是	否	否
拥塞数据损失	无	有	有
帧大小	可变,0～2kB	可变,0～1.5kB	固定,53B
流量控制	基于信用	基于速率	基于速率
物理介质	铜缆和光纤	铜缆和光纤	铜缆和光纤
支撑协议	网络、SCSI、视频	网络	网络、视频

（2）光纤网络的结构

光纤信道有三种拓扑结构,如图 6-20 所示,即点对点——两个设备之间互连;仲裁环——最多支持 126(采用一字节的寻址容量)个设备互连,形成一个仲裁环;交换式 FC 网络(switch fabric)——最多 2^{24} 个设备互连。

仅2个设备　　　最多126个设备　　　最多 2^{24} 个设备
(a)　　　　　　　(b)　　　　　　　(c)

图 6-20　光纤信道的三种拓扑结构

(a) 点对点;(b) 仲裁环;(c) 交换式 FC 网络

① 点对点拓扑

点对点连接是最简单的拓扑结构,允许两节点之间直接通信(见图 6-21(a)),一般是一个存储设备和一台服务器。这种拓扑结构与 SCSI 直接连接极为相似只是速度更快连接距离更长而已。点对点连接是"N"端口光纤通道设备之间的专用连接,所有链路带宽都分派给两个节点之间的通信,适用于小规模存储设备的方案,不具备共享功能。

② 仲裁环(FC-AL)拓扑

仲裁环(arbitratod loop)是一种环路拓扑结构,每一节点均将数据传输至下一节点的接收器,设备必须根据仲裁访问环路,开始设备作为环路的控制节点(见图 6-21(b))。当任意节点获得许可后,可以发起一个包含目标通信进程并传输数据,初始节点对目标节点建立一个点对点连接,在一个环路上同时只能建立一个连接。当数据传输完成后,初始节点关闭进程并释放对环路的控制,允许其他节点接受环路授权。目前 FCAL 的带宽为 100MB/s,其已知的技术限制有：对于小型 SAN 的实施,共享带宽-低性能(所有设备共享 100MB/s 带宽),有限的错误隔绝能力,环路初始化进程可能影响正常应用的进行,FCAL 网络内部缺乏智能。

③ 交换式网络

交换式光纤网络是一个 SAN 的术语,用以描述连接服务器和存储设备之间广为使用

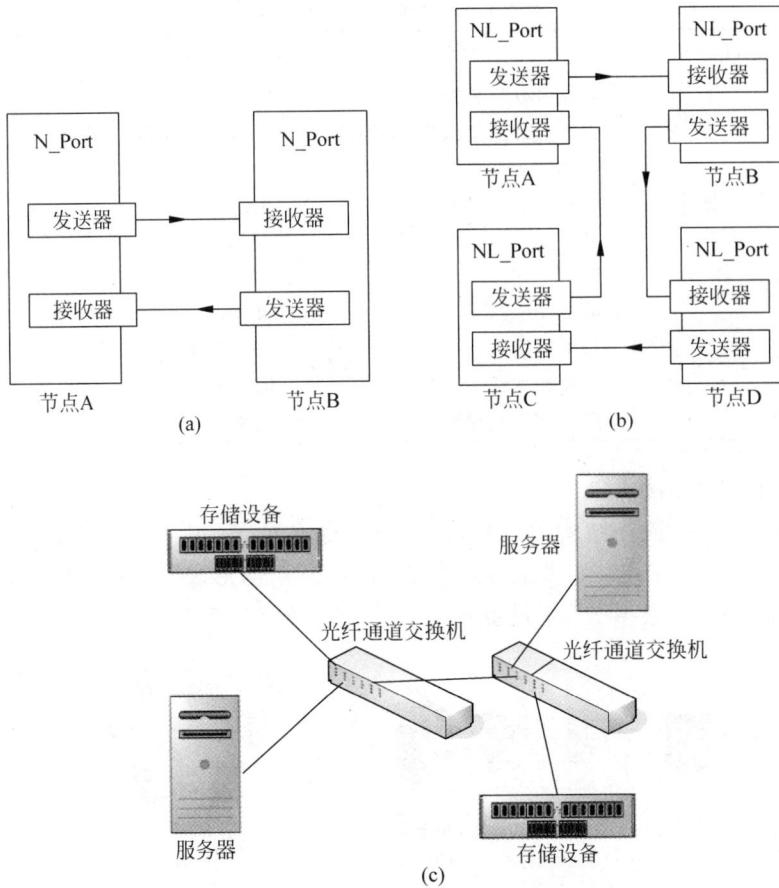

图 6-21　三种拓扑对接方式

(a) 点对点；(b) 交换机的仲裁环；(c) 交换式光纤网络

的光纤通道交换机的拓扑结构(见图 6-21(c))。交换机可级联并与环路网络连接构成具有高度混合网络系统,称为 Fabric。这一复杂的解决方案可以在软件的控制之下获得 Fabric 内的所有 SAN 管理功能的先进特性。

交换式光纤网络是基于交换机而建立的光纤网络。交换式光纤网上的端口将节点连接到低延时、点对点连接的交换机上,这些连接为通信的每个方向提供 100MB/s 的带宽。为了支持这种性能,光纤交换机使用了高速环网和高速骨干网技术,使得光纤交换机能支持多个并发的千兆位数据传输。在大多数的情况下,交换机不从传输中读取数据,这使它们可以很快向前传递数据包,而无须使用大量的缓冲资源。

在交换式光纤网络中,当一个 N 端口希望初始化一个数据传输时,它首先会停止发送 IDLE 帧,并发送一系列标明其登陆及开始网络通信意图的帧,这是一个交换式光纤网的登陆过程。当这个过程结束后,网络上的 N 端口初始化和数据接收并通过第二个节点的登陆过程建立相互之间的通信连接。

由于光纤网络能用于连接具有多种类型内部资源和过程的节点,所以还存在一种被称为过程登陆的附加登陆。它允许连接到其上的诸如具有多路 LUN 设备的 SCSI 存储子系统的设备,能通过桥式路由器被访问。

光纤路径环状网络(简称光纤环网)是通过将节点连接到一个逻辑环中来实现的,如图 6-22(a)所示。例如,可以通过用星型拓扑结构中的集线器连接多节点,或者将所有节点一个连一个组成物理环来实现,光纤路径环状网络使用和 SCSI 总线仲裁相同的仲裁策略代替了交换式网络中的交换式光纤网登陆访问策略,因此,它也被称为仲裁环。

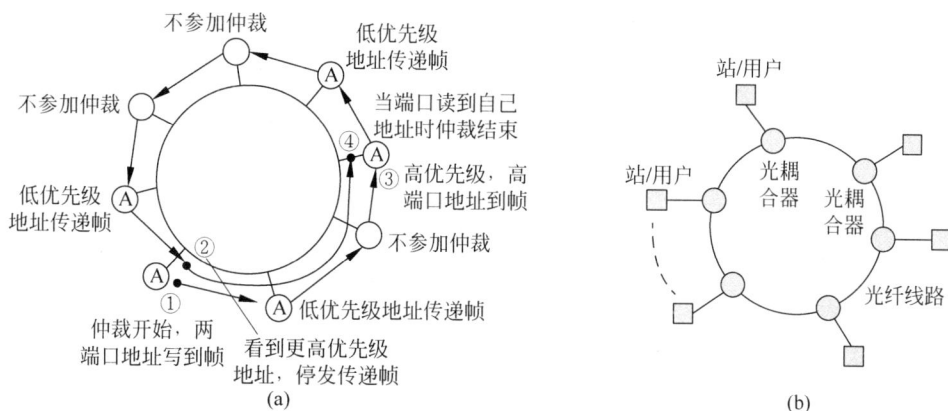

图 6-22　光纤环网及其仲裁过程

光纤环网是单向的,任何环节点的连接失败都会导致整个环网不能工作,使用集线器可以避免这个现象的发生。在环中的两个节点开始通信的过程中,该环中的其他节点将所有接收的数据发送到另一个下行节点。光纤环网中节点的通信采用点对点的方式来处理。但和点对点网络以及交换式网络不同的是,光纤环网是一种共享网络,在任意一个时间点,只允许有两个节点之间进行通信。光纤环路的仲裁过程如图 6-22(b)所示。

光纤路径环网通过该环为公有还是私有来区分。私有环为没有通过 FL 端口连接交换机的光纤环路。公有环是有一个 FL 端口的光纤环路。在公有环中也可以存在私有的设备,它只能和环中的设备通信,但不能和环外的设备通信。

在光纤环路的结构中,当一个端口离开或者当一个新的端口加入时,就会发生环初始化的过程,它实际上是一个环网中的节点重新建立它们端口地址的过程。环中的任何一个端口都能请求执行环的初始化进程。环初始化原语(LIP)一个特定的用于启动环初始化的光纤路径指令序列。环上的任何端口都可以通过发送一个 LIP 到其他环中的邻居来启动环初始化过程。当环初始化发生时,任何正在进行的传输都会被强制中断。

光纤存储交换机是一种存储设备,用于连接存储设备,存储交换机的硬件用于高效处理 iSCSI 存储协议,而光纤网络交换机用于处理 TCP/IP 协议族中的以太网协议,在硬件及软件层面上两种交换机是完全不同的,不能通用。光纤存储交换机是一种存储设备,光纤网络交换机是一种网络设备。但两种网络并不是不可融合的,在支持 FCoE 的设备上可以有效地使 SCSI 协议透传以太网,达到存储网络、以太网的融合。

6.5.2　光纤网络中的网名和地址

光纤网络的网络名称和地址包括全局名、端口地址、仲裁环物理地址、简单名称服务等基本元素。

1) 全局名(world wide name,WWN)

这是指待分配给每个产品的一个 8 字节的标识符,可分配给光纤网络中的一个端口。WWN 被存储在非易失性的存储器中,其格式由 IEEE 定义,用于每个产品在其安装网络中提供唯一的标识。

在一个节点最初登陆到一台交换机上时,可以和该交换机交换一个 N 端口的完全的WWN,如果交换机上没有该 N 端口的信息,就会有一个注册过程,在此过程中,N 端口发送自身信息给交换机,交换机将这些信息放到它的简单名称服务器中,从而使其他过程和应用能够访问它。

2) 光纤网络的两种端口地址

(1) 固定地址:每个光纤通道可识别设备都拥有一个固定光纤通道地址。这与每块以太网卡所拥有的 MAC 地址相似,这个固化的地址全球唯一,其他设备可以通过这一地址对其进行访问。WWN 地址是一个永久地址,不可改变。

(2) 动态地址:为支持高层编址,光纤通道定义了 24 位动态标示地址用于 Fabric 环境(可将其视为一个可以多次变更的地址)。基本上说,每一个 N-Port 都拥有一个在 Fabric域内唯一的 24 位 N-Port 标识。N-Port 既可以通过协议获得其预设定的 N-Port 标识,也可以在由 Fabric 在设备登陆时动态分配。

端口地址长度为 3 字节,每个端口都有独一无二的端口地址,无论这些端口是否在同一个节点上。端口地址可以由 WWN 或其他的方式来确定,例如,在交换式光纤网络中,交换机负责给所有的端口分配端口地址。

3) 仲裁环物理地址

仲裁环物理地址(ALPA)为单字节,它唯一地标识了环网上的每一个端口。环网中的每个端口都存储了该环中所有其他端口的地址,从而提供了在环中通信的机制。通过端口地址可以判别一个环上的端口是公有的还是私有的。

4) 简单名称服务

简单名称服务提供一种搜索目录服务。节点、交换式光纤网络和应用程序通过使用该服务以获取端口的访问信息。

6.5.3 全光网

随着 Internet 业务和多媒体应用的快速发展,网络的业务量正在以指数级的速度迅速膨胀,这就要求网络必须具有高比特率数据传输能力和大吞吐量的交叉能力。光纤通信技术出现以后,其近 30THz 的巨大潜在带宽容量给通信领域带来了蓬勃发展的机遇,特别是在提出信息高速公路以来,光技术开始渗透于整个通信网,光纤通信有向全光网推进的趋势。

全光网(all optical network,AON)是指在光层直接完成网络通信的所有功能,即在光域直接进行信号的随机存储、传输与交换处理等,网络中以光节点取代现有网络的电节点,构成基于光纤的直接光纤通信网络,即全部采用光波技术完成信息传输和交换的宽带网络。因为在整个传输过程中没有电信号方面的处理问题,所以 PDH、SDH、ATM 等各种传送方式均可使用,提高了网络资源的利用率。

全光网中的信息传输、交换、放大等无须经过光电或电光转换,因此不受原有网络中电子设备响应慢的影响,有效地解决了"电子瓶颈"的影响。就信号的透明性而言,全光网对光信号来讲是完全透明的,即在光信号传输过程中,任何一个网络节点都不处理客户信息,实现了客户信息的透明传输。信息的透明传输可以充分利用光纤的潜力,使得网络的带宽几乎是取之不尽、用之不竭的。如一条光纤利用 n 路 WDM,每路带有 10Gb/s 的数字信号,则光纤传输容量将是 $n\times10$Gb/s,而当前半透明网络就大大限制了光纤的潜力。

1. 全光网的主要技术

全光网的主要技术有光纤技术、SDH、WDM、光交换技术、OXC、无源光网技术和光纤放大器技术等。为此,网络的交换功能应当直接在光层中完成,这样的网络称为全光网。它需要新型的全光交换器件,如光交叉连接(OXC)、光分插复用(OADM)和光保护倒换等。

全光网是以光节点取代现有网络的电节点,并用光纤将光节点互联成网,采用光波完成信号的传输交换等功能,克服了现有网络在传输和交换时的瓶颈,减少信息传输的拥塞、延时,提高网络的吞吐量。

全光网已被认为是未来通信网向宽带大容量发展的优选方案。

2. 全光网的构成

全光网由光节点、光链路、光网络管理单元等构成。

(1) 光节点

光节点是重要的网元,主要有两种类型:光接入节点和光交换节点。光接入节点具有光信道的选择特性;而光交换节点适用于作为网状型网的光节点及两个环形网之间的连接节点。由光节点构成的光纤网如图 6-23 所示。

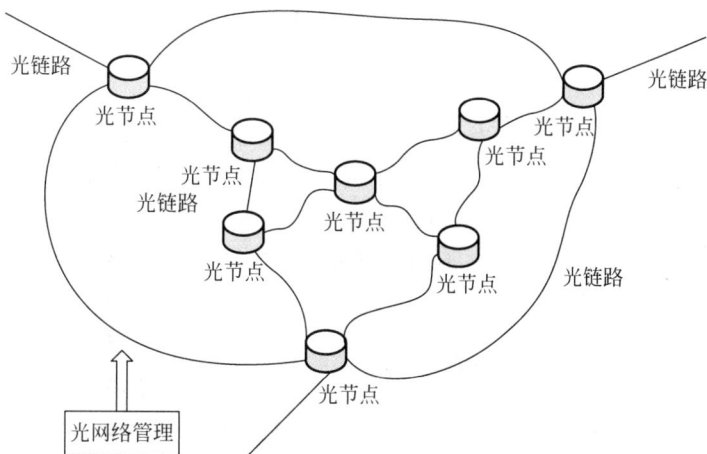

图 6-23　由光节点构成的光纤网

光接入节点的基本功能有:①光信道进入网络和从网络下路;②非本地信息直接旁路,不在本地节点上进行处理,贯通而过;③光信道的性能监测、故障检测、保护和恢复;④对网络的管理和控制;⑤具有好的透明性,适应不同种类的、不同格式的和不同传输速率的本地信息,畅通地进出网络。

光交换节点由光输入接口、光输出接口、光交换单元、控制及管理单元组成。

它的基本功能有：①路由选择；②按其所选择的路由,建立各输入端和输出端之间的全光连接,将输入端的光信号在所建立的全光通道上无阻塞地达到所指定的任意输出端；③可实现光信号交换功能；④可以进行光信号的放大、处理；⑤光信道的性能监测、故障检测、保护及恢复；⑥控制、管理。

（2）光链路

光链路一般指光纤链路。光纤链路中可设置光放大器,用以提高链路性能。典型的光纤链路如下。

G.652 光纤：迄今为止使用量最大的光纤；

G.655 光纤：适合密集波分复用系统使用的光纤；

其他光链路：无线光通信(大气及自由空间光通信)。

（3）光网络管理单元

光网络管理系统是全光网的核心管理系统,具有性能管理、设备管理、故障管理等功能,还应包括网络的安全体系、安全管理,确保网络的存活性、可靠性和安全性,以及计费管理等实用化功能。

3. 全光网的优点

全光网比传统的电信网络有较大的吞吐能力,具有先前通信网和当前网络不可比拟的优点,概括如下。

（1）全光网结构简单,端到端采用透明光通路连接,沿途无光电转换与存储,从而有极大的传输容量和很好的传输质量。

（2）全光网突出的特点是开放性的。在光网络中,路由方式是以波长选择路由,对不同的速率、协议、调制频率和制式的信号都具有兼容性,同时不受限制地提供端到端业务。

（3）在全光网中,对光信号处理的许多光元件是无源的,有利于网络的维护,可大大提高网络的可靠程度。

（4）对于全光网的扩展,利用虚波长通道技术,在加入新的节点时,可不影响原有网络和设备,直接实现网络的扩展,这大大节约了网络资源,降低了网络成本。

（5）全光网具有可重构性。网络可随业务的不同而改变网络的结构,可以为大业务量的节点建立直通的光通道,可实现在不同节点灵活利用波长,也可实现波长路由选择动态重建、网间互连、自愈功能。

4. 全光网的安全隐患及防范措施

由于技术还不够成熟,全光网还存在一些安全隐患,主要表现为：

（1）全光网的管理监控系统尚未完善,存在网络瘫痪的风险,从而影响传输的安全性。

（2）未加保护的光纤易受攻击和窃听。

（3）长距离传输时,各信道间的串扰对安全影响显著。

（4）全光网不具备重建数据流的能力,透明节点无法识别信号的调制和编码格式,难以在全光网络中对攻击和故障进行定位。

为了保障全光网的正常运行,需要从光层次和信息两方面加强安全防范。

（1）全光网光层的安全措施有三个。一是对光纤的保护层进行加固,防止由于光纤断裂而造成光纤通信的网络故障。设计安全性能更强的组件和网络设备,增强抵御攻击的能力。开发对弯曲不敏感的光纤,防止弯曲使光泄漏出去。利用限幅放大器进行放大,限定最大输出功率,防止过强的功率对通信组件的破坏。采用均衡技术使各个不同波长的光功率均衡,防止大功率攻击信号导致小功率正常通信信号越来越弱的攻击情况。二是完善攻击探测功能,使攻击的探测具有事件确认、安全故障识别和产生相应的报警信号的基本功能。判断网络是否被攻击主要采用数据分析法,即为功率、频谱等参数设定一个最低安全限度的阈值,然后通过对网络中的信号或关键组件的输出信号进行实时监控。三是加强用户身份认证。为了保证网络通信的安全,建立一个合法用户数据库,通过用户身份认证可以确保数据来源的真实性并拒绝非法用户。在接入网部分,每个 ONU 都必须注册,注册后分配一个合法的 ID。发送数据时在信息中包含用户 ID 或先用 ID 申请通信,在验证无误后再发送数据,同时做到拒绝非法用户进入网络,对非法操作及时发现,并立即中断本次传输。

(2) 全光网信息的安全措施也有三个。一是全光网的数字包封技术。由于当前的光信号处理技术还不能实现较复杂的光信号处理,因此,不同的光包信息头处理方式对应着不同的光分组交换网技术。在全光时分多址交换网中,对其中同步、地址识别等复杂的处理采用光子技术,目前不能普遍实现;在光突发交换网中,光包信头中较复杂处理则是采用电子技术,例如,光标记交换技术。二是量子密码。量子密码可以在光纤线路上完成密钥交换和信息加密,如果攻击者企图接收并测量信息发送方的信息(偏振),将造成量子状态的改变,这种改变对攻击者而言是不可恢复的,进而通信双方就会意识到信息被窃取而更改量子密钥,这就保证了信息在传输过程中的安全性。三是量子密钥。量子密钥分配算法是指在量子信息中采用单个光子的量子态(如偏振态来表示比特),即每个光脉冲最多有一个光子,该光子所处的不同量子态表明它携带不同比特的信息。由于单个光子不可分割,因此窃听者无法通过分割方法来获取信息。根据量子不可克隆定理,只要存在窃听就一定可以被发现,正是基于这些基本原理确保了量子密钥分配绝对安全。

参考文献

[1] 忻向军.基于光纤模式复用的多维度传输理论及技术研究[EB/OL].国家自然科学基金共享服务网. (发布日期未标注)[2023-12-01].https://output.nsfc.gov.cn/conclusionProject/4f9ee479a67014278e4764 e3392f6533.

[2] 闫连山.新型多维光学信息传输关键技术研究[EB/OL].国家自然科学基金共享服务网.(发布日期未标注)[2023-12-01].http://output.nsfc.gov.cn/conclusionProject/1a9ccdd381513cd27e8782b4e332 7668.

[3] 张鑫.模分复用传输系统的关键技术研究[D].北京:北京邮电大学,2013.

[4] 李建平,刘洁,高社成,等.面向光纤通信多维复用的光场调控与传输技术[J].光学学报,2019, 39(1):0126008.

第7章 相干光通信

相干光通信是指在发射端对光载波进行幅度、偏振、频率或相位进行调制，在接收端，则采用零差检测或外差检测等相干检测技术进行信息接收的通信方式。对光载波进行调制和相干检测的最有效手段是对光波的复用和解复用，现在已经发展的复用技术包括波分复用、偏振复用、相位和轨道角动量(OAM)复用等技术，它广泛应用于相干光通信领域，包括量子保密通信，目前信息科学的研究热点。

本章首先介绍相干光通信的研究现状，其次介绍相干光通信原理及其核心技术，最后着重介绍基于偏振复用的离散调制连续变量量子密钥分发(CV-QKD)方案。所谓偏振复用，即随机选择任一 Stokes 参量作为本振光(LO)和另外两个作为信号光，它能够将信号光和 LO 在同一光路中传播，实现量子密钥分发(QKD)。与现有量子保密通信相比，这种 QKD 方法可以保证 LO 和信号光在同一光路中传播，消除自由空间的大气效应，避免信道相位偏移等因素的影响。

7.1 相干光通信的研究现状

7.1.1 研究现状

在光通信领域，更大的带宽、更长的传输距离、更高的接收灵敏度，始终都是科研者的追求目标。尽管波分复用(wavelength division multiplexing，WDM)技术和掺铒光纤放大器(Erbium-doped optical fiber amplifier，EDFA)的应用已经极大地提高了光通信系统的带宽和传输距离，但伴随着视频会议等通信技术的应用和互联网的普及，产生的信息呈爆炸式增长，这对作为整个通信系统基础的物理层提出了更高的传输性能要求。光通信系统采用强度调制/直接检测(IM/DD)，即发送端调制光载波强度，接收机对光载波进行包络检测。尽管这种结构具有简单、容易集成等优点，但是由于只能采用 ASK 调制格式，其单路信道带宽较为有限。因此这种传统光通信技术势必会被更先进的技术所代替。在数字传输系统中，DPSK 和 DQPSK 的使用已经非常普遍，这就意味着采用相位敏感的编码和传输技术将成为一种趋势，而检测灵敏度和频谱效率是这种趋势的关键所在。其他影响检测方案选择的因素还包括物理层的安全可靠性和网络的自适应性，两者都受益于采用相干光技术的幅度、频率和偏振等多维度的编码。与非相干传输相比，相干模拟传输也同样具有很大的优势，其中在动态范围方面最为显著。相干光通信的性能强大，但是系统复杂度高，技术实现难度大。

在过去的 20 年中,相干光通信技术越来越受到国际学术界的关注。每年都有大量关于相干光通信技术的文章在国际高水平会议和期刊上发表,内容包括各种新型调制码型(如正交频分复用(OFDM)、偏振差分四相移相键控(POLMUX-DQPSK))、相干光通信关键技术的研究、相干光通信中的高速数字信号处理以及相干光接收机集成化的研究等。另外,近 20 年来,光器件方面取得了显著的进展,其中激光器的输出功率、线宽、稳定性和噪声,以及光电探测器的带宽、功率容量和共模抑制比都得到了很大的改善,微波电子器件的性能也得到大幅提高。这些进步使得相干光通信系统商用化变为可能。一些关键器件及技术得到了很大的发展,如美国的 DISCOVERY 公司推出了带宽 2.5Gbit/s 及 10Gbit/s 的外差检测相干光接收机,在带宽为 10Gbit/s 误码率为 10^{-9} 时灵敏度可达 -30 dBm,集成的相干接收机体积比普通计算机机箱小,便于运输和野外工作。德国 u2t 等公司可提供高速高输入功率的平衡接收机。

相干光通信已在光纤通信中得到应用,并且自由空间相干光通信(FSCO)在跨洋通信、沙漠通信、星间通信等领域具有不可替代的作用。传统光通信系统需要使用大量 EDFA、SOA 等中继设备,但是在海底、沙漠等条件非常恶劣的环境中,这些精密设备容易损坏,且修理和更换费用昂贵。由于 FSCO 的无中继距离远大于传统光通信系统的传输距离,因此可以大量减少中继设备,降低维护和修理费用。此外,FSCO 的一个研究热点在于星间光链路通信,星链网就是典型案例。理论上,与 RF 载波相比,光载波在卫星通信中具有极强的优势,包括传送带宽大,质量、体积和功耗均小等,通信光极窄的波束宽度也带来了很好的抗干扰和抗截获性能,可以极大地提高通信系统的信息安全。因此,相干光通信技术是星间激光通信链路技术极具潜力的发展方向。这方面内容将在第 8 章中介绍,此处不再赘述。

7.1.2　相干光通信的优势

相干光通信具有许多方面的优势,其中最突出的有以下三方面。

(1) 灵敏度高。相干光通信的一个最主要的优点是相干检测能改善接收机的灵敏度。在相同的条件下,相干接收机比普通接收机灵敏度提高约 20dB,可以达到接近散粒噪声极限的高性能,因此也增加了光信号的无中继传输距离。

(2) 选择性好,通信容量大。相干光通信可以提高接收机的选择性。在相干外差探测中,探测的是信号光和本振光的混频光,因此只有在中频频带内的噪声才可以进入系统,而其他噪声均被带宽较窄的微波中频放大器滤除。可见,外差探测有良好的滤波性能,这在星间光通信的应用中会发挥重大作用。此外,由于相干探测优良的波长选择性,相干接收机可以使频分复用系统的频率间隔大大缩小,即密集波分复用(DWDM),具有以频分复用实现更高传输速率的潜在优势。

(3) 具有多种调制方式,可以实现多维度光通信。在相干光通信中,除了可以对光进行幅度调制,还可以使用 PSK、DPSK、QAM 等多种调制格式,利于灵活的工程应用,虽然这样增加了系统的复杂性,但是相对于传统光接收机只响应光功率的变化,相干探测可探测出光的振幅、频率、相位、偏振态携带的所有信息,因此相干探测是一种全息探测技术,这是传统光通信技术所不具备的。

7.2 相干光通信原理与核心技术

在介绍相干光通信原理之前,不妨回顾光的相干性概念。两束相干光传输时,相互之间能产生稳定的干涉(interference)。相干的结果可以是相长干涉(光强增强),也可以是相消干涉(光强减弱),如图 7-1 所示。

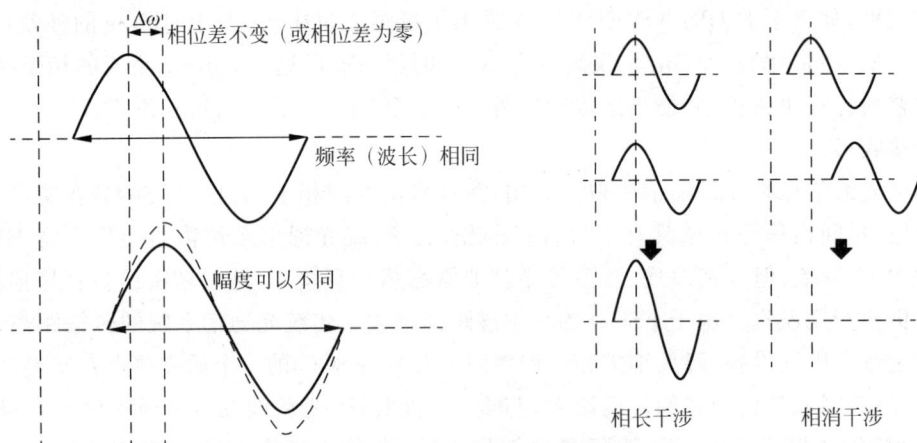

图 7-1 两束光的相干现象:相长和相消

显然,相长干涉可以让光波(信号)的强度变得更强,著名的杨氏双缝干涉实验就是典型的例子。

7.2.1 相干光通信原理

相干光通信并不依赖于传输过程中用的光,而是通过发送端的相干调制与接收端的相干检测技术实现信号处理。图 7-2 是非相干光和相干光的光通信系统,两种光通信系统的区别在发射和接收两端,传输路径都采用相同的传输介质——光纤或者自由空间。光发射机可以采用多维度光调制编码,以提高传输容量和信号密度。光接收端的技术是整个相干光通信的核心,在自由空间相干光通信中,需要利用光学天线接收来自空间的相干光波,经过光路梳理才能获得有效的通信光束,实现相干光的解调和光电转换,以及后续的其他处理步骤。

具体工作流程如下:在发送端,采用外调制方式将信号调制到光载波上进行传输。当信号光传输到达接收端时,首先与一本振光信号进行相干耦合,然后由平衡接收机进行探测。

7.2.2 相干光通信的关键技术

要想实现准确、有效、可靠的相干光通信,主要采用的关键技术有相干调制与发射、差分检测与信号处理及数字信号处理等技术。

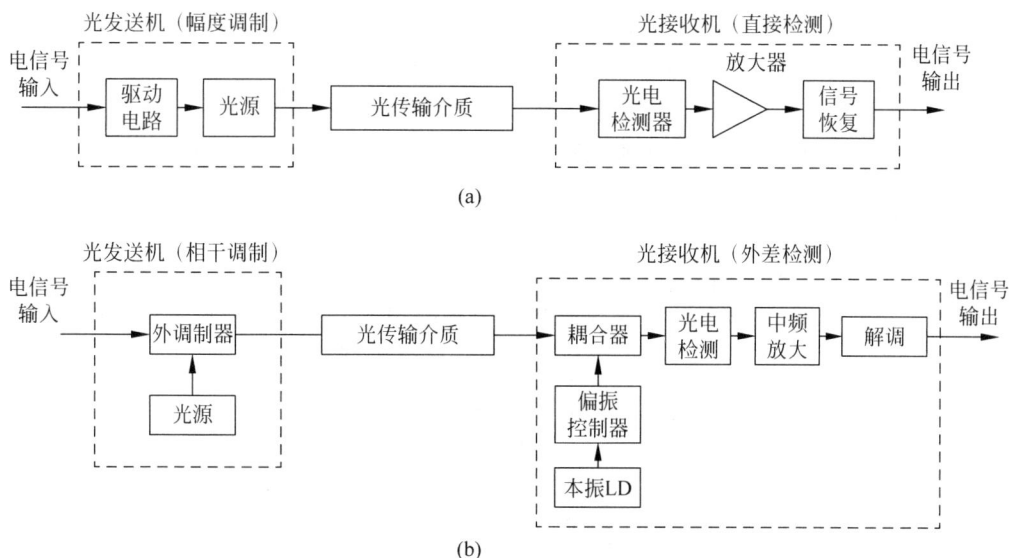

(a)

(b)

图 7-2　非相干光通信系统和相干光通信系统

（a）非相干光通信系统；（b）相干光通信系统

1. 相干调制与发射

在相干光通信系统中，光发送机采用相干调制。除了可以对光进行幅度调制，还可以采用外调制的方式，进行频率调制或相位调制，例如 PSK、QPSK、QAM 等。更多的调制方式，如偏振、模式调制，不仅增加了信息携带能力（单个符号可以表示更多的比特），还适合工程上的灵活应用。图 7-3 是一个外调制的示意图。

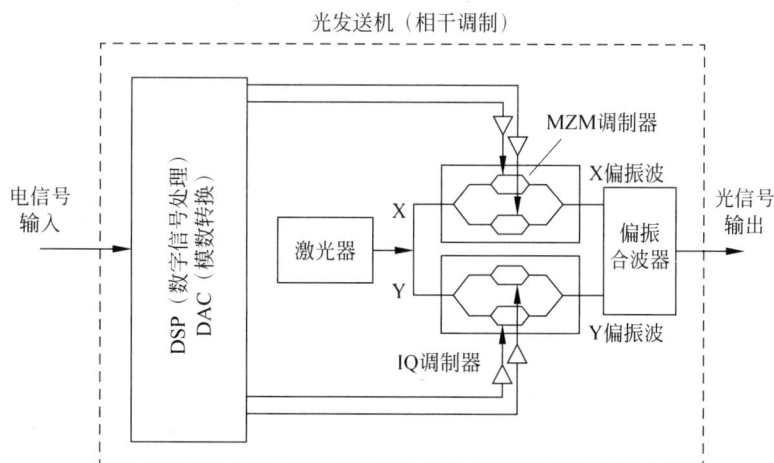

图 7-3　相干光通信的光发送机（偏振 QAM）

外调制是根据某些电光或声光晶体的光波传输特性随电压或声压等外界因素的变化而变化的物理现象而提出的。外调制器主要包括三种：利用电光效应制成的电光调制器、利用声光效应制成的声光调制器和利用磁光效应制成的磁光调制器。采用以上外调制器，可以完成对光载波的振幅、频率或相位的调制。人们对外调制器的研究比较广泛，如利用 T1

扩散 LiNbO$_3$ 马赫-曾德尔干涉仪或定向耦合式的调制器实现 ASK 调制,利用量子阱半导体相位外调制器或 LiNbO$_3$ 相位调制器实现 PSK 调制等。

如图 7-3 所示,在发送端,采用外调制方式,使用基于马赫-曾德尔干涉仪型调制器(MZM)的 IQ 调制器,实现高阶调制格式,将信号调制到光载波上,发送出去。

2. 差分检测与信号处理

图 7-4 是光接收机的结构图及其内部的放大检测单元。光信号通过光发射机发射,沿着传输信道传输到光接收机端口,光接收机利用光的相干检测技术接收信号,然后进行后处理。

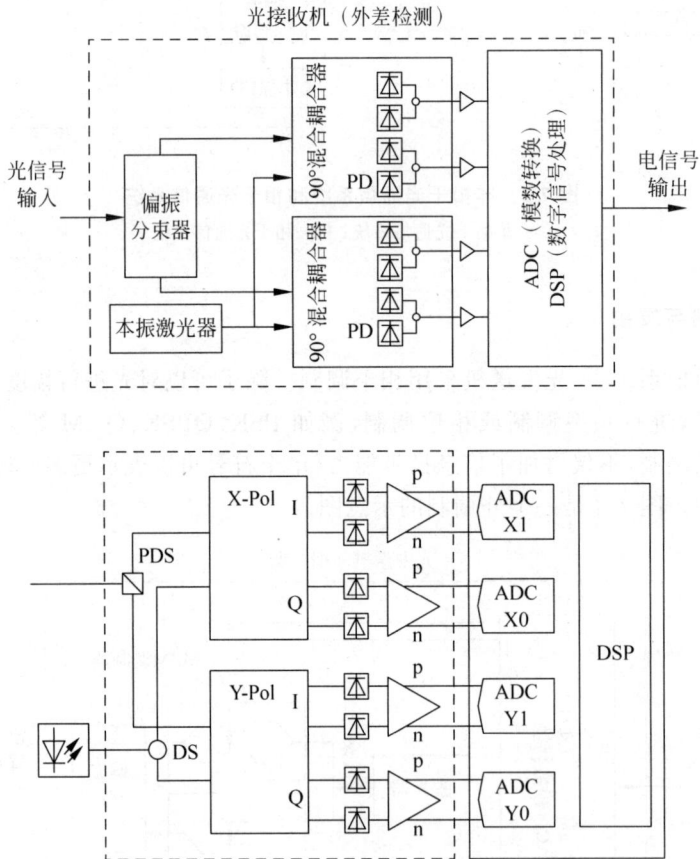

图 7-4 光接收机的结构图和放大的检测单元

所谓光的相干检测技术,就是利用一束本机振荡产生的激光信号(本振光),与输入信号光在光混频器中进行混频,得到与信号光的频率、相位和振幅按相同规律变化的中频信号。这其实是一个"放大"的过程。

在相干光通信系统中,经相干混合后的输出光电流的大小与信号光功率和本振光功率的乘积成正比。由于本振光的功率远大于信号光的功率,所以,输出光电流大幅增加,检测灵敏度也随之提高。

相干光通信,直接用光学天线接收光波,经过会聚光路变成相干光束再送到接收机,接收机接到微弱的相干光信号,需要对微弱的到达信号进行混频放大。混频后,用平衡接收机进行光电转换和差分检测,得到电信号,这就是相干光通信的接收技术。图 7-5 是相干光检测系统的示意图,图中信号光与本振光(本振激光器)经混频器得到两束频率分别为 $\omega_L + \omega_s$ 和 $\omega_L - \omega_s$ 的混频光束,这里 ω_L 和 ω_s 分别是本征光和信号光的角频率。光检测器采用差分技术解调两束混频光,并把通过光电转换获得电信号。电信号经过模数转换和数字信号处理,实现信号接收最终目标,获取原始发射信号的发送信息。

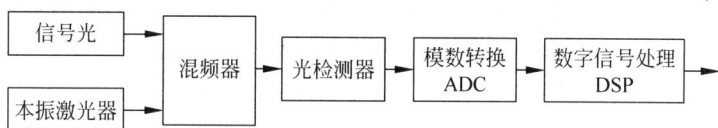

图 7-5 相干光检测系统的示意图

根据本振光信号频率与信号光频率的不等或相等,相干光通信可分为三种:外差检测、内差检测和零差检测。图 7-6 是三种检测技术中,本振光与信号光的频率分布情况。实验检测结果表明:外差检测相干光通信,经光电检波器获得的是中频信号,还需要进行二次解调,才能被转换成基带信号;零差检测可以直接得到信号光;内差检测减少了外部干扰,因此,这两种方式带来的噪声较小,减小了后续数字信号处理的功率开销和对相关器件的要求,所以最为常用。

零差检测相干光通信,光信号经光电检波器后被直接转换成基带信号,不需要进行二次解调,具有很高的灵敏度,适合于检测微软信号。但它要求本振光频率与信号光频率要求严格匹配,并且要求本振光与信号光的相位锁定。

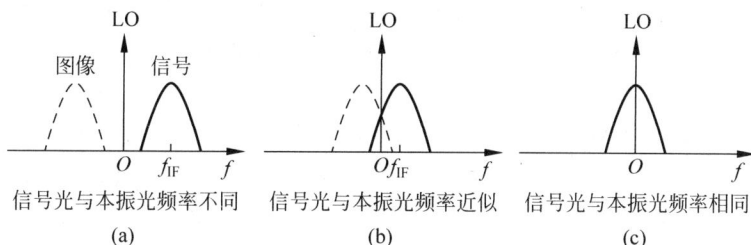

图 7-6 三种差分检测中,本振光与信号光的频率分布情况

(a)外差检测;(b)内差检测;(c)零差检测

3. 数字信号处理技术

对于自由空间相干光通信来说,光信号空间链路中传输时,根据惠更斯原理,光波的传播截面不断扩大,波的强度不断下降,同时光波还会受到大气散射和湍流的冲击,使相干光产生失真。因此,接收机接收到的相干信号不仅微弱,而且存在严重的失真。因此,检测得到的电信号通过 ADC 采集后,需要通过 DSP 技术进行各种信号补偿处理,比如色度色散补偿和偏振模式色散补偿(PMD)等。

利用数字信号比较容易处理的特点,借助数字信号处理技术去改善和补偿失真,降低失真对系统误码率的影响。经过 DSP 处理后,输出最终的电信号。最后,对电信号解码实现通信。

实际上,数字信号处理技术不仅用于接收机,还用于发送机。

前面介绍了相干光通信系统的关键技术,总体而言,相干光通信的性能强大,但是系统复杂度高,技术实现难度大。

最后通过一个100G相干传输的案例,回顾以上整个过程。

100G相干光传输系统的组成如图7-7所示。在这套相干光传输系统中,在发送端,就像为方便货物运输时,需要将货物放到集装箱,客户侧100G信号也需要装到OTU3/OTU4信号"集装箱"。OTU3/OTU4其实就是大小不一样的信号集装箱,其中OTU3可以装40G的信号,OTU4可以装100G的信号。激光器发出的激光被偏振分光器分成X、Y两个垂直方向的偏振光。

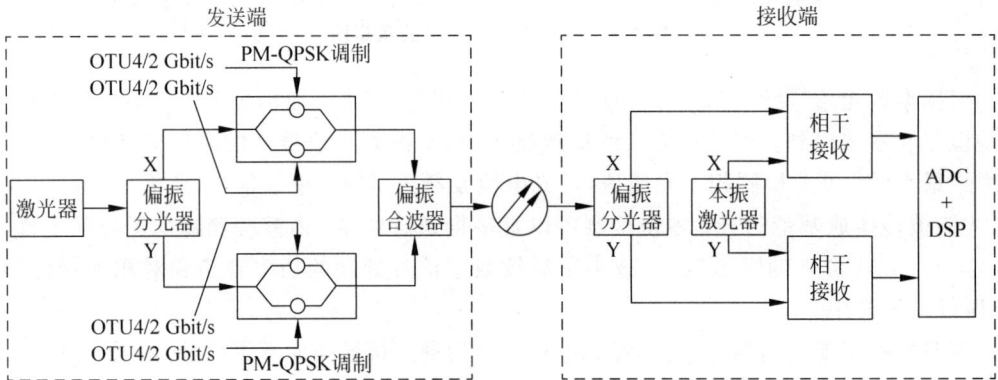

图 7-7 100G 相干光通信系统

对于100G相干光传输系统,OTU4信号转换为4路信号,分别对两个偏振方向的激光信号进行PM-QPSK调制,调制后的偏振光经偏振合波器合成一束激光,传到光纤线路,并送到远端。类似地,对于40G相干光传输系统,OTU3信号转换为2路信号,分别对两个偏振方向的激光信号进行PM-BPSK调制。偏振复用正交相移键控(polarization-multiplexed quadrature phase shift keying,PM-QPSK)和偏振复用的二进制相移键控(polarization multiplexed binary phase shift keying,PM-BPSK)都是将信息信号转换成适合线路传输信号的方式。

在接收端,接收到的信号光经偏振分光器被分到X和Y两个偏振方向。本振激光器也分出X和Y两个方向的偏振光,与接收的信号光进行相干。相干后的信号经光电转换和数模转换器(analog to digital converter,ADC)模块的模数处理后,进入数字信号处理(digital signal processing,DSP)模块。DSP模块对光路上出现的色散、偏振模色散等信号畸变进行数字化补偿,在以后恢复原始信号。

采用了相干接收技术,100G相干光传输系统无须配置固定的色散补偿模块(DCM)和可调色散补偿模块(TDCM),减少系统中光纤放大器的配置,无须进行光纤链路长度和色散的精细测量,不仅降低系统配置成本和人力投入,而且提升光纤传输网络性能。

7.3 单空间模的连续变量相干光通信

在7.1节和7.2节中,我们介绍了自由空间的相干光通信,它是基于双光束的外差相干调制编码和外差相干解码技术来完成自由空间相干光通信。这种相干光通信技术把本振光(LO)和信号光(SO)分为双光路,按照马赫-曾德尔(M-Z)干涉仪模式来传输,在自由空间传输过程中,两路光由于受到大气散射,很难保持同步,接收端很难使两束光精确地耦合,结果使实验的稳定性和可靠性面临诸多挑战。本节将介绍一种基于偏振复用技术,利用作者带领的研究团队发明的三晶片偏振编码器,实现单光束相干光通信。这种新的通信模式具有通信稳定性高、兼容性好,且能兼顾经典和量子二重相干光通信性能的特点,具有潜在的发展前景。

复用包含波分复用、偏振复用、轨道角动量(OAM)复用等技术,广泛应用于光通信领域包括量子保密通信,是目前信息科学的研究热点。本章提出基于偏振复用的离散调制连续变量量子密钥分发(CV-QKD)方案。所谓偏振复用,即随机选择任一斯托克斯(Stokes)参量作为本振光和另外两个作为信号光,它能够将信号光和本振光在同一光路中传播,实现量子密钥分发(QKD)。与现有量子保密通信相比,这种 QKD 方法可以保证本振光和信号光在同一光路中传播,消除自由空间的大气效应,避免信道相位偏移等因素的影响。

本章接下来将主要介绍以下几个方面内容。

首先,提出基于偏振复用的离散调制连续变量量子密钥分发(CV-QKD)方案,介绍离散调制的 CV-QKD 实验系统,阐述用三晶片型编码器复用和解复用的原理,以 Poincaré 球上的两个小区域作为编码区域,选择任一 Stokes 参量作为本振光和另外两个作为信号光。建立目标偏振态与三晶片型 Stokes 参量编码器驱动电压的映射表,采用基于静态查表法的控制方案,驱动三晶片型 Stokes 参量编码器实现编码,提高了编码速度,最大的编码调制速率达到 119 kHz。

然后,介绍用 RQNN 实现相干态偏振信号的识别与恢复,降低误码率,提高密钥率。介绍 RQNN 的结构,构建适合实验系统的非线性 RQNN 模型,利用 LabVIEW 的 MATLAB script 节点,将 RQNN 整合入数据采集系统中,实现对 CV-QKD 系统数据的辅助协调。通过 RQNN 对相干态信号的识别与恢复,CV-QKD 系统的误码率(QBER)达到 4% 左右,数据协调后最终误码率小于 10^{-6},低于 CV-QKD 的安全阈值,相比未经降噪的信号 QBER 明显降低,表明该方案是行之有效的。采用连续变量离散调制,建立基于偏振复用的高斯调制编码协议及其编码原理,并结合三晶片型 Stokes 参量编码器进行实验验证,表明此方案的可行性。

为了便于大家理解偏振调制和偏振复用,附录提供有关光偏振的基础知识,仅供参考。

7.3.1　单光束相干光通信的基本原理

在实验过程中,把一束激光束通过一片 0 级的线性线偏振片,可输出一束线偏振光 E。根据 $LiNbO_3$ 电光晶体的各向异性,通过特定操作,能够将入射光分解为本振光 E_L 和信号光 E_S,如图 7-8 所示。因此,偏振复用可以表示为

$$E = E_S + jE_L \tag{7-1}$$

为了实现测量的实用化,实验选择通过测量 Stokes 参量来获得通信信号。光的偏振性是光波动性的特征之一,描述光的偏振特性有复数表示法、Jones 矢量表示法、Stokes 参量法以及

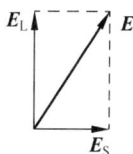

图 7-8　线偏振分解为本振光和信号光

Poincaré 球图示法等多种描述方法。1852 年,Stokes 首先用光强度来表征各种偏振态$\{S_0,$ $S_1,S_2,S_3\}$,称为 Stokes 参量。由于 Stokes 参量可以通过光强测量来确定,实验测量比较容易实现,且 Stokes 参量的三个偏振分量$\{S_1,S_2,S_3\}$可以映射到 Poincaré 球面的一个点上。因此,本文采用 Stokes 参量结合 Poincaré 球来研究 CV-QKD 通信进程中偏振态特性的演变。对于一束$\{E_x,E_y\}$的线偏振光,S_1,S_2,S_3 可以表示为

$$\begin{cases} S_1 = E_x^2 - E_y^2 \\ S_2 = 2E_x E_y \cos\delta \\ S_3 = 2E_x E_y \sin\delta \end{cases} \tag{7-2}$$

式中,δ 是 E_x 和 E_y 之间的位相延迟。

与经典光场中的 Stokes 参量描述不同,在量子力学中需要把 Stokes 参量作为力学算符来描述,称为 Stokes 算符,且根据海森伯(Heisenberg)不确定关系,$\{\hat{S}_1,\hat{S}_2,\hat{S}_3\}$三个算符满足以下的不确定关系:

$$\Delta\hat{S}_1 \cdot \Delta\hat{S}_2 \geqslant |\langle\hat{S}_3\rangle|$$

$$\Delta\hat{S}_2 \cdot \Delta\hat{S}_3 \geqslant |\langle\hat{S}_1\rangle|$$

$$\Delta\hat{S}_3 \cdot \Delta\hat{S}_1 \geqslant |\langle\hat{S}_2\rangle| \tag{7-3}$$

式(7-3)表明,只要 Stokes 算符$\{\hat{S}_1,\hat{S}_2,\hat{S}_3\}$中有一个分量不为零,则另外两个分量就不能被同时精确测量。根据量子密钥分发原理,本实验选择 Stokes 参量中的一个分量为本振光,另外两个作为信号来实现相干光通信。这种通过单光束来实现信号光和本振光在自由空间的传播,就是所谓的偏振复用的 Stokes 描述。

7.3.2 两种偏振复用调制协议

基于偏振复用的 CV-QKD 离散调制协议如下:

(1) Alice 随机选择编码 S_2 或 S_3,当选择编码 S_2 时,利用三晶片型 Stokes 参量编码器产生 S_3 为强本振光,S_1 和 S_2 为弱信号的偏振光,并调制 S_2,获得相干态$|S_2\rangle$;相似地,当选择编码 S_3 时,获得相干态$|S_3\rangle$)。需要注意的是,调制信号为 16 位高斯随机数,因此相干态信号分量的强度服从 16 位高斯分布;

(2) Alice 将制备好的相干态通过自由空间传送给 Bob;

(3) Bob 通过解码器和 HWP 组成的解码系统随机选择测量基,对 S_2 或 S_3 分量进行测量,并通过经典认证信道公布选择的测量基,Alice 告知 Bob 错误的测量基,然后 Bob 将选择错误的测量基丢弃掉;

(4) Bob 对有效的相干态信号进行信号识别和提取,获得相干态信号的幅度,并对选择不同测量基对应的结果分别加以线性量化处理,得到对应 0～15 的 16 位随机数序列,通过纠错以及私密放大技术,与 Alice 建立起共同密钥。

在本协议中,所发送的相干态之间存在重叠部分,不容易区分,即使窃听者 Eve 截获了全部相干态,正确区分相干态的概率也不高,会引入额外噪声导致误码率升高,通过后选择有利的测量事件,Bob 可以建立相对于 Eve 的信息优势。因此,Alice 和 Bob 可以通过后向选择和 LDPC 纠错,舍弃误码率较高的共同密钥,建立相对安全的通信。

根据 GG02 高斯调制协议,结合本实验室的具体情况,提出基于偏振复用的 CV-QKD 高斯调制协议步骤如下:

(1) Alice 制备水平线偏振光,Stokes 参量表示为$[1,1,0,0]$。

(2) Alice 从均值为 0 方差为 $V_A N_0$(其中 N_0 为散粒噪声方差)的高斯分布中取两个随机数 S_{2A} 和 S_{3A}。

(3) Alice 通过三晶片型 Stokes 参量编码器,以 S_1 为本振光,S_2 和 S_3 为信号光,制备相干态 $|S_{2A}+iS_{3A}\rangle$,并将该相干态通过量子信道传输给 Bob,实现偏振复用。

(4) Bob 通过三晶片型 Stokes 参量解码器解复用,随机选择 S_{2A} 或 S_{3A} 进行零差检测。

(5) Bob 通过公共认证经典信道告知 Alice 它选择的测量基,通过 Alice 和 Bob 的交流,Bob 丢弃掉不相关信息。经过若干次步骤(4)之后,Alice 和 Bob 之间共享了一系列相关的高斯变量,被称为原始密钥。

(6) 通过直接协调或者逆向协调等传统数据协调方式,提取得到最终密钥。

7.3.3　偏振复用的 CV-QKD 实验系统

为了实现单光束的连续变量相干光通信,构建了一套自由空间的相干光通信系统,主要可分为三部分:一是线偏振态制备系统;二是编码和发送系统;三是解码与接收系统。实验原理图如图 7-9 所示。

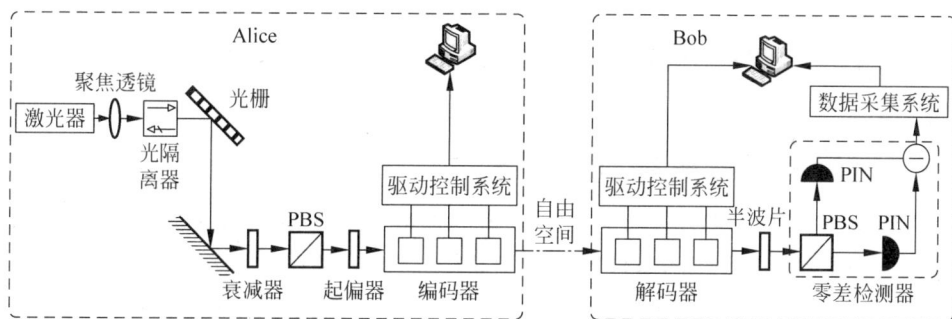

图 7-9　基于偏振复用的 CV-QKD 实验原理图

1. 线偏振态制备系统

连续光束由 Laser Driver 公司生产的半导体激光器 SDL5412 产生,其输出波长为 808nm。在一般的天气环境下,大气对 780~850nm 波段光的损耗极小,选取 808nm 波长的激光也是考虑到该波段位于大气传输的最佳窗口内。连续光束穿过焦距 5mm 的球透镜,经过准聚焦得到较理想的平行光,在球透镜之后加上光隔离器,防止光反射到激光器,使激光器稳定输出。紧接着通过一个光栅对光束进行空间滤波,得到一束频率特性较好的单色光。可调衰减片用于模拟量子信道的透射率,它可以对单色光强进行 2%~100% 的衰减。选择消光比较高的沃拉斯顿棱镜作为偏振分束器(PBS)把衰减后的光束分解为水平方向和垂直方向的两束偏振光,垂直方向的偏振光被过滤,从而得到水平偏振光。最后通过起偏器得到所需的线偏振光(对于离散调制为 $-45°$ 线偏振光,Stokes 参量表示为 $\{1,0,-1,0\}$;对于高斯调制为水平线偏振光,Stokes 参量表示为 $[1,1,0,0]$)。

2. 编码和发送系统

编码和发送系统由计算机、高压驱动电路以及三晶片型 Stokes 参量编码器组成。三晶片型编码器由 ARM(STM32F106)作为主控的高压电路驱动。利用 ARM 中自带的 AD 功能,采集电磁噪声,经过 Box-Muller 变换后得到高斯随机数。ARM 控制高压电路对三晶片型编码器施加对应的电压,同时将产生的随机数通过 USB 接口传送给发送端计算机,即为发送码,当制备好的线偏振光通过三晶片型编码器后,即可得到编码 S_2 或 S_3 的调制信号。为提高编码速度,将事先计算好的目标偏振态对应的电压值以静态查找表的方式存入 ARM 中,采用查表的控制方案以提高三晶片型 Stokes 参量编码器的编码速度。

3. 解码与接收系统

解码和接收系统包括计算机、半波片(HWP)、PBS、高压驱动电路、零差检测电路以及 NI(national instrument)的数据采集套件和 LabVIEW 软件。通过 Bob 端的解码器件和 HWP,随机选择测量基(S_2 或 S_3),选择过程与编码端类似。解调后的光线经 PBS 分解,进行零差检测。Alice 端发送的信号通过解码和零差检测系统,即可完成对 Stokes 参量 S_2 或 S_3 的测量,再由数据采集卡(DAQ)PCI6111E 对电压进行采集,最终将数据送入计算机分析。

除了上述的实验系统,还需要对得到的数据进行识别、滤波、量化和纠错处理,最终提取出密钥。

7.3.4 偏振复用与解复用的实现

在介绍基于三晶片型 Stokes 参量编码器的偏振复用之前,简单介绍三晶片型 Stokes 参量编码器。本实验选用 LiNbO₃ 作为电光晶体,将沿 c 轴(z 轴)方向切割的 LiNbO₃ 晶体定义为 Z 型晶体,根据 LiNbO₃ 晶体的电光效应,可以得到 Z 型晶体外加 x 轴方向电场时延迟量为

$$\delta_z = \frac{2\pi n_o^3 r_{22}}{\lambda} \frac{l}{d} V_x \tag{7-4}$$

同理,将沿 a 轴(x 轴)方向切割的 LiNbO₃ 晶体定义为 X 型晶体。同样根据 LiNbO₃ 晶体的电光效应,可以推导出 X 型晶体外加 z 轴方向电场时延迟量为

$$\delta_x = \frac{2\pi l}{\lambda}(n_o - n_e) + \frac{\pi(n_e^3 r_{33} - n_o^3 r_{13})}{\lambda} \frac{l}{d} V_z \tag{7-5}$$

式中,n_o 和 n_e 分别为寻常光和非寻常光的折射率;l 和 d 分别为晶体的长度和宽度。由式(7-5)可知,通过改变外加电压,可以改变晶体的相位延迟量,进而影响入射光的偏振态。通过仿真得知单一晶片或者 X-Z 双晶片结构存在控制盲区以及控制电压偏高等缺点,因此考虑选用 X-Z-X 晶片构成的三晶片型 Stokes 参量编码器件,通过计算机仿真表明,选择合适的晶体尺度,可以实现偏振态在 Poincaré 球面上的完全遍历,且其驱动电源的控制电压较低小于 120V 可以用小型化的半导体元件实现。

1) 偏振复用

本实验选用三晶片型 Stokes 参量编码器实现偏振复用,具体的偏振复用的原理如下。

对于晶体主光轴与水平方向的夹角确定的晶体,由矩阵光学可以得到晶体的密勒(Muller)矩阵,本文用三维旋转群 SO(3)矩阵表示,这里 SO(3)矩阵为密勒矩阵的 3 阶子矩阵。X 型晶体和 Z 型晶体的 SO(3)矩阵分别为

$$M_X = \begin{bmatrix} 1 & 0 & 0 \\ 0 & \cos\delta_X & \sin\delta_X \\ 0 & -\sin\delta_X & \cos\delta_X \end{bmatrix} \tag{7-6a}$$

和

$$M_Z = \begin{bmatrix} \cos\delta_Z & 0 & -\sin\delta_Z \\ 0 & 1 & 0 \\ \sin\delta_Z & 0 & \cos\delta_Z \end{bmatrix} \tag{7-6b}$$

其中,δ 为晶体的相位延迟量,根据式(7-6a)和式(7-6b)得知,其与外加控制电压有关。入射偏振光经过三晶片型编码器件后的偏振态可以表示为

$$[S_{out,1} \quad S_{out,2} \quad S_{out,3}]^T = M_{X3} \cdot M_{Z2} \cdot M_{X1} \cdot [S_{in,1} \quad S_{in,2} \quad S_{in,3}]^T \tag{7-7}$$

接下来介绍离散调制的偏振复用原理。将式(7-6a)和式(7-6b)以及离散调制时入射的 $-45°$线偏振光 $[S_{in,1} \quad S_{in,2} \quad S_{in,3}]^T = [0 \quad -1 \quad 0]^T$ 代入式(7-7)得到

$$\begin{cases} S_{out,1} = -\sin\delta_{Z,2}\sin\delta_{X,1} \\ S_{out,2} = -\cos\delta_{X,3}\cos\delta_{X,1} + \sin\delta_{X,3}\cos\delta_{Z,2}\sin\delta_{X,1} \\ S_{out,3} = \sin\delta_{X,3}\cos\delta_{X,1} + \cos\delta_{X,3}\cos\delta_{Z,2}\sin\delta_{X,1} \end{cases} \tag{7-8}$$

令 $\cos\delta_{Z,2} \approx 1, \delta_{X,1} = \delta_{X,3}$,得到

$$\begin{cases} S_{out,2} = -\cos\delta_{X,3}\cos\delta_{X,1} + \sin\delta_{X,3}\sin\delta_{X,1} = -\cos2\delta_{X,1} \\ S_{out,3} = \sin\delta_{X,3}\cos\delta_{X,1} + \cos\delta_{X,3}\sin\delta_{X,1} = \sin2\delta_{X,1} \end{cases} \tag{7-9}$$

此时 $S_{out,1}$ 很小,由式(7-9)可以看出,当选择 S_3 为 LO,S_1、S_2 为信号光,且只对 S_2 分量进行微小调制,映射到 Poincaré 球上,此时的编码区域为 Poincaré 顶点区域,其过程如图 7-10(a)所示,其中上方的坐标为晶体的晶轴,下方的坐标为实验 CV-QKD 系统的真实坐标。此时通过三晶片型 Stokes 参量编码器,将信号光和 LO 在同一光路中传输,实现偏振复用。编码 S_3 时情况类似,此时的编码区域为 Poincaré 球右侧区域,其过程如图 7-10(b)所示。

此时,通过三晶片型 Stokes 参量编码器,将 S_2 作为 LO,S_1 和 S_3 作为信号光,只对 S_3 分量进行微小调制,将信号光和 LO 在同一光路中传输,实现偏振复用。可见,通过三晶片型 Stokes 参量编码器的偏振复用,可以使 Stokes 参量的 S_2 或 S_3 的偏振编码方式满足 CV-QKD 系统中信号光和 LO 的要求。

对于高斯调制,三晶片型 Stokes 参量编码器的入射偏振态为 $[S_{in,1} \quad S_{in,2} \quad S_{in,3}]^T = [1 \quad 0 \quad 0]^T$,结合式(7-6a)、式(7-6b)和式(7-7)可以得到

$$\begin{cases} S_{out,1} = \cos\delta_{Z,2} \\ S_{out,2} = \sin\delta_{Z,2}\sin\delta_{X,3} \\ S_{out,3} = \sin\delta_{Z,2}\cos\delta_{X,3} \end{cases} \tag{7-10a}$$

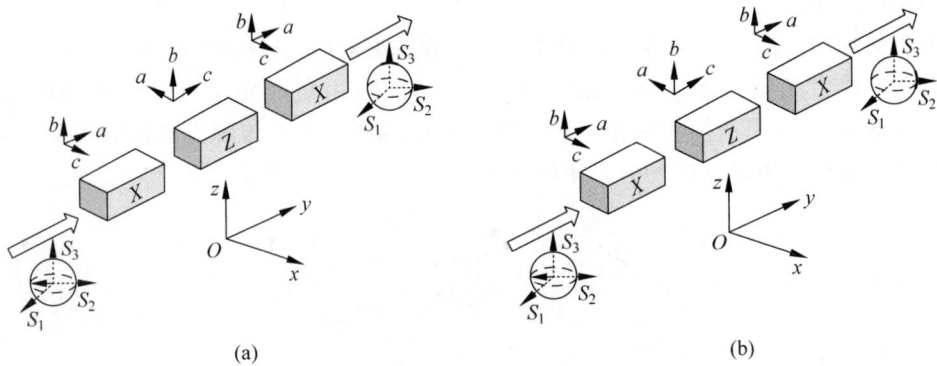

图 7-10　三晶片型编码器编码原理图

(a) 编码 S_2 原理图；(b) 编码 S_3 原理图

为方便讨论，令第一晶片和第三晶片两端施加相同偏压，即 $\delta_{X,1} = \delta_{X,3}$，由式（7-10a）可以得到

$$\begin{cases} S_{out,1} = \cos\delta_Z \\ S_{out,2} = \sin\delta_Z \sin\delta_X \\ S_{out,3} = \sin\delta_Z \cos\delta_X \end{cases} \tag{7-10b}$$

令 $\delta_Z \approx 0$，由式（7-10b）可以看出，此时 $S_{out,1}$ 很大，近似为 1，随 δ 改变 $S_{out,1}$ 变化幅度很小，$S_{out,2}$ 和 $S_{out,3}$ 很小。即 S_1 作为 LO 时，S_2 和 S_3 为信号光，变化幅度很大，映射到 Poincaré 球上，此时的编码区域如图 7-11 所示。可见，选择 Stokes 参量 S_1 为 LO，S_2 和 S_3 为信号光的偏振编码方式满足 CV-QKD 系统中信号光和 LO 的要求，而将 LO 和信号光在同一光路中传输，实现了偏振复用。

2）偏振复用的解码

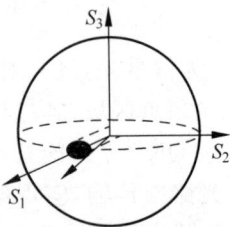

图 7-11　高斯调制编码原理

偏振复用的解码过程，实际上是将信号光从同一光路中传播的 LO 和信号光中提取出来进行测量。在介绍基于三晶片 Stokes 参量解码器解复用的原理前，首先介绍对解码和接收系统的校准，使测量基对应 Stokes 参量 S_2 或 S_3。具体来说，当 $-45°$ 线偏振光直接入射到 Bob 端，解码器不加电压时，此时零差检测器测量值为 $S_1\cos4\theta - S_2\sin4\theta$，其中 θ 为 HWP 的快轴与水平方向的夹角。转动 HWP 的角度至测量值出现极值，完成了解码系统的校准工作，此时 $\theta = 1/8\pi + n/4\pi, n = 1,2,3\cdots$。

三晶片型解码器由编码器结构和一片快轴与水平方向夹角为 $1/8\pi$ 的半波片（HWP）构成，其中 $1/8\pi$ 半波片的 SO(3) 矩阵可以表示为：

$$H_{1/2} = \begin{bmatrix} 0 & 1 & 0 \\ 1 & 0 & 0 \\ 0 & 0 & -1 \end{bmatrix} \tag{7-11}$$

光束先从半波片入射，然后进入三晶片型解码器，从解码系统射出之后，再通过 PBS，分解成水平线偏振光和垂直线偏振光，然后进入零差检测器。

把入射到 Bob 端的光记为 $P_{in} = (S'_{in,0}, S'_{in,1}, S'_{in,2}, S'_{in,3})^T$，解码器的第一块晶片和第三块晶片两端施加电压相同，那么，两者将有相同的相位延迟量($\delta'_{X,1} = \delta'_{X,3}$)和相同的 SO(3) 矩阵。解码过程表示为

$$[S'_{out,1}, S'_{out,2}, S'_{out,3}]^T = H_{1/2} \cdot M_X \cdot M_Z \cdot M_X \cdot [S'_{in,1}, S'_{in,2}, S'_{in,3}]^T \qquad (7\text{-}12)$$

结合式(7-6a)、式(7-6b)和式(7-11)，可以导出

$$S'_{out,1} = AS'_{in,1} + BS'_{in,2} + CS'_{in,3} \qquad (7\text{-}13a)$$

在式(7-13a)中，

$$\begin{cases} A = \sin\delta'_{X,1}\sin\delta'_{Z,2} \\ B = \cos^2\delta'_{X,1} - \sin^2\delta'_{X,1}\cos\delta'_{Z,2} \\ C = \sin\delta'_{X,1}\cos\delta'_{X,1}(1 + \cos\delta'_{Z,2}) \end{cases} \qquad (7\text{-}13b)$$

式(7-13b)表明可以通过调整解码器的电压，使 $A=0, B=-1, C=0$，此时结合零差检测的原理可以得到 $|\langle\hat{S}_0\rangle| \approx |\langle\hat{S}_1\rangle| = |\hat{S}_2|$，即此时解码 S_2，零差检测测量的是 S_2；由 $A=0, B=0, C=1$ 可以得到 $|\langle\hat{S}_0\rangle| \approx |\langle\hat{S}_1\rangle| = |\hat{S}_3|$，即此时解码 S_3，零差检测测量的是 S_3。由上述可见，通过在三晶片型 Stokes 参量解码器施加不同控制电压，就可以完成 Stokes 参量的解复用。

7.3.5　基于查表法的高速控制方案

介绍了三晶片型 Stokes 参量编码器和解码器的偏振复用和解复用后，为实现编码器的高速编码需要通过一定的控制方案建立目标偏振态与三晶片型 Stokes 参量编码器驱动电压的映射关系。之前实验室研究过模拟退火算法的控制方案和基于禁忌搜索算法的控制方案，但是计算量较大，难以满足高速编码的需求。因此本文提出基于查表法的控制方案，用来控制离散调制时三晶片型 Stokes 参量编码器。

选取 Stokes 参量 S_2 和 S_3 编码区域中各 16 个目标偏振态，分别对应 16 位高斯随机数。结合式(7-4)、式(7-5)和式(7-9)，可以得到

$$\begin{cases} S_2 = -\sin(0.006542V_1)\sin(0.006542V_3) + \\ \qquad \cos(0.006542V_1)\cos(0.0049V_2)\cos(0.006542V_3) \\ S_3 = -\sin(0.006542V_1)\cos(0.006542V_3) - \\ \qquad \cos(0.006542V_1)\cos(0.0049V_2)\sin(0.006542V_3) \end{cases} \qquad (7\text{-}14)$$

根据式(7-14)计算好目标偏振态对应的三晶片型 Stokes 参量编码器的驱动电压值，从而建立起 16 位高斯随机数与 16 组驱动电压值的映射关系，将高斯随机数与电压值的映射以静态查找表的形式存于 ARM 芯片中。ARM 首先产生 0-1 随机数，决定编码 S_2 或 S_3，然后通过 16 位高斯随机数，控制编码器对 S_2 或 S_3 进行编码。

实验选用 SU(2) 型偏振态发生器对 Stokes 参量进行调制，分析了 Stokes 参量的测量原理。搭建实验光路，对控制方案进行功能验证，将测试得到的结果与理论推导结果进行比较，验证其实现偏振态转换的功能。

7.4 Stokes 参量测量与解码

7.4.1 Stokes 参量的测量原理

Stokes 参量的测量采用如下方法：在 Bob（接收）端，利用一个 SU(2)型偏振态发生器、HWP(1/2 波片)、PBS(偏振分束器)以及实验室自制的零差检测电路完成对 Stokes 参量的 S_2 或 S_3 分量的测量，其测量光路如图 7-12 所示。

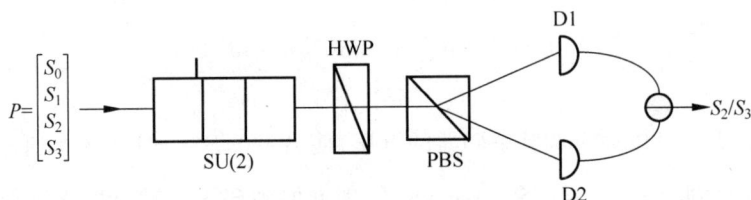

图 7-12　Stokes 参量测量示意图

下面对其进行推导分析。为了方便，直接用 Stokes 参量描述法来表示光的偏振态，所用的光学器件对偏振光的作用用密勒矩阵表示。主轴方位角为 θ，则引入相位延迟量为 δ 的光学器件的密勒矩阵可用式(7-15)表示：

$$M(\delta,\theta) = \begin{bmatrix} 1 & 0 & 0 & 0 \\ 0 & \cos2\theta & -\sin2\theta & 0 \\ 0 & \sin2\theta & \cos2\theta & 0 \\ 0 & 0 & 0 & 1 \end{bmatrix} \begin{bmatrix} 1 & 0 & 0 & 0 \\ 0 & 1 & 0 & 0 \\ 0 & 0 & \cos\delta & \sin\delta \\ 0 & 0 & -\sin\delta & \cos\delta \end{bmatrix} \begin{bmatrix} 1 & 0 & 0 & 0 \\ 0 & \cos2\theta & \sin2\theta & 0 \\ 0 & -\sin2\theta & \cos2\theta & 0 \\ 0 & 0 & 0 & 1 \end{bmatrix}$$

$$(7\text{-}15)$$

假设经过 Alice 端的 SU(2)型偏振态发生器对入射偏振光调制后的光束为 $P = \begin{bmatrix} S_0 & S_1 & S_2 & S_3 \end{bmatrix}^T$，令 HWP 的快轴与水平方向的夹角成 $\pi/8$，其密勒矩阵表示为

$$M_H = \begin{bmatrix} 1 & 0 & 0 & 0 \\ 0 & 0 & 1 & 0 \\ 0 & 1 & 0 & 0 \\ 0 & 0 & 0 & -1 \end{bmatrix}$$

$$(7\text{-}16)$$

PBS 的输出分为两部分：一路输出水平偏振光，等效为水平线偏振器，另一路输出垂直偏振光，等效为垂直线偏振器。经过零差检测电路后，所测得的光强为两束线偏振光的光强差。

7.4.2 零差测量 S_2 分量

在测量 S_2 分量时，Bob 端的 SU(2)型偏振态发生器的第一块和第三块晶片施加 0V 电压，结合式(7-10b)和式(7-11)，此时的 SU(2)型偏振态发生器的密勒矩阵由式(7-17)给出：

$$M_{S_2} = \begin{bmatrix} 1 & 0 & 0 & 0 \\ 0 & 1 & 0 & 0 \\ 0 & 0 & -1 & 0 \\ 0 & 0 & 0 & -1 \end{bmatrix} \tag{7-17}$$

在经过 PBS 和零差检测电路前,偏振态用 Stokes 参量表示为

$$M_H \cdot M_{S_2} \cdot P = \begin{bmatrix} S_0 & -S_2 & S_1 & S_3 \end{bmatrix}^{\mathrm{T}} \tag{7-18}$$

由式(7-2)可知,Stokes 参量的 S_1 分量表示的是水平方向与垂直方向的线偏振光的光强差。那么结合前面介绍的 PBS 和零差检测电路的功能,可知经过零差检测电路后,所测得的光强为 $-S_2$。因此,可以得到 Stokes 参量的 S_2 分量。

7.4.3　零差测量 S_3 分量

与 7.4.1 节中类似,在测量 S_3 分量时,Bob 端的 SU(2)型偏振态发生器的三块晶体中的第一块和第三块晶片施加 $-120\mathrm{V}$ 电压,结合式(7-10b)和式(7-11),此时的 SU(2)型偏振态发生器的密勒矩阵用式(7-19)表示为

$$M_{S_3} = \begin{bmatrix} 1 & 0 & 0 & 0 \\ 0 & 1 & 0 & 0 \\ 0 & 0 & 0 & 1 \\ 0 & 0 & -1 & 0 \end{bmatrix} \tag{7-19}$$

在经过零差检测电路的 PBS 前,此时的偏振态用 Stokes 参量表示为

$$M_H \cdot M_{S_3} \cdot P = \begin{bmatrix} S_0 & S_3 & S_1 & S_2 \end{bmatrix}^{\mathrm{T}} \tag{7-20}$$

由前面的分析知,此时可以用零差检测电路测量得到 Stokes 参量的 S_3 分量。至此,在介绍了 Bob 端的测量原理基础上,搭建单光束连续变量相干光通信的光路平台,对控制方案进行实验验证。这样,就能利用 Bob 端的 SU(2)型偏振态发生器结合半波片,零差检测电路实现测量基的自动转换,而不是像之前实验室使用的 QQH 方案,需要手动更换波片才能转换测量基,速率得到显著提高。

7.5　实验测量与误差分析

基于偏振复用的离散调制编码方案,即按 16 位高斯随机分布调制 CV-QKD 信号光,然后对接收信号进行线性量化处理。由于本通信实验的输入信号是弱信号,信道噪声、测量噪声等各种噪声对相干态的检测影响很大,接收信号信噪比低,需要经过有效地过滤噪声,信号识别,才能正确地区分量子态。因此从含有噪声的信号中提取真实信号至关重要。经典通信中,常用 Wiener 滤波器估计信道方差,但它只适用于平稳随机过程;用卡尔曼(Kalman)滤波器做线性滤波。为了在噪声类型未知的环境中提取量子信号,采用 Dawes 等提出的递归量子神经网络(RQNN)方法,利用其具有的非线性滤波特性和精度高的优点,对接收信号进行随机滤波和信号提取。

在本实验中,用递归量子神经网络(RQNN)模型构建了随机滤波器,处理来自 Labview 的原始采集数据。RQNN 的核心是利用薛定谔(Schrödinger)方程描述含有噪声的通信系统,噪声的作用等效为附加势场,通过 RQNN 改变势场,进而控制波函数的演化方向,实现

消除噪声的目的,对实验结果加以定量分析。

7.5.1　光强衰减方案

我们采用如图 7-9 所示的 CV-QKD 实验系统,实验中采用可调衰减片(VOA)调控光强,用以模拟信道的透射率。所用的 VOA 是一种圆形连续可变的中灰密度滤光片,表面镀有增反膜,适用于 808nm 波段,通过旋转该滤光片可提供线性可调的衰减,衰减范围为2%～100%。调节 VOA,模拟不同的信道透射率,进行了一系列实验。考虑到在本文构建的 CV-QKD 实验系统中,信道透射率取决于光学元件的透射率、大气散射对光线的影响以及检测系统的效率,其中最主要的是 VOA 对光线的吸收。因此本小节将 VOA 的衰减率近似等同于信道的透射率。

在信道透射率 T 为 50% 的情况下,Alice 端编码 S_2,Bob 端选择对应测量基得到的信号分布曲线如图 7-13 所示。其中,图 7-13(a)为 Alice 端的发送码,图 7-13(b)为 Bob 端选择对应测量基的接收码,Alice 端编码速率为 40kHz,Bob 端的采样率为 680kHz。从图中可以看出,在信道透射率为 50% 的情况下,接收码中噪声较小,发送码和接收码的波形基本一致。此时,对接收码进行线性量化,得到 0～15 的 16 位随机数,与发送码比对,统计误码率,误码率小于 10^{-3}。

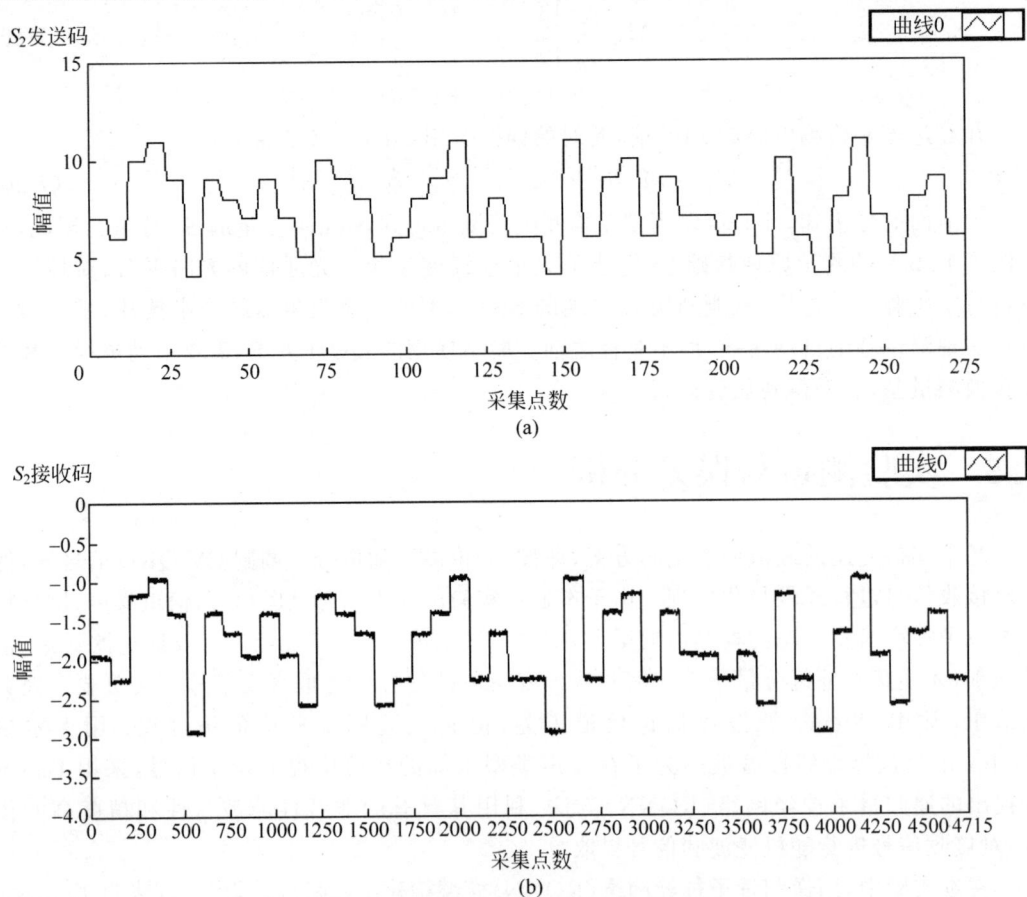

(a)

(b)

图 7-13　信道透射率为 50% 的编码和接收图

(a) S_2 编码发送码;(b) 选择 S_2 测量基时的接收码

在信道透射率 T 为 25% 的情况下，Alice 端编码 S_2，Bob 端选择对应测量基得到的图像如图 7-14 所示。其中图 7-14(a) 为 Alice 端的发送码，图 7-14(b) 为 Bob 端选择对应测量基的接收码，Alice 端编码速率为 40kHz。此时接收码中夹杂着大量噪声，需要提高信噪比，因此采取过采样法，Bob 端的采样率上升到 6.8MHz。与图 7-13 相比，在信道透射率为 25% 的情况下，接收码临近信号之间难以分辨。如果采用直接量化的方式会导致识别误码率升高，因此，需要用 RQNN 方法进行信号的提取和滤波，再做均匀量化，误码率约在 1.5%。

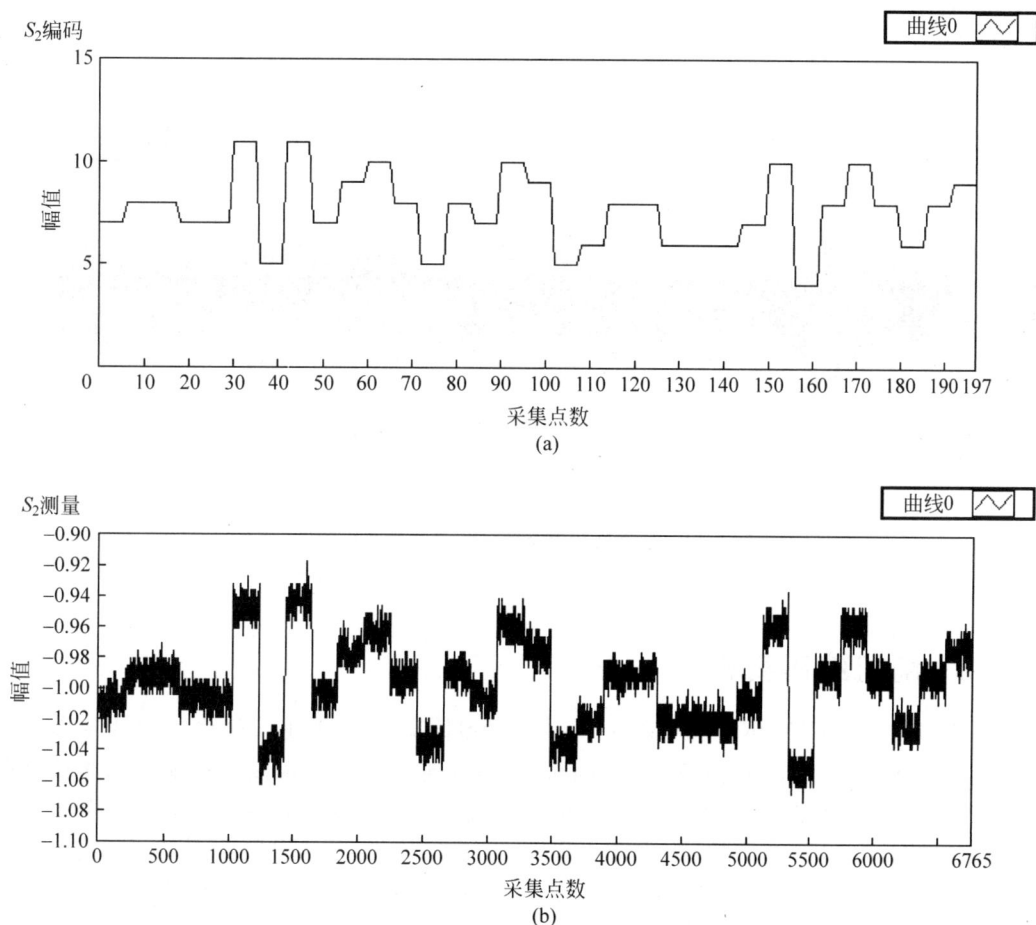

(a)

(b)

图 7-14　信道透射率为 25% 的编码和接收图

(a) S_2 编码发送码；(b) 选择 S_2 测量基时的接收码

在信道透射率 T 为 0.1% 的情况下，Alice 端编码 S_2，Bob 端选择对应测量基得到的信号曲线如图 7-15 所示。此时通过光功率计测得总光强为 0.72nW，经过计算确定每个信号态包含的光子数约为 512 个。实验的编码速率和采样率与图 7-14 基本一致。由图 7-15 可以看出，在信道透射率为 0.1% 的情况下，接收码中夹杂着大量噪声，几乎无法区分相干态的信号。此时，将接收码用 RQNN 进行信号的提取和量化，误码率大约在 4%。在本文的 CV-QKD 实验中，信道透射率基本保持在 0.1% 条件下进行。

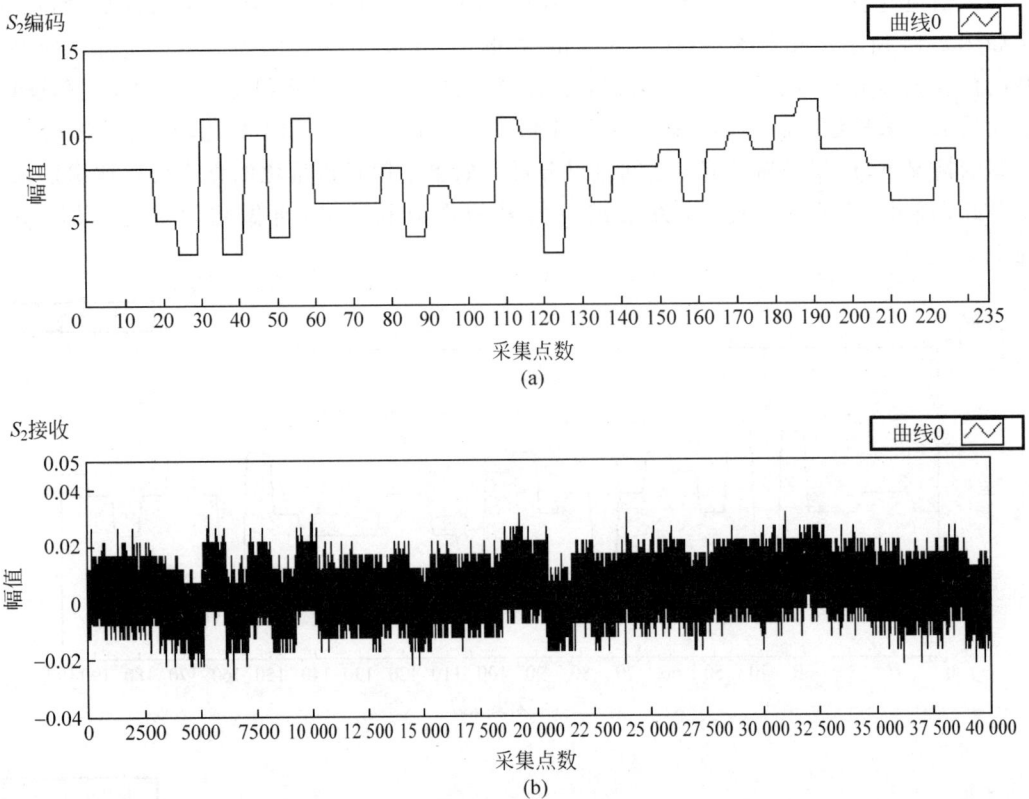

图 7-15   信道透射率为 0.1% 的编码和接收图

(a) S_2 编码发送码；(b) 选择 S_2 测量基时的接收码

7.5.2   随机编码实验

在本节构建的 CV-QKD 实验系统中，为保证通信安全性，要求三晶片型 Stokes 参量编码器能够对 Stokes 参量 S_2 或 S_3 进行随机编码，同时要求 Bob 端能够保证解码和接收系统完成解复用，随机测量 S_2 或 S_3。随机编码的过程以及解复用和测量的原理在 7.4 节已经详细论述过了，根据式(7-13b)，当 $A=0,B=-1,C=0$ 时，将解调 S_2，此时只要将三晶片型解码器三块晶片均不加电压即可；$A=0,B=0,C=1$ 时将解调 S_3，此时第一块和第三块晶片两端加 -120V 电压，第二块晶片不加电压，便可以实现。

图 7-16 是本章 CV-QKD 系统的随机编码实验图，其中图 7-16(a)是某次通信过程中，Alice 端随机编码 S_2 或 S_3 时，Bob 端选择对应的测量基接收的原始数据，此时在 0.01 左右的是 S_2 为信号光时测量 S_2 对应的结果，幅值为 1.43 左右的为编码 S_3 时选择对应的测量基对应的结果，图 7-16(b)是取图 7-16(a)中 32 001～52 000 之间 S_2 为信号光时的数据点进行放大展示部分以及此区域对应的发送码，此时 Alice 端随机编码 S_2，Bob 端选择 S_2 为测量基，图 7-16(c)是取图 7-16(a)中 67 001～85 000 之间 S_3 为信号光时的数据点进行放大展示部分以及此区域对应的发送码，此时 Alice 端随机编码 S_3，Bob 端应选择 S_3 为测量基。本次实验是在信道透射率 T 为 0.1% 的情况下完成的，接收信号存在大量噪声。但由图 7-16(b)和图 7-16(c)可以看出，在随机编码过程中，无论是编码 S_2 还是 S_3，选择对应测

量基得到的接收码波形均能较好地与发送码相对应,表明本 CV-QKD 系统中的三晶片型 Stokes 参量编码器和解码器能够完成随机编码,同时能随机选择测量基进行测量。

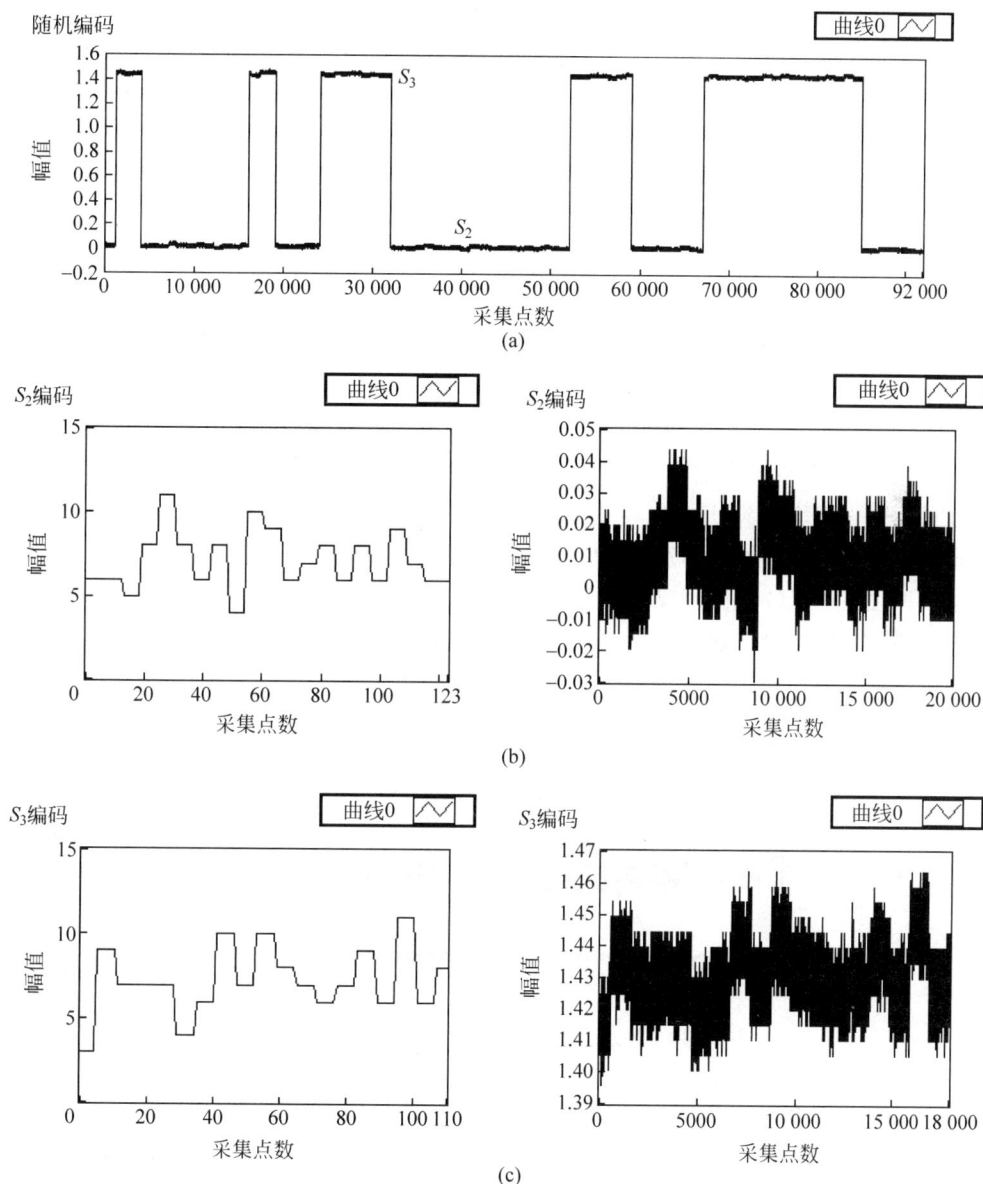

图 7-16　CV-QKD 系统随机编码实验图

（a）CV-QKD 系统随机编码实验图；（b）随机编码实验 S_2 编码区域放大图；

（c）随机编码实验 S_3 编码区域放大图

7.5.3　系统噪声分析

本小节将分析 CV-QKD 系统的噪声来源,并根据实验数据分析,构建适合本实验室 CV-QKD 系统的 RQNN 模型。

在自由空间的 CV-QKD 系统中,噪声的主要来源可分为两类:一类是来自发送和接收设备的内部噪声,另一类是来自信息传输的信道噪声(外部),在本章构建的 CV-QKD 实验系统中,内部噪声包括光和电的基本性质引入的噪声,即三晶片型编码器和解码器引入的噪声,以及零差检测系统的检测噪声,这类噪声一般是低频噪声,外部噪声主要有以电磁波形式或经电源引入系统内部的噪声,例如大气散射引入的噪声。实验采用零差检测系统,可以有效地抑制外部大气干扰噪声和振动噪声,良好地过滤信道噪声。综上所述,在本章构建的 CV-QKD 系统中,由于信号极其微弱,存在的主要噪声类型为散粒噪声和检测电路的电子噪声两种高频噪声,而低频噪声主要来自编码器和解码器的仪器噪声,以及零差检测电源引入的噪声。

　　为了分析 CV-QKD 系统的主要噪声,在关闭零差检测系统以及零差检测系统开启光强分别为 0、0.01mW、0.25mW、0.7mW、1.3mW、2mW 和 4mW 时,测量 CV-QKD 系统的噪声功率谱,得到如图 7-17 所示的功率谱曲线。图中低频处的强功率谱主要是激光功率造成的,也掺杂着小部分低频噪声。最低的黑线代表关闭零差检测系统时的噪声,这时的噪声主要来自 NI 的数据采集卡,可以认为是 CV-QKD 系统的背景噪声,由图 7-17 可以看出,背景噪声约 −85dBm,对系统影响较小。当光强为 0 时,高频段噪声主要为电子噪声,其功率约 −70dBm。当光强增加到 0.01mW 时,此时高频段噪声较电子噪声功率提高了约 3dBm。随着光强的增加,噪声功率也逐渐增大。根据文献报道,散粒噪声正比于 LO 光强,而电子噪声是一种独立于 LO 光强的噪声。从图 7-17 中可以看出,随着光强增大高频噪声功率增大,符合散粒噪声的特征,因此认为系统中主要存在散粒噪声和电子噪声两类高频噪声,且散粒噪声占据主导。

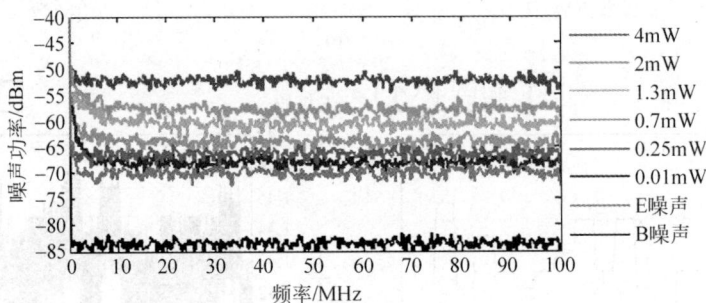

图 7-17　系统噪声功率谱

　　下面对信号的散粒噪声进行具体介绍和分析。散粒噪声又称为量子噪声或泊松噪声,它是在光的粒子特性引入光学元件的光子计数过程中产生的,在 CV-QKD 实验系统中,光电二极管是散粒噪声的主要来源。散粒噪声通常用泊松分布表示,散粒噪声可表达如下:

$$p(n) = \frac{(\bar{n})^n}{n!} e^{-\bar{n}} \tag{7-21}$$

式中,n 为光子计数。当光强较大时,即 n 数目较大时,泊松分布近似于高斯分布,因此人们也通常认为散粒噪声符合高斯分布。

　　随机选取信道透射率 T 为 0.1% 时的 20 000 个测量数据点进行涨落幅值统计,结果如图 7-18 所示。图 7-18 表明幅值统计分布与高斯分布基本吻合,符合量子噪声的特性,说明传输的信号具有量子特征。经过光功率计测量,此时光功率大约为 0.72nW,计算得出此时每个量子态信号光约含 512 个光子,证明了信号的量子特性。

7.5.4　RQNN 辅助下的 Stokes 参量编码实验

下面结合 RQNN 处理对 Stokes 参量 S_2 和 S_3 的编码过程展开详细讨论。以 S_3 编码实验为例。S_3 编码是在 Poincaré 球的右侧顶点区域进行的,如图 7-10(b)所示。通过三晶片型 Stokes 参量编码器产生量子态 $|S_3\rangle$,并对其幅度进行 16 位高斯随机数编码。实验过程中,编码器的编码速率为 40kHz,设置采集卡的采样率为 6.8MHz,信道透射率为 0.1%,可以得到如图 7-19 所示波形。

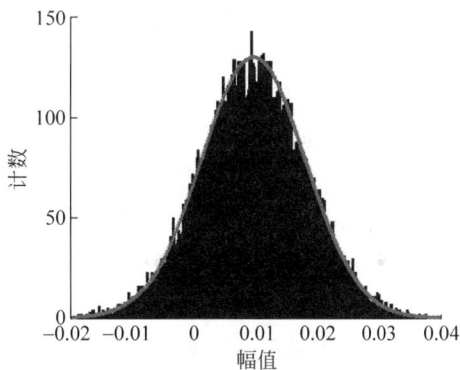

图 7-18　量子噪声分布

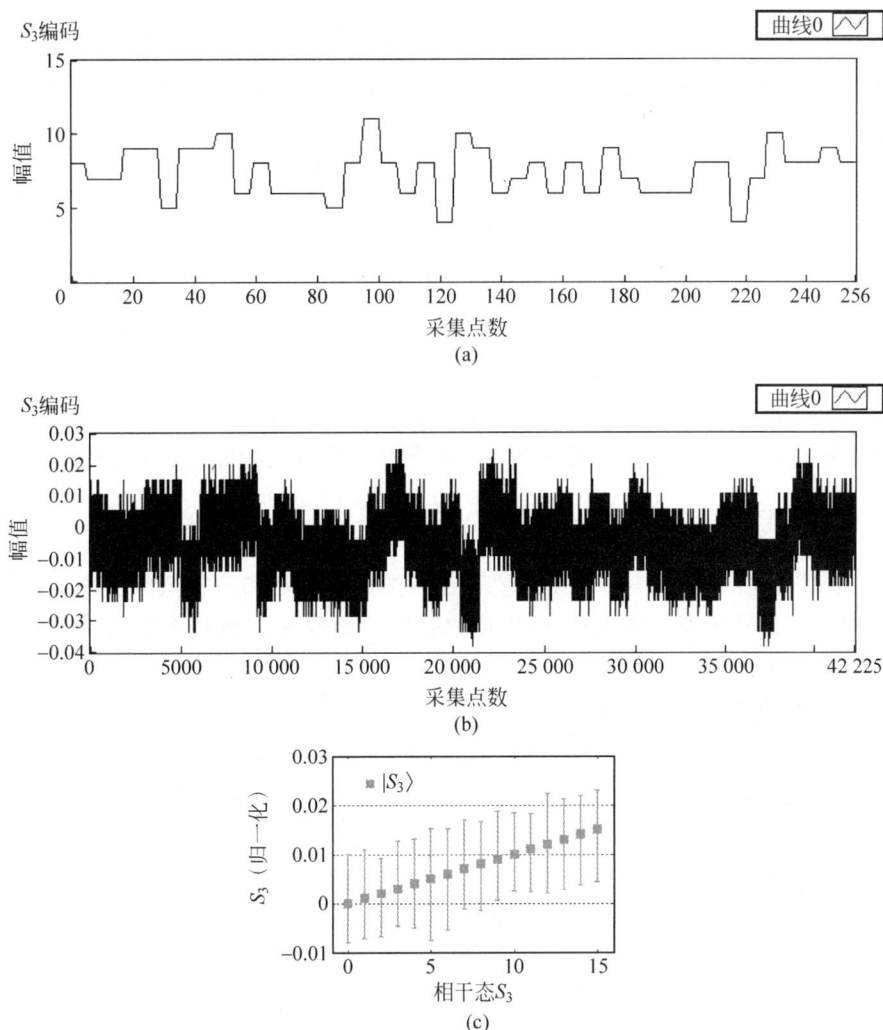

图 7-19　编码 S_3 时发送码、接收码和误差分布

(a) 编码 Stokes 参量 S_3 的发送码;(b) 接收端测量 S_3 的接收码;(c) 相干态 $|S_3\rangle$ 误差分布图

图 7-19(a)为编码 S_3 时的发送码,图 7-19(b)为 Bob 端选择 S_3 为测量基对应的接收码,从图中可以看出,接收码中夹杂着大量噪声,几乎已经无法区分相干态的信号。图 7-19(c)为对量子态 $|S_3\rangle$ 的幅度进行 Stokes 参量归一化处理,分别得到 16 组不同调制电压与相干态的强度的关系,以及存在的误差。

从图 7-19(c)可以看出,量子态 $|S_2\rangle$ 和 $|S_3\rangle$ 对应的 16 个高斯调制态存在较大的重叠区域,难以区分,需要采取有效的方法进行相干态信号的识别和噪声的过滤。本文选用 RQNN 算法来完成信号识别和噪声过滤,下面将详细介绍 RQNN 辅助处理后的实验结果。结合 RQNN 的相干态识别、误差校正以及积分滤波,分析 RQNN 对信号的处理过程。实验测量时,将数据采集卡采集到的电压信号作为 RQNN 辅助处理程序的输入,对原始接收信号进行信号识别和噪声过滤。

在 RQNN 模型中,把测量系统看成量子系统,系统的薛定谔方程为

$$i\hbar\frac{\partial\psi(x,t)}{\partial t} = -\frac{\hbar^2}{2m}\nabla^2\psi(x,t) + V(x,t)\psi(x,t) \tag{7-22}$$

薛定谔方程解的平方 $f(x,t) = |\psi(x,t)|^2$ 代表在时空中 (x,t) 点处量子体系为 $\psi(x,t)$ 态的概率密度函数(PDF)。空间势能 $V(x,t)$ 可以写成如下形式:

$$V(x,t) = \sum_{i=1}^{n} W_i(x,t) \cdot \exp\left(\frac{-(v(t)-g_i)^2}{2\sigma_i^2}\right) = \sum_{i=1}^{n} W_i(x,t) \cdot \varphi_i(v(t)) \tag{7-23}$$

式中,$v(t) = y(t) - \hat{y}(t)$;$y(t)$ 为夹杂噪声的输入信号;$\hat{y} = \int x(t) \cdot f(x,t)\mathrm{d}x$ 为神经网络的预测输出,即递归项;W_i 是构建空间势能的权重系数;$\exp(\cdot)$ 为高斯核函数,其中心 g_i 和方差 σ_i^2 通过对输入信号样本进行数学统计得到。通过构建势能,拟合输入相干态信号以及夹杂的噪声,根据薛定谔方程式(7-21)控制波函数的演化方向,取得理想的输出,进行噪声的过滤和相干态信号的识别。首先讨论 RQNN 中 g_i、σ_i^2 的确定和 n 的取值。通过实验结果确认 CV-QKD 系统主要包含散粒噪声、电子噪声两类高频噪声,而仪器噪声和电源引入的外部噪声属于低频噪声。$\varphi_i(v(t)) = \exp\left(\frac{-(v(t)-g_i)^2}{2\sigma_i^2}\right)$,噪声为误差 $v(t)$ 的主要来源,考虑到本章构建的 CV-QKD 系统主要存在两类高频噪声和一类低频噪声,因此 RQNN 网络模型来进行信号识别和滤波时,应该选取高斯核函数 n 的数目至少大于或等于 3。而 g_i、σ_i^2 则根据 RQNN 优化选取。

为了确定 n 的数目,即 RQNN 用于拟合相干态信号的子态数目,进行了以下一组实验。分别统计编码 S_3 时发送码、原始接收码,以及 $n=1,2,3$ 时 RQNN 处理后信号的误差,如图 7-20 上半部分所示,其中 S_3 经过归一化处理。从图中可以看出,Alice 端制备的相干态,误差范围为 $[0.065,0.075]$,分布集中,而原始接收的相干态误差范围为 $[0.0184,0.1196]$,因存在大量噪声导致分布展宽,如工字形所示。而经过 RQNN 处理后,幅值的误差范围明显缩小,而且随着 n 的增加,误差范围逐渐减小,当 $n=3$ 时,误差范围达到 $[0.0648,0.075]$,几乎与原始发送码一致了。图 7-20 下半部分为上半部分对应的相干态,横坐标为 S_3 归一化后的值,纵坐标为此时的概率。从图中可以看出,经过 RQNN 的识别恢复,即各子相干态叠加,其机制如式(3-22)所示,RQNN 恢复后相干态 $|S_3\rangle$ 明显向发送的相干态靠近,当 n 越大,相干态越趋近于发送相干态 $|S_3\rangle$。从图上可以看到,$n=3$ 时,RQNN 识别后的相干态 $|$

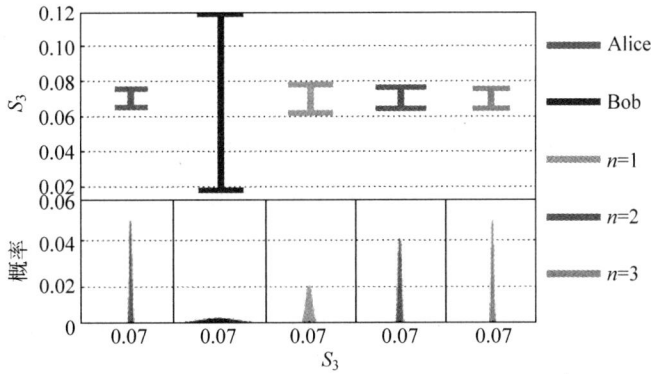

图 7-20　编码 S_3 时发送、接收以及 RQNN 处理后相干态 $|S_3\rangle$ 及其误差分布

$S_3\rangle$ 已经基本与原始发送相干态吻合。因此根据图 7-20 的实验并考虑到算法复杂度等因素，本文取 $n=3$，即 RQNN 通过 $|\psi_1\rangle$、$|\psi_2\rangle$ 和 $|\psi_3\rangle$ 3 个子态进行拟合，与上文提到的高斯核函数 n 大于或等于 3 也是吻合的。

如图 7-21 所示为原始信号及 $n=3$ 的 RQNN 处理后的信号，从图中可以看出，经过 RQNN 处理后，信号中的噪声明显减少。在图 7-21 右下角的放大曲线中，RQNN 对信号的处理明显地分为两个阶段。第一阶段为 RQNN 的训练阶段，持续了约 350 个信号采样点，对应时域中的持续时间约为 5×10^{-5} s。注意，在线性量化、数据协调和误码率统计时，图 7-21 第一阶段的起伏和波动的部分数据会被丢弃。在第一阶段中，RQNN 的预测信号存在一定的起伏和波动。在这一阶段中，RQNN 的预测误差 $v(t)$ 对势能的贡献占了绝大部分，即式 (7-23)：$V(x,t)\approx\varepsilon\sum_{i=1}^{n}\beta W_i(v(t))\varphi_i(v(t))$，通过 V 来调整量子体系波函数的演化方向，使量子体系向误差减少的方向演化。伴随着 RQNN 的误差校正，完成了对信号的初步识别。由于预测误差 $v(t)=y(t)-\hat{y}(t)$，而 $y(t)$ 中夹杂着大量的噪声，$v(t)$ 受到噪声的影响会有所变化，因此此时 RQNN 的预测值会伴随着一定的起伏和波动。

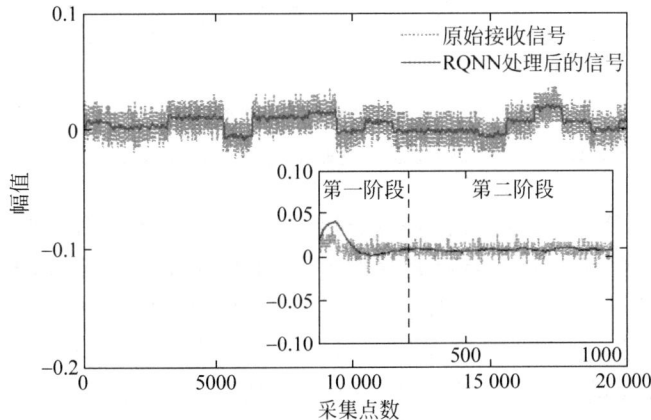

图 7-21　RQNN 信号识别和噪声过滤曲线

第二阶段是滤波与精确的信号识别阶段，这一阶段对应公式 $V(x,t) = \varepsilon \sum_{i=1}^{n} W_i(y_a(t))\varphi(x,t)$，此时神经网络的预测值已经接近输入信号中的真实值 $y_a(t)$，势能 V 中的真实信号 $y_a(t)$ 推动波函数演化，通过 RQNN 的输出 $\hat{y} = \int x(t) \cdot f(x,t)\mathrm{d}x$，将 3 个子相干态的叠加，实现了精确的信号识别，同时通过数值积分有效地滤波了低频和高频噪声信号。

图 7-22 是 RQNN 处理后的结果。图 7-22(a) 为 RQNN 处理后的 S_3 的接收码，可以看出将接收码通过 RQNN 进行信号的识别和滤波后，虽然信号中还存在少量噪声，但是相邻信号态之间已经可以区分。

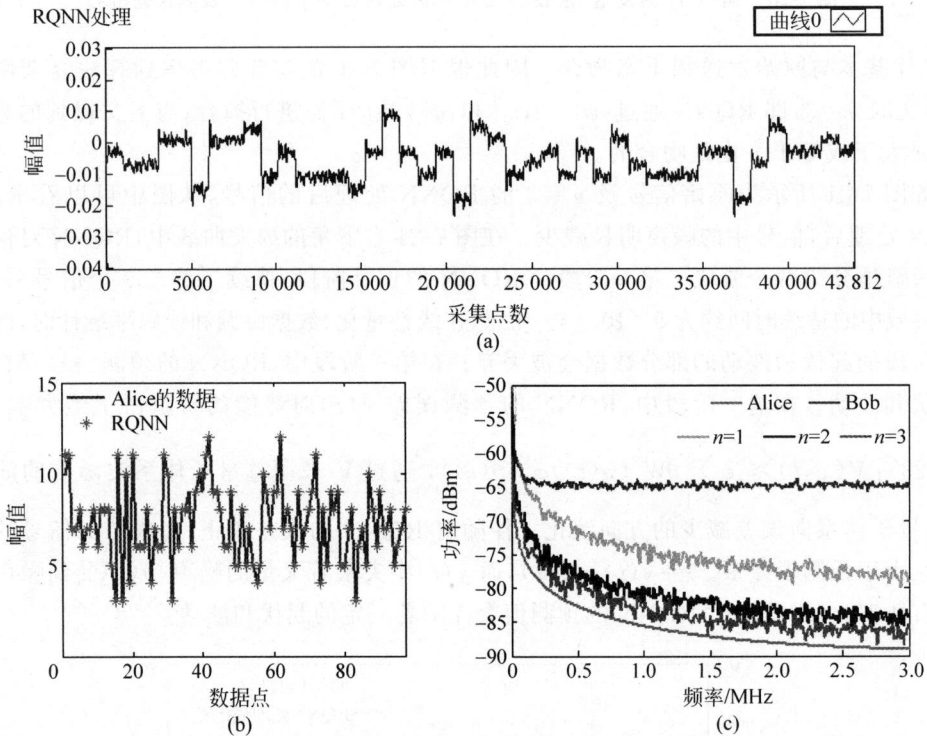

图 7-22　RQNN 辅助 S_3 编码实验结果图

(a) RQNN 处理后 S_3 接收码；(b) 发送码与 RQNN 处理后接收码；(c) 发送、接收及 RQNN 处理后信号的频谱

图 7-22(b) 为 RQNN 处理后的信号经过量化后与发送码的对比曲线，从图中可以看出，经过 RQNN 恢复后的信号与原始信号在波形上有较好的拟合，相似度达 96.9%。图 7-22(c) 分别为发送信号、原始接收信号以及 $n=1,2$ 和 3 时 RQNN 处理后的信号的频谱图，可以看出，发送信号的频谱线非常平滑，低频和高频段噪声功率较低，而接收信号在高频段和低频段均存在大量噪声。经过 RQNN 处理后的信号，功率谱线明显降低，RQNN 将大部分高频和低频噪声都过滤掉了，而且随着 n 的增加，功率谱线逐渐降低，当 $n=3$ 时，RQNN 处理后的信号的功率谱几乎贴近了发送信号的功率谱线，还存在 $2\sim3\mathrm{dBm}$ 的噪声，但是相比原始的接收信号，噪声功率明显降低，表明 RQNN 的随机滤波和信号识别效果良好。

7.5.5 误码率统计

在统计实验误码率前,需要对接收信号进行量化处理。本文采取线性量化对 Bob 端接收到的信号进行量化。具体步骤为:首先,在随机编码的信号中将 S_2 和 S_3 信号区分开来,对 S_2 和 S_3 信号单独进行量化;其次,分别取 S_2 和 S_3 信号中最大值和最小值,记为 15 和 0,然后将整个信号幅值均分为 16 份线性区域;最后,将 S_2 和 S_3 信号对应区域量化,得到 0～15 的 16 位随机数序列,并与发送的 16 位随机数序列比对,统计误码率。

图 7-23(a)为信道透射率与误码率之间的关系。点代表统计数据点,虚线为拟合曲线,从图中可以看出,在透射率大于 30% 的情况下,此时接近经典的相干光通信,误码率较低,大约低于 0.1%,随着信号不断衰减,信道透射率不断降低,此时误码率也随之上升,进入到经典与量子的过渡区域,当信号所含光子数达到几百个时,相应的误码率也达到了最大,即对应图中透射率小于 15%,此时 CV-QKD 中的信号光的每个态小于 10^4 个光子,误码率大约稳定在 4%。将原始接收信号与 $n=3$ 的 RQNN 处理后的信号划为 16 个线性区间,分别进行线性量化处理,得到 0～15 的接收数据序列,对比有无 RQNN 时 CV-QKD 系统的 QBER(quantum bits error rate),如图 7-23(b)所示。从图中可以看出,原始接收信号的误码率在 10.86%～14.07%,而经过 RQNN 处理后的误码率在 3.96%～4.07%,RQNN 的加

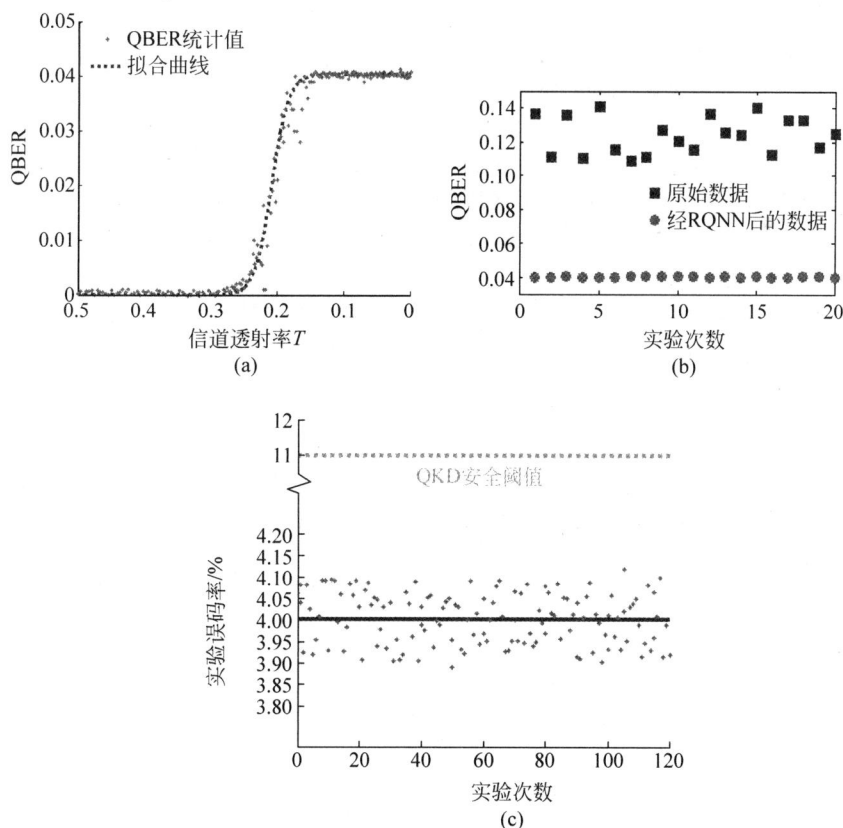

图 7-23　实验误码率图像

(a)信道透射率与误码率的关系;(b)原始接收信号处理前后码率对比;(c)实验次数与误码之间的关系

入使 QBER 降低了 6.9% 以上。图 7-23(c) 为实验次数与 QBER 的关系,总计进行了 120 次实验,分别统计每次通信实验的误码率,结果表明 CV-QKD 系统的误码率稳定在 4% 左右,低于 CV-QKD 中误码率的安全阈值。

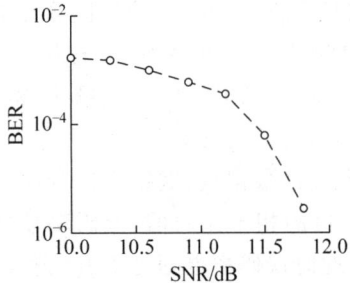

图 7-24　LDPC 纠错后的误码率

将量化后的信号通过 LDPC 算法进行纠错,如图 7-24 所示,经过 LDPC 纠错后,误码率降低到 10^{-6} 左右,由此可以得到最大密钥率为 160kbit/s,完成了量子密钥分发的整个过程。

本节主要介绍了 CV-QKD 系统的各种实验方案以及数据处理工作,包括信号的衰减实验、Stokes 参量 S_2 和 S_3 的随机编码实验、CV-QKD 系统噪声测量实验,分别阐述了 RQNN 辅助的 Stokes 参量 S_2 和 S_3 的编码实验。在数据处理部分,给出了 RQNN 对相干态信号进行识别和滤波的结果及其频谱分析,统计了实验系统的实验误码率,本实验系统的实验误码率稳定在 4% 左右,经过 LDPC 纠错后误码率下降至 0.1%。最后通过数据协调等过程,提取出密钥。通过噪声的甄别和光功率计测量光功率,表明通信信号具有量子特性。

参考文献

[1]　柯熙政,吴加丽.无线光相干通信原理及应用[M].北京:科学出版社,2019.

[2]　GE J,HUANG Y T,YV J G. Research progress in new multi-carrier optical communication systems [J]. Study on Optical Communications,2024,50(1):23015301.

[3]　万君.单空间模连续变量相干光通信方案的实验研究[D].福州:福州大学,2014.

[4]　黄春晖,荣维波.三波片型 LiNbO$_3$ 偏振态产生器的控制方案设计[J].激光与光电子学进展,2013,50(5):190-196.

[5]　吴华,王向斌,潘建伟.量子通信现状与展望[J].中国科学:信息科学,2014,44(3):296-311.

[6]　邵进,吴令安.用单光子偏振态的量子密码通信实验[J].量子光学学报,1995,1(1):41-44.

[7]　梁创,符东浩,梁冰,等.850nm 光纤中 1.1km 量子密钥分发实验[J].物理学报,2001,50(8):1429-1433.

[8]　张军,彭承志,包小辉,等.量子密码实验新进展——13km 自由空间纠缠光子分发:朝向基于人造卫星的全球化量子通信[J].物理,2005,34(10):701-707.

[9]　路伟钊.量子相干光通信中的偏振复用编码方案研究[D].福州:福州大学,2016.

第 8 章　星链系统及其创新技术

　　利用地球同步轨道上的人造地球卫星作为中继站进行地球上通信的设想是 1945 年英国科幻小说作家克拉克（ArtherC. Clarke）在《无线电世界》杂志上发表"地球外的中继"一文中提出的，并在 20 世纪 60 年代成为现实。

　　卫星通信是地球上（包括地面和低层大气中）的无线电通信站间利用卫星作为中继而进行的通信。卫星通信系统中，卫星有两种通信链路。一种是空间-地球链路，另一种是空间-空间链路。在空间-空间链路上，通过光通信可实现大容量数据传输。但对于空间-地球链路来说，由于无线电波要穿过大气层，加之雨水衰因素，大容量通信不易实现。通过采用比 Ka 更高的波段可实现通过无线电波的大容量通信。

　　星间链路的引入，使得低轨卫星移动通信系统能够更少地依赖于地面网络，从而使低轨卫星移动通信系统能够更为灵活方便地进行路由选择和网络管理；同时也减少了地面信关数目，从而大大降低地面段的复杂度和投资。为满足卫星移动通信系统大业务量，星际链路势必采用较高的工作频段或采用激光星际链路。

　　卫星通信的发展历程经历了从尝试阶段到起步阶段，再到产业发展阶段的演变。

- 尝试阶段（20 世纪 50 年代）：这一阶段以 1957 年苏联发射的第一颗人造卫星为标志，标志着人类开始尝试利用卫星进行通信。
- 起步阶段（20 世纪 70 年代至 2000 年）：此阶段卫星通信逐渐融入国内通信网络，经过多次试验和发射，中国解决了通信卫星有无的问题。例如，1970 年中国首颗人造卫星"东方红一号"的发射成功，正式拉开了中华民族探索浩瀚宇宙的序幕。随后，1984 年"东方红二号"的发射成功，标志着中国卫星通信业务由实验阶段进入使用阶段。
- 产业发展阶段（2000—2019 年）：自 2000 年以来，卫星通信进入了产业发展阶段，低轨卫星迎来了二次的热潮。这个阶段，卫星通信的组成部分包括空间段、地面段和用户段，其中空间段由多颗通信卫星组成的星座以及卫星之间的通信链路构成。地面段主要包括网络中心、卫星控制中心，以及业务控制和监管管理。用户端则是指接入卫星的各种用户终端。随着卫星发射成本的逐年降低，多个低轨卫星可组成星座来实现真正的全球覆盖，被认为是最具有应用前景的卫星互联网技术。
- 卫星互联网（2019 年至今）：基于低轨通信卫星成本低来建设卫星互联网。卫星互联网是一种新型通信方式，通过多次发射数百颗乃至上千颗小型卫星，在低轨组成卫星星座，并以这些卫星作为"空中基站"。典型案例为 SpaceX 和 OneWeb 等发起的太空互联网计划。

本章先介绍无线通信和卫星通信的原理与应用，然后详细概述星链系统的建设情况与所采用的创新技术,最后介绍星链系统的潜在威胁与应对策略。

8.1　无线通信与卫星通信

无线通信是将电信号经过适当的电路处理,再借助电磁波在自由空间的传播,达到传播信息的目的。一个典型的无线通信系统包括发射和接收两个子系统及它们之间的链路,如图 8-1 所示。发射链路是指数据经编码调制后得到载有通信信息的中频信号,中频信号再上变频至射频信号,射频信号经功率放大、滤波后,输出至天线端,最终天线把编码电路中的电信号转成电磁波辐射到空中,实现电磁波在自由空间的传播;接收链路是指天线接收空中电磁波信号,经滤波、低噪声放大后,下变频至中频,中频信号再解调解码还原回数据。

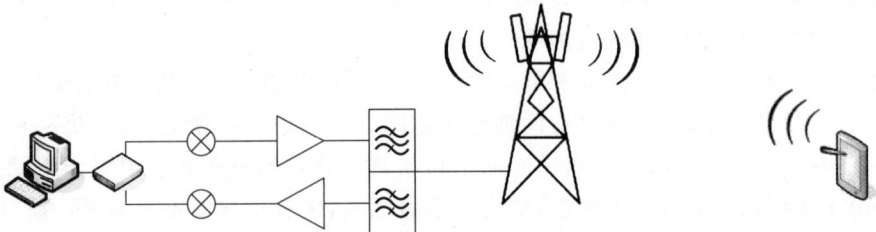

图 8-1　天线发射的电磁波传输

电磁波在空间传输的损耗很大程度上限制了无线通信信号的覆盖距离(范围)。为了拓展无线通信距离,只有通过在远距离间加建中继基站,才能满足区域覆盖的需要,但有些地区,如海洋、深山、森林、沙漠、高原、无人区等区域,建设通信中继基站的费用/收入极不成比例,此时,利用卫星作为中继的无线通信的优势就凸显出来。

为了延长无线电磁波的传播距离,早期都是用微米波进行无线通信。利用微波天线实现中继,延长无线电磁波的传播距离,这种中继站称为微波站。

所谓卫星通信,就是利用卫星作为无线电磁波信号的传输中继,从而扩大基站的覆盖距离。为了提升传输带宽,卫星通信一般都工作在高频段,如 C 波段(4～8GHz)、Ku 波段(10～18GHz)、Ka 波段(27～40GHz)等。

8.1.1　无线通信原理

1. 视距传播

地面上通常用微波接力通信系统进行通信。视距传播(LOS propagation)是指在发射天线和接收天线间能相互"看见"的距离内,即电磁波直接从发射点传播到接收点(一般要包括地面的反射波)的一种传播方式。视距传播的距离一般为 20～50km,主要用于超短波及微波通信。按传播方式的不同,视距传播可分为以下两类:第一类是直射波传播,由发射天线辐射的电波,像光线一样按直线行进,直接传到接收点的传播方式,如图 8-2(a)所示;第二类是大地反射波传播,由发射天线发射、经地面反射到达接收点的传播方式,如图 8-2(b)所示。一般而言,在接收点接收到的电波是直射波与大地反射波的合成,这两种传播方式共同构成了视距传播。

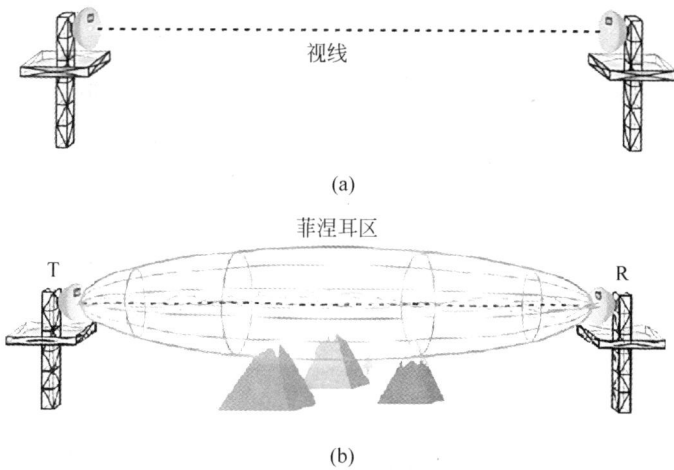

图 8-2　两类视距传播示意图

（a）直接传播；（b）存在菲涅耳区

2. 中继传播

地面上的远距离微波通信,采用微波站的中继方式有两个直接原因:其一,因为微波波长短,具有视距传播特性,且地球表面是球形曲面,如果在地面进行微波通信,必须把天线架设到一定的高度,使发射天线和接收天线之间没有物体阻挡,彼此可以"互视"。在天线高度不变的情况下,当通信距离超过一定的数值时,电磁波传播将受到地球自身曲面的阻挡。为了进行远距离通信,就要采用中继方法。其二,因为微波传播过程有损耗,信号的衰减随着通信距离而增加,采用中继方式对信号进行逐段接收、放大后再发送给下一段,以延长通信距离,如图 8-3(a)所示。

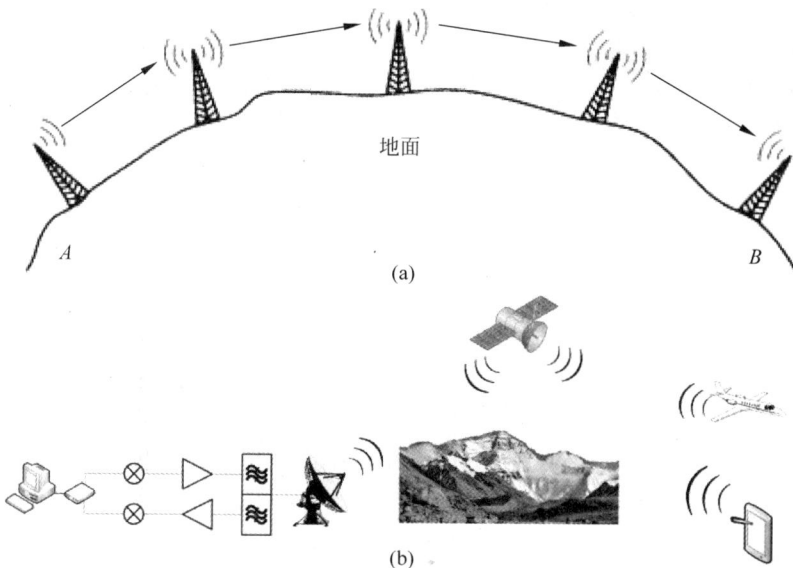

图 8-3　利用中继站延迟无线电磁波传输距离

（a）微波站；（b）卫星传输

按照收、发两端所处的空间位置不同,视距传播情况大体上可分为三类:第一类是指地面上的视距传播,例如无线电中继通信、电视广播以及地面上移动通信等;第二类是指地面与空中目标如飞机、通信卫星之间的视距传播;第三类是指空间通信系统之间的视距通信,如飞机之间、宇宙飞行器之间等。

因受视距传播限制,每间隔约 46km 需要一次中继,对于平均 2500km 的参考传输距离,要经过 54 次中继接力。如果利用通信卫星进行中继,那么地面距离超过 1×10^4 km 的通信,经通信卫星 1 跳(由地面至卫星,再由卫星至地面为 1 跳,含两次中继)即可实现连通,如图 8-3(b)所示。

3. 地表障碍物对微波视距传播的影响

地面障碍物如丘陵、山头、树林和高大的建筑物等会阻挡电磁波传播,使视距降低。与自由空间传播相比,地表障碍物对微波视距传播的影响等效于引入阻挡损耗。图 8-2(b)给出了在自由空间中,从波源 T 点辐射到 R 点的电磁能量最主要是通过第一菲涅耳区传播的,只要第一菲涅耳区不被阻挡,就可以获得近似自由空间的传播条件。为了提高传输方向性,微波中继通信使用的抛物面天线,其传输能量主要集中在第一菲涅耳区内,为保证系统正常通信,收发天线架设高度要满足使它们之间的障碍物遮挡尽可能不超过其第一菲涅耳区的 20%,否则电磁波的多径传播就会产生不良影响,导致通信质量下降,甚至造成通信中断。

4. 微波链路清晰视线的快速验证

快速验证由以下步骤组成。

步骤 1 准备 1 台手持式频谱分析仪 SC Compact、1 台手持式微波信号源 SG Compact、2 个抛面天线、2 根同轴电缆、2 个波导器、2 个罗盘、2 个水平仪,如图 8-4 所示。

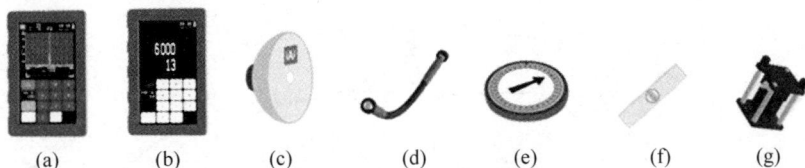

图 8-4 快速验证所需设备

(a) 手持式频谱分析仪;(b) 手持式微波信号源;(c) 抛面天线;
(d) 同轴电缆;(e) 罗盘;(f) 水平仪;(g) 波导器

步骤 2 运用专业的无线电链路设计和规划工具预估路径参数,例如,方位角、海拔、频率和极化,目标接收信号电平。在估算中,用 SG Compact 的输出功率选择频率和特定天线的增益。

步骤 3 使用圆规找到正确的方位角,并在环境中寻找适合你在塔中时用作参考点的物体。注意:电信塔可能会影响指南针的准确性,建议在距塔架合理的距离进行测量。

步骤 4 爬塔,将天线安装在选定的高度和极化位置。根据选择的参考点设置天线的水平方向。为确保天线指向直线,请用水平仪将天线的垂直角度调整为相对于地面的 90°。根据之前的估算,在 SG 信号发生器上设置中心频率和功率。

步骤 5　在相反的位置重复安装和配置过程,确保两个天线都以相同的极化方向安装。

步骤 6　将 SG 紧凑型连接到第一个站点的天线。根据之前进行的计算,在 SG Compact 单元上设置中心频率和功率。

步骤 7　将 Spectrum Compact 连接到相对站点的天线,并设置与 SG Compact 相同的中心频率,然后将 SPAN 调整到最小。SC 和 SG 频率设置必须匹配。

步骤 8　如果正确完成了初始对齐,则信号轨迹应出现在 SC 显示屏上。为了减少噪声影响,请使用 AVERAGE 模式,视线测量的建议设置为平均 2 或平均 4。

步骤 9　按下 POWER IN BAND 按钮并将 Bandwith 设置为 4MHz,以测量输入信号强度。然后,继续在 Spectrum Compact 站点上微调天线对准;要找到最大接收信号电平,请水平调整天线。找到最大信号后,将天线固定在该位置。

步骤 10　在 SG Compact 站点上进行水平对准时,请执行相同的操作,然后将天线固定在最大信号电平。以相同方式垂直对齐并固定天线。

步骤 11　验证视线。如果达到的最大接收信号电平在计算值的 3dB 之内,则菲涅耳区域清晰,并且视线经过验证。如果偏差大于 3dB,则视线不清晰,链接可能无法根据计算进行。此时,应该考虑更改网络拓扑。

8.1.2　卫星通信

为了克服微波通信的视距传播效应和地表障碍物对微波视距传播的影响,科学家积极探索新的无线电磁波通信方式,包括卫星通信和卫星光通信技术。

卫星通信就是地球上(包括地面和低层大气中)的无线电通信站间利用人造地球卫星作为中继站来转发无线电波,从而实现两个或多个地球站之间的通信。卫星通信的主要目的是实现对地面的"无缝隙"覆盖。卫星通信系统由卫星和地球站两部分组成。卫星通信的特点是:通信范围大,只要在卫星发射的电波所覆盖的范围内,从任何两点之间都可进行通信;不易受陆地灾害的影响,可靠性高;只要设置地球站,电路即可开通,电路开通迅速,电路设置非常灵活,可随时分散过于集中的话务量;同时可在多处接收,能经济地实现广播和多址通信;多址连接,同一信道可用于不同方向或不同区间。

根据人造卫星对无线电信号是否有放大转发功能,可将其分为有源人造地球卫星和无源人造地球卫星。由于无源人造地球卫星反射下来的信号太弱而无实用价值,因此人们致力于研究具有放大、变频转发功能的有源人造地球卫星——通信卫星来实现卫星通信。其中绕地球赤道运行的周期与地球自转周期相同的同步卫星具有优越性能,目前利用同步卫星通信已成为主要的卫星通信方式。而不在地球同步轨道上运行的低轨卫星,则多应用在卫星移动通信中。

1. 静止地球轨道(GEO)卫星

同步卫星通信是在地球赤道上空约 3.6×10^4 km 的太空中围绕地球的圆形轨道上运行的通信卫星,其绕地球运行周期为 1 恒星日(约为 23h56min4s),与地球自转保持同步,因而与地球之间处于相对静止状态,因此称为静止卫星,又称固定卫星或同步卫星,其运行轨道称为地球同步轨道。图 8-5(a)是同步卫星与地球的相对关系图,图 8-5(b)是通信卫星的运行图。

地球平均半径 $R=6370km$，如图 8-5(a)所示，$AS=41\ 760km$，$\overset{\frown}{AB}=13\ 000km$，据此估算同步通信卫星的高度约为 3.6×10^4km，覆盖全球的固定卫星通信业务的同步卫星位于赤道上空 3.6×10^4km，它绕地球一周时间恰好与地球自转一周一致，从地面看上去如同静止不动一样，如图 8-5(b)所示。同步通信卫星的轨道为圆形轨道，只要三颗相隔 $120°$ 的均匀分布卫星，就能覆盖整个赤道圆周。国际卫星通信组织的 Intelsat I-IX 代卫星，是全球覆盖的最好例子，已发展到第九代。卫星在空中起中继站的作用，即把地球站发射的电磁波接收并放大后再返送回另一地球站。地球站则是卫星系统形成的链路。卫星通信易于实现越洋和洲际通信。最适合卫星通信的频率是 $1\sim10GHz$ 频段，即微波频段。为了满足日益增长的通信需求，科研人员已开始研究应用新的频段，如 $12GHz,14GHz,20GHz$ 及 $30GHz$。

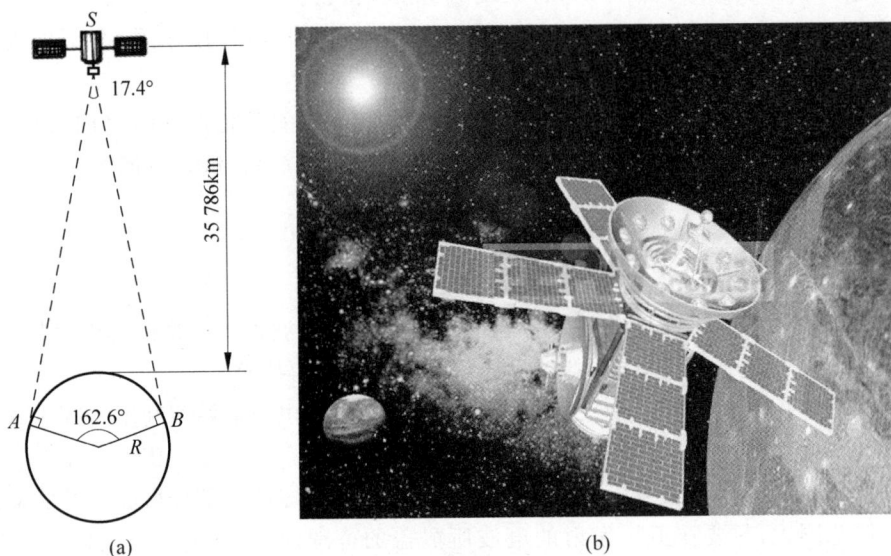

图 8-5 卫星通信

(a) 同步卫星与地球的相对关系图；(b) 通信卫星运行图

2. 卫星通信系统的组成

卫星通信系统包括通信和保障通信的全部设备，一般由跟踪遥测及指令分系统、监控管理分系统、空间分系统、通信地球站等四部分组成，如图 8-6 所示。

（1）跟踪遥测及指令分系统

跟踪遥测及指令分系统负责对卫星进行跟踪测量，控制其准确进入静止轨道上的指定位置。待卫星正常运行后，要定期对卫星进行轨道位置修正和姿态保持。

（2）监控管理分系统

监控管理分系统负责对定点的卫星在业务开通前、后进行通信性能的检测和控制，例如卫星转发器功率、卫星天线增益以及各地球站发射的功率、射频频率和带宽等基本通信参数进行监控，以保证正常通信。

（3）空间分系统（通信卫星）

通信卫星主要包括通信系统、遥测指令装置、控制系统和电源装置（包括太阳能电池和

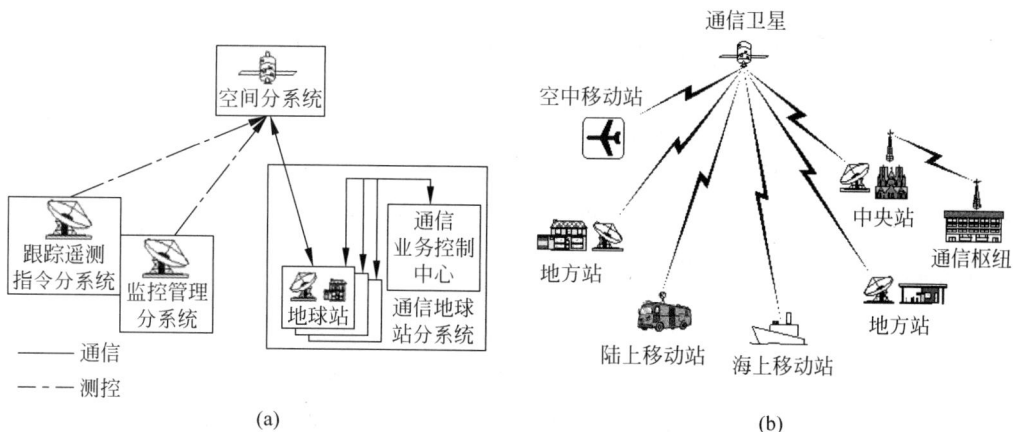

图 8-6　卫星通信系统的基本组成

蓄电池)等几个部分。其中,通信系统是通信卫星上的主体,它主要包括一个或多个转发器,每个转发器能同时接收和转发多个地球站的信号,从而起到中继站的作用。

(4) 通信地球站

通信地球站是微波无线电收、发信站,用户通过它接入卫星线路进行通信。在光卫星通信系统中,光卫星通信分为上/下行链路,信号传输路径即为上/下行链路,其中由地球端发送而卫星端接收的链路称为光卫星通信上行链路,而卫星端发送并由地球端接收的称为光卫星通信下行链路。在一个卫星通信系统中传输信息时,一条传输链路的构成包括发送端地球站、上行链路、卫星转发器、下行链路与接收端地球站,如图 8-7 所示。

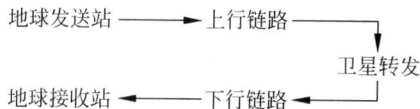

图 8-7　传输链路的构成

当地面站只有接收系统如卫星电视时,则相应的只有接收链路而无发射链路。根据设备在传输链路上实现的功能不同,微波信道设备又可以划分为低噪声放大器(LNA)、低噪声下变频器(LNB)、变频器、功率放大器(PA)、上变频功率放大器(BUC)、线路放大器等。当地面站有多个天线信源时,则需要用到多套微波信道,多套微波信道之间通过交换矩阵进行信源切换。

在卫星通信系统中多址连接是指一个卫星转发器可以连接多个地球站的技术。它的核心原理是根据信号具有频率、时间、空间等特征来分割信号和识别信号。卫星通信常用的多址连接方式有频分多址连接(FDMA)、时分多址连接(TDMA)、码分多址连接(CDMA)和空分多址连接(SDMA),另外频率再用技术亦是一种多址方式。

在微波频带,整个通信卫星的工作频带约有 500MHz 宽度,为了便于放大和发射及减少变调干扰,一般在卫星上设置若干转发器。每个转发器的工作频带宽度为 36MHz 或 72MHz 的卫星通信多采用频分多址技术,不同的地球站占用不同的频率,即采用不同的载波。它对点对点大容量的通信比较适合。

随着技术的发展,时分多址技术逐渐得到应用,即每一地球站占用同一频带,但占用不同的时隙,它比频分多址有一系列优点,如不会产生互调干扰,不需用上下变频把各地球站信号分开,适合数字通信,可根据业务量的变化按需分配,可采用数字话音插空等新技术,使容量增加 5 倍。另一种多址技术使码分多址(CDMA),即不同的地球站占用同一频率和同一时间,但有不同的随机码来区分不同的地址。它采用了扩展频谱通信技术,具有抗干扰能力强,有较好的保密通信能力,可灵活调度话路等优点。其缺点是频谱利用率较低。因此它比较适合于容量小、分布广、有一定保密要求的系统使用。

3. 卫星通信方式

卫星通信系统在传输或分配信息时所采用的工作方式称为卫星通信方式。

国际卫星通信已由以模拟频分方式为主,转变为以数字时分方式为主。数字卫星通信方式种类丰富,有 120Mbit/s 的数字话音插空(DSI)的时分多址(TDMA/DSI),或不加话音插空(DNI)的时分多址,以及星上交换时分多址(SS-TDMA);还有大量的以 2.048Mbit/s、1.544Mbit/s 为主的卫星数字信道(IDR)方式,加数字电路复用设备(DCME)一般可扩大容量 3～4 倍,最多达 5 倍。2Mbit/s 的 IDR 其承载电路为 30 路,较小容量的 IDR 有 1.024Mbit/s(16 路)和 512kbit/s(8 路)。专用通信用的数字专线业务(IBS)业务发展很快,Ku 频段达到 ISDN 质量水平的叫超级数字专线业务(su-perIBS)。稀路由(VISTA)业务方式仍有市场,其中有按需分配多址(DAMA)功能的方式称超级稀路由(su-perVISTA)方式。非中心控制的稀路由的斯佩德(SPADE)方式因设备复杂已被淘汰。在极化方式上,国际卫星通信多为双圆极化。

国内卫星通信方式大体仿效国际卫星通信用 C 频段和 Ku 频段,也有用 Ka 频段的。一般的 TDMA 方式为 60Mbit/s 以下速率,还有 SS-TDMA 和转发器跳频的 TDMA 方式,有加数字电路复用设备的卫星数字信道(IDR/DCME)方式,也有自适差分脉冲编码的卫星数字信道(IDR/ADPCM)方式。因模拟的频分多址(FDMA)方式技术成熟,仍有使用。国内范围的以通话为主的稀路由(VISTA)方式用得较多,有单载波单信道/音节压扩频率调制/按需分配多址(SCPC/CFM/DAMA)方式和单载波单信道/4 相移相键控/按需分配多址(SCPC/QPSK/DAMA)方式以及较低速率的 TDMA 方式。甚小天线地球站系统的市场很大,它是以数据传输为主兼有话音传输的星状网,其制式和速率有多种,可供用户选用。国内卫星通信的极化方式一般为线极化,个别也有用圆极化的。

国际和国内的卫星电视传输都采用模拟调频制。国际间的电视节目交换使用全球波束转发器和 A 标准地球站,其接收质量较好,一个转发器可传两路 20MHz 带宽的电视节目。而国内和区域卫星的电视传输,通常采用国内或区域波束转发器,每个转发器只开通一路电视节目,并且采用转发器全功率输出的方式,以便大量小型电视单收地球站能够接收信号。

复合模拟分量(MAC)制亦在使用。一个载波传送两路电视的双路电视制,作为定点电视节目传输方式,可节省空间段费用,故亦有采用。高质量的卫星数字电视传输和高清晰度卫星电视传输正在试验。一个转发器传多路压缩编码的数字电视传输方式即将出现。

卫星电视电话会议业务以 2Mbit/1.5Mbit 为主,$n \times 384$kbit 的已经问世,预计 $m \times$ 64kbit 的亦有其优越性。安装在专用车辆上、易于搬运的小型 C/Ku 地球站,在国内和国际的各种场合的应用很广,可用来传电视、电话、传真、电报和数据等,如用于应急场合。

4. 卫星通信的优缺点

卫星通信的主要优点概述如下：①通信距离远，在卫星波束覆盖区内一跳的通信距离最远约 1.3×10^4 km(用全球波束，地球站对卫星的仰角在 5°以上)，相对成本越低；②不受通信两点间任何复杂地理条件的限制；信号配置灵活，可在两点间提供几百、几千甚至上万条话路和中高速的数据通道。只经过卫星一跳即可到达对方，因而通信质量高，系统可靠性高，常用于海缆修复期的支撑系统；③不受通信两点间任何自然灾害和人为事件的影响；④机动性大，可实现卫星移动通信和应急通信；⑤易于实现多地址传输，易于实现多种业务功能。可在大面积范围内实现电视节目、广播节目和新闻的传输和数据交互传输甚至话音传输，因而适用于广播型和用户型业务；⑥可在大面积范围内实现电视节目、广播节目和新闻的传输，以及直达用户办公楼的交互数据；⑦机动性大，可实现卫星移动通信和应急通信；⑧灵活性大，可在两点间提供几百、几千甚至上万条话路，提供几十兆比特(Mbit/s)甚至 120Mbit/s 的中高速数据通道，也可提供至少一条话路或 1.2kbit/s、2～4kbit/s 的数据通道。

卫星通信虽然有许多优点，但也有不少缺点：①传输时延大。卫星地球站通过赤道上空约 1.3×10^4 km 达 500～800ms 的时延；根据国际电报电话咨询委员会建议(Rec. 114)，单程传输不要超过 400ms。对通话来说，发话方听到对方立即的回话，也要经过 500～800ms，这是可以被通话用户接受和习惯的。但由通话双方的二/四线混合线圈不平衡而造成的泄漏，将出现不可忍受的回音，因而必须无例外地加装回音消除器。太空中的日凌现象和星食现象会中断和影响卫星通信；②高纬度地区难以实现卫星通信；③为了避免各卫星通信系统之间的相互干扰，同步轨道的星位是有一点限度的，不能无限制地增加卫星数量；④卫星发射的成功率为 80%，卫星的寿命通常为几年到十几年；发展卫星通信需要进行长远规划和承担发射失败的风险。

5. 相关分类

卫星通信新技术的发展层出不穷，例如甚小口径天线地球站(VSAT)系统和中低轨道的移动卫星通信系统等都受到了人们广泛的关注和应用。卫星通信也是未来全球信息高速公路的重要组成部分。它以其覆盖广、通信容量大、通信距离远、不受地理环境限制、质量优和经济效益高等优点，1972 年在中国首次应用，并迅速发展，与光纤通信、数字微波通信一起，成为中国当代远距离通信的支柱。

卫星通信由于它不受地理条件的限制，具有灵活的可移动性，所以仍依它的优势创新发展。但亦受到迅速发展的光纤通信的挑战，光纤通信比卫星通信的容量大，传输速率高，有很多越洋通信被海底光缆所替代，陆地干线亦有类似情况。20 世纪 90 年代中后期，卫星电视直播(direct broadcast satellite，DBs 或 direct to home，DTH)、卫星声音广播、卫星移动通信以及卫星宽带多媒体通信成为新的四大发展潮流。

1) 固定卫星通信

国际卫星通信组织的 Intelsat 系列已经发展到第九代，自 1996—2004 年来，业务量基本稳定增长，美国预计 2006 年用户达百万，VSAT 应用约每年增长 15%～20%，宽带接入及多媒体业务逐渐发展，Ka 波段将成为宽带业务的主流，宽带业务领先的有加拿大的电信卫星公司(Telesat)、美国的狂蓝(Wild Blue)公司和泰国的 Shin 卫星公司。

在卫星性能方面,以增大发射功率,提高 EIRP 值,增加卫星转发器数量,增加带宽,降低成本,减小地面终端设备的尺寸和费用为主要发展方向。加拿大 2004 年发射的阿尼克(Anik)F2 卫星共有 114 台转发器,其中 50 台为 Ka 波段;泰国 2005 年发射的 Ipstar 卫星有 114 台转发器,通信容量为 45Gbit/s,是目前世界上最大的商用通信卫星;欧洲 2008 年发射更大的卫星,安装了 250 台转发器。

星上采用数字信号处理器,以提高信号交换能力,减少地面设备,建立遥测、遥控、跟踪和监视功能以及网络管理功能的地球站,实现卫星动态控制及管理。卫星宽带通信直播高清晰度电视,连接 Internet 网发展网络电视等。

2) 移动卫星通信

移动卫星通信既可以是全球性也可以是区域性,全球性的采用中、低轨道卫星,区域性的采用静止轨道通信卫星,区域移动通信卫星有 2000 年发射的亚洲蜂窝卫星(Aees)又名格鲁达(Garula)-1,它是世界上第一颗区域性地球静止轨道个人移动通信卫星,有 140 个点波束,11 000 路同时通话的话路,波束覆盖占世界人口 60% 的亚太地区。阿拉伯联合酋长国于 2000 年和 2003 年分别发射了瑟拉亚(Thuraya)-1 和瑟拉亚-2 两颗卫星,每颗卫星具有 13750 路同时通话的容量,覆盖欧、亚、非 106 个国家。

全球覆盖的移动卫星通信海事卫星通信系统 Inmarsat 是全球覆盖的移动卫星通信。第三代海事通信卫星用两颗卫星支持 Inmarsat 系统的大部分业务。第四代 Inmarsat-4 卫星有两颗卫星,分别定点在 64.E 和 53.W,具有一个全球波束,19 个宽点波束,228 个窄点波束,采用数字信号处理器,有信道选择和波束成形功能。它将引入宽带全球区域网(BGAN)的一系列新业务,传输速率达 432kbit/s,星上采用 L 波段天线及数字信号处理器(DSP),DSP 具有信道选择和波束成形功能,能产生宽带信道匹配功率与带宽资源,还能剪裁卫星覆盖范围和调正波束,以满足容量和业务种类要求,还能处理固态功放及低噪声放大器的故障。宽带全球区域网将传输互联网、内部网、视频点播、视频会议、传真、电子邮件、电话及局域网等接入业务。

全球覆盖的低轨道移动通信卫星有铱星(Iridium)和全球星(Globalstar)。铱星系统由 66 颗星,分成 6 个轨道,每个轨道有 11 颗卫星,轨道高度为 765km,卫星之间、卫星与网关和系统控制中心之间的链路采用 Ka 波段,卫星与用户间链路采用 L 波段。2005 年 6 月底铱星用户达 12.7 万,在卡特里娜飓风灾害时,铱星业务流量增加 30 倍,卫星电话通信量增加 5 倍。

全球星(Globalstar)由 48 颗卫星组成,分布在 8 个圆形倾斜轨道平面内,轨道高度为 1389km,倾角为 52°。用户数逐年稳定增长,成本下降,2005 年比 2004 年话音用户增长。中、低轨道全球移动卫星通信的业务主要是话音和数据,亦可以与互联网连接,进一步发展多媒体通信。

中国的卫星通信事业正在迅速发展,截至 2021 年年底,我国当年卫星通信发射数量达到 17 颗,在轨通信卫星数量达到 71 颗。2022 年,我国在酒泉卫星发射中心使用长征二号丙运载火箭,采取"一箭三星"方式,成功将 3 颗低轨通信试验卫星发射升空。卫星顺利进入预定轨道,发射任务获得圆满成功。我国通信卫星技术不断进步、产能不断提高,未来几年,在轨数量通信卫星将快速增加。

卫星通信总体朝着大容量、大功率、高速率、宽带、低成本、高发射频率、多转发器、多点波束和赋形波束的方向发展。同时星上处理技术广泛应用于切换信号,处理信号等。在 21 世纪,卫星直播电视(DBS-TV)、个人移动卫星通信、多媒体卫星通信、卫星音频广播、卫星网络电视等将会迎来大量发展。VSAT 业务范围不断扩大,深入到国民经济的各个领域,更加显示其经济和社会效益,Ka 波段的应用使设备更加小型化,当然亦带来信号衰减严重的缺陷。

光通信在卫星通信中的应用逐渐变得成熟,预计不久将会进入实用阶段。普通农户家里装的卫星电视已经到了非常廉价的地步,海事卫星电话资费大幅下降,另外,规划中的 6G 移动通信也是要使用近地轨道卫星作为信号收发中继的,科技巨头 SpaceX 的星链系统已经发射约 1000 颗近地轨道卫星,计划发射共计约 12 000 颗,构建一个巨型的卫星网络。我国也推出虹云工程和鸿雁星座计划,虹云工程已于 2019 年 7 月完成高清视频通话等多媒体服务测试。

8.2 星链系统概况

星链计划由 SpaceX 公司于 2015 年 1 月启动,目标是在近地轨道建立一个覆盖全球的卫星通信系统。该卫星通信系统旨在以充分的宽带资源,为高密集城市提供 50% 的回程通信业务和 10% 的局域互联网业务。此外,星链的实施有着重要的军事应用背景,SpaceX 已公开宣称,美军将是星链系统的重要客户。美军特别重视其所具有的应用潜力:可大大增加和补充具有快速响应的宽带能力;可作为低时延、高精度导航定位手段;可进行全天候无缝隙侦察监视;可实施对天基目标的探测和摧毁等。

星链计划是马斯克(Elon Musk)的航天公司 SpaceX 的一个卫星网络的名称,马斯克提出的一个宏伟构想。按照这一构想,星链计划最终将在近地轨道上部署多达 42 000 颗卫星,用于向全球提供免费的高速无线网络服务,尤其是偏远地区提供低成本的互联网覆盖。近地轨道,简称 LEO,是指离地面高度比较低的轨道,一般认为 2000km 以下的都叫近地轨道。由于离地面比较近,发射成本低,所以一般空间站,通信卫星都会采用近地轨道。比如国际空间站就在距离地面 319.6～346.9km 的轨道上运行。而我国的天宫空间站的天和核心舱,目前在大约 396km 的轨道上。

根据 SpaceX 的计划以及美国联邦通信委员会 FCC 的批准,初期在 550km 的近地轨道上部署 1600 颗卫星,原计划在 1110km 轨道上部署 2814 颗卫星,但是后来 SpaceX 提出修改申请,全部改在 540～570km 轨道上运行。而 FCC 也不顾亚马逊及其他 SpaceX 的竞争对手的反对,最终批准了这项计划。也就是说,在 550km 轨道范围内,将会有 4408 颗卫星运行。而在 345km 的超近地轨道上,SpaceX 还将部署 7500 颗卫星。

8.2.1 星链计划的建设情况

由于卫星数量越多,其制造成本越低,星链计划独辟蹊径,以极低的成本造出 42000 颗卫星。通过一箭多星和第一级火箭回收再重复使用的火箭发射技术,发射时使成本大为降低。经过预研、设计、样机测试和试验等先期准备工作后,SpaceX 于 2019 年 5 月 24 日,用猎鹰 9 号重型火箭以一箭 60 星方式首发成功,将卫星送到高度为 440～500km、倾角为 53°

的轨道上,这一批卫星是作为星座测试用的。此后,又于 2019 年 11 月—2020 年 8 月,先后 10 次以同样方式将数百颗卫星射入 550km 的低轨轨道,使在轨卫星达 595 颗之多,而这只是刚刚揭开的序幕,在轨卫星达 700 多颗后,开始为北美地区提供互联网接入服务,并继续增加星座卫星上万颗,直至覆盖地球"无死角",在任何地方对卫星的仰角在 40° 以上。据悉,星链星单星容量达 20GB/s,首批 4425 颗卫星升空后,系统吞吐量高达 88Tb/s,卫星的寿命为 5～8 年。星链的系统基本参数列在表 8-1 中。

表 8-1　星链的系统基本参数

制　造　商	SpaceX
来源国	美国
运营商	SpaceX
应用	Internet 服务
基本参数名称	指标
空间器类型	小卫星
发射质量	227～260kg
设备	Ku 及 Ka 频段相控阵天线霍耳效应推进器
位置	低地球轨道(335.9～1325km)

目前,星链系统已经发射 4000 多颗卫星,定位在 340～1300km 高度的轨道上构成巨型低轨星座,整个星座就好比是漂浮在太空中的大号 Wi-Fi,只要在地面配备有终端接收系统,就能随时实现高速上网。图 8-8 是截止到 2020 年 4 月星链计划完成的工作。

8.2.2　星链卫星技术参数

星链卫星是由 SpaceX 公司开发的卫星通信系统,旨在为全球提供高速、低延迟的互联网服务。该系统由数千颗卫星组成,可以覆盖全球范围内的任何地方,为用户提供高速、可靠的互联网连接。星链卫星的技术参数具有以下特点:

(1) 卫星的数量:星链卫星系统计划发射 42 000 颗卫星,以实现全球覆盖。目前,星链卫星已经发射了数千颗卫星,正在进行测试、优化和推广。

(2) 卫星的质量:星链卫星的质量为 260kg,比传统的通信卫星轻得多。这种轻型卫星可以更容易地发射和部署,从而降低了系统的成本。

(3) 卫星的高度:星链卫星的高度相对较低,约为 550km,比传统的地球同步轨道卫星低得多。这种低轨道卫星使得信号传输的延迟时间非常短,可以提供低延迟的互联网服务,使用户可以更快地访问互联网。

(4) 卫星的通信频段:星链卫星使用的是 Ka 频段和 Ku 频段,这两个频段具有较高的传输速率和较低的传输延迟,可以提供高速、低延迟的互联网连接,也可以提供更高的带宽和更快的数据传输速度。这种频段也可以避免与其他卫星和地面设备的干扰。

(5) 卫星的通信速率:星链卫星可以提供高达 1Gbps 的通信速率,这比传统的卫星通信系统快得多。可以达到每秒数百兆比特的传输速率,这种高速通信可以满足用户对高速互联网连接的需求,这使得用户可以享受到高速、稳定的互联网连接。提供更高的带宽,让用户可以更快地访问互联网。

(6) 卫星寿命:星链的卫星需要不断地进行轨道调整和维护,以保持其正常运行。其

星链计划（已完成）

宣布星链计划 ← 2015年1月

2015—2016年 → 系统研制及工厂建设，宣称2017年首发实验星，2020年开始运营

完成2颗初样卫星研制，但只用于地面测试 ← 2016年10月

2016年11月—2018年11月 → 向FCC申报星座频率许可

宣称系统总投资100亿美元 ← 2018年3月

2018年11月 → 获得FCC的340km轨道7518颗和1200km轨道4425颗卫星的部署许可

空军授予2800万美元测试合同 ← 2018年12月

2019年2月 → 向FCC申报100万个地面站和终端的运营许可

从研发转向大批量组网卫星制造。宣称"每月一次，44次×60颗，在60个月内完成2200颗部署（2024年4月前），以满足FCC频谱规定（6年内部署1200km轨道4425颗的1/2，9年内完成全部部署）" ← 2019年4月 → FCC批准1150km轨道的1600颗卫星部署到550km轨道

2019年11月 → 美空军完成利用"星链"卫星传输数据测试

卫星产量达到6颗/天，计划2020年发射24次 ← 2020年3月

2018年2月22日—2020年4月22日 → 实际发射422颗（实际在轨398颗，在轨率94%），最大发射密度2次/月

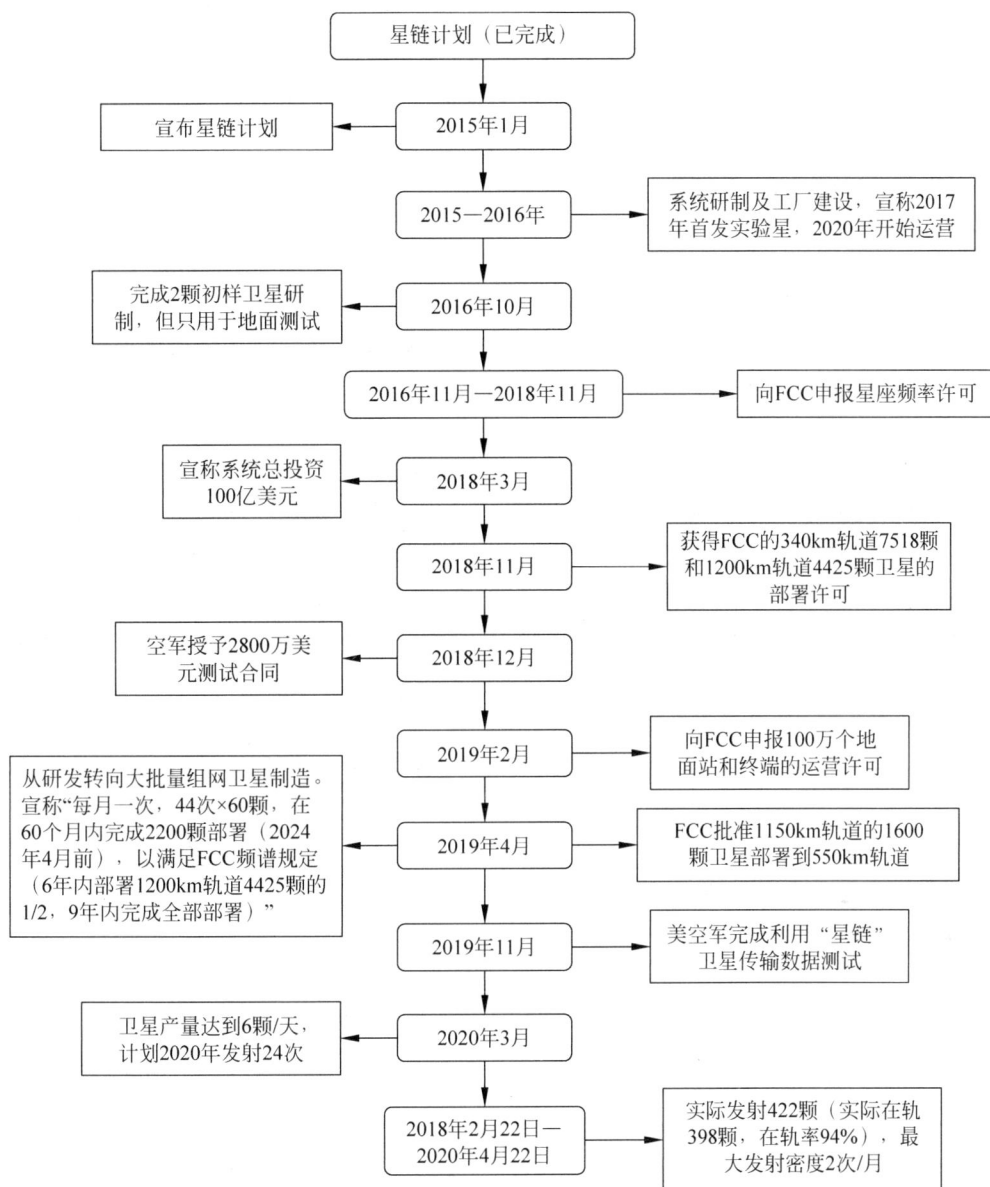

图 8-8　星链计划 2015—2020 年完成的建设

寿命相对较短,为 5～8 年。

　　总的来说,星链卫星的技术参数非常优秀,可以为用户提供高速、低延迟的互联网连接,同时也为全球范围内的通信提供了更加可靠的解决方案。未来,随着星链卫星系统的不断完善和发展,相信它将会成为全球互联网通信的重要组成部分。

8.2.3　星链系统的特色

　　实际上,20 世纪 90 年代末,就有了以全球星和铱星为代表的、实用的低轨星座卫星通信系统,其技术达到了很高的水平,但由于种种原因,特别是地面蜂窝移动通信的迅速发展

和普及,令其在市场竞争中落败。后来,新一代的铱星和全球星东山再起,经营有所起色,但仍未能成"大气候"。造成这个现象的原因是多方面的,但成本和频率资源不尽如人意,是其中的重要因素。星链计划之所以引起全球的关注,在于这种卫星通信系统与过去的卫星通信明显不同,根据马斯克提交美国联邦通信委员会的公开资料显示,五大高精尖黑科技将应用于卫星和火箭制造,空天与地面通信等领域,技术加持之下产业注入更强动力。

(1) 推进系统:星链首次采用氙离子推进系统,优异性能助力商业航天高水平发展。一颗星链卫星配备 4 台霍耳离子电推,该技术推力小、比冲高。相比传统的化学推进方式,离子推力器工质质量小,在已实用化的推进技术中最为适合长距离航行。相比氧化化合物的推进剂,离子推进剂质量更轻,这对于极致追求发射成本和在轨成本的商业航天至关重要,也对美国的航天工业产能提出了挑战。有报道称,6 次发射 360 颗卫星所需的 1440 台霍耳电推已超过美国航天工业一年的产能。

(2) 通信系统:星间链路激光通信是 SpaceX 保密层级最高的核心技术,有望大幅提升空天与地面数据传输速率。SpaceX 提交 FCC 的公开文件里披露了卫星性能、覆盖分析、干扰分析、碰撞风险等多维度信息,但相关细节并未进一步展示。在卫星+互联网(5G/6G)大背景下,此前 Mb/s 级别数据传输速率已无法承载,需大幅提升至 10~100Gb/s 级别。激光通信作为此背景下的关键技术之一,其高频率、宽频带的独特性能,单通道的数据传输达 20Gb/s 以上,随着波分复用等技术的研发进步通信容量仍有广阔上升空间。

激光结合 IP-less 协议提升通信速率飞速升级的同时,相关配套软硬件实现更新换代。在 IP-less 协议中,万余颗卫星各自作为服务端的去中心化 P2P 通信架构与区块链技术极度吻合,在激光通信架构中,借助半导体激光器超小的外形体积、极高的转换效率、结构简单等优点,其发射和接收望远镜口径更小、质量更轻、通信质量更高。我国由于起步较晚,目前在空间激光通信领域与欧美、日本等国际领先水平存在一定差距。

(3) 能源系统:单个太阳能电池阵设计,转换效率高同时极大简化系统。马斯克在星链计划上依然坚持偏爱"第一原理":卫星通信本质上是卫星所能产生太阳能的利用率问题。在星链卫星的单个太阳能电池阵上,GaAs 电池片的转换效率为 30%~35%,组件厚度小于 1mm,具备良好的高能量密度和特殊环境耐受性能,使用标准部件简化了制造和集成过程。

(4) 运载火箭:传统火箭发射产业迎来颠覆性变革。SpaceX 火箭的创新技术主要集中在回收技术和多发动机控制技术,三枚猎鹰 9 号火箭组成的猎鹰 9 重型火箭,共计搭载 27 台发动机,如图 8-9 所示,这是人类从未持续成功过的设计。SpaceX 通过增加火箭有效载荷和复用次数,充分节约商业成本,正在深刻影响着传统火箭发射产业。

(5) 射频技术:星链向 Q/V 频段发起冲击,使相控阵射频技术面临提性能降成本的新挑战。由于通信容量和资源频率有限,星链的通信波段正在实现从传统 Ku/Ka 波段到 Q/V 波段的过渡,Q/V 波段资源丰富,V 波段仍然有大量的连续大宽带可选择使用,由于雨衰现象的存在,技术实现对星上射频器件的要求进一步加大,首批星链卫星底部安装的 4 套相控阵天线系统,可实现极高的数据量发送和转发,同时成本只有常规容量通信卫星的 1/10。

此外,通过合理降格使用商用现货产品大幅降低制造成本,也是商业航天领域关键之一。电子元器件按照温度、抗辐射、抗干扰、精密度等维度,大致可分为 5 类:商业级、工业级、汽车工业级、军工级、宇航级。虽然宇航器对微电子性能要求高,但随着半导体技术的突

图 8-9　猎鹰 9 重型火箭共计搭载 27 台发动机

飞猛进,商用器件性能显著提高,通过系统设计的方式,在可接受、预测、控制的范围内降级使用商用现货产品(COTS)是重要的研究方向,近 30 年来,COTS 器件的空间应用处于全面发展阶段,我国由于传统航天对成本不够敏感,该领域尚处于起步阶段。

8.3　星链网的空间结构卫星

星链工作原理就是在低轨道层面上布置大量的小卫星,在太空飞行组成一个覆盖全球的卫星通信网络,以满足全球各地用户的互联网接入需要。用户在地面安装一台类似一个比萨盒子大小的特殊的接收器,这台接收器会与太空中的卫星互相传递信号,让你的计算机、手机等设备能够连接到互联网。这样,无论你在地球上的哪个角落,都能享受到高速的网络服务。

为了实现以上功能,星链的工作原理主要包括以下几个方面。

(1) 低轨道卫星网络:星链通过部署数千颗低轨道卫星(距离地球表面约 550km)组成一个覆盖全球的卫星网络。与传统的地球同步轨道通信卫星相比,低轨道卫星更接近地球,从而降低了信号传输延迟。

(2) 地面接收器:用户需要安装一个地面接收器(也称为星链天线或碟子),用于与卫星网络进行通信。这个接收器将信号传输到用户的设备,如计算机、手机等。

(3) 互联网数据传输:当用户的设备发出互联网请求时,地面接收器会将请求发送到最近的星链卫星。卫星之间通过激光通信链路互相传递数据,直到将请求发送到与互联网服务提供商(ISP)连接的地面信关。然后,数据沿着相反的路径返回用户的设备。

(4) 动态卫星调整:由于星链卫星处于低轨道,它们会相对较快地移动。为了保持与地面接收器的连接,卫星会根据需要动态调整自己的位置。同时,地面接收器也会自动跟踪和切换到最佳的卫星,以确保稳定的互联网连接。

星链网是一种新型的卫星通信系统,具有一些明显的技术特点:①全球无缝覆盖,接入方便;②时延小;③容量较大;④通过众多地面站和星间链路优化系统的性能和成本。另外,卫星大量采用标准化和商业化部件,单星的可靠性要求低,以便低成本大批量快速生产;星座容错备份能力强,无需商业保险。

为了实现星链网的工作原理,需要设计星链空间结构,安排卫星的部署位置。该设计采用了分层网络架构,通过不断优化和升级,星链卫星网初步实现了高速、低延迟、全球覆盖,将为用户提供更好的卫星互联网服务。

8.3.1　星链系统的空间构架和网络

1. 最初的星链系统规划

星链系统最初规划建设 2 个星座一共部署 12 000 颗互联网卫星,离地面非常近,分布在距离地面 336～1325km 的近地轨道范围内。

（1）卫星的数量与位置

最初的设想是在地球上空的预定轨道部署由 12 000 颗卫星组成的巨型卫星星座。8000 颗卫星放置在距离地面 550km 的低轨道上,4000 颗卫星放置在高 1200km 的轨道上。

（2）卫星部署的手段

SpaceX 会利用猎鹰 9 号可回收火箭,将 12 000 颗卫星送到轨道平面,然后组成卫星通信群。

（3）网络指标

网络数据传输速度预计在 50～100Mbps 之间。网络延迟控制在 16～40ms。

（4）网络架构

终端—低星—激光—高星—激光—低星—终端,用户连接 P2P,数据包无须拆开分析和再次打包,端对端直接硬件加密连接。

（5）网络协议

① 网络传输协议:星链计划中卫星与终端用户通信使用的是一种全新的网络传输协议,并不是传统的 IPv4 或 IPv6 技术。据马斯克声称,这是一种比 IPv6 技术更加轻量化并且原生支持 P2P 的全新网络连接协议。

卫星飞掠过每个用户的所在地区速度很快,连接时间极短,数据链会自动切换到下一个卫星上,这就要求每个数据包的报文报头简洁。因此星链计划推出一种全新的网络通信协议专门应用在其互联网星座上,其 P2P 的技术细节显示这是一种去中心化的连接网络。比较类似区块链,每个用户包括卫星都具备服务器或者客户机的功能,数据在这些服务器上通过新的协议自动流通,达到最佳的访问延迟和传送速度,卫星应能精确了解每个用户的物理位置(经纬度),合理分配其数据链路,解决 P2P 技术存在巨大延迟性的先天不足问题。

② 数据加密协议:星链互联网星座采用端对端的硬件加密技术,现有的计算机黑客技术无法破解,假设未来有黑客(或者"政府")有能力通过推出加密补丁,在全球范围同步升级硬件固件的方式以巩固信息传输的安全性。硬件级别的终端对终端加密传输设计,保证黑客或者某些组织再也不能拦截或者解密你的数据包。在这种技术下,除了断绝物理上的网络连接,不存在某些"墙"的问题。这是一套全新的 Internet 系统,从硬件芯片到协议都是全新的,是对目前地面上使用的老旧互联网技术的一次全面升级。

假设这套系统运营良好,将来可能会影响甚至颠覆现有或未来的地面互联网架构,至少在技术层面上,SpaceX 公司采用最新的技术来打造其互联网系统,这是运营了几十年、建立在 IPv4 网络协议,根路由器和无数复杂信关上的老旧地面因特网所不能比拟的。

2. 实际建设的星座及其组成

星链采用迭代优化的建设思路,不断对最初的规划改进和优化。目前的规划是 SpaceX 系统将由近地轨道的 4425 颗卫星和极低地球轨道的 7518 颗卫星组成。这些轨道可以使星链卫星利用最小 35°的仰角提供对地球的全面和连续的覆盖。

星链的工作频段包括 Ku、Ka、V 波段和激光通信。它初期仅支持 Ku 频段进行卫星与终端和关口站之间的通信,后期结合双频段芯片组支持 Ka、V 频段通信,并把激光链路用于星间通信。

SpaceX 使用 V 波段频谱在卫星与用户终端、信关地面站和 TT&C 设施之间的通信上。表 8-2 和表 8-3 分别是近地轨道和极低地球轨道的组成情况。表 8-4 和表 8-5 分别是第一期、第二期的星座频率规划。

表 8-2　SpaceX 系统近地轨道组成(Ku/Ka 频段 4425 颗)

参数	卫星数量				
	初始 1600	最终 2825	最终 2825	最终 2825	最终 2825
轨道平面	32	32	8	5	6
卫星数量/平面	50	50	50	75	75
轨道高度/km	1150	1110	1130	1275	1325
倾角/(°)	53	53.8°	74	81	70

表 8-3　SpaceX 系统极低地球轨道组成(Q/V 频段 7518 颗)

每个轨道高度上的卫星个数	2547	2478	2493
轨道高度/km	345.6	340.8	335.9
倾角/(°)	53	48	42

表 8-4　SpaceX 第一期星座频率规划

链接和传输方向	频率范围
下行链路通道:卫星到用户终端或卫星到信关	37.5~42.5GHz
上行链路通道:用户终端到卫星或信关到卫星	47.2~50.2GHz;50.4~52.4GHz
TT&C 下行链路信标	37.5~37.75GHz
TT&C 上行链路	47.2~47.45GHz

表 8-5　SpaceX 第二期星座频率规划

链路类型	传输方向	频率范围/GHz
用户链路	上行链路	12.75~13.25/14.0~14.5/28.35~29.1/29.5~30.0
用户链路	下行链路	10.7~12.75/17.8~18.6/18.8~19.3/19.7~20.2
馈线链路	上行链路	27.5~29.1/29.5~30.0/81.0~86.0
馈线链路	下行链路	17.8~18.6/18.8~19.3/71~76
TT&C	上行链路	13.85~140
TT&C	下行链路	12.15~12.25/18.55~18.60

截至 2023 年 8 月 11 日,SpaceX 已经发射 4940 颗星链卫星,其中 2023 年就有 1272

颗。星链 V1.5 采用扁平化设计,配备单块太阳翼,采用氪离子霍耳效应电推进系统,设计寿命超过 5 年,单星发射质量约 300kg。卫星用户链路配备相控阵天线,工作于 Ku 频段;馈电链路配备抛物面天线,工作于 Ka 频段。单星通信容量约 17~20Gbps,配备了激光星间链路。入轨后,卫星将依靠自身电力推进系统爬升至高度 560km、倾角 97.6°的 LEO。

8.3.2 星座的设计理念

星链系统的宗旨是建立覆盖全球、方便接入、低通信延时、通信容量大、性能高、成本低的信息卫星通信网。根据这个宗旨,星链的星座设计理念是卫星高密度部署、低轨道飞行、构架独立于地面的卫星链路网、减少空间垃圾。

1. 选择低轨道减小通信延时

星链网实际上一种新型的低轨道、全球覆盖的卫星通信网。因此,有必要简要介绍卫星轨道的基本知识。按照卫星轨道距离地球表面的高低,卫星轨道一般分为低轨、中轨、地球静止轨道和高轨。

低轨(low earth orbit,LEO):距地面高度低于 2000km 的卫星轨道。由于低轨道卫星离地球近,具有路径损耗小和传输时延低(一般小于 10ms)等特点。随着发射成本的逐年降低,多个 LEO 卫星可组成星座来实现真正的全球覆盖,频率复用更有效。因此,LEO 系统被认为是最有应用前景的卫星互联网技术。

中轨(medium earth orbit,MEO):距地面高度 2000~35 786km 的卫星轨道。中轨卫星传输时延一般小于 50ms,大于低轨卫星,但覆盖范围也更大。当轨道高度为 10 000km时,每颗卫星可以覆盖地球表面的 23.5%,因而只要少量卫星就可以覆盖全球。

地球静止轨道(geostationary earth orbit,GEO):距地面高度 35 786km 的卫星轨道,即同步静止轨道。GEO 卫星运动的角速度和地球自转相同,因此从地球上看,这些卫星是相对静止的。

理论上,用三颗地球静止轨道卫星即可以实现全球覆盖。但是,同步卫星有一个不可避免的缺点,就是轨道离地球太远,链路损耗严重,信号传播时延一般为 250ms 以上,远大于LEO 和 MEO 的信号传播时延。

高轨(high earth orbits,HEO):距地面高度大于 35 786km 的卫星轨道。此外还有椭圆轨道等。

根据各类卫星轨道的特征,星链系统规划建立覆盖全球的低轨道卫星通信网,且通信时延小于 50ms。首批 60 颗星链卫星部署的卫星轨道高度约为 440km,不考虑转发器延时,信号传播时延为 6ms,满足了设计要求。

根据赛迪顾问研究报告,地球近地轨道可容纳约 6 万颗卫星。据预测,到 2029 年,地球近地轨道将部署总计 5.7 万颗低轨卫星。目前,仅一个 SpaceX 的星链系统,就已经规划了4.2 万颗卫星。这么稀缺的资源,必然引起各国政府和实力公司的哄抢。因此,随着卫星互联网的发展,低轨卫星的建设已炙手可热。

2. 卫星高密度部署

为了实现全球无缝覆盖且接入方便,需要根据轨道高度计算每颗卫星的有效覆盖面积和布置的数量。此外,为保证卫星的通信质量,用户对卫星的仰角要足够高。如图 8-10 所示,用户越靠近覆盖边缘,对应的仰角越低,仰角太低将造成来自太空和地面的噪声增加,降雨影响严重(噪声增加,信号功率衰减),使用户设备接收系统性能恶化,原则上,工作频率越高影响越大。星链指标要求在覆盖区边缘处用户终端仰角为 40.46°,这时上述影响将降至最低。

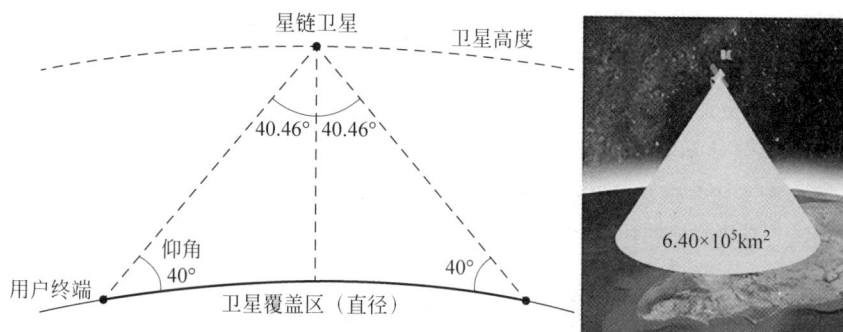

图 8-10　星链系统中用户终端的最低仰角要求

经计算,当卫星高度 $h=1150\text{km}$ 时,传播时延 $\tau=h/c\approx 3.8\text{ms}$,卫星对地面的覆盖半径 $r=h/\tan 40.46°=1060\text{km}$,覆盖面积为 $3.50\times 10^6\text{km}^2$;当卫星高度为 550km 时,传播时延为 1.8ms,卫星对地面的覆盖半径为 506km,覆盖面积为 $6.40\times 10^5\text{km}^2$,实际传播时延还需要考虑各种设备间的切换和链接时延。

3. 卫星通信模式和波段

星链卫星将支持四种波段的通信模式,Ku 波段,Ka 波段,V 波段和激光通信。Ku 波段频率范围 12~18GHz,Ka 波段频率范围 26.5~40GHz,V 波段 40~75GHz。星链首批发射的 60 颗卫星仅支持 Ku 波段通信覆盖,后续卫星会陆续支持 Ka,V 波段和星间链路的激光通信。表 8-6 是各类卫星使用的频段及其频率范围。

要用卫星来实现远距离无线通信,频谱资源至关重要。随着容量的需求,卫星通信使用的频段从中频 L、S 波段拓到 Ku、Ka 波段,再到毫米波一直向上,频率越来越高,带宽也越来越大。

表 8-6　卫星通信使用的频段

频　　段	频率范围/GHz
UHF	0.3~1
L	1~2
S	2~4
C	4~8
X	8~12
Ku	12~18
K	18~26.5
Ka	26.5~40
V	40~75
W	75~110

卫星通信频段和空间轨道资源一样,都属于不可再生资源,国际上的原则是"先登先占"的使用模式。目前低轨卫星的主要通信频段(Ku 和 Ka)已趋于饱和。

4. 星座组网情况

按照马斯克的星链构想,猎鹰 9 号火箭每次发射 60 颗星链卫星,编号分别为 A~Z、AA~AZ、BA~BM。这些星链卫星由火箭缓慢自旋释放。卫星通过氪离子发动机推动逐渐分布在轨道面指定位置。标称轨道为 550km 高度,倾角 53°圆轨道。

星链卫星根据官方给出的 Ku 波段天线覆盖角度是 40.46°半锥角,标称 550km 轨道高度,一颗星链卫星天线的覆盖范围是 $6.40 \times 10^5 km^2$,大约相当于河北省 $1.87 \times 10^5 km^2$ 面积的 3.5 倍。首次发射的 60 颗卫星位于同一个轨道面内,经过数天后会均匀分布在此轨道面,形成对地面的连续覆盖,保障通信的不间断。另外 SpaceX 后来又发射 6 组共计 360 颗星链卫星,完成特定区域的最小通信覆盖,这样势必会满足星间链路提出要求。

星链卫星的激光通信是联系轨道面内相邻两颗卫星和垂直轨道面的两颗卫星,确保任意两个方向上的通信不中断。如果通信天线采用 Ka 或 V 波段,在整星功率一定的情况下,单颗星覆盖范围会更小,因此会需要更多的卫星组网。

图 8-11(a)是第一阶段中第一个轨道壳层上的轨道分布二维图形,壳层均匀配置 72 条轨道,每一轨道配置 22 颗卫星,共有 1584 颗卫星,轨道高度为 550km,倾角为 53°。图 8-11(b)是三维图像。相邻两颗卫星的覆盖边界有一定的重叠,以保证覆盖的连续性。

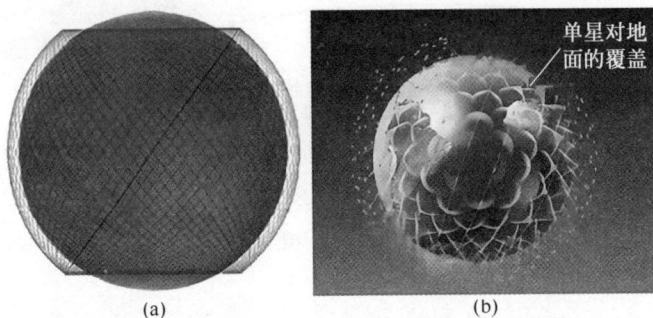

图 8-11　星链卫星分布

(a) 第一个壳层的轨道分布图;(b) 单星对地球的三维覆盖图像

当第一、二阶段计划实现后,SpaceX 又加上 340km 和 1100km(1100～1325km)高度,这两层轨道壳层,各采用不同的工作频带。不同高度上的卫星对地面覆盖的面积是不同的,卫星所处高度越高覆盖区越大。

5. 减少空间垃圾

为满足空间环境监管以及行业标准的要求,需要将寿命终止的卫星离轨再入大气层,防止增加更多的太空垃圾。在考虑不同姿态和太阳光压辐射影响下,星链卫星在寿命终止后将通过 1～5 年的时间再入大气层,如果在寿命终止之前使用氪离子发动机协助离轨,将以更快的速度再入大气层。如果采用 1000km 以上的轨道,想要让数量如此多的卫星都再入大气层,则需要几百年甚至上千年的时间。

8.3.3　卫星

1. 星链卫星的设计

星链卫星是 SpaceX 公司制造的低轨通信卫星,旨在为地球上的每个人提供宽带互联网。这种量产型卫星搭载了通信载荷,采用 Ku 和 Ka 波段通信,卫星采用光学星间链路,相控阵波束形成和数字处理技术。

星链卫星外形特征为平板设计,每颗带有一块太阳电池阵帆板,首批单星重量 227kg,卫星在运载整流罩内采用堆栈叠放方式,不需要分配器,其推进装置和轨道维持装置同时也是离轨装置,是一种以氪为工质的霍耳推进器。卫星被设计成具有自主避撞控制能力,带有 Startracker 导航装置,基于上传的轨道数据,在寿命末期,卫星将执行离轨程序,最后再入大气层。每颗卫星的使用寿命为 5～7 年,退役后,推进器为卫星减速并促使其脱轨,脱轨后的卫星会坠入大气层而烧毁。目前,星链卫星能够做到燃烧掉 95% 的质量,随着技术的迭代,未来能够做到使其 100% 在大气层中销毁,不对地面上的人或建筑物造成任何可能的伤害。

第一组 1584 颗卫星将运行在 550km 高度的轨道上,后续星座将被安排在 1200km 的轨道以及极低的 340km 轨道上,最终的星座规模将达到 12 000 颗之多。最初的卫星版本称为 V0.9,属于原型卫星,它们之间没有星间链路和 Ka 波段天线,这些卫星被用作广泛的性能测试和部署试验,最终将被抛弃离轨。在发射过程中,60 颗卫星被紧密堆叠放置,并没有部署器,60 颗卫星最大限度地利用了 Falcon-9V1.2(Block 5)运载火箭的整流罩空间,未来更大的运载整流罩空间还将容纳更多的卫星。2019 年 5 月发射的首批 60 颗 V0.9 卫星中,其中 3 颗失效,还有 2 颗按照计划进行主动离轨测试,其余的 55 颗卫星升至运行轨道。后续发射的 V1.0 版卫星将主要增加星间链路(SpaceX 号称卫星之间的采用 10 000GHz 速率达到 100Gbps 以上的激光星间链路)功能。SpaceX 计划发射的通信卫星质量约为 386kg(比 V0.9 卫星重 159kg),尺寸为 4m×1.8m×1.2m,相当于一辆迷你 Cooper 汽车。每颗卫星有两块太阳能电池阵,每块面积为 12m^2。

星链 V0.9 型和 V1.0 型卫星发射质量分别为 227～260kg,按质量分类,它们属小卫星。图 8-12 给出了卫星的外观图,太阳电池帆板为单板结构,面积 12m^2,星体则为矩形盒式,面上一侧安有多部天线。

图 8-12(b)是星链卫星的星体架构,4 个方块均为相控阵列天线,组成星侧主阵列天线。V1.5 版卫星安装了激光,可以建立星间链路,而馈电链路则采用微波或毫米波。

2. 星链卫星版本

(1) V0.9(测试)

2019 年 5 月发射的 60 颗星链 V0.9 卫星具有以下特点:具有多个高通量天线和单个太阳能阵列的平板设计。卫星的质量为 227kg,使用氪作为反应质量的霍耳效应推进器,用于在轨位置调整、高度维持和脱轨,以及精确定位的星轨导航系统,能够使用国防部提供的碎片数据自主避免碰撞。卫星的高度为 550km,最终设计的所有组件中的 95% 将在每颗卫星生命周期结束时迅速在地球大气层中燃烧。

(2) V1.0(操作)

2019 年 11 月发射星链 V1.0 版卫星,其附加的特性有:在每颗卫星寿命结束时,卫星的所有组件将 100% 在地球大气层中完全消亡或燃烧。增加了 Ka 波段。质量为 260kg,其中一个编号为 1130 的名为 DarkSat 的卫星使用了降低反照率的特殊涂层,但由于热问题和红外反射率,该方法被放弃。自 2020 年 8 月第九次发射以来,发射的所有卫星都有遮阳板,用于阻挡阳光从卫星的某些部分反射,以进一步降低其反照率。

(a)

(b)

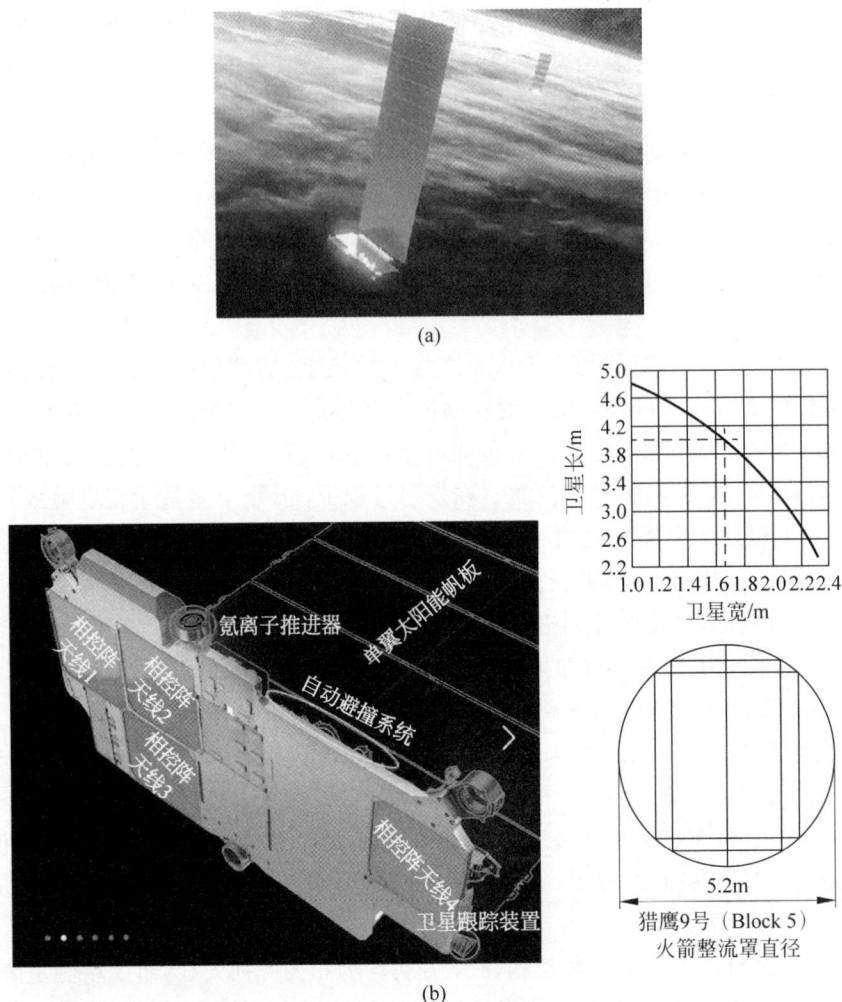

图 8-12 卫星外观

(a) 在轨道上运行的星链卫星；(b) 星链单星及相控阵列天线的平板

（3）V1.5（操作）

2021 年 1 月 24 日发射星链 V1.5 卫星，其质量为 295kg。9 月起发射的卫星移除了挡住阳光的遮阳板，配置了可用于卫星间通信的激光器，发射的频率通常是在红外波段，主要集中在波长为 1550nm 和 1064nm 左右，并且需要具备较小的发散角度、较小的散射和吸收以及高效的能量传输等特点。激光器的质量为 1250kg，长度为 7m，还将进一步改进以降低其亮度，包括使用介电镜膜。

（4）V2.0（操作）

星链 V2.0 卫星包括两种不同的构型：一种在星舰上发射，外形长为 7m，重约 1.25t；另一种则是可使用猎鹰 9 号发射的星链 V2.0 Mini（F9-2 总线），其外形长为 4.1m、宽为 2.7m，质量为 800kg。星链 V2.0 Mini 配备了经改进的相控阵天线，通信能力是 V1.5 的 3～4 倍。另外还有仍在计划中的 F9-1 总线，质量为 303kg。2023 年 2 月 27 首次发射的 V2.0 Mini 将高度提高到约 380km。

3. 星链卫星的特点

1）高速通信

星链系统的卫星采用激光链路进行星间通信，可以提供高速的互联网连接，据报道，其数据传输速度可达 1Gbps/s 以上，传输速度较快。因此，星链卫星在高速数据传输方面具备优势。星链根据不同的使用场景跟套餐价格提供了多种速度，如表 8-7 所示。

表 8-7　星链根据不同的场景和套餐价格提供的速度

服务套餐类型	名　称	服务可用性	延迟/ms	预期下载速度/Mbps	预期上传速度/Mbps
固定服务	标准	≥99%	25～50	20～100	5～15
固定服务	商业（business）	≥99%	25～50	40～220	8～25
固定服务	尽力而为/RV	≥99%	25～50	5～50	2～10
移动服务	休闲	≥99%	<99	5～50	2～10
移动服务	商务（commercial）	≥99%	<99	40～220	8～25
移动服务	高级（premium）	≥99%	<99	60～250	10～30

关于上述星链服务套餐及类型的信息说明：

（1）服务可用性：所有套餐的服务可用性都保持在不小于 99% 的水平，这意味着星链致力于为用户提供稳定且可靠的互联网连接。

（2）延迟：固定服务套餐的延迟在 25～50ms 之间，移动服务套餐的延迟小于 99ms。这说明星链的低轨卫星网络在降低信号传输延迟方面具有优势。

（3）下载速度和上传速度：随着套餐等级的提高，预期的下载和上传速度也随之增加。这表明星链提供了灵活的套餐选择，以满足不同用户的需求。

（4）服务类型：星链提供了固定服务套餐和移动服务套餐两种类型，以适应不同场景和用途，如家庭、商业、房车和移动设备等。

（5）商业和高级套餐：无论是固定服务还是移动服务，商业和高级套餐往往具有更高的下载和上传速度，以满足商业用户和对网络性能有较高要求的用户的需求。

2）宽覆盖范围

星链卫星系统的星座由分布在低轨道层面的一万多颗传播卫星组成，几乎可以实现全球范围内的网络通信覆盖，包括远离城市的偏远地区。星链卫星系统将成为一种具备广泛适用性的卫星通信系统。

3）高可靠性

星链卫星系统中的卫星之间相互连接，形成一个星型网络结构。当其中一颗卫星出现故障时，其他卫星可以接替其功能，保证通信的连续性和可靠性。

4）低延迟

星链卫星系统采用激光链路进行星间的通信，而且相对于传统的卫星互联网服务，星链系统的卫星轨道更低，数据传输的延迟时间大大减少，具有传输延迟低的特点，这对于需要实时数据传输的应用程序非常重要，例如在线游戏和视频会议等。

星链卫星并不像其他宽带卫星、通信卫星那样部署在约 3.6×10^4 km 的地球同步轨道或者地球静止轨道上,而是部署在 $330 \sim 550$ km 的近地轨道,两者的通信距离相差近 10^3 倍。电磁波约等于光速每秒 30×10^5 km·ms^{-1}。地面电磁波信号要传递到星链卫星的时间 $1.1 \sim 1.83$ ms,下传也需要相同时间,来回一次通信 $2.2 \sim 3.66$ ms。而处在约 3.6×10^4 km 轨道上的其他宽带卫星,一次来回数据通信的延迟会超过 240ms。因此,星链相比其他宽带卫星有着天然的低延迟优势,相比地面的有线宽带大约增加 3.66ms 延时,实际通信要再加数据中继过程的延迟处理。

5) 存在的缺点

(1) 成本高昂:星链系统需要大量卫星组成的星座来提供全球覆盖的互联网服务,因此系统的建设和运营成本非常高。

(2) 环境问题:星链系统发射的卫星数量非常庞大,这对地球上的环境可能产生不利影响,例如可能会对星空的观测造成影响,也可能会产生更多的太空垃圾。

(3) 可靠性问题:由于星链系统依赖大量卫星来提供互联网服务,如果其中任何一个卫星发生故障,都可能会对系统的可靠性产生影响。此外,卫星的轨道也可能会受到太阳风暴等自然因素的影响而发生变化。

8.3.4 自主规避碰撞系统

1. 星敏感器

星链卫星利用内部定制的导航传感器测量卫星姿态,有助于稳定姿态,实现宽带吞吐量的精确设定。图 8-13 是利用卫星导航传感器测量卫星姿态的装置,通过动态监测卫星姿态,实现精确调控卫星方位,保证通信卫星的工作质量。

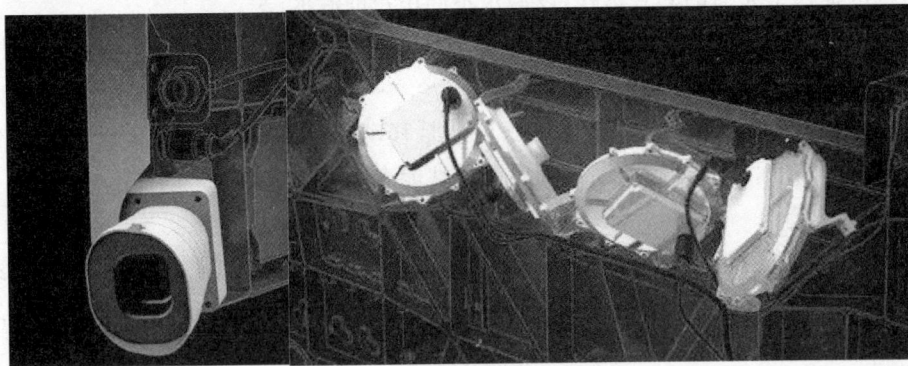

图 8-13 卫星导航传感器测量系统

2. 自主碰撞规避系统

星链卫星使用从地面传输的空间碎片威胁信息数据以及自身携带的四个动量轮系统配合离子推进系统,实现自动规避空间碎片和其他航天器的功能。这种自主规避防撞功能能够最大限度地降低人工出错的概率,让卫星在一个可靠的无碰撞的空间环境中稳定运行。

3. 规避碰撞的技术流程

地面系统预报星座卫星轨道,并检索空间目标数据库(在轨大约 20 000 个目标),筛选潜在碰撞目标,计算碰撞概率,将高预警碰撞时刻和轨道控制上传给卫星。图 8-14 是规避卫星碰撞的技术流程图,卫星利用四个互相垂直的动量轮加速或减速运动改变卫星姿态,配合离子推进发动机抬高或降低卫星轨道,完成规避。规避完成后再次机动返回标称轨道。地面碰撞检测完全由计算机自动化完成,定时计算,自动上传,完成主动规避。

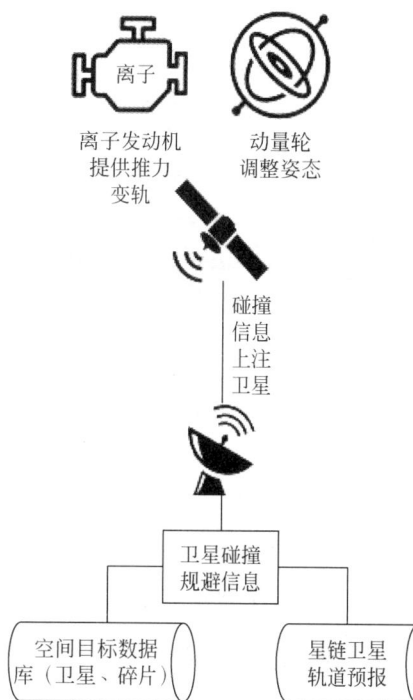

图 8-14 卫星规避碰撞流程

8.4 猎鹰 9 号火箭

星链卫星是由猎鹰 9 号(Falcon 9)火箭发射送入太空的。猎鹰 9 号是美国 SpaceX 公司研制的可回收式中型运载火箭,2010 年 6 月 4 日完成首次发射,2015 年 12 月 21 日完成首次回收。2019 年 11 月 11 日,美国猎鹰 9 号火箭发射升空,此次发射创下该火箭的载重纪录(15.6t)。2021 年 9 月 15 日,SpaceX 利用龙飞船和猎鹰 9 号火箭执行了首次纯商业载人太空飞行任务,将 4 名普通人送入太空。2022 年 7 月 24 日美国东部时间上午 9 时 38 分,SpaceX 猎鹰 9 号搭载 53 颗星链卫星,在佛罗里达州肯尼迪航天中心成功发射。8 月 10 日,猎鹰 9 号运载火箭又将 52 颗星链互联网卫星送入轨道。当地时间 2023 年 5 月 21 日,"龙"飞船搭乘猎鹰 9 号火箭搭载 4 名宇航员前往国际空间站。

猎鹰 9 号为 SpaceX 公司研制的大型两级低温液体运载火箭,是世界第一型可回收复用的运载火箭,芯一级与整流罩可实现多次回收复用,主动力全部采用液氧煤油推进剂。该火箭长为 70m,芯级直径均为 3.7m,整流罩直径为 5.2m,起飞质量约 549t,起飞推力约 784t,其标准 LEO 运力达 22.8t。将卫星堆叠在一起,就可以一次把几十颗卫星送上天。图 8-15 (a)是猎鹰 9 号火箭整装 60 颗星链小卫星,图 8-15(b)为火箭参数。

在研发猎鹰 9 号之前,火箭向轨道发射卫星的活动几乎完全由政府机构控制。马斯克摒弃了官方机构烦琐的程序,加快项目实施速度和减少成本,宣称"传统的运载火箭是一次性使用的,在发射后坠回地面,或在大气层中燃烧殆尽,往往只剩下一些金属残片,而垂直起降的运载火箭在落回地面后,只要稍加修复,重新加注燃料就可再次发射,大大降低了发射成本"。媒体不断炒作并宣称可将火箭发射的成本降至传统方法的 1/10。

8.4.1 "猎鹰 9 号"的设计思路

为了降低星链卫星的发射成本,SpaceX 提出独特的设计思路:一是低轨道小卫星;二是回收发射卫星多次使用。现在介绍有关回收发射卫星多次使用的相关情况。

高度/m	70
直径/m	3.7
质量/kg	549 054
LEO的有效载荷/kg	22 800
有效载荷到GTO/kg	8300
火星有效载荷/kg	4020

(a) (b)

图 8-15 猎鹰 9 号火箭

（a）猎鹰 9 号火箭整装 60 颗星链小卫星；（b）猎鹰 9 号火箭的几何尺寸和有效载荷

1. 一箭发射群星

现在的猎鹰 9 号火箭，一次可发射卫星 60 颗左右，到达指定位置后，把这一摞卫星扔下来，然后利用卫星的氙离子推进器，借助 AI 控制技术将卫星部署到相应的轨道位置上。

2. 回收火箭重复利用

1）回收利用

猎鹰 9 号发射火箭的第一级比猎鹰 1 号大许多，使用 9 台改进型的老式莫林发动机，让第二级比第一级稍短。猎鹰 9 号的顶端和外层采用航天领域常用的超强度铝锂合金材料制造，并在后盖上面加盖了特制的挡热板，用以保护猎鹰 9 号第一级和第二级火箭在重入地球大气层时免遭损坏，这样便可以回收再利用。

图 8-16 "猎鹰 9 号"海上火箭降落埠

2）垂直降落

在马斯克的构想中，无论是 NASA 或是民营公司都不应该任由液体燃料火箭成为一次性使用的物品，因此他要求 SpaceX 公司的工程师打造浮动的海上火箭降落埠（ASDS）（图 8-16），并研究液体燃料火箭在发射任务后"如何自动并垂直降落于降落埠"的技术。这项技术的困难度在于：

首先，猎鹰 9 号发射火箭的高度达到 14 层楼，爬升时的速度达 1600m/s，要让直线上升的火箭"毫发无伤"地垂直下降，犹如"狂风中让橡胶扫帚柄直立于手掌上"。

其次，SpaceX 先前曾让完成任务的燃料火箭成功降落在 10km 宽的目标区内，但 ASDS 仅宽 10m，难度大大增加。

最后，位于海中的 ASDS 没有固定，要降落的燃料火箭必须借助引擎保持下降时的平衡与稳定。经过艰苦的努力，SpaceX 终于实现了火箭精确定位、垂直降落、海上回收的工程。

猎鹰 9 号还有许多技术细节，其中几次有代表性的发射及其技术完善进程如下：

2015 年 SpaceX 发布猎鹰 9 号和重型猎鹰的报价及其最大有效载荷。猎鹰 9 号标准报

价 6200 万美元,发射至近地轨道(LEO),最大载荷 22.8t;发射至地球同步转换轨道
(GTO),最大载荷 8.3t。重型猎鹰标准报价 9000 万美元,发射至近地轨道(LEO),最大载
荷 54.4t;发射至地球同步转换轨道(GTO),最大载荷 22.2t;发射至火星,最大载荷 13.6t。

2015 年 12 月 22 日猎鹰 9 号回收成功与其火箭发动机的强大推力有关。在 SpaceX 新
近公布的该公司火箭运力表上,猎鹰 9 号的低地球轨道运力达 22.8t,不过,这是不使用回收
技术的运力,要回收火箭第一级需要预留燃料,运力会下降。中国新型运载火箭长征 7 号的
低地球轨道运力为 13.5t,猎鹰 9 号可以在使用机制落后的莫林发动机的情况下达到接近长
征 7 号的运力也充分说明了美国在冷战时代不计成本打造的航天底子实在是丰厚。此外,
猎鹰 9 号火箭的近地轨道发射报价约为 6000 万美元,相当于每千克载荷花费 4600 多美元,
基本满足商业航天的期望。

2018 年 3 月,猎鹰 9 号火箭在一次常规发射任务中搭载了 2 颗小卫星——"丁丁-a"和
"丁丁-b",它们是 SpaceX 星链计划的试验星,并开展对地通信测试。2019 年 5 月 23 日,
SpaceX 公司利用猎鹰 9 号运载火箭成功将星链首批 60 颗卫星送入轨道。2019 年 10 月 22
日报道,美国空军正在测试这家企业所建星链卫星网络的互联网加密服务。2019 年 11 月
11 日,用一枚猎鹰 9 号火箭将第二批 60 颗星链卫星送入太空。2020 年 1 月 6 日,用一枚猎
鹰 9 号火箭将第三批 60 颗星链卫星送入太空。2020 年 1 月 29 日,猎鹰 9 号火箭从佛罗里
达州卡纳维拉尔角空军基地升空,发射约 1h 后,第四批 60 颗星链卫星被送至地球上空
290km 处。2020 年 2 月 17 日,用一枚猎鹰 9 号火箭将第五批 60 颗星链卫星送入太空。
2020 年 3 月 18 日,第六批 60 颗星链卫星被一枚猎鹰 9 号火箭送入太空。2020 年 4 月 22
日,用一枚猎鹰 9 号火箭将星链计划第 7 批 60 颗卫星送入太空,继续搭建全球卫星互联网。
2020 年 6 月 13 日,顺利完成星链计划第 9 次发射任务,用一枚猎鹰 9 号火箭将 61 颗卫星送
入太空。2021 年 3 月 11 日,猎鹰 9 号运载火箭,携带一组 60 颗星链互联网卫星在美国佛
罗里达州发射升空。

由此可见,回收意义是经济性,打开了商业航天的未来。据国际航天专家估算,一次性
使用运载火箭将 1kg 物品送入太空要花费一两万美元,有了火箭回收技术,每千克载荷花
费降低了近 70%。在这一低成本基础上,如果把回收猎鹰 9 号火箭第一级重复使用,还可
使该火箭的成本再降低 70%。如果能回收第一级和第二级,就能省去 98% 的成本。因此,
大大节约火箭发射总费用的巨大空间是存在的。

在解决回收再利用难题后,让更多大型航天器便捷地驶入更加遥远的太空成为可能。
同时回收火箭还能保障地面人员和财产安全,有利于保护环境。

8.4.2　"猎鹰 9 号"的组成结构

猎鹰 9 号的最大特点是可重复使用性,即它的第一级助推器可在发射后返回地面或者
海上平台,经过检查和维护后再次发射。这样可以大大降低发射成本,提高发射频率,增加
发射灵活性,也可以减少航天垃圾的产生。

猎鹰 9 号的第一级助推器有两种着陆方式:一种是返回发射场附近的着陆区(RTLS),
另一种是返回海上的无人驾驶船平台(ASDS)。

RTLS 方式需要更多的燃料和时间,因为助推器需要改变飞行方向,并且克服地球自转
带来的速度差。这种方式适用于向低地球轨道发射较轻载荷的任务。ASDS 方式需要更少

的燃料和时间,因为助推器只需要沿着原来的飞行方向飞行,并且利用地球自转带来的速度增加。这种方式适用于向地球同步转移轨道或者火星转移轨道发射较重载荷的任务。

如图 8-17 所示,猎鹰 9 号整体火箭由有效载荷整流罩、级间、二级火箭和一级火箭组成。

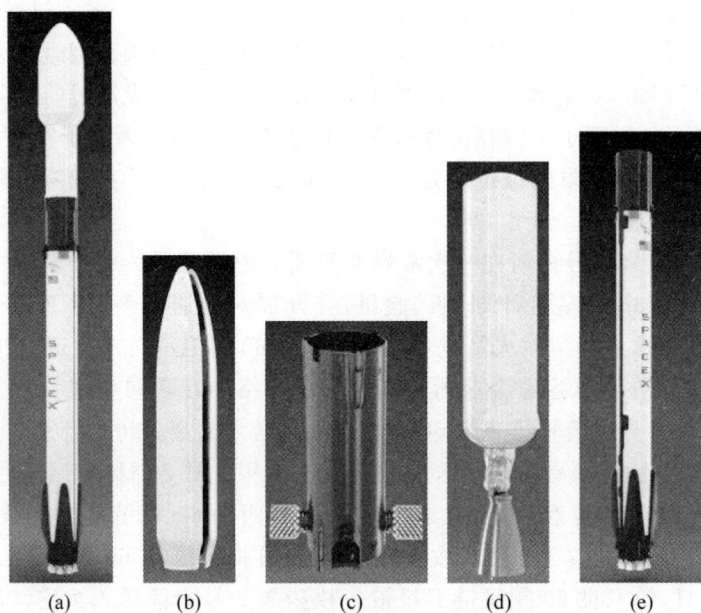

(a)　(b)　(c)　(d)　(e)

图 8-17　猎鹰 9 号火箭的整体结构及其组成部件
(a) 整体结构;(b) 有效载荷整流罩;(c) 级间;(d) 二级火箭;(e) 一级火箭

(1) 有效载荷整流罩

有效载荷是由火箭顶部的整流罩保护和固定的。整流罩是一个锥形的结构,由碳复合材料制成,用于减少大气阻力和保护载荷免受温度、振动和电磁干扰等影响。整流罩内部有一个可调节的平台,可以根据不同大小和形状的载荷进行适配。

整流罩直径为 5.2m,高度为 13.1m,内部容积为 136m^3,是目前世界上最大的商用火箭整流罩。整流罩在飞行大约 3min 后,火箭达到大气层外时会分离,并由两个半壳组成。SpaceX 正在尝试回收整流罩以降低成本和提高可靠性。整流罩半壳在分离后会部署降落伞,并由特制的船只"GO Ms. Tree"和"GO Ms. Chief"在海上捕获或打捞。

(2) 级间

猎鹰 9 号的级间是指火箭的第一级和第二级之间的连接部分。级间的作用是在火箭分级时,将第一级和第二级分离,并提供电力、数据和燃料的传输。级间的设计和性能对火箭的可靠性和效率有着重要的影响。

猎鹰 9 号的级间采用了一个简单且轻便的结构,由一个圆柱形的金属壳体和四个高超声速网格鳍组成,它们在再入大气层期间通过移动压力中心来定向火箭。

圆柱形的壳体位于火箭中心,直径为 3.7m,高度为 1.2m,内部装有电池、电子设备、气压罐等组件,为火箭提供电力和控制信号。四个金属桁架位于壳体周围,呈十字形分布,长度为 4m,宽度为 0.3m,用于连接第一级和第二级,并承受火箭发射时的巨大载荷。

　　猎鹰 9 号的级间使用了一种称为气动分离技术,即利用大气阻力和气流来帮助第一级和第二级分离。在火箭达到约 70km 的高度时,第二级发动机点火,同时第一级发动机关闭。此时,四个桁架上的爆炸螺栓断开,使得两个级别之间的连接松开。

　　随后,四个网格鳍上的推力器向外喷气,将第一级推离第二级约 20cm。由于此时大气阻力很小,这个距离足以避免两个级别之间的碰撞。然后,由于两个级别之间的速度差异和气流作用,它们会自然地远离彼此,并进入不同的轨道。

　　(3) 二级火箭

　　猎鹰 9 号的二级火箭位于火箭的上部。它负责将有效载荷从约 70km 的高度送入目标轨道,然后分离并重新进入大气层。二级火箭的设计和性能对火箭的精度和灵活性有着重要的影响。二级火箭采用了一个圆柱形的金属壳体,直径为 3.7m,高度为 13.8m,质量为 92t。壳体内部装有 1 台莫林真空发动机,可以在水平方向上进行偏转,以控制火箭的方向。壳体外部装有一个可分离的整流罩,用于保护有效载荷免受空气阻力和热流的影响。壳体底部连接着一级火箭,用于与第一级分离。

　　猎鹰 9 号的二级火箭使用液态氧和煤油作为燃料,储存在壳体内部的两个隔离的罐体中。液态氧罐位于上方,容量为 92m³,重量为 75t。煤油罐位于下方,容量为 25m³,质量为 17t。两种燃料通过管道和泵送到发动机中,在高温和高压下发生燃烧,产生强大的推力,燃烧时间为 397s。二级火箭使用了一种称为多次点火技术,即在轨道转移过程中可以多次开启和关闭发动机,以实现不同的轨道参数和任务需求。

　　(4) 一级火箭

　　猎鹰 9 号的一级火箭是火箭的最底部,也是最大和最重的部分。它负责将火箭从地面发射到大约 70km 的高度,然后分离并返回地面。一级火箭的设计和性能对火箭的成本和效率有着决定性的影响。一级火箭采用一个圆柱形的金属壳体,直径为 3.7m,高度为 47.8m,质量为 256t。如图 8-18 所示,壳体内部装有 9 台莫林发动机,呈九宫格布局,每台发动机都可以在水平和垂直方向上进行偏转,以控制火箭的姿态和方向,其海平面推力为 7607kN,真空推力为 8227kN。壳体外部装有 4 个折叠式的着陆腿,用于在回收时支撑火箭。壳体顶部连接着级间部件,用于与第二级分离。

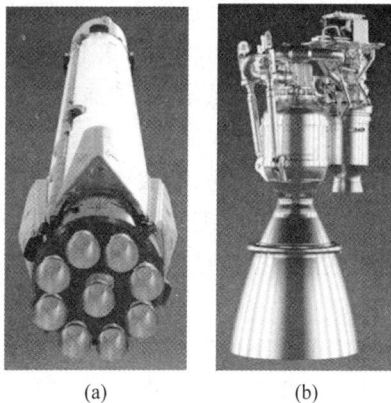

图 8-18　莫林发动机

(a) 9 台莫林发动机;(b) 单台莫林发动机

　　一级火箭使用液态氧和煤油作为燃料,储存在壳体内部的两个隔离的罐体中。液态氧罐位于上方,容量为 284m³,重量为 147t。煤油罐位于下方,容量为 119m³,重量为 39t。两种燃料通过管道和泵送到发动机中,在高温和高压下发生燃烧,产生巨大的推力。

　　在第一级分离后,二级火箭首次点火,将有效载荷送入一个椭圆形的过渡轨道。在过渡轨道上,二级火箭可以进行一次或多次点火,以达到目标轨道或执行轨道机动。

　　在有效载荷分离后,二级火箭可以再次点火,以降低其轨道高度,并在大气层中销毁。猎鹰 9 号的二级火箭使用了一种称为整流罩回收技术,即在分离后不弃置于太空或大气中,而是通过控制系统和回收系统返回地面或海上,并进行检修和再利用。

猎鹰 9 号的一级火箭使用了一种称为渐进式关机技术,即在发射过程中逐渐关闭部分发动机,以减少对火箭结构的应力和对有效载荷的加速度。

在发射时,9 台发动机都处于全功率工作状态,提供约 7600kN 的推力。在发射后约 2.50min 时,中央发动机关闭,剩余 8 台发动机继续工作。在发射后约 2.75min 时,又有 4 台发动机关闭,剩余 4 台发动机继续工作。在发射后约 2min55s 时,剩余 4 台发动机都关闭,一级火箭与第二级火箭分离。

猎鹰 9 号的一级火箭还使用了可重复使用技术,节省大量的材料和人力成本,提高火箭的经济性和环保性。

猎鹰 9 号的一级火箭回收过程包括以下几个步骤。

① 分离:在第二级点火后,一级火箭与第二级分离,并开始下降。

② 翻转:一级火箭用四个冷气推力器进行 180°的旋转,使得发动机朝向下降方向。

③ 重启:一级火箭用三台或单台发动机进行多次点火,以减速并调整轨迹。

④ 制导:一级火箭用四个格栅舵进行精确的姿态和方向控制,并朝向预定的着陆点飞行。

⑤ 着陆:一级火箭使用四个着陆腿进行垂直软着陆,并关闭剩余发动机。

8.5 Kr 离子推进器

传统的航空推进器需要将数百万千克的液体或固体燃料加入火箭中,以氧化剂将其点燃燃料产生热推力将火箭送上太空。人类若想到达更遥远的星空,需要一种高效、只需要少量推进剂的推进系统,离子推进器就可满足这个要求。在 20 世纪初,苏联科学家、现代火箭奠基人齐奥尔科夫斯基和美国(液体)火箭之父罗伯特·戈达德分别提出空间电推进的概念。基于这个设想,冷战期间美国和苏联分别独立开发了不依赖化学燃烧,而是依靠电力的离子发动机(推进器),并逐渐将其投入实际使用,成为目前实用化火箭技术中最为经济的推进器,在航空航天领域广泛应用,例如卫星在太空中轨道的调整和深空探测器的小推力长时间飞行。

图 8-19 是化学火箭发射和离子推进器持续推进图。化学火箭依靠化学能把燃料以小于 5km/s 速度向后方喷射,推动火箭向前飞行,其动能转换效率小于 35%。离子推进器把太阳光转化为电能,电离产生气体等离子体,向后方喷射,推进火箭向前飞行,其动能转换效率超过 90%。

化学火箭　　　　　离子推进器

图 8-19　化学火箭和离子推进器

8.5.1　离子推进器的结构与基本工作原理

离子推进器又称离子发动机,其基本工作原理:经过光电转化装置将太阳能变为电能,再使电能产生电磁场;工作介质在高温下被电离,形成等离子体向外高速喷射,与磁场能相互作用,由电磁感应可以获得产生加速度的力,进而形成推力。概括起来说,就是利用太阳能引发的电磁场对载流体等离子体产生洛伦兹力的原理,使处于中性的等离子体状态的工作介质加速以产生推力。尽管其柔和且充满神秘感的尾焰颇有些科幻电影中星际飞船的意象,但实际上,目前大多数离子发动机产生的推力还不到1N,只相当于举起一个鸡蛋的力气。

如图 8-20(a)所示离子推进器可分为四个有机组成部分:推力器,包含电离腔、空心阴极、环尖磁铁、离子光学系统、中和器;其燃料通常为惰性气体,如氙气(Xenon)。当氙气被送入推进器的离子化室时,电子会撞击氙气原子,使其失去一个或多个电子,从而产生氙离子。在电源控制单元控制下,这些带正电荷的氙离子被加速器电极中的电场加速,以高速射出推进器。正是这种高速离子流产生了推力,使航天器得以在太空中前进。

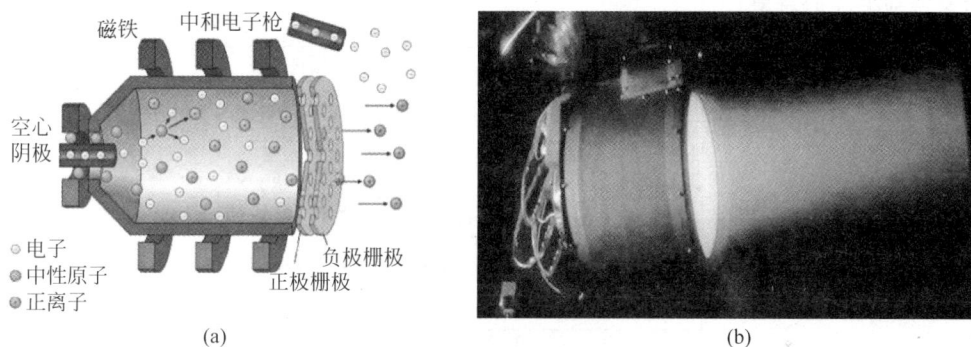

图 8-20　离子推进器
(a) 离子推进器结构图;(b) 工作中的推进器

推进剂供给系统是向推力器的电离腔提供燃料。在离子推进器中,注入电离室的推进剂会受到电子枪的轰击。这时,结合得最不牢固的那个电子就会和原子核"分道扬镳",而失去一个电子的原子核就变成了正离子,并通过后面栅板产生的电场加速喷出,从而产生推力。出口附近的电子枪,向喷出的正离子束注入电子,使其变成电中性,又恢复成原子状态。数字控制接口单元,在传统离子推进器基础上,霍耳推进器利用磁场限制了电子的轴向运动,设计更为精巧,喷口也从一面筛子变成了一个环形结构,但基本思路都是通过喷射离子而获得推力。

研究表明,通过对离子推进器的结构与原理进行分析,在原结构基本不变的情况下,通过改变网栅结构材料,可以提高加速电压而提高离子推进器推力。

8.5.2　离子推进器的优势

(1) 高比冲

相较于传统的化学火箭发动机,离子发动机具有极高的比冲,只需要很少的推进剂就能达到很高的速度,减少了航天器的燃料携带,减轻了火箭重量,从而节省了燃料。

离子推进器的比冲远高于化学火箭发动机,这意味着单位质量的燃料可以产生更大的推力。高比冲有助于降低航天器的燃料消耗,减轻其质量,从而提高有效载荷。

(2)高效率

离子推进器的燃料利用率非常高,可以将近乎100%的燃料转化为推力。这意味着航天器可以在相同质量的燃料下实现更长的飞行距离。

另外,离子推进器还具有寿命长,可多次重复启动工作,推力小等特点。提高离子推进器的推力以及推进效率,对于离子推进器的发展极为重要。

基于离子推进器的工作原理,首先期望推进剂比较容易被电离的物质。图8-21是原子第一电离能与原子序数的关系曲线,第一电离能是指基态的气态原子失去一个电子变为气态阳离子,克服核电荷对电子的引力所需要的能量。由图8-21可以比较各元素第一电离能的大小,确定电离的难易程度。电离能低意味着在同样功率的离子推进器中可以有更多的原子转换为离子。其次考虑到动量的计算公式,产生的离子质量越大,同样速度喷出时可以提供的反作用力也越大。因此,从推进效率的角度考虑,理想推进剂具有较高的"质量/电离能比",即质量大但电离能低的物质。因此,那些原子序数大、容易电离的"大块头"元素成为科学家特别关注的对象。

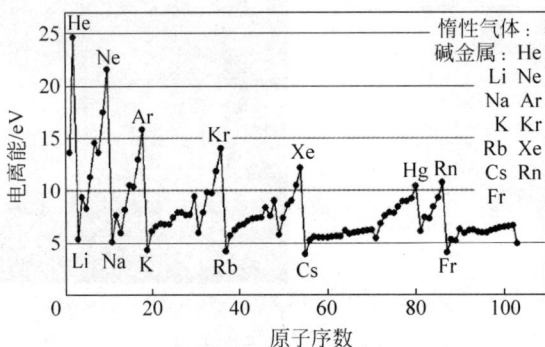

图8-21　第一电离能与原子序数之间的关系图

在自然界存在的"大块头"元素中,铯(Cs)的第一电离能非常小,只有3.89eV,而汞(Hg)在常温下是液态金属,更容易获得气态原子注入电离室。于是,在早期为星际航行设计的离子推进器中,科学家曾尝试利用铯和汞作为推进剂。然而,铯十分活泼,极易发生爆炸,而汞的腐蚀性和毒性都较强。离子推进技术的核心竞争力在于可以在太空中长时间的运行,从安全稳定的角度考虑,这两种元素显然并不理想,后期也并没有得到广泛的应用。由于同样的原因,那些原子序数虽大,但更加不稳定的放射性元素也就被排除在外了。

综合考虑安全性和推进效率等因素,人们把目光逐渐投向稀有气体中的一个"大块头"元素——氙(Xe)。作为一种惰性气体,原子序数54的氙位于元素周期表的右下角,化学性质很不活泼,不容易与其他物质发生反应,所以不会对电子设备、传感器等造成影响。而在各种惰性气体中,氙的原子序数较大,是稀有气体中相对容易电离的。于是,氙气成为目前离子推进器中使用最广泛的燃料,在多个卫星和太空探测器中都能看到氙离子发动机的身影。

然而,氙气储量十分稀少,价格十分昂贵。替代元素是只比氙小一个周期的惰性气体氪(Kr)。在空气中Kr含量是Xe的10倍,制备价格仅是后者的1/6,所以国内外都对氪离子发动机进行了大量的实验研究。自 2018 年以来,氙在商业卫星应用上备受青睐。比如马斯克的星链计划中的卫星所用的霍耳推进器就是以氙为燃料的。

（3）寿命长

由于离子推进器的工作原理不涉及高温高压燃烧,因此其结构简单,可靠性高,寿命长。这使得离子推进器特别适合用于长期的深空探测任务。

然而,离子推进器也存在一定的局限性。由于其产生的推力相对较小,离子推进器的加速过程较慢,不适合短时间内完成高速度变化的任务。此外,离子推进器的电力需求较高,需要搭载大型太阳能电池板或核动力系统以提供足够的能量。

航天器进入太空后,受到的引力和空气阻力都非常微弱,所以即使再小的推力,只要持之以恒的加速,也能产生十分可观的效果。另外,推力小更有利于精准调控,特别适用于那些精度要求高的卫星和空间站。因此,离子推进器的核心优势在于喷射速度高,推进剂消耗量小,这恰好弥补了化学火箭爆发力强却后劲不足的缺陷。

尽管它在推力和电力需求方面存在局限性,但离子推进器仍被认为是未来太空探索领域的一种重要动力来源。在近地轨道卫星、深空探测器和火星任务等方面,离子推进器有望发挥重要作用,为人类的太空探索事业提供持续、可靠的动力支持。

我国是继美国、俄罗斯和欧洲之后,又一个掌握空间电推进技术的国家。2021 年 4 月,中国空间站天和核心舱成功发射入轨,在核心舱的尾部就配置了四台离子推进器中性能优异、技术先进的霍耳推进器。它可以帮助空间站规避危险,调整姿态。霍耳推进器的动力来源于电能,而空间站可以依靠太阳能电池板不断获取电力,相比于化学推进装置,每年可以节省几十吨靠飞船往返天地之间运输的燃料。

8.6　星间链路与激光通信

星间链路是指用于卫星之间的通信链路,也称为星际链路或交叉链路(crosslink)。通过星间链路可以实现卫星之间的信息传递和交换,也可以将多颗卫星互联在一起,形成一个以卫星作为交换节点的空间通信网络。

星链路由器由主机和天线两部分构成,是实现星链卫星间通信的基础。激光链路通信是指在卫星信道数据传输过程中,以光作为传输信息载体完成信号传输。激光链路通信技术既可用于同步轨道卫星间的通信,也可以用于低轨道卫星和同步轨道卫星之间的通信。星间激光链路(OISL)利用激光束作为载波在空间进行图像、语音、信号等信息传递,具有传输速率高、抗干扰能力强、系统终端体积小、质量轻、功耗低等优势,可以大幅降低卫星星座系统对地面网络的依赖,从而减少地面信关站的建设数量和建设成本。

建立星间链路的意义是扩大了系统的覆盖范围。减少传输时延,满足多媒体实时业务的 QoS 要求。卫星独立组网不依赖于地面网提供通信业务,可作为地面网的备份,可以在一定程度上解决地面蜂窝网的漫游问题。

8.6.1　星间链路的几何特性

星间链路是指在卫星之间建立星际通信链路(可以是激光链路,也可以是 Ka、Ku 波段链路),每颗卫星将成为空间网的一个节点,使通信信号能按照所需的最佳路径进行传输,可

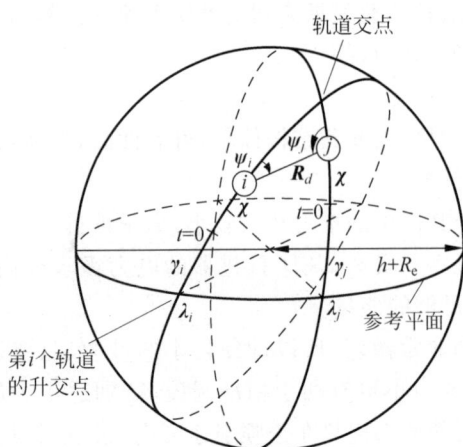

图 8-22 星间链路的几何特性

以组织全球通信网。它与一般卫星通信的上/下行链路的不同点就在于链路的两端都是卫星。为了实现星间最佳的信号传递,两颗卫星的相对位置和方向必须满足一定的条件。图 8-22 是描述星间链路几何特性的方位角 ψ 和仰角 E 相对于卫星本体星间链路指向的变化情况,ψ_{ij} 和 ψ_{ji} 分别是卫星 i 对 j 和 j 对 i 的方位角,E_A 和 E_B 分别为卫星 A 和卫星 B 的仰角,是星间链路与卫星所在点的天球切面之间的夹角。预先估计邻近卫星的星间链路指向的变化情况,可以设计最优化的搜索方案,减少星间链路建立的时间。

星间链路建立星间距离大小与变化范围以后,星间距离的变化情况不但对星间通信的功率大小提出了基本要求,而且也对功率变化动态范围提出了技术指标。

在 LEO 或 MEO 卫星星座通信系统中,具有星间链路的两颗卫星之间的方位角、仰角和星间距离一般随时间而变化,方位角和仰角的变化要求星载天线具有自动跟踪能力,链路距离的变化要求天线的发射功率具有自动功率控制。不同星座星间链路建立的难易程度与方位角、仰角和星间距离的动态变化范围、变化速率有关。星间链路指向角度(方位角和仰角)的时间变化率可以指导星载天线自动跟踪功能的设计,通过分析星间链路指向变化率特征,自动调整星载天线的跟踪准确度和跟踪速度。星链间链路距离时间变化率可为星载发射机自动调节功率提供有效的参考依据,通过计算星间链路距离变化率,得到功率调节所需要的基本参数,包括功率调整范围和调整速度等。

图 8-23(a)是相同轨道高度卫星之间的星间链路,包括同一轨道面内的星间链路和不同轨道面之间的轨间星间链路。在这种几何特性下,两颗卫星建立星间链路,其位置必须满足如下条件:

$$(R_e + h)\cos\left(\frac{\alpha}{2}\right) \geqslant R_e + H_p \tag{8-1}$$

式中,h 为卫星高度,H_p 为余隙(星间链路与地球表面的距离),R_e 为地球半径。E_A 和 E_B 分别为卫星 A 和卫星 B 的仰角,是星间链路与卫星所在点的天球切面之间的夹角。

不同轨道高度卫星之间的星间链路如图 8-23(b)所示,h_A 是卫星 A 的轨道高度,h_B 是卫星 B 的轨道高度,且假定 $h_A < h_B$;α 是两卫星所夹地心角;E_A 和 E_B 分别为卫星 A 和卫星 B 的仰角。卫星的仰角满足关系式:

$$E_A = E_B - \alpha < 0 \tag{8-2}$$

即轨道较高的卫星始终有负的仰角,而轨道较低的卫星的仰角可正或可负。

对于以上两种轨道高度(相同或不同)的情况,在一定的轨道高度下,给定允许的最小余隙 H_p,可以确定最大的星间地心角为 α_{max} 和最长的星间链路距离 D_{max}。

通过计算可以得出以下结论:

(1)卫星的轨道越低,对地覆盖面越小,因此对于低轨卫星,必须多星协同才能达到全球覆盖的目的。为了提高通信效率,一般会选择中高轨卫星作为中继星。

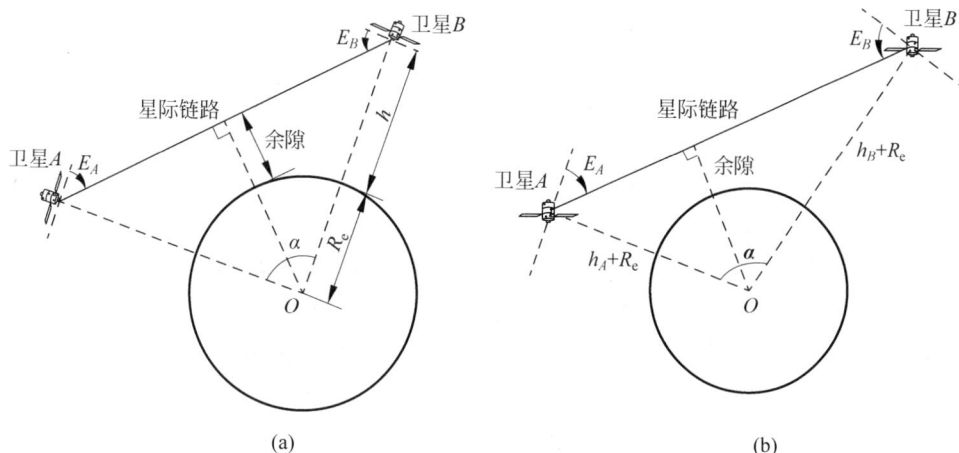

图 8-23　卫星之间的链路

（a）相同轨道高度卫星之间的链路；（b）不同轨道高度卫星之间的链路

（2）卫星轨道高度的变化将会影响方位角、仰角和星间距离变化的周期特性。方位角的变化周期与卫星轨道的周期相同，仰角和星间距离的变化周期为卫星轨道周期的 1/2。

8.6.2　星链系统的星间链路技术

1. 星间链路技术

星链系统是一种新型低轨星座网络总体架构，要实现全球覆盖卫星通信，需要构建包括空间段、用户段和地面段 3 部分的低轨星座通信系统，如图 8-24 所示。

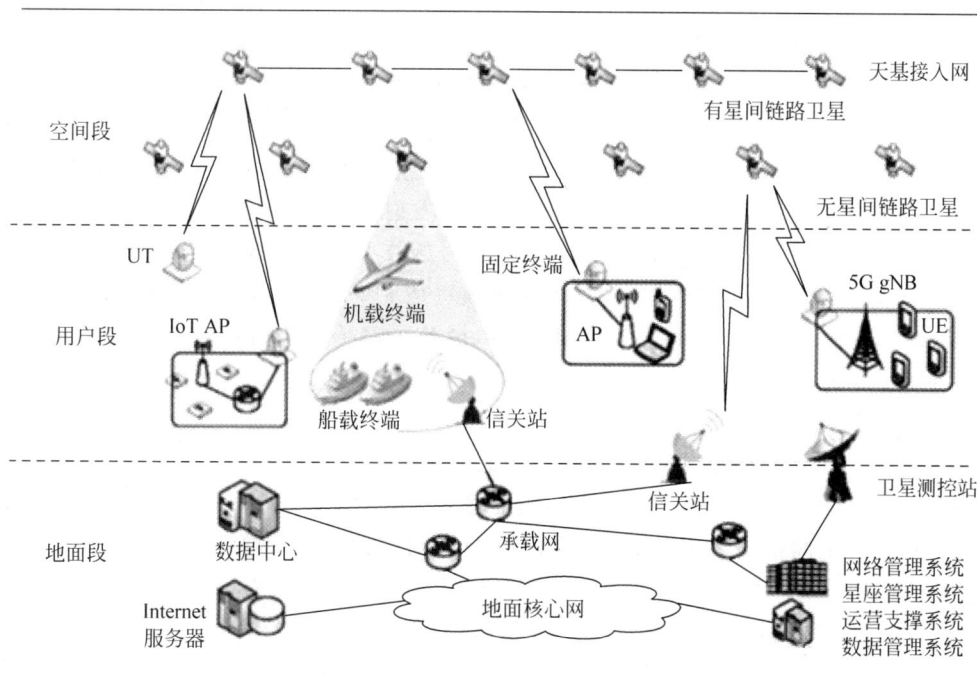

图 8-24　新型低轨道星座网络总体结构

(1) 空间段：由低轨卫星和星间链路组成，形成空间传输主干网络。卫星在空间中均匀排布，普遍采用均匀对称的星座构型。卫星作为空间网络的接入节点，起到天基移动基站的功能。卫星间可建立微波或激光星间链路，实现数据包中继转发。

(2) 用户段：包括各类用户终端、综合信息服务平台以及业务支撑系统等。用户终端可以是车载、机载、船载终端，以及手持终端等便携移动终端。由于功率限制，目前低轨宽带通信必须采用固定终端（如星链地面天线＋路由器）的形式建立局域网络以用于家庭接入；移动卫星终端主要用于卫星通话，远期集成于消费端应用或成为趋势。

(3) 地面段：用于完成卫星网络与地面网络的连接。包括关口站、综合运控管理系统以及连接地面核心网的基础设施，同时也包含主站与"陆地链路"相匹配的接口等设备。关口站起到连接卫星网络和地面网络的信关功能。综合运控管理系统包括网络、星座、数据、运营、数据等管理系统以及卫星测控站和指令等，对全网进行综合管理和监控，可实现卫星与地面、终端与终端之间的互联互通，以及对卫星网络管理控制功能。

其中，卫星和用户之间的链路叫作服务链路（service link）；卫星和信关站之间的链路叫作馈电链路（feeder link）；卫星之间的链路叫作星间链路（inter-satellite link，ISL）。在目前的 NTN 相关协议中，定义了两种实现架构，分别是透明载荷和可再生载荷。

透明载荷也称为透明转发，实际上把卫星仅当作信号中继的链路。5G 基站作为地面网络的一部分，被部署在信关站之后。卫星不关注基站发什么，也不对信号做任何处理，只要流畅地把手机和信关站连起来就好。

透明载荷架构可以利用已有卫星，技术上实现起来较为容易，成本也低，但卫星和基站之间的路径长，时延大，不支持星间协作，需要部署大量信关站。

可再生载荷又称为基站上星，相当于把 5G 基站部署在卫星上。卫星和卫星之间的星间链路就跟地面基站之间的 Xn 接口一样；卫星和信关站之间的馈电链路，实际就是基站与核心网之间回传网络的一部分。

可再生载荷这种架构必须改造并新发射卫星，技术复杂，成本高。优点是手机和卫星基站之间的时延短，且由于有星间链路的存在，信关站可以少部署一些。

星链系统的星间链路还在建设连接中，随着大规模星座的建设，星间链路的研究和实现也至关重要。星间链路包括四个子系统：接收机、发射机、捕获跟踪子系统以及天线子系统。各个子系统的功能是：接收机完成对接收信号的放大、变频、检测、解调和译码等，提供星间链路与卫星下行链路之间的接口。发射机负责从卫星的上行链路中选择需要在星间链路上传输的信号，完成编码、调制、变频和放大。捕获跟踪子系统负责使星间链路两端的天线互相对准（捕获），并使指向误差控制在一定的误差范围内（跟踪）。天线子系统负责在星间链路收发电磁波信号。

根据高中低的卫星轨道分类，星间链路方式主要有：
- 层内星间链路，同轨道卫星群之间的链路。包括 GEO/GEOO 低轨道卫星间链路又称 ISL，星间链路，LEO/LEO 低轨道卫星间链路，MEO/MEO，HEO/HEO 之间链路。
- 层间星间链路：不同轨道之间的通信链路（低轨→中轨，中轨→高轨），包括 GEO/LEO 低轨道卫星-同步卫星（又称 IOL），轨道间链路和 MEO/LEO，GEO/MEO，GEO/HEO 之间链路。

- 同轨道面星间和异轨道面星间的混合链路。星链有两个星座都属于低轨道,因此星链的星间链路主要是低轨道的层内星间链路、低轨道层间链路和低轨道同层与层间混合的链路方式。

星间链路的介质有微波、毫米波和激光。其中以激光为介质的链路称为激光星间链路。

2. 星间链路需要解决的问题

(1) 星间链路的指向变化问题。指向变化可能导致背景噪声温度的动态变化,且变化幅度可能较大,需要研究星间链路天线指向控制技术。天线指向捕获困难,指向误差会降低天线增益。由于星间链路的天线波束非常窄,而卫星本身姿态控制的准确度大约只有0.1°。需要使天线的波束变宽,或者采用波束扫描技术。星间链路子网络信息交换的路由选择问题。星间激光链路的 PAT 问题。

(2) 移动性管理问题。移动性管理包括位置管理和切换管理。位置管理可以采用位置区划分、位置更新、寻呼和位置信息数据库方式来实现。切换管理就是通过用户链路切换、馈电链路切换和星间链路切换三种手段来执行。

(3) 特定频段有效载荷问题。对于 Ka 和 Ku 波段,通信卫星载有基于特定频段的有效载荷,在系统中的作用为无线电信号的转发站。有效载荷中的天线分系统负责接受上行信号,经过转发器分系统对信号的放大—变频—放大后,转换成下行信号,再通过天线分系统传送再至地面。一般一个卫星带有多个转发器,每个转发器可以同时接收/转发多个地面站信号。在固定的功率及带宽下,转发器数量与单星容量成正比。

早期的星链卫星是没办法互相直接通信的,卫星之间通信必须通过信关(gateway)的地面站中转,这会导致星链卫星无法覆盖到没有办法建立地面站的地方。而 2.0 版的星链卫星的最重大改进是具备了卫星间激光通信能力,这被称为星间通信,2021 年 1 月 24 日发射了第一批改进后的卫星,信号漫游不再需要地面站,数据可以在卫星之间直接传输。这彻底解放了星链信号的覆盖能力,相对于传统互联网无论是光纤宽带,还是 4G、5G 等无线网,星链的最大的优势就是全球覆盖的能力。卫星之间在轨道上的直接通信大大减少了对地面站的依赖,把全球覆盖优势发挥到了极致。

8.6.3　使用频谱

1. 频谱波段

星链系统实施的第一阶段,在高度为 550km 和 1100km 的轨道上星座,将采用 Ku 和 Ka 频段,具体如表 8-8 所示。而到第二阶段,将在 340km 的轨道上使用 V 频段(46～56GHz)。因此,频段资源更为丰富,且地面和空间应用还不太广泛,较易保证本系统和系统间的电磁兼容性。

表 8-8　星链系统第一阶段使用的频谱资源

链路种类和传输方向	频率范围
用户下行链路卫星到用户终端	10.7～12.7GHz
网关下行链路卫星到网关	17.8～18.6GHz
	18.8～19.3GHz

链路种类和传输方向	频 率 范 围
用户上行链路用户终端到卫星	14.0～14.5GHz
网关上行链路网关到卫星	27.5～29.1GHz
	29.5～30.0GHz
TT&C 下行链路	12.15～12.25GHz
	18.55～18.60GHz
TT&C 上行链路	13.85～14.00GHz

除了频谱资源,还有一些星间激光链路参数,包括:

(1) 波束: Ⅰ期半径 940.7km,天线仰角 25°; Ⅱ期半径 573.5km,天线仰角 40°。

(2) 传输时延: 星链卫星最小理论往返时延约 14ms,实测最小时延 25～35ms。

2. 电磁兼容性

所谓电磁兼容性,是指设备或系统在其电磁环境中符合要求运行,并不对其环境中的任何设备或系统产生无法忍受的电磁干扰的能力。设两卫星网络使用相同的射频,在图 8-25(a) 中,干扰网络的地球站上行信号对受干扰网络的卫星产生干扰,并转发成下行干扰信号;另外,干扰网络的地球站通过自己的卫星转发信号时,转为下行信号中一部分对受干扰网络的地球站产生干扰。

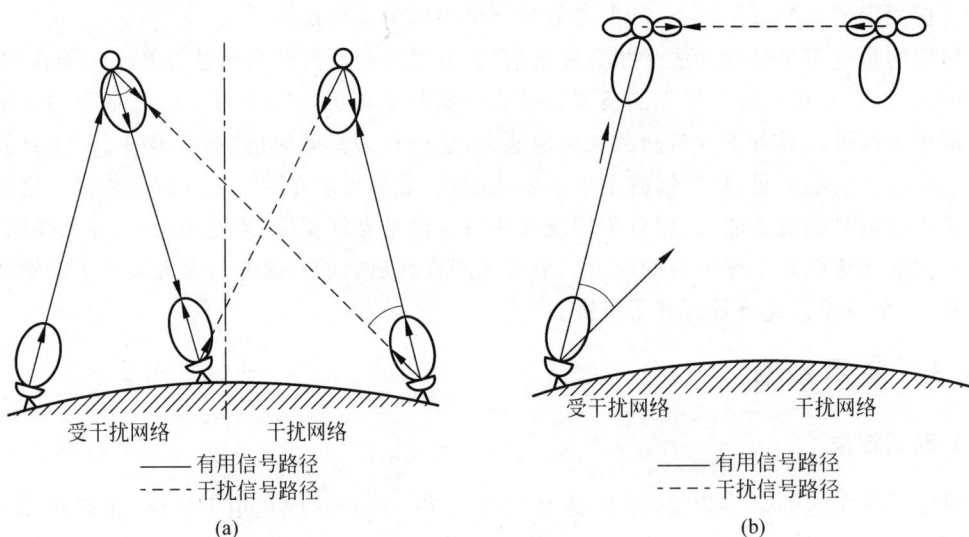

图 8-25　卫星网络之间的电磁兼容性模型
(a) 两卫星网络之间的干扰;(b) 邻星干扰

图 8-25(b)是邻星同频干扰的情形,通常是通过卫星天线旁瓣发生的,受干扰卫星接收到干扰信号后,转发给地面受干扰网络的地球站。

为保证并存的 GSO 和 NGSO 系统间的电磁兼容性,星链系统对 ITU-R 对上、下行链路的功率通量密度(pfd)给出了明确的规定。pfd 过高,会对其他系统产生不可承受的干扰;pfd 过低,系统中的用户设备(如天线)难以做到小型化,通信质量也难以保证。所谓功率通量密度,是指发射功率(并计入发射天线增益)在接收点处单位面积上的功率。星链系统使用的频谱参数,在美国是与其他业务共享的,且多处于从属(第二)用户。

表 8-9 给出了轨高 1110km 的星链星用户链路 Ku 频段在地球表面上产生的功率通量密度(pfd);图 8-26(a)给出了服务纬度为 $-55°\sim+55°$ 下行链路 pfd 与用户仰角关系曲线和 ITU(国际电信联盟)要求的比较,两者是相符合要求的。

表 8-9　1110km 轨高的星链星用户链路 Ku 频段在地球表面上产生的 pfd

	边 缘 斜 距	星 下 点
EIRP 密度/dBW/Hz	-47.09	-50.13
EIRP/4kHz[dBW/4kHz]	-11.07	-14.11
EIRP/1MHz[dBW/MHz]	12.91	9.87
到地球的距离/km	1574.58	1110.00
传播损耗/dB	-134.94	-131.90
pfd/4kHz[dB(W/m²/4kHz)]	-146.00	-146.00
pfd/1MHz[dB(W/m²/1MHz)]	-122.02	-122.02

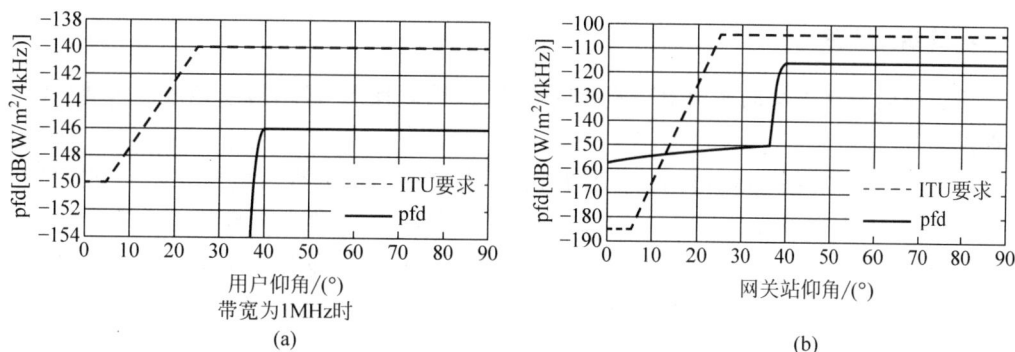

图 8-26　下行链路 pfd

(a) 与用户仰角关系;(b) 与信关站仰角关系及其和 ITU 的比较

表 8-10 给出了轨高 1110km 的星链星信关链路 Ka 频段在地球表面上产生的功率通量密度(pfd),图 8-26(b)是服务纬度为 $-55°\sim+55°$ 下行链路 pfd 与信关站仰角关系曲线和 ITU 要求的比较,由图可见,当仰角低于 10° 时,将超过 ITU 给出的限制。在星链系统中,用户和信关站的仰角都在 40° 以上,符合 ITU 的要求,其备余量约 10dB。

表 8-10　1110km 轨高的星链星功率密度和用户链路频段参数

	边 缘 斜 距	星 下 点
EIRP 密度/dBW/Hz	-41.36	-44.40
EIRP/1MHz[dBW/MHz]	18.64	15.60
到达地球的距离/km	1574.58	1110.00
传播损耗/dB	-134.94	-131.90
pfd/1MHz[dB(W/m²/1MHz)]	-116.30	-116.30

8.7　地面段　用户段和星链终端天线

前面介绍了星链系统的空间段即卫星和星间激光通信链路,本节首先介绍星链系统的通信天线,其次介绍用户段和地面段的作用和工作,最后介绍平面相控阵列平板天线的构造及其工作原理。

8.7.1　星链终端天线特性

星链系统作为无线卫星互联网,其空间段、用户段和地面段相互间的通信都是通过天线首发信号来进行的。因此,星链系统有两种天线:卫星侧天线和终端侧天线。天线通信网络主要节点包括卫星、关口站和终端。

1. 卫星侧天线

第1次发射的 V0.9 Demo 版本星链卫星仅配备了星载 Ku 相控阵天线,第 2～9 次发射的均为 V1.0 正式版本在 Ku 基础上增加了 Ka 天线。星链星载天线呈现以下技术特点:①采用了星上相控阵天线,且为 4 副平板相控阵;②相控阵天线支持对地 Ku、Ka 频率。

2. 终端侧天线

作为面向全球服务的商用卫星互联网系统,终端侧性能、成本对于该服务能否"飞入寻常百姓家"至关重要。

(1) 天线具有一个电机,具有自动的机械调整能力。此电机调整仅有一个方向的机械调整能力,基本上可以确定此电机仅用于调整俯仰角,终端可根据自身所处的经纬度地理位置自动调整俯仰角(如终端具备 GPS 定位及预置星历信息下即可自行调整)。

(2) 终端采用圆形平板天线,直径约 0.48m,且采用相控阵实现收发信号的自动跟踪,可参考公布专利 US20180241122 内容。

(3) 卫星信号进一步可转化为 Wi-Fi 信号,且支持 2.4/5GHz 双频段常用的 802.11 制式。不过,当前仅能做到 Wi-Fi5(802.11 ac),尚不支持 Wi-Fi6(802.11 ax)。

地面站主要功能是实现 LEO-Ground 星地链路联络,即把接收卫星信号再利用信关转发给用户或者把用户通过信关把信息传送到地面站,再由地面站与卫星链路链接,然后经过接收方的地面站发送给接收方。星链地面站与通常的卫星地面站的功能相近。第一代星链卫星不使用星间通信,卫星间需要通过专用的地面基站作为中继,才能相互通信。

星链终端机是指安装在用户住宅和建筑物顶部的卫星天线(绰号为"Dishy McFlatface"的相控阵碟形天线),它可以与星链网中的星间激光通信链接,而不再需要经过地面站。因此,现在用星链网传递信息有两种方式:一种是通过地面站与星链网链接,另一种就是用终端机直接与星间激光链路链接。

星链系统地面站是采用典型的架构,即包含了测控和众多的用户终端设备,后者不是直接互连,而是通过信关站接入交换网络。信关站的作用相当于地面蜂窝移动通信中的基站,该基站包括了收发信台和控制器,负责移动用户和网络之间的无线连接。因此,对于用户来讲,地面站就是常见的"无线基站"。

3. 星链系统中的天线技术

为获得良好的电磁兼容性和覆盖的灵活性,除满足 pfd 的要求外,天线技术是十分关键的。据报道,星链系统中,星上有效载荷、用户终端和信关站天线都采用相控阵天线,并采用一些特有的新技术来改进其性能,较其他系统具有独到之处。

用户链路和信关站链路的测控链路都需要采用窄波束、方向性强的天线,并对信关站仔细选址,这样可保持对本系统卫星与 GSO 卫星具有足够的隔离度(如 22°左右);另外,波束指向是可控的,以适应星座星位置移动的变化。这样,相控阵天线便是最佳选择。

星链系统采用了一种模拟与数字混合的波束成形天线技术,如图 8-27 所示,其基本工作原理是将相控阵天线加上自适应处理器,构成自适应天线。相控阵天线和自适应天线在星链系统中的一些可能应用如图 8-28 所示。

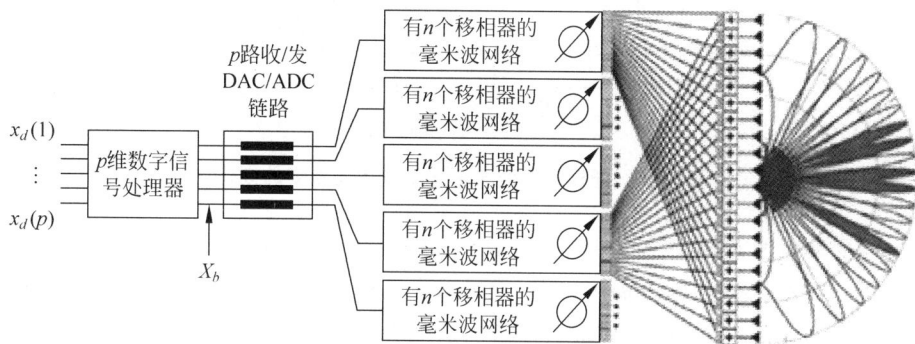

图 8-27　模拟与数字混合的波束成形示意图

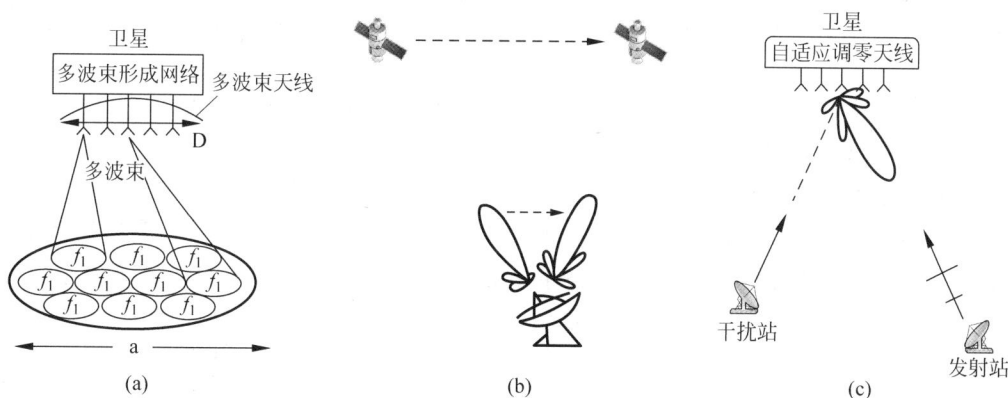

图 8-28　相控阵和自适应天线在星链系统中的一些可能应用

(a)多波束天线;(b)自动跟踪天线;(c)干扰调零(旁瓣抵消)

(1)卫星 Ku 天线波束宽度的调控

在图 8-28(a)的应用中,每一蜂窝小区用一 3dB 的单波束覆盖,即小区边缘处于波束功率从峰值下降 1/2 围线处。在星链系统中,用户下行链路采用右旋圆极化(电波传播中电场矢量末端轨迹沿传播方向成右手螺旋定则)。多波束中从中心到边缘,每个波束的宽度是逐渐展宽的,投射到地面上的"脚印"面积比中心波束的扩大了,也即增加了下行信号功率的散布面,这可能增加对其他系统和其他波束的干扰;而在上行链路中,卫星会接收到更多的射频信号,包括来自其他系统的和本系统其他用户的干扰。为了解决此波束展宽问题,星链系统所用相控阵增加了若干可控接通或断开的阵元。如图 8-29 所示,当卫星在离中心视轴分别为 23°和 32°时,接通附加的阵元,使沿此方向的波束收窄,而在其他指向上断开这些附加的阵元,这样调控的结果是,卫星在 0°(视轴方向)至 40.46°俯仰范围内,3dB 波束宽度控制在 2.2°~0.44°之间。

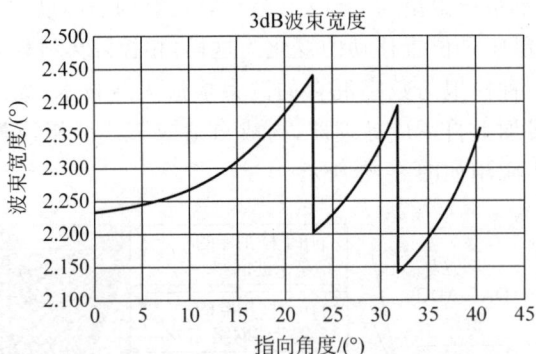

图 8-29 调控后天线波束宽度随指向角度的变化

（2）卫星天线增益的调控

从星下点（视轴轴向）到覆盖区边缘,卫星信号到达地面的路径不同,卫星沿视轴到达地面的距离最短,而到达边缘的距离最长,因此,需要调节不同天线指向上的增益来补偿传播路径损耗的变化,使地面覆盖区内的功率通量密度保持恒定。也即在视轴方向上的 EIRP 最小,而指向 40.46°的方向上,传播损耗最大,EIRP 也最大。对天线增益调控的结果是,卫星发射的功率通量密度（EIRP[dBW/4kHz]）,从覆盖区中心（星下点）到边缘是逐渐增大的。

对于接收波束,表征卫星接收系统灵敏度的天线增益与噪声温度比（[G/T]）,在视轴方向上为 9.8dB/K,在覆盖边缘方向上为 8.7dB/K。

（3）信关站天线技术

信关站工作于 Ka 频段,在某一段时间内,卫星上每一 Ka 波束与单个信关站相联系,信关站无须调控其波束宽度,但要求二者波束中心（最强方向）互相对准,因为卫星是运动的,信关站天线必须具有跟踪卫星的功能（见图 8-28(b)）,而利用自适应天线技术可实现对卫星的自动跟踪。信关站自适应天线各阵元接收到卫星发出的信标,送到自适应处理器,按一定算法产生控制信号,调整每路的加权系数（含相位和幅度）,使天线合成的波束最大方向指向卫星,这时输出的信标功率最大,卫星运动时,信关站的自适应天线也动态地调整各路的加权系数,使天线对准卫星,并保证两者波束最大方向对准。

（4）调零天线技术的应用

为了降低星链星与 GSO 和 NGSO 卫星的相互干扰,卫星和地球站采用窄波束、强方向性的天线,这样,接收时外来干扰将只从旁瓣进入;发射时从旁瓣对其他系统产生干扰。图 8-28(c)以接收为例,通过自适应对消处理技术使旁瓣在干扰方向产生零点;发射时在对其他系统的卫星或地面设备的方向上产生旁瓣的零点,避免对其产生干扰。

8.7.2　相控阵列平板天线结构及其工作原理

用户终端设备就是使用星链网的个人互联网接入终端设备,它是星链网络提供给用户的最基本使用组件。用户可通过终端设备直接连接卫星,从而实现与星链网间的信号接收和发送。

星链终端设备由天线、调制解调器和路由器等不同组件构成,这些不同组件的协同工作,才能真正在星链网遨游。接下来分别介绍相控阵列平板天线、调制器和解调器的工作原理。

1. 相控阵列平板天线

早期的终端相控阵列平板天线是圆盘形的,因此又称为"dish 天线"。每个星链终端设备上都设置了一个小型的天线,该天线由机器人自动控制,可以自动调整方向和角度,实现与卫星的稳定通信。

星链用户终端机的尺寸与比萨饼盒相当(尺寸是 25cm×25cm),可安装在能"看到"天空的任何地方,移动的或固定的载体上。图 8-30 是用户终端机采用的相控阵天线照片及其单个射频模块结构图。

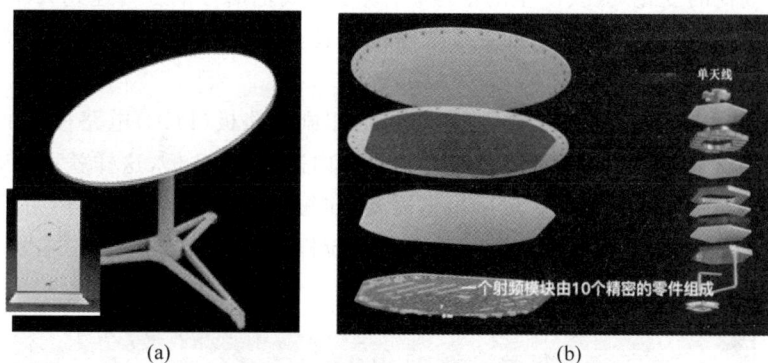

图 8-30　星链用户设备终端机

(a) 相控阵天线＋路由器;(b) 相控阵列天线内部结构

dish 天线实际上是由 1280 个小型天线阵列组成一个相控雷达,因此它信号生成方式与众不同。

先来分析单个小天线的构成和工作原理。图 8-31(a)是一条可导电的金属馈线天线及其上方有一个十字星天线。其工作原理是,向馈线施加高频基础信号,基础信号驱使馈(导)线电荷往馈线末端运动,形成电荷积累。积累的电荷形成的库仑电场,使上方的十字星天线产生感应电荷和感应电场传递到馈线,结果是库仑电场与感应电场之间相互作用,使正负电荷来回翻转,从而带着天线一起振荡。根据右手螺旋定则,在十字星边缘场的垂直方向会产生磁场,随着电荷的来回翻转,电场和磁场的方向也会发生翻转,电磁波需要向外辐射,这时候就出现信号,这就是星链设备的单个天线发射信号的过程。接收信号过程比较简单,由控制芯片切换到信号接收模式,卫星发送的电磁波被天线接收后会产生电场,天线中也会建立起一个微弱的振荡电场,然后耦合传递给前端进行放大,完成单根天线的信号接收任务。

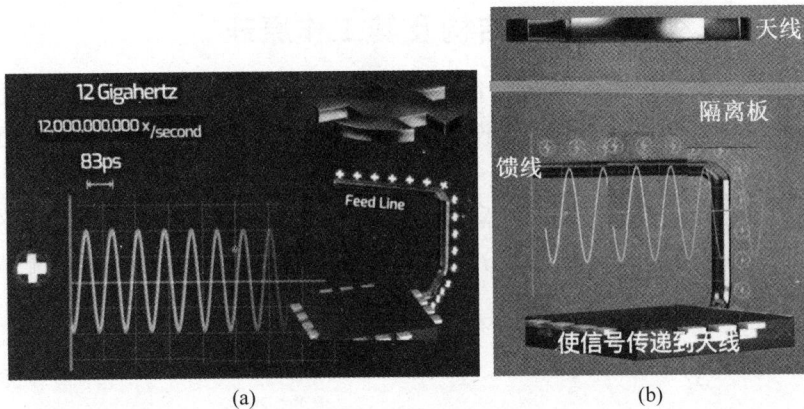

图 8-31 单个相控单元

(a) 馈线天线；(b) 加上射频链路后的相控天线

图 8-31(b)是在图 8-31(a)的基础上,在馈线和十字星金属天线之间插入一块电介质隔离板。图 8-31(b)的工作原理是,向馈线施加一个高频交流信号,导致馈线的末端带有＋/－交替变化的电荷,由于馈线与十字星天线之间是电介质隔离板,馈线末端的电荷感应到天线,随着馈线电荷的变化,天线产生的信号,等效于馈线把信号耦合传递到天线。因此,十字星天线与馈线具有相同的相位。而馈线末端的相位是由施加的高频信号相位决定的。因此,这种天线称为相控天线。

根据图 8-31 的单个天线的结构,把它设计为印刷电路板(PCB)电路板上的一个射频单元,通过性能测试合格,再把每个独立的射频单元内嵌在 PCB 板,这样就可以把 1280 个小天线一次性集成在一块 PCB 板。然后根据需要,向每个天线提供独自的初始相位。图 8-32 的左边是 PCB 集成天线的立体图,中间是一台带拉杆天线的老式收音机,右边是 PCB 制作一个小型天线的立体结构。

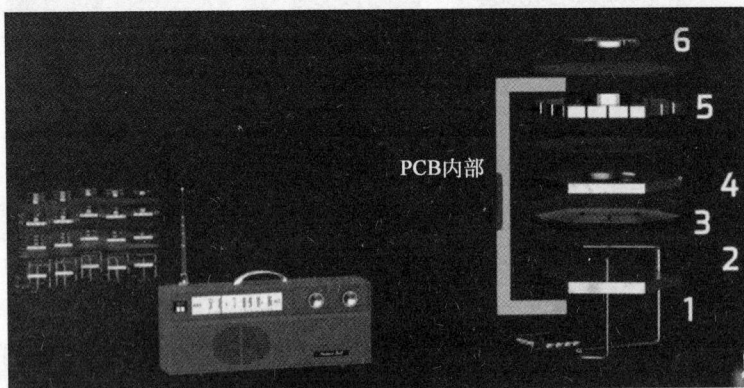

图 8-32 每个相控单元内嵌在 PCB 内部,PCB 板上部署 1280 个单元构成相控阵列天线

这种多层天线结构,中间采用空气介质、PCB 板材介质等进一步拓展了天线的带宽,实现了 30% 的相对带宽,从剖面的结构中可以看到,两层天线中间采用了六边形的中空结构支撑起来,实现单元与单元之间空气填充介质效应(低介电常数的介质一方面能够减少损耗,另一方面能够有效提高带宽)。

其次是把 1280 根天线组合起来协同工作。单个天线只有 1cm 左右的直径,好像卫星看不见一个灯泡的闪烁。为了让卫星迅速发现,应提高灯光的亮度,所以需要把 1280 个天线的地面电磁波聚焦成一个大大的波数。根据波的相干原理,考察两根天线,一根天线向外传播的信号,它的波形是有规律的排列,每一个点有方向和一定的信号强度。当第二根天线向外传播信号时,可以看到两个信号波发生叠加,在这些叠加的区域,通过相位干涉原理,方向一致的波形信号相加,方向相反的波形信号被抵消,这样信号波束不但更集中,而且两个叠加信号聚焦成大于 2 倍的增强信号。进一步将更多的天线排列在一起,这个叠加区域的相互干涉就是这么多天线信号的集体聚焦。如图 8-33 所示,其中图 8-33(a)展示了每个发射单元呈现六角形状,类似于蜂窝排列。图 8-33(b)展示了当 1280 根天线全部排列在一起时,形成指向性和功率非常大的信号波束,这个功率足以高速传递到太空当中。所以芯片设备的 1280 根天线的阵列,并不是单纯地把 1280 根天线进行功率叠加,实际上这种排列在功率上达到单个天线的 3500 倍。这主要归功于微波的相位干涉原理,将 1280 个天线微波集中在一个方向上,就好像给灯泡放了一个反射聚焦镜,让所有的光只通过一个孔出去。整个过程需要非常复杂的数学推导。

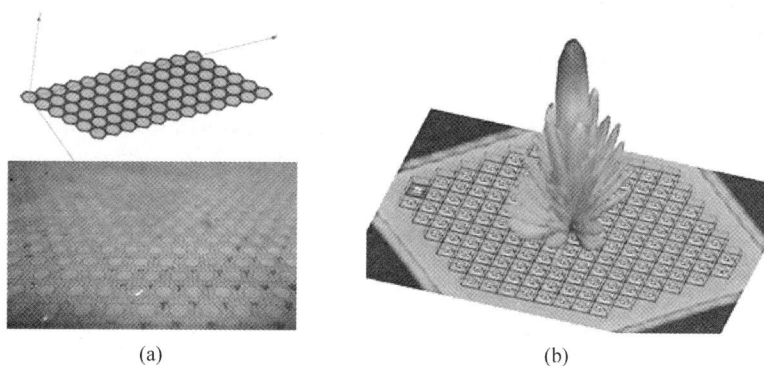

图 8-33　相控阵列天线
(a)相控阵列天线 PCB 布局;(b)发射单元发射波束间的相干合成

为了实时跟踪到卫星,需要实时调整微波信号的发射角度,使其能够实时指向高速飞行的卫星。如果用传统的电机进行机械驱动,那么机械磨损导致的误差达不到训练计划的要求。马斯克团队提出了一个完美的解决方案——双天线相控技术方案:两个天线传播的信号是相同的,电磁波的位置也是相同的。注意,发射功率的大小决定信号幅值的大小,调整电压就能调整电磁波的幅值,而信号频率的大小决定电磁波的波长,因此,调整这两个参数可以让信号向左或向右移动,这叫作信号相移。

现在就用相位控制电磁波的角度来跟踪卫星。将两个天线的信号进行相移,两股波形都发生变化,波形所叠加的位置也在移动,叠加位置形成聚焦,这时候一股指向信号波就形成了,继续调整两股电磁波的功率,信号波束的方向也跟着移动。当然,两个天线形成的波束是简单的线性移动。现在的天线阵列为 1280 个天线,这相当于一个相控阵雷达,所有天线的单个波组成一个个平面波,就像大海的巨浪,强劲有力。

同理,通过改变每个天线的波形位置,可以聚焦成一个超级信号波束,它可以在 100°范围内指向任何角度。芯片天线是单个相控阵雷达,但是新练卫星却有四个相控阵天线,两个核心链天线通信,另外两个用于卫星网络专用基站通信。这样便于更多的民用设备通过训练技术访问互联网。

2. 调制解调器

该设备用于传输数字信号,将计算机或其他连接设备的数据信号转换成可以传输的数字信号,并将从卫星接收的数字信号转换回原始的数据信号。

3. 路由器

该组件用于连接多个设备,包括计算机、手机、平板等不同设备。使用路由器之后,用户可以在单个终端设备上连接多个设备,实现在多个设备之间共享网络连接的目的。

用户终端设备的工作原理是通过将天线与单元组件整合在一起来实现的。在工作时,终端设备会不断地向周围的卫星发送请求,寻找最好的通信信号。一旦找到信号,它就会开始向卫星发送和接收数据,从而实现高速互联网连接。

8.7.3　地面站的工作原理

1. 星链卫星通信的架构和终端

卫星通信系统的组成可分为三部分:空间段、地面段和用户段。图 8-34 是 SpaceX 公司发布的星链卫星系统架构。地面站除了天线接收发射,还有一项重要功能就是作为互联网用户与空间段之间的信关。

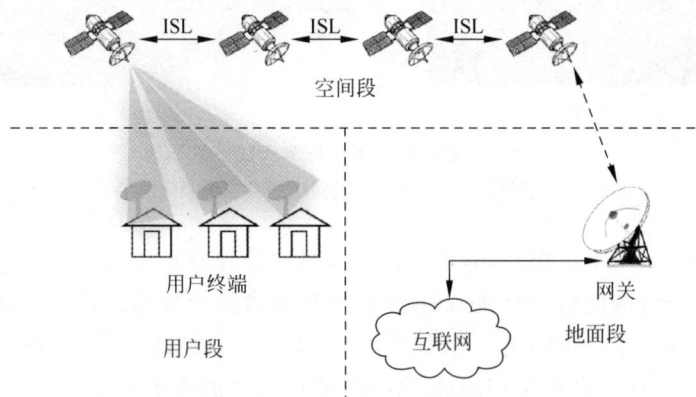

图 8-34　星链卫星系统架构

空间段主要是指天上由多颗通信卫星组成的星座,以及卫星之间的通信链路(inter-satellite link,ISL,也叫星间链路)。

地面段主要包含地球站(也称作信关),以及业务控制、监控管理、时间注入等辅助部分。地面网络的传输、核心网等网元也可看作地面段的一部分。

用户段指的是接入卫星的终端,主要包含天线(大家常说的"锅")、信号处理并提供网络接入能力的设备(如路由器等)、接入网络的终端(手机、计算机等)。图 8-35 是星链系统的农村数字连接中心示意图。

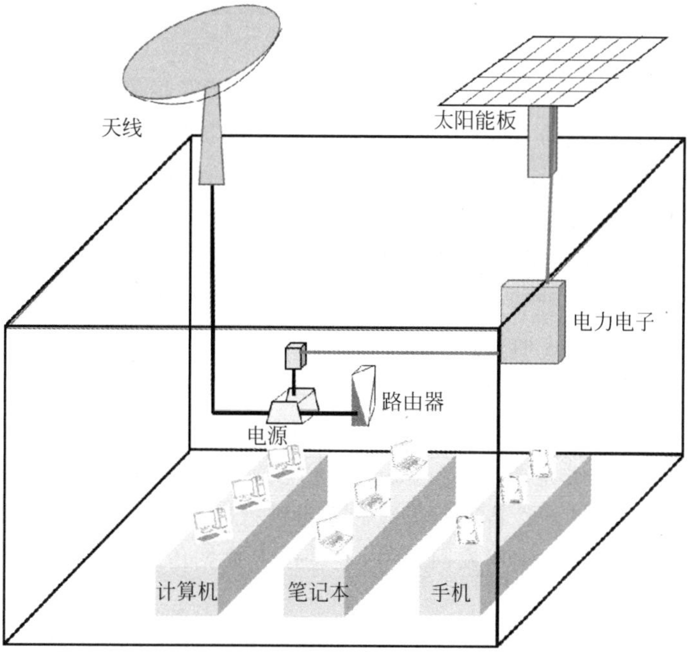

图 8-35　星链系统的农村数字连接中心（来源：星链）

由图 8-35 可以看出，在有线网络和无线网络均没有覆盖的地方，要实现低成本的上网，只需在房顶上安装卫星天线，连接室内的路由器即可实现计算机、笔记本、手机等终端共同上网。

如果想在野外随时随地上网，星链的方案仍然是携带小尺寸的电子相控阵天线和路由器。标准尺寸的天线功耗为 $50\sim75W$，路由器也需供电，因此，车载电源是必不可少的。

如果你仅仅是在紧急情况下有语音通信需求，想要甩掉笨重的天线轻装上阵，那么你就需要一部专用的便携式卫星电话。美国 2022 年销量最好的三款卫星电话支持 Inmarsat（国际海事卫星）或者 Iridium（铱星）这两种主流的卫星通信系统。

2020 年 1 月 10 日，我国自主建设的第一个卫星移动通信系统——天通系统，正式面向全社会提供服务，由中国电信公司运营。天通 1 号 01 卫星可以提供速率为 1.2kbps 的语音业务和最大 384kbps 的数据通信业务。虽然容量比较低，但提供应急通信服务还是可以的。

2. 5G 和卫星通信的融合

商家正在积极推进卫星手机走进消费领域。2022 年，华为公司推出了支持北斗卫星短报文的 Mate 50 旗舰机，苹果公司与 Globalstar（全球星）合作推出支持卫星求救的 iPhone14。这两款产品揭开了卫星通信探索消费领域的序幕。

据悉，华为 Mate 50 可以通过北斗卫星给个人定向发送文字、位置、轨迹图等信息，但内容会被审核，只有与救援相关的信息才能被发送，而且收不到回复。iPhone14 可以发布的内容是预设的求救信号，且自带定位坐标，但不能定向发给个人，消息会统一发送至公立或付费的救援机构，但能收到救援机构的回复。

由此可见，目前在消费领域，手机上的卫星通信和地面的 4G、5G 网络还是两套独立的系统,技术上并没有进行融合,且卫星仅定位于应急通信,这一点与传统的卫星电话并没有本质的差别。

如果将来能让这两套系统融合起来,卫星直接发送 5G 信号,人们可能连手机都不用换,在荒郊野岭就可直接通过卫星连上 5G。星链的星间激光链路在这方面已经走出了第一步。2022 年 8 月 25 日,SpaceX 宣布和 T-Mobile 将达成频谱共享,星链 V2 卫星将通过 1.9GHz 来向现网的手机提供服务。

现网的手机可不像专用的卫星电话一样有硕大的天线,发射功率也被协议定在了很低的水平(一般是 0.2W)。因此要达成目标只能在卫星上下功夫。星链 V2 卫星对信号接收能力进行了增强,将卫星天线加长到 7m,面板增加到 $25m^2$,通信性能达到上一代 V1 的 10 倍。这样,现有网络手机就可以直连卫星上 5G,预计吞吐率可达 2~4Mbps。这个速率虽无法与通常 5G 上出现的百兆级的速率相比,但足以支持打电话语音,保证流畅上网。这种飘在天上的 5G 网络称为非地面网络(non-terrestrial network,NTN)。

在星链网络中,用户终端设备通过天线和卫星进行通信,卫星将用户发送的数据传输到地面站,地面站进一步加工数据后发回卫星,卫星再将数据传输回用户终端设备,从而实现快速可靠的国际网络连接。

随着星链卫星数量的不断增加,人们可以预见未来的网络连接将会变得更快更有效率,让每个人都能够在全球范围内享受到更好的互联网服务。

地面站是卫星网络的核心组件,连接了卫星与用户终端设备之间的主要通信网络。地面站类似于一个微小的星际探测器,可以接收从卫星发回的数字信号,将其转换为用户终端设备可以读取的数据。

地面站工作的主要步骤如下:

① 接收卫星数据:地面站通过天线接收卫星数据,并使用特定的软件对数据进行处理和解析。

② 数据处理:通过特定的解码算法使所有数据编码和解码,从而将用户终端设备传输的数据正确发送到卫星上,让卫星发回数据。

③ 回传数据:地面站将处理后的数据通过卫星回传给用户终端设备。

地面站的工作原理是通过将超级计算机、高性能网络和数据传输设备整合在一起来实现的。这个系统可以有效地监测和控制所有从卫星接收到的数据,并确保此数据能够正确传输到设备中。

8.8 星链技术的危害和潜在威胁及其应对措施

8.8.1 带来的危害

(1)太空垃圾隐患。每次卫星发射都会产生部分火箭残骸,而且卫星的寿命有限,退役后也会变成太空垃圾。如果没有采取有效的碎片管理与清理措施,这些废弃物可能对其他卫星和航天器构成碰撞风险。因此,随着越来越多的卫星进入轨道,管理空间碎片将成为一个重大挑战。这些卫星可能会发生故障、退役或坠毁,并产生大量碎片。这些碎片对现有的卫星和航天器构成碰撞威胁,增加了太空活动的复杂性。

（2）频谱竞争与干扰问题。由于卫星通信需要使用特定的频段和带宽资源，星链卫星网络可能会与其他卫星网络或通信系统之间产生频谱竞争。这可能引起信号干扰和争夺资源，影响通信质量和服务稳定性。因此，需要进行有效的频谱管理和协调，以确保各个系统能够共存并互不干扰，保证各类通信系统以及科研设备的正常运行。

（3）网络安全与隐私风险。马斯克星链卫星通过广域覆盖提供互联网接入，涉及大量用户数据的传输和存储，如个人信息、通信内容等。如果不加强网络安全措施，将存在被黑客攻击、数据泄露或滥用的风险。这可能对中国的国家安全和个人隐私构成威胁。由于整个网络是在太空中运行的，因而存在数据嗅探和窃听的潜在风险。同时，网络的庞大规模和复杂性可能会导致安全漏洞和攻击矢量增加，需要加强网络和数据的保护措施。

（4）环境影响。卫星的发射和运营对环境产生一定影响。卫星发射过程中使用的火箭燃料会释放大量温室气体，如二氧化碳和水蒸气，对大气层造成一定的负面影响。此外，卫星运营过程中也需要消耗大量能源，增加对环境的压力。

（5）媒体与信息管理挑战。星链卫星网络可提供广泛的互联网接入，但这也可能增加了国家对媒体与信息流动的控制难度。相关当局可能需要面临如何管理和监管网络内容以及信息传播的挑战，平衡利益保护和言论自由的问题。

8.8.2　潜在威胁

1. 军事用途

星链卫星的高度低、数量多，它们可能被用作军事侦察和通信工具。一旦这些卫星被控制在敌方手中，他们可以随时发动攻击，给国家安全带来严重威胁。星链项目虽然以提供高速互联网服务为名打着"民用"的幌子，但其背后却有着深厚的美国军方背景。这从部分发射场建在美国范登堡空军基地内、技术验证试验列入卫星和空军战斗机进行保密互联的内容等可以看得很清楚。而且，星链卫星可搭载侦察、导航、气象等载荷，在侦察遥感、通信中继、导航定位、打击碰撞、太空遮蔽等方面增强美军作战能力。例如，乌克兰在战场上也使用星链。在俄乌冲突中，星链发挥了战略级别的重要作用。在战争开始后，俄军在最短的时间内，就摧毁了乌军的通信联络系统，让乌军各部成为"盲人""聋子"，大批乌军因此被俄军分割包围，并且迅速歼灭。在北约为乌克兰提供了大约 1.2 万套星链的终端接收装置后，乌军前线部队利用星链和后方指挥部实时联络。星链系统恢复了乌军的指挥通信系统和前沿侦察系统，所以在很长一段时间内，俄军陷入被动挨打的局面。可以毫不夸张地说，虽然星链并不是直接杀伤敌人，但是通过这套系统，可以大大提升部队指挥和态势感知能力，甚至在一定情况下扭转战局。

2. 信息战

星链卫星还可以用于实施网络间谍活动，窃取敏感信息。此外，通过对星链网络的攻击，敌方可以干扰或破坏正常的通信和数据传输，从而制造混乱和恐慌，进而影响社会秩序与国家安全。

3. 导弹拦截系统

有观点认为,美国可能利用星链卫星的技术特性,将其转化为导弹拦截系统。这样一来,星链卫星不仅具有通信功能,还能具备拦截敌方导弹的能力,进一步扩大了其军事潜力。

据报道,乌克兰利用星链系统的一些优势和特点,来提高自己的作战效能和效率。

首先,星链系统可以提供高速、稳定、安全的互联网连接,使乌克兰能够实现实时的情报共享、指挥控制、目标分配和火力协调。乌克兰使用多种无人机侦察俄罗斯军队的部署、活动和弱点,再通过星链系统将图像和视频传输到后方的指挥中心或者前线的火力单元。乌克兰还使用商业/卫星地图服务来辅助其无人机侦察,并通过星链系统获取实时更新的地形信息。

其次,星链系统可以提供灵活、隐蔽、机动的通信方式,使乌克兰能够避开俄罗斯的干扰和打击。乌克兰使用便携式或者车载式的星链终端,可以快速部署和撤离,并根据卫星轨道变化调整方向和角度。乌克兰还使用泥土或者混凝土等物质来遮挡或者隔离俄罗斯的GPS干扰信号,或者手动输入自己在全球定位系统上的位置,以保证与卫星之间的连接。

最后,乌克兰利用星链系统提供的高清图像和人脸识别、精确定位等技术,对俄罗斯的高价值目标进行打击。乌克兰还利用星链系统提供的人工智能和机器学习能力,对俄罗斯的电子战信号进行分析和破译,从而找出其电子战系统的位置和特征,并对其进行反制或者摧毁。

8.8.3 应对措施

为了应对星链计划可能带来的威胁,各国政府和国际组织应采取以下措施:

(1)加强国际合作:各国应加强在太空领域的合作,共同制定相关法规和标准,以防止星链计划被用于危害国家安全的目的。

(2)提高网络安全:各国应加大对网络安全的投资,提高抵御网络攻击的能力,确保关键基础设施的安全。

(3)限制星链计划的发展:部分国家和地区应考虑限制星链计划的发展,避免其对国家安全产生潜在风险。2022年5月5日,《解放军报》发表了署名文章《警惕"星链"的野蛮扩张和军事化应用》,其要点有三:"多方渗透,妄图倍增军事优势""密集'织网',妄图重构网络版图""跑马圈地,妄图垄断航天资源",算是军报点名批评星链打着"民用"的幌子,行"在侦察遥感、通信中继、导航定位、打击碰撞、太空遮蔽等方面,增强美军作战能力"之实。

8.8.4 中国星网计划

为了应对星链系统带来的潜在威胁,中国制订了自己的卫星互联网发展计划,简称中国星网计划。中国星网计划发射13 000颗低轨道卫星组成"国网星座"(GW),以打破星链的包围圈。国网星座计划由国资委牵头,涉及的单位有中国卫星通信集团、中国航天科技集团等诸多国有企业,其中发射任务由长征系列火箭和天舟货运飞船负责。同时,中国已成立中国卫星网络集团有限公司,负责近地轨道星座的建设和整合工作。除了国有企业,该计划还吸引了众多民企参与。

国网星座将是一个覆盖全球的卫星通信网络,这不仅能使中国在各方面都能更便捷快速地展开贸易合作,还能提供高速互联网接入服务,推进数字经济和"数字丝绸之路"建设。此外,这个规模宏大的星座建设计划,会给我国航天技术带来新的机遇和挑战,也为深空探测和下一代航天器开发打下基础。目前,国网星座计划还处于起步阶段,期望中国公司在卫星互联网这个赛道后来居上,闯出自己的风采。下面介绍国网星座发展情况。

1. 国内外卫星互联网的发展情况

卫星互联网概念在 5～6 年前就已经出现,但卫星互联网仅限于拨打语音电话,推动卫星互联网的快速发展与 5G 的发展息息相关。由于 5G 为毫米波通信,基站的通信覆盖范围没有 4G 那么远,且又比较耗电,所以欧洲等标准化部门组织将卫星互联网标准定义为"Set 5G"(例如 ETSI Set 5G),处于 5G 之后、6G 之前,起到补盲区的作用。目前,国外有两个星座:①OneWeb,"一网"公司 2020 年前后向全球寻求资金发展,当前有 600 多颗卫星升空;②星链,2018 年前后星链发射了两颗试验卫星,截至 2023 年 6 月已经发射 4000 多颗在轨,一期工程为 100 万个终端客户服务。星链 2 代在 1 代的基础上,卫星质量由 200kg 提升到 1t、卫星天线也会加强,届时,手机不做任何改动可以直接连接到卫星并接入互联网。

国内最早的卫星互联网公司是国网,现在叫作星网(中国卫星网络集团有限公司),对标马斯克的星链,向 ITU(国际电信联盟或国际电联)报了 12 000 多颗卫星,一期工程将发射 100 多颗,2022 年 10 月,其中的几十颗卫星完成招标,整体项目在按部就班地进行。国内另外一个星座 G60,在 2016 年前后成立,初期与德国 KLEO 公司合作,一期项目预计发射卫星 300 余颗,远期计划发射 1000 颗,与星网的整体功能不同,G60 侧重于民用;G60 与星网更多像地方主动与国家主导之间的关系。明年 G60 将会有十几颗卫星发射。

2. 原有基础与面临的挑战

星网向 ITU 申请的 12 000 多颗卫星,必须在申请后的 7 年内(即 2027 年前)完成激活。现在国际电联为了防止出现"占坑"现象,出台了新规定:原先申请的卫星只要在 7 年之内资料激活,后续资料长期有效;现在申报的卫星 7 年内必须发射,如果发射不完,ITU 就会进行总量削减。具体削减模式为:ITU 要求激活 2 年内发射 20%,5 年内发射 50%,7 年内发射 100%。如果原先申报 100 颗,2 年内只发射 10 颗(10%),就会削减规模至 50 颗;5 年内实际发射 30%(30 颗),最终规模会削减为 60 颗。

现在,星网 13 000 颗卫星的发射计划,主要要看客户的需求。由于国内的地面移动网络覆盖良好,因此,国内卫星通信主要用于应急通信、海上通信。但星网是国家任务,现在一期工程要求 2025 年前全部发射完成。G60 首批几百颗会在明年开始发射,预计 3～5 年内发射完毕。现在低轨卫星的寿命一般在 5～7 年,所以后续卫星发射要赶在第一批卫星退役前完成。

未来卫星通信成本降低,降到和地面网络成本类似后,卫星通信就会迎来较快发展。现在 Tesla、丰田、吉利等车企都在做接入卫星互联网的实验,将车载卫星通信载件做成标配的东西,如果未来一个几千块的选配件能出来,民用的需求就会快速提升。

在火箭运载能力方面,国内并没有落后很多,一颗低轨卫星在 250～270kg,整个星座的质量也就 15t 左右,这个质量国内长征 3/7/5 号火箭都可以完成。重点问题在于卫星和火箭是否可以协同设计。由于卫星的结构不规则,且卫星都是挂在分离机构上,很多空间被浪费,火箭空间没有得到充分利用。而马斯克将卫星做成扁平状,火箭整流罩的空间都可以有效利用,现在国内银河航天就开始将卫星设计成扁平状,从而有效利用火箭空间。

国内火箭回收较难的原因是质量管理流程。如航天科技集团有着严格的质量管理流程,发射过一次回收的火箭在质量流程管理中过不去,国内元器件等级至少为军工级、宇航级。马斯克强调管理流程创新,从成本角度,用一些商业等级的元器件。

国外 200～300kg 的低轨卫星单价在 50 万～100 万美元,国内制造成本大概是国外的 3 倍。国外数量上来后,价格下降很多,其次星链计划又做了很多模块化装配、商业化元器件利用、制造流程简化等,这些都节省了很多成本。

G60 卫星可以由航天科技集团的火箭发射,同时也可以由国内其他商业公司的火箭发射,如中科宇航、星河动力等商业公司的固体火箭,也有着 1t 多的运载能力。固体型火箭,发射机动性比较强,便宜且时效能力强。

3. 国网星座的特色

国网星座计划采用 150～300km 的超低轨道,这样做主要有几个方面的优点:

首先,超低轨道意味着,卫星环绕地球一周运动的路程会变短,在相同的时间内,卫星扫过同一地区的次数就会增加。就可以用尽量少的卫星,实现尽量大范围的观测和监控,从而提升卫星监控网络的使用效率。

其次,超低轨道意味着,卫星距离地球更近,因此卫星上的各种侦察系统,对于地面和水面的监控会更清晰。高轨道卫星虽然观测视野更大,但是由于距离远,其观测清晰度往往较差。低轨道卫星可以实现实时高精度侦察,这对于未来在战争可能遇到的反航母作战极为重要。

最后,超低轨道还意味着,卫星的发射成本降低,这意味着整个星座系统的建设和维护成本都不高,而且可以快速形成网络,确保使用。

4. 建设国网星座的作用

首先组建低轨道卫星星座,除了建设民用的 5G 网络实现全国大范围互联互通,对于国家的国防安全有着重要意义。它不仅可以像"星链"那样提供广泛的 5G Wi-Fi 服务,还能为军队备份一套卫星通信和指挥系统。

其次可以掌握可回收火箭技术,降低卫星发射成本,促进空天事业的发展。目前火箭回收技术是美国独有的。据报道,中国刚刚试验成功的液氧甲烷火箭,还需要发展出可重复使用版本(即火箭一子级能够回收),这样才能降低发射成本 80% 左右。由"长十火箭"衍生出的无助推构型火箭一子级可重复使用关键技术原理试验圆满完成。该火箭起飞质量约 748t,近地轨道运载能力不小于 14t,一次发射 100 多颗的小型宽带卫星并没有问题。天龙 3 号是大型液体运载火箭,动力为天火十二(TH-12)发动机,单台推力达 110t,而且可复用,将率先实现国内"一箭 60 星"。

最后我国的卫星星座还能够持续进行海洋和陆地侦察,特别是可以有效监视西太平洋水域其他国家大型舰艇(比如航母)的活动情况,并在战时为我国现在舰载的鹰击-21 反舰弹道导弹提供目标数据指示,必要时也可以为反舰巡航导弹提供数据中继制导。

参考文献

[1] 李赞,张乃通.卫星移动通信系统星间链路空间参数分析[J].通信学报,2000,21(6):92-96.

[2] 王亮,张乃通,刘晓峰.低轨卫星通信网络星间链路几何参数动态特性[J].哈尔滨工业大学学报,2003,35(2):184-187.

[3] 董新海,赵兵.军事通信系统[M].北京:电子工业出版社,2020.

[4] 郭庆,王振永,顾学迈.卫星与通信系统[M].北京:电子工业出版社,2010.

[5] 朱立东,吴廷勇,卓永宁.卫星通信导论[M].北京:电子工业出版社,2009.

[6] 夏克文.卫星通信[M].西安:电子科技大学出版社,2008.

[7] 樱落.埃隆·马斯克的"星链"是如何工作的?会不会成为现代通信的一场革命?[EB/OL].(2023-09-01)[2023-12-01].http://www.skyfall.ink/kx/534.html.

[8] 赵尚弘,彭聪,李勇军,等.面向卫星互联网的下一代卫星光网络关键技术进展[J].激光与光电子学进展,2023,60(7):0700001.

[9] 王天枢,林鹏,董芳,等.空间激光通信技术发展现状及展望[J].中国工程科学,2020,22(3):92-99.

[10] 陈牧野,牟宇,周宁,等.星链堆叠式卫星连接与分离技术及应用[J].国际太空,2022(4):24-28.

[11] 刘帅军,徐帆江,刘立祥,等.星链VLEO星座介绍与仿真分析[J].卫星与网络,2021(11):48-53.

[12] 申志伟.卫星互联网:构建天地一体化网络新时代[M].北京:电子工业出版社,2021.

[13] 郑茂繁,江豪成.离子推进器性能评价方法[J].真空与低温,2012,18(4):223-227.

[14] 朱毅麟.离子推进及其关键技术[J].上海航天,2000,17(1):12-18.

[15] 星间链路是卫星通信服务全球通信关键技术[EB/OL].CTF导航.(2023-05-20)[2023-12-01].https://www.ctfiot.com/113089.html.

[16] 星间激光链路(OISL)的优劣势分析[EB/OL].搜狐.(2023-08-15)[2023-12-01].https://www.sohu.com/a/678446200_120973902.

[17] 李锐,林宝军,刘迎春,等.激光星间链路发展综述:现状、趋势、展望[J].红外与激光工程,2022,51(6):20220001.

[18] 星链计划是卫星语音通信向卫星互联网的演进[EB/OL].51CTO.(2022-11-05)[2023-12-01].https://blog.51cto.com/u_11299290/3195361.

[19] CHEN Q,GIAMBENE G,YANG L,et al.Analysis of Inter-Satellite Link Paths for LEO Mega-Constellation Networks[J].IEEE Transactions on Vehicular Technology,2021,70(3):2743-2755.

[20] 宋宇鸽,朱婕,程腾霄."星链"在俄乌冲突中的应用及未来军事发展分析[J].国际太空,2022(7):23-27.

[21] 余南平,严佳杰.国际和国家安全视角下的美国"星链"计划及其影响[EB/OL].安全内参.(2023-03-15)[2023-12-01].https://www.secrss.com/articles/34356.

[22] 中国星链:我国万颗卫星互联网星座12992颗卫星发射计划提交国际电联审批[EB/OL].(2023-09-20)[2023-12-01].https://zhuanlan.zhihu.com/p/307478731.

第9章　量子计算与量子加密

量子计算与量子密码是基于量子效应的计算技术和密码技术。量子计算的初衷是为了打破经典计算机出现的性能瓶颈。经典计算机的发展领先于量子计算机约半个世纪；阿兰·图灵在 1936 年发表的论文中提出了图灵机(Turing machine)的模型，宣告了现代计算机科学的诞生。图灵证明了存在一台通用图灵机，即任何可以在个人计算机上执行的算法，都可以在这台图灵机上完成，这个论断被称为 Church-Turing 命题。随后，冯·诺依曼设计出了这种理论模型的实现方案：用实际元件实现了通用图灵机的全部功能，在随后的几十年里，个人计算机的发展也一直沿用冯·诺依曼架构，其发展速度遵从 1965 年戈登·摩尔所概括的摩尔定律，即集成电路中单位面积的晶体管数量，以及与之相对应的，计算机计算速度，大约每两年增长一倍。

1994 年，Shor 利用量子傅里叶变换，设计了第一个实用的量子算法，在多项式时间内对大整数进行因子分解。1996 年，Grover 提出了量子搜索算法，能够对无结构数据进行二次加速。Shor 算法和 Grover 算法的提出不仅体现了量子计算的优越性，还对传统基于数学困难问题的密码学体制造成威胁。

量子加密(又称量子加密技术)是指基于自然存在且不可改变的量子力学定律，对安全数据进行加密和传输的各种网络安全方法。虽然量子加密仍然处于早期阶段，但它有可能比以前的加密算法类型安全得多，甚至在理论上是不可破解的。1984 年，Bennett 和 Brassard 提出了第一个量子密钥分发协议，开启了量子密码学的研究，此后相继在量子加密、量子签名等领域进行了大量研究。

经过半个世纪的发展，量子计算与量子密码在理论与实践的研究上都取得了丰硕的成果。本章从量子力学的数学框架、基本概念和原理出发，首先介绍量子计算机的基本原理和几种量子算法，并用量子逻辑门实现量子算法；其次介绍量子加密原理以及量子密码的制备与传输技术，目前流行的几种量子通信技术；最后介绍我国在量子计算、量子加密和量子通信领域的研究进展。

9.1　量子计算机

9.1.1　量子力学的数学描述

量子力学所描述的微观世界与人们熟悉的宏观世界存在显著差异，从而显得奇妙而神秘。然而，从量子力学的数学视角来看，其本质不过是普通的希尔伯特(Hilbert)空间向量的运算与变换。因此，量子力学不仅研究微观粒子系统的物理规律，而且建立了基于

Hilbert 空间的描述方法,通过这个方法,物理世界和量子力学的数学描述有机地联系起来。下面简要介绍量子力学的基本数学描述方法。

一个孤立的物理系统对应一个复希尔伯特空间,该空间称为系统的状态空间。系统的状态由希尔伯特空间中的向量描述,为了描述和运算方便,狄拉克引入的表示符号称为狄拉克符号,他提出用符号 $|\varphi\rangle$ 来表示量子态,$|\varphi\rangle$ 是一个列向量,称为 ket;它的共轭转置(conjugate transpose)用 $\langle\varphi|$ 表示,$\langle\varphi|$ 是一个行向量,称为 bra。一个量子位的叠加态可用二维希尔伯特空间(即二维复向量空间)的单位向量来描述。如 $|\varphi\rangle$,需要注意的是,该数学描述并没有给出 Hilbert 空间的具体形式。

孤立物理系统的状态随时间的变化由 Hilbert 空间中的酉变换描述,如果系统在 t_1 时的状态为 $|\varphi_1\rangle$,t_2 时变为 $|\varphi_2\rangle$,则存在一个仅与 t_1 和 t_2 有关的酉变换 U,使得 $|\varphi_2\rangle = U|\varphi_1\rangle$。同样需要注意的是,这一数学描述没有给出酉变换的具体形式。

复合物理系统使用张量积描述,即复合系统的状态空间表示为各分系统状态空间的张量积,这一描述也提供了用分系统构造复合系统的方法。

对量子系统的测量与经典测量有很大的不同,量子测量由一组满足完备性的测量算子 $\{M_m\}$ 描述,其中,m 表示可能的结果。如果测量前系统为 $|\varphi\rangle$,则测量后以概率得到结果 $\langle\varphi|M_m^+M_m|\varphi\rangle m$,且系统变为 $M_m|\varphi\rangle/\langle\varphi|M_m^+M_m|\varphi\rangle$。

9.1.2　量子计算原理

量子计算是一种遵循量子力学规律调控量子信息单元进行计算的新型计算模式。它继承了经典计算机的理论模型——通用图灵机,不过量子计算机的理论模型是用量子力学规律重新诠释的通用图灵机。因此,量子计算机只能解决传统计算机所能解决的问题,但是从计算的效率上,量子力学态叠加原理使得量子信息单元的状态可以处于多种可能性的叠加状态,从而导致量子信息处理在效率上比经典信息处理具有更大的潜力。研究结果表明,某些已知的量子算法在处理问题时速度要快于传统的通用计算机。

1. 量子位

量子位(也称为量子比特 qubit)是量子计算的理论基石。在常规计算机中,信息单元用位(bit)来表示,每个 bit 只能取 0 态或 1 态,因此称为二进制。在量子计算机中,信息单元用量子位(qbit)表示,每个 qbit 是量子态 $|0\rangle$ 和 $|1\rangle$ 的叠加态(superposed state),表示为

$$|\psi\rangle = a|1\rangle + b|0\rangle, \quad |a|^2 + |b|^2 = 1 \tag{9-1}$$

如图 9-1 所示。计算机中的 2 位寄存器在某一时间仅能存储 4 个二进制数(00、01、10、11)中的一个,而量子计算机中的 2 位量子位(qubit)寄存器可同时存储这四种状态的叠加态。随着量子数目的增加,对于 n 个量子比特而言,量子信息可以处于 2 种可能状态的叠加,配合量子力学演化的并行性,可以展现比传统计算机更快的处理速度。于是,将来一台小型的量子计算机,就可以破掉所有之前持有的所有公钥/私钥对。

叠加态是 $|0\rangle$ 态和 $|1\rangle$ 态的任意线性叠加,它既可以是 $|0\rangle$ 态又可以是 $|1\rangle$ 态,$|0\rangle$ 态和 $|1\rangle$ 态各以一定的概率同时存在。通过测量或与其他物体发生相互作用而呈现出 $|0\rangle$ 态或 $|1\rangle$ 态。任何两态的量子系统都可用来实现量子位,例如氢原子中的电子的基态(ground state)和第 1 激发态(first excited state)、质子自旋在任意方向的 +1/2 分量和 -1/2 分量、圆偏

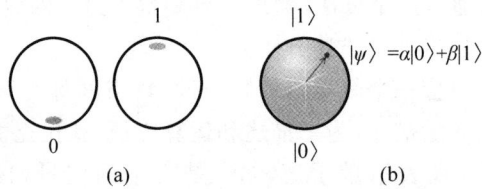

图 9-1 经典比特和量子比特的比较

（a）经典比特；（b）量子比特

振光的左旋和右旋等。

一个量子系统包含若干粒子，这些粒子按照量子力学的规律运动，称此系统处于态空间的某种量子态。这里所说的态空间，是指由多个本征态（eigen state）（即基本的量子态）所张成的矢量空间，简称基态（basic state）或基矢（basic vector）。态空间可用希尔伯特空间（线性复向量空间）来表述，即希尔伯特空间可以表述量子系统的各种可能的量子态。

2. 叠加原理

如果 $|\varphi_i\rangle(i=0,1,\cdots,n)$ 是系统的可能状态，则其线性叠加 $\sum_{i=0}^{n}\alpha_i\mid\varphi_i\rangle$ 也是系统的可能状态。从数学的观点看，因为系统状态是希尔伯特空间中的向量，而希尔伯特空间是线性空间，所以线性叠加性成立。

在量子计算中，一般会使用计算基的叠加态，由于酉变换算子是线性算子，酉算子在叠加态上的作用，相当于在各计算基上作用的叠加，从而获得真正意义上的并行计算能力。

把量子考虑成磁场中的电子。电子的旋转可能与磁场一致，称为上旋转状态，或者与磁场相反，称为下旋状态。如果我们能在消除外界影响的前提下，用一份能量脉冲能将下自旋态翻转为上自旋态；那么，用 1/2 的能量脉冲，将会把下自旋状态制备到一种下自旋与上自旋叠加的状态上（处在每种状态上的概率为 1/2）。对于 n 个量子比特而言，它可以承载 2^n 个状态的叠加状态。量子计算机的操作过程被称为幺正演化，它将保证每种可能的状态都以并行的方式演化。

3. 量子门

1）单量子比特门

非门（NOT gate）是量子计算中重要的单量子比特门，它的作用是将 $|0\rangle$，$|1\rangle$ 的状态进行颠倒，即

$$\alpha\mid 0\rangle+\beta\mid 1\rangle\xrightarrow{X}\alpha\mid 1\rangle+\beta\mid 0\rangle$$

在量子计算领域，非门是线性的，这个问题结论并不是非常明显，但是非门若不是线性的会导致许多的佯谬，如时间旅行、超光速通信、违反热力学第二定律等。

为了更精确地进行数学描述，常常把量子比特的状态用矢量表示，而量子门则用矩阵表示。假设量子比特状态为 $\alpha|0\rangle+\beta|1\rangle=\begin{bmatrix}\alpha\\\beta\end{bmatrix}$，非门 $\boldsymbol{X}$ 的矩阵为 $\boldsymbol{X}=\begin{bmatrix}0&1\\1&0\end{bmatrix}$。

为了满足量子比特归一化的特点，量子计算门具有幺正性，即量子门对应的矩阵 $\boldsymbol{U}$ 应

该满足 $U^+U=1$，其中 U^+ 称为 U 的共轭转置（就是对于这个举着的每一个数字先取共轭再转置）。例如：

$$\frac{1}{\sqrt{2}}\begin{bmatrix} 0 & 1+\mathrm{i} \\ 1-\mathrm{i} & 0 \end{bmatrix}^+ = \frac{1}{\sqrt{2}}\begin{bmatrix} 0 & 1+\mathrm{i} \\ 1-\mathrm{i} & 0 \end{bmatrix}$$

2）Z 门和 Hadamard 门

Z 门的矩阵表示为 $\boldsymbol{Z}=\begin{bmatrix} 1 & 0 \\ 0 & -1 \end{bmatrix}$，在集合上的意义为将量子比特以 x 轴为对称轴进行翻转，从三维的视角看这件事情，其实不难发现，Z 门的作用实际上就是绕着 z 轴旋转 $180°$ 将量子比特状态为 $\begin{bmatrix} \alpha \\ \beta \end{bmatrix}$ 转化为 $\begin{bmatrix} \alpha \\ -\beta \end{bmatrix}$。

Hadamard 门是量子计算中最重要的门之一，其矩阵表示为

$$\boldsymbol{H}=\frac{1}{\sqrt{2}}\begin{bmatrix} 1 & 1 \\ 1 & -1 \end{bmatrix}$$

将两个 Hadamard 门的矩阵进行计算，可以得到

$$\boldsymbol{H}\cdot\boldsymbol{H}=\frac{1}{\sqrt{2}}\begin{bmatrix} 1 & 1 \\ 1 & -1 \end{bmatrix}\cdot\frac{1}{\sqrt{2}}\begin{bmatrix} 1 & 1 \\ 1 & -1 \end{bmatrix}=\begin{bmatrix} 1 & 0 \\ 0 & -1 \end{bmatrix}=\boldsymbol{Z}$$

结果是非门对应的矩阵 $\boldsymbol{Z}$，因此，Hadamard 门可以看成非门的平方根。

在三维的作用下，Hadamard 门同样可以看成一个旋转操作，其旋转过程为先绕着 y 轴旋转 $90°$，然后绕着 x 轴旋转 $180°$。

3）CNOT 门和 SWAP 门

类似于在经典计算机中所有的多比特逻辑门都可以采用一组全功能门进行表示（比如，与非门、与或门）。在量子计算中，所有的多量子门同样有这样一个原型门，称为受控非门（CNOT 门）。例如：交换门 SWAP 可以由三个 CNOT 门来实现。通过逻辑运算中常用的真值表的概念来描述两个两量子比特门 CNOT 门（控制非门）与 SWAP 门（交换门）。从表 9-1 中可以看出，CNOT 门作用是，第一个比特为 0 时，对第二个比特不进行操作；第一个比特为 1 时，对第二个比特进行非门操作。SWAP 门的作用，就是交换两个比特的状态。可以证明，任意单比特门和 CNOT 门可以组成一个通用量子计算门集合，也就是说，任意的量子计算门，都可以拆解成单比特门和 CNOT 门的组合来实现，见表 9-2。

<table>
<tr><td colspan="4" align="center">表 9-1　CNOT 门真值表</td></tr>
<tr><td colspan="2" align="center">输　入　态</td><td colspan="2" align="center">输　出　态</td></tr>
<tr><td>量子比特 1</td><td>量子比特 2</td><td>量子比特 1</td><td>量子比特 2</td></tr>
<tr><td>0</td><td>0</td><td>0</td><td>0</td></tr>
<tr><td>0</td><td>1</td><td>0</td><td>1</td></tr>
<tr><td>1</td><td>0</td><td>1</td><td>1</td></tr>
<tr><td>1</td><td>1</td><td>1</td><td>0</td></tr>
</table>

<table>
<tr><td colspan="4" align="center">表 9-2　SWAP 门真值表</td></tr>
<tr><td colspan="2" align="center">输　入　态</td><td colspan="2" align="center">输　出　态</td></tr>
<tr><td>量子比特 1</td><td>量子比特 2</td><td>量子比特 1</td><td>量子比特 2</td></tr>
<tr><td>0</td><td>0</td><td>0</td><td>0</td></tr>
<tr><td>0</td><td>1</td><td>1</td><td>0</td></tr>
<tr><td>1</td><td>0</td><td>0</td><td>1</td></tr>
<tr><td>1</td><td>1</td><td>1</td><td>1</td></tr>
</table>

图 9-2 是用三个 CNOT 门实现 SWAP 门的量子电路图。CNOT 的门的作用是：如果把一个二量子比特量子态 $|A,B\rangle$ 的 A 作为控制位，B 为目标位，那么，若控制量子比特为 0，则目标量子比特将保持不变，若控制量子比特为 1，则目标量子比特将发生反转，这类似

于经典时序电路中的 D 触发器、组合数字电路中的三态门的作用。因此,CNOT 门的作用可以写成 $|A,B\rangle \xrightarrow{\text{CNOT}} |A,A\oplus B\rangle$。利用核磁共振可以实现 CNOT 量子门操作。最常用的两比特核磁共振样品就是氯仿($CHCl_3$),各含有一个自旋和一个自旋,通过 J 耦合来实现。

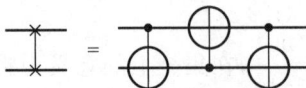

图 9-2　SWAP 门可以拆分成三个 CNOT 门

4. 量子计算机

1982 年美国物理学家费恩曼(Feynman)指出,在经典计算机上模拟量子力学系统运行存在着本质性困难,但如果可以构造一种用量子体系为框架的装置来实现量子模拟就容易得多。随后英国物理学家多伊奇(Deutsch)提出量子图灵机概念,量子图灵机可等效为量子电路模型。从此,量子计算机的研究便在学术界逐渐引起人们的关注。进入 21 世纪,学术界逐渐取得共识:摩尔定律必定会终结,因此,后摩尔时代的新技术便成为热门研究课题,量子计算无疑是最有力的竞争者。

量子计算机(quantum computer)是一种以量子位(qbit)为存储操作单元,使用量子逻辑进行演算操作的通用计算装置。由于量子位(qbit)是二量子态叠加单元,因此,量子计算机的输入用一个具有有限能级的量子系统来描述,如二能级系统,量子计算机的变换(即量子计算)包括所有可能的正变换。1994 年肖尔(Shor)提出了量子并行算法,证明量子计算可以求解大数因子分解难题,从而攻破广泛使用的 RSA 公钥体系,量子计算机才引起广泛重视。Shor 并行算法是量子计算领域的里程碑工作。目前发展比较成熟量子算法的有量子近似优化算法 QAOA、HHL、Grover、Shor 算法、变分量子特征值求解算法 VQE 等。

量子计算的运算单元称为量子比特,它是 0 和 1 两个状态的叠加。量子叠加态是量子世界独有的,因此,量子信息的制备、处理和探测等都必须遵从量子力学的运行规律。量子计算机的工作原理如图 9-3 所示。

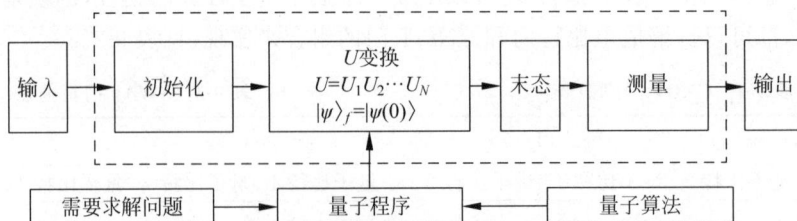

图 9-3　量子计算机的工作原理

和传统计算机一样,量子计算机也是用于解决某种数学问题,但是在量子计算机中用户输入的经典数据需要制备成为初始量子态才能传送到量子计算机系统,初始量子态经由幺正操作变成量子计算系统的末态,对末态实施量子测量,即可输出运算结果。图 9-3 中虚框内都是按照量子力学规律运行的。图中的 U 操作是量子计算的核心。实现 U 操作过程是:首先选择适合于待求解问题的量子算法,然后将该算法按照量子编程的原则转换为控制量子芯片中量子比特的指令程序,从而实现了 U 操作的功能。量子计算机的实际操作过程如图 9-4 所示。

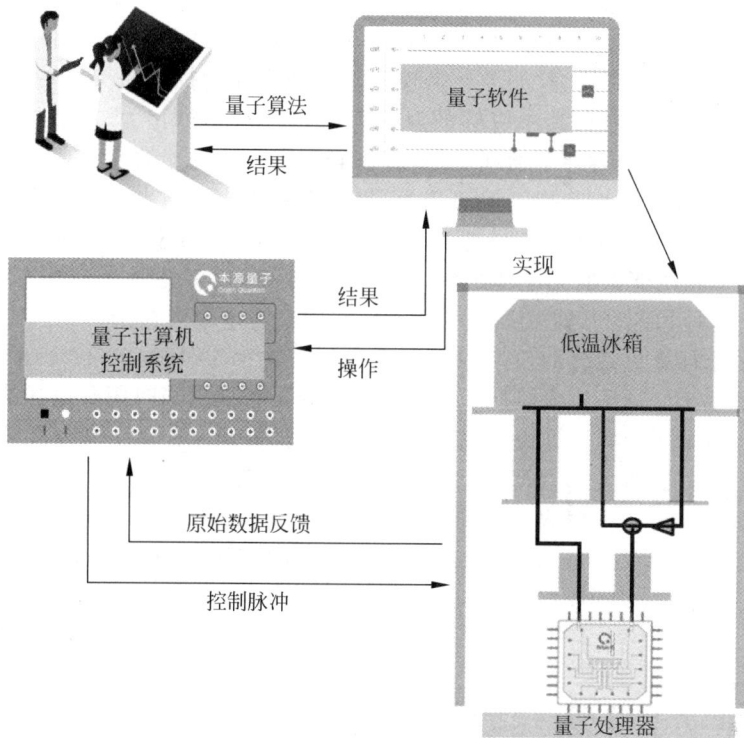

图 9-4　量子计算机的实际操作过程

对于给定问题及相关数据,科技人员设计相应的量子算法,进而开发量子软件实现量子算法,然后进行量子编程将算法思想转化为量子计算机硬件能识别的一条条指令,这些指令随后发送至量子计算机控制系统,该系统实施对量子芯片系统的操控,操控结束后,量子测量的数据再反馈给量子控制系统,最终传送到工作人员的计算机上。

量子计算机应用了量子世界的特性,如叠加性、非局域性和不可克隆性等,因此天然地具有并行计算的能力,可以将某些在电子计算机上指数增长复杂度的问题变为多项式增长复杂度,亦即电子计算机上某些难解的问题在量子计算机上变成易解问题。但是在量子计算机中,由于量子比特是由原子或其他微粒子系统所构成的,所以很容易受外部环境的影响,导致量子相干性的消失,称为退相干,从而造成运算的错误。要使量子计算成为现实,就要努力克服这种退相干,其最有效的方法是在发生退相干之前完成运算,或者使用误差修正的方法消去因退相干引起的错误。

量子特性在提高运算速度、确保信息安全、增大信息容量和提高检测精度等方面可能突破现有经典信息系统的极限。因此,量子计算机系统具有以下特点:

- 量子特性在提高运算速度、确保信息安全、增大信息容量和提高检测精度等方面可能突破现有经典信息系统的极限。
- 一个 250 量子比特(由 250 个原子构成)的存储器,可能存储的数达 2^{250},比现有已知的宇宙中全部原子数目还要多。
- 用量子搜寻算法攻击现有密码体系,经典计算需要 1000 年的运算量,量子计算机只需少于 4min 的时间。

- 量子密钥体系采用量子态作为信息载体,其安全性由量子力学原理所保证。
- 基于量子隐形传态过程,可以实现多端分布运算,构成量子因特网。
- 存在薛定谔"猫"和 EPR 佯谬等量子现象。所谓的 EPR 佯谬,是由爱因斯坦等提出来的。爱因斯坦等认为,如果一个理论对物理实在的描述是完备的,那么物理实在的每个要素都必须在其中有它的对应量,即完备性判据。当不对体系进行任何干扰,却能确定地预言某个物理量的值时,必定存在着一个物理实在的要素对应于这个物理量,即实在性判据。他们认为,量子力学不满足这些判据,所以是不完备的。EPR 实在性判据包含着定域性假设,即如果测量时两个体系不再相互作用,那么对第一个体系所能做的无论什么事,都不会使第二个体系发生任何实在的变化。人们通常把这种和定域要求相联系的物理实在观称为定域实在论。

近年来,量子计算机系统的研制取得很大进展。2016 年 IBM 公布全球首个量子计算机在线平台,搭载 5 位量子处理器;2018 年中国本源量子推出当时国际最强的 64 位量子虚拟机,打破了当时采用经典计算机模拟量子计算机的世界纪录;2019 年年初 IBM 推出全球首套商用量子计算机,命名为 IBM Q System One,这是首台可商用的量子处理器;2019 年 10 月,Google 在 *Nature* 上发表了一篇里程碑论文,介绍用 53 个量子比特的超导量子芯片,耗时 200s 实现一个量子电路的采样实例,而同样的实例在当今最快的经典超级计算机上可能需要运行大约 1 万年;2020 年 9 月,本源量子完全自主研发的超导量子计算云平台正式向全球用户开放。

9.2 几种量子算法

9.2.1 量子傅里叶变换

量子傅里叶(Fourier)变换是定义在标准正交基 $|0\rangle, |1\rangle, \cdots, |2^n-1\rangle$ 上的一个酉变换,在这些基态上的作用为

$$F(|j\rangle) = \frac{1}{2^{n/2}} \sum_{k=0}^{2^n-1} e^{i2\pi jk/2^n} |k\rangle,$$

通过代数计算,变换后的结果可以表示为

$$\frac{1}{2^{n/2}} \sum_{k=0}^{2^n-1} e^{i2\pi jk/2^n} |k\rangle = \frac{1}{2^{n/2}} (|0\rangle + e^{i2\pi 0.j_n} |1\rangle) \cdots (|0\rangle + e^{i2\pi 0.j_1 \ldots j_n} |1\rangle)$$

其中,$j_1 \ldots j_n$ 是 j 的二进制表示;$0.j_1, \cdots, j_n$ 为二进制小数。

上述变换可通过图 9-5 所示量子线路实现。线路中使用了哈达玛(Hadamard)门 H、相位门 R_k 和交换门 X,其中 R_k 的矩阵表示为 $R_k = \begin{pmatrix} 1 & 0 \\ 0 & e^{i2\pi/2^k} \end{pmatrix}$。

通过量子傅里叶变换可以实现相位估计,设 $|u\rangle$ 是酉算子 U 的特征值为 $e^{i2\pi\varphi}$ 的一个本征态,则可大概率得到 φ 的指定精度的近似值。相位估计是众多量子算法的关键部分,结合经典算法,可以有效解决求阶、求周期问题,更一般地,它可有效解决隐含子群问题。Deutsch-Jozsa 算法、Shor 大整数分解算法、求离散对数等都是隐含子群问题的特例。目前大整数分解和求离散对数在经典计算机上还没有有效的求解方法,通过量子傅里叶变换,在

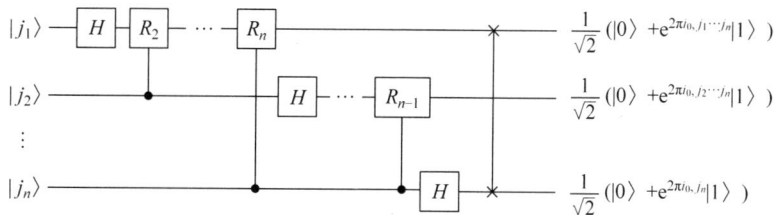

图 9-5　量子傅里叶变换的量子线路

量子计算机上可有效求解,这也体现了量子计算相较于经典计算的优越性。

9.2.2　Shor 算法

Shor 算法的核心是利用数论的一些定理,将大数因子分解过程转化为求某个函数的周期,由于在量子环境下,可以以极高的效率实现量子傅里叶变换(QFT),从而可以对大数质因子进行分解。

考虑函数 $f(x) = a^x \pmod{N}$ 的周期问题,这里 N 是要因式分解的数,a 是一个随机取的小于 N 的数,若 $f(x+r) = f(x)$,则周期为 r。

先考虑 r 可以被 N 整除的情形,即 $N/r = m, m \in N_+$,其中 $N = 2^n$ 为可给 $f(x)$ 赋值的点数。对于一般情形,处理起来更困难一些,但大体思路一致。

我们需要两个寄存器来构建量子态:第一个寄存器制备成等权重叠加态;第二个寄存器存储函数 $f(x)$,

$$|\psi_0\rangle = \frac{1}{2^{n/2}} \sum_{x=0}^{2^n-1} |f(x)\rangle |x\rangle = \frac{1}{\sqrt{r}} \sum_{x=0}^{r-1} \left(\frac{1}{\sqrt{m}} \sum_{j=0}^{m-1} |x+jr\rangle |f(x)\rangle \right)$$

上面第二个等号应用了 $f(x)$ 的周期性 $f(x) = f(x+r) = f(x+2r) = \cdots$。第二个取幂求模函数 $f(x)$ 可以在量子傅里叶变换实现。

接着对储存 $f(x)$ 的寄存器做测量得到一个态 $f(x_0)$,那么测量后的系统量子态为

$$|\psi\rangle = \frac{1}{\sqrt{m}} \sum_{j=0}^{m-1} |x_0 + jr\rangle |f(x_0)\rangle = |\phi\rangle |f(x_0)\rangle$$

此时两个寄存器是分离态,不再是纠缠态,对第一个寄存器做量子傅里叶变换。Shor 算法的核心就是利用了量子傅里叶变换的并行性。

对任意一个量子态:$|\psi\rangle = \sum_{j=0} f(j) |j\rangle$ 进行量子傅里叶变换可得

$$F(|\psi\rangle) = \sum_{j=0} f(j) F(|j\rangle) = \sum_{k=0}^{2^n-1} \widetilde{f}(k) |k\rangle$$

式中,$\widetilde{f}(k) = \dfrac{1}{2^{n/2}} \sum_{j=0}^{2^n-1} e^{i2\pi jk/2^n} f(j)$。

把测量后的 Shor 系统量子态改写为 $|\psi\rangle = |\phi\rangle |f(x_0)\rangle$,其中

$$|\phi\rangle = \frac{1}{\sqrt{m}} \sum_{j=0}^{m-1} |x_0 + jr\rangle$$

接下来做量子傅里叶变换可得

$$F(|\phi\rangle)=\frac{1}{\sqrt{m}}\sum_{j=0}^{m-1}F(|x_0+jr\rangle)=\frac{1}{\sqrt{m}}\sum_{j=0}^{m-1}\left(\frac{1}{\sqrt{N}}\sum_{k=0}^{N-1}\mathrm{e}^{\mathrm{i}\frac{2\pi k}{N}(x_0+jr)}\ |k\rangle\right)$$

$$=\frac{1}{\sqrt{N}}\sum_{k=0}^{N-1}\mathrm{e}^{\mathrm{i}\frac{2\pi k}{N}x_0}\sqrt{m}\ |k\rangle\delta_{\mathrm{mod}(k,m),0}$$

$$=\frac{1}{\sqrt{r}}\sum_{k=0}^{r-1}\mathrm{e}^{\mathrm{i}\frac{2\pi k}{r}x_0}\ |km\rangle$$

这说明,量子傅里叶通过量子相干性选择了一些特定的频率。

如果对 $F(|\phi\rangle)$ 做测量,将以等概率给出 r 个 $|km\rangle$,测量结果为 $km=c$,说明我们测量结果只会是一个数 c,无法单独得到 k 和 m,即

$$c/N=km/N=k/r$$

上述过程可解释为将 c/N 化为不可约分数,则分母即为 r。数论定理得到此事发生的概率为 $1/\log(\log r)$。若 k/r 有公因子,则计算失败,需重新计算。但只要重复 $O(\log(\log r))$ 次,则得到 r 的概率无限接近于1。

用 Shor 算法求解质数因子分解的复杂度为 $O(n^2\log(n\log\log n))$,仅为多项式复杂度。相比之下最好的经典算法——数域过滤法的复杂度为 $\exp(O(n^{1/3}\log(n)^{2/3}))$,是指数复杂度,因此,计算效率大幅提高。

9.2.3 量子搜索

量子搜索对无结构数据的搜索提供了二次加速。设在一个大小为 N 的无结构数据空间中有 M 个解,量子搜索通过大约 $\sqrt{N}$ 次操作,可以找到一个解。虽然没有基于量子傅里叶算法的指数加速效果,但鉴于搜索问题的普遍性,量子搜索算法仍具有很大的意义。

在量子搜索算法中使用了称为 Grover 迭代的算子,Grover 迭代可表示为 $(2|\psi\rangle\langle\psi|-I)O$,其中 $|\psi\rangle=H^{\otimes n}|0\rangle$,$O$ 为识别搜索问题解的 Oracle。直观上看,Grover 迭代实现了由初始量子态和搜索问题解组成的均匀叠加态张成的二维空间中的一个旋转,如图 9-6 所示。其中 $|\alpha\rangle=\sum_x|x\rangle/\sqrt{N-M}$ 为归一化的非搜索问题解的叠加态。$|\beta\rangle=\sum_y|y\rangle/\sqrt{M}$ 为归一化的搜索问题解的叠加态,G 为 Grover 迭代算子,θ 满足 $\cos\theta/2=\sqrt{(N-M)/N}$。每经过一次 Grover 迭代,初态 $|\psi\rangle$ 向 $|\beta\rangle$ 方向靠近 θ。经过 $O(\sqrt{N})$ 次迭代,$|\psi\rangle$ 接近 $|\beta\rangle$,此时对量子态进行测量将以很高的概率输出搜索问题的一个解。

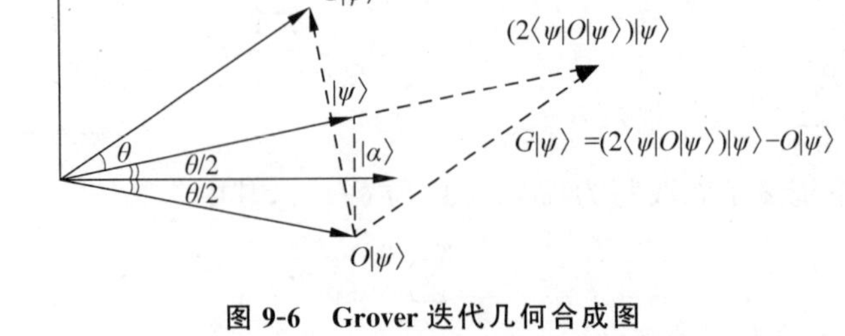

图 9-6　Grover 迭代几何合成图

9.3　量子加密原理

9.3.1　经典加密的危机与量子加密的机遇

随着信息技术的发展和互联网的普及,密码技术被广泛用于网络和信息系统安全的各个方面,保护信息的秘密性、完整性、不可抵赖性等信息安全的重要属性,也是网络空间安全学科的一个重要组成部分。

经典的加密是基于数学复杂度来设计的,经典的密码系统主要由密钥和密码算法两部分组成,密码算法通常是公开的,而密码系统的安全性只取决于密钥的保密性。根据密钥使用方式的不同,加密系统分为对称加密系统和公钥加密系统,如图 9-7 所示。在对称加密系统中,加密串 k_1 和解密串 k_2 是用同一个密钥串 k,即 $k=k_1=k_2$,该密钥串是对外保密的。对称加密系统主要包括流密码和分组密码,其中分组密码较为常用,例如,美国的分组加密标准 DES、AES 以及我国的商用分组加密标准 SM1、SM4 等。这类算法通常是密码学家在一些现有的设计原则和分析方法上设计出来的,而不是基于已知的数学和计算复杂性理论方面的困难问题。根据报道,在量子计算模型下,目前针对对称密码系统最高效的 Grover 算法,也只是将密钥的有效长度减少为原来的一半。换句话说,真正意义上的量子计算机,即使能够实现,其破解 AES-256 仍然需要 2^{128} 量级的计算代价。但使用对称加密有个前提,即加密者和解密者必须事先共享一个较短(例如 128bit)的密钥,这在一些应用场景下是不现实的。公钥加密系统的出现,解决了这个问题。

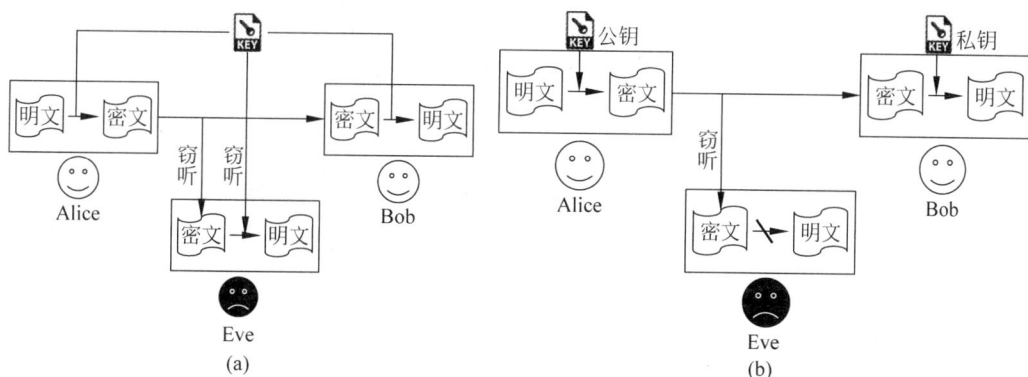

图 9-7　经典的对称加密和非对称加密

(a) 对称加密；(b) 非对称加密

由于公钥类的加密效率相对较低,现实应用中,在通信双方建立共享密钥之后,一般都会使用更为高效的对称加密算法对大量数据进行加密。公钥加密的特点是,它们的安全性都是建立在一些著名的计算困难问题之上,如 RSA 大数分解、离散对数等,目前研究者没有找到在图灵机模型下高效求解大整数分解和离散对数问题的经典算法,但美国科学家 PeterShor 在 1995 年却给出了能够在多项式时间内高效求解大整数分解和离散对数的量子算法。即借助量子计算机,攻击者可以高效地破解基于大整数分解和离散对数问题的 RSA 和 Diffie-Hellman 等公钥密码方案。

以上的分析表明,经典的加密的保密性只是相对的,其安全性已经受到严重挑战。在这种背景下发展起来的量子加密利用量子物理加密,具有两个特点:一是利用测不准关系和不可克隆定理。二是量子密码利用量子信号的传输特性,可以即插即用。近 30 年来,量子加密技术迅速发展,应用部门和领域不断扩大。

9.3.2　量子加密的理论依据

1. 不确定性关系

不确定关系又称不确定性关系或不确定原理。它是量子系统的内禀属性,与测量设备的精度以及测量设备对系统的扰动无关。该理论指出:如果 2 个力学量所对应的算符不对易,即 $[\hat{A}, \hat{B}] = \hat{A}\hat{B} - \hat{B}\hat{A} \neq 0$,则不能同时确定这 2 个力学量 $\Delta\hat{A} \cdot \Delta\hat{B} \geqslant \hbar/2$。如在测量光子偏振状态的过程中,线偏振状态和圆偏振状态不能同时确定,这也是 BB84 协议工作的理论基础。

更一般地,测量一个量子态时,能否获得精确测量结果依赖于该量子态是否为测量算符对应的本征态,如果该状态是测量算符对应的本征态,则可得到精确测量结果,否则,无法得到精确测量结果。

2. 量子态不可克隆原理

1982 年 Wootters 和 Zurek 首次提出了著名的量子不可克隆定理:在量子力学中,不存在一个对未知量子态精确复制的物理过程,即未知量子态不可能精确复制,使得每个复制比特和初始量子比特完全相同。1986 年,Yuen 推广了量子不可克隆定理,指出表示克隆过程的酉变换使得 2 个量子态被克隆,当且仅当它们相互正交,即非正交态不可克隆。

量子不可克隆(复制)性的原因是克隆一个量子态首先要测量这个态,但是通常量子处于极其脆弱的"叠加态",一旦被测量就会马上改变状态,不再是原来那个量子态。量子的不可克隆性是量子通信安全性的根本来源。量子态的不可克隆性,虽然对量子计算中比特复制造成一定困难,但断绝了一切窃听的可能性,是对量子密码学中安全体制的设计提供了重要保障。

3. 非正交量子态和纠缠态

对于 2 个非正交量子态,没有一个物理过程可对其进行完美区分。这是由量子态的不可克隆性决定的。例如,对于 2 个量子比特,如果它们是非正交的,则任何操作或测量都不能将它们完美区分开来,总是会产生一些错误的结果。同不可克隆性一样,非正交量子态的不可区分性给量子计算带来了很多困难,但在量子密码学中的应用,有着举足轻重的价值。

两个及以上的量子在特定的(温度、磁场)环境下可以处于较稳定的量子纠缠状态。处于量子纠缠态的两个粒子,状态会保持相反。爱因斯坦称其为"幽灵般的超距作用"。

4. 量子加密满足完全保密条件

1949 年,香农发表了一篇划时代的论文《保密系统的通信理论》,开创了用信息理论研究密码的新途径,被后人公认为是现代密码学的里程碑。这个理论的意义在于,获得密文或没有获得密文,对满足香农完全保密性定理的保密系统而言是一样的,即具有"完全的保密性",换句话说,就是"香农意义下的不可破译性"。因此,设计不可破译密码系统成为密码学家一直努力的方向。当前区块链中所用的非对称公开密钥密码体制正是基于这样的思想,香农的信息论为区块链技术的诞生奠定了理论基础。

香农保密定理指出:在一个完全保密体制中,不同的密钥数目少于可能的明文数目。如果某一密码体制的密文数、密钥数和明文数都相等,则该密码体制完全保密的充要条件是:①将每一明文加密成每一密文的密钥只有一个;②所有密钥都是等概率的。

香农保密定理告诉我们,在不知道密码前提下,绝对无法破解的安全系统是存在的,该系统只需要满足三个条件即可,即一次一密,随机密钥,明密等长。过去人们使用的经典加密算法和技术都无法同时满足这三个条件,直到量子密码通信的出现。量子密码通信技术完美地符合了香农提出的绝对安全的三个条件。

首先,用量子的测不准关系随机产生密钥,在没有测出结果之前没有人知道密钥是什么,这样满足了随机密钥;其次,每次传输就要协商密钥,这样满足了一次一密;最后,用量子密钥进行加密时密文和明文的长度也是相同的,满足了明密等长。使用者利用产生的密钥对信息进行加密,对于加密后的密文,可以用任意的方式进行传输,因为量子密钥是绝对安全的,就算密文被窃取了,也能保证信息的安全。

通过量子密码术,不仅可以进行绝对安全的加密,还能发现在通信过程中是否被别人窃听,因为量子的状态被测量后就变成了确定的状态,如果窃听者想要知道量子的状态,就必须进行测量,从而量子的状态发生了改变,那么就能发现通信被窃听了。

其次,量子密码可以利用量子纠缠进行量子瞬间传输。量子瞬间传输的基本想法是:先提取出原物的所有信息,然后把物体毁掉,将这些信息传送到接收地点,接收者根据这些信息制造出完全相同的原物体。但是根据量子力学的测不准关系,当我们对微观粒子进行状态的测量时,会破坏原粒子的状态,这样在提取信息之前,物体可能已经面目全非了,因此长期以来,这种想法只是一种幻想。

直到 20 世纪 90 年代初,人们提出用经典与量子相结合的方式实现量子瞬间传输:将一个量子的状态分为经典信息和量子信息,我们用经典信道传送经典信息,通过纠缠状态和经典信息就能恢复出要传递的量子信息。

9.4 量子通信与量子加密

自从 1984 年 Bennet 和 Brassard 提出 BB84 协议后,量子密码学正式登上历史的舞台。量子密码学以量子密钥分发为核心,对应于经典密码学领域的其他研究分支也得到了广泛关注,并形成各个不同的研究分支。下面介绍量子密钥分发、量子加密、量子签名和其他研究领域等四个方面的主要思想及进展。

9.4.1 量子密钥分发

量子密钥分发用于在通信双方(Alice 和 Bob)安全分发一个密钥,后续可以用该密钥安全通信。Bennet 和 Brassard 的 BB84 协议是第一个量子密钥分发协议,被研究的最多,且最具代表性,在量子密码研究中占有重要地位。有必要先以 BB84 协议为基础加以介绍。

BB84 协议使用光子作为量子态的载体,使用 2 组偏振基编码数据。一种为线偏振基(记为"＋",水平偏振状态记为 $|\leftrightarrow\rangle$,垂直偏振状态记为 $|\updownarrow\rangle$);另一种为圆偏振基(记为"○",左旋偏振状态记为 $|\nwarrow\rangle$,右旋偏振状态记为 $|\nearrow\rangle$)。在这 2 组基下,比特"0"分别被编码为 $|\leftrightarrow\rangle$ 和 $|\nearrow\rangle$,比特"1"分别被编码为 $|\updownarrow\rangle$ 和 $|\nwarrow\rangle$。描述光子线偏振和圆偏振的力学量算符不可对易,由海森伯不确定关系,这 2 种偏振状态无法被同时确定。

BB84 协议需要一条量子信道和一条经典信道量子信道可以是光纤或自由空间,经典信道为普通的公共信道,安全性不需考虑。这 2 种信道都允许第三方(Eve)监听。

BB84 协议工作的过程如下:

(1) Alice 对于某个安全参数 n 随机选择稍多于 $4n$ 个比特,对每个比特随机选取线偏振基或圆偏振基进行编码,并将编码后的光子序列通过量子信道发送给 Bob;

(2) Bob 收到光子序列后,随机选取线偏振基和圆偏振基对光子序列进行测量;

(3) Bob 与 Alice 通过经典信道联系,对比他们所选择的基序列,舍弃选择不同基的比特,一般而言,他们将得到稍多于 $2n$ 个比特;

(4) Alice 选择 n 个比特与 Bob 对比检查是否有第三方监听,如果错误率超过某一个阈值,则放弃本次协议(监听会造成对量子态的干扰,从而显著增大错误率);

(5) Alice 和 Bob 对剩下的 n 个比特执行密钥纠错和安全性增强,得到最终的密钥。

BB84 协议的工作过程可用如下的例子直观描述:实验采用光纤作为传送信道,利用偏振选择光子的偏振态作为密钥,接收方采用偏振分波镜分离偏振态。图 9-8(a)是光子的4 种偏振态,(b)单光子的偏振调制和偏振态分离测量。

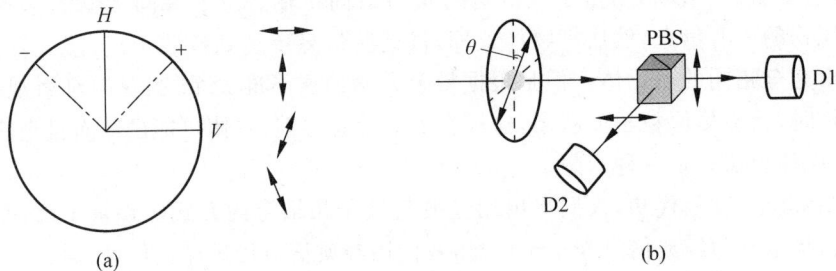

图 9-8 偏振态与密钥

(a) 光子 4 种偏振态的相位关系;(b) 单光子的偏振调制和测量

根据发送端的选择基对单光子进行偏振调制到指定偏振角度,接收端通过一个偏振分波器将光子分束到 D1 或 D2 任一探测器。入射光为单个光子,而不是光束,这是确保安全性的关键性。

单光子量子偏振态可描述为 $|\theta\rangle = \cos\theta|\updownarrow\rangle + \sin\theta|\leftrightarrow\rangle$;

D1 检测到单光子的概率为 $P_v = |\langle\updownarrow|\theta\rangle|^2 = \cos^2\theta$。

同理,D2 检测到单光子的概率为 $P_h = |\langle\leftrightarrow|\theta\rangle|^2 = \sin^2\theta$。

发送端随机选择 2 组偏振正交基的任意一种来调制单光子发送密钥:基于偏振检测的量子加密传输,在接收端随机选择偏振正交基来接收/测量入射单光子,因为双方都是随机选择偏振基,所以收发双方选择相同的偏振基的概率为 50%。

BB84 密钥传输过程如图 9-9 所示,其具体步骤如下。

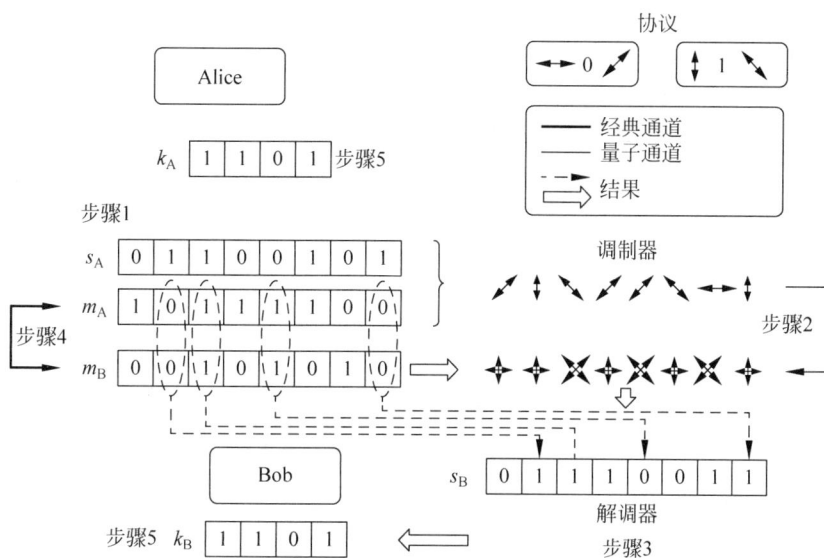

图 9-9　理想情况下,BB84 协议密钥分配流程

　　步骤 1　发送方 Alice 随机产生一组二进制序列 s_A。假定该序列为 8bit,数值为 [01100101]。然后,Alice 再生成另一组相同长度的随机序列 m_A。

　　步骤 2　根据 s_A 和 m_A 两个序列,调制产生 8 个光子。根据表 9-3 中的关系确定如何调制每个光子的状态,具体状态如表 9-4 所示。

表 9-3　调制光子态与 s_A, m_A 序列的对应关系

s_A	m_A	调制光子的态
0	0	↔
0	1	↗
1	0	↕
1	1	↖

表 9-4　Bob 测量基的选择

m_B	采用的测量基
0	✛
1	✖

　　步骤 3　Bob 生成一个随机序列用来选择测量基,假定称为测量基序列 m_B,比如是 [00101010]。按照表 9-3 的关系选择测量基,Bob 对粒子进行测量。之后,Bob 通过经典信道通知 Alice 他所选定的测量基序列 m_B。

　　然后,Alice 比较 Bob 的测量基序列 m_B 及其保留的发送基序列 m_A,并通知 Bob 所采用的测量基中哪些是相同的,哪些是不同的。Alice 和 Bob 分别保存其中测量基一致的测量结果,并且放弃其中测量基不一致的测量结果。根据所选用的测量基序列的出错率判定是否存在攻击,如果异常则中止协议。

　　步骤 4　Alice 和 Bob 按照下面的方式将量子态编码成二进制比特:↕ 和 ↔ 表示 0,↖ 和 ↗ 表示 1,获得原始密钥。

　　步骤 5　Alice 和 Bob 获得相同的密钥序列 k_A 和 k_B。

　　BB84 协议利用光子的偏振态来传输消息,发送者(Alice)和接收者(Bob)通过量子信道来传输量子态。如果用光子作为量子态载体,对应的量子信道可以是光纤。另外还需要一

条公共经典信道,例如无线电或因特网。公共信道的安全性无须考虑,BB84 协议在设计时已考虑到了两种信道都被第三方(Eve)窃听的可能。

在 BB84 协议工作的过程中,Bob 收到 Alice 发送的光子序列后,并不知道 Alice 编码这些光子所用的基,他在随机选择测量基时,有 1/2 的概率和 Alice 使用的基相同,因此在作基比对后,他们能得到大概原始比特数一半的比特形成的序列,在这个比特序列中,由于设备、环境等因素的影响,会出现一定的错误,记错误率为 ζ_0。如果协议过程中存在 Eve 监听,Eve 截获 Alice 发送的光子序列后,受未知量子态不可克隆原理的限制,他无法对光子序列进行复制,为了获取信息,Eve 必须在原始光子序列上测量。然而,Eve 也不知道 Alice 编码光子所用的基,他只能随机选择测量基,在测量的过程中必然会对光子产生扰动,使得在Alice 和 Bob 作比特比对时,得到的错误率超过 ζ_0,由此可以发现监听。

Alice 和 Bob 在比特比对后,需要对剩下的比特序列纠错,其基本思想是将这些比特序列分为若干区,对每个区进行奇偶校验,如果校验通过,则放弃一个比特后保留该区,如果校验不通过,则放弃整个区,经过若干次重复,可确保他们有非常高的概率持有相同的比特序列。纠错后,Alice 和 Bob 对共享比特序列进行安全性增强,如随机选择 Hash 函数对其进行压缩,得到最终的共享密钥。

不同于经典密码学的安全性基于数学困难问题,BB84 的安全性基于量子不可克隆原理和不确定关系等物理学定律,它提供了无条件安全性,Shor 和 Preskill 于 2000 年对其进行了验证,确认了这是一个可证安全的密钥分配方案,符合现代密码学设计的基本要求。

BB84 协议提出后,人们对这一领域的研究产生了极大热情。1991 年,Ekert 提出了利用纠缠光子对实现密钥分发的协议,称为 E91 协议,该协议也是目前最具代表性的 QKD 协议之一。协议执行开始时,Alice 和 Bob 共享一组量子比特纠缠对 $(|01\rangle - |10\rangle)/\sqrt{2}$,其中 $|0\rangle$,$|1\rangle$ 为 Paul 算符的两个本征态。随后 Alice 从 Bloch 球 x-y 平面上方位角分别为 0,$\pi/4$,$\pi/2$ 的 3 个基矢中随机选择测量基,Bob 从 Bloch 球 x-y 平面上方位角分别为 $\pi/4$,$\pi/2$,$3\pi/4$ 的 3 个基矢中随机选择测量基,分别对自己持有的量子比特进行测量。接下来,他们在公开信道上比对测量基,得到 2 组结果:一组是选用不同测量基得到的结果,利用这组结果通过 Bell 不等式检验来确定是否存在第三方监听,如果发现监听则终止协议;另一组是选用相同测量基得到的结果,Alice 和 Bob 的测量结果具有反关联性,他们中的任一人翻转持有的比特就得到一致的共享比特序列。最后同 BB84 协议一样通过密钥纠错和隐私增强,得到最终的共享密钥。

1992 年,Bennett 独立提出一个量子密码分发协议,称为 B92 协议。其工作原理与BB84 协议类似,但不同于 BB84 使用了 4 种量子态,B92 只使用了 $|\updownarrow\rangle$ 和 $|\nearrow\rangle$ 这两种量子态。Bob 随机选择线偏振基或圆偏振基进行测量,如果测得 $|\leftrightarrow\rangle$ 或 $|\searrow\rangle$,则可以肯定 Alice发送的是 $|\nearrow\rangle$ 或 $|\updownarrow\rangle$,否则 Bob 不能确定 Alice 发送的量子比特。随后 Bob 告诉 Alice 在哪些量子比特上得到确定的结果,并对相应的测量基进行编码(如线偏振基编为"0",圆偏振基编为"1"),得到共享密钥。同年,Bennett 等结合纠缠态和 BB84 的思想,提出了 BBM92 协议,该协议也使用纠缠量子比特对,但与 E91 协议使用 Bell 不等式检验判断监听的方法不同,BBM92 协议使用和 BB84 协议类似的方法确定监听是否存在。此外他们还证明了BBM92 协议与 BB84 协议本质上的等价性。

BB84 协议中使用单光子作为量子比特,然而在实际系统中,理想的单光子很难制备,一般通过对光源发出的激光进行衰减,产生弱相干光代替单光子,这就会产生多光子脉冲,使协议容易受到光子数分离攻击。鉴于此，2003 年，Hwang 提出了诱骗态思想，2005 年，Lo 等和 Wang 分别独立地提出了诱骗态协议，通过在光信号中混入诱骗态 Bob 可以通过测量统计结果的异常发现第三方监听。诱骗态协议的提出，有力地推进了量子密钥分发由理论到实际应用的进程。

在实际应用过程中，上述量子密钥分发协议还有很多问题，它们一般依赖于理想状态的设备，这在现实中很难实现，因此人们开始考虑在协议层面避免对理想设备的过度依赖。2007 年，Acin 等提出了设备独立的 QKD 协议(DI-QKD)，它通过检测 Bell 不等式不成立来保证协议的安全，不依赖于设备细节，甚至在敌手提供设备的情况下也可以安全执行协议。然而，DIQKD 协议对探测设备的效率要求很高，大大降低了协议的实用性。2012 年，Lo 等提出了测量设备独立的 QKD 协议(MDI QKD)，不仅可以彻底抵御探测器端的攻击，还大大提高了协议执行的效率，此后人们对 MDI-QKD 又做了许多研究。2014 年，Lim 等提出了探测设备独立的 QKD 协议(DDI-QKD)，进一步提高了效率，该协议不是完全的测量设备无关协议，但可天然抵抗时移攻击。2016 年，Boaron 对 DDI-QKD 的安全性做了理论分析，解释了其依赖的安全假设，并说明了与 MDI-QKD 协议不等价。2018 年，Lucamarini 等提出了双场量子密钥分发协议(TF-QKD)，在保证密钥安全的前提下突破了成码率和传输距离极限，引起很大轰动。

总体来讲，在量子密码学领域，量子密钥分发是被研究的最广泛、最深刻的一个方向。在理论研究方面已经取得引人瞩目成果，在具体实现方面也取得了许多成果，如基于光纤的长距离传输方案和基于自由空间的传输方案等。目前，QKD 技术的典型应用场景主要包括以下五个方面。

（1）数据中心方面：在数据中心主站点和备份站点部署 QKD 终端，建立密钥分发链路，使用共享的安全密钥对主站与备份站之间的数据按照保密等级与安全需求进行加密传输。

（2）政企专网方面：在政府或企业有机密数据传输需求的各分支机构部署 QKD 终端，使用安全密钥对各分支机构间的传输数据进行加密，保障信息交互的安全。

（3）关键基础设施方面：铁路控制节点、发电与配电设施、油气输送管控节点以及通信网络关键节点等重要基础设施通常存在高等级的数据保密交互需求，通过在关键基础设施节点处部署 QKD 终端，使用生成的安全密钥可实现节点设施与总控中心的数据加密交互。

（4）移动终端方面：对于具有高等级安全需求的移动通信场景，如部队外出、关键设施巡检、移动办公等，可使用预存储安全密钥的移动介质，实现移动终端与中心服务器间的数据安全交互。

（5）远距离通信方面：对于光纤覆盖困难、距离较远的通信节点，如海岛、洲际通信等，可在各节点部署 QKD 终端，通过卫星与各节点分别建立密钥分发信道生成共享的安全密钥，进行实现数据安全交互。

目前基于量子密钥分发 QKD 的量子加密是量子通信进入实用化阶段的重要技术分支，近年来，随着量子科研领域的持续活跃，相关的研究成果不断涌现，基于 QKD 的各类混合量子应用场景层出不穷。量子加密技术的应用和产业化探索还需进一步拓展。我国量子保密通信技术研究与应用探索具备良好实践基础，面对相关问题瓶颈，产学研用各方进一步凝聚共识，协同推动探索突破之道，未来更有望提升工业化和实战化能力水平，促进量子加密技术应用和产业健康有序发展。

9.4.2 量子加密技术

1. 量子一次一密

1917 年，Vernam 提出了一种完善保密的加密方法，称为一次一密（one-time pad）。与之相呼应的是量子密码学的量子一次一密算法。由于明文是比特、密钥和密文量子比特，因此，量子一次一密有 3 种主要算法类型。

（1）用 2 位比特加密一位量子比特明文，得到一位量子比特密文。该算法由 Boykin 和 Roycho wdhury 提出。算法中加密过程为：$|c\rangle = X^\alpha Z^\beta |m\rangle$，其中 $|m\rangle$ 为明文文比特，$|c\rangle$ 为密文比特，$\alpha,\beta \in \{0,1\}$ 是两比特密钥，X 为 Pauli-X 门，Z 为 Pauli-Z 门。解密是加密的逆过程：$|m\rangle = Z^\beta X^\alpha |c\rangle$。

（2）超密编码。由 Bennet 和 Wiesner 首先提出超密编码开始需要通信双方 Alice 和 Bob 共享一对处于纠缠态的量子比特，如 Bell 态。Alice 对自己手中的量子比特作 Pauli 门操作或不作任何操作后，将其发送给 Bob，Bob 用合适方式测量这一对纠缠比特，可得到 Alice 想要发送的 2 位经典比特明文。超密编码等效于用一位量子比特作为密钥，加密 2 位比特明文，得到一位量子比特密文。

（3）量子隐形传态。Alice 和 Bob 最初共享一个 EPR 对，每人拥有 EPR 对的一个量子比特，Alice 将待发送的量子态 $|\varphi\rangle$ 与自己手中的一半 EPR 对作联合测量，得到两比特的经典信息，然后其发给 Bob，Bob 通过这两比特信息对自己的一半 EPR 对作相应测量，得到 $|\varphi\rangle$。Gisin 等将其视为明文、密钥和密文都是量子比特的一次一密。

量子一次一密在构造量子签名等其他密码学应用时，有着广泛的应用。

2. 量子公钥加密

2000 年，在美密会上 Okamoto 等首先提出了量子公钥加密方案。在该方案中，消息的发送方、接收方以及盗窃者都被抽象成量子多项式时间图灵机，并且在量子计算模型下构造了量子单向陷门函数在这之后，多种多样的量子公钥密码方案被提出。Yang 提出一个基于经典 NP 完全问题的量子公钥加密方案。Nikolopoulos 基于量子比特旋转变换提出了一个公钥加密方案。Gao 等使用对称密钥构造了量子公钥加密方案。Liang 等提出一个信息论安全的加密方案。Zheng 等提出面向比特的概率型量子公钥加密方案。Vlachou 等提出基于量子随机游走的方案。Wu 等提出基于 Bell 态的公钥加密方案。

这里以 Nikolopoulos 的旋转变换量子比特制备公钥加密方案为例，简要介绍量子公钥的加密原理。

（1）密钥生成。随机选取正整数 $n \gg 1$，随机选取 $s \in Z_{2^n}$，将 $|0\rangle$ 绕 y 轴旋转 $s\theta_n$ 后得到 $|\varphi_s\rangle = R_y(s\theta_n)|0\rangle$，其中 $s\theta_n = 2\pi/2^n$，y 轴垂直纸面向外，如图 9-10 所示。私钥为 (n,s)，公钥为 $|\varphi_s\rangle$。

（2）加密。设 $m \in \{0,1\}$ 为明文，将 $|\varphi_s\rangle$ 绕 y 轴转 $m\pi$ 得密文 $|c\rangle = R_y(m\pi)|\varphi_s\rangle = R_y(s\theta_n + m\pi \bmod 2\pi)|0\rangle$。

（3）解密。将 $|c\rangle$ 绕 y 轴旋转 $-s\theta_n$ 得到状态

$$R_y(-s\theta_n|c) = R_y(m\pi)|0\rangle = \begin{cases} |0\rangle, & m=0 \\ |1\rangle, & m=1 \end{cases}, 在基\{|0\rangle, |$$

$1\rangle\}$下进行测量,然后根据测量结果恢复明文 m。

在该公钥加密方案中,私钥为经典数据,公钥为量子数据,方案通过量子比特旋转变换,将经典比特加密为量子比特。

3. 量子同态加密(quantum homomorphic encryption,QHE)

2012 年,Rohde 等使用玻色子采样和量子行走模型实现了有限的量子同态加密。2013 年,Liang 首次提出量子同态加密的思想,并构造了一个对称量子全同态加密(QFHE)方案。与经典同态加密相比,量子同态加密的安全性更高。

图 9-10　$|0\rangle$绕 y 轴旋转

Broad bent 和 Jeffery 于 2015 年美密会上正式给出了 QHE 在公钥加密和对称加密系统下的定义,并将标准模型下的语义安全扩展到量子模型下的语义安全。2016 年 Dulek 等提出紧凑型 QHE 方案 DSS16,该方案能够高效同态运行任意多项式级别的量子电路。2017 年,Ouyang 等提出一种(n,n)阈值秘密共享方案,该方案允许对共享秘密上的量子线路进行评估而无须对其进行解码。此外还有一些其他的量子同态加密方案。2018 年 Goyal 等在 DSS16 方案基础上,提出量子多密钥同态加密的概念,并且构造了从经典的层次型多密钥同态加密到量子层次型多密钥同态加密的通用转化方法。

基于量子密钥技术重新构建新的应用平台,利用量子密钥技术进行通信加解密处理的核心过程如下:

(1) 信息发送者和信息接收者事先向量子密钥分发机构申请注册。

(2) 信息发送者在发送信息前,实时向量子密钥分发机构请求获得一次性量子密钥。

(3) 量子密钥分发机构实时调用通信卫星提供的服务,在信息发送者和接收者之间实次性随机密钥的交换处理。

(4) 发送者使用该密钥,利用传统的对称加密算法,对信息正文进行加密。

(5) 密文通过传统信道传送给接收者。

(6) 接收者使用相同密钥进行解密。

上述信息发送者和信息接收者,都可以是银行同业;或者是银行与客户。

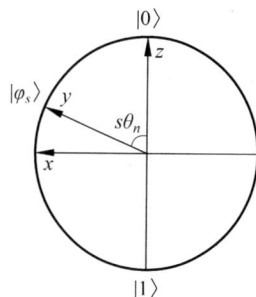

9.4.3　量子签名

量子签名是量子密码学的一个重要分支,2001 年 Gottesman 等首次提出基于量子力学原理的数据签名,保证其安全性同样需要满足经典签名的 3 个属性:

(1) 不可伪造,没有人能伪造一个合法的签名。

(2) 不可否认,签名者不能对自己的签名否认。

(3) 可公开验证。接收到消息的任何人均可通过公钥验证消息签名的合法性。

人们最开始研究的量子签名是依赖于仲裁的,第一个具体方案由 Zeng 等在 2002 年提出,后来人们利用经典签名协议的分析方法,认为该方案存在一些安全漏洞。2009 年,Li 等提出基于 Bell 态的仲裁量子签名。2015 年,Li 和 Shi 提出基于 CNOT 链加密的仲裁量子签名。2018 年，Feng 等提出基于连续变量量子态的仲裁量子签名。

下面以签名一个量子比特为例，介绍基于 Bell 态的仲裁量子签名。

初始化。Alice 和 Bob 与仲裁分别共享密钥 k_A 和 k_B，仲裁制备 Bell 态 $|\psi^+\rangle =$ $(|00\rangle + |11\rangle)/\sqrt{2}$，并分发给 Alice 和 Bob 各一个粒子。

签名。Alice 制备 3 份待签名消息 $|p\rangle = \alpha|0\rangle + \beta|1\rangle$，其中 $(\alpha,\beta) \in C$，且 $|\alpha|^2 + |\beta|^2 = 1$，然后用 k_A 将一份 $|p\rangle$ 加密得 $|r\rangle = Enc_{k_A}(|p\rangle)$，接下来将另一份 $|p\rangle$ 与自己持有的 Bell 态粒子联合作 Bell 测量，

$$|p\rangle \otimes |\psi^+\rangle = \frac{1}{2}(|\psi^+\rangle_A(\alpha|0\rangle_B + \beta|1\rangle_B) + |\psi^-\rangle_A(\alpha|0\rangle_B - \beta|1\rangle_B) +$$

$$|\varphi^+\rangle_A(\alpha|0\rangle_B + \beta|1\rangle_B) + |\varphi^-\rangle_A(\alpha|0\rangle_B - \beta|1\rangle_B)$$

其中 $|\psi^+\rangle = (|00\rangle + |11\rangle)/\sqrt{2}$，$|\psi^-\rangle = (|00\rangle - |11\rangle)/\sqrt{2}>$，$|\varphi^+\rangle = (|01\rangle + |10\rangle)/\sqrt{2}$ 和 $|\varphi^-\rangle = (|01\rangle - |10\rangle)/\sqrt{2}$ 为 Bell 基，下标 A，B 分别代表 Alice 和 Bob。记结果为 M_A。最后 Alice 用 k_A，加密 $|r\rangle$ 和 M_A 得签名 $s = Enc_{k_A}(|p\rangle, M_A)$，并将第 3 份 $|p\rangle$ 和 s 发给 Bob。

验证。Bob 在收到 Alice 的消息 $|p\rangle$ 和签名 s 后，用 k_B 将其加密得 $y_B = Enc_{k_B}(|p\rangle, s)$，并发送给仲裁。仲裁收到 y_B 后，用 k_B 解密得 $|p\rangle$ 和 s，再用 k_A 解密 s 得 $|r\rangle$ 和 M_A，然后比较 $|r'\rangle$ 和 $|r\rangle = Enc_{k_A}(|p\rangle)$ 得

$$\gamma = \begin{cases} 0, & |r'\rangle \neq |r\rangle = Enc_{k_A}(|p\rangle) \\ 1, & |r'\rangle \neq |r\rangle = Enc_{k_A}(|p\rangle) \end{cases}$$

仲裁用 k_B 加密 $M_A, |p\rangle, s$ 和 γ 得 $y_B = Enc_{k_B}(M_A, |p\rangle, s, \gamma)$ 并发给 Bob。Bob 收到 y_B' 并解密，如果 $\gamma = 0$，则拒绝签名，如果 $\gamma = 1$，则作进一步验证。Bob 首先根据 M_A 按规则 $|\psi^+\rangle \rightarrow I$，$|\psi^-\rangle \rightarrow \sigma_z$，$|\varphi^+\rangle \rightarrow \sigma_x$，$|\varphi^-\rangle \rightarrow \sigma_z\sigma_x$（其中，为单位变换，$\sigma_x$ 为 Pauli-X 变换，σ_z 为 Pauli-Z 变换）对自己持有 Bell 态粒子做酉变换，然后将结果与 $|p\rangle$ 比较，如果相等则接受签名，如果不相等则拒绝签名。

由普通量子签名延伸拓展的量子盲签名、量子群签名、量子代理签名等分支，也取得了丰硕研究成果。量子签名在各类合同和协议的认证、生效和执行上广泛应用。

量子盲签名是一种特殊的签名，签名前先将消息盲化，签名者对盲化的消息进行签名，最后消息拥有者对签字除去盲因子，得到签名者关于原消息的签名。盲签名要求签名有可验证性、不可伪造性、不可否认性和盲性，即可验证去掉盲化因子的原消息签名，盲签名不能被伪造，签名者不能否认签名和签名者不知道所签署消息的内容。

量子群签名允许群体中任意一个成员可以以匿名的方式代表整个群体对消息进行签名，并可以被公开验证。群签名要求可验证性、匿名性、不可伪造性、不可否认性和可追踪性，即消息接收者可以验证签名的有效性，但不能确定是哪个成员签署了消息签名不能被伪造，签名者不能否认签名，有争议时管理员可揭示签名者的身份。

量子代理签名允许原始签名人将其签名权委托给代理签名人，代理签名人可以代表原始签名人进行签名。代理签名要求可验证性、不可伪造性、不可否认性、可区分性和可注销性，即签名的有效性可被验证，代理签名人和原始签名人都不能冒充对方伪造签名，也不能

否认代签和委托,代理签名中包含代理签名人和原始签名人的信息,与普通签名可区分原始签名人可注销代理签名人的签名权。

9.5　国内量子计算和量子通信研究

9.5.1　量子芯片与量子计算

近年来,中国科学家在超导量子和光量子两种系统的量子芯片和量子计算方面取得重要进展,使我国成为目前世界上唯一在两种物理体系达到"量子计算优越性"里程碑的国家。

2019 年 8 月,中国科学家开发出具有 20 个超导量子比特的量子芯片,并成功操控其实现全局纠缠,刷新了固态量子器件中生成纠缠态的量子比特数目的世界纪录。2021 年2 月,中国科学家研发成功新型可编程硅基光量子计算芯片,可实现多种图论问题的量子算法求解,有望未来在大数据处理等领域获得应用。2021 年 2 月 27 日,国际权威期刊《科学进展》发表了这一重要成果。在该新型可编程光量子计算芯片研制过程中,科研人员提出可动态编程实现多粒子量子漫步的光量子芯片结构,能够对量子漫步演化时间、哈密顿量、粒子全同性、粒子交换特性等要素进行完全调控,实现不同参数的量子漫步过程,从而支持运行一系列基于量子漫步模型的量子算法。基于所提结构,科研人员采用硅基集成光学技术,设计实现了可编程光量子计算芯片。2022 年 5 月,郭光灿院士团队在光量子芯片研究中取得重大进展,首次在拓扑保护光子晶体芯片中实现量子干涉,让我们在实现光量子芯片的量产道路上更进一步。

2021 年 10 月,中国科学院超导量子计算研究团队构建了 66bit 可编程超导量子计算原型机祖冲之 2 号,实现了对"量子随机线路取样"任务的快速求解,比目前最快的超级计算机快 1000 万倍,计算复杂度比谷歌的超导量子计算原型机"悬铃木"高 100 万倍,使得我国首次在超导体系达到了"量子计算优越性"里程碑。同时,中国科学院光量子计算研究团队构建了 113 个光子 144 模式的量子计算原型机九章 2 号,处理特定问题的速度比超级计算机快亿亿亿倍,并增强了光量子计算原型机的编程计算能力。

9.5.2　量子局域网

在局域网构建方面,中国科学技术大学潘建伟院士团队于 2012 年在合肥实现了由 6 个节点构成的城域量子网络。该网络使用光纤约 1700km,通过 6 个接入交换和集控站连接40 组"量子电话"用户和 16 组"量子视频"用户。由郭光灿院士领衔的中国科学院量子信息重点实验室团队在 2005 年就已经在商用的光纤上实现了北京与天津之间 125km 的量子密钥传输实验,并于 2012 年在标准电信光纤中完成了 260km 量子密钥分发实验(系统工作频率为 2GHz),2014 年建设了合(肥)巢(湖)芜(湖)量子广域示范网。该网络通过中国移动的商用光纤连接合肥、巢湖、芜湖三个城市,其中合肥局域网由 5 个节点组成,巢湖 1 个节点,芜湖 3 个节点。实地光纤总长超过 200km,全网运行时间超过 5000h,是目前有公开学术报道的国际同类网络中规模最大、距离最长、测试时间最长的网络之一,也是首个广域量子密钥分配网络。发展更高传输率、更稳定的城域量子通信网络,以及更长距离广域网,仍是量子通信实用化的重要问题。现阶段,我国正在建立北京—上海的京沪量子通信总干线。这套系统目前是基于可信中继建立的：在京沪之间设置多个可信中继站点，在每个站点将量子信息转变为经典信息，再重新编码为量子信息并传输到下一个站点，从而实现远程量子态传输。基于诱骗态的量子密钥分配可以实现百千米量级的传输距离且无需单光子源或纠缠光源，但是这种密钥分配方案与量子中继不兼容，进一步提升其传输距离的方案仍不明确。

2021年5月，中国完成了国际上首次量子密钥分发（QKD）和后量子加密算法（PQC）的融合应用。该研究提供一种新型的 QKD 的认证方案，为提高整个 QKD 网络的安全性提供了一种有效解决方案。相关论文于5月6日发表在国际期刊 *NPJ Quantum Information* 上。

量子密钥分发（QKD）是指利用量子纠缠的特性，使通信双方分享一个随机且安全的密钥，用于信息的加密和解密。而后量子加密算法（PQC）又称抗量子计算密码，它是能够抵抗量子计算机对现有密码算法攻击的密码算法。该研究在 QKD 网络中使用 PQC 认证代替原来的 QKD 设备预制密钥认证，且验证了新方案在城域范围内 QKD 中继网络和全通网络中应用的可行性。

利用 PQC 认证，可以将 QKD 网络中可信中继替换为光开关，每个用户只需要通过 PKI 申请1个数字证书，就可以实现任意两用户之间的直连；新用户也只需要获得1个数字证书，就可以立即与其他用户建立 QKD 连接，提高了 QKD 网络的操作性和效率。

研究结果显示，PQC 简化了 QKD 在复杂网络环境下的身份认证和密钥管理，QKD 则提供了 PQC 等公钥体系无法确保的无条件安全性，两者联合最终保证了网络系统安全性，也提高了量子保密通信网络的经济性、便利性，将极大促进量子保密通信的应用和推广前景。

9.5.3 远程量子通信

1."京沪干线"

BB84 协议一经提出，就获得广泛关注，经过30多年的理论发展和实验的不断验证，世界上很多国家都相继建成了使用 BB84 协议的量子密钥分发网络，其中以中国的量子保密通信"京沪干线"跨度最长（超过 2000km）、节点最多。2016 年年底，由中国科学技术大学牵头承担的国家发展改革委"京沪干线"广域量子通信骨干网络工程也将建成并全线开通。京沪干线将建成连接北京、上海，贯穿济南、合肥等地，全长超过 2000km 的大尺度量子通信技术验证、应用研究和应用示范平台。结合量子科学实验卫星和京沪干线，将初步构建我国天地一体化的广域量子通信网络基础设施，推动量子通信技术的深入应用、形成战略性新兴产业。

2. 远距离自由空间量子通信

基于自由空间传输的量子通信，这也是一个非常重要的研究方向。近年来，我国在此领域也取得了一系列重要进展，处于世界领先水平。例如，2012 年在青海湖利用地基实验模拟星地之间的通信，实现了百千米级的量子隐形传态和双向纠缠分发；2016 年，中国发射了量子科学实验卫星"墨子号"，为星地之间自由空间的密钥分配（量子通信）打下了基础。卫星和地面之间量子通信的原理性验证也正在进行当中。

3. 量子通信实验卫星——"墨子号"

我国的"墨子号"量子科学实验卫星。量子科学实验卫星"墨子号"于 2016 年 8 月 16 日发射成功,率先在国际上实现高速星地量子通信。"墨子号"是中国科学院空间科学战略性先导科技专项中首批确定的 5 颗科学实验卫星之一,该项目目标为建立卫星与地面远距离量子科学实验平台,并在此平台上完成空间大尺度量子科学实验。①2017 年 8 月 12 日,"墨子号"取得最新成果——国际上首次成功实现千公里级的星地双向量子通信,为构建覆盖全球的量子保密通信网络奠定了坚实的科学和技术基础,至此,"墨子号"量子卫星提前、圆满地完成了预先设定的全部三大科学目标。②2017 年 9 月 29 日,世界首条量子保密通信干线"京沪干线"与"墨子号"科学实验卫星进行天地链路,我国科学家成功实现了洲际量子保密通信。这标志着我国在全球已构建出首个天地一体化广域量子通信网络雏形,为未来实现覆盖全球的量子保密通信网络迈出了坚实的一步。③2018 年 1 月,在中国和奥地利之间首次实现距离达 7600km 的洲际量子密钥分发,并利用共享密钥实现加密数据传输和视频通信。该成果标志着"墨子号"已具备实现洲际量子保密通信的能力。④2020 年 6 月15 日,中国科学院宣布,"墨子号"量子科学实验卫星在国际上首次实现千公里级基于纠缠的量子密钥分发。该实验成果不仅将以往地面无中继量子密钥分发的空间距离提高了一个数量级,并且通过物理原理确保了即使在卫星被他方控制的极端情况下依然能实现安全的量子密钥分发。

"墨子号"在高精度捕获、跟踪、瞄准系统的辅助下,建立地面与卫星之间超远距离的量子信道,实现卫星与地面之间的量子密钥分发,量子密钥初始码产生率约为 10kbps,为建立全球范围的量子通信网络打下技术基础。"墨子号"还首次在空间尺度上实现对量子力学非定域性的实验检验,加深人类对量子力学基本原理的理解,并为量子力学非定域性的终极检验奠定基础。空间量子科学实验平台的建立,还将为探索和检验广义相对论、量子引力等物理学基本原理提供全新的手段。

未来量子密钥分发将以产业化为主要目标,从地面和空间双管齐下,通过天上多颗小型量子通信卫星、地面多个光纤网络组成天地一体化的量子通信网络,最终使更安全的互联网惠及每一个用户。

9.6　量子通信的应用案例

9.6.1　量子通信在金融领域的应用

金融领域对安全性、稳定性及可靠性有着极高的要求。量子比特是量子通信中最基础的概念,它可以处于更多的状态,即叠加态。这种叠加态的特性,使得量子通信技术能够实现更快速的传输,而且能够更好地抵御攻击和破解。因此,具有高安全特性的量子保密通信成为金融领域青睐和关注的信息安全保障关键技术手段。2004 年,奥地利银行利用量子通信技术传输支票信息,成为全球首个采用量子通信的银行。我国后来居上,在中国人民银行和中国银监会的大力支持下,在金融量子保密通信应用方面形成了形式多样的业务模式/类型,为金融领域链路及系统安全提供立体量子安全防护;在银行、证券、期货、基金等方面成功开展了应用示范,包括同城数据备份和加密传输、异地灾备、监管信息采集报送、人民币跨境收付系统应用、网上银行加密等。特别是银行方面,已经形成了一批包括工商银行、中国银行、建设银行、交通银行等国有大型商业银行,民生银行、浦发银行等全国性股份制商业银行及北京农商行等其他商业银行在内的典型示范用户。

9.6.2　量子通信在政务领域的应用

电子政务涉及国计民生,更关乎国家信息安全,电子政务的安全保密系统是国家信息安全基础设施的重要组成部分。量子通信中另一个重要的概念是量子纠缠,它是指两个或更多量子比特之间的关系。量子纠缠的特性使得它们之间的状态是相互依存的。即使它们之间的距离很远,也能够实现信息的实时传输,而且这种传输不会受到干扰和窃听。因此,量子保密通信可为分支机构多、安全性要求高的政府部门、机构及重要企事业单位提供日常办公、数据传输、视频会议等多种安全通信服务,成为保障电子政务安全运行的关键技术手段之一。

中国在众多重大场合已经将量子通信作为保障安全的有效手段。2012 年,量子加密电话、量子机密数据传输等系统为党的十八大会议提供了安全通信技术保障;2017 年 8 月,济南建成目前世界上规模最大、功能最全的量子通信城域网,为政府机关、高校等提供基于量子保密通信的电子政务、日常办公等应用服务。

9.6.3　量子通信在数据中心/云领域的应用

云计算凭借在敏捷性、可扩展性、成本等方面的优势,已经成为企业 IT 转型的必然选择,云数据中心又是云计算的重要基础设施,因此,如何保障数据中心之间海量敏感数据的安全输,已成为业界关注并亟须解决的问题。量子保密通信为数据中心的数据安全同步提供了技术思路和手段。

2015 年 12 月,中国银行启动了上海同城和京沪异地量子保密通信应用项目,将北京主数据中心——上海备中心的核心数据进行加密传输;2017 年 3 月 29 日,网商银行采用量子技术,在阿里云上率先实现了信贷业务数据的云上量子加密通信远距离传输,成为首个云上量子加密通信服务的应用。

9.6.4　量子通信在医疗卫生领域的应用

个人医疗信息因涉及公民隐私等问题,需要提供极高的信息安全保障,因此,医疗卫生领域是量子通信极具前景的应用领域。

9.6.5　量子通信在国家基础设施领域的应用

电力、能源等国家基础设施与民生民计息息相关,具有极其重要的战略地位,高等级的安全防护是这些重要领域的必然要求。基于量子保密通信技术,建设专用的 QKD 网络,是为关键基础设施提供较高等级安全防护的重要手段。

目前,我国已在合肥、济南、杭州、上海、北京等地建设城域电力量子保密通信网示范工程。在大量技术验证的基础上,在全球率先形成了多种保密通信应用,如 G20 峰会保电指挥系统数据传输应用、国网电力数据远程灾备系统业务应用、调度和配电自动化电量采集业务应用、同城银电交易系统数据保密传输应用等。

参考文献

[1] 宗禾. 量子通信为何能保密[EB/OL]. 科技金融时报. (2013-07-12)[2023-12-01]. http://old. kjb. zjol. com. cn/html/2013-07/12/node_10. htm.

[2] SCHNEIDER J, SMALLEY I. 什么是量子加密？[EB/OL]. IBM. (2023-12-01)[2023-12-01]. https://www. ibm. com/cn-zh/topics/quantum-cryptography.

[3] 徐启建, 金鑫, 徐晓帆. 量子通信技术发展现状及应用前景分析[J]. 中国电子科技研究院学报, 2009, 4(5): 491-497.

[4] 潘建伟. 量子信息科技的发展现状与展望[J]. 物理学报, 2024, 73(1): 010301-7.

[5] 温晓军, 陈永志. 量子签名及应用[M]. 北京: 航空工业出版社, 2012.

[6] 苏晓琴, 郭光灿. 量子通信与量子计算[J]. 量子电子学报, 2004, 21(6): 706-718.

[7] NIELSEN M A, CHUANG I L. 量子计算与量子信息: 10 周年版[M]. 程维, 译. 北京: 电子工业出版社, 2022.

[8] 赖俊森, 吴冰冰, 汤瑞, 等. 量子通信应用现状及发展分析[J]. 电信科学, 2016, 32(3): 125-129.

[9] WANG L J, ZHANG K Y, WANG J Y, et al. Experimental authentication of quantum key distribution with post-quantum cryptography[J]. npj Quantum Information, 2021, 7: 67.

[10] 墨子号量子科学实验卫星[EB/OL]. 中国科学技术大学. [2023-12-01]. http://quantum. ustc. edu. cn/web/node/351.

[11] Yin J, Li Y H, Liao S K, et al. Entanglement-based secure quantum cryptography over 1120kilometres[J]. Nature, 2020, 582: 501-505.

[12] 量子领域新突破! 我国科学家实现城际实时"量子通话"[EB/OL]. 中国科技网. (2023-06)[2023-12-01]. http://m. stdaily. com/index/kejixinwen/202306/d245580345044f4f8db9b40d8768269.

附录　光 的 偏 振

　　光的干涉和衍射现象揭示了光的波动性,但还不能由此确定光是横波还是纵波,光的偏振现象证实了光的横波性。这些都是对光是电磁波的有力证明。

　　从光源的发光特点得知,光波是由大量的光波列组成。仅对一列光波而言,光矢量 E 具有确定的振动方向,即具有偏振性。但是,由于光源内的不同原子或同一原子在不同时刻发出的光波列是彼此独立的,使得一束光中大量光波列的振动方向是随机的。根据一束光中 E 的振动方向的分布情况不同,可将光信号划分为不同的偏振态。光的偏振态大致分为三类,即自然光、部分偏振光和线偏振光。

1. 自然光与偏振光

　　我们知道:在光波中每一点都有一振动的电场强度 E 和磁场强度 H,E,H 及光波传播方向是互相垂直的,通常把电场强度 E 叫作光矢量。

　　在垂直于波传播方向平面内的一切可能的方向上都具有光振动,而各个方向的光矢量振动均相等,这样的光称为自然光。

　　在非激光的普通光源中,光是由构成光源的大量分子或原子发出的光波的合成。由于发光的原子或分子很多,不可能把一个原子或分子所发射的光波分离出来,因为每个分子或原子发射的光波是独立的,所以,从振动方向上看,所有光矢量不可能保持一定的方向,而是以极快的不规则的次序取所有可能的方向,每个分子或原子发光是间歇的,不是连续的。平均地讲,在一切可能的方向上,都有光振动,并且没有一个方向比另外一个方向占优势,即在一切可能方向上光矢量振动都相等。因此,普通光源发出的光中含有各种方向的振动,统计平均的结果是任何方向上的光矢量 E 都不占优势,在所有可能方向上的光矢量的振幅都相等,这种光称为自然光,又称为非偏振光,如太阳光、白炽灯光等,如图 1(a)所示。

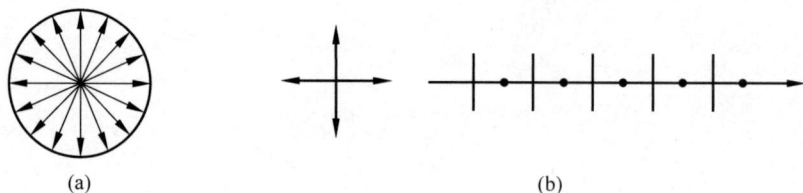

图 1　自然光和偏振光示意图
(a) 自然光；(b) 偏振光

　　自然光可用任意两个无固定相位关系的相互垂直而等幅的振动表示,如图 1(b)所示。偏振光用短线和点分别表示平行和垂直于纸面方向的振动,如图 1(b)所示。对自然光,短线和点均等分布,表示两者对应的振动相等和能量相等。

　　由上述可知,自然光可表示成二互相垂直的独立的光振动,实验指出,自然光经过某些物质反射、折射或吸收后,只保留沿某一方向的光振动。通常把偏振光的振动方向与传播方向组成的平面称为振动面。

如果采用某种方法使一束光中只有一个方向的振动,则称这样的光为线偏振光或完全偏振光,由于线偏振光的光矢量 E 始终保持在一固定的振动面内,也称为平面偏振光。如图 2 所示。

如果一束光中虽然包含有各种方向的振动,但某一方向的光振动比与之互相垂直的方向的光振动占优势,这种光称为部分偏振光,如图 3 所示。一般地,部分偏振光可看成自然光和线偏振光的混合。自然界中,天空中的散射光和湖面的反射光都是部分偏振光。

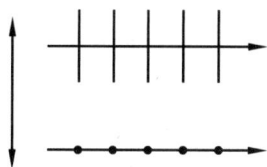

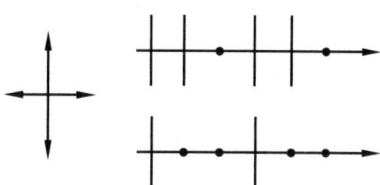

图 2　线偏振光　　　　　　　　　图 3　部分偏振光

需要说明的是:①线偏振光不只是包含一个分子或原子发出的波列,而会有众多分子或原子的波列中光振动方向都互相平行的成分;②偏振光不一定为单色光。

2. 起偏和检偏　马吕斯定律

光是横波。在自然光中,由于一切可能的方向都有光振动,因此产生了以传播方向为轴的对称性,为了考虑光振动的本性,我们设法从自然光中分离出沿某一特定方向的偏振光,也就是把自然光改变为线偏振光。

1) 偏振片

某些晶体物质对不同方向的光振动有选择吸收的性能,即只允许沿某一特定方向的光振动通过,而与该方向垂直的所有振动或振动分量都不能通过,透过该物质的光便成为线偏振光。利用这种性质制成的光学元件,称为偏振片。允许光振动通过的那个特定方向称为偏振片的偏振化方向或透光轴方向,常用"↕"符号表示。如图 4 所示,自然光经偏振片 P_1 变成了线偏振光。

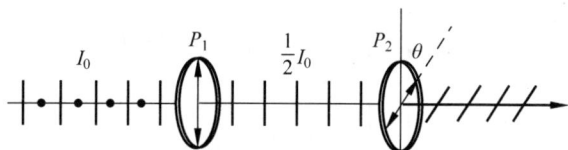

图 4　偏振片的起偏和检偏

用偏振片获得线偏振光的过程,称为起偏。检验光波偏振态的过程,称为检偏。用于起偏或检偏的装置分别称为起偏器和检偏器。

偏振片可以作为起偏器,即无论入射光是自然光还是部分偏振光,透过偏振片的光均为线偏振光,如图 4 所示。图中 P_1 为起偏器,它将自然光变成了线偏振光。由于自然光中两个相互垂直方向上的振动振幅相等,因此自然光通过 P_1 后的强度变为原来的一半,即 $I_1 = I_0/2$。

2）起偏和检偏

通常把能够使自然光成为线偏振光的装置称为起偏振器。如图 4 的偏振片 P_1 就属于起偏振器。用来检验一束光是否为线偏振光的装置通常称为检偏振器。偏振片也可以作为检偏振器使用。图 4 中 P_2 为检偏器，当以光的传播方向为轴旋转 P_2 时，则透射光将随偏振片的旋转作明暗变化，即当偏振化方向与入射线偏振光的光振动方向平行时，透射光强最强；当偏振化方向与入射线偏振光的光振动方向垂直时，透射光强为零，称为消光，只有在线偏振光入射到偏振片上时，才会发生消光现象，因而这也就成为检验线偏振光的依据。

具体分析如图 5 所示，让一束线偏振光入射到偏振片 P_2 上，当 P_2 的偏振方向与入射光的偏振方向相同时，则该线偏振光仍可继续经过 P_2 而射出，此时观察到最明情况；把 P_2 沿入射光线为轴转动 α 角 $\left(0<\alpha<\dfrac{\pi}{2}\right)$ 时，线偏振光的光矢量在 P_2 的偏振化方向有一分量能通过 P_2，可观测到明的情况（非最明）；当 P_2 转动使 $\alpha=\dfrac{\pi}{2}$ 时，则入射 P_2 上线偏振光振动方向与 P_2 偏振化方向垂直，故无光通过 P_2，此时可观测到最暗（消光）。在 P_2 转动一周的过程中，可发现从 P_2 射出的光的强度变化：最明→最暗（消光）→最明→最暗（消光）。

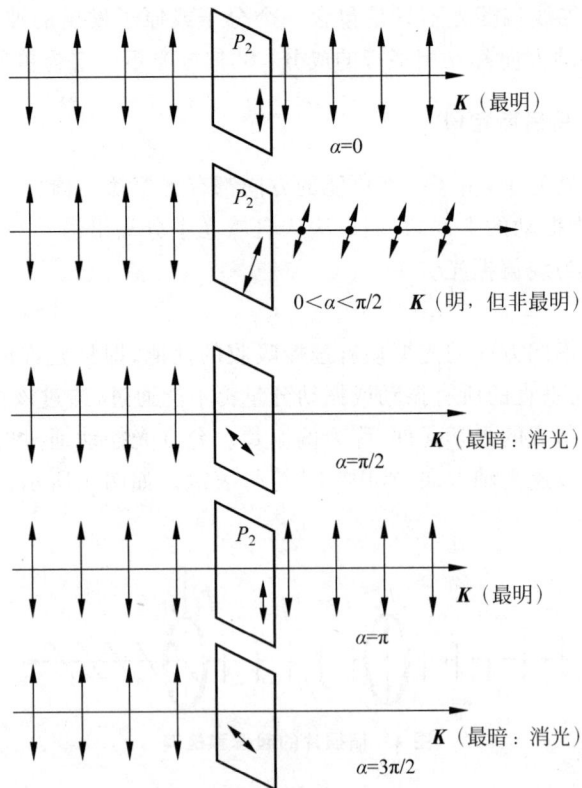

图 5　一束线偏振光入射到一偏振片

综合上述得到一种检验和区分线偏振光、自然光和部分偏振光的方法：当线偏振光入射到偏振片上后，在偏振片旋转一周（以入射光线为轴）的过程中，发现透射光两次最明和两次消光。但是，若是自然光入射到偏振片上，则以入射光线为轴转动一周，则透射光光强不变。若入射的为部分偏振光,则在以入射光线为轴转动一周的过程中,透射光有两次最明和两次最暗(但不消光)。

3) 马吕斯定律

如图 6 所示,当线偏振光入射到检偏振器 P_1 时,透过检偏器(P_2)的线偏振光的强度 I 与透过检偏器前线偏振光的强度 I_0 的关系如何? 这就是马吕斯定律要研究的内容。

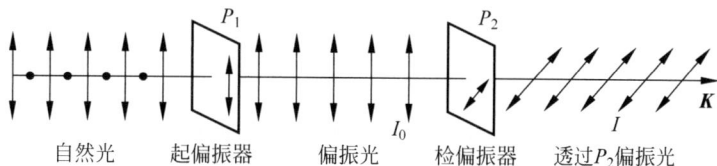

图 6 马吕斯定律光路示意图

马吕斯定律是 1808 年由法国科学家马吕斯(E. L. Malus)从实验中发现的,该定律的内容是:强度为 I_0 的线偏振光入射到偏振片上,如果线偏振光的光振动方向与偏振片的偏振化方向的夹角为 α,则透过偏振片的线偏振光的强度为

$$I = I_0 \cos^2 \alpha \qquad (1)$$

马吕斯定律表明:透过一偏振片的光强等于入射线偏振光光强乘以入射偏振光的光振动方向与偏振片偏振化方向夹角余弦平方。

下面来证明马吕斯定律。在图 7 中,自然光经 P_1 后变成线偏振光,光强为 I_0,光矢量振幅为 E_0。设 E_0 为入射线偏振光的光矢量,P 为偏振片的偏振化方向,两者夹角为 α。光振动 E_0 分解成与 P 平行及垂直的二个分矢量,标量形式分量为

$$\begin{cases} E_{/\!/} = E_0 \cos\alpha \\ E_\perp = E_0 \sin\alpha \end{cases}$$

根据偏振片的特性,则透过偏振片的光振幅为 $E_0 \cos\theta$。设入射到 P_1 后的线偏振光的光强为 I_0,透射的光强为 I,由于光强正比于光振动振幅的平方,因而有

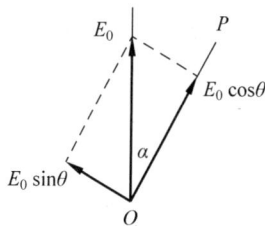

图 7 马吕斯定律推导图

$$I = E_0^2 \cos^2 \alpha = I_0 \cos^2 \alpha \qquad (2)$$

当 $\alpha = 0$ 或 $180°$ 时,$I = I_0$,透射光强最大;当 $\alpha = 90°$ 或 $270°$ 时,$I = 0$,透射光强为零;当 α 为其他值时,透过光强在最大和零之间。

偏振片的应用很广,可用于照相机的偏光镜,也可用于太阳镜,可制成观看立体电影的偏光眼镜,也可作为许多光学仪器中的起偏和检偏装置。

例 1 如图 8 所示,三块偏振片平行放置,P_1、P_3 偏振化方向垂直。当自然光垂直入射到偏振片 P_1 时,问:

(1) 当透过 P_3 光的光强为入射自然光的光强 $\dfrac{1}{8}$ 时,P_2 与 P_1 偏振化方向夹角为多少?

(2) 透过 P_3 光的光强为零时,P_2 如何放置?

(3) 能否找到 P_2 的合适方位,使最后透过的光强为入射自然光的光强的 $\dfrac{1}{2}$?

解 (1) 设某时刻,偏振片 P_2 的偏振化方向与 P_1 偏振化方向之间的夹角为 α,此时偏

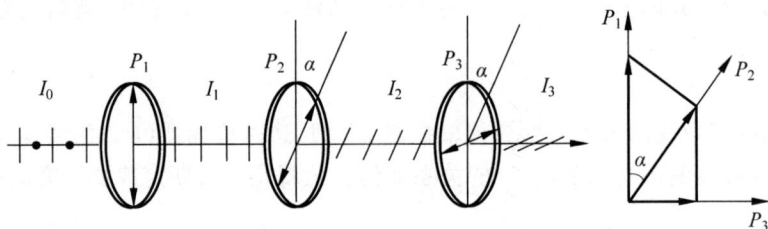

图 8　例 1 用图

振片 P_1、P_2、P_3 的偏振化方向如图 8 所示。自然光通过 P_1 后,变为振动方向平行于 P_1 的线偏振光,设其强度为 I_1,则

$$I_1 = \frac{1}{2} I_0$$

根据马吕斯定律,光通过 P_2 后,其强度为

$$I_2 = I_1 \cos^2 \alpha = \frac{1}{2} I_0 \cos^2 \alpha$$

光通过 P_3 后,其强度为

$$I_3 = I_2 \cos^2 \left(\frac{\pi}{2} - \alpha \right) = \frac{1}{2} I_0 \cos^2 \alpha \sin^2 \alpha = \frac{1}{8} I_0 \sin^2 2\alpha$$

当 $I_3 = \frac{1}{8} I_0$ 时,$\sin^2 2\alpha = 1$,得

$$\alpha = 45°$$

(2) 当透过 P_3 光光强为零时,P_2 的放置所满足的条件如下:$I_3 = \frac{1}{8} I_0 \sin^2 2\alpha$,$I_3 = 0$ 时,$\sin^2 2\alpha = 0$,得

$$\alpha = 0°, 90°$$

(3) $I_3 = \frac{1}{8} I_0 \sin^2 2\alpha$,$I_3 = \frac{1}{2} I_0$ 时,$\sin^2 2\alpha = 4$,无意义。

所以找不到 P_2 的合适方位,使 $I_3 = \frac{1}{2} I_0$。

实际上,(1)中 I_3 公式中,当 $\sin^2 2\alpha = 1$ 即 $\alpha = 45°$ 时,最大光强为 $I_{3\max} = \frac{1}{8} I_0$。

3. 反射和折射的光偏振　布儒斯特定律

前面提到,自然光可分解为两个振幅相等的垂直分振动,在此,设两个分振动分别在图面内及垂直于图面方向,前者称为平行振动,后者称为垂直振动。实验表明,当自然光从折射率为 n_1 的介质以入射角 i 入射到折射率为 n_2 的介质表面上时,一般情况下,反射光和折射光都是部分偏振光,如图 9(a)所示。在入射线中,短线与点均等分布。反射光中垂直入射面的光振动多于平行入射面的光振动,而折射光中平行入射面的光振动多于垂直入射面的光振动,或者说,垂直于入射面的光振动比平行于入射面的光振动更容易发生反射。

1812 年布儒斯特(D. Brewster)发现,反射光和折射光的偏振程度将随入射角的改变而

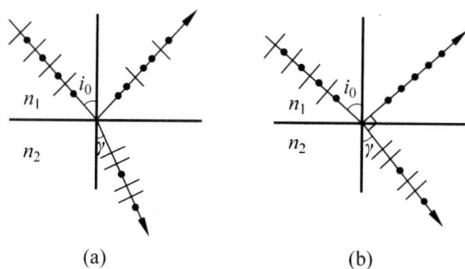

图 9　反射光和折射光的偏振

改变,当入射角 i 等于某一特定值 i_0,且满足

$$\tan i_0 = \frac{n_2}{n_1} \tag{3}$$

时,反射光变成线偏振光,如图 9(b)所示,光振动全部为垂直于入射面的振动,这表明平行于入射面的振动完全不能反射回第一种媒质中。式(3)称为布儒斯特定律。i_0 称为布儒斯特角或起偏振角。

当光以布儒斯特角入射时,根据折射定律,入射角 i_0 满足

$$n_1 \sin i_0 = n_2 \sin \gamma \tag{4}$$

与式(3)联立可得

$$i_0 + \gamma = \frac{\pi}{2} \tag{5}$$

即当光以布儒斯特角入射时,反射光与折射光垂直。显然这个结论与布儒斯特公式是一致的,可以作为布儒斯特定律的另一种表述。此时,反射光为垂直入射面振动的线偏振光,而折射光仍为部分偏振光,折射光中平行入射面振动占优势,此时偏振化程度最高。外腔式气体激光器在两端有布儒斯特窗,其输出的激光就是线偏振光。

例 2　某一物质对空气的临界角为 $45°$,光从该物质向空气入射。求入射角 i_0。

解　设 n_1 为该物质折射率,n_2 为空气折射率,由全反射定律有

$$\frac{\sin 45°}{\sin 90°} = \frac{n_2}{n_1}$$

又 $\tan i_0 = \frac{n_2}{n_1}$,即

$$\tan i_0 = \frac{\sin 45°}{\sin 90°} = \frac{\sqrt{2}}{2}$$

求得

$$i_0 = 35.3°$$